● 高等学校水利类专业教学指导委员会
● 中国水利教育协会
● 中国水利水电出版社

共同组织编审

U0792005

普通高等教育“十二五”规划教材
全国水利行业规划教材

村镇供水工程

主　编　李龙国
副主编　李乃稳

中国水利水电出版社
www.waterpub.com.cn

内 容 提 要

本书系统介绍了供水水质净化的基本原理和方法及其在村镇供水工程中的应用，主要内容包括：村镇供水工程系统及组成、水源及水质、取水构筑物、水质净化原理及工艺、输配水管道、集中供水站设计、运行管理和维护以及供水工程经济分析等。

本书重视基本原理的讲解和应用，内容安排上先基本理论后实际应用，系统性和逻辑性较强。书中还列有大量与实际应用密切相关的例题、思考题，以帮助读者深入理解本书内容。

本书主要作为高校水利类专业的本科教材，还可供供水工程规划、设计、施工、管理等单位的工程技术和运行管理人员参考。

图书在版编目（CIP）数据

村镇供水工程 / 李龙国主编. -- 北京 : 中国水利水电出版社, 2014.2(2025.1重印).
普通高等教育“十二五”规划教材 全国水利行业规划教材
ISBN 978-7-5170-2294-7

Ⅰ. ①村… Ⅱ. ①李… Ⅲ. ①农村给水－给水工程－高等学校－教材 Ⅳ. ①S277.7

中国版本图书馆CIP数据核字(2014)第240746号

书　　名	普通高等教育“十二五”规划教材　全国水利行业规划教材 **村镇供水工程**
作　　者	主编　李龙国　　副主编　李乃稳
出版发行	中国水利水电出版社 （北京市海淀区玉渊潭南路1号D座　100038） 网址：www.waterpub.com.cn E-mail：sales@mwr.gov.cn 电话：（010）68545888（营销中心）
经　　售	北京科水图书销售有限公司 电话：（010）68545874、63202643 全国各地新华书店和相关出版物销售网点
排　　版	中国水利水电出版社微机排版中心
印　　刷	清淞永业（天津）印刷有限公司
规　　格	184mm×260mm　16开本　26印张　617千字
版　　次	2014年2月第1版　2025年1月第3次印刷
定　　价	**79.00**元

前言

村镇饮水安全是我国当前和今后相当长时期内需重点解决的民生问题。近年来，我国兴建了大量村镇供水工程，但技术水平较低，运行管理不规范等问题仍十分突出，严重制约了村镇供水工程效益的发挥。研究适合当前村镇供水工程的新技术、新方法和新设备，培养适应当前村镇供水工作的专业技术人才和管理人才刻不容缓，因此有必要按照目前村镇供水工程的特点及技术需要编写相应的教材。

本书参照最新颁布的相关规程规范，结合村镇供水工程建设、管理的需要，全面介绍了我国村镇的水资源和水环境状况、村镇供水工程的现状和发展趋势及其任务、村镇供水工程系统组成、取水构筑物及设备、水源及水质标准、水质净化的基本原理及工程设计、输水管及配水管网、村镇供水工程的运行管理和经济分析等内容。本书主要特点为：①针对性，主要针对我国广大村镇的水源、饮水特点及工程建设管理中存在问题，以适应我国广大村镇及农村安全饮水工作需要；②系统性，既介绍了相关理论，又阐述了工程设计的计算步骤及方法，还详细介绍了村镇供水工程管理中存在的问题和解决办法；③新颖性，本书在内容上吸收了近年村镇供水工程研究中的新技术、新方法和新设备以及相关工程建设和管理经验；④实践性，主要章节均介绍了工程设计实例，便于理解和运用。

本书由长期讲授村镇给排水工程课程以及从事相关设计、科研工作的教师合作编写，由四川大学李龙国担任主编，四川大学李乃稳担任副主编。其中，第1章、第4章、第5.6节、5.7节由李龙国执笔；第2章、第3章、第5.4节由四川大学刘铁刚执笔；第5.1节、5.2节、5.3节、5.5节、第6章由李乃稳执笔；第7章、第8章由四川大学庄文化执笔；第9章由四川大学刘超执笔。

本书在编写过程中，四川大学谢嘉教授、曾抗美教授给予了极大的帮助，对本书提出了很多宝贵的意见和建议。教材在编写过程中引用众多的参考文献以及相关资料，因疏漏可能未全部列出，对此表示深深的歉意。对为教材编写提供帮助和支持的所有人员和所有参考文献的作者表示诚挚的谢意，正是他们之前辛勤的工作，才使得供水工程的基本原理和方法不断发展，更加的系统化。本书编写的顺利完成，与他们的贡献及支持是分不开的。

本书作为水利类专业教材，可作为给排水工程等相关专业的参考用书，也可供给水工程规划、设计、施工、管理等单位的工程技术和运行管理人员参考。

由于本书涉及众多内容，且编者水平有限，恳请读者批评指正。

编者

2013 年 11 月

目录

第1章　概　述

1.1　我国村镇水环境现状

1.1.1　我国村镇水环境污染现状

在加快城镇化进程和建设社会主义新农村建设的背景下，中国村镇建设取得了较快发展。但随着中国城镇化的快速发展，村镇水环境质量正在持续恶化。近年来，大量超标的工业废水和生活污水被排放到场镇和农村周边水域，同时随着农业的发展和农药、化肥的使用，农村面源污染比较严重，村镇周边水体，如河流、湖泊或者水库出现富营养化，水体水质恶化而且有逐年增加的趋势，严重威胁村镇居民的饮水安全。

村镇污水主要指县城以下镇、村、户等所排出的污水。根据《2006年国家城市环境管理和综合整治年度报告》，中国现在661个大中小城市污水处理率在46%左右，而县城的污水处理率仅为11%左右，到乡镇一级不超过1%。但是，县、镇、村的排水量占全国总排水量的50%左右，其污水处理问题却长期被忽略。大多数乡镇污水没有经过任何有效处理就排入临近的河流或沟渠，进而进入附近的大的河流、水库、水塘或湖泊，或者逐渐下渗，从而对地表水或地下水造成严重污染。建设部《村庄人居环境现状与问题调查报告》对中国具有代表性的9个省、43个县、74个村庄的入村入户调查显示，96%的村庄没有排水渠道和污水处理系统。而村镇周边的这些河流、水库、湖泊或地下水，多为其生产生活的水源。由于这些水源水量较小，流动性较差等因素，其自净能力较差，更加加剧了其污染。村镇周边水源的污染不仅造成粮食减产，而且使我国广大的村镇居民的基本饮用水安全得不到保障。根据2012年6月27日发布的《国务院关于保障饮用水安全工作情况的报告》显示，截至2010年年底，全国农村有2.98亿人存在饮水不安全问题，另有11.4万所农村学校需要解决饮水安全问题，多数分布在高原、高山、深丘和干旱沟壑地带的贫困地区、革命老区和污染严重的工矿区。在现有2.98亿饮水不安全农村人口中，从构成成分来看，水质不达标人口占56.2%，水量不足、方便程度和保证率不达标人口占43.8%。据调查，我国患病人群的88%、死亡人数的33%都与生活饮用水不洁直接相关。农村水环境的恶化，不但直接影响到工农业生产的经济效益，同时也不利于社会的经济发展和稳定。

从主要污染物来源来看，不同类型水源地有不同来源，如在不达标的饮用水水源地中，湖泊、水库型水源地主要超标因子是总氮、氨氮和COD（化学需氧量，衡量水体中有机物含量的指标），主要污染物来源为生活面源、农业面源和土壤本底。河流型水源地主要超标因子为类大肠菌群、氨氮和COD，主要污染物来源为工业污染、生活污染和农业面源污染。

1.1.2 我国村镇水环境污染的特点

对于村镇周边的水环境而言，其水污染主要超标指标为重金属、氨氮、总磷、化学耗氧量、大肠杆菌、阳离子表面活性剂等。农村面源污染的特点是污染物种类多、数量大、分布广，面源的监测、管理及污染控制比较复杂。

农村用水一般为河水、井水和自来水三者结合使用，通常河水和井水作为辅助用水，用于洗涤、冲刷地面和饲养家禽等，自来水作为饮用水。农村生活污水具有与城市污水不同的特点，其排量较少，所含有机物浓度相对偏高，日变化系数大。同时，农村生活污水氮、磷浓度较高，排入水体前基本没有处理。

因农业生产大量施用农药、化肥，村镇周边水环境普遍受其影响，农药、氮、磷污染物含量偏高，水体存在富营养化。

1.1.3 我国村镇水环境污染的成因

1.1.3.1 村镇生产生活自身的污染

1. 村镇生活垃圾

长期以来，我国集镇和农村生活垃圾缺乏完善的收集和处理系统。据卫生部门统计，2008年，我国农村每天每人生活垃圾量达0.86kg，全国农村一年生活垃圾量近3亿t，其中约1亿t垃圾随意堆放。垃圾被直接排到河流等水体，并造成农村水环境污染。据2009年建设部对全国部分村庄的调查显示，全国农村每年产生生活污水约80亿t，全国近96%的农村未设排水沟渠和污水处理系统，污水就近排入附近的河流、水库、水塘或湖泊，或者逐渐下渗，从而对地表水或地下水造成严重污染。农村生活污水中包括多种化学成分，未经处理直接排到水体会造成污染。由于村镇地区的居民相对分散，难以对生活污水进行统一处理。

2. 化肥和农药污染

为了提高粮食产量，加大化肥和农药的使用量成为提高土地产出水平的重要途径。目前我国已经成为世界第一化肥农药生产大国、进口大国和消费大国。据统计，只有10%～20%的农药被有效利用，80%流失在土壤、水体和大气中，并在农田灌溉或降雨等淋溶作用下进入沟渠和江河、水塘、水库或湖泊等水体，从而污染农村水体。

3. 乡镇企业污染

很多乡镇企业布局混乱、技术装备差，经营管理不科学，资源和能源消耗大，甚至未设置污水处理设施，污染物的排放量也在迅速增长，导致村镇周边水资源受到严重破坏，并逐渐成为影响我国村镇整体环境和饮水安全的主要因素之一。

4. 污水灌溉和畜禽养殖污染

污水灌溉在一定程度上起到了较好的增产效果，但是现在已经成为我国村镇水污染的主要成因之一，危害着污水灌溉区的饮水和粮食安全。另外，畜禽养殖也给农村环境带来很大压力。

据统计，猪、牛、鸡三大类畜禽粪便总排放量达22亿t/a，是工业固体废物的2.4倍，粪便中COD的含量是全国工业和生活污水排放COD之和的5倍，8%～10%的规模化养殖场距离当地水源地不超过50m。据环境保护部在全国23个省市的调查，90%的规模化养殖场没有经过环境影响评价，60%的规模化养殖场缺少必要的污染防治措施。由于技术水平、管理水平和经济条件等的差异，畜禽养殖污染防治在全国范围内落实情况有很大差距。许多畜禽养殖场在建立之初就缺乏对畜禽粪便无害化、资源化处理的总体考虑，对粪便、污水的储运和处理能力不足，污染防治设施普及率低，即使已建设有一些处理设施，也由于技术水平、管理水平和经济条件等的差异使得处理效果不能得到保证，造成严重的环境污染。

1.1.3.2 城市污染的转移

越来越多高耗能和高污染的工业企业开始向村镇区域转移，导致以城市为中心的水体污染正快速向农村转移，严重破坏了农村的生态环境，造成农村水污染进一步恶化，让农村重蹈城市粗放型发展的老路。

1.1.3.3 环保意识薄弱，治污技术缺乏

当前村镇居民的环保意识较为薄弱，对环境污染问题的潜在危害认识不足。另外，受财力限制，村镇水污染防治基础设施建设的资金严重不足，绝大部分村镇没有专门的水污染治理机构和专业技术人员，也没有专门针对其水污染防治的研究机构。

1.2 村镇供水的现状及发展趋势

农村饮水安全是一项重大的民生工程，事关我国广大村镇居民的身体健康和环境卫生水平。近年来，我国大力发展村镇供水工程建设，在保证农村饮水安全工程中发挥了重大作用。

1.2.1 村镇供水现状

村镇作为联系城乡的纽带，在我国的城乡建设中发挥着重要作用。我国现有5万多个村镇，建制镇有1.6万个，其中人口超过10万人的镇有403个。据2011年中国水资源公报数据，我国城镇生活用水（包括居民用水和公共用水，含第三产业及建筑业等用水）和农村生活用水（包括居民生活用水和牲畜用水）分别占总用水量（生活用水、生产用水和生态用水）的4.7%和7.7%，分别为150.4亿m^3和245.5亿m^3，城镇和农村人均综合用水量为198L/d和82L/d。

1. 村镇供水工程建设

2005年国家发展和改革委员会、水利部和卫生部联合对全国农村饮水现状调查成果进行了一次全国复核评估，结果表明，截至2004年年底，全国农村人口93745万人（不含港澳台和上海市），其中饮水安全和基本安全人口为61545万人，占农村总人口的65%，饮水不安全人口数为32200万人，占农村人口的34.3%。农村饮水不安全人口中，水质不达标的占70%，主要是氟超标、地下水严重污染、地表水严重污染、苦咸水以及砷超标等；水量、方便程度或者用水保证率不达标占饮水不安全人口的30%。

目前我国村镇供水工程的主要类型有以下4类：一是已经实现城乡供水一体化的工程，利用城市自来水厂的管网延伸工程，城镇水厂不仅向城市供水，而且向周边农村和乡

镇供水；二是多村多乡镇联合供水工程，即水源和地域相近的区域建设一个较大的集中供水站向区域供水；三是单村供水工程，即在水源和地域范围受限的情况下，村庄独自建设一个小型集中供水站向村内居民供水；四是分散供水工程，即在水源受限的条件下，建设单户打井工程或者多户联用打井工程解决饮水问题。

综合而言，我国村镇供水方式主要有集中式供水工程和分散式供水工程两种。长期以来，分散式供水工程是我国农村最主要的供水方式，2005年的调查数据显示，占到了村镇供水的63.5%。该方式供水安全性相对较差，水质合格率低，微生物超标，主要分布在我国中西部地区。集中式供水能较好地解决饮水安全和水资源严重损失等问题，是我国现阶段提倡的主要村镇供水方式。

随着经济发展和人民生活水平的提高，我国逐渐重视和加大对农村安全饮水问题的解决力度，村镇供水工程发展迅速。据2013年水利部和国家统计局发布的《第一次全国水利普查公报》数据，2011年全国共有农村供水工程5887.46万处，其中：集中式供水工程92.25万处，分散式供水工程5795.21万处。农村供水工程总受益人口8.12亿人，其中集中式供水工程受益人口5.49亿人，分散式供水工程受益人口2.63亿人。通过集中式和分散式供水工程建设和城镇供水管网向农村延伸等方式，村镇饮水安全问题得到了极大地改善，改善了农村环境卫生、提高了供水保证能力、改善了农民生活条件。

根据2011年中央1号文件，今后我国将在“十二五”发展规划内将农村饮水安全摆在更加突出的位置，力争2013年底前解决原规划内农村饮水安全问题，2015年年底前全面解决农村饮水安全问题，力争到2020年农村集中供水受益人口比例达到85%。

2. 村镇供水工程管理

我国村镇供水工程主要有两种管理形式：

（1）对于规模相对较大的村镇，一般建有包括取水、净水、输配水在内的完整供水设施，基本可以保证水质水量。这类工程主要以国家和集体投资为主，由工程管理委员会负责管理。工程管理委员会由县级水行政主管部门或者委托乡镇水利管理站负责组建，成员由水利部门和受益乡、村代表组成。

（2）对于一些居住分散、人口稀少的地区，一般采用水池、水窖、管井等微型供水工程，水质无法保障。这类工程一般实行农户自建、自有、自管、自用的体制，由水行政主管部门颁发产权证书，明确农户的所有权。

1.2.2 村镇供水存在问题

由于村镇自然地理条件复杂、人口居住分散、经济社会发展水平不高，我国村镇供水仍面临一些问题。

（1）我国农村供水设施仍较为薄弱。目前，村镇集中式供水人口受益比例还不高，如2007年年末，建制镇供水普及率为76.6%，乡镇供水普及率为59.1%，农村供水普及率则更低，多以分散供水工程为主。除原调查评估核定剩余饮水不安全人口外，由于部分地区水源变化、水质污染、生活饮用水卫生标准提高、早期建设工程老化报废、移民搬迁等原因，又新增了部分饮水不安全人口，工程建设管理难度大。

（2）供水工程投资需求大，工程建设标准低，一些不具备条件的地区只能采取分散或单村供水工程等措施解决饮水问题。而且，随着大量集中供水工程相继投入运行，管理维护任务也将越来越重。

已经建成的村镇集中供水站，自动化控制程度较低，对于取（送）水水泵、加药、消毒设备的运行，多数集中供水站仍然采用人工控制的方式，不能根据水源水质调整加药量和消毒剂用量，不能充分发挥药剂的性能，对供水水质造成影响。信息化技术方面，硬件设备安装多，但应用极少，特别是行业信息管理系统、决策系统仍是空白。

（3）工程长效运行机制需进一步完善。农村供水工程规模相对较小、供水成本高、水价不到位，难以实现专业化管理，建立工程良性运行机制的难度大。据《国务院关于保障饮用水安全工作情况的报告》，截至2010年年底，全国已建的农村集中式供水工程中，有90%是单村供水工程；全国农村饮水安全工程平均水价还达不到成本，绝大多数工程只能维持日常运行，水费收入只能弥补运行成本，无法足额提取工程折旧和大修费，不具备大修和更新改造的能力。

（4）水源保护和水质保障措施相对薄弱。村镇饮用水水源类型复杂，规模小、分布广，水源变化和水污染是造成饮水不安全的重要因素。近年来，随着经济的持续快速发展，水污染的整体状况不容乐观，而且缺乏对村镇饮水水源的保护和宣传。有些地方村镇周边的河流、水库及湖泊，既是居民生活饮用水的水源，同时又是生产、生活及农业污水的排放水体。因此对我国广大的村镇而言，地表水和地下水的污染呈现加重的趋势，由此带来对村镇安全饮水的影响不容忽视。具体表现在：乱砍滥伐，植被破坏严重，清洁水源逐年减少；大量未经处理的生活污水、村镇企业废水、废渣直接排入水体，造成水体的大面积污染；农药、化肥等非点源污染，造成水体富营养化。在水源保护方面，由于村镇居民缺乏水源保护的意识和措施，家禽养殖废水和生活污水随意排入河流、水库或水塘，造成水源污染。

部分村镇供水工程，特别是早期建设的一些单村供水工程存在着设计时未考虑水质处理和消毒设施，或虽有设计但未按要求配备，或配备了但未正常使用等现象，造成部分工程的供水水质不能完全达标。由于缺乏专项经费，一些地方缺乏水质检测设备和专业技术人员，水质检测工作薄弱，距离《生活饮用水卫生标准》（GB 5749—2006）的要求差距巨大。

（5）部分地区基层管理和技术力量不足。近年来，农村饮水安全工程建设力度加大，工程实施时间紧、任务重，但大多数地区的农村饮水安全工程技术和管理力量并没有相应增加，人员培训滞后，整体素质不高，服务体系不完善，工程专业化管理程度不高，业务素质较低，不能适应日常的运行管理维护要求，一些供水站甚至没有专门的管理组织或人员，没有供水站运行记录和水质检测记录，没有定期对供水设施进行检查和维修。另外，村镇供水工程大多地处偏远乡村，条件差、待遇低，对专业技术和管理人员也缺乏吸引力。适宜农村、效果好、成本低、操作简便的除氟等特殊水质处理技术目前仍较为缺乏。

1.2.3 村镇供水发展趋势

1. 水资源优化配置

水资源优化配置包括需水管理和供水管理。在需水方面，通过调整产业结构和调整生产力布局，积极发展高效节水产业，抑制需水增长势头，以适应不利的水资源条件。在供水方面，协调各单位竞争性用水，加强管理，尤其是对农村分散的自备井的管理，同时通过工程措施改变水资源天然时空分布，使之与生产力布局相适应。

2. 因地制宜的村镇供水模式

以建设集中供水工程为主，分散供水工程为辅的因地制宜的供水模式。2011 年中央 1 号文件明确提出，在今后的农村安全饮水工作中，积极推进集中供水工程建设，提高农村自来水普及率。有条件的地方延伸集中供水管网，发展城乡一体化供水。加强农村饮水安全工程运行管理，落实管护主体，加强水源保护和水质监测，确保工程长期发挥效益。制定支持农村饮水安全工程建设的用地政策，确保土地供应，对建设、运行给予税收优惠，供水用电执行居民生活或农业排灌用电价格。

根据当地具体情况，在地形、经济和水源条件允许的情况下优先使用连片的集中供水模式。集中供水模式有利于对供水工程进行统一管理，更高效地利用水资源，解决一定范围内水资源分布不均的问题。而对于地形复杂的山区，集中供水可能会产生巨大的抽水费用，采用分散式的供水工程更为适用。

3. 更完善的管理模式

完善的管理模式是保证供水工程稳定运行的前提。我国未来村镇供水的管理模式可以参考以下几种形式：

（1）国家或当地政府投资修建的村镇供水工程，由政府或当地水务部门成立专门的机构进行管理的模式。管理部门主要对工程的建设、运行、收费等进行管理。一般而言村镇供水工程规模较小，多以村镇为单位，所以由政府设置专门的部门对一定地域范围内工程进行统一管理。

（2）由用户参与资本投资并直接参与管理的模式。由用水家庭直接参与供水工程的资本投入以及运行管理对于提高用户的满意程度、用户间的平等以及用户对供水系统的信赖程度都起到了十分重要的作用。我国供水建设在今后的发展中可以采取上述模式，由政府部门和当地居民共同投资修建工程，当地居民用户成立"用水者管理协会"负责管理，政府制定一些相关的条款规定，用水者管理协会可以在政府的规定内制定具体的管理细则。这样能够使用户参与到管理当中，同时由于用户参与了资本投资，所以用户管理不只是进行简单的手工操作，他们有权决定水厂运营及发展，能够更加充分地调动用水户的积极性，有利于供水事业今后的发展。

（3）供水工程管理主体多元化。我国的村镇供水工程管理模式可以吸取发达国家成功的经验采取供水工程管理多元化的方式。由国家或当地政府制定一些供水的规范标准，供水工程必须在所指定的规范标准内运营。管理主体可以是水利部门，也可以是村镇供水协会或者符合特许经营制度的单位或个人。在符合国家相关法律法规以及当地政府所制定的规范标准的前提下，供水企业可以拥有充分的自治权，可以自己制定收费标准，由企业直接向用户收取水费。政府和当地用户共同组成监督部门，监督供水企业的运营。

随着中国城镇化水平的不断提高，村镇的水环境受到前所未有的严峻挑战，且已成为制约当地社会和经济发展的瓶颈。为了尽可能避免再走国内外大城市走过的先污染、后治理的老路，应充分根据村镇污水的特点，因地制宜采取多元化处理模式并兼顾经济适用原则，构建可持续的村镇污水处理体系，从而更好地促进中国广大村镇社会经济与生态环境的健康、协调发展。

1.3 村镇供水工程规划设计原则及任务

村镇供水工程系统一般都是由取水、水质净化、输配水三部分组成。取水指把水从天然水源中取来，并在水量上达到使用的要求，由取水构筑物和取水泵房组成；水质净水指把取来的原水经过适当的物理、化学或生物化学的处理，使水质达到国家规定的生活饮用水标准，由净化构筑物和消毒设备组成；输配水指把经过净化后符合饮水标准的水，在保证水量和压力要求的条件下，通过管网输送到各用水点，由清水池、出水泵房、输配水管和高位水池或水塔等组成。

1.3.1 规划设计原则

（1）合理利用、优化配置水资源，优质水优先供给生活用水，加强水源卫生防护，保证水源的可持续性。我国是一个水资源匮乏的国家，随着人口的增加和工农业生产的发展，水资源供需矛盾日益突出，已成为制约我国经济发展的关键性因素。同时，水源污染和地下水超采加剧。因此，村镇供水工程的建设和管理应合理利用水资源，充分发挥有限水资源的效益；水源的水质和水量直接关系到供水水质和供水保证率，因此，供水工程的建设和管理应有效保护供水水源的水质和水量。

（2）因地制宜，科学规划，以城乡供水一体化为目标，优先建设规模化集中式供水工程。我国村镇的自然、经济、用水和管理等条件差异甚大。因此，村镇供水工程的建设和管理应坚持以人为本的原则，充分听取用水户意见，反映民意；从实际出发，充分考虑当地的运行管理条件，因地制宜选择供水方式和供水技术，以保证工程良性运营。县城、乡镇自来水厂的周边农村，应优先依托自来水厂的扩建、改建、辐射扩网、延伸配水管线发展自来水，供水到户。在人口居住集中、有好水源的地区，应优先建设适度规模的集中式供水工程，必要时可跨区域取水、联片供水。无联片供水条件，又相对独立的村庄，可选择适宜水源，建造单村集中供水工程。居住相对集中，又无好水源地区，需特殊处理，制水成本较高时，可采用分质供水（饮用水与其他生活用水分别供水）。受水源、地形、居住、电力、经济等条件限制，不适宜建造集中式供水工程时，可根据当地实际情况规划建造分散式供水工程。

村镇供水工程建设与村镇的人口、企业、建设用地、道路、电力、排水、防洪、环境卫生和区域水资源等规划密切相关，为使供水工程布局合理、满足发展需要、避免建后矛盾、合理投资，村镇供水工程的建设应与村镇总体规划相协调，统一规划，可分期实施。

（3）合理设计供水规模，发挥投资效益，保证水厂良性运营。村镇供水工程的供水规模，是指水厂的供水能力，为集中供水工程规划设计的重要参数。供水规模（即最高日用水量）包括：居民生活用水量、饲养畜禽用水量、工业企业用水量、公共建筑用水量、消防用水量、浇洒道路与绿地用水量、管网漏失与未预见水量。供水规模按该工程供水范围内的最高日用水量计算，以 m^3/d 表示。

供水规模的确定应能够反映当前区域实际用水的需要，同时还应考虑一定的发展规划的要求，要尽可能做到经济和效益的有效统一。

(4) 加强水质检验、监测，逐步建立水质监测网络。饮用水水质问题，直接关系到人们的生活与身体健康，必须重视已建和规划建设饮水工程的水质监测，逐步建立和完善水质检验和监督体系。检测的目的在于及时掌握水质情况，查找原因，采取有效措施和技术对策，确保供水水质达到生活饮用水卫生标准。

同时应建立和健全饮水安全信息化管理系统，可以方便主管部门对整个区域内供水工程的运行进行统一管理。

1.3.2 规划设计任务与内容

发展村镇供水，应制定区域供水规划和供水工程规划。区域供水规划应根据规划区域内各村镇的社会经济状况、总体规划、供水现状、用水需求、区域水资源条件及其管理要求、村镇分布和自然条件等进行编制，既要兼顾近期使用，同时要考虑远期发展需求。

满足生活饮用水需求、保障生活饮用水卫生安全，是村镇供水的主要任务。因此，村镇供水工程的建设和管理应符合国家现行的有关生活饮用水卫生安全的规定。如供水工程应有必要的净水设施和消毒措施；凡与生活饮用水接触的材料、设备和化学处理剂不应污染水质；集中供水系统不应与非生活饮用水管网和自备供水系统相连接；供水单位应建立水质检验制度和卫生防护措施；供水水质应符合生活饮用水卫生标准等。

规划内容应包括供水现状分析与评价，拟建供水工程的类型、数量、布局及受益范围，各工程的主要建设内容、规模、投资估算，建设和管理的近、远期目标，保障供水工程良性运营的管理措施，以及实现规划的保障措施等。区域供水规划应能指导当地村镇供水工程的建设和管理。

1.4 村镇供水工程建设程序和设计阶段

1.4.1 基本建设程序

从事建设工程活动，必须严格执行基本建设程序，坚持先勘察、后设计、再施工的原则。

按照基本建设程序，工程建设项目实施可分为建设项目前期工作、建设准备、建设实施和竣工验收4个阶段。

设计工作一般可分为可行性研究报告、初步设计和施工图设计，重大项目、技术复杂或缺乏经验的项目，可在施工图设计前增加一个技术设计阶段。

建设项目前期工作的主要内容包括：项目建议书的编报与审批；可行性研究报告的编报与审批；初步设计的编报与审批。对于村镇供水工程，由于其供水规模较小，工程建设的程序一般包括项目申请阶段，即将供水工程的基本情况和受益人口状况提交主管部门后，通常将可行性研究阶段和初步设计阶段合并，审查报批后再进入施工图设计阶段。

初步设计文件批准后，进入建设准备阶段，可开展施工图设计和施工准备工作，根据建设部规定，施工图文件未经审查批准的，不得使用。

在整个建设程序中，必须在完成上一环节后方可转入下一环节，不得任意超越。工程建设的程序见图 1.1。

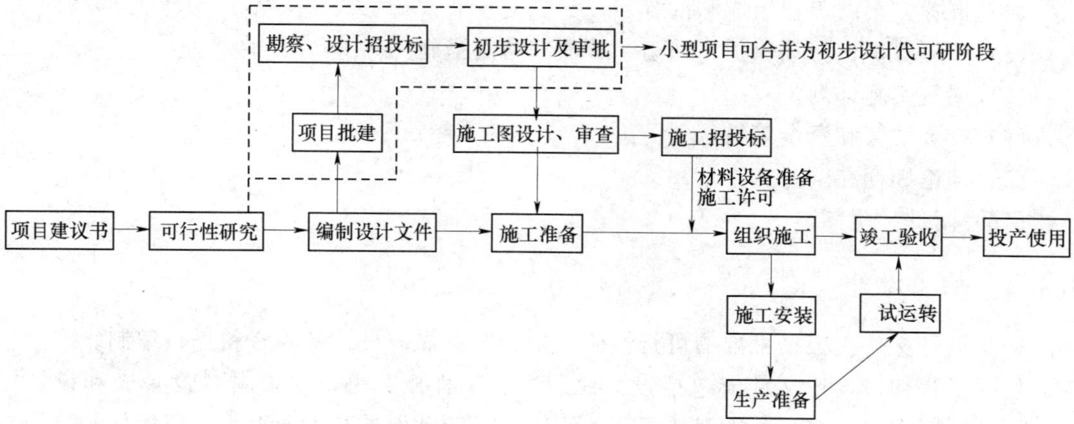

图 1.1　村镇供水工程建设程序

1.4.2　项目建议书

项目建议书是根据国民经济和社会发展的长远规划、产业政策、地区规划、经济建设方针、技术经济政策和建设任务，结合资源情况，建设布局等条件和要求，经过调查、预测和分析，由国家计划部门、行业主管部门或本地区有关部门提出的对投资项目需要进行可行性研究的建议性文件，是对投资建设项目的轮廓性设想。

供水工程项目建议书一般应包括以下内容：

（1）建设项目提出的必要性和依据。

（2）拟建规模、供水水质和建设地点的初步设想。

（3）水资源情况、建设条件、协作关系的初步分析。

（4）投资估算和资金筹措设想。

（5）项目的进度安排。

（6）经济效果和社会效益的初步估计。

1.4.3　可行性研究

可行性研究是在项目投资决策之前，调查、研究与拟建项目有关的自然、社会、经济、技术资料，分析、比较可能的投资决策建设方案，预测、评价项目建成后的社会经济效益，并在此基础上，综合论证项目投资建设的必要性、财务上的盈利性、经济上的合理性、技术上的先进性和适用性以及建设条件上的可能性和可行性，为投资决策提供科学依据。

可行性研究的主要文件为可行性研究报告。供水工程可行性研究报告一般包括以下内容：

（1）项目背景和建设必要性。

（2）需水量预测和供需平衡计算。
（3）工程规模和目标。
（4）工程方案和评价。
（5）推荐方案的工程组成和内容。
（6）环境保护、劳动保护、消防、节能和防震措施。
（7）项目实施计划。
（8）投资估算和资金筹措。
（9）结论和存在问题。
（10）附件、附图。

1.4.4 初步设计

初步设计文件应根据批准的可行性研究报告和可靠的设计基础资料进行编制。

供水工程初步设计文件应包括设计说明书、工程概算书、主要材料设备表和设计图纸。设计说明书应有概述、方案选择、工程设计、劳动保护与工业卫生、环境保护、消防安全、节能与节电、防震措施、人员编制以及对下阶段设计要求等章节。设计图纸应包括总体布置图、枢纽工程布置图、主要管渠平纵断面图、主要构筑物工艺图、供电系统和主要变配电设备布置图、自动控制仪表配置图等。

初步设计和工程概算批准后，才能确定建设项目投资额，编制固定资产投资计划，签订建设工程总包合同、贷款合同，实行投资包干，控制建设工程拨款，组织主要设备订货，进行施工准备以及编制施工招标文件和编制施工图设计文件等。

1.4.5 施工图设计

施工图设计文件应根据批准的初步设计和主要设备订货情况进行编制。施工图设计的深度应能满足施工安装的要求和设备材料采购、非标准设备制作等需要。

供水工程施工图设计文件应包括设计说明书、施工图纸和施工图预算。设计文件还应注明建设工程合理使用年限。施工图预算经审定后，即作为预算包干、工程结算等的依据。

思考题

1. 我国村镇水环境污染的现状是什么？存在哪些显著的特点？其主要成因又是什么？
2. 我国村镇供水现状是什么？存在哪些主要的问题？
3. 村镇供水工程设计原则和任务是什么？
4. 村镇供水工程建设程序是什么？

第2章　村镇供水工程系统

2.1　村镇供水工程的意义及特点

2.1.1　村镇供水工程的意义

村镇供水工程是水利基础产业的重要组成部分。村镇供水工程又是村镇发展的基础设施之一，它为村镇广大群众提供符合卫生标准的生活饮用水，也为村镇企业、牧副渔业等提供生产用水及环境用水。村镇供水工作是关系到全国亿万农村和集镇人民身体健康、促进村镇经济发展和造福子孙后代的伟大事业。新中国成立以来，村镇供水工作取得了可喜的成就，产生了巨大的社会效益、经济效益和环境效益，主要表现如下：

（1）减少疾病，提高人民健康水平。肠道传染病发病率下降了70%～90%，传染性肝病、痢疾、伤寒的发病率下降了75%～85%。

（2）解放了生产力，促进了经济发展。缺水地区群众每年要花费大量的时间和劳力，到几里甚至几十里以外的地方取水，劳动强度很大。村镇供水工程的实施使他们从繁重的取水劳动中解脱出来，使当地人民的生活发生很大变化。

（3）解决了消防用水，确保防火安全。随着乡镇经济的发展和高层建筑群的出现，提供消防用水也十分迫切。

（4）改善了村镇卫生环境条件，缩小城乡差距。显然这对建设社会主义新农村，构建和谐社会具有重要的意义。

2.1.2　村镇供水工程的特点

（1）在经济不发达地区，村镇供水工程以提供生活饮用水为主，同时包括牲畜和必要的庭院作物所需要的用水量。而在经济发达地区，提供生产用水比重很大，有的地区约占总供水量的70%左右。

（2）农村供水用水点多且分散，尤其在山区或丘陵地区更为分散，甚至采用一家一户的供水方式。村镇人口较为集中，因此村镇供水大都采用集中式供水，农村供水尤其偏远山区的农村供水则采用分散供水的方式。

（3）村镇供水多数是单水源、单电源、单供水站的供水系统，供水管网以树枝状为多，水压要求较低。

（4）用水时间比较集中，时变化系数大。一般村镇供水时变化系数可达3～5，而城市供水时变化系数一般只有1.3～1.6。

（5）以提供生活饮用水为主的小型供水工程，对不间断供水的要求程度较低，并非全天候供水。由于生产用水量很少，即使发生短时间停水，所造成的损失也较小。因此，可采用间歇运行方式。

（6）机电设备、自控仪表、工艺操作等比较简单。

2.2 村镇供水系统的组成及对水的要求

2.2.1 村镇供水工程系统的组成

村镇供水工程系统，以设计用水量为依据从水源取水，按照水源水质和用户对水质的要求，选择合理的水质净化工艺流程对水进行净化处理，然后按用户对水质的要求将足量的水通过管网输送到用水户。因此，村镇供水工程系统的组成包括以下几个系统。

1. 取水工程系统

取水工程系统指从选定的水源（地表水或地下水）取水的构筑物。取地下水的构筑物按照地下含水层的厚度、含水条件和埋藏深度可选用管井、大口井、辐射井、渗渠等取水构筑物。取地表水的构筑物按照地表水水源种类（河流、湖泊、水库等）、水位变幅、径流条件和河床特征等，可选用固定式（取水头部和泵站）或活动式（浮船、缆车）取水构筑物；在山区河流上还有通过低坝拦河取水的构筑物；在缺水型人畜饮水困难的地区还有雨水集取构筑物。

2. 水质净化工程系统

水质净化工程系统指对取水构筑物取来的原水进行物理、化学或生物净化处理，以达到村镇用水对水质要求的构筑物和设备。一般从地下取水的村镇供水工程净水构筑物比较简单或不需要净水构筑物。从地表取水的净水构筑物，主要由一系列去除天然水中的悬浮物、胶体和溶解物等杂质以及进行消毒处理的构筑物和设备构成。

3. 输配水工程系统

输配水工程系统是把经过净化处理后的洁净水通过调节构筑物、加压设施和配水管网等以一定的压力和水量输送、分配到各用户。包括：

（1）调节构筑物：用于储存和调节水量，包括清水池、水塔和高位水池等。

（2）加压设施：包括送水泵房和输水管或配水管网中途的加压泵站。

（3）配水管网：将经过净化处理、符合生活饮用水水质标准的水输送至各用户的管道及附属构筑物，村镇供水一般采用树枝状管网。

以地表水为水源的村镇供水工程系统见图2.1。取水构筑物1从江河取水，经一级泵站2和输水管道送往水处理构筑物3，经处理后的清水储存在清水池4中。二级泵站5从清水池4中取水，经输水管6送往管网7供应给用户。有时，为了调节管网中的水量和保持管网中的水压，可根据需要建设中途加压泵站、高位水池或水塔等调节构筑物8，也可设置变频控制增压泵站。水处理构筑物、清水池和二级泵站都集中设置于供水站内，当取水构筑物距供水站较近时，取水构筑物也属于供水站的范围。

图2.2表示以地下水为水源的村镇供水工程系统，常打井取水。因地下水水质良好，一般可不设置水处理构筑物而只需消毒，或直接使用，使供水工程系统大为简化。图中水塔并非必须，应视村镇规模大小和地形特点而定。随着电气和自动控制技术的发展，也可不设置水塔而直接采用水泵变频增压供水。

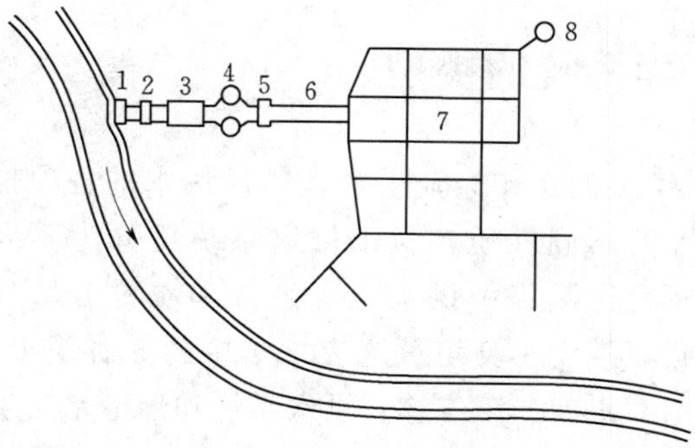

图 2.1 地表水供水工程系统
1—取水构筑物；2——级泵站；3—水处理构筑物；
4—清水池；5—二级泵站；6—输水管；
7—管网；8—调节构筑物

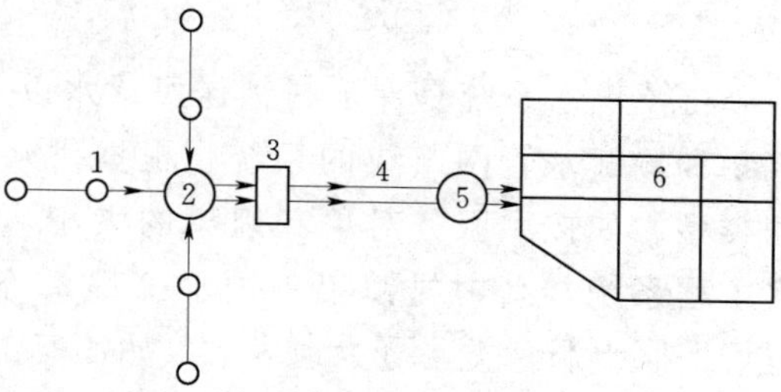

图 2.2 地下水供水工程系统
1—管井群；2—集水池；3—泵站；
4—输水管；5—水塔；
6—管网

2.2.2 村镇供水工程系统对水的要求

1. 对水质的要求

(1) 生活饮用水水质要求。生活饮用水主要是供人们在日常生活中饮用。这些水与人体健康密切相关，其水质必须符合卫生部颁发的《生活饮用水卫生标准》（GB 5749—2006）的规定。

(2) 生产用水水质要求。村镇企业在从事生产过程中，无论是将水作为生产产品的原材料，还是作为辅助生产资料，不同产品、不同生产工艺条件对水质都会提出不同的要求，而且水质与产品的质量密切相关，所以生产用水水质应满足相应行业的标准。

(3) 牲畜饮用水水质要求。牲畜饮用水要求水中无使其中毒或致病的物质，如过量的氟化物会使动物生斑釉齿等病。

2. 对水量的要求

(1) 对生活供水量的要求。主要与供水范围、工程设计年限和供水区内的人口数量等有关，还应考虑村镇发展趋势及其需水量的相应变化。

(2) 企业生产对水量的要求。村镇企业的生产用水量应根据不同企业生产工艺要求确定，并尽量提高水的重复利用率。

(3) 公共建筑对水量的要求。应按《建筑给水排水设计规范》（GBJ 15—88）的规定计算。

(4) 消防对水量的要求。消防所需的水量、水压及延续时间应按相应的防火有关规范计算确定。

3. 对水压的要求

供水系统中用户对水量的要求，需要由足够的水压来保证，管网中若水压不足，用户就得不到所需的水量。生活用水管网中控制点处的服务水头（地面以上水的压力）根据村镇的房屋层数确定：一层、二层各为 10m 与 12m，二层以上每增高一层水压增加 4m。某些生产用水有特殊水压要求，而村镇供水系统又不能满足要求或对村镇中个别的高层建筑应设水泵加压系统。另外，还可设屋顶水箱来调节供水水压。

2.3　村镇供水工程系统的类型

村镇供水系统是保证村镇居民饮水以及村镇上的工矿企业生产、生活用水的各项构筑物和输配水管网组成的系统。根据供水系统的不同性质，村镇供水系统可分为不同的类型。如按照服务对象和规模的大小，可分为村镇集中供水工程系统和农村分散供水工程系统，其中村镇集中供水工程系统按照规模大小又可分为表 2.1 中的 5 种类型。也可按照水源种类，分为地表水（如江河、湖泊、水库、溪流等）供水系统和地下水（引泉、管井、大口井、辐射井以及渗渠等）供水系统，还可以按照供水方式分为：重力供水系统，即利用地形自流供水；压力供水系统，即依靠水泵供给所需要的水压来满足供水需求；混合供水系统，即该系统内既有可以直接依靠地形自流供水的区域，也有依靠水泵供水的区域。

表 2.1　　**集中式供水工程类型划分**

工程类型	Ⅰ型	Ⅱ型	Ⅲ型	Ⅳ型	Ⅴ型
供水规模 w(m^3/d)	$w>10000$	$10000\geqslant w>5000$	$5000\geqslant w>1000$	$1000\geqslant w\geqslant 200$	$w<200$

2.3.1　村镇集中供水工程

1. 村镇供水工程系统分类

村镇集中式供水（又叫自来水）工程是指由水源集中取水，经统一净化处理和消毒后，由输水管网送到村镇用户的供水形式。在城市供水中，水质净化部分一般称为自来水厂，而在村镇区域，水质净化部分一般称为供水站或集中供水站。

由于集中取水，有条件和可能选择较好的水源。水源集中取水，有利于进行水源卫生防护，集中取水、水质净化、消毒和严密的配水管网输水能防止水在运送过程中受到污染而保证水质。由于取水方便，从而可以大大提高人民的生活卫生水平，比较集中也便于实行卫生管理和监督。但集中式供水如果设计和管理不当，水一旦受到污染，就有可能引起大范围的疾病流行或中毒，危害人民的身体健康和生命安全。因此，必须搞好集中式的供水卫生，提供安全的生活饮用水。

水源既可以是地表水，如溪流、江河、湖泊、水库，也可以是地下水，如泉水、浅层地下水和深层地下水。

按照用户对水压、水质的要求，村镇集中供水工程一般分为统一供水工程系统、分质供水工程系统、分压供水工程系统和分区供水工程系统。

（1）统一供水工程系统：该工程系统统一按生活饮用水水质供水，为大多数城市和村镇供水所采用。

（2）分质供水工程系统：根据不同用户对水质要求的不同，采用分质供水系统供应。例如：将水质要求较低的工业用水单独设置工业用水系统，其余用水则合并为另一供水系统（图 2.3）；将城市污水再生后回用作为厕所便器冲洗、绿化、洗车等用水，另设生活杂用水系统；利用海水作为冲厕用水，另设海水系统等。

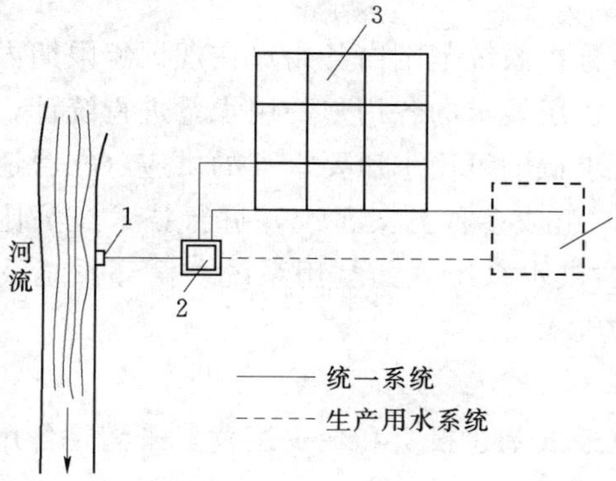

图 2.3 分质供水系统

1—取水口；2—供水站；3—村镇；4—工业区

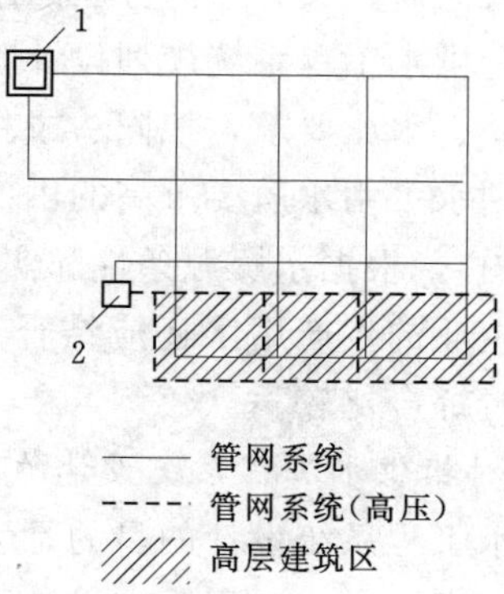

图 2.4 分压供水系统

1—供水站；2—增压泵房

(3) 分压供水工程系统：根据管网压力的不同要求，如村镇中某些较高建筑区或地势较高处，要求较高的供水压力，此时可采用不同压力的供水系统，见图 2.4。

(4) 分区供水工程系统：按地区地形和对供水水压的要求形成不同的供水区域。对于地形起伏较大的村镇，其高、低区域采用由同一供水工程分压供水的系统，称为并联分区供水系统；当采用增压泵房（或减压措施）从某一区域取水，向另一区域供水的系统，称为串联分区系统，见图 2.5。

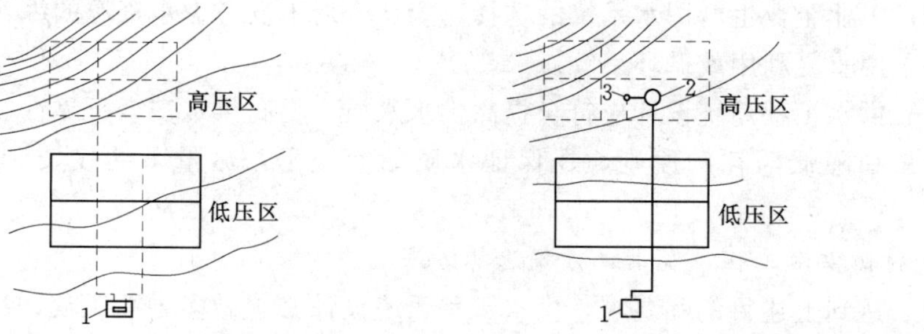

(a) 并联分区供水系统　　(b) 串联分区供水系统

图 2.5 分区供水系统

1—供水站；2—调节水池；3—增压泵房

当村镇用水区域划分成相距较远的几部分时，由于统一供水不经济，也可采用几个独立系统分区供水，待村镇发展后逐步加以连接，成为多水源的统一系统。

(5) 区域供水系统：按照水资源合理利用和管理相对集中的原则，供水区域不局限于某一场镇，而是包含了若干场镇及周边的村镇和农村聚居点，形成一个较大范围的供水区域。区域供水系统可以由单一水源和供水站供水，也可由多个水源和供水站组成。

除了以上供水工程系统的分类外，有时还根据系统中的水源多少，分为单水源系统和多水源系统等。

对于规模较大的场镇以及大型联合企业的供水系统，还可能同时具有几种供水系统。例如既有分质，又有分区分压的系统等。

进行供水工程系统规划设计时，首先要分析系统范围内各用户在规划年限期内的用水量和水质、水压要求，把同一或相近水质、水压要求的各用户的用水量进行统计，水质要求低的用水可用水质要求高的供应、水压要求低的可用水压要求高的供应（在管道压力允许范围内），根据水资源条件和实施可行性，组成多种方案系统，进行技术经济比较。对于大型企业的生产用水还应结合企业内部的供水系统（如复用系统、循环系统及直流系统）进行综合比较。

2. 村镇供水工程系统设计的目的和要求

供水工程系统设计的目的是为了选择以最低基建投资和最少运营费来满足各用户用水要求的方案。供水工程系统设计的具体要求是：

（1）供水系统设计必须合理处理村镇、工业与农业用水之间的关系，正确选用供水水源。

（2）水源的选择应符合水源水质标准，同时应保证水量，并且便于水源保护。

（3）供水工程的设计应符合场镇总体规划，近远期结合，以近期为主。近期设计年限宜采用 5～10a，远期规划年限宜采用 10～20a。

（4）对于扩建或改建的供水工程，应从实际出发，充分挖掘、利用原有设施的能力。

（5）供水工程系统中统一、分区、分质或分压的选择，应根据当地地形、水源概况，场镇和工业企业的规划、水量、水质、水温和水压的要求及原有的供水工程设施等条件，从全局出发，通过技术经济比较后综合考虑确定。

（6）工业企业生产用水系统的选择，应从全局出发考虑水资源的综合利用和水体的保护，并采用重复利用或循环系统。

（7）供水工程系统设计应符合提高供水水质、提高供水安全可靠性、降低能耗、降低漏失水量和降低药耗的原则，在保证水质的前提下，尽量节约投资和生产、运行管理成本。

3. 村镇供水工程系统设计方案选择方法

为了达到上述目的和要求，供水工程系统设计必须做多方案比较，特别对于旧场镇和工业企业供水工程系统的扩建或改建，更应考虑充分利用原有设施，做好方案比较。方案比较的一般步骤如下：

（1）根据工程建设的目标，确定在技术上可能实施的各种方案（排除在技术上或经济上明显不合理或缺乏竞争力的方案）。

（2）对应予比较的方案，做出具体的设计和计算，列出各方案的工程量和主要技术指标。

（3）进行各方案的工程投资和经常运行费用的估算。

（4）根据各方案的基建投资和年经营费用进行经济评价。评价的经济指标可采用现值比较法、年费用比较法或者静态差额投资回收期法进行计算。

现值比较法计算各方案的费用现值（PC）并进行比较，以费用现值较低的方案为优，其计算式为

$$PC=\sum_{t=1}^{n}(I+C')\frac{1}{(1+i)^{t}}-(S_V+W)\frac{1}{(1+i)^{n}} \tag{2.1}$$

式中　I——年投资（包括固定资产投资和流动资金）；

C'——年经营费用；

S_V——计算期末回收的固定资产余值；

W——计算期末回收的流动资金；

i——折现率；

n——计算期年限；

t——计算年份（$t=1$，…，n）。

年费用比较法计算各方案的等额年费用（AC）并进行比较，以年费用较低的方案为优。其计算式简化为

$$AC=I'\frac{(1+i)^{n}i}{(1+i)^{n}-1}+C' \tag{2.2}$$

式中　I'——工程总投资。

式（2.2）适用于工程一次建成，建设期相对于计算期较短的方案比较。

当两个方案预期达到的目标相同或基本相同时，可采用较简单的静态差额投资回收期（P_t）进行比较。其计算式为

$$P_t=\frac{I_2-I_1}{C'_1-C'_2} \tag{2.3}$$

式中　C'_1、C'_2——两个比较方案的年总经营成本；

I_1、I_2——两个比较方案的全部投资。

投资回收期短于基准回收期时，投资大的方案较为优越。

（5）根据工程的要求和特点确定进行综合评价的项目。除了经济指标外，一般还应包括土地占用、动力资源、施工条件与建设周期、水源的环境保护、原有设施利用程度、主要材料消耗、近远期结合以及社会效益和环境效益等内容。

（6）按照综合评价的项目，对各方案进行比较或评分，列出从最优至最差的次序。

（7）根据各项评价指标，综合评价各方案的优劣，确定推荐方案。也可分项进行级差量化处理（加权），按重要性分为极重要、很重要、重要、应考虑和意义不大等五级，以“意义不大”取权数为1，依次按 2^{n-1} 进级，然后按照五分制评价的评分进行加权计算，以确定推荐方案。

2.3.2　农村分散供水工程

农村分散供水工程是相对于集中供水工程而言的，是指用户直接从水源取水，不经过任何或只经过简单设施处理之后的供水方式，其水源可以是浅层地下水、泉水、山溪水、雨水储存窖、河水、池塘水等多种水源。因分散供水工程一般不采用设施处理，故分散供水工程多采用地下水、泉水、雨水或山溪水为水源，有条件时尽量以地下水和山泉水为水源。

1. 农村分散供水工程类型

农村分散供水工程按照水源的条件，一般分为雨水集蓄供水工程、引蓄供水工程和分散供水井或引泉工程。

（1）雨水集蓄供水工程。淡水资源缺乏或开发利用困难，但多年平均降雨量大于250mm时，可建造雨水集蓄供水工程，其形式可采用单户雨水集蓄的方式，也可在有条件时采用多户公共集雨的方式。

雨水集蓄供水工程包含集雨坪、沉砂池、蓄水池、慢滤池以及消毒设施等组成部分。

（2）引蓄供水工程。资源缺乏，但有季节性客水或泉水时，可建造引蓄供水工程。引蓄供水系统宜同雨水收集系统结合建设，这样既可充分利用雨水资源，同时也可在雨水不足时依靠引蓄水实现供水。

引蓄供水工程包含取水头部、沉砂池、蓄水池、慢滤池以及消毒设施等组成部分。

（3）分散供水井或引泉工程。有良好的浅层地下水或泉水，但用户少、居住分散时，可建造分散式供水井或引泉工程。

因地下水或泉水水质较好，浊度较低，一般能符合饮用水水质的要求，故其一般仅经过消毒处理即可，若用户距离水井或引泉较近，也可不进行消毒处理，但应烧沸后饮用。

分散供水井工程包含管井、水泵、输配水管以及消毒设施等组成部分，其核心部分为管井和水泵。

分散引泉工程包含引泉池、调节池、输配水管以及消毒设施等组成部分，如水压不能满足用户需要，还要设置水泵增压设施。

2. 农村分散供水工程的水质净化工艺

分散供水工程按照水源水质的情况，一般采用如下简单处理工艺：

（1）以地下水或山泉水为水源的分散供水工程。

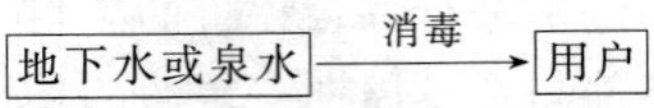

（2）以山溪水或水窖为水源的分散供水工程。

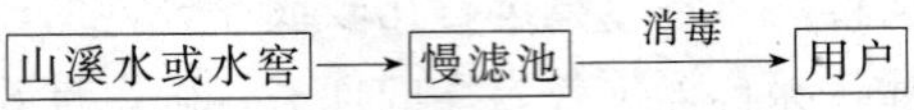

因分散供水工程水源水质一般较好或仅经过简单设施处理，同时水源一般距离用户较近，因此饮用水在管道中的输送距离较短，水在管道中的停留时间较短，故一般不需保持水在管道中的余氯量。因此，对于分散供水工程的消毒，有时根据水源水质情况可以不进行消毒处理，或者需要消毒处理时，消毒剂的添加量一般较小，或者采用不产生余氯的消毒设施，如常用的紫外线消毒设施。

2.4 村镇供水工程设计用水量

设计村镇供水工程系统时，首先要确定该系统的总供水量即设计规模。它是供水工程在投产后所能达到的最大供水能力，也是供水工程系统中的取水、水质净化、送水泵站、输配水管网等的主要设计依据。合理地确定设计规模是村镇供水工程设计的一个十分重要的问题，将直接影响到整个工程的总投资、制水成本和工程的经济及社会效益。

设计用水量由下列各项组成：

（1）综合生活用水，包括居民生活用水和公共建筑及设施用水。前者指村镇中居民的饮用、烹调、洗涤、冲厕、洗澡等日常生活用水；公共建筑及设施用水包括宾馆、机关办公楼、商业、学校等用水，但不包括道路浇洒、绿化和市政等用水。

（2）工业企业生产用水和工作人员生活用水。

（3）消防用水。

（4）浇洒道路和绿地用水。

（5）未预计水量及管网漏失水量。

2.4.1　用水量定额

用水定额是确定设计用水量的主要依据，它可影响供水工程系统相应设施的规模、工程投资、工程扩建的期限、今后水量的保证等方面，所以必须慎重考虑，应结合现状实际和规划资料并参照类似地区的用水情况，确定用水定额。

用水量定额是指设计年限内达到的最高用水水平，即设计年限内用水量的多少。因此须对供水工程区域内的城镇规划、村庄发展、居民生活条件和气象条件等方面，结合现状用水调查资料分析，进行预测。

根据用水对象的不同，用水量定额有居民生活用水定额、公共建筑用水、村镇工业企业生产用水定额和工作人员生活用水量、消防用水定额、饲养畜禽用水量定额等。

1. 居民生活用水量

村镇居民生活用水量由村镇人口、每人每日平均生活用水量和村镇的供水普及率、村镇居民的卫生习惯及用水习惯等多因素确定。这些因素因地区经济发展、村镇规模大小等变化而变化。通常，住房条件较好、室内给排水设施较完善、居民生活水平相对较高的村镇，生活用水量定额也较高。

我国地域广阔，各个省市不同村镇的水资源和气候条件不同，生活习惯各异，所以人均生活用水量存在较大的差别。一般而言，我国经济较发达、水资源丰富、气候较好的地区，用水量较高，如东南及西南地区。而水资源短缺、气候寒冷的西北地区则相对较少。

对于村镇居民生活用水量，其计算定额有两个，即居民生活用水定额和综合用水定额。居民生活用水定额指村镇居民的饮用、烹调、洗涤、冲厕、洗澡等日常生活用水量。而综合用水定额除了包括居民生活用水定额所指的用水量之外，还包括公共建筑及设施用水量，如宾馆、机关办公楼、商业、学校、医院等用水量，但不包括道路浇洒、绿化和市政等用水量，其值为上述用水总量除以村镇居民人口数量。

设计时，如缺乏实际用水量资料，则村镇居民生活用水定额和综合用水定额可参照《村镇供水工程技术规范》（SL 310—2004），见表 2.2。对于经济条件较好，规模较大的中心场镇，可根据《室外给水设计规范》（GB 50013—2006）中相应人口规模的城镇选取。

表 2.2 村镇最高日居民生活用水定额 单位：L/(人·d)

主要用（供）水条件	一区	二区	三区	四区	五区
集中供水点取水，或水龙头入户且无洗涤池和其他卫生设施	30～40	30～45	30～50	40～55	40～70
水龙头入户，有洗涤池，其他卫生设施较少	40～60	45～65	50～70	50～75	60～100
全日供水，户内有洗涤池和部分其他卫生设施	60～80	65～85	70～90	75～95	90～140
全日供水，室内有给水、排水设施且卫生设施较齐全	80～110	85～115	90～120	95～130	140～180

注 1. 本表所列用水量包括了居民散养畜禽用水量、散用汽车和拖拉机用水量、家庭小作坊生产用水量。
2. 一区包括：新疆、西藏、青海、甘肃、宁夏，内蒙古西北部，陕西和山西两省黄土沟壑区，四川西部。
二区包括：黑龙江、吉林、辽宁，内蒙古西北部以外的地区，河北北部。
三区包括：北京、天津、山东、河南，河北北部以外、陕西和山西两省黄土沟壑区以外的地区，安徽、江苏两省的北部。
四区包括：重庆、贵州、云南，四川西部以外地区，广西西北部，湖北、湖南两省的西部山区。
五区包括：上海、浙江、福建、江西、广东、海南、台湾，安徽、江苏两省北部以外的地区、广西西北部、湖北、湖南两省西部山区以外的地区。
3. 取值时，应对各村镇居民的用水现状、用水条件、供水方式、经济条件、用水习惯、发展潜力等情况进行调查分析，并综合考虑以下情况：村庄一般比镇区低；定时供水比全日供水低；发展潜力小取较低值；制水成本高取较低值；村内有其他清洁水源便于使用时取较低值。调查分析与本表有出入时，应根据当地实际情况适当增减。
4. 本表中的卫生设施主要指洗涤池、洗衣机、淋浴器和水冲厕所等。

2. 公共建筑用水量

公共建筑用水量应根据公共建筑性质、规模及其用水定额确定。公共建筑包括村镇政府部门办公设施、医院、学校等村镇公共设施。

条件好的村镇，应按《建筑给水排水设计规范》（GBJ 15）确定公共建筑用水定额；条件一般或较差的村镇，可根据具体情况对规范GBJ 15中的公共建筑用水定额适当折减。

缺乏资料时，公共建筑用水量可按居民生活用水量的5%～25%估算，其中村庄为5%～10%、集镇为10%～15%、建制镇为10%～25%；无学校的村庄不计此项。

3. 饲养禽畜用水量

集体或专业户饲养禽畜最高日用水量，应根据畜禽饲养方式、种类、数量、用水现状和近期发展计划确定。圈养时，在无参照资料的情况下，饲养畜禽最高日用水定额可按表2.3选取。对于放养的禽畜，其用水量可参照当地类似的畜禽饲养情况适当折减。当畜禽饲养场有单独的水源时，在设计中不考虑此项。对于家庭饲养的畜禽，其用水量含在居民生活用水里，可不单独计算此项。

表 2.3 饲养畜禽最高日用水定额 单位：L/(头或只·d)

畜禽类别	用水定额	畜禽类别	用水定额	畜禽类别	用水定额
马	40～50	育成牛	50～60	育肥猪	30～40
骡	40～50	奶牛	70～120	羊	5～10
驴	40～50	母猪	60～90	鸡	0.5～1.0

4. 工业、企业用水量

企业生产用水量应根据企业类型、规模、生产工艺、用水现状、近期发展计划和当地的生产用水定额标准确定。对于现状企业，如需纳入供水工程，应根据企业的实际用水量调查确定。

企业内部工作人员的生活用水量，应根据车间性质确定，无淋浴的可为20～35L/(人·班)；有淋浴的可根据具体情况确定，淋浴用水定额可为40～60L/(人·班)。

对耗水量大、水质要求低或远离居民区的企业，是否将其列入供水范围应根据水源充沛程度、经济比较和水资源管理要求等确定。

5. 消防用水量

消防用水量应按照《建筑设计防火规范》（GB 50016—2006）和《农村防火规范》（GB 50039—2010）中的有关规定确定。

允许短时间间断供水的村镇，当上述用水量之和高于消防用水量时，确定供水规模可不单列消防用水量。

6. 其他用水量

浇洒道路和绿地用水量在经济条件好或规模较大的镇可根据需要适当考虑，其余镇、村可不计此项。

7. 管网漏失和未预见水量

管网漏失水量和未预见水量之和，宜按上述各用水量之和的10%～25%取值，村庄取较低值、规模较大的镇区取较高值。

2.4.2 用水量变化

无论是生活或生产用水，用水量经常在变化。生活用水量随着生活习惯和气候而变化，如假期比平日高，夏季比冬季用水量多。从我国村镇的用水实际情况可知（图2.6），在一天内早晨起床后、中午和晚饭前后用水量最多。

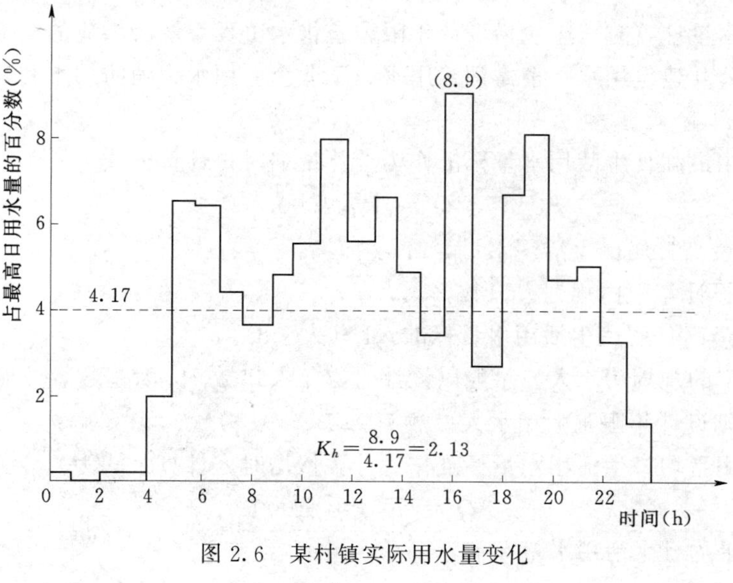

图2.6 某村镇实际用水量变化

用水量定额只是一个平均值，在设计时还需要考虑每日、每时的用水量的变化。在设计规定的年限内，用水量最多的一日，其用水量叫做最高日用水量，一般用以确定供水工程系统中各类设施的规模，如取水泵站、水处理构筑物、调节水池以及送水泵站（泵站后有调节水池）。在一年中，最高日用水量与平均日用水量之间的比值，叫做日变化系数，以 K_d 表示。根据供水区的地理位置、气候、生活习惯和村镇居民室内的给排水设施完善程度，其值一般在 1.1～1.6 之间。在最高日内，每小时的用水量也是变化的，变化幅度和居民数、房屋内给排水设施等有关。最高日最高小时用水量与平均时用水量的比值，叫做时变化系数，K_h 表示，该值对城市而言，在 1.3～1.6 之间，而对于村镇供水工程，由于其范围小，人口分散，但用水量相对单一和集中，主要集中在早、中、晚时间，故时变化系数相对较大些。全日供水的村镇供水工程，时变化系数与规模有关，规模大则 K_h 小些，规模小则 K_h 大些，可按表 2.4 确定。

表 2.4　全日供水工程的时变化系数

供水规模 w(m^3/d)	$w>5000$	$5000\geqslant w>1000$	$1000\geqslant w\geqslant 200$	$w<200$
时变化系数 K_h	1.6～2.0	1.8～2.2	2.0～2.5	2.3～3.0

注　企业日用水时间长且用水量比例较高时，时变化系数可取较低值；企业用水量比例很低或无企业用水量时，时变化系数可在 2.0～3.0 范围内取值，用水人口多、用水条件好或用水定额高的取较低值。

对于定时供水的村镇供水工程的时变化系数，可在 3.0～4.0 范围内取值，日供水时间长、用水人口多的取较低值。

在新设计供水工程时，用水量的变化规律只能按照该工程所在地区的气候、人口、居住条件、工业生产、设备能力和产值等情况，参考附近村镇的实际供水变化资料确定。对于扩建工程，则可进行实际调查，获得用水量及其变化规律的资料，从而可确定准确的供水时最高日的时变化系数 K_h 和日变化系数 K_d。

2.4.3　用水量计算

村镇总用水量计算时，应包括设计年限内该供水工程系统所供应的全部用水：村镇居民生活用水、公共建筑用水、畜禽饲养用水、工业企业用水、消防用水和其他用水量等。

1. 生活用水量

（1）当采用最高日生活用水量标准作为计算依据时，计算公式为

$$Q_1 = Pq/1000 \tag{2.4}$$

式中　Q_1——最高日居民生活用水量，m^3/d；

P——设计年限内规划人口数，人；

q——最高日居民生活用水量标准，L/(人·d)。

设计年限末的规划用水人口一般以设计时当年人口数 P_0 为基数，按照年人口自然增长率 a 推算，则设计年限末的用水人口数 $P = P_0(1+a)^n$。

（2）当采用平均日生活用水量标准作为计算依据时，计算公式为

$$Q_1 = K_d P q_1/1000 \tag{2.5}$$

式中　q_1——平均日生活用水量标准，L/(人·d)；

K_d——日变化系数。

2. 公共建筑用水量

计算公式为

$$Q_2 = mQ_1 \tag{2.6}$$

式中 Q_1——最高日居民生活用水量，m^3/d；

m——公共建筑用水量占居民生活用水量的百分数。

条件好的村镇，应按《建筑给水排水设计规范》（GBJ 15）确定公共建筑用水定额；条件一般或较差的村镇，可根据具体情况对规范GBJ 15中的公共建筑用水定额适当折减。缺乏资料时，公共建筑用水量可按居民生活用水量的5%～25%估算，其中村庄为5%～10%、集镇为10%～15%、建制镇为10%～25%；无学校的村庄不计此项。

3. 禽畜用水量

计算公式为

$$Q_3 = (q_1 n_1 + q_2 n_2 + \cdots + q_n n_n)/1000 \tag{2.7}$$

式中 Q_3——最高日牲畜用水量，m^3/d；

$q_1, q_2, \cdots, q_n$——各种不同牲畜的用水量标准，L/(头或只·d)；

$n_1, n_2, \cdots, n_n$——各种不同牲畜的数量，头或只。

对于村镇居民家庭饲养的禽畜，可不计此项。

4. 村镇企业用水量

计算公式为

$$Q_4 = q_a + q_b + \cdots + q_n \tag{2.8}$$

式中 Q_4——乡镇企业最高日用水量，m^3/d；

$q_a, q_b, \cdots, q_n$——各个乡镇企业最高日用水量，m^3/d。

5. 消防用水量

计算公式为

$$Q_5 = \sum (q_1 N) \tag{2.9}$$

式中 q_1——一次灭火用水量，m^3/次；

N——同一时间内火灾次数，按有关消防规定选用。

允许短时间间断供水的村镇，当上述各用水量之和高于消防用水量时，确定供水规模可不单列消防用水量。

6. 未预见水量和管网漏失水量

未预见水量指今后上述未考虑的村镇发展在设计年限内可能存在的用水量，管网漏失水量是指水在从供水站输送至用户的过程中跑、冒、滴漏产生的水量。未预见水量和管网漏失水量一般可按最高日生活用水量、牲畜用水量及乡镇企业用水量、消防用水量之和的10%～25%计算，村庄取较低值、规模较大的镇区取较高值，即：

$$Q_6 = (Q_1 + Q_2 + Q_3 + Q_4 + Q_5) \times (10\% \sim 25\%) \tag{2.10}$$

7. 供水站自用水量

供水站自用水量应根据原水水质、净水工艺和净水构筑物（设备）类型确定，包含供水站生产生活用水，如各净水构筑物的排泥废水、清洗废水、过滤反冲洗水、气浮工艺的加压溶气水以及供水站生活用水、绿化用水等。采用常规净水工艺的供水站，可按最高日用水量的5%～10%计算，复杂的净水工艺应选择适当的高值，简单的净水工艺选适当的低值；只进行消毒处理的供水站，可以不计此项。

$$Q_7=(Q_1+Q_2+Q_3+Q_4+Q_5+Q_6)\times(5\%\sim10\%) \tag{2.11}$$

2.4.4 供水站规模及供水工程系统各组成部分的设计水量

1. 供水站规模

供水站规模即供水站建成投产后，每天所能提供的最大供水量，为上述前6项之和：

$$Q_d=Q_1+Q_2+Q_3+Q_4+Q_5+Q_6 \tag{2.12}$$

2. 供水工程系统各组成部分的设计水量

一般情况下，整个供水工程系统由取水泵房、输水管道、净化构筑物、清水池、送水泵房及配水管网等部分或其中若干部分组成，各部分的计算水量如下：

(1) 取水泵房、取水管道及水质净化构筑物的设计水量，应包含供水站自用水量：

$$Q_{取}=(Q_d+Q_7)/T \tag{2.13}$$

式中 $Q_{取}$——取水泵房计算水量，m^3/h；

T——供水站每天工作小时数。

(2) 送水泵房及配水管网。由于送水泵房及配水管网的工作与用户的用水情况直接相关，因此，其供水能力必须满足用户最高时用水的要求，计算公式为：

$$Q_{送}=Q_dK_h/24$$

式中 $Q_{送}$——送水泵房的计算流量，m^3/h；

Q_d——供水站最高日供水量，m^3/d；

K_h——时变化系数。

2.5 影响村镇供水工程系统选择的因素

2.5.1 村镇发展规划

村镇供水工程系统应根据村镇及工业区的规划进行设计：

(1) 场镇人口的发展，居住区的建筑层数和标准，规划的村镇企业布局和规模，以及相应的水量、水质、水压资料，是考虑供水工程系统选择的依据。

当地农业灌溉、航运和水利等的规划，也是水源选择的重要依据。

(2) 村镇供水工程系统供水的安全和可靠性要求应根据场镇和工业企业的重要性决定。一般大中型村镇供水站的供水安全要求高于小村镇供水站的供水安全要求。

为考虑供水安全，大中型村镇供水站尽量采用多水源供水；输水管（渠）至少两条，或是一条输水管线配有足够大的事故储备水池；厂站应有两路独立可靠的电源；配水干管应采用环状管网；重要的构筑物还可考虑提高抗震烈度等。小型村镇供水工程系统的供水可靠性要求可较低，但应考虑随供水的发展，逐步加以提高。

(3) 村镇供水工程系统一般可按远期规划和近期发展结合设计。例如，近期先建一个水源，一条输水管以及树枝状配水管网，远期再逐步发展多水源、多输水管和环状配水管网，以增加供水的保证率；地表水取水构筑物及泵房土建如采用分期施工并不经济，故土建可按远期规模一次建成，但其内部设备如水泵则应按近期所需进行安装，留出安装位置，或者以后改换大泵等，而供水站内的附属建筑物和生产性建筑物在设计时应按远期规模一次建成，设备如加药设备、消毒设备和送水泵可按近期所需进行安装，远期预留安装位置或者以后改换设备。总之，应在考虑经济投资和工程施工及管理的基础上，近远期结合，以近期为主，远期为辅。

(4) 对于扩建工程，应充分利用原有设施，原有的供水站首先应考虑通过技术改造增加生产能力；配水管网可采用适当增铺管道以扩大配水能力；为适应居住区内个别较高的多层建筑用水，可考虑设置屋顶水箱等措施，利用夜间进水、白天出水以满足压力需要，也可在高层建筑处单独设置加压提升泵房以满足其局部水压需求，同时不增加整个管网压力的运行费用；随着供水区的扩大，为充分利用原有配水管网能力，可在配水管网的适当位置设置增压泵房或调节泵站。

(5) 妥善处理好生产用水系统，对供水系统的确定具有重要意义。提高生产用水的重复使用率，对压缩村镇供水规模具有明显的作用；对于用水量较大且较集中的生产用水，应进行统一的供水系统和分质或分压系统的方案比较。

(6) 村镇供水工程系统的供水压力应以满足大多数用户要求来考虑，而不能根据个别的高层建筑或要求水压较高的工业企业来确定。对于个别要求水压高的用户可采用自行加压以满足需要；对于成片的高层建筑，可以另建一个高压系统供水。

2.5.2 水源条件

水源的种类和水源距用水区的距离直接影响供水工程系统的布置。

深层地下水一般水质洁净，有可能不需设置处理构筑物，为防止输水至用户过程中可能受到的污染，只需进行消毒处理。这种供水系统的基建投资和年运行费一般都较低；利用泉水和自流的深层地下水，有时还可省去提升泵房。此外，地下水不易被污染。所以，一般情况下宜优先采用符合卫生要求的地下水作生活饮用水水源。但地下水的过量开采，不仅会使地下水位大幅度下降，甚至会产生地面下沉。为此，地下水的开采一定要在管理部门的统一规划之下，控制在允许的开采范围内。

地面水一般较为浑浊，易受污染，但一些大的河流其流量较充沛，可以满足场镇的取水要求。利用山地和河口水库水作水源，是充分利用地面水资源的一种方式。

对于水源，一般从以下几个方面考虑。

(1) 水量因素：为确保水源的可取水量，必须对水资源进行综合平衡，对于村镇供水工程而言，其水源一般除了解决居民饮水之外，同时还肩负着为农业生产提供灌溉用水的任务，因此要特别考虑农业生产用水的需要。在水源水量不足的情况下，更应做好水资源的平衡调配。设计时，水源水量应以当地水利部门或水文地质部门的正式文件为依据。

(2) 水质因素：根据各用户对水质要求，分析附近水源的水质是否符合水源水质标准的要求，河流水质的分析要测定汛期和非汛期的各项水质指标。对于受潮汐影响的河流，不但要考虑涨潮、落潮对水质的影响，还要考虑取水后下游受污染河水可能上溯的程度。

如果分析结果认为附近水源能符合要求，则首先应考虑就近取水。

对于生活饮用水水源应选在城镇的上游，其水质应符合建设部发布的《生活饮用水水源水质标准》（CJ 3020—93）和国家环保总局制定的《地表水环境质量标准》（GB 3838—2002）。选定为供水水源时，应取得当地卫生部门正式同意。

（3）水位因素：利用水位高程较高的水源（如水库水、山泉水、深层自流地下水等）可降低经常的运行电耗，故应首先考虑采用。

（4）环保因素：被确定为生活饮用水的水源一定要按《生活饮用水卫生标准》（GB 5749—2006）、《饮用水水源保护区划分技术规范》（HJ/T 338—2007）等国家相关规范的要求进行水源保护；在建造供水站的同时，环境保护的措施一定要同步实施。

2.5.3 地形条件

当供水区域辽阔，用水区分散，建造单一系统不经济而水源条件又许可时，可分别设置独立的供水系统。

当村镇只能提供一个取水点而地形又窄长时，为降低供水站供水压力和节约能源，可以设置区域性增压泵站（无调节水池）或调节泵站（有调节水池）。

当村镇位于地形高差较大的丘陵地区，应考虑采用分区（分压）供水系统。

2.5.4 其他因素

1. 电源

除自流供水系统外，供水站都需要安全可靠的电源，重要的厂站还要求双回路供电。为减少供电线路，选择厂站位置时，应尽量靠近电源点。当供水站附近缺乏电源点而需同时兴建变电站时，兴建变电站可结合地区的发展需要一并考虑。只有在系统电网确实无法完全满足供水站用电，而近期电网又无法扩建的情况下，经与长距离输电比较，以自行设置电站较为合理时，才考虑供水站自设电站或选用其他动力，这种情况一般较少。

2. 占地、拆迁

占地、拆迁是建设中政策性很强的问题，供水工程系统设计往往受这方面的制约。因此，进行系统设计时，除了对方案做好技术经济比较外，必须对占地、拆迁作比较分析。

不占好地，占山地、坡地等是工程建设的原则，国家也已对占农田、菜田采取了高价补偿的政策。

为了尽量少占地，特别在用地紧张的条件下，供水站及泵站的布置应尽量紧凑。远期的保留用地，近期不宜征用，由规划部门控制作为远期发展时用。

为了减少投资，应尽量减少拆迁工程量。在进行系统的方案比较时，应结合工程拆迁和村镇发展需要进行方案比较。

3. 供水站的排水和污泥处置

供水站水质净化处理过程中约有 5%～10%的自用水需要排放，当供水站规模较大时，其排水量也相当可观，为此需要有恰当的排水和污泥处置方案，一般应考虑：

（1）供水站位置选择时，排水出路往往是选择厂址的一个重要条件。排入的水体，应取得有关部门的同意，当附近无允许排放的河道，同时又无村镇下水道（或因堵塞，而不能排入村镇下水道）时，需考虑污泥处理或需找低洼地改造为排水塘（定期挖泥），以解决排水出路。

（2）供水站的排水高程系统尽可能做到常年能自流排出。如提高构筑物高程不经济时，则需采用排水泵抽送，但仍应争取在排入水体水位低时能自流排出。

（3）由于排水量占整个处理水量的比例较大，从节约水资源角度来看，应尽量考虑回收利用。

对于污泥或浮渣的处理和处置，在小规模时应考虑污泥干化后外运处置，大规模时应考虑污泥脱水后再外运。外运的污泥处置应得到当地环保等相关部门的批准。

思考题

1. 村镇供水工程的意义和特点是什么？
2. 村镇供水系统有哪些组成部分？如何分类？各种类型适用于什么条件和有什么特点？
3. 对于农村分散供水工程，其主要类型有哪些？
4. 影响供水工程系统选择的因素主要有哪些？
5. 设计村镇供水工程系统时应考虑哪些用水量？
6. 说明日变化系数 K_d 和时变化系数 K_h 的意义，其大小对供水工程设计流量有何影响？
7. 供水站的设计规模如何确定，包含哪些用水量？取水泵站、取水管道以及水质净化构筑物的设计水量如何确定？送水泵站、调节水池以及输配水管线的设计水量如何确定？二者有何区别？

习题

1. 某村镇供水工程向供水服务范围内供水，包含场镇4个，场镇居民人口为25760人，村庄20个，居民36780人，服务范围内无企业和集中养殖的禽畜，场镇居民生活用水定额为120L/(人·d)，农村居民生活用水定额为80L/(人·d)。查阅人口统计情况，该地区人口自然增长率为6‰。供水站设计年限为15年。请计算供水站设计规模。

2. 某村镇区域最高日用水量为1.5万 m^3/d，每小时用水量变化见表2.5，求：(1) 最高日最高时和平均时的流量。(2) 绘制用水量变化曲线，并确定该供水区域用水量的时变化系数。

表2.5　　某供水区域最高日用水量时变化统计

时间（时）	0～1	1～2	2～3	3～4	4～5	5～6	6～7	7～8	8～9	9～10	10～11	11～12
用水量（%）	1.03	1.05	1.50	1.50	1.80	2.30	4.50	5.80	6.62	5.70	4.30	6.30
时间（时）	12～13	13～14	14～15	15～16	16～17	17～18	18～19	19～20	20～21	21～22	22～23	23～24
用水量（%）	6.90	5.50	4.80	3.70	4.60	5.80	6.50	4.90	6.30	3.80	3.40	1.40

第3章　水源水质及水质标准

为修建供水工程，要先根据当地水文和地质等条件，认真选好水源。水源的可供水量及水质和用户对水质、水量的要求又是决定水质净化工艺和工程规模的关键。因此，必须对水源类型和水质特点以及供水水质要求有详细和深入的了解。

3.1　水源的种类及特点

水源可以分为两大类：地表水源和地下水源。地下水源包括上层滞水、潜水和承压水、裂隙水、岩溶水和泉水等，地表水源包括江河水、湖泊水或水库水以及塘、池、窖水等。

3.1.1　地下水

地下水的来源主要是大气降水和地面水的入渗，渗入水量的多少与降雨量、降雨强度、持续时间、地表径流和地层构造及其透水性有关，一般年降雨量的30%～80%渗入地下补给地下水。

1. 上层滞水

上层滞水是存在于包气带中局部隔水层之上的地下水，图3.1所示为上层滞水。它的特征是分布范围有限，补给区与分布区一致，水量随季节变化，旱季甚至干枯。因此，只宜做少数居民或临时供水水源，例如我国西北黄土高原某些地区，埋藏有上层滞水，成为这些地区的宝贵水源。

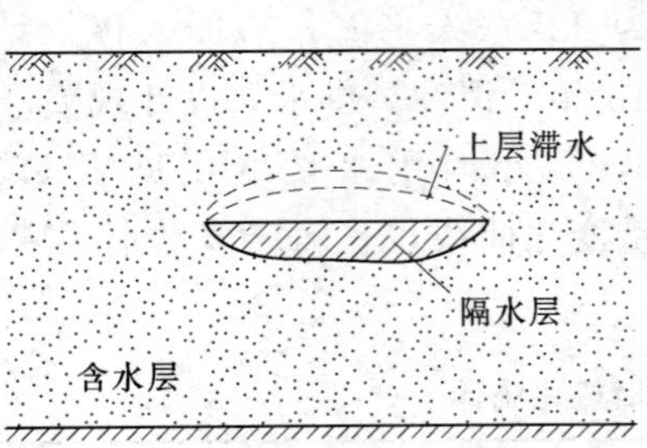

图3.1　上层滞水

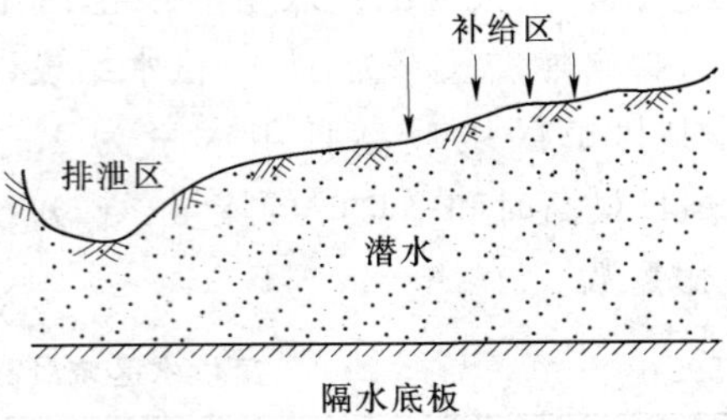

图3.2　潜水

2. 潜水

潜水是埋藏在第一隔水层上、具有自由表面的重力水，如图3.2所示。它多存在于第四纪沉积层的孔隙及裸露于地表基岩裂缝和空洞之中。

潜水主要特征是有隔水底板而无隔水顶板，具有自由表面的无压水。它的分布区和补给区往往一致，水位及水量变化较大。我国潜水分布较广，储量丰富，常用作给水水源。但由于易被污染，须注意卫生防护。

3. 承压水

承压水是充满于两隔层间有压的地下水。当用钻孔凿穿地层时，承压水就会上升到含水层顶板以上，如有足够压力，则水能喷出地表，称为自流井。其主要特征是含水层上下都有隔水层，承受压力，有明显的补给区、承压区和排泄区，补给区和排泄区往往相隔很远，一般埋藏较深，不易被污染，如图 3.3 所示。

我国承压水分布广泛，如华北地区、广东、陕西关中平原、山西汾河平原、内蒙古河套平原以及新疆等很多山间盆地属自流盆地，北京附近、甘肃河西走廊等山前洪积平原等属山前自流斜地，亦均含丰富承压水，是我国城市和工业的重要水源。

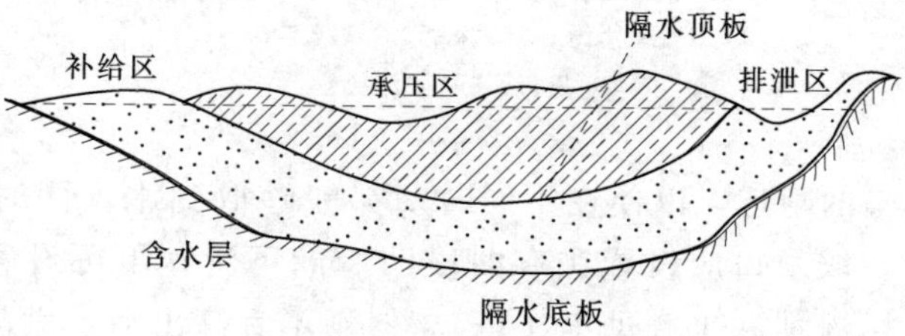

图 3.3 承压水

4. 裂隙水

裂隙水是埋藏在基岩裂隙中的地下水。大部分基岩出露在山区，因此裂隙水主要在山区出现。

5. 岩溶水

通常在石灰岩、泥灰岩、白云岩、石膏等可溶岩石分布地区，由于水流作用形成溶洞、落水洞、地下暗河等溶岩现象，储存和运动于岩溶层中的地下水称为岩溶水或喀斯特水。其特征是为低矿化度的重碳酸盐水，出水量在一年内变化较大。

我国石灰岩分布甚广，特别是广西、云南、贵州等地，水量丰富，可作为给水水源。

6. 泉水

流出地表的地下水露头称为泉，有包气带泉、潜水泉和自流泉等。包气带泉出水量变化很大，旱季可干枯，水的化学成分及水温均不稳定。潜水泉由潜水补给，受降水影响，季节变化显著，其特点是水流通常渗出地表。自流泉由承压水补给，其特点是向上涌出地表，动态稳定，出水量变化甚小，是良好的供水水源。

3.1.2 地表水

1. 江河水

我国江河水资源丰富，流量较大，但因各地条件不同，水源状况也各不相同。

一般江河洪枯期流量及水位变化较大，水中含泥沙等杂质较多，并且发生河床冲刷、淤积和河床演变。平原冲积河流的河床常由土质组成，河床较易变形，呈顺直微曲、弯曲及游荡等河段，如图 3.4 所示，各段各具特点，稳定性出入很大。顺直微曲河段，一般河岸不易被冲刷，河面较宽，易在岸边形成泥沙淤积的边滩，应注意边滩下移造成对取水口堵塞的可能性。对弯曲河段，应注意凹岸不断被冲刷，凸岸不断淤积，使河流弯曲度逐渐加大，甚至发展成为河套，并可能裁弯取直，以弯曲—裁直—弯曲作周期性演变。游荡性河段，河身宽浅，浅滩叉道密布，河床变化迅速，主流摇摆不定，对设置取水口极为不

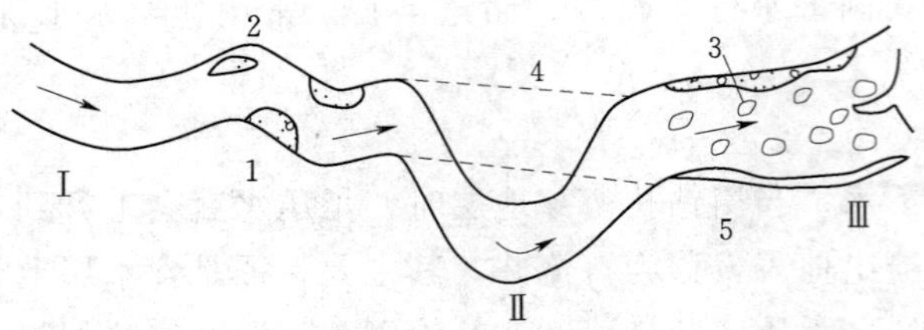

图 3.4　平原河流
Ⅰ—顺直微曲河段；Ⅱ—弯曲河段；Ⅲ—游荡性河段
1—边滩；2—深槽；3—浅滩；
4—裁弯；5—主流摇摆

利，必要时应有整治河道的措施。

山区河流形态复杂，河床陡峻，流量变化很大，洪水来势猛烈，历时很短；枯水期流量较小，甚至出现多股细流和表面断流情况。河水水质随流量变化而变化，在平、枯水期，河水较清，浊度一般很小，洪水期水质浑浊且挟有大量的推移质和漂浮物。

在设置取水口时，对于平原地区的河流，应注意将取水头部设置在主河槽的附近，以便在不同时期都能够取到水，同时避开河道的游动段；在河道的弯曲段，取水口应设置在弯曲段凹岸的下游，不可设置在凸岸。对于山区河流，可采用底格拦栅坝取水（见第 4 章），但坝不宜高出河床太高，一般以 0.5～1.5m 为好，以满足在枯水期拦蓄水为目的，也可在山区河流设置渗流段取水的方式，但应注意渗流段的维护和管理。

2. 湖泊及水库水

在我国南方湖泊或水库较多，可作为给水水源。其特点是水量充沛，水质较清，含悬浮物较少，同时由于蒸发，含盐量高于江河水。同时，水中易繁殖藻类及浮游生物较多，底部积有淤泥，水库或湖泊水质随着水深存在不同的变化，应注意分层水质不同对供水处理的影响。

在选择水库或湖泊作为水源时，应尽可能选择库容较大的。作为村镇供水的水源，考虑到水源和村镇之间的距离，多以中小型水库或湖泊作为水源，这时要注意其浊度指标的洪枯期变化，同时应注意分层水质变化对水处理的影响，还应考虑水库或湖泊的低温低浊高藻类水的处理问题。

3. 海水

随着近代工业的迅速发展，世界上淡水水源日益不足。为满足大量工业用水需要，特别是冷却用水，世界上许多国家，包括我国在内，尤其是淡水资源相对缺乏的地区，都使用海水作为给水水源。

对于村镇供水而言，由于其规模一般较小，且海水淡化处理的投资和运行成本较高，一般不采用海水作为供水水源。

3.2　水源水质及水质标准

水源地取水是用水过程的起始环节，影响着整个用水过程的质量，因此要制定和完善相关标准规范，保证生活饮用水水质达标和保障人民身体健康。饮用水水源水质标准是由政府主管部门发布的水源地各项水质项目的最大限定值或规定值，是政府主管部门和供水企业检验判定水源地水质质量的准绳，也是进行水源地水环境保护的依据。

3.2.1 天然水中的杂质

根据水中杂质的存在形态和基本颗粒大小，可将杂质分为溶解物、胶体颗粒和悬浮物三类，其颗粒大小和主要特征如表3.1所示。

表3.1 水中杂质分类和特点

分类	溶解物	胶体颗粒	悬浮物	
粒径	0.1～1nm	1～100nm	1～10μm	10μm～1mm
分辨工具	电子显微镜可见	超显微镜可见	显微镜可见	肉眼可见
水的外观	透明	光照下浑浊	浑浊	
形态	以分子或离子状态均匀分散于水中	1. 在水中相对稳定，即使静置较长时间也不会自然沉淀； 2. 无机矿物质胶体主要是铁、铝和硅的化合物； 3. 有机胶体主要是腐殖质	1. 一般在动水中悬浮，静水中可分离出来； 2. 大部分构成水的浊度、少部分形成水的色度和臭味； 3. 导致人体疾病的病原菌等	

表中的颗粒尺寸系按球形计，且各类杂质的尺寸界限只是大体的概念，而不是绝对的。如悬浮物和胶体之间的尺寸界限，根据颗粒形状和密度不同而略有变化。一般说，粒径在100nm～1μm之间属于胶体和悬浮物的过渡阶段。小颗粒悬浮物往往也具有一定的胶体特性，只有当粒径大于10μm时，才与胶体有明显的差别。

1. 悬浮物和胶体杂质

悬浮物尺寸较大，易于在水中下沉或上浮。如果密度小于水，则可上浮到水面。易于下沉的一般是大颗粒泥沙及矿物质废渣等，能够上浮的一般是体积较大而密度较小的某些有机物，如藻类。

胶体颗粒尺寸很小，在水中经长期静置也不会下沉。水中所存在的胶体通常有黏土、某些细菌及病毒、腐殖质及蛋白质等。有机高分子物质通常也属于胶体一类。工业废水排入水体，会引入各种各样的胶质或有机高分子物质，例如人工合成的高聚物通常来自生产这类产品的工厂所排放的废水中。天然水中的胶体一般带负电荷，有时也含有少量带正电荷的金属氢氧化物胶体。

悬浮物和胶体是使水产生浑浊现象的根源。其中有机物，如腐殖质及藻类等，往往会造成水的色、臭、味。随生活污水排入水体的病菌、病毒及原生动物等病原体会通过水传播疾病。

悬浮物和胶体是饮用水处理的主要去除对象。粒径大于0.1mm的泥沙较易去除，在水中可很快自行下沉。而粒径较小的悬浮物和胶体杂质，须投加絮凝剂方可去除。去除高分子物质比较困难，往往需要投加大量絮凝剂。

2. 溶解杂质

溶解杂质是指水中的低分子物质和离子。它们与水构成均相体系，外观透明，称真溶液。但有的溶解杂质可使水产生色、臭、味。无机溶解杂质主要是某些工业用水的去除对象，但有毒、有害无机物也是生活饮用水的去除对象。有机溶解物主要来源于水污染，也有天然存在的，如腐殖质等。

（1）溶解性有机物。水中溶解性有机物影响着水厂处理工艺的许多方面，如混凝剂的投加、消毒剂的用量，尤其是有害消毒副产物的形成。而且，不同有机物在水处理工艺中的物理、化学、生物化学行为各不相同，形成消毒副产物的能力存在较大差异。水中有机物的来源较为复杂，包括外源有机物和内源有机物。内源有机物主要是水体中植物和动物死亡腐烂后的分解物。外源有机物主要包括地表径流和浅层地下水从土壤中渗沥出的有机物，也包括一些城市污水、垃圾填埋厂的渗漏液和工业废水排入水体的有机物等。水中有机物种类繁多，分子量分布从几十到几万甚至几十万不等，小分子量的物质如糖类、有机酸、脂类等，天然水中大分子量的有机物主要是腐殖酸类物质。根据有关研究，供水处理的常规工艺对分子量大于10000道尔顿的有机物具有良好的去除作用，而分子量小于此的有机物则较难去除，也是目前水处理专家的重点研究对象之一。

（2）溶解气体。天然水中的溶解气体主要是氧、氮和二氧化碳，有时也含有少量硫化氢。

天然水中的氧主要来源于空气中氧气的溶解，部分来自藻类和其他水生植物的光合作用。地表水中溶解氧的含量与水温、气压及水中有机物含量等有关。不受工业废水或生活污水污染的天然水体，溶解氧含量一般为5～10mg/L。最高含量不超过14mg/L。当水体受到废水污染时，溶解氧含量降低。严重污染的水体，溶解氧甚至为零。

地表水中的CO_2主要来自有机物的分解。地下水中的CO_2除来源于有机物的分解外，还有在地层中所进行的化学反应。按亨利定律，水中CO_2含量已远远超过来自空气中CO_2的饱和溶解度。地表水中（除海水以外）CO_2含量一般小于20～30mg/L；地下水中CO_2含量约每升几十毫克至一百毫克，少数竟高达数百毫克，海水中CO_2含量极少。水中CO_2约99%呈分子状态，仅1%左右与水作用生成碳酸。

水中氮主要来自空气中氮的溶解，部分是有机物分解及含氮化合物的细菌还原等生化过程的产物。

水中H_2S的存在与某些含硫矿物（如硫铁矿）的还原及水中有机物腐烂有关。由于H_2S极易被氧化，故地表水中含量极少。如果地表水中H_2S含量较高，往往与含有大量含硫物质的生活污水或工业废水污染有关。

（3）离子。天然水中所含主要阳离子有Ca^{2+}、Mg^{2+}、Na^+；主要阴离子有HCO_3^-、SO_4^{2-}、Cl^-等。此外还含有少量K^+、Fe^{2+}、Mn^{2+}、Cu^{2+}等阳离子及$HSiO_3^-$、CO_3^{2-}、NO_3^-等阴离子。所有这些离子，主要来源于矿物质的溶解，也有部分可能来源于水中有机物的分解。例如，当水流接触石灰石（$CaCO_3$）且水中CO_2含量足够时，可溶解产生Ca^{2+}和HCO_3^-；当水流接触白云石（$MgCO_3 \cdot CaCO_3$）或菱镁矿（$MgCO_3$）且水中有足够CO_2时，可溶解产生Mg^{2+}和HCO_3^-；Na^+和K^+则为水流接触含钠盐或钾盐的土壤或岩层溶解产生的，SO_4^{2-}和Cl^-则为接触含有硫酸盐或氯化物的岩石或土壤时溶解产生的。水中NO_3^-一般主要来自有机物的分解，但也有可能由盐类溶解产生。

由于各种天然水所处环境、条件以及地质状况各不相同，所含离子种类和含量也有很大差别。

3. 受污染水源中的杂质

地面水源污染是当今世界范围所面临的普遍性问题，也是给水处理所面临的棘手问题，特别是有机物的污染更为严重。目前已知的有机化合物种类多达400万种，其中人工合成的化学物质已超过4万种，每年还有许多新品种不断出现。这些化学物质中相当大一部分通过人类活动进入水体，例如生活污水和工业废水的排放，农业上使用的化肥、除草剂和杀虫剂的流失等，使水源中杂质种类和数量不断增加，水质不断恶化。在进入水体的品种繁多的化学物质中，有机物种类和数量最多，还有一些重金属离子等。20世纪60年代和70年代初，比较重视重金属离子的污染；80年代后，水源中的有机污染物成为人类最关注的问题。不少有机污染物对人体有急性或慢性、直接或间接的毒害作用，其中包括致癌、致畸和致突变的三致作用。根据现有检测技术，已发现给水水源中有2221种有机物，饮用水中有765种，并确认其中20种为致癌物，23种为可疑致癌物，18种为促癌物，56种为致突变物，总计117种有机物成为优先控制的污染物。世界上许多国家特别是工业发达国家，都根据本国情况规定了有毒有机污染物名单。我国在有机污染物方面也进行了大量调查研究工作。中国环境监测总站在调查研究基础上，参考国外文献资料，提出了反映我国环境特点的优先污染物名单，其中优先控制的有毒有机物有12类，58种[包括10种卤代（烷/烯）烃类、6种苯系物、4种氯代苯类、1种多氯联苯、6种酚类、6种硝基苯、4种胺、7种多环芳烃、3种酞酸酯、8种农药、丙烯腈和2种亚硝胺]；优先控制的无机物有10种（包括氰化物、砷、铍、镉、铬、铜、铅、汞、镍、铊等元素及其化合物）。值得注意的是有些有毒有机污染物是在传统的氯消毒或预氯化过程中产生的，例如，腐殖酸在加氯消毒过程中会形成有致癌作用的三氯甲烷。我国上海、北京、武汉、哈尔滨、新疆塔什库尔干等地均发现饮用水致突变阳性反应。随着科学技术进步和医学研究进展，有机污染物的毒性和浓度限值将愈来愈明确。

水源污染给人类健康带来了严重威胁。解决的办法一是保护水源，控制污染源；二是强化水处理工艺。

3.2.2 水质对人体健康的影响

3.2.2.1 水中的生物对人体健康的影响

水中对人体健康造成影响的主要生物有细菌、病毒、寄生虫和藻类。

1. 细菌

水中的细菌数量和种类较多，不同的细菌对人体健康的影响不同。如志贺氏菌（属）是细菌性痢疾的病原体；沙门氏菌（属）易导致全身性较严重的疾病，引发毒血症，感染肝、脾和胆囊；致病性大肠杆菌可引发不同症状的腹泻；军团菌可致肺部受损；钩端螺旋体能引发黄疸出血、流感伤寒、肺出血；致病性弧菌（属）如霍乱弧菌引发霍乱。

2. 病毒

病毒是由一个核酸分子（DNA或RNA）与蛋白质构成的非细胞形态的靠寄生生活的生命体。在水体中病毒的种类和数量同样众多，人类的许多疾病都是由病毒感染引起的，而水则是这一感染的重要途径。在目前的水源中，已检测出高达100多种血清型肠道病毒。如脊髓灰质病毒引发小儿麻痹症；科萨奇病毒引发胸痛、脑膜炎；呼肠弧儿病毒引发胃肠炎、脑膜炎；非特异性病毒引发呼吸道疾病和急性出血结膜炎，或引发无菌性脑膜炎和脑炎；腺病毒引起呼吸道疾病、眼部感染、胃肠炎；甲型肝炎病毒引发病毒性肝炎，等等。

3. 寄生虫

寄生虫指一种生物，将其一生的大多数时间居住在另外一种动物，称为宿主或寄主，同时对被寄生动物造成损害。对人体造成危害的寄生虫有许多，常见的有钩虫、蛔虫和血吸虫。肠道寄生虫在人体和外界环境之间的循环如图 3.5 所示。

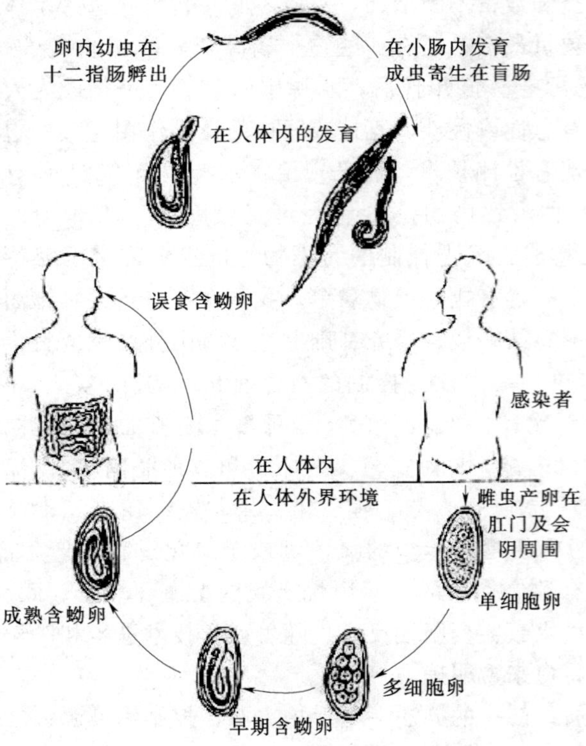

图 3.5　寄生虫在人体和外界环境中的循环

4. 藻类

藻类通常是指一群在水中以浮游方式生活、能进行光合作用的自养型微生物，个体大小一般在 2～200μm，其种类繁多，均含叶绿素，在显微镜下观察是带绿色的有规则的小个体或群体。由于它们是水体中重要的有机物质制造者，故在整个水体生态系统中占有举足轻重的作用，是生态系统中不可缺少的一个环节。近年来，随着湖泊富营养化和世界各地的淡水水华频频发生，由此而引起的人畜中毒甚至死亡的事件时有报道。淡水藻中产生藻毒素最多的是蓝藻，蓝藻是绝大部分富营养化水体中的优势藻类，蓝藻的生长和水华的发生受水体理化、生物因素和气候的影响，某些种类的蓝藻产生毒素。有毒藻类对人体的健康影响很大，如蓝绿藻所产生的藻毒素，不仅促进肝细胞癌变，而且导致水味异变。藻类与氯作用，还会生成具有三致作用的消毒副产物，对人体健康造成影响。

另外，由于藻类个体较小，并且其密度也较小，不易沉淀，同时部分藻类能够穿透絮凝体从而破坏絮凝过程，造成絮凝剂用量的大大增加。

3.2.2.2　水中的化学物质对人体健康的影响

1. 微量元素及其他无机物

在人体中存在一定的人体必需的微量元素，它们能够促进人体健康。但是，有些元素一旦超量，对人体就非常不利。如氟是人体必需的元素之一，当饮水中氟浓度低于 0.5mg/L，会引起儿童龋齿；当饮水中氟浓度高于 1.5mg/L 时，会引起氟斑牙；当饮水中氟浓度为 3～6mg/L 时，会发生骨氟中毒；超过 10mg/L 时，会发展成为致残性氟骨症。所以，我国生活饮用水卫生标准规定，水中氟浓度应保持在 0.5～1.0mg/L 的范围内。我国许多地区的地下水含氟量过高，生活在高含氟地下水地区的约有8000万人。

在供水处理中的重金属一般指汞（Hg）、镉（Cr）、铬（Cd）、铅（Pb）。当水体中的重金属的含量超过人体或水生生物的允许值，水体将显示毒性效应。通常重金属不仅难于被微生物降解，反而会在微生物的作用下转化为毒性较大的有机物，通过食物链的作用，产生生物富集，造成人体的慢性中毒。

（1）汞（Hg）经过呼吸道进入人体，在脑和肾中蓄积。导致头痛、头昏、肢体麻木和疼痛、肌肉震颤、运动失调。汞在微生物甲基化作用下，生成甲基汞，进入人体后，使肝、肾和脑组织受损。日本的水俣病为世界公害病。

（2）镉（Ge）易被生物所富集。当镉通过食物、水、空气、吸烟等进入人体，会通过血液循环进入全身，在骨骼中积蓄，影响骨骼中的钙代谢，导致骨质疏松、骨骼萎缩和变形（骨痛病）。

（3）铬（Cr）是人体必需的微量元素，它可参与脂类代谢和胆固醇分解与排泄。但是三价和六价铬对人体产生较大的危害，有致畸性和致癌性。

（4）铅（Pb）是对人体有危害的元素，影响骨骼的造血系统和神经系统，常引起贫血。

2. 非重金属的无机毒性物质

主要为氰化物和砷的化合物。

（1）氰化物（CN^-）。在工业上应用非常广泛，但毒性剧烈。在水体中，当氰化物含量在0.04～0.1mg/L时，鱼类死亡。当进入人体，在胃酸的作用下，水解为氰氢酸进入血液，与细胞色素的Fe^{3+}结合，使Fe^{3+}失去传递电子的能力，造成细胞窒息死亡。

（2）砷和砷的化合物都是常见的环境污染物，砷和汞一样，易发生甲基化作用，生成二甲基砷，在毛发、指甲处聚集，引起慢性中毒（胃痛、恶心、肝肿大、皮肤病）。在自然界中砷通常以－3、0、＋3、＋5等多种价态存在，3价态的砷毒性较高。

3. 有机物

在水中已检测出高达2221种有机物，其中117种被公认或怀疑为致癌物。有机物部分可被微生物分解，也有一些不能被微生物所分解，对环境造成较为严重的影响。有些有机物则在氯化消毒过程中产生消毒副产物，从而对人体健康造成间接影响。

（1）农药。常见的是有机氯类及有机磷类。滴滴涕（DDT）、六六六等，一般都具有致癌性，引发食管癌、胃癌、肝癌等。

（2）油类污染物。主要指石油类、动植物油脂类。油类物质在水体中具有很强的扩散性，所产生的油膜会阻碍水的蒸发，影响热交换；阻碍大气复氧，影响水生生物生长。

（3）酚类和苯类污染物。酚类化合物是有害有毒物质，当酚的浓度为0.1～0.2mg/L时，鱼类将中毒死亡；当酚的浓度超过0.002mg/L的水体作为饮用水水源，由于加氯消毒，酚和氯将结合为氯酚，产生臭味。酚类化合物可导致头昏、失眠、贫血等症状。苯化合物对水生生物产生毒害和抑制作用，也是三致物质。

（4）表面活性污染物。含有表面活性污染物的污水，进入水体后易产生大量的泡沫，同时会诱发水体富营养化。《地表水环境质量标准》规定：Ⅰ、Ⅱ和Ⅲ类水域阴离子表面活性应小于0.2mg/L；Ⅳ和Ⅴ类水域小于0.3mg/L。

3.2.2.3　放射性物质

水体中的放射性物质会对人体产生致癌作用。容易引皮肤癌、肺癌、白血病等，尤其会使胎儿产生畸变。

3.2.3　衡量水质的指标

生活饮用水一般指人类应用和日常生活用水。生活饮用水的水质是关乎人类用水安全的重要问题。从饮水安全角度考虑，主要基于 3 个方面来保障饮水的卫生和安全，即水中不得含有病原微生物，水中所含化学物质和放射性物质不得危害人体健康，水的感官性状良好。从上述要求出发，可将衡量水的水质指标分为下面的 4 大类指标。

在《生活饮用水卫生标准》（GB 5749—2006）对上述各类指标的限值进行了明确规定，详见后文介绍。本节中为方便说明，针对不同类的指标介绍了其限值的依据，统一在文中以 GB 5749 标准表示。

3.2.3.1　感官性状和一般化学指标

这两类指标不属于危害人体健康构成生命危险的直接指标，但会在视觉、味觉和嗅觉等方面对人产生不良影响。

感官性指标主要有色度、浑浊度、臭和味。

1. 色度

衡量水中色度一般采用铂钴标准比色法，规定相当于 1mg 铂在 1L 水中所具有的颜色称为 1 度。水色度大于 15 度时，多数人用杯子喝水时即可察觉；色度较深的地下水，经净化后一般可降至 15 度以下。故 GB 5749 标准中规定，水色度不超过 15 度。但水源受工业废水污染后，可使水呈现其他颜色，故标准同时规定，不得呈现其他异色。

2. 浑浊度

浑浊度的大小与水中悬浮物质、胶体物质的含量有关，且与水中病菌、病毒和其他有害物质含量有关。浑浊度会影响消毒效果，浑浊度降低时，水中的细菌、病毒和有害物质会减少。故 GB 5749 标准中规定浑浊度不能超过 1NTU，特殊情况下不得超过 3NTU。条件较好的供水站，应力求供给浑浊度更低的水。

3. 臭和味

清洁卫生的水是无臭无味的，异臭和异味会使人产生厌恶感，同时还能提示原水受污染或水质处理不充分，故 GB 5749 标准中规定：不得有异臭和异味。

一般性化学指标有 pH 值、铁、氯化物、总硬度等。

1. pH 值

pH 值是水中氢离子浓度对数的倒数值，即 $1/\lg[H^+]$。优质饮用水的 pH 值应在 7～8 之间。GB 5749 标准规定的 pH 值在 6.5～8.5 范围内。pH 值过低会腐蚀管道，影响水质；过高可使溶解盐类析出，并降低氯消毒效果。

2. 铁

水中铁的含量高会增加水的浊度，使水呈黄褐色，会使给水管道产生铁菌，加速水管锈蚀。水中含铁量为 0.3～0.5mg/L 时，无任何异味，1mg/L 时有明显金属味。GB 5749 标准中规定饮水铁不超过 0.3mg/L。

3. 氯化物

水中氯化物过高会使人对水的味道有厌恶感，长期饮用会导致高血压和心脏病等。GB 5749 标准中规定不应超过 250mg/L。

4. 总硬度

水的硬度分暂时硬度（碳酸盐硬度）和永久硬度（非碳酸盐硬度），这两种硬度之和称为总硬度。硬度过高的水不宜饮用，可引起胃肠道功能的暂时性紊乱。GB 5749 标准中规定总硬度不能大于 450mg/L。

3.2.3.2 毒理性指标

这类指标超过一定量时，会对人体健康造成危害。有些有毒物质能引起急性中毒，大多数有毒物质可在人体内积蓄，引起慢性中毒。

主要的毒理学指标有：六价铬、铅、汞、氰化物、氟化物、硝酸盐含量。

六价铬毒性很大，对人的消化系统和皮肤都有刺激和腐蚀作用，还会致癌；铅是蓄积性毒物，铅含量超过一定量时，会引起神经、血管和造血系统等方面的病变；汞是剧毒物质，能积蓄毒物在人体内，达到一定量时会危害人的神经系统、心脏、肾脏和肠胃道；氰化物是一种烈性毒物，超过一定量能很快使人死亡，在低 pH 值时更为严重；饮用水中含氟量达到 8～20mg/L 时，长期饮用会引起骨骼损伤，长期饮用 3～6mg/L 的含氟水可能导致氟骨症；硝酸盐容易在人体内积蓄引起中毒。

GB 5749 标准中规定：六价铬不得超过 0.05mg/L；铅不得超过 0.01mg/L；汞不得超过 0.001mg/L；氰化物含量不得超过 0.05mg/L；饮用水中含氟量不得超过 1mg/L。一级水源水时，水中硝酸盐氮含量不得超过 10mg/L；二级水源水时，不得超过 20mg/L。

溶解性有毒物质不能通过一般的凝聚沉淀和过滤等方式有效去除。因此，这些指标应成为水源选择的重要依据，以确保水质安全。

3.2.3.3 微生物指标

水中细菌繁多，病原菌会对人体健康产生危害。目前一般采取测定病原菌生存条件相近的细菌总数和大肠菌群的方法。这两项指标能反映水源受到污染的程度和水处理的效果。

总大肠菌群基本上来自人类粪便污染，GB 5749 标准中规定不得检出。

菌落总数指 1mL 水样在普通琼脂培养基中在 37℃经过 24h 的培养所生长的各种细菌菌落总数。被污染的水，每毫升水中细菌总数可能高达几十万个，但经过一般净化处理后大部分被杀死。培养后 1mL 水样中小于 100 个细菌菌落数时，水质良好。因此，GB 5749 标准中规定每毫升水中不超过 100 个细菌。

3.2.3.4 放射性指标

人类活动可能使环境中的天然辐射强度有所提高，特别是随着核能的发展和同位素技术的应用，很可能产生放射性物质对水环境的污染问题。因此，有必要对饮用水中的放射性指标进行常规监测和评价。一般以总 α 放射性和总 β 放射性强度这两个指标作为衡量水中放射性的指标。

GB 5749 标准中规定总 α 放射性为 0.5Bq/L，总 β 放射性为 1.0Bq/L。

3.2.4　水源水质标准

作为饮用水水源，其除了满足水量的要求外，还应该满足一定的水质要求，否则应根据超标的具体水质指标采用相应的预处理措施。

3.2.4.1　地表水水质标准

地表水水源水质应符合《地表水环境质量标准》（GB 3838—2002）的要求，或符合《生活饮用水水源水质标准》（CJ 3020—93）的要求。

1. 生活饮用水水源水质标准

在《生活饮用水水源水质标准》（CJ 3020—93）中，按照水源水质将水源分为两级，具体两级标准极限值见表 3.2。如水质浓度超过二级标准限值的水源水，不宜作为生活饮用水的水源。若限于条件需加以利用时，应采用相应的净化工艺进行处理。处理后的水质应符合《生活饮用水卫生标准》（GB 5749—2006）规定，并取得省（市、自治区）卫生厅（局）及主管部门批准。

表 3.2　生活饮用水水源水质标准

指　标	一　级	二　级
1. 微生物指标		
总大肠菌群（MPN/100mL 或 CFU/100mL）	≤1000	≤10000
2. 毒理指标		
砷（mg/L）	≤0.05	≤0.05
镉（mg/L）	≤0.01	≤0.01
铬（六价，mg/L）	≤0.05	≤0.05
铅（mg/L）	≤0.05	≤0.07
银（mg/L）	≤0.05	≤0.05
铍（mg/L）	≤0.0002	≤0.0002
汞（mg/L）	≤0.001	≤0.001
硒（mg/L）	≤0.01	≤0.01
氰化物（mg/L）	≤0.05	≤0.05
氟化物（mg/L）	≤1.0	≤1.0
苯并芘（μg/L）	≤0.01	≤0.01
滴滴涕（μg/L）	≤1.0	≤1.0
六六六（μg/L）	≤5.0	≤5.0
百菌清（mg/L）	≤0.01	≤0.01
3. 感光性状和一般化学指标		
色度（铂钴色度单位）	色度不得超过 15 度，并不得呈现其他异色	不应有其他明显的异色
浑浊度（NTU -散射浊度单位）	≤3	
臭和味	不得有异臭、异味	不得有明显的异臭、异味

续表

指标	一级	二级
3. 感光性状和一般化学指标		
pH 值（pH 值单位）	6.5～8.5	6.5～8.5
铝（mg/L）		
铁（mg/L）	≤0.3	≤0.5
锰（mg/L）	≤0.1	≤0.1
铜（mg/L）	≤1.0	≤1.0
锌（mg/L）	≤1.0	≤1.0
氯化物（mg/L）	<250	<250
硫酸盐（mg/L）	<250	<250
溶解性总固体（mg/L）	<1000	<1000
总硬度（以 $CaCO_3$ 计，mg/L）	≤350	≤450
耗氧量（COD_{Mn} 法，以 O_2 计，mg/L）	≤3	≤6
氨氮（以氮计，mg/L）	≤0.5	≤1.0
硝酸盐氮（以氮计，mg/L）	≤10	≤20
挥发酚类（以苯酚计，mg/L）	≤0.002	≤0.004
阴离子合成洗涤剂（mg/L）	≤0.3	≤0.3
4. 放射性指标		
总 α 放射性（Bq/L）	≤0.1	≤0.1
总 β 放射性（Bq/L）	≤1	≤1

一级水源水：水质良好。二级水源水：水质受轻度污染，经常规净化处理（如絮凝、沉淀、过滤、消毒灯），其水质即可达到 GB 5749—2006 的规定，可供生活饮用。

2. 地表水环境质量标准

根据地表水的功能区划分，国家环境保护部门提出了地表水环境质量标准，根据《地表水环境质量标准》（GB 3838—2002），将我国的水域功能划分为 5 类功能区：

Ⅰ类：主要适用于源头水、国家自然保护区。

Ⅱ类：主要适用于集中式生活饮用水地表水源地一级保护区、珍稀水生生物栖息地、鱼虾类产卵场、仔稚幼鱼的索饵场等。

Ⅲ类：主要适用于集中式生活饮用水地表水源地二级保护区、鱼虾类越冬场、洄游通道、水产养殖区等渔业水域及游泳区。

Ⅳ类：主要应用于一般工业用水区及人体非直接接触的娱乐用水区。

Ⅴ类：主要适用于农业用水区及一般景观要求水域。

标准中检测项目共计 109 项，其中地表水环境质量标准基本项目 24 项，集中式生活饮用水地表水源地补充项目 5 项，集中式生活饮用水地表水源地特定项目 80 项。具体各项指标限值见表 3.3～表 3.5。

表 3.3　　**地表水环境质量分类指标**　　单位：mg/L

项目序号	项目	Ⅰ类	Ⅱ类	Ⅲ类	Ⅳ类	Ⅴ类
		限值				
1	水温（℃）	人为造成的环境水温变化应限制在：周平均最大温升≤1，周平均最大温降≤2				
2	pH 值	6～9				
3	溶解氧≥	饱和率 90%或 7.5	6	5	3	2
4	高锰酸盐指数≤	2	4	6	10	15
5	化学需氧量（COD）≤	15	15	20	30	40
6	五日生化需氧量（BOD_5）≤	3	3	4	6	10
7	氨氮（NH_3-N）≤	0.15	0.5	1.0	1.5	2.0
8	总磷（以 P 计）≤	0.02（湖、库 0.01）	0.1（湖、库 0.025）	0.2（湖、库 0.05）	0.3（湖、库 0.1）	0.4（湖、库 0.2）
9	总氮（湖、库，以 N 计）≤	0.2	0.5	1.0	1.5	2.0
10	铜≤	0.01	1.0	1.0	1.0	1.0
11	锌≤	0.05	1.0	1.0	2.0	2.0
12	氟化物（以 F^- 计）	1.0	1.0	1.0	1.5	1.5
13	硒≤	0.01	0.01	0.01	0.02	0.02
14	砷≤	0.05	0.05	0.05	0.1	0.1
15	汞≤	0.00005	0.00005	0.0001	0.001	0.001
16	镉≤	0.001	0.005	0.005	0.005	0.01
17	铬（六价）≤	0.01	0.05	0.05	0.05	0.1
18	铅≤	0.01	0.1	0.05	0.05	0.1
19	氰化物≤	0.005	0.05	0.2	0.2	0.2
20	挥发酚≤	0.002	0.002	0.005	0.01	0.1
21	石油类≤	0.05	0.05	0.05	0.5	1.0
22	阴离子表面活性剂≤	0.2	0.2	0.2	0.3	0.3
23	硫化物≤	0.05	0.1	0.2	0.5	1.0
24	粪大肠菌（个/L）≤	200	2000	10000	20000	40000

表 3.4　　**集中式生活饮用水地表水源地补充项目标准限值**　　单位：mg/L

序　号	项　目	标　准　值
1	硫酸盐（以 SO_4^{2-} 计）	250
2	氯化物（以 Cl^- 计）	250
3	硝酸盐（以 N 计）	10
4	铁	0.3
5	锰	0.1

表 3.5　　集中式生活饮用水地表水源地特定项目标准限值　　单位：mg/L

序号	项目	标准值	序号	项目	标准值
1	三氯甲烷	0.06	41	丙烯酰胺	0.0005
2	四氯化碳	0.002	42	丙烯腈	0.1
3	三溴甲烷	0.1	43	邻苯二甲酸二丁酯	0.003
4	二氯甲烷	0.02	44	邻苯二甲酸二(2-乙基己基)酯	0.008
5	1，2-二氯乙烷	0.03	45	水合肼	0.01
6	环氧氯乙烷	0.02	46	四乙基铅	0.0001
7	氯乙烯	0.005	47	吡啶	0.2
8	1，1-二氯乙烯	0.03	48	松节油	0.2
9	1，2-二氯乙烯	0.05	49	苦味酸	0.5
10	三氯乙烯	0.07	50	丁基黄原酸	0.005
11	四氯乙烯	0.04	51	活性氯	0.01
12	氯丁二烯	0.002	52	滴滴涕	0.001
13	六氯丁二烯	0.0006	53	林丹	0.002
14	苯乙烯	0.02	54	环氧七氯	0.0002
15	甲醛	0.9	55	对硫磷	0.003
16	乙醛	0.05	56	甲基对硫磷	0.002
17	丙烯醛	0.1	57	马拉硫磷	0.05
18	三氯乙醛	0.01	58	乐果	0.08
19	苯	0.01	59	敌敌畏	0.05
20	甲苯	0.7	60	敌百虫	0.05
21	乙苯	0.3	61	内吸磷	0.03
22	二甲苯①	0.5	62	百菌清	0.01
23	异丙苯	0.25	63	甲萘威	0.05
24	氯苯	0.3	64	溴氰菊酯	0.02
25	1，2-二氯苯	1.0	65	阿特拉津	0.003
26	1，4-二氯苯	0.3	66	苯并（a）芘	2.8×10^{-6}
27	三氯苯②	0.02	67	甲基汞	1.0×10^{-6}
28	四氯苯③	0.02	68	多氯联苯⑥	2.0×10^{-6}
29	六氯苯	0.05	69	微囊藻毒素-LR	0.001
30	硝基苯	0.017	70	黄磷	0.003
31	二硝基苯④	0.5	71	钼	0.07
32	2，4-二硝基甲苯	0.0003	72	钴	1.0
33	2，4，6-三硝基甲苯	0.5	73	铍	0.002
34	硝基氯苯⑤	0.05	74	硼	0.5
35	2，4-二硝基氯苯	0.5	75	锑	0.005
36	2，4-二氯苯酚	0.093	76	镍	0.02
37	2，4，6-三氯苯酚	0.2	77	钡	0.7
38	五氯酚	0.009	78	钒	0.05
39	苯胺	0.1	79	钛	0.1
40	联苯胺	0.0002	80	铊	0.001

① 二甲苯：指对-二甲苯、间-二甲苯、邻-二甲苯。
② 三氯苯：指 1，2，3-三氯苯、1，2，4-三氯苯、1，3，5-三氯苯。
③ 四氯苯：指 1，2，3，4-四氯苯、1，2，3，5-四氯苯、1，2，4，5-四氯苯。
④ 二硝基苯：指对-二硝基苯、间-二硝基苯、邻-二硝基苯。
⑤ 硝基氯苯：指对-硝基氯苯、间-硝基氯苯、邻-硝基氯苯。
⑥ 多氯联苯：指 PCB-1016、PCB-1221、PCB-1242、PCB-1248、PCB-1254、PCB-1260。

3.2.4.2　地下水水源水质标准

依据我国地下水水质现状、人体健康基准值及地下水质量保护目标，参照生活饮用水、工业、农业用水水质要求，我国环境保护部门提出了地下水环境质量标准，根据《地下水环境质量标准》(GB/T 14848—93)，将我国的水域功能划分为 5 类功能区：

Ⅰ类：主要反映地下水化学组分的天然低背景含量。适用于各种用途。

Ⅱ类：主要反映地下水化学组分的天然背景含量。适用于各种用途。

Ⅲ类：以人体健康基准值为依据。主要适用于集中式生活饮用水水源及工、农业用水。

Ⅳ类：以农业和工业用水要求为依据。除适用于农业和部分工业用水外，适当处理后可作生活饮用水。

Ⅴ类：不宜饮用，其他用水可根据使用目的选用。

地下水的分类指标详见表 3.6。

表 3.6　　地下水环境质量分类指标

项目序号	项目	Ⅰ类	Ⅱ类	Ⅲ类	Ⅳ类	Ⅴ类
		限值				
1	色（度）	≤5	≤5	≤15	≤25	>25
2	嗅和味	无	无	无	无	有
3	浑浊度（NTU）	≤3	≤3	≤3	≤10	>10
4	肉眼可见物	无	无	无	无	有
5	pH 值	6.5～8.5			5.5～6.5，8.5～9.0	<5.5，>9.0
6	总硬度（以 $CaCO_3$ 计）(mg/L)	≤150	≤300	≤450	≤550	>550
7	溶解性总固体（mg/L）	≤300	≤500	≤1000	≤2000	>2000
8	硫酸盐（mg/L）	≤50	≤150	≤250	≤350	>350
9	氯化物（mg/L）	≤50	≤150	≤250	≤350	>350
10	铁（Fe）（mg/L）	≤0.1	≤0.2	≤0.3	≤1.5	>1.5
11	锰（Mn）（mg/L）	≤0.05	≤0.05	≤0.1	≤1.0	>1.0
12	钢（Cu）（mg/L）	≤0.01	≤0.05	≤1.0	≤1.5	>1.5
13	锌（Zn）（mg/L）	≤0.05	≤0.5	≤1.0	≤5.0	>5.0
14	铝（Al）（mg/L）	≤0.001	≤0.01	≤0.1	≤0.5	>0.5
15	钴（Co）（mg/L）	≤0.005	≤0.05	≤0.05	≤1.0	>1.0
16	挥发性酚类（以苯酚）(mg/L)	0.001	0.001	0.002	≤0.01	0.01
17	阴离子合成洗涤剂 (mg/L)	不得检出	≤0.1	≤0.3	≤0.3	>0.3
18	高锰酸盐指数（mg/L）	≤1.0	≤2.0	≤3.0	≤10	>10
19	硝酸盐（以 N 计）（mg/L）	≤2.0	≤5.0	≤20	≤30	>30

续表

项目序号	项目	Ⅰ类	Ⅱ类	Ⅲ类	Ⅳ类	Ⅴ类
		限值				
20	亚硝酸盐（以N计）(mg/L)	≤0.001	≤0.01	≤0.02	≤0.1	0.1
21	氨氮（NH_4）(mg/L)	≤0.02	≤0.02	≤0.2	≤0.5	>0.5
22	氟化物（mg/L）	≤1.0	≤1.0	≤1.0	≤2.0	>2.0
23	碘化物（mg/L）	≤0.1	≤0.1	≤0.2	≤1.0	>1.0
24	氰化物（mg/L）	≤0.001	≤0.01	≤0.05	≤0.1	>0.1
25	汞（Hg）(mg/L)	≤0.00005	≤0.0005	≤0.001	≤0.001	>0.001
26	砷（As）(mg/L)	≤0.005	≤0.01	≤0.05	≤0.05	>0.05
27	硒（Se）(mg/L)	≤0.01	≤0.01	≤0.01	≤0.1	>0.1
28	镉（Cd）(mg/L)	≤0.0001	≤0.001	≤0.01	≤0.01	>0.01
29	铬（六价）（Cr^{6+}）(mg/L)	≤0.005	≤0.01	≤0.05	≤0.1	>0.1
30	铅（Pb）(mg/L)	≤0.005	≤0.01	≤0.05	≤0.1	>0.1
31	铍（Be）(mg/L)	≤0.00002	≤0.0001	≤0.0002	≤0.001	>0.001
32	钡（Ba）(mg/L)	≤0.01	≤0.1	≤1.0	≤4.0	>4.0
33	镍（Ni）(mg/L)	≤0.005	≤0.05	≤0.05	≤0.1	>0.1
34	滴滴涕（μg/L）	不得检出	≤0.005	≤1.0	≤1.0	>1.0
35	六六六（μg/L）	≤0.005	≤0.05	≤5.0	≤5.0	>5.0
36	总大肠菌群（个/L）	≤3.0	≤3.0	≤3.0	≤100	>100
37	细菌总数（个/mL）	≤100	≤100	≤100	≤1000	>1000
38	总α放射性（Bq/L）	≤0.1	≤0.1	≤0.1	>0.1	>0.1
39	总β放射性（Bq/L）	≤0.1	≤1.0	≤1.0	>1.0	>1.0

3.2.5　天然水源的水质特点

1. 江河水

江河水易受自然条件影响。水中悬浮物和胶态杂质含量较多，浊度高于地下水。由于我国幅员辽阔，大小河流纵横交错，自然地理条件相差悬殊，因而各地区江河水的浊度也相差很大。甚至同一条河流，上游和下游、夏季和冬季，晴天和雨天，浑浊度也颇相悬殊。我国是世界上高浊度水河流众多的国家之一。西北及华北地区流经黄土高原的黄河水系、海河水系及长江中、上游等，河水含砂量很大。暴雨时，少则数千克每立方米，多则数十乃至数百千克每立方米，个别甚至达几千千克每立方米。浊度变化幅度也很大。冬季浊度有时仅几度至几十度，暴雨时，几小时内浊度就会突然增加。凡土质、植被和气候条件较好地区，如华东、东北和西南地区大部分河流，浊度均较低。一年中大部分时间内河水较清，只是雨季河水较浑，一般年平均浑浊度在50～400NTU之间。

江河水的含盐量和硬度较低。河水含盐量和硬度与地质、植被、气候条件及地下水补给情况有关。我国西北黄土高原及华北平原大部分地区，河水含盐量较高，约 300～400mg/L；秦岭以及黄河以南次之，东北松黑流域及东南沿海地区最低，含盐量大多小于 100mg/L。我国西北及内蒙古高原大部分河流，河水硬度较高，可达 100～150mg/L（以 CaO 计），甚至更大；黄河流域、华北平原及东北辽河流域次之，松黑流域和东南沿海地区，河水硬度较低，一般均在 15～30mg/L（以 CaO 计）以下。总的来说，我国大部分河流，河水含盐量和硬度一般均无碍于生活饮用。

江、河水最大缺点是易受工业废水、生活污水及其他各种人为污染，因而水的色、臭、味变化较大，有毒或有害物质易进入水体。水温不稳定，夏季常不能满足工业冷却用水要求。

2. 湖泊及水库水

湖泊及水库水，主要由河水供给，水质与河水类似。但由于湖泊（或水库）水流动性小，储存时间长，经过长期自然沉淀，浊度较低。只有在风浪时以及暴雨季节，由于湖底沉积物或泥沙泛起，才产生浑浊现象。水的流动性小和透明度高又给水中浮游生物特别是藻类的繁殖创造了良好条件。因而，湖水一般含藻类较多，使水产生色、臭、味。同时，水生物死亡残骸沉积湖底，使湖底淤泥中积存了大量腐殖质，一经风浪泛起，便使水质恶化，湖水也易受生活污水或工业废水污染。

由于湖水不断得到补给又不断蒸发浓缩，故含盐量往往比河水高。按含盐量分，有淡水湖、微咸水湖和咸水湖 3 种。这与湖的形成历史、水的补给来源及气候条件有关。干旱地区内陆湖由于换水条件差，蒸发量大，含盐量往往很高。微咸水湖和咸水湖食盐量在 1000mg/L 以上直至数万毫克每升。咸水湖的水不宜生活饮用。我国大的淡水湖主要集中在雨水丰富的东南地区。

3. 海水

海水含盐量高，而且所含各种盐类或离子的重量比例基本上一定，这是与其他天然水源所不同的一个显著特点。其中氯化物含量最高，约占总盐量 89%左右；硫化物次之，再次为碳酸盐，其他盐类含量极少。海水一般须经淡化处理才可作为居民生活用水。

4. 地下水

水在地层渗滤过程中，悬浮物和胶体杂质已基本或大部去除，水质清澈，且水源不易受外界污染和气温影响，因而水质、水温较稳定，一般宜作为饮用水和工业冷却用水的水源。

由于地下水溶解了岩层的各种可溶性矿物质，因而水的含盐量通常高于地表水（海水除外）。至于含盐量多少及盐类成分，则决定于地下水流经地层的矿物质成分、地下水埋深和与岩层接触时间等。我国水文地质条件比较复杂。各地区地下水中含盐量相差很大，但大部分地下水的含盐量在 200～500mg/L 之间。一般情况下，多雨地区，如东南沿海及西南地区，由于地下水受到大量雨水补给，故含盐量较低；干旱地区，如西北、内蒙古等地，地下水含盐量较高。

地下水硬度高于地表水。我国地下水总硬度通常在 60～300mg/L（以 CaO 计）之间，少数地区有时高达 300～700mg/L。

我国含铁地下水分布较广，比较集中的地区是松花江流域和长江中、下游地区。黄河流域、珠江流域等地也都有含铁地下水。我国地下水的含铁量通常在10mg/L以下，可高达30mg/L。地下水中的锰常与铁共存，但含量比铁少。我国地下水含锰量一般不超过2～3mg/L，个别地区可高达10mg/L。

另外，我国许多地区，地下水含氟量都超过国家规定的生活饮用水卫生标准。有些地区甚至高达20mg/L。长期饮用高氟水，轻者使牙齿产生斑釉，关节疼痛，重者会影响骨骼发育，致使丧失劳动力。

由于地下水含盐量和硬度较高，故用以作为某些工业用水水源未必经济。地下水含铁、锰量或者含氟超过饮用水标准时，需经处理方可使用。

3.2.6 生活饮用水水质标准

水中的物质对人体的身体健康影响很大，优良的水质可促进人体健康，但因水质问题所引发的疾病也不鲜见。世界卫生组织认为，80%的成人疾病和50%的儿童死亡率多与饮用水水质不良有关。

为保证饮水安全，2006年卫生部、标准化委员会发布了《生活饮用水卫生标准》(GB 5749—2006)，对原标准《生活饮用水卫生标准》(GB 5749—85) 做了修改。标准中对生活饮用水的感官性状和一般化学指标、微生物指标、毒理学指标以及放射性指标进行了限制，总共有106项，具体而言常规指标42项，非常规检测指标有64项，具体生活饮用水水质常规指标及限值如表3.7和表3.8所示，非常规检测指标及限值如表3.9所示。

表3.7　生活饮用水水质常规指标及限值

指　标	限　值
1. 微生物指标①	
总大肠菌群（MPN/100mL或CFU/100mL）	不得检出
耐热大肠菌群（MPN/100mL或CFU/100mL）	不得检出
大肠埃希氏菌（MPN/100mL或CFU/100mL）	不得检出
菌落总数（CFU/mL）	100
2. 毒理指标	
砷（mg/L）	0.01
镉（mg/L）	0.005
铬（六价，mg/L）	0.05
铅（mg/L）	0.01
汞（mg/L）	0.001
硒（mg/L）	0.01
氰化物（mg/L）	0.05
氟化物（mg/L）	1.0
硝酸盐（以N计，mg/L）	10；地下水源限制时为20
三氯甲烷（mg/L）	0.06
四氯化碳（mg/L）	0.002

续表

指　　标	限　值
2. 毒理指标	
溴酸盐（使用臭氧时，mg/L）	0.01
甲醛（使用臭氧时，mg/L）	0.9
亚氯酸盐（使用二氧化氯消毒时，mg/L）	0.7
氯酸盐（使用复合二氧化氯消毒时，mg/L）	0.7
3. 感官性状和一般化学指标	
色度（铂钴色度单位）	15
浑浊度（NTU-散射浊度单位）	1；水源与净水技术条件限制时为 3
臭和味	无异臭、异味
肉眼可见物	无
pH 值（pH 值单位）	≥6.5 且≤8.5
铝（mg/L）	0.2
铁（mg/L）	0.3
锰（mg/L）	0.1
铜（mg/L）	1.0
锌（mg/L）	1.0
氯化物（mg/L）	250
硫酸盐（mg/L）	250
溶解性总固体（mg/L）	1000
总硬度（以 $CaCO_3$ 计，mg/L）	450
耗氧量（COD_{Mn} 法，以 O_2 计，mg/L）	3；水源限制，原水耗氧量＞6mg/L 时为 5
挥发酚类（以苯酚计，mg/L）	0.002
阴离子合成洗涤剂（mg/L）	0.3
4. 放射性指标②	指导值
总 α 放射性（Bq/L）	0.5
总 β 放射性（Bq/L）	1

① MPN 表示最可能数；CFU 表示菌落形成单位。当水样检出总大肠菌群时，应进一步检验大肠埃希氏菌或耐热大肠菌群；水样未检出总大肠菌群，不必检验大肠埃希氏菌或耐热大肠菌群。

② 放射性指标超过指导值，应进行核素分析和评价，判定能否饮用。

表 3.8　　饮用水中消毒剂常规指标及要求

消毒剂名称	与水接触时间	出厂水中限值	出厂水中余量	管网末梢水中余量
氯气及游离氯制剂（游离氯，mg/L）	至少 30min	4	≥0.3	≥0.05
一氯胺（总氯，mg/L）	至少 120min	3	≥0.5	≥0.05
臭氧（O_3，mg/L）	至少 12min	0.3		0.02 如加氯，总氯≥0.05
二氧化氯（ClO_2，mg/L）	至少 30min	0.8	≥0.1	≥0.02

表 3.9　　水质非常规指标及限值

指标	限值
1. 微生物指标	
贾第鞭毛虫（个/10L）	<1
隐孢子虫（个/10L）	<1
2. 毒理指标	
锑（mg/L）	0.005
钡（mg/L）	0.7
铍（mg/L）	0.002
硼（mg/L）	0.5
钼（mg/L）	0.07
镍（mg/L）	0.02
银（mg/L）	0.05
铊（mg/L）	0.0001
氯化氰（以 CN^- 计，mg/L）	0.07
一氯二溴甲烷（mg/L）	0.1
二氯一溴甲烷（mg/L）	0.06
二氯乙酸（mg/L）	0.05
1，2-二氯乙烷（mg/L）	0.03
二氯甲烷（mg/L）	0.02
三卤甲烷（三氯甲烷、一氯二溴甲烷、二氯一溴甲烷、三溴甲烷的总和）	该类化合物中各种化合物的实测浓度与其各自限值的比值之和不超过1
1，1，1-三氯乙烷（mg/L）	2
三氯乙酸（mg/L）	0.1
三氯乙醛（mg/L）	0.01
2，4，6-三氯酚（mg/L）	0.2
三溴甲烷（mg/L）	0.1
七氯（mg/L）	0.0004
马拉硫磷（mg/L）	0.25
五氯酚（mg/L）	0.009
六六六（总量，mg/L）	0.005
六氯苯（mg/L）	0.001
乐果（mg/L）	0.08
对硫磷（mg/L）	0.003
灭草松（mg/L）	0.3
甲基对硫磷（mg/L）	0.02
百菌清（mg/L）	0.01

续表

指　标	限　值
2. 毒理指标	
呋喃丹（mg/L）	0.007
林丹（mg/L）	0.002
毒死蜱（mg/L）	0.03
草甘膦（mg/L）	0.7
敌敌畏（mg/L）	0.001
莠去津（mg/L）	0.002
溴氰菊酯（mg/L）	0.02
2，4-滴（mg/L）	0.03
滴滴涕（mg/L）	0.001
乙苯（mg/L）	0.3
二甲苯（mg/L）	0.5
1，1-二氯乙烯（mg/L）	0.03
1，2-二氯乙烯（mg/L）	0.05
1，2-二氯苯（mg/L）	1
1，4-二氯苯（mg/L）	0.3
三氯乙烯（mg/L）	0.07
三氯苯（总量，mg/L）	0.02
六氯丁二烯（mg/L）	0.0006
丙烯酰胺（mg/L）	0.0005
四氯乙烯（mg/L）	0.04
甲苯（mg/L）	0.7
邻苯二甲酸二（2-乙基己基）酯（mg/L）	0.008
环氧氯丙烷（mg/L）	0.0004
苯（mg/L）	0.01
苯乙烯（mg/L）	0.02
苯并（a）芘（mg/L）	0.00001
氯乙烯（mg/L）	0.005
氯苯（mg/L）	0.3
微囊藻毒素-LR（mg/L）	0.001
3. 感官性状和一般化学指标	
氨氮（以 N 计，mg/L）	0.5
硫化物（mg/L）	0.02
钠（mg/L）	200

经过处理后的生活饮用水，应满足 GB 5749—2006 的要求。对于村镇供水工程而言，其技术管理和检验设备都不如城市，部分指标可暂按照表 3.10《农村实施〈生活饮用水卫生标准〉准则》执行，其余指标仍按表 3.7、表 3.8 和表 3.9 执行。但对于常规的几项指标必须检验，如浊度和余氯等。对于一些特殊水源水质，要重点监测特殊项目，如高氟水须检验处理后的氟化物含量，含铁、锰地下水和矿化度高的水源，要重点检验铁、锰和硬度等指标。

表 3.10　农村小型集中式供水和分散式供水部分水质指标及限值

指　标	限　值
1. 微生物指标	
菌落总数（CFU/mL）	500
2. 毒理指标	
砷（mg/L）	0.05
氟化物（mg/L）	1.2
硝酸盐（以 N 计，mg/L）	20
3. 感官性状和一般化学指标	
色度（铂钴色度单位）	20
浑浊度（NTU -散射浊度单位）	3 水源与净水技术条件限制时为 5
pH 值（pH 值单位）	≥6.5 且≤9.5
溶解性总固体（mg/L）	1500
总硬度（以 $CaCO_3$ 计，mg/L）	550
耗氧量（COD_{Mn} 法，以 O_2 计，mg/L）	5
铁（mg/L）	0.5
锰（mg/L）	0.3
氯化物（mg/L）	300
硫酸盐（mg/L）	300

3.3 水 源 选 择

3.3.1 供水水源的要求

供水水源应符合以下基本要求：

（1）水质良好、便于卫生防护，地下水源水质符合《地下水质量标准》（GB/T 14848—93）的要求，地表水源水质符合《地表水环境质量标准》（GB 3838—93—2002）的要求，或符合《生活饮用水水源水质标准》（CJ 3020—93）的要求。

当水源水质不符合上述要求时，不宜作为生活饮用水水源。若限于条件需加以利用时，应采用相应的净化工艺进行处理，处理后的水质应符合《生活饮用水卫生标准》（GB

5749—2006）的要求。

（2）水量充沛，干旱年枯水期设计取水量的保证率，严重缺水地区不低于 90%，其他地区不低于 95%。当单一水源水量不能满足要求时，可采取多水源或调蓄等措施。

（3）符合当地水资源统一规划管理的要求，并按照优质水源优先保证生活用水的原则，合理安排与其他用水之间的关系。

3.3.2　水源选择基本原则

（1）应详细调查和搜集区域水资源资料，并据此选择适宜的水源。

（2）有多个水源可供选择时，应对其水质、水量、工程投资、运行成本、施工和管理条件、卫生防护条件等进行综合比较，择优确定。

（3）对拟选水源应进行水资源勘察，重点进行水质和干旱年枯水期可供水量分析，结合相应的供水方案作出评价。

地下水源应按照《供水水文地质勘察规范》（GBJ 27）的要求进行水文地质勘察。

地表水源评价时，应分析不同水文年逐月流量和含砂量的最大、最小、平均值，最高水位、最低水位和常水位，洪水持续时间、冰情、水温和水质等历史记录资料，并进行水量平衡分析。

缺乏资料时，应进行实测和调查，选择相邻水文站作参证站进行水文预测分析，并适当提高设计取水量的保证率。

3.3.3　水源选择

在区域内的水源满足水量和水质的基本条件后，对水源的选择还应按照以下方式进行选择。

1. 地表水

在选择地表水水源时，首先考虑采用天然江河水、湖泊水，其次考虑水库水，必要时考虑海水的利用。

地表水源由于含泥沙和细菌较多，水质浑浊，故通常需要处理。

2. 地下水

当村镇有多个水源时，作为生活饮用水的水源应首先考虑地下水。

地下水具有以下优点：地下水水质一般无色透明，不需澄清处理，可节省净水构筑物的投资以及运行费用；水温较低水质稳定；不易被污染，安全，卫生条件较好；地下水取水构筑物比地表水取水构筑物简单，造价较低，便于靠近用户和分期修建。

但地下水也有缺点，一般含矿物盐较高，硬度较大，有时含过量的铁、锰、氟等需要进行处理。尤其在我国，地下水为苦咸水的地方较多，处理成本较高，不宜作为饮水水源。同时，地下水水量往往不够稳定，地下水勘测时间也较长等。采用地下水必须做到计划开采，不能超过开采储量，以防地下水水位不断下降、导致地面下沉或水质恶化等严重情况发生。

采用地下水时，鉴于泉水、岩溶水、裂隙水、潜水等易于取集和补给，故选择时应首先加以考虑，然后再考虑承压水。

思考题

1. 用于村镇供水的水源主要有哪些类型？各有什么特点？
2. 天然水中的主要杂质有哪些？对人体健康有什么影响？
3. 衡量水质的指标有哪些？
4. 如何选择水源？水源水质标准与生活饮用水卫生标准在指标上有什么不同？

第4章 取水构筑物

4.1 取水构筑物分类

取水构筑物是供水工程的重要组成部分，其作用是从各类饮用水水源中取水并将水送至水处理构筑物或用户。正确选择并设计取水构筑物，对最大限度截取补给量、提高出水量、改善水质、降低工程造价影响很大。根据村镇供水特点和水源种类，可分为地下水取水构筑物、地表水取水构筑物和雨水集取构筑物三大类。

4.2 地下水取水构筑物

由于地下水的类型、埋藏深度、含水层性质各不相同，所以开采收集地下水的方法也不同，取水构筑物的类型也各异。地下水取水构筑物有管井、大口井、辐射井、复合井和水平渗渠等类型，其适用条件各异。其中管井最为常见，对含水层的适应能力强，施工机械化程度高，用于开采深层地下水，井深一般在300m以内，最深可达1000m以上；大口井广泛用于集取含水层厚度在20m以内的浅层地下水。辐射井由集水井和若干向外铺设的水平辐射型集水管组成，主要用于汲取含水层厚度较薄的浅层地下水，它比大口井效率高，但施工难度大。复合井是大口井与管井的组合，即上部为大口井，下部为管井，它常常用于同时集取上部孔隙潜水和下部厚层基岩高水位的承压水。在一些需水量不大的小城镇和不连续供水的铁路给水站中应用较多。渗渠主要用于地下水埋深小于2m的浅层地下水，或集取季节性河流河床下的地下水，在我国东北、西北地区应用较多。地下水取水构筑物可参照表4.1选用。

表4.1　　地下水取水构筑物适用范围

型式	尺寸	深度	适用范围				出水量
			地下水类型	地下水埋深	含水层厚度	水文地质特征	
管井	井径50～1000mm，常用200～600mm	井深8～1000m，常用300m内	潜水、承压水、裂隙水、岩溶水	200m以内，常用在70m以内	视透水性确定	适用于砂、砾石、卵石及含水黏性土、裂隙、岩溶含水层	一般500～600m^3/d，最大可达2万～3万m^3/d
大口井	井径2～12m，常用5～8m	井深在20m以内，常用6～15m	潜水、承压水	一般在12m以内	一般为5～20m	砂、砾石、卵石，渗透系数最好在20m/d以上	一般500～1000m^3/d，最大可达2万～3万m^3/d

续表

型式	尺寸	深度	适用范围				出水量
			地下水类型	地下水埋深	含水层厚度	水文地质特征	
辐射井	集水井直径4～6m，辐射直径50～300mm，常用75～100mm	集水井井深常用3～12m	潜水	埋深12m以内，辐射管距含水层应大于1m	一般大于2m	细、中、粗砂，砾石，但不可含漂石，弱透水层	一般5000～50000m^3/d，最大达30万m^3/d
渗渠	直径450～1500mm，常用600～1000mm	埋深10m以内，常用4～6m	潜水	一般在2m以内，最大达8m	一般4～6m	中、粗砂，砾石、卵石	一般5～20$m^3/(d\cdot m)$，最大达50～100$m^3/(d\cdot m)$

4.2.1 管井

管井由井壁和含水层中进水部分均为管状结构而得名，通常用凿井机械开凿。按其过滤器是否贯穿整个含水层，可分为完整井和非完整井，如图4.1所示。管井施工方便，适应性强，能用于各种岩性、埋深、含水层厚度和多层次含水层的取水工程。因而，管井是地下水取水构筑物中应用最广泛的一种形式。

管井直径一般为50～1000mm，井深可达1000m以上，常见的管井直径大多小于500mm，井深也在200m以内。随着凿井技术的发展和浅层地下水的枯竭与污染，直径在1000mm以上井深在1000m以上的管井已有使用。

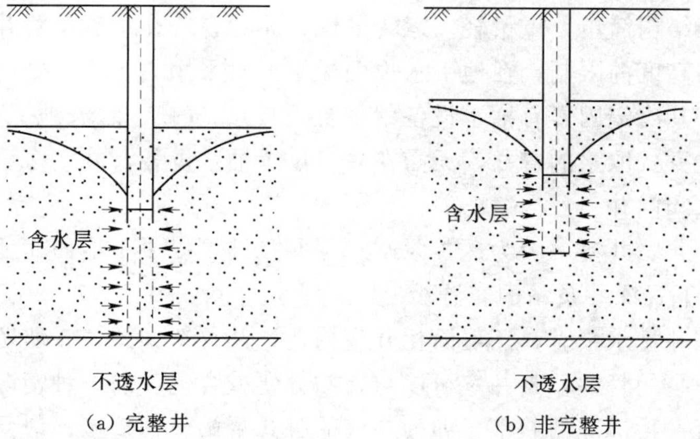

(a) 完整井　　(b) 非完整井

图4.1 管井

在采用管井取水时，应充分考虑大多数含水层中含有细砂这一特点，管井易发生漏砂及堵塞现象，因此，管井中广泛采用填砾过滤器来防止这些现象的发生。管井构造如图4.2所示，由井室、井壁管、过滤器及沉淀管等组成。井室位于最上部，用来保护井口，安装设备，进行维护管理。井管为了保护井壁不受冲刷，防止不稳定岩层塌落，隔绝水质不良的含水层。过滤器置于含水层中，它的两端与井管连接，是井管的进水部分，同时对含水层起保护作用。沉淀管位于井管的最下端，用于沉积涌入井口的砂粒。

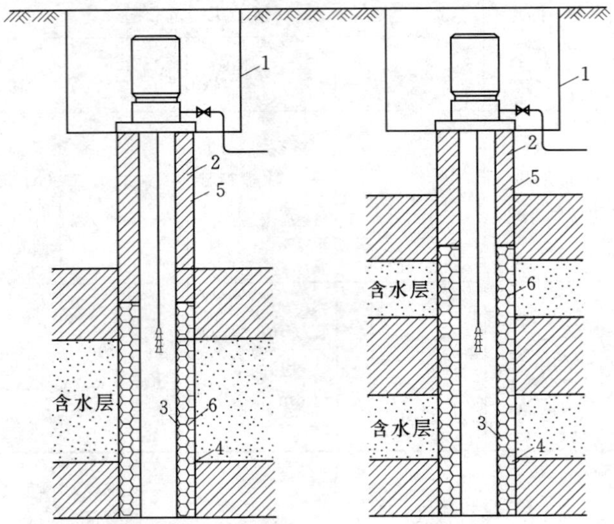

(a) 单层过滤器管井　　(b) 多层过滤器管井

图 4.2　管井的一般构造

1—井室；2—井壁管；3—过滤器；4—沉淀管；5—黏土封闭；6—规格填砾

1. 井室

井室是用来保护井口免受污染，放置各种设备，进行维修管理的场所，因此对于有抽水设备的井室应有一定的采光、采暖、通风、防水、防潮设施。水泵的选择应满足供水时的流量与吸程要求，即根据出水量、静水位、动水位和井径、井深等因素来决定。

管井中常用的水泵有深井泵、潜水泵和卧式离心泵。深井泵流量大，不受地下水位埋深的限制；潜水泵结构简单，重量轻、运转平稳、无噪音，在小流量管井中广泛应用；卧式离心泵受其吸水高度的限制，在地下水位埋深不大时采用。

井室的形式：其决定因素有抽水设备（主要因素）、气候、水源地卫生条件等。

自流井或虹吸方式取水的管井，无需在井口设置抽水设备，井室多设于地面下，其结构类似于一般供水阀门井。

深井水泵的管井，井室一般为深井泵站。深井泵站可以设于地面、地下或半地下。图4.3为地面式和地下式深井泵站的布置。

当管井采用深井潜水泵时，还可简化井室构造，其构造如图4.4所示。

采用卧式离心泵的管井，其井室可以与泵站分建或合建。前一种情况的井室形式类似于自流井井室；后一种情况的井室，即为一般的卧式泵站，构造按一般泵站要求确定。

2. 井壁管

井壁管的作用是加固井壁，隔离水质不好或水头较低的含水层。井壁管应具有足够的强度，内壁要平滑。管材可采用钢管、铸铁管、钢筋混凝土管、石棉水泥管、塑料管等。钢管一般不受井深限制，铸铁和钢筋混凝土管的应用深度一般不大于200m。

井壁管的直径应按水泵类型、吸水管外形尺寸等确定，其内径一般应大于水泵下部最大外径100mm。井管的构造分异径井管和同径井管两类，视施工方法、地层岩石和稳

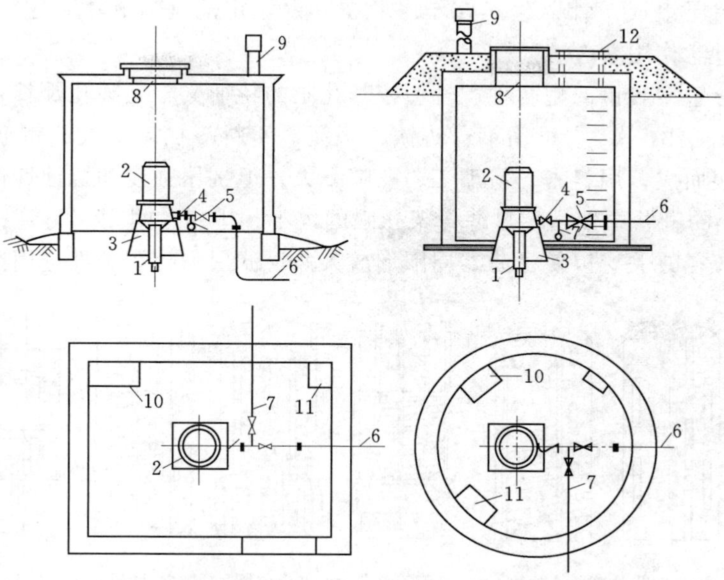

(a) 地面式深井泵站　　(b) 地下式深井泵站

图 4.3 深井泵站布置

1—井管；2—水泵机组；3—水泵基础；4—单向阀；5—阀门；6—压水管；7—排水管；8—安装孔；9—通风孔；10—控制柜；11—排水坑；12—进人孔

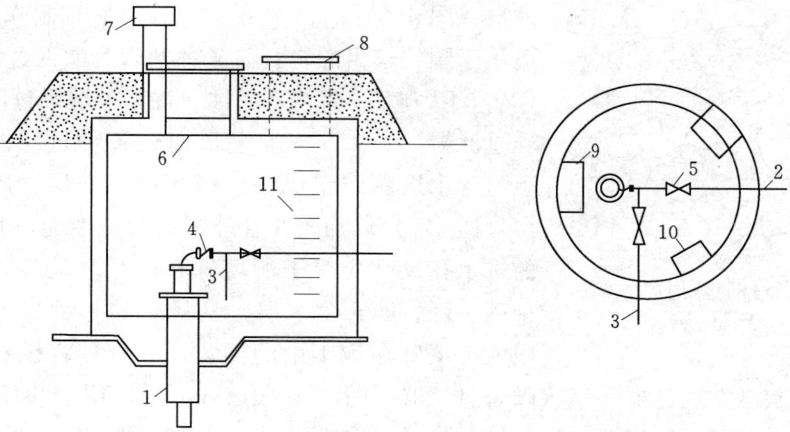

图 4.4 地下式潜水泵站

1—井管；2—压水管；3—排水管；4—单向阀；5—阀门；6—安装孔；7—通风管；8—进人孔；9—控制柜；10—排水坑；11—攀梯

定程度而定。同径构造适用于井浅、岩性构造简单的地层。

3. 过滤器

(1) 过滤器的作用、组成与类型。过滤器的作用是保持水井取得最大出水量，延长使用年限。如选择不当，常造成水井大量涌砂，或因地下水的腐蚀结垢而淤塞，有时大量涌砂还会导致地面塌陷，所以它是管井构造中的核心。对此，要求过滤器具有较大的孔隙度和一定的直径，足够的强度和抗蚀性，并且成本低廉，能保持含水层的稳定性。过滤器由过滤骨架和过滤层组成。骨架起支撑作用，在井壁稳定的基岩井中，也可直接用做过滤器；过滤层起过滤作用。

过滤骨架分管型和钢筋型两种。管型按其孔眼的特征又分为圆孔及长条（缝隙）型两种［图 4.5（a）、（b）］，它可用钢、铸铁、水泥、塑料等加工而成。钢筋骨架由竖向钢筋和支撑环焊接而成，用料省、易加工、孔隙率大，但抗压强度和抗蚀性低，不宜在深度大于 200m 以上的管井中使用。过滤骨架孔眼的大小、排列、间距，与管材强度、含水层的孔隙率及其粒径有关，以使过滤器周围形成天然反滤层为控制条件选用。

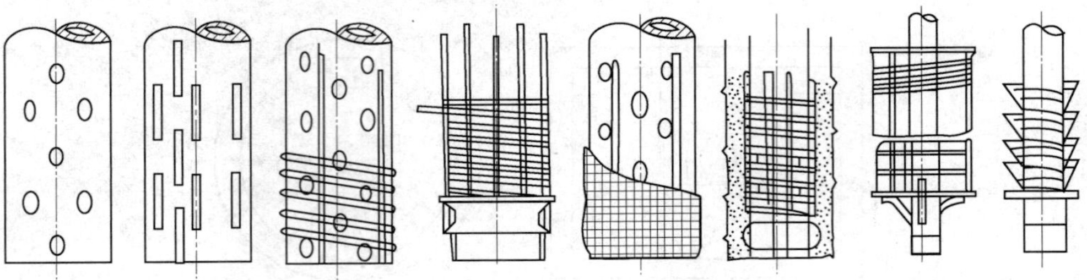

(a)圆孔　(b)缝隙　(c)缠丝　(d)钢筋骨架　(e)包网　(f)填砾　(g)笼装　(h)框状

图 4.5　过滤器类型图

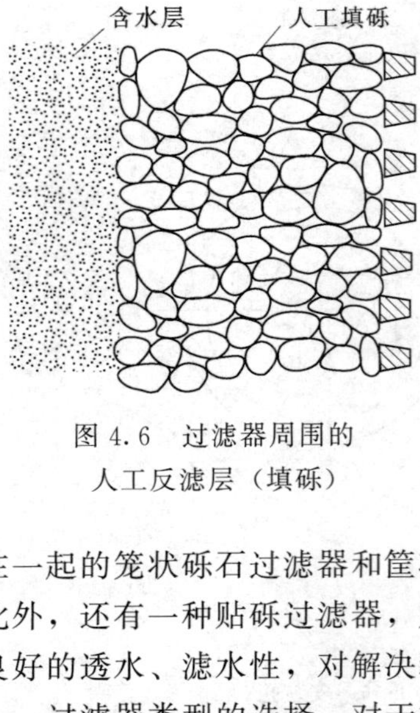

图 4.6　过滤器周围的人工反滤层（填砾）

过滤层分布于骨架外，有缠丝和滤网及砾石充填层等种类，它和不同骨架组成各种类型的过滤器。缠丝过滤器［图 4.5（c）、（d）］，效果好，制作简单、耐用，适用于颗粒较粗的岩石与各种基岩。滤网过滤器［图 4.5（e）］阻力大、易堵塞腐蚀，逐渐被填砾过滤器取代。填砾过滤器［图 4.5（f）］以前述各种过滤器为骨架，外填与含水层颗粒组成一定级配的砾石层，形成人工反滤层（图 4.6）以加大井管外围的渗透性能，其过滤器骨架的进水孔尺寸应等于所填砾石的平均粒径，它适用于各种砂、砾、卵石含水层，是最好的一种过滤器。为了克服人工填砾在施工中的困难，有一种将砾石和骨架组合在一起的笼状砾石过滤器和筐状砾石过滤器［图 4.5（g）、（h）］，用于井径较大的浅井。此外，还有一种贴砾过滤器，用胶结材料将规定级配的石英砂黏结在穿孔骨架上制成，具良好的透水、滤水性，对解决粉、细颗粒的涌砂和深井填砾不匀效果较好。

过滤器类型的选择，对于松散含水层，主要取决于含水层颗粒大小及分选程度；对于基岩含水层（带），既要考虑基岩的稳固程度，又要考虑裂隙、孔隙中疏松充填物的粒度和分选性。过滤器制作材料，主要考虑其强度和抗蚀性。

（2）过滤器的直径、长度及安装部位。过滤器的直径影响井的出水量。有试验表明，当其直径大于 200mm 时，井径对出水量的影响逐渐趋弱。因此设计中主要根据所选抽水设备类型、规格对井径的要求，即安装水泵的井段的井管内径，应比水泵标定的井管内径最少大 50mm；对于松散含水层中的管井，为保持含水层的稳定性，还应根据井的取水量，对过滤器直径作允许入井流速的复核：

$$D \geqslant Q/\pi L v n \tag{4.1}$$

式中 D——过滤器外径（包括填砾厚度），m；

Q——设计出水量，m^3/s；

L——过滤器工作部分长度，m；

n——过滤器进水表面有效孔隙度（一般按50%考虑），%；

v——允许入井流速（与含水层渗透系数 k 有关，可按有关规范查表或计算求得），m/s。

过滤器的长度关系到地下水资源的有效开发，它应根据设计出水量，含水层性质、厚度、水位降及其他技术经济因素确定。根据井内测试，管井中70%～80%的出水量是从过滤器上部进入的，尤其是靠近水泵吸水口部位，而下部进水很少，当含水层厚度越大、透水性越好、井径越小，这时出水量的不均匀分布越明显。有试验资料表明，过滤器的适用长度不宜超过30m，对此近年来在一些厚度很大的含水层中，常采用多井分段开采法，以提高开发利用率。

过滤器的安装部位很重要，影响经济技术效益，因此应安装在动水位以下主要含水层含水性最强的进水段，对均质的潜水含水层，应安装在含水层底部的厚度内，在厚度较大的含水层中，可将过滤管与井壁管间隔排列，分段设置，可获得较好的出水效果。

4. 沉淀管

沉淀管接在过滤器的下面，用以沉淀进入井内的细小砂粒和自地下水中析出的沉淀物，防止沉砂堵塞过滤器，其直径与过滤器一致，其长度根据井深和含水层出砂可能性而定，一般为2～10m。

由于地层构造不同，实际上还有其他形式的管井。例如：设于裂隙或岩溶地层中的管井和设于有坚硬覆盖层的砂层承压含水层中的管井。无需过滤器的管井如图4.7所示。

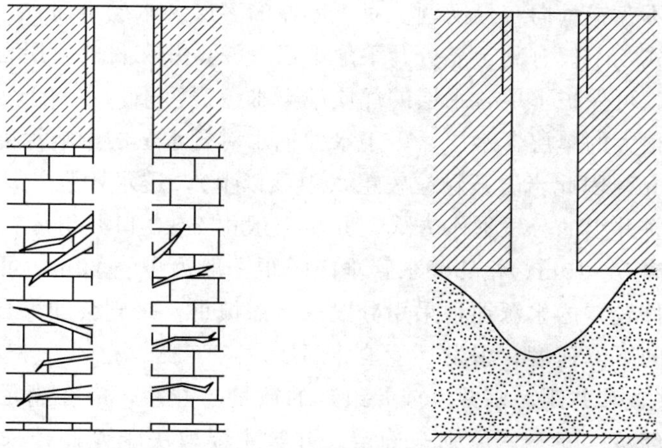

(a) 设于裂隙或岩溶地层中的管井　　(b) 设于砂质含水层中的管井

图4.7 无过滤器管井

5. 管井的井群系统及其合理布局

(1) 管井的井群系统。在规模较大的地下水取水工程中，均采用井群系统，按取水方法和集水方式，可分为：

1）自流井井群：适用于静水位高出地表，呈自流状态的承压含水层。它只需用管道直接引水至清水池，经加压即可送入给水管网。

2）虹吸式井群：因受虹吸高度的限制，只适用于静水位接近地表的含水层。它由虹吸管引水入集水井，再用泵送入清水池或管网，不需要对每个取水井安装抽水设备，改造价低、管理方便。但由于虹吸管的负压工作条件，为防止管外空气的渗入和减少管内水中溶解气体的析出量，要求施工中保证整个管路的严密性和增加虹吸管的埋深，其深度应根据虹吸管的水头损失、地下水的静水位和最大水位降等来确定。为利于排除积气，要求地面平坦、坡度小于1%。

3）卧式泵取水井群：适宜于井内最低的动水位距地面不深（6～8m）时。当井距不大，可直接用吸水管或总连接管和各井相连吸水，具虹吸式井群特点；若井距较大或单井出水量较大时，应在每个井内安卧式水泵。

4）深井泵取水井群：能抽取埋深较大的地下水，故应用广泛。

（2）井群的合理布局。

1）水井的平面布局。水井的平面布局视开采量的组成，地下水的径流条件及含水层的均匀程度而定，在径流条件良好的地区，地下水的开采量以径流量为主要组成，水井布局以充分拦截地下径流为主，并视主径流带过水断面的宽窄和地下径流的多寡，垂直其径流方向布置一至数个井排。若水源地靠近补给边界，应沿边界走向并垂直地下水的补给方向布置井群。在地下径流滞缓的平原区，其开采量以含水层的调节资源或垂向入渗补给为主，故宜用网络状或梅花形、圆形的布局形式。在导水性、储水性极不均匀的基岩含水层中，水井的平面布局主要受控于含水层富水带的分布，不应再拘于规则的布局形式。

2）水井的垂向布局。水井的垂向布局是对平面布局的一种补充，目的是为了更有效地开发地下水资源。对于厚度小于30m的疏松含水层和大多数基岩含水层，一般用完整井取水最合理，不存在垂向布局问题。对于巨厚的多层含水层组而言，若采用水井立体布局的分层取水方式，不仅有利于充分开采地下水资源，并在目前上层含水层普遍因污染水质恶化的情况下，可保护下层含水层的优质地下水免遭污染，有利于实行分层供水、量质而用。对于厚度很大的单层含水层，由于水井抽水对含水层的影响深度有限，滤水管的有效长度一般仅30m，因此当岩石颗粒较粗（中砂以上），透水性强、补给条件又好时，可谨慎地采用非完整井组的分段取水方式，井组一般由2～3口井组成，呈直线或三角形布置，井间水平距离5～10m，相邻滤水管垂向间距一般为10～20m，可视岩石颗粒粗细而定。对于补给条件较差的水源地，采用分段取水需慎重，否则会加大含水层的水位降，加剧区域地下水位的下降速度，引发环境地质问题。

3）水井的井数和井距。水井（或井组）的数量与井距，应在满足需水量要求的前提下，本着技术、经济、安全三原则来确定。井数主要取决于允许开采量（或设计总需水量）、井间距和单井出水量的大小。井间距取决于井间干扰强度，一般要求井间水量减少系数不超过20%～25%。

集中式供水水井的数量和井间距的确定，一般首先根据水源地的水文地质条件、井群的平面布局形式、需水量大小及允许水位降等已给定的条件，拟定数个不同开采方案，然后选用适宜的公式，计算每一个布局方案的水井总出水量及其水位降深，最后通过技术经济比较，选取出水量和水位降均满足设计要求，井数少、井间干扰度符合要求，建设投资和开采成本最低的方案。

6. 管井和井群的出水量计算

出水量计算是管井设计的重要环节。它是在查明地下水资源的基础上，结合开采方案和允许开采量评价进行的，以确定井的类型、结构、井数、井距、井群布局，以及供水设备的选择。出水量计算的方法，有理论公式和经验公式：理论公式是建立在理想化模型基础上的解析公式，精度较差，一般用于初步设计；经验公式是以相似性现场抽水试验为依据，可用作施工图的编制。出水量计算的内容，有管井和干扰井群两类。对于大中型集中式水渠工程，其井群系统中井间存在互阻干扰作用。而分散式水源工程，和因井数少可采用较大井距的小型水源工程而言，不存在井间的互相干扰，可直接用各井的出水量之和，评价总的开采量。具体计算方法和公式可参考高等学校教材《给水工程》（给水排水工程专业）。

7. 管井（管井群）的设计

一般情况下，管井（管井群）的设计大致可遵循以下步骤：

（1）设计资料的搜集和现场查勘。充分而可靠的资料是保证设计质量的先决条件。资料搜集的内容、范围、深度与设计所处阶段，供水对象对水量、水质的要求及水源所处条件有关。如对于水文地质资料而言，在初步设计阶段或规划设计中，一般要求初勘资料即能满足要求，而在技术设计或施工图阶段，则要有详勘资料。在设计水源丰富、而需水量小的工程，和水文地质条件复杂、水源紧缺地区的取水工程时，对水文地质资料所需深度各不相同，对于后者要慎重，要有可靠的水文地质评价，且必须进行详细勘察和抽水实验。

设计之前要进行现场查勘工作，以了解和核对现有水文地质、地形、地物等资料；初步选择井址及泵站位置；必要时，提出进一步水文地质勘察、地形测量等要求。

（2）根据含水层埋藏条件、厚度、岩性、水力状况及材料设备、施工条件，初步确定管井的形式与构造。同时，根据地下水位、流向、补给条件和地形地物情况，初步选择取水设备形式和考虑井群布置方案。

（3）按有关理论公式或经验公式确定单井的出水量和对应的水位降落值，并在此基础上结合技术要求、材料设备和施工条件，确定取水设备型式和容量。对于井群系统应适当考虑井群互阻对出水量的影响，必要时应进行井群互阻计算，确定管井数目、井距、井群布置方案。在考虑井数时，需设置一定数量的备用井。

（4）根据上述计算结果进行管井构造设计，包括井室、井壁管、过滤器、沉淀管、填砾等的构造尺寸、材质、规格。最后，还须对过滤器作校核计算，检查过滤器周围含水层的渗透稳定性，防止漏砂。为保持过滤器周围含水层的渗透稳定性，过滤器表面进水速度必须小于或等于允许流速。

（5）管井应有备用井，其数量按生产井数10%～20%不使用时，仍能满足设计水量为控制设计，但至少应有一口备用井。

8. 管井施工

管井施工建造一般包括凿井、井管安装、填砾、管外封闭、洗井等过程，最后进行抽水试验。

(1) 凿井。凿井的方法主要有冲击钻进和回转钻进。冲击钻进主要依靠钻头对地层的冲击作用钻凿井孔，效率低、速度慢，但机具设备简单、轻便。回转钻进依靠钻头旋转对地层的加削、挤压、研磨破碎作用来钻凿井孔，根据泥浆流动方向或钻头类型，又可分为一般回转（正循环）钻进、反循环钻进和岩心回转钻进。正、反循环的回转钻进的共同特点是泥浆循环护壁去屑、适用于各种岩层；不同的是正循环钻进［图 4.8（a）］是用吸泥泵将泥浆由沉淀池沿钻杆腹腔从钻头压入工作面上，在与岩屑混合后沿井壁和钻杆的环状空间上升至地面泥浆池内，反循环［图 4.8（b）］则反之，泥浆由沉淀池沿井壁和钻杆的环状间流入井底，泥浆的回流依靠吸泥泵的真空作用，从钻头吸入沿钻杆腹腔上升流入沉淀池去屑。因此，反循环的钻进深度有限，一般只有 100m 左右。

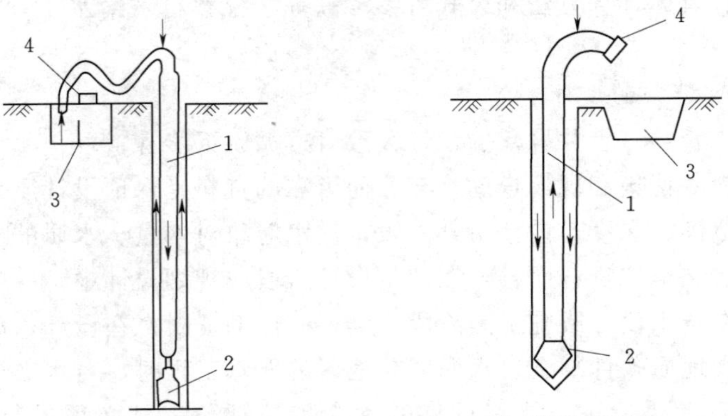

图 4.8 回转钻进原理

1—钻杆；2—钻头；3—沉淀池；4—吸泥泵

岩心回转钻进是用岩心钻头，只将沿井壁的岩石粉碎，保留中间部分，因此效率较高，并能将岩心取到地面，供考察地层构造，岩心回转法适用于钻凿坚硬岩层。

凿井方法的选择对降低管井造价、加快凿井进度、保证管井质量都有很大影响。在实际工作中，应结合具体情况，选择适宜的凿井方法。

(2) 井管安装、填砾、管外封闭。井管安装、填砾和管外封闭应在井孔凿成后及时进行，尤其是非套管施工的井孔，以防井孔坍塌。井管安装必须保证质量，如井管偏斜和弯曲都将影响填砾质量和抽水设备的安装及正常运行。回填砾首先要保证砾石的质量，应以坚实、圆滑砾石为主，并应按设计要求的粒径进行筛选如冲洗。填砾时，要随时测量砾面高度，防止堵塞。井管外封闭一般用黏土球，用优质黏土制成，要求下沉时黏土球不化解。填砾规格和方法及不良含水层的封闭、井口封闭等质量的优劣，都可能影响管井的水量和水质。

(3) 洗井和抽水试验。洗井是要消除凿井过程中井孔及周围含水层中的泥浆和井壁上的泥浆，同时还要冲洗出含水层中部分细小颗粒，使其周围含水层形成天然反滤层。洗井必须在上述工序之后立即进行，以防泥浆壁硬化，给选井带来困难。洗井的方法有活塞洗井、压缩空气洗井和联合洗井等多种方法。活塞洗井较彻底，压缩空气洗井效率高，但对于细粉砂地层不宜采用，联合洗井是将两种方法联合运用，洗井效果较好。当出水变清，井水含砂在1/50000（粗砂地层）～1/20000（细砂地层）以下时，即可结束洗井工作。

抽水试验是管井建造的最后阶段，目的在于测定井的出水量，了解出水量与水位降深值的关系，为选择、安装抽水设备提供依据，同时取水样进行分析，以评价井水的水质。抽水试验的最大出水量一般应达到或超过设计出水量。

（4）管井的验收。管井竣工后，应由管理、施工和设计单位根据设计图纸及验收规范共同验收，检验井深、井径、水位、水量、水质和有关施工文件。作为饮用水水源的管井，应经当地的卫生防疫部门对水质检验合格后，方可投产使用。

管井验收时，施工单位应提交下列资料：管井施工说明书；管井使用说明书；钻进中的岩样。这些资料是水井管理的重要依据，使用单位必须将此作为管井的技术档案妥善保存，以便分析、研究管井运行中存在的问题。

9. 管井的使用和维护

（1）管井的使用。管井使用的合理与否，将影响其使用年限。生产实践表明，很多管井由于使用不当，出现水量衰减、漏砂，甚至早期报废。管井使用应注意下列问题：抽水设备的出水量应小于管井的出水能力；建立管井使用卡制度；严格执行必要的管井、机泵的操作规程和维修制度；管井周围应按卫生防护要求保持良好的卫生环境和绿化。

（2）管井出水量减少的原因及恢复和增加出水量的措施。在管井使用过程中，往往会有出水量减少现象，其原因有管井本身和水源两个方面。属于管井本身原因，除抽水设备故障外，大多因含水层填塞造成，一般与过滤器或填砾有关，在采取具体消除故障措施之前，应掌握有关管井构造、施工、运行资料和抽水试验、水质分析报告等，然后对造成堵塞的原因进行分析、判断，根据不同情况采取不同措施，如：更换过滤器、修补封闭漏砂部位、清除过滤器表面的泥砂、洗井等。属于水源方面的原因很多也很复杂，如长期超量开采引起区域性地下水位下降，或境内矿山涌水及新建水源地的干扰等。对此，应从区域水文地质条件分析研究入手，开展地下水水位和开采量的长期动态观测，查明地下水位下降漏斗空间分布的形态、规模及其发展规律、速度、原因。在此基础上采取相关的措施，如：调整管井布局，变集中开采为分散开采；调整开采量，关停部分漏斗中心区的管井；开展矿山防治水工作，研究矿坑排水的综合利用；协调并限制新水源地的建设与开发；寻找、开发新水源；加强地下水动态的监测工作，实行水资源的联合调度和科学管理。

增加管井出水量的措施有真空井法、爆破法和酸处理法：真空井法是将管井全部或部分密闭，进行负压状态下的管井抽水，达到增加出水量的目的；爆破法适用于基岩井，通常将炸药和雷管封置于专用的爆破器内，吊入井中预定位置起爆，以增强基岩含水层的透水性；酸处理法适用于可溶岩地区，以扩大串通可溶岩的裂隙和溶洞，从而增加出水量。

4.2.2 大口井

垂直建造的取水井除管井外，还有大口井，因井口较大而得名。它是广泛用于开采浅层地下水的取水构筑物。直径一般为4～8m，最大不宜超过12m，村镇或者小型供水系统也有采用直径小于4m的大口井，城市或大型供水系统也有采用直径8m以上的大口井，井深一般在20m以内。

大口井分为完整式和非完整式，如图 4.9 所示。完整式大口井贯穿整个含水层，仅从井壁进水，可用于颗粒粗、厚度薄（5～8m）、埋深浅的含水层。这种形式的大口井，井壁的进水孔易堵塞，影响进水效果，故采用较少。非完整式大口井未贯穿整个含水层，井壁、井底均可进水，由于其进水范围大，集水效果好，含水层厚度大于 10m 时，大口井应都为非完整式。

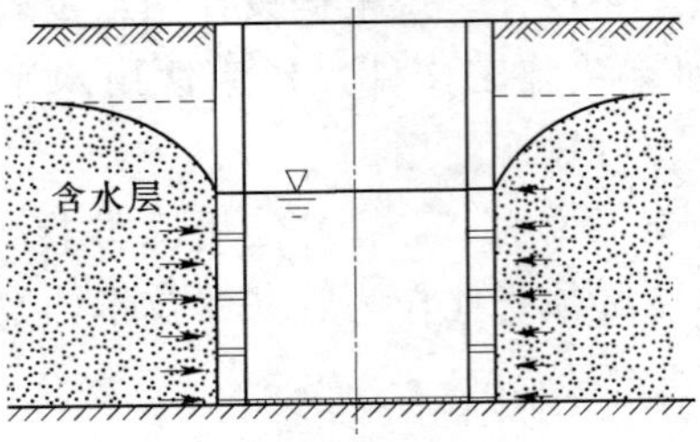

(a) 完整式

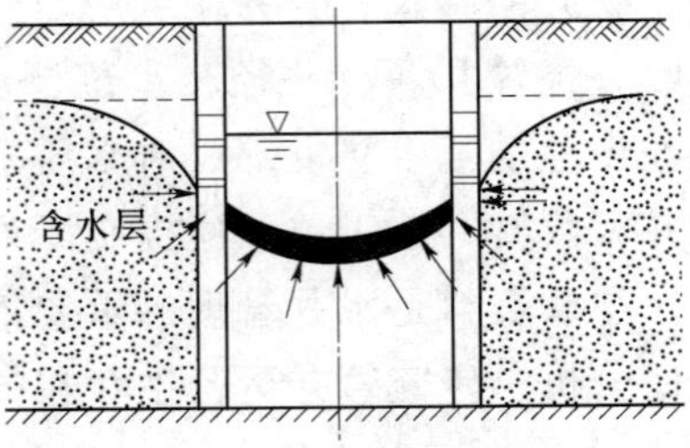

(b) 非完整式

图 4.9　大口井

大口井的优点：构造简单，取材容易，使用年限长，容积大能兼起调节水量的作用。

大口井的缺点：深度不大，对水位变化适应性差，采用时，必须注意地下水位的变化趋势，同时因取水为浅层地下水，易受污染。

大口井多用在中小城镇、铁路或农村。

4.2.2.1　大口井的构造

大口井的构造如图 4.10 所示，它主要由井筒、井口及进水部分组成。

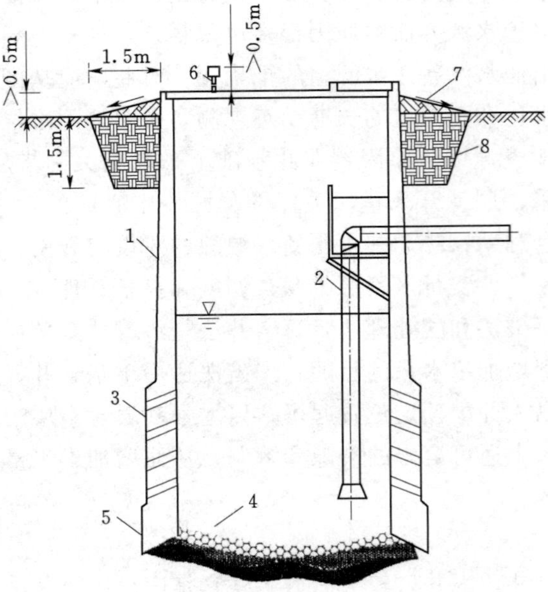

图 4.10　大口井的构造

1—井筒；2—吸水管；3—井壁透水孔；4—井底反滤层；5—刃脚；6—通风管；7—排水坡；8—黏土层

1. 井筒

井筒通常用钢筋混凝土或砖、石等做成，用以加固井壁及隔离不良水质的含水层。

用沉井法施工的大口井，在井筒最下端应设钢筋混凝土刃脚，在井筒下沉过程中用以切削土层，便于下沉。为减小摩擦力和防止井筒下沉过程中受障碍物的破坏，刃脚外缘应凸出井筒 5～10mm。井筒如采用砖、石结构，也需用钢筋混凝土刃脚，刃脚高度不小于 1.2m。

大口井外形通常为圆筒形，如图 4.11（a）所示。圆筒形井筒易于保证垂直下沉；受力条件好，节省材料；对周围地层扰动较小，利于进水。但圆筒形井筒紧贴土层，下沉摩擦力较大。深度较大的大口井常采用阶梯圆形井筒，如图 4.11（b）所示，此种井筒系变断面结构，结构合理，具有圆形井筒的优点，下沉时可减小摩擦力。

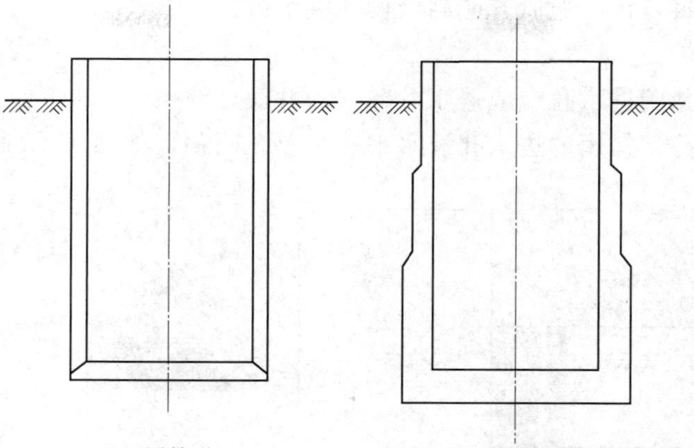

(a) 圆筒形　　(b) 阶梯圆筒形

图 4.11　大口井的外形

2. 井口

井口为大口井露出地表的部分。为避免地表污水从井口或沿井壁侵入而污染地下水，井口应高出地表 0.5m 以上，并在井口周边修建宽度为 1.5m 的排水坡，如覆盖层系透水层，排水坡下面还应填以厚度不小于 1.5m 的夯实黏土层。在井口以上部分，有的与泵合建在一起，如图 4.12 所示，其工艺布置要求与一般泵站相同；有的与泵站分建，只设井

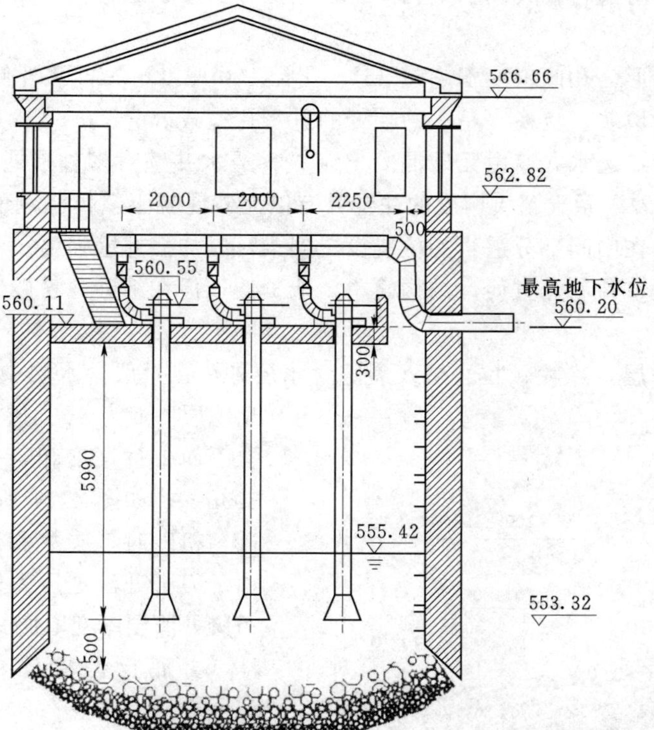

图 4.12　与泵站合建的大口井（高程单位：m，尺寸单位：mm）

盖，井盖上部设有进人孔和通风管。在低洼地区及河滩上的大口井，为防止洪水冲刷和淹没进人孔，应用密封盖板。通风管应高于设计洪水位。

3. 进水部分

进水部分包括井壁进水孔（或透水井壁）和井底反滤层。

（1）井壁进水孔：常用的进水孔有水平孔和斜孔两种，如图 4.13 所示。

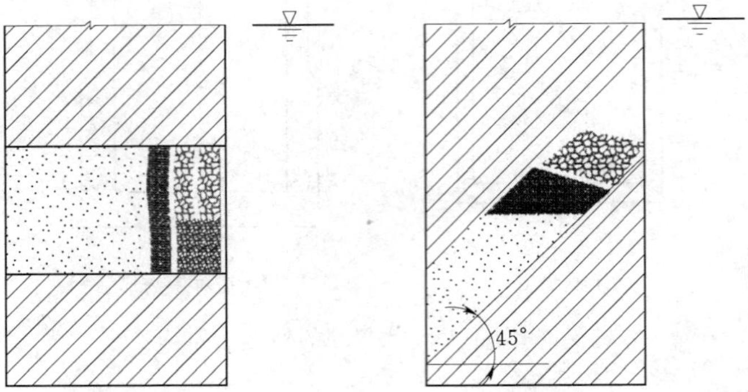

（a）水平孔　（b）斜孔

图 4.13　大口井井壁进水孔型式

水平孔施工较容易，采用较多，一般为 100～200mm 直径的圆孔或 100mm×150mm～200mm×250mm 矩形孔。为保持含水层的渗透性，孔内装填一定级配的滤料层，孔的两侧设置格网，以防滤料漏失。水平孔不易按级配分层加填滤料，可用预先装好滤料的铁丝笼填入进水孔。

斜形孔多为圆形，孔倾斜度不超过 45°，孔径 100～200mm，孔外侧设有格网。斜形孔滤料稳定，易于填装、更换，是一种较好的进水孔型式。

（2）透水井壁：透水井壁由无砂混凝土制成。透水井壁有多种形式。如：有以 50cm×50cm×20cm 无砂混凝土砌块构成的井壁，有以无砂混凝土整体浇制的井壁。如果井壁的高度较大，还可在中间部分适当的位置设置圈梁，以加强井壁强度。

无砂混凝土大口井制作方便，结构简单，造价低，但在细砂、粉砂地层和含铁地下水中易堵塞。

（3）井底反滤层：除大颗粒岩层及裂隙含水层外，在一般含水层中部应铺设反滤层。反滤层一般为 3～4 层，成锅底状，滤料自下而上逐渐变粗，每层厚度为 200～300mm，如图 4.14 所示。含水层为细砂、粉砂时，层数和厚度应适当增加。由于刃脚处渗透压力较大，易涌砂，靠刃脚处滤层厚度增加 20%～30%。

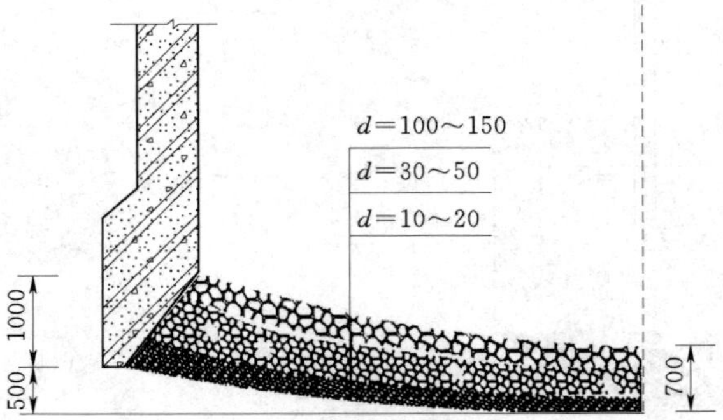

图 4.14　井底反滤层（单位：mm）

井底反滤层滤料与井壁进水孔相同。

大口井能否达到应有的出水量，井底反滤层起主要作用，因孔壁进水孔易堵塞，主要依靠井底进水。如滤层铺设不均或滤料不合格都有可能导致堵塞和翻砂。

4.2.2.2 大口井的施工

大口井的施工方法有大开挖和沉井法两种。

大开挖施工法是在开挖的基槽中，进行井筒的砌筑或浇筑及铺设反滤层。此法可以就地取材，便于井底反滤层施工，可在井壁外围填反滤层，改善进水条件。但施工土方量大，排水费用高，适用于建造直径和井深小的大口井，或地质条件不宜采用沉井法施工的大口井。

沉井施工法是在井位处先开挖基坑，然后在基坑上浇筑带有刃脚的井筒。待井筒达到一定强度后，即可在井筒内挖土，利用井筒自重切土下沉。其优点是：可利用抓斗或水力机械进行水下施工，能节省排水费用，施工安全，对含水层扰动程度轻，对周围建筑物影响小。但也存在排除故障困难，反滤层质量不容易保证等缺点。

4.2.2.3 大口井的设计要点

大口井的设计步骤和管井类似，但还应注意以下问题：

(1) 大口井应选在地下水补给丰富、含水层透水性良好、埋藏浅的地段。开采河床地下水的大口井，除考虑水文地质条件外，应选在稳定的河漫滩或一级冲积阶地上。

(2) 适当增加井径是增加水井出水量的途径之一，同时，在相同的出水量条件下，采取较大的直径，也可减小水位降落，降低取水电耗，降低进水流速，延长使用年限。

(3) 由于大口井的井深不大，地下水位的变化对井的出水量和抽水设备的正常运行有很大影响。对于开采河床地下水的大口井，因河水位变幅大，更应注意这一情况。为此在计算井的出水量和确定水泵安装高度时，均应以枯水期最低设计水位为准，抽水试验也应在枯水期进行为宜。此外，还应注意到地下水位区域性下降的可能性以及由此引起的影响。

(4) 对于布置在岸边或河漫滩依靠河水补给的大口井，应该考虑含水层堵塞引起出水量的降低。目前对此缺乏研究，生产中暂采用与渗渠相同的淤塞系数。

4.2.3 渗渠

1. 渗渠的型式

渗渠是水平式取水构筑物，是水平铺设在含水层中的集水管（渠），可用于收集浅层地下水，渗渠也有完整式和非完整式之分，如图 4.15 所示。可铺设在河流、水库地表水体之下或旁边。

渗渠一般采用反滤层结构形式，类似于大口井井底进水的布置方式，见图 4.16。渗渠的埋深一般在 4～6m，很少超过 10m。渗渠的优点是：既可截取浅层地下水，也可集取河床地下水或地表渗水。渗渠水经过地层的渗滤作用，悬浮物和细菌含量少，硬度和矿化度低，兼有地表水与地下水的优点，渗渠可以满足北方山区季节性河段全年取水的要求。其缺点是施工条件复杂、造价高、易淤塞，常有早期报废的现象，应用受到限制。

2. 渗渠位置的选择和布置方式

渗渠位置的选择不仅要考虑水文地质条件，还要考虑河流水文条件，一般原则有：

(1) 渗渠应选择在河床冲积层较厚、颗粒较粗的河段，并应避开不透水的夹层。

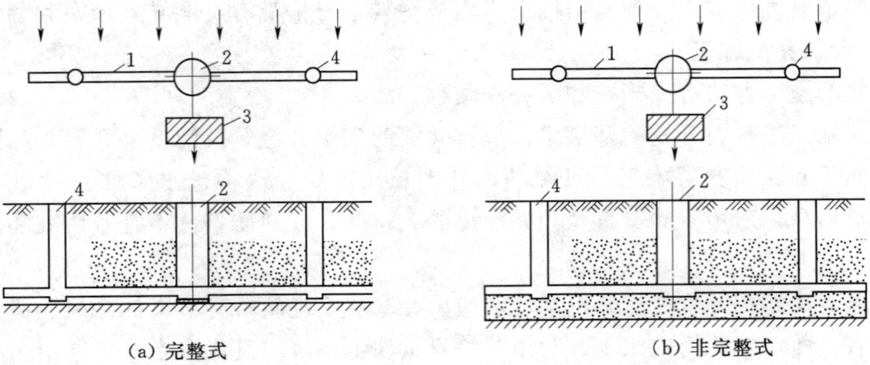

图 4.15 渗渠（集取地下水）

1—集水管；2—集水井；3—泵站；4—检查井

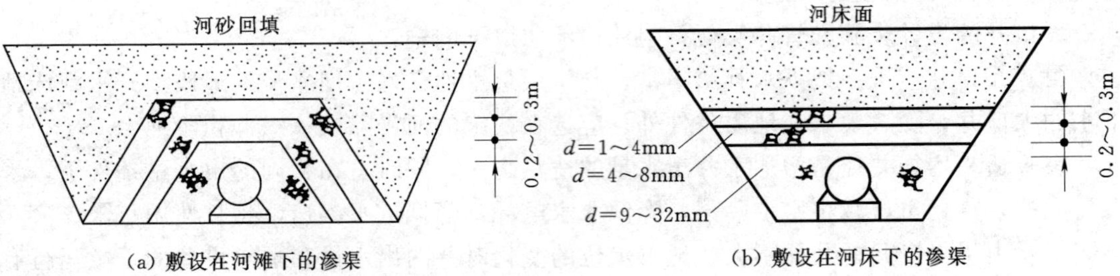

图 4.16 渗渠的反滤层结构

(2) 渗渠应选择在河流水力条件良好的河段，水流较急，有一定冲刷能力的直线段，避免设在壅水型河段和弯曲河段的凸岸，并尽可能靠近主流。

(3) 渗渠应设在河水清澈、水位变化小、河床稳定的河岸。

渗渠的布置方式应根据补给状况、河段地形、水文及施工条件等考虑，一般有以下几种情况：

1) 平行于河流布置（图 4.17）。适用条件：河床潜流水和岸边地下水均较充沛，且河床稳定时采用。

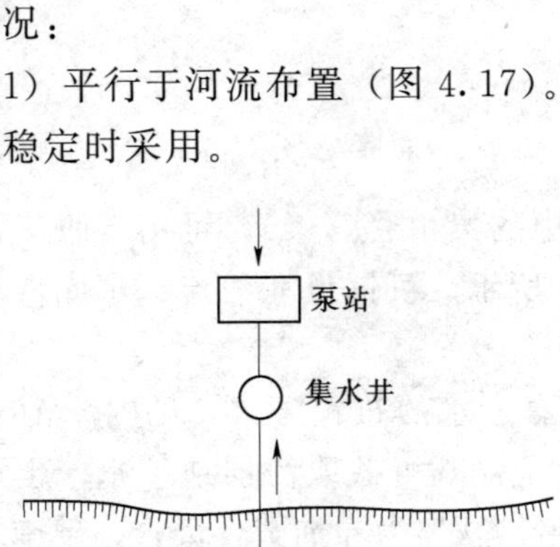

图 4.17 平行于河流布置的渗渠

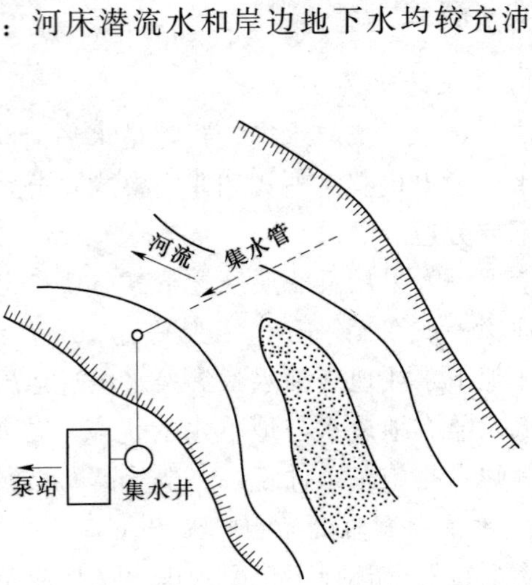

图 4.18 垂直于河流布置的渗渠

这种布置形式的优点：在枯水期可获得地下水的补给，有可能使渗渠全年水量均衡；施工和检修均较方便。

2）垂直于河流布置（图4.18）。适用条件：岸边地下水补给较差，河流枯水期流量很小，河流主流摆动不定，河床冲积层较薄时采用。

这种布置形式的优点：最大限度地截取潜流水。其缺点：施工、检修均较困难；出水量及水质受河流水位、水质影响；变化较大，易于淤塞。

3）平行和垂直组合布置（图4.19）。这种形式能充分截取潜流水和岸边地下水，产水量较稳定。

对集取地下水的渗渠，应尽量使渗渠垂直于地下水流向布置。

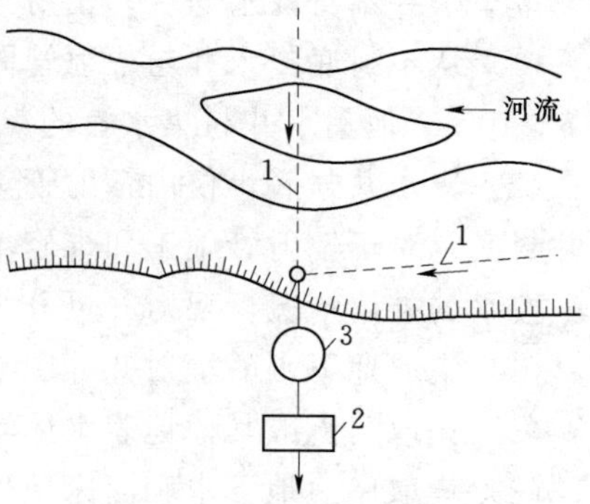

图4.19 平行和垂直综合布置的渗渠
1—集水管；2—泵站；3—集水井

3. 渗渠的构造

渗渠的基本组成部分有水平集水管、集水井、检查井和泵站。

集水管一般为穿孔钢筋混凝土管，水量较小时，可用穿孔混凝土管、陶土管、铸铁管，也有用带缝隙的干砌块石或装配式钢筋混凝土暗渠。集水管径应根据水力计算确定，钢筋混凝土集水管内径一般在600～1000mm。管上进水孔有圆孔和条孔两种，圆孔直径为20～30mm；条孔宽度为20mm，长度60～100mm。孔眼内大外小，交错排列在管渠上部1/2～2/3圆周部分。孔眼净距要满足结构强度要求，孔隙率一般不应超过15%。

集水管外需铺设人工反滤层。反滤层的层数、厚度和滤料粒径确定，与大口井井底反滤层相同。最内层填料粒径应比进水孔略大，各层厚度可取200～300mm。

渗渠的渗流允许速度，可参照管井的渗流允许流速。

为了便于检修、清通，在集水管直线段每隔50～150m处、端部、转角处、断面变换处应设检查井。洪水期能被淹没的检查井井盖应密封，用螺栓固定，防止泥沙进入淤塞渗渠。

4. 渗渠出水量衰减问题

这是设计中必须充分考虑的问题，以免造价昂贵的渗渠早期报废。

(1) 渗渠的淤塞。设计中除了重视河段的选择和合理布置渗渠外，还应控制取水量，降低水流渗透速度，提高反滤层的施工技术水平和施工要求。

(2) 水源。设计时应全面掌握有关水文及水文地质资料，同时对开发地区的水资源状况及河床变迁趋势等影响水源的问题应有正确的评价。估计存在的问题和相应的处理措施，如将渗渠的开发纳入区域地表水和地下水综合利用规划之中，整治所在河道，稳定河床或改善其水力状况等。

4.2.4 辐射井

辐射井是由大口径的集水井与若干沿井壁向外呈辐射状铺设的集水管（辐射管）组合而成。由于扩大了进水面积，其单井出水量为各类地下水取水构筑物之最，高产的辐射井单口产水量可达 10 万 m^3 以上。因此，也可作为旧井改造和增大出水量的措施。

1. 辐射井的分类

辐射井由集水井与若干辐射状铺设的水平或倾斜的集水管组合而成。

按集水井本身取水与否，辐射井分为两种形式：

(1) 从不封底集水井与辐射管同时进水的辐射井。它适用于厚度较大的含水层，一般为 5～10m。但集水井与集水管的集水范围在高程上相近，相互干扰很大。

(2) 集水井封底，仅由辐射管集水的辐射井。它适用于较薄含水层（≤5m)。由于集水井封底，对于辐射管施工和维修均较方便。

按水的补给情况，辐射井可分为：

(1) 集取地下水的辐射井［图 4.20 (a)］。

(2) 集取河流或其他地表水体渗透水的辐射井［图 4.20 (b)、(c)］。

(3) 集取岸边地下水和河床地下水的辐射井［图 4.20 (d)］。

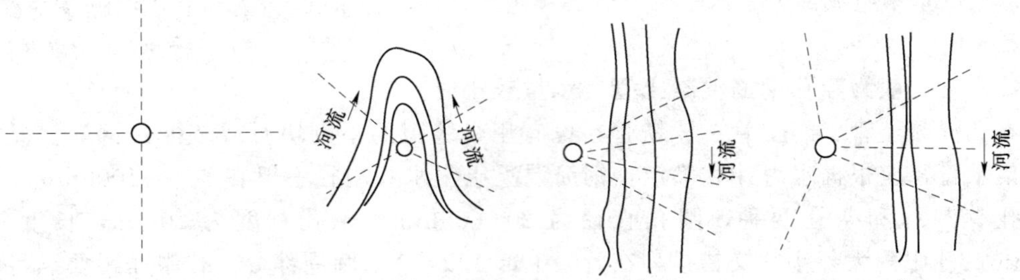

图 4.20 按补给条件分类的辐射井

按辐射管铺设方式，辐射井可分为：

(1) 单层辐射管的辐射井。

(2) 多层辐射管的辐射井。

辐射井也是一种适应较强的取水构筑物，与大口井、渗渠相比有很多的优点：

(1) 用于大口井不能开采的、厚度较薄的含水层。

(2) 用于渗渠不能开采的厚度薄、埋深大的含水层。

(3) 适用开发位于咸水上部的淡水透镜体。

(4) 辐射井进水面积大，其单井产水量在各类地下水取水构筑物中为最大。

(5) 管理集中，占地省，便于卫生防护。

辐射井的缺点：

(1) 施工难度较大。

(2) 辐射井产水量大小取决于水文地质条件（如含水层透水性和补给条件）和其他自然条件，同时很大程度上取决于辐射管的施工质量和施工技术水平。

2. 辐射井的构造与施工

(1) 集水井。集水井的作用是收集辐射管的来水，安放抽水设备，并作为辐射管施工的场所。对于不封底的集水井还兼有取水井作用，故集水井直径应不小于 3m。

集水井通常都采用圆形钢筋混凝土井筒，沉井法施工。

（2）辐射管。辐射管的形式有单层和多层。每层根据水的补给情况采用4～8根，最下层距含水层底部应大于1m，以利于进水，还应高于集水井井底1.5m，以便顶管施工。各层要保持一定距离，当辐射管直径为100～150mm时，层间间距采用1～3m。

辐射管一般为厚钢管，以便于直接顶管施工，其直径和长度，由水文地质条件和施工条件而定。辐射管直径一般为75～150mm，当地层补给条件好，透水性强，施工条件许可时，宜采用大管径，辐射管的进水孔有条形孔和圆形孔，其缝宽和孔径应按含水层颗粒组成确定，孔隙率一般为15%～20%。其长度一般在30m以内。当用在无压含水层中时，迎地下水水流方向的辐射管宜长一些。辐射管尽量布置在集水井的底部，一般距井底1m左右，以保证取得最大的出水量。

辐射管应有一定坡度向集水井倾斜。

对于封底的辐射井，其辐射管在井内之出口处应设闸阀，以便于施工、维修和控制水量。

4.2.5 复合井

1. 复合井的形式

复合井是大口井与管井的组合，它由非完整式大口井和井底以下设有一根或数根管井过滤器所组成（图4.21），是大口井和管井上下重合的分层或分段取水系统。它适于地下水位较高、厚度较大的含水层，能充分利用含水层的厚度，增加井的出水量。模型试验表明，当含水层厚度大于大口井半径3～6倍，或含水层透水性较差时，采用复合井其出水量增加显著。在水文地质条件适合的地区，可以广泛地用于城镇水源，还可用于大口井的改建。

2. 复合井的构造

复合井的大口井部分的构造与前述大口井相同。为了减少大口井与管井间的干扰，充分发挥复合井的效率，过滤器直径不宜过大，一般为200～300mm，含水层较厚时，采用非完整过滤器为宜，由于过滤器与大口井互相干扰，过滤器的有效长度应比管井稍大。过滤器的数目以三根为宜。

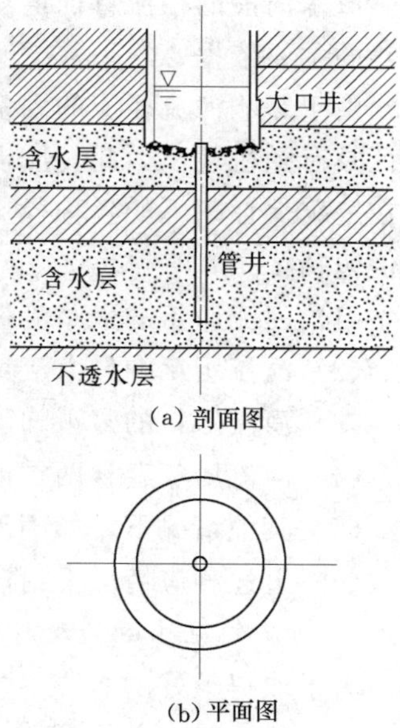

图4.21 复合井

4.2.6 引泉

山区引泉，一般水质良好，不需净化处理即可作为饮用水源。

用于集取和储存泉水的构筑物，叫引泉池或泉室。根据山区居住分散的特点，应以小型、经济、方便、就地取材为原则。引泉池应结合泉出口处的地形修建，然后通过管道使泉水依靠重力自流至各用水点。

引泉池须有顶盖保护，并设置通风管。通风管管口弯曲向下，管口包扎细网，以防蚊虫进入。

管道一般采用塑料管，亦可采用陶管、钢管或竹管。管道直接埋在地下，地面上留有管线定向的标记，以备检查和维修。

4.3 地表水取水构筑物

地表水体可分为江河、湖泊、水库和海洋。河流径流作为地表水资源的重要组成部分，在水资源利用中占据重要地位，其取水工程建设受到广泛关注。本节重点阐述河流的取水工程，对从湖泊、水库取水的取水工程建设也具有重要的参考价值。

4.3.1 影响地表水取水的主要因素

河流的径流变化、泥沙运动、河床演变、冰冻情况、水质、河床地质与地形等一系列因素对于取水构筑物的正常工作及其取水的安全可靠性有着决定性的影响；另一方面，取水构筑物的建设又可能引起河流自然状况的变化，反过来影响到取水构筑物的工作状况。因此，全面综合地考虑地表水取水的影响因素，对于选择取水构筑物位置，确定取水构筑物型式、结构，以及取水构筑物的施工和运行管理，都具有重要意义。

1. 取水河段的径流特征

取水河段的径流特征值（水位、流量、流速等）是确定取水构筑物位置、型式及结构尺寸的主要依据。

由于影响河流径流的因素很多，如气候、地质、地形及流域面积、形状等，上述径流特征具有随机性。因此，应根据河道径流的长期观测资料，用河流水文计算方法，确定河流在一定保证率下的各种径流特征值，为取水构筑物的设计提供依据。取水河段的径流特征值包括：

（1）河流历年的最小流量和最低水位。

（2）河流历年的最大流量和最高水位。

（3）河流历年的月平均流量、月平均水位以及年平均流量和年平均水位。

（4）河流历年春秋两季流冰期的最大、最小流量和最高、最低水位。

（5）其他情况下，如潮汐、形成冰坝冰塞时的最高水位及相应流量。

（6）上述相应情况下河流的最大、最小和平均水流速度及其在河流中的分布情况。

2. 河流的泥沙运动及河床演变

为了取得较好的水质，防止泥沙、漂浮物等对取水构筑物及管道形成危害，在选择取水构筑物位置时，必须了解取水河段泥沙运动状态和分布规律。此外，取水构筑物的设置与河床演变有着密切的关系，如果不了解河床演变的规律及河床变迁的趋势，往往会造成取水口和渠道的严重淤积，或河道变迁造成取水脱流，甚至导致取水工程报废。因此，泥沙运动和河床演变是影响地表水取水的重要因素。

（1）泥沙运动。河流泥沙是指在河流中运动的以及组成河床的泥沙，所有在河流中运动及静止的粗细泥沙、大小石砾都称为河流泥沙。随水流运动的泥沙也称为固体径流，它是重要的水文现象之一。

根据泥沙在水中的运动状态，可将泥沙分为床沙、推移质及悬移质三类。

床沙是组成河床表面的静止泥沙。

推移质泥沙粒径较大，其沉降速度比水流的垂向脉动速度大得多，因此不能悬浮在水中，只能沿河床滑动、滚动及跳动前进，其运动范围在床面附近2～3倍粒径的区域。推移质运动具有明显的间歇性，运动时是推移质，静止时为床沙。

悬移质粒径较小，其沉降速度比水流的垂向脉动速度小，在紊动扩散作用下可以悬浮在水中，被水流挟带前进，远离床面，其运动速度与水流基本一致，维持泥沙悬浮的能量来自水流的紊动动能。

河流中的泥沙从水面到河床是连续的，在靠近河床附近，各种泥沙在不断地交换，同一组粒径的泥沙在不同的河段或同一河段的不同时间可能静止在床面成为床沙，也可能进行推移运动，还可呈悬浮状态随水流下移。决定泥沙运动状态的因素除泥沙粒径外，还与水流速度有关。因此，泥沙运动与水流运动具有密切的关系。

河流中水流的运动包括纵向水流运动和环流运动。水流在重力作用下不断向下游流动，表现为河水的纵向运动。同时，由于受到惯性离心力、机械摩擦力等作用，河水中还产生各种各样的环流运动。纵向水流和环流交织在一起，沿着流程变化，并不断与河床接触、作用，在水流与河床相互作用的同时，伴随着泥沙的运动。泥沙运动使得河床发生冲刷和淤积，不仅影响河水含沙量，而且使河床形态发生变化。

不同的水流运动对泥沙运动与河床变形的作用是不同的。纵向水流使河床沿纵深方向发生变化。天然河床的纵断面总是有深有浅，因而沿程自由水面的纵坡降不断地发生变化，引起纵向流速的改变，而流速的变化直接影响水流的挟沙能力。当水面坡降变小时，河床的冲刷减少甚至发生淤积；水面坡降增大时，淤积减少甚至发生冲刷。

河道中的环流运动是环绕一定的旋转轴往复进行的水流运动，它不是由河床纵坡降的总趋势决定的，而是由纵坡降以外的其他因素促成的。环流对于泥沙运动和河床演变有重要的影响。例如，当水流在河道的弯段上作曲线运动时，由于离心力的作用，水面发生倾斜，凹岸水面高于凸岸水面，产生横向水面坡降，使得凹岸水流下降，凸岸水流上升，形成横向环流。在横向环流的作用下，凹岸受到冲刷成为深槽，而凸岸产生淤积形成边滩。当河床中存在心滩时，水流流经心滩的现象与弯段相似，会形成两个方向相反的横向环流，促使心滩向上增长。水流中常包含各种形态的环流运动，其中横坡降引起的横向环流是河床冲刷和淤积的主要原因之一。天然河床在平面上呈现的直、曲及广、狭状况常常使水流产生横坡降和横向环流，引起横向输沙不平衡，从而导致河道的横向变形。

(2) 河床演变。自然界的河流都挟带一定数量的泥沙。由于河流的径流情况和水力条件随时间和空间不断地变化，因此河流的挟沙能力也在不断变化，在各个时期和河流的不同地点产生冲刷和淤积，从而引起河床形状的变化，即引起河床演变。

河床演变一般表现为：

1) 纵向变形。在纵的方向上（即在主流运行的方向上）由于输沙不平衡发生冲刷或淤积而引起的河床沿纵深方向的变化称为纵向变形。这种演变可以出现在较长或较短的河段中，在某一河段发生淤积而在另一河段发生冲刷。如果在河流上建立水利枢纽，就会引起显著的河床变形，在枢纽上游，水流流速减小，引起淤积；在枢纽下游则发生冲刷。

2) 横向变形。横向变形是河床在与主流流向垂直的方向上的变化，表现为河岸的冲刷或淤积，使河床平面位置发生摆动。河流横向变化是由横向输沙不平衡引起的，造成横向输沙不平衡的主要原因是横向环流，其中最常见的是弯曲河段的横向环流。这种变形又和地质情况有关，因而比较复杂。

3）单向变形。单向变形是指在长时间内河床缓慢地朝一个方向冲刷或淤积，不出现冲淤交错。如黄河下游多年来一直不断淤积，抬高成为地上“悬河”。

4）往复变形。往复变形是指河道周期性往复发展的演变现象。例如，洪水期河床冲刷，枯水期河床淤积，冲、淤交替进行。

以上各种变形现象一般总是错综复杂地交织在一起，发生纵向变形的同时往往发生横向变形，发生单向变形的同时，往往发生往复变形。

泥沙运动和河床演变往往对取水构筑物取水位置的选择和取水构筑物的正常运行有着重要的影响。为了取得较好的水质，防止泥沙对取水构筑物及管道形成危害，并避免河道变迁造成取水脱流，必须了解河段泥沙运动状态和分布规律，观测和推断河床演变的规律和可能出现的不利因素。

3. 河床与岸坡的岩性和稳定性

从江河中取水的构筑物有的建在岸边，有的延伸到河床中，因此，河床与岸坡稳定性对取水构筑物的位置选择有重要的影响。

此外，河床和岸坡的稳定性是影响河床演变的重要因素。河床的地质条件不同，其抵御水流冲刷的能力不同，因而受水流侵蚀影响所发生的变形程度也不同，坚硬的岩石河床不易被冲刷，而平原上的河道，其河床边界由具有可动性的黏土、壤土或细沙组成，因此抗冲刷能力差，由水流侵蚀所引起的河床变形甚为显著。

因此，对于不稳定的河段，一方面河流水力冲刷会引起河岸崩塌，导致取水构筑物倾覆和沿岸滑坡，尤其河床土质疏松的地区常常会发生大面积的河岸崩塌；另一方面还可能出现河道淤塞、堵塞取水口等现象。因此，取水构筑物的位置应选在河岸稳定、岩石露头、未风化的基岩上或地质条件较好的河床处。必须防止选在不稳定的岸坡，如崩塌和滑坡的河岸，一般也不能建在淤泥上、流沙层和岩溶地区，如因地区条件限制无法避免时，要采取可靠的工程措施。另外，在地震区，还要按照防震要求进行设计。选择取水构筑物位置时，应对取水河床的岩性和稳定性进行水文地质和工程地质勘察，并进行详细研究分析，慎重对待。

4. 河流的冰冻情况

河流的冰冻分为冬季流冰期、封冻期和春季流冰期。

北方地区冬季，当温度降至零摄氏度以下时，河水开始结冰。河流的冰情受河流水文条件的影响，若河流流速较小（如小于 0.4～0.5m/s）河面很快形成冰盖；若流速较大（如大于 0.4～0.5m/s），河面不能很快形成冰盖。由于水流的紊动作用，整个河水受到过度冷却，水中出现细小的冰晶，冰晶在热交换条件良好的情况下极易结成海绵状的冰屑、冰絮，即水内冰。冰晶也极易附着在河底的沙粒或其他固体物上聚集成块，形成底冰。水内冰及底冰越接近水面越多。这些随水漂流的冰屑、冰絮及漂浮起来的底冰以及由它们聚集成的冰块统称为冬季流冰。流冰易在水流缓慢的河弯和浅滩处堆积，以后随着河面冰块数量增多，冰块不断聚集和冻结，最后形成冰盖，河流冻结。有的河段流速特别大，不能形成冰盖，即产生冰穴。在这种河段下游水内冰较多，有时水内冰会在冰盖下形成冰塞，上游流冰在解冻较迟的河段聚集冻结形成冰坝（冰塞），致使河水猛烈上涨，威胁取水构筑物的安全。

春季河流解冻时，通常因春汛引起的河水上涨时冰盖破裂，形成春季流冰。河流冰冻过程对取水构筑物的正常运行有很大的影响。冬季流冰期，悬浮在水中的冰晶及初冰，极易附着在取水口的格栅上，增加水头损失，甚至堵塞取水口，故需考虑防冰措施。河流在封冻期能形成较厚的冰盖层，由于温度的变化，冰盖膨胀所产生的巨大压力，易使取水构筑物遭到破坏。冰盖的厚度在河段中的分布并不均匀，此外冰盖会随河水下降而塌陷，设计取水构筑物时，应视具体情况确定取水口的位置。春季流冰期冰块的冲击、挤压作用往往较强，对取水构筑物的影响很大；有时冰块堆积在取水口附近，可能堵塞取水口。

为了正确考虑取水工程设施情况，研究冰冻过程对河流正常情况的影响，需了解下列冰情资料：

（1）每年冬季流冰期出现和延续的时间，水内冰、底冰的组成、大小、黏结性、上浮速度及其在河流中的分布，流冰期气温及河水温度变化情况。

（2）每年河流的封冻时间、封冻情况、冰层厚度及其在河段上的分布情况。

（3）每年春季流冰期出现和延续的时间，流冰在河流中的分布运动情况，最大冰块面积、厚度及运动情况。

5. 河道中水工构筑物及天然障碍物

河道中修建的各种水工构筑物和存在的天然障碍物，会引起河流水力条件的变化，可能引起河床沉积、冲刷、变形，并影响水质。因此，在选择取水口位置时，应避开水工构筑物和天然障碍物的影响范围，否则应采取必要的措施。所以在选择取水构筑物位置时，必须对已有的水工构筑物和天然障碍物进行研究，通过实地调查估计河床形态的发展趋势，同时也要分析拟建构筑物将对河道水流及河床产生的影响。

4.3.2 地表水取水构筑物位置的选定

取水构筑物的位置直接关系到工程造价、施工难易、尤其是建成投产后维护管理是否方便、供水的安全程度等重大问题，因此必须慎重确定。

确定位置时必须对已选的水源作全面深入调查，收集必要的水文资料和地质资料，既要了解现状，又要了解水源的过去及变化过程。还应参考附近取水构筑物的运行经验，根据具体情况综合分析比较后确定。

由于地表水水源种类较多，各有特点，因此在确定取水构筑物位置时，需要考虑的因素较多，总的说来有以下几个方面。

1. 水质

在同一水源的不同地点取水，水质会有明显的不同。如在河流上取水，引取的表层水漂浮物会多一些，引取河道底部的水含沙量会高一些；河道中间主流区的水质好一些，而靠近河道岸边的水质就差一些。因此，取水口一般应选择在水流畅通，靠近主流的河段，要避开回水区和死水区；如有污水等排入的河流，取水口应设在排入口的上游，并应符合水源卫生防护所要求的距离；在沿海受潮汐影响的河流上取水时，取水口的位置应考虑涨潮河流回水对水质的影响，以免引取咸水；对于泥沙含量较多的河流，应根据泥沙移动的规律和特性，考虑取水口的具体位置。

2. 地形

(1) 取水口应选在河流的凹岸，一般位于凹岸中点偏下游处，这里横向环流作用发挥得最充分，可防止泥沙淤积取水口和进入管道，同时也避开了凹岸水流顶冲的部位。我国许多大型引水工程的取水口，都是根据这一原理选定的，如著名的都江堰、引黄济青工程等。

(2) 在顺直的河段上取水，应选在主流靠近岸边、河床稳定、水深岸陡、流速较大的河段。如选在较窄的河段处，则必须防止因建造取水构筑物引起河道水力条件的变化而产生的不良影响。

(3) 在有支流汇入的顺直河段取水时，应注意交汇点附近的泥沙堆积滩及扩展情况，取水口应距支流入口处一定的距离，以设在交汇点干流的上游河段为宜。

(4) 在河流流出峡谷进入宽阔河段时，会有泥沙淤积，形成沙滩或沙洲，在此河段上取水时，应注意沙滩、沙洲的发展或下移，取水口至少要远离沙滩（洲）500m。

(5) 在水库中取水时，要考虑到泥沙淤积和水生物生长对取水口的影响，一般以远离支流汇入口、靠近大坝处为宜。

(6) 在湖泊中取水时，应选在湖泊的出口附近或离支流远一些的地方。

(7) 自池塘中取水，取水口应尽量选在岸陡稳定，水深较大的地方。如池塘水是稳定的，则应选在池塘出口附近或离支流远一些的地方。

3. 水文

水文因素主要指水源的水位、水量和流速及其变化情况。拟建的取水口应保证在枯水期仍能引取足够的水量；而洪水期又不致使取水构筑物受淹。此外，还应注意河流泥沙随季节变化的规律、漂浮物种类、数量及分布，以便采取工程措施以防沙、拦草。北方地区，还应避免取水构筑物受冰凌的影响。

4. 地质

取水构筑物应建造在地质构造稳固、承载力较高的地基上，以确保取水构筑物的安全运行和降低工程造价。尽量避免建在淤泥、流沙、滑坡、风化严重的岩层和岩溶发育地区。

5. 考虑已有建筑物的影响

在选定的水源中，往往已建有其他各种建筑物，如桥梁、码头、闸坝或污水排放口等。这些构筑物的存在，可能会改变或影响取水构筑物的正常运行或取水水质。因此，在确定取水构筑物的位置时，必须搞清已有构筑物的种类，对河道产生哪些影响，如淤积、冲刷、污染水质等，估计出其影响范围大小，从而较安全地确定取水构筑物的位置。

6. 施工条件

施工条件的优劣，有时对取水构筑物位置的影响也较大。目前村镇供水工程施工条件差别较大，但均有自己的特点。尽量减少水下施工的工程量，材料选用上做到因地制宜，就地取材。

7. 兼顾河流的综合利用

选择取水构筑物时，应考虑到河流航运、木材漂运、水产养殖、上下游农田灌溉的要求，以及近远期拟建的各种构筑物对于取水带来的影响，从而对水源的综合利用有统一的规划。

8. 靠近用水区中心

在考虑了上述若干要求后，还应尽可能使取水构筑物靠近主要用水区，输水管道尽量避免或少穿越天然（如河流、谷地）或人工（如铁路、公路）等障碍物，以降低工程投资和运行费用。

4.3.3 地表水取水构筑物设计的一般原则

在地表水取水构筑物的设计中，应遵守以下原则：

(1) 从江河取水的大型取水构筑物，在下列情况下应在设计前进行水工模型试验：

1) 当大型取水构筑物的取水量占河道最枯流量的比例较大时。

2) 由于河道及水文条件复杂，需采取复杂的河道整治措施时。

3) 设置壅水构筑物的情况复杂时。

4) 拟建的取水构筑物对河道会产生影响，需采取相应的有效措施时。

(2) 城市供水水源的设计枯水流量保证率一般可采用90%～97%；设计枯水位的保证率一般可采用90%～99%。

(3) 取水构筑物应根据水源情况，采取防止下列情况发生的相应保护措施：

1) 漂浮物、泥沙、冰凌、冰絮和水生生物的阻塞。

2) 洪水冲刷、淤积、冰冻层挤压和雷击的破坏。

3) 冰凌、木筏和船只的撞击。

(4) 江河取水构筑物的防洪标准不应低于城市防洪标准，必须按照相关规程规范选用。

(5) 取水构筑物的冲刷深度应通过调查与计算确定，并应考虑汛期高含沙水流对河床的局部冲刷和“揭底”问题。大型重要工程应进行水工模型试验。

(6) 在通航河道上，应根据航运部门的要求在取水构筑物处设置标志。

(7) 在黄河下游淤积河段设置的取水构筑物，应预留设计使用年限内的总淤积高度，并考虑淤积引起的水位变化。

(8) 在黄河河道上设置取水与水工构筑物时，应征得河务及有关部门的同意。

4.3.4 地表水取水构筑物分类及设置原则

地表水取水构筑物的型式首先取决于地表水体的类型，其次取决于各类水体的取水条件。

河流取水构筑物具有普遍性和代表性，因此重点论述河流（包括山区浅水河流）取水构筑物。水库、湖泊、海水取水构筑物多数情况都是根据不同水体条件，从最基本的河流取水构筑物类型演变而来。

1. 地表水取水构筑物的分类

地表水取水构筑物的型式应适应特定的河流水文、地形及地质条件，同时应考虑到取水构筑物的施工条件和技术要求。由于水源自然条件和用户对取水的要求各不相同，因此地表水取水构筑物有多种不同的型式。

地表水取水构筑物按构造型式可分为固定式取水构筑物、活动式取水构筑物和山区浅水河流取水构筑物三大类，每一类又有多种型式，各自具有不同的特点和适用条件。

(1) 固定式取水构筑物。固定式取水构筑物按照取水点的位置，可分为岸边式、河床式和斗槽式；按照结构类型，可分为合建式和分建式；河床式取水构筑物按照进水管的型式，可分为自流管式、虹吸管式、水泵直接吸水式、桥墩式；按照取水泵型及泵房的结构特点，可分为干式、湿式泵房和淹没式、非淹没式泵房；按照斗槽的类型，可分为顺流式、逆流式、侧坝进水逆流式和双向式。

(2) 活动式取水构筑物。活动式取水构筑物可分为缆车式和浮船式。缆车式按坡道种类可分为斜坡式和斜桥式。浮船式按水泵安装位置可分为上承式和下承式；按接头连接方式可分为阶梯式连接和摇臂式连接。

(3) 山区浅水河流取水构筑物。山区浅水河流取水构筑物包括底栏栅式和低坝式。低坝式可分为固定低坝式和活动低坝式（橡胶坝、浮体闸等）。

地表水取水构筑物的分类见图 4.22。

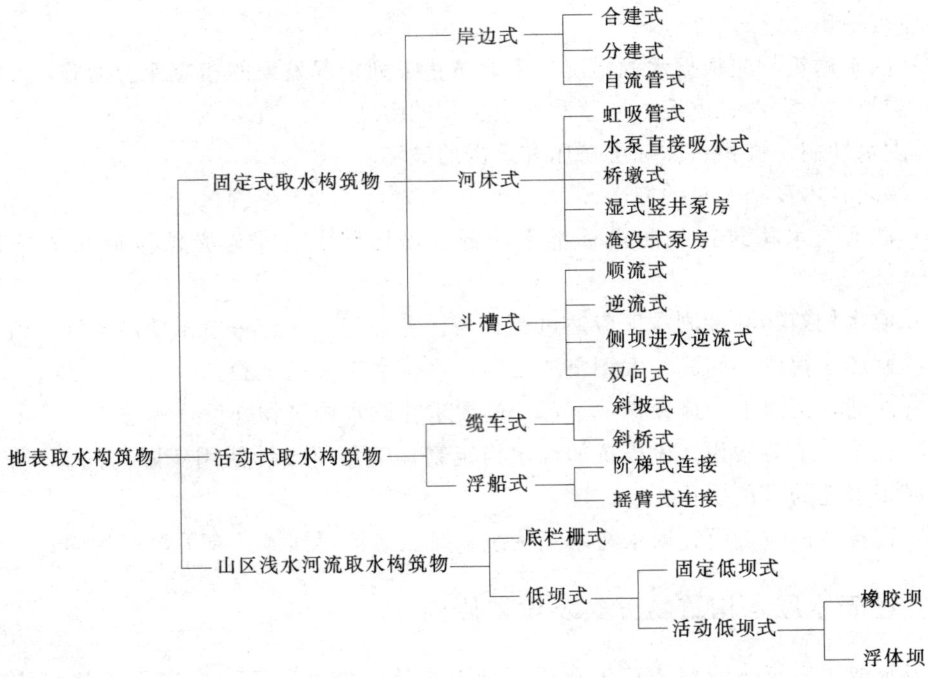

图 4.22　地表水取水构筑物的分类

2. 取水构筑物型式的选择

取水构筑物型式的选择，应根据取水量和水质要求，结合河床地形及地质、河床冲淤、水深及水位变幅、泥沙及漂浮物、冰情和航运等因素，并充分考虑施工条件和施工方法，在保证安全可靠的前提下，通过技术经济比较确定。

取水构筑物在河床上的布置及其形状的选择，应考虑取水工程建成后，不致因水流情况的改变而影响河床的稳定性。

在确定取水构筑物型式时，应根据所在地区的河流水文特征及其他一些因素，选用不同特点的取水型式。如：西北地区常采用斗槽式取水构筑物，以减少泥沙和防止冰凌；对于水位变幅特大的重庆地区常采用土建费用省、施工方便的湿式深井泵房；广西地区对能节省土建工程量的淹没式取水泵房有丰富的实践经验；中南、西南地区很多工程采用了能适应水位涨落，基建投资省的活动式取水构筑物；山区浅水河床上常建造低坝式和底栏栅式取水构筑物。

随着我国供水事业的发展，在各类河流、湖泊和水库兴建了许多不同规模、不同类型的地面水取水工程，如合建和分建岸边式、合建和分建河床式、低坝取水式、深井取水式、双向斗槽取水式、浮船或缆车移动取水式等。

（1）在游荡型河道上取水。在游荡型河道上取水要比在稳定河道上取水难得多。游荡型河段河床经常变迁不定，必须充分掌握河床变迁规律，分析变迁原因，顺乎自然规律选定取水点，修建取水工程，应慎重采取人工导流措施。

（2）在水位变幅大的河道取水。我国西南地区如四川很多河流水位变幅都在 30m 以上，在这样河道上取水，当供水量不太大时，可以采用浮船式取水构筑物。因活动式取水构筑物安全可靠性较差，操作管理不便，因此可以采用湿式竖井泵房取水，不仅泵房面积小，而且操作较为方便。

3. 在含沙量大及冬季有潜冰的河道上取水

黄河是举世闻名、世界仅有的高含沙量河流，为了减少泥沙的进入，兰州市水厂采用了斗槽式取水构筑物。该斗槽的特点是在其上、下游均设进水口，平时运行由下游斗槽口进水，这样夏季可减少含沙量进入，冬季可使水中的潜冰上浮在斗槽表面，防止潜冰进入取水泵。上游进水口设有闸门，当斗槽内淤积泥沙较多时，可提闸冲沙。

4.3.5 固定式取水构筑物

在河流水资源开发利用中，习惯上把不经过筑坝拦蓄河水、而在岸边或河床上直接修建的固定取水设施称为固定式取水构筑物，这是相对于活动式取水构筑物而言的。山区浅水河流中的取水构筑物实际上也都是固定不动的，不过这些构筑物都是在拦蓄河水的条件下取水的，故习惯上不把它们包括在固定式取水构筑物中。

固定式取水构筑物是各种类型的地表水取水构筑物中应用广泛的一种，具有取水安全可靠、维修管理方便、适应范围较广等优点。其主要缺点是当河水水位变化较大时，构筑物的高度需相应地增加，因而工程投资较高，水下工程量较大，施工期长，扩建困难。因此设计固定式取水构筑物时，应考虑发展的需要。

固定式取水构筑物按取水点的位置和特点，可分为岸边式、河床式及斗槽式。不同的构筑物型式，适用于不同的取水量和水质要求、不同的河床地形及地质条件，以及不同的河床变化、水深及水位变幅、冰冻及航运情况、施工条件、施工方法、投资及设备供应等情况。

4.3.5.1　固定式取水构筑物的基本型式

固定式取水构筑物包括取水设施和泵房两部分，取水设施将河流中的水引入吸水间，泵房作为给水系统的一级提升泵房，通过水泵将水提升进入输水管线，送至给水处理厂或用户。取水设施和泵房都建在岸边，直接从岸边取水的固定式取水构筑物，称为岸边式取水构筑物。在河心设置进水孔，从河心取水的构筑物，称为河床式取水构筑物。岸边式取水构筑物由集水井和泵房两部分组成，其基本构造如图 4.23 所示。

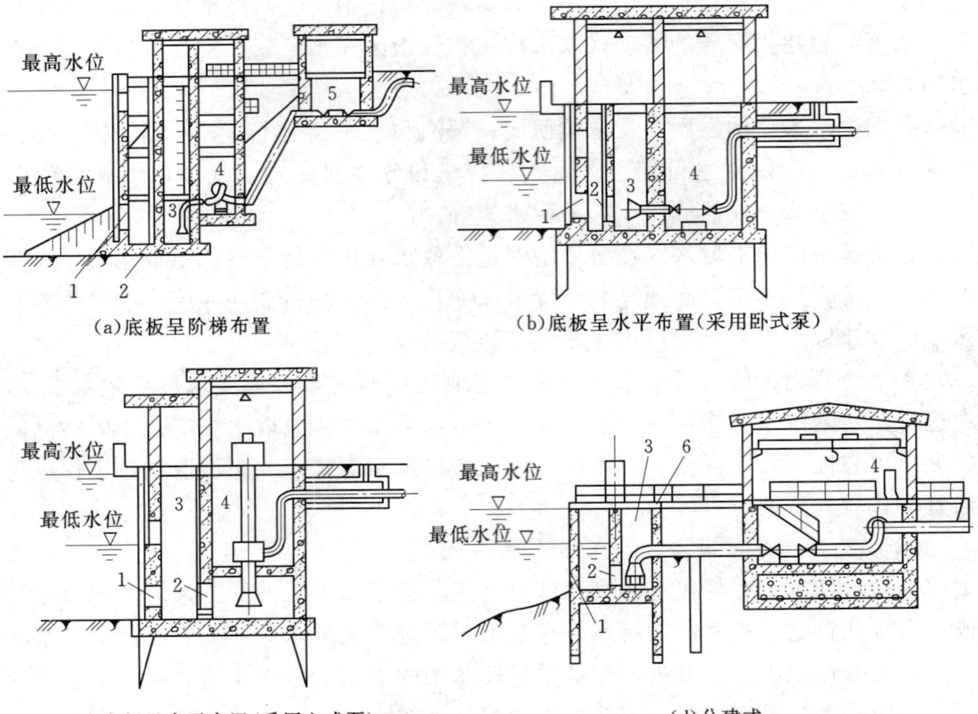

(a)底板呈阶梯布置　(b)底板呈水平布置(采用卧式泵)

(c)底板呈水平布置(采用立式泵)　(d)分建式

图 4.23　岸边式取水构筑物

1—进水口；2—格网；3—集水井；4—泵房；5—阀门井；6—引桥

集水井是岸边式取水构筑物的取水设施，一般由进水间、格网和吸水间三部分组成，集水井顶部设操作平台，安装格栅、格网、闸门等设备的起吊装置。进水间前壁设有进水孔，孔上设有格栅及闸门槽，格栅用来拦截水中粗大的漂浮物及鱼类等。进水间和吸水间用纵向隔墙分开，在分隔墙上可以设置平板格网，用以拦截水中细小的漂浮物。当采用旋转格网时，应在进水间和吸水间之间设置格网室。水流经过装有格栅的进水孔进入集水井的进水间，再经过格网进入吸水间，然后由水泵抽走。

河床式取水构筑物，其取水设施包括取水头部、进水管和集水井，其基本结构见图 4.24。河水经取水头部上带有格栅的进水孔，沿进水管流入集水井的进水间，然后经格网进入集水井的吸水间，最后由水泵抽走。河床式取水构筑物的集水井构造与岸边式取水构筑物的集水井基本相同，其差别只是岸边式取水构筑物集水井的进水间前壁不设进水孔或只设高水位进水孔，代之以进水管。河床式取水构筑物的特点是集水井和泵房建在河岸上，可不受水流冲击和冰凌碰击，也不影响河道水流。当河床变迁之后，进水管可相应地伸长或缩短，冬季保温、防冻条件比岸边式好。但取水头部和进水管经常淹没在水下，清洗和检修不方便。

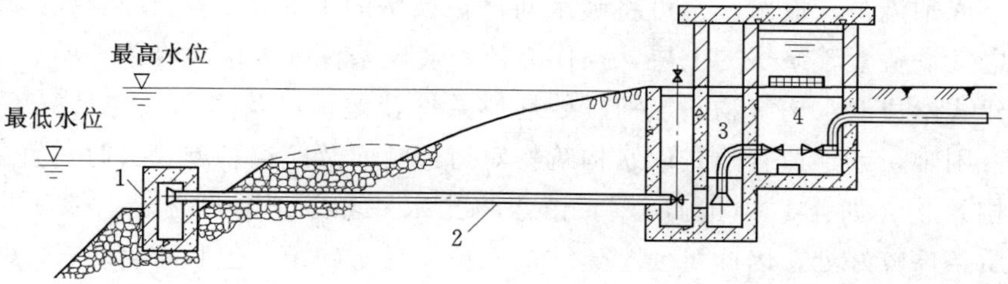

(a) 合建式

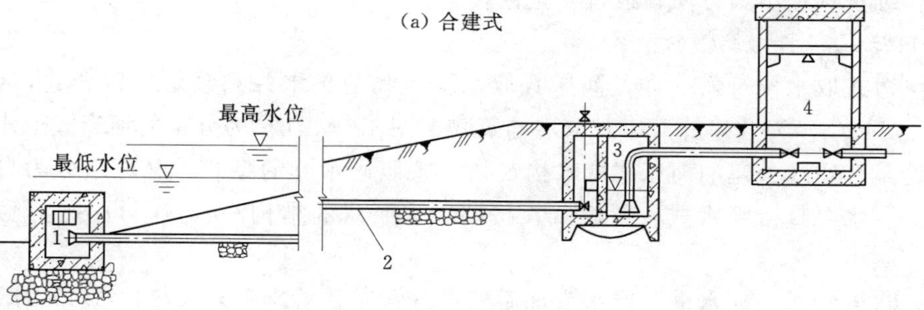

(b) 分建式

图 4.24 河床式取水构筑物

1—取水头部；2—进水管；3—集水井；4—泵房

岸边式取水构筑物适用于河岸较陡，主流靠近河岸，岸边有一定的取水深度，水位变化幅度不太大，水质及地质条件较好的情况。当河岸较平缓，主流离岸较远、岸边缺乏必要的取水深度或水质不好时，宜采用河床式取水构筑物。

当河流含沙量大、冰凌严重时，宜在岸边式取水构筑物取水处的河流岸边用堤坝围成斗槽，利用斗槽中流速较小、水中泥沙易于沉淀、潜冰易于上浮的特点，减少进入取水口的泥沙和冰凌，从而进一步改善水质。这种取水构筑物称为斗槽式取水构筑物。斗槽式取水构筑物由进水斗槽和岸边式取水构筑物组成。

1. 岸边式取水构筑物的型式

按照集水井和泵房的相对位置，岸边式取水构筑物可分为合建式和分建式两类。

(1) 合建式岸边取水构筑物。合建式岸边取水构筑物将集水井和泵房合建在一起，如图 4.23 (a)、(b)、(c) 所示。其特点是布置紧凑，总建筑面积小，吸水管路短，运行安全，维护方便；但土建结构复杂，施工较困难，适用于河岸坡度较陡、岸边水流较深且地质条件较好、水位变幅和流速较大的河流。在取水量大、安全性要求较高时，多采用此种型式。

合建式取水构筑物根据具体情况，可布置成三种形式。图 4.23 (a) 所示的构筑物，集水井与泵房底板呈阶梯布置。当具有岩石基础或其他较好的地质条件时，这样布置可利用水泵吸水高度，减小泵房深度，利于施工和减少投资。但此时泵房需设真空泵，而且启动时间较长。在地基条件较差、不宜按阶梯形布置或安全性要求较高、取水量较大时，应将集水井与泵房底板布置在同一高程上，如图 4.23（b）所示。底板水平布置可避免产生不均匀沉降，水泵可自灌式启动；但由于泵房较深，造价较大，且通风防潮条件较差，操作管理不便。为了缩小泵房面积，降低基建投资，在河道水位较低、泵房深度较大时，可采用立式泵（或轴流泵）取水。也可将吸水间设在泵房的下面，如图 4.23（c）所示，这种布置可将电气设备置于泵房的上层，操作方便，通风条件好，但检修条件差。

（2）分建式岸边取水构筑物。当河岸处地质条件较差，以及集水井与泵房不宜合建，如水下施工有困难，或建造合建式取水构筑物对河道断面及航道影响较大时，宜采用分建式岸边取水构筑物，如 4.23（d）所示。由于将集水井和泵房分开建造，泵房可离开岸边，建于地质条件较好处，因此可使土建结构简单，易于施工；但吸水管较长，增加了水头损失，维护管理不太方便，运行安全性较差。

2. 河床式取水构筑物的型式

与岸边式取水构筑物一样，河床式取水构筑物的集水井和泵房可以合建，也可以分建。图 4.24（a）为合建的河床式取水构筑物，图 4.24（b）为分建的河床式取水构筑物。

无论是合建或分建的河床式取水构筑物，按照进水管的型式，又可以分为自流管式、虹吸管式、水泵直接吸水式、桥墩式；按照取水泵房的结构和特点，可分为湿井式和淹没式。

（1）自流管式。河水进入取水头部后经自流管靠重力流入集水井，这种取水构筑物称为自流管式取水构筑物。图 4.24 和图 4.25 所示均为自流管式取水构筑物。这种型式由于自流管淹没在水中，河水靠重力自流，工作较为可靠。但敷设自流管的土方量较大，故宜在自流管埋深不大或河岸可以开挖时采用。

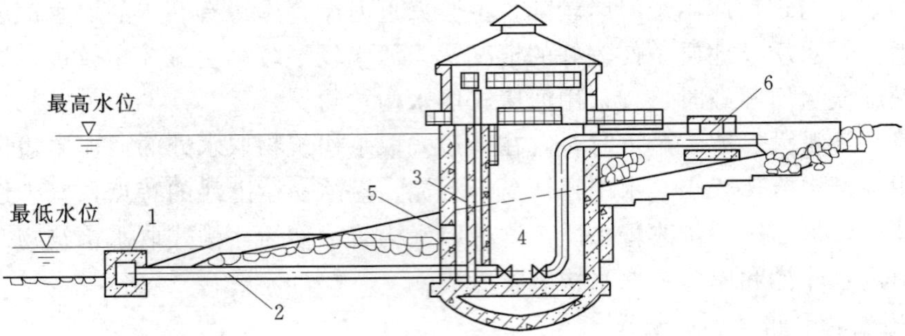

图 4.25 自流管式取水构筑物

1—取水头部；2—自流管；3—集水井；4—泵房；5—进水孔；6—阀门井

在水位变幅较大、洪水期历时较长、水中含沙量较高的河流取水时，集水井中常沉积大量的泥沙，不易清除，影响取水水质，因此可在集水井进水间前壁上开设高位进水孔，如图 4.25 所示。在非洪水期，利用自流管取得河心水质较好的水，而在洪水期则利用高位进水孔取得上层含沙量较少的水。这种型式比单用自流管进水安全、可靠。也可以通过设置高位自流管实现分层取水，参见图 4.29 中的高位自流管。

（2）虹吸管式。河水进入取水头部后经虹吸管流入集水井的取水构筑物称虹吸管式取水构筑物。当河滩宽阔、河岸高、自流管埋深很大或河岸为坚硬岩石以及管道需穿越防洪堤时，宜采用虹吸管式取水构筑物（图 4.26）。由于虹吸高度最大可达 7m，故可大大减少水下施工工作量和土石方量，缩短工期，节约投资。但是虹吸管必须保证严密、不漏气，因此对管材及施工质量要求较高。另外，由于需要设一套真空管路系统和设备，当虹吸管管径较大、管路较长时，启动时间长，运行不方便。因此虹吸管式取水构筑物工作的可靠性比自流管式差。

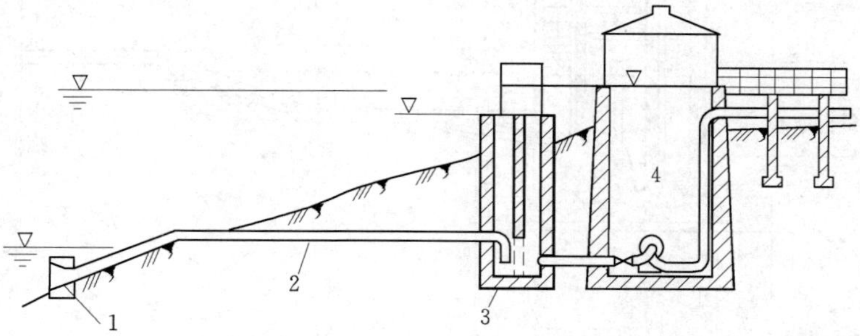

图 4.26　虹吸管式取水构筑物

1—取水头部；2—虹吸管；3—集水井；4—泵房

（3）水泵直接吸水式。在取水量小、河中漂浮物较少、水位变幅不大时，可不设集水井，利用水泵吸水管直接伸入河中取水，见图 4.27。这种型式的构筑物利用了水泵的吸水高度，使泵房的埋深减小，且不设集水井，因此施工简单，造价低，可在中小型取水工程中采用。但要求施工质量高，不允许吸水管漏气；在河流泥沙颗粒粒径较大时，水泵叶轮磨损较快；且由于没有集水井和格网，漂浮物易堵塞取水头部和水泵。

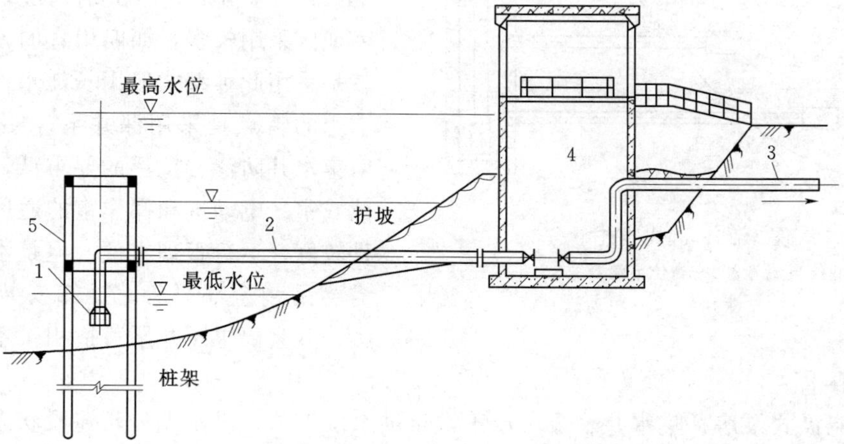

图 4.27　直接吸水式取水构筑物

1—取水头部；2—吸水管；3—出水管；4—泵房；5—栅条

（4）引桥式。在取水量较大、岸坡较缓、岸边不宜建泵房、河道内含沙量较高、水位变幅较大、河床地质条件较好等个别情况下，将整个取水构筑物建在江心，在集水井进水间的井壁上开设进水孔，从江心取水，构筑物与岸之间架设引桥，见图 4.28。这种型式的构筑物由于缩小了水流断面，造成附近河床冲刷，故基础埋设较深，施工复杂，造价高，维护管理不便，且影响航运。

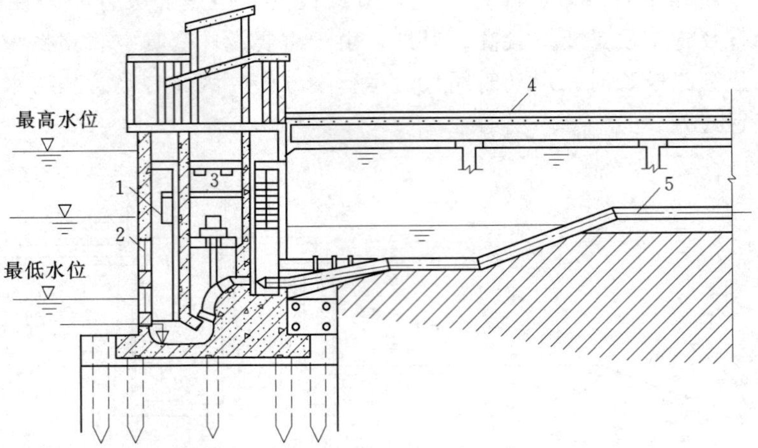

图 4.28　桥墩式取水构筑物
1—集水井；2—进水孔；3—泵房；4—引桥；5—出水管

(5) 湿式竖井泵房。湿式竖井泵房的泵房下部为集水井，上部（洪水位以上）为电动机操作室，采用防沙深井泵取水，如图 4.29 所示。

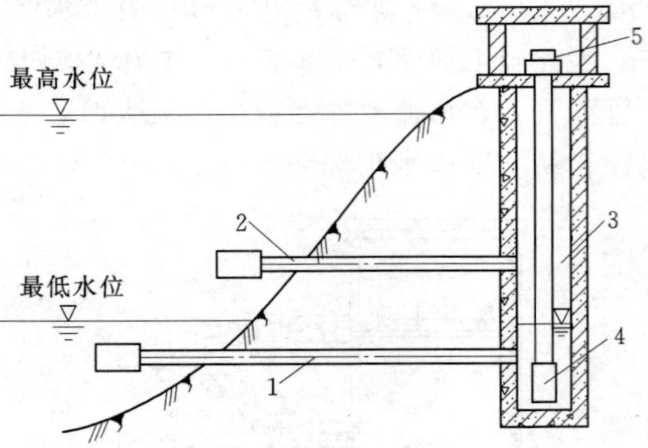

图 4.29　湿式竖井泵房
1—低位自流管；2—高位自流管；3—集水井；4—深井泵；5—电动机

这种型式的泵房适用于水位变幅大于 10m，尤其是骤涨骤落（水位变幅大于 2m/h）、水流流速较大的情况，在我国西南地区采用较多，如四川省的大溪沟水厂就是采用此种型式取用长江水。这种泵房取水的特点是采用深井泵，泵房面积小，对集水井防渗、抗浮的要求低，可降低基建成本；电动机和操作室的通风及防潮条件较好，运行管理方便。但是水泵检修时需要吊装全部泵管，拆卸安装工作量较大，并且要求深井泵可适用于不同泥沙含量水源的取水。

(6) 淹没式泵房。集水井、泵房位于常年洪水位以下，洪水期处于淹没状态，称为淹没式取水泵房，如图 4.30 所示。这种型式适用于在河岸地基较稳定、水位变幅较大、洪水期历时较短、长时期为枯水期水位、含沙量较少的河流取水，如长江中上游地区。其特点是泵房深度浅，土石方量小，构筑物所受浮力小，结构简单，造价较低；但泵房的通风和采光条件差，泵房潮湿，对电机运行不利，且噪音大，操作管理及设备检修、运输不方便，结构防渗要求高，洪水期格栅难以起吊、冲洗。随着近年来潜水泵技术的不断发展，尤其是抽取一定泥沙含量的潜水泵，使该取水形式优点较突出。

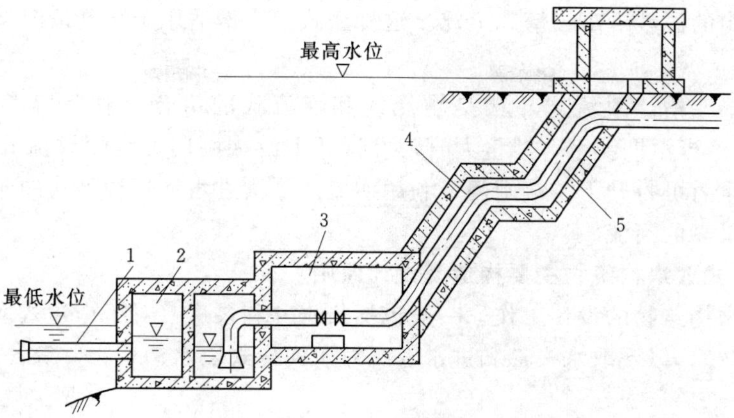

图 4.30 淹没式泵房

1—自流管；2—集水井；3—泵房；4—交通廊道；5—出水管

3. 斗槽式取水构筑物

在岸边式或河床式取水构筑物之前设置“斗槽”进水，称之为斗槽式取水构筑物，如图 4.31 所示。斗槽是在河流岸边用堤坝围成的，或者在岸内开挖的进水槽，目的在于减少泥沙和冰凌进入取水口。由于斗槽中的流速较小，水中泥沙易于在斗槽中沉淀，水内冰容易上浮，因此，斗槽式取水构筑物适宜在河流含沙量大，冰絮较严重，取水量较大，地形条件合适时采用。

按照水流进入斗槽的流向，可分为顺流式、逆流式和双流式。

(1) 顺流式斗槽。斗槽中水流方向与河流流向基本一致，称为顺流式斗槽，如图 4.31 (a) 所示。由于斗槽中流速小于河水的流速，当河水正面流入斗槽时，其动能迅速转化为势能，在斗槽进口处形成壅水和横向环流，使大量的表层水进入斗槽，大部分悬移质泥沙由于流速减小而下沉，河底推移质泥沙随底层水流出斗槽，故进入斗槽的泥沙较少，但潜冰较多。因此，顺流式斗槽适用于含沙量较高但冰凌不严重的河流。

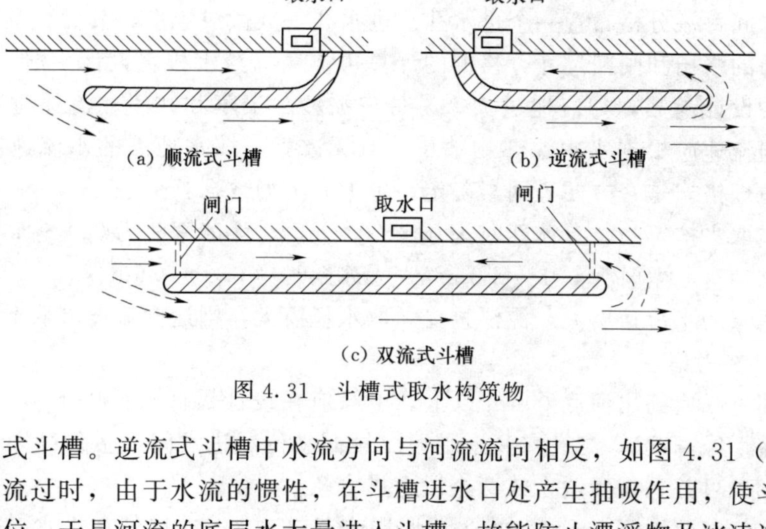

图 4.31 斗槽式取水构筑物

(2) 逆流式斗槽。逆流式斗槽中水流方向与河流流向相反，如图 4.31 (b) 所示。当水流顺着堤坝流过时，由于水流的惯性，在斗槽进水口处产生抽吸作用，使斗槽进口处水位低于河流水位，于是河流的底层水大量进入斗槽，故能防止漂浮物及冰凌进入槽内，并能使进入斗槽中的泥沙下沉、潜冰上浮。这种型式的斗槽适用于冰凌情况严重、含沙量较少的河流。

(3) 双流式斗槽。双流式斗槽是顺流式和逆流式的组合，兼有二者的特点，如图4.31 (c) 所示。当汛期河水含沙量大时，可打开上游端闸门，利用顺流式斗槽进水；当冬春季冰凌严重时可打开下游端闸门，利用逆流式斗槽进水。这种型式的斗槽适用于冰凌严重且泥沙含量高的河流。

4.3.5.2 固定式取水构筑物主要构造及设计原则

固定式取水构筑物的设计工作，一般包括集水井和泵房（对于岸边式取水构筑物和河床式取水构筑物），以及取水头部和进水管（对于河床式取水构筑物）等。

1. 集水井

(1) 集水井平台。取水构筑物集水井平台上应设置便于操作的闸阀启闭设备和格栅、格网起吊设备；必要时还应设清除泥沙的设施。集水井有半淹没式和非淹没式两种。非淹没式集水井在最高洪水位时仍露出水面，操作管理方便，在漂浮物多的洪水期可以及时清洗格网，供水较安全，因此采用较多。这种集水井的平台上缘应在设计最高水位以上0.5m。

(2) 进水间。根据运行的安全性以及检修、清洗、排泥等要求，进水间通常用隔墙分成可独立工作的若干分格，其分格数目应按水泵的台数和容量大小以及格网的类型确定，一般不少于两格。大型取水工程可采用一台泵一个分格，小型取水工程可采用数台泵一个分格。

进水间的平面尺寸应根据进水孔、格网和闸板的尺寸及安装、检修和清洗等要求确定，同时应保证进水均匀、平稳。

(3) 进水孔。取水构筑物的进水孔应设置格栅，栅条间净距应根据取水量大小、冰絮和漂浮物等情况确定，小型取水构筑物一般为30～50mm，大、中型取水构筑物一般为80～120mm。当江河中冰絮或漂浮物较多时，栅条间净距宜取较大值。必要时应采取清除栅前积泥、漂浮物和防止冰絮阻塞的措施。

一般进水间每一分格布置一个进水孔。进水孔一般做成矩形，其面积及高宽比应尽量符合标准设计的格栅和闸门尺寸，格栅的计算可参照《给水排水设计手册》。进水孔的过栅流速是主要设计参数，如流速过大，易带进泥沙、杂草和冰凌；流速过小，会增加造价，因此过栅流速应根据水中漂浮物数量、有无冰絮、取水地点的水流速度、取水量大小、检查和清理格栅是否方便等因素确定，可参考下列数据：

①岸边式取水构筑物，有冰絮时为0.2～0.6m/s；无冰絮时为0.4～1.0m/s；②河床式取水构筑物，有冰絮时为0.1～0.3m/s；无冰絮时为0.2～0.6m/s。

如取水地点的水流速度大，漂浮物少，取水规模大，则过栅流速可取上限。格栅的阻塞面积应按25%考虑。

进水孔的下缘应高出河底0.5m以上，上缘应在设计最低水位以下不小于0.3m（有冰盖时从冰盖下缘算起）。当孔口高度受河流最低水位和进水间底板标高限制时，可将孔口宽度加大，也可并列布置两个或两个以上进水孔。

当河水水位变幅大于6m时，可采用两层或三层进水孔，以便在洪水时能取得表层含泥沙较少的水。下层进水孔的上缘一般应在设计最低水位以下0.3m，下缘高于河底0.5m以上；上层进水孔的上缘一般在设计洪水位以下1.0～1.25m。

(4) 格栅的防冰措施。在北方有冰冻的河流上取水时，为防止进水孔格栅堵塞，可采取下列措施：

1) 降低进水孔流速。减小进水孔的流速，使其在0.05～0.1m/s的范围内，可以减少带入进水孔的潜冰量。但减小流速势必会加大进水孔的面积，因此在实际应用中受到限制。

2) 加热格栅。利用电、蒸汽或热水加热格栅，以防冰冻。电加热格栅是将格栅的栅条当做电阻，通电后使栅条发热；蒸汽或热水加热格栅是将蒸汽或热水通入空心栅条中，再从栅条上小孔喷出，使栅条得到加热。加热格栅的方法比较有效，因此应用较广。

3) 利用废热水。当有洁净的工厂废热水（如电厂排水）时，可将其引至进水孔前，简易有效。

4) 其他。其他方法有机械清除、反冲洗、在进水孔上游设挡冰木排等。

5) 集水井的排泥和冲洗。进水间和吸水间中的水流速度较小，当河水中含泥沙较多时，集水井中会沉积泥沙，因此需设排泥、冲洗装置以便及时清理排除。在大型取水构筑物中可设排污泵，小型取水构筑物中或泥沙淤积情况不严重时，可采用射流泵。为了冲动底部沉积的泥沙，大型取水构筑物可在池底设4～6个高压喷嘴，小型的可用水龙带冲洗。

2. 取水泵房

取水泵房又称一级泵房或水源泵房，可与集水井、出水闸门井合建或分建。由于河流水位经常变化，所以取水泵房常常建得较深，以保证枯水位时水泵能吸水，而洪水位时不被淹没。

(1) 取水泵房的平面形状。泵房平面有圆形、矩形、椭圆形等。矩形泵房便于布置水泵及管路，常用于水泵台数较多（4台以上）、泵房深度小于10m的情况。圆形泵房受力条件较好，便于沉井施工，当水位变幅较大、泵房较深时，比矩形泵房更经济，因此当深度大于10m时，常采用圆形泵房，但水泵台数宜小于4台。

(2) 取水泵房的平面布置。取水泵的台数不宜过多，一般采用3～4台（包括备用泵）。台数过多将增大泵房面积，增加土建造价，台数过少又不易调度。当供水量变化较大时，可考虑大小泵搭配，以利调节。

泵房内除水泵机组外，还有变配电、控制、采暖通风、起重、排水等附属设备。在满足操作、检修要求的基础上，水泵机组、管路及附属设备的布置应尽量紧凑，以缩小泵房面积。可采取以下布置方式：卧式水泵机组采用顺转、倒转双行排列，进出水管直进直出；一台水泵的进出水管加套管穿越另一台水泵的基础；大中型泵房水泵压水管上的单向阀和转换阀布置在泵房外的阀门井内；尽量采用小尺寸管件，将真空泵、配电设备等安装在不同高度的平台上等。

泵房布置应考虑远期发展，可适当增大水泵机组和墙壁的净距，留出小泵换大泵或另行增加水泵所需的位置。

(3) 取水泵房高程布置。修建在堤外的岸边式取水泵房受到江河、湖泊高水位的影响，进口地坪的设计标高应分别按下列情况确定：

1）当泵房布置在渠道边时，为设计最高水位加0.5m；

2）当泵房布置在江河边时，为设计最高水位加浪高再加0.5m，必要时还应增设防止波浪爬高的措施；

3）当泵房布置在湖泊、水库或海边时，为设计最高水位加浪高再加0.5m，并应设防止波浪爬高的措施。

泵房建于堤内时，由于受河道堤岸的保护，进口地坪高程可不按高水位设计。

3. 取水头部

取水头部是河床式取水构筑物的组成部分之一，具有多种型式。

（1）取水头部设计的一般要求。

1）取水头部应设在稳定河床的主流深槽处，有足够的取水深度。

2）取水头部的形状对取水水质及河道水流有较大的影响，因此应选择合理的外形和较小的体积，以避免对周围水流产生大的扰动，同时防止取水头部受冲刷，甚至被冲走。

3）任何型式的取水头部均不同程度地使河道水流发生变化，引起局部冲刷，因此应在可能的冲刷范围内抛石加固，并将取水头部的基础埋在冲刷深度以下。

4）取水构筑物的取水头部宜分设两个或分成两格。为取水安全，相邻的取水头部应有较大的间距，一般沿水流方向的间距应不小于头部最大尺寸的3倍。如有条件，应在高程上和深入河床的距离上彼此错开。

5）取水头部应防止冰块堵塞和冲击，并防止船只、木筏碰撞。

（2）取水头部的型式和构造。取水头部可分为固定式取水头部和活动式取水头部。固定式取水头部有管式取水头部、蘑菇式取水头部、鱼形罩式取水头部、箱式取水头部、桥墩式取水头部、桩架式取水头部及斜管式取水头部等。

1）管式取水头部。管式取水头部是一个设有格栅的金属喇叭管，安装在虹吸管、自流管或水泵吸水管上，如图4.32所示。这种取水头部构造简单、造价低、施工方便，适用于江河水质较好、洪水期浊度不大、水位变幅较小的中小型取水构筑物。当河流中漂浮物较多时，易堵塞格栅，因此应设反冲或清洗设施。

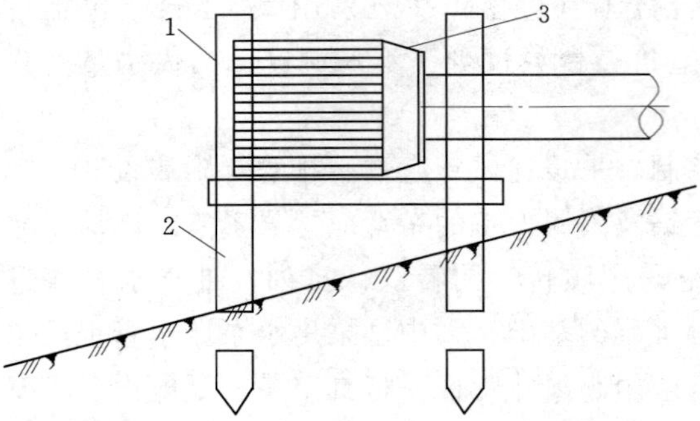

图4.32 喇叭管取水头部

1—格栅；2—桩架；3—喇叭口

喇叭口可以布置成顺水流式、水平式、垂直向上式和垂直向下式，如图4.33所示。顺水流式用于泥沙和漂浮物较多的河流；水平式一般用于水深较浅和纵坡降较小的河流；垂直向上式一般用于河岸较陡、水深且无冰凌、漂浮物较少、推移质较多的河流；垂直向下式则用于小型取水构筑物的泵房直接取水。

2）蘑菇式取水头部。蘑菇式取水头部是一个垂直向上的喇叭管，上面加一金属帽盖，如图4.34所示。水流由帽盖底部格栅曲折流入喇叭管，因此带入的泥沙及漂浮物比管式取水头部少，但施工安装较麻烦。为便于装卸和检修，帽盖可做成装配式。这种型式的取水头部适用于中小型取水构筑物，因蘑菇头较高，所以要求在枯水期仍有1.0m以上的水深。

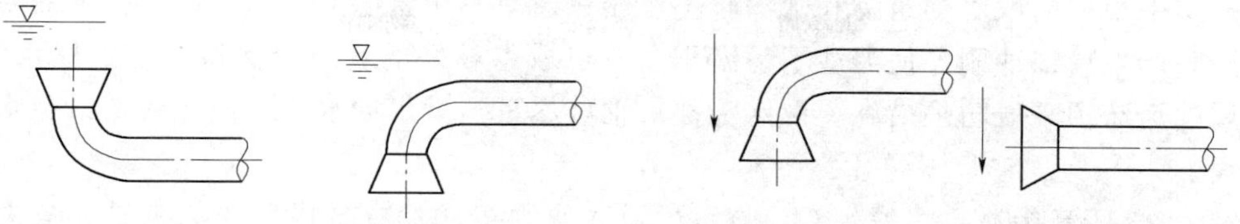

图 4.33　喇叭管布置图

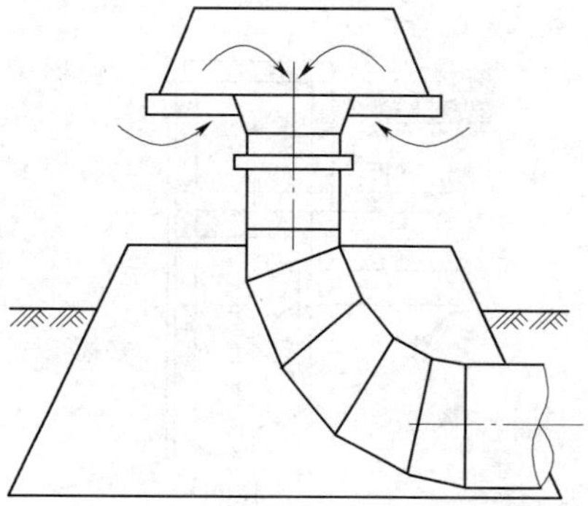

图 4.34　蘑菇头式取水头部

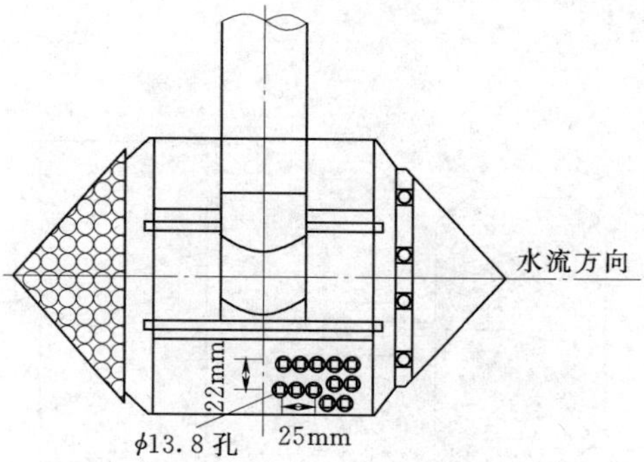

图 4.35　鱼形罩式取水头部

3）鱼形罩式取水头部。鱼形罩式取水头部是由钢板卷焊、两端带有圆锥体的圆筒，圆筒表面和背水的圆锥体表面上开设圆形进水孔，如图4.35所示。孔眼的进水流速比河水流速小，以防漂浮物堵塞。鱼形罩式取水头部外形圆滑，水流阻力小，漂浮物难以吸附在罩上，加上进水孔流速小，因此适用于水泵直接吸水的中小型取水构筑物，鱼形罩可焊在吸水管上，或安装在吸水管的喇叭口外。为减少杂草堵塞，需设冲洗和清理设施。

4）箱式取水头部。箱式取水头部由钢筋混凝土箱和设在箱内的金属管组成，箱的侧面或顶部开设进水口，进水口上设格栅，如图4.36所示。箱体为预制箱体，可整体下沉或分段拼装。箱的平面为矩形、圆形或菱形等。主流方向可能变动的河流常采用圆形。菱形的锥角宜取60°～90°，水力条件较好；矩形取水头部的水力条件稍差。菱形箱式取水头部可采用分段预制、水下拼装的方法，施工和设备安装较方便，在我国中南地区含沙量较小的河流上采用较多。

箱式取水头部适用于水深较小、含沙量小、冬季潜冰较多的河流。取水头部的长轴应尽可能和洪水期水流方向一致，以减少对水流的阻力，避免引起河床冲刷。

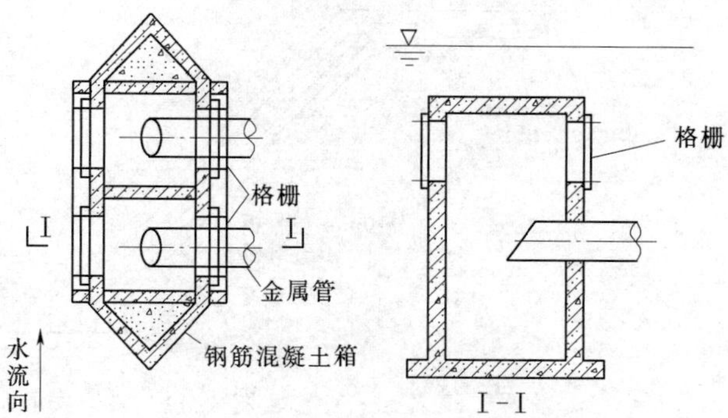

图 4.36　箱式取水头部

5）桥墩式取水头部。桥墩式取水头部有淹没式和半淹没式两种，这种型式的取水头部适用于中小型的取水构筑物和水深较小、船只通航不频繁的河流。因取水头部的基础深入河床，产生局部冲刷，使泥沙不易淤积，故可取得较好的水质，保持一定的取水深度，但对周围河床须采取防护措施。取水头部长轴应尽量与洪水期水流方向一致，以免水流阻力过大。

图4.37所示为淹没式取水头。淹没桥墩式取水头部具有带格栅的喇叭口，与进水管焊接后整体吊装，在水下浇灌混凝土，头部高度较小，稳定性较好，构造简单。半淹没桥墩式取水头部采用钢模沉井施工，在低水位时露出、洪水位时淹没。头部上设有上、下两层进水孔，高水位时由上层进水孔取得含沙量较小的水。

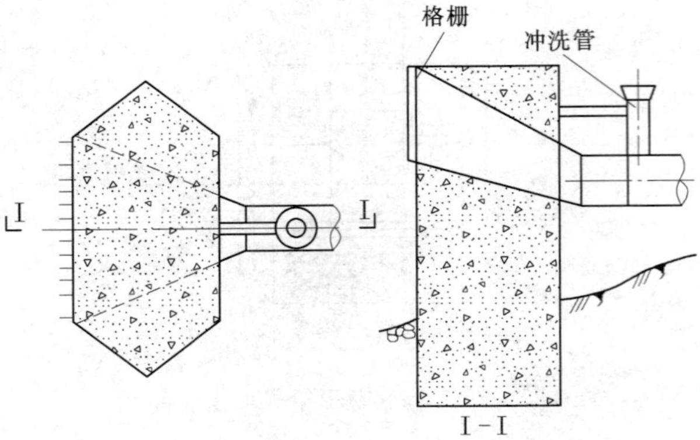

图4.37　桥墩式取水头部

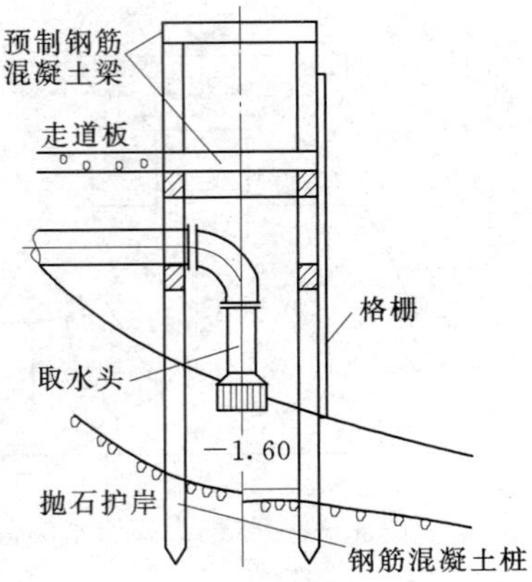

图4.38　桩架式取水头部

6）桩架式取水头部。桩架式取水头部如图4.38所示，用钢筋混凝土桩或木桩打入河底，支承取水头和管道，桩架四周可设置格栅，以拦截漂浮物。取水头部附近河床用抛石护底，防止冲刷。这种型式的取水头部适用于流速较小、水位变化不大、有足够水深、河床可打桩且无流冰的河流，在长江下游以及中小型取水构筑物中应用较多。

7）斜板式取水头部。在取水头部上设置斜板，如图4.39所示。河水经过斜板时，粗颗粒泥沙即沉淀在斜板上，并滑落至河底，被河水带走，从而减轻管道内粗沙淤积和水泵磨损，有利于取水构筑物的运行。

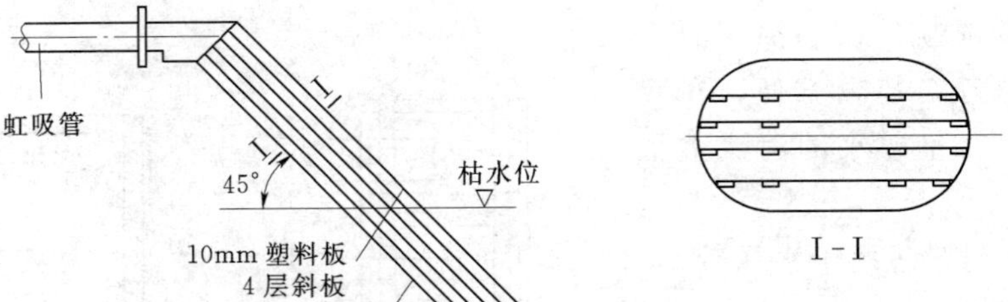

图4.39　斜板式取水头部

斜板常采用上向流式，斜板间距为100～200mm，间距太小易被杂草堵塞，太大则使斜板长度增加。该型式适用于含沙量大、粗颗粒泥沙占一定数量、枯水期仍有较大水深和较大流速的河段，在我国西南地区采用较多，对从山区河流取水的小型工程也较适用。

8）活动式取水头部。活动式取水头部由浮筒、取水头和胶管组成，一个浮筒带两个取水头，胶管一端与取水头相连，另一端接入钢制的叉形三通，三通焊接在自流管进口的喇叭口上，见图4.40。浮筒带着取水头部随河流水位涨落而升降，因此在主流深槽、凸岸、浅滩、浅水等条件下始终可以取得含沙量较少的水。为减少漂浮物和杂草进入，取水头部可设计成鱼形罩式。为保证枯水期取水，取水头下缘距河底至少0.5m以上。这种型式适用于枯水期水深较浅、洪水期底部含沙量较大的山区河流，在中、小取水量（100～1400m^3/h）时采用。

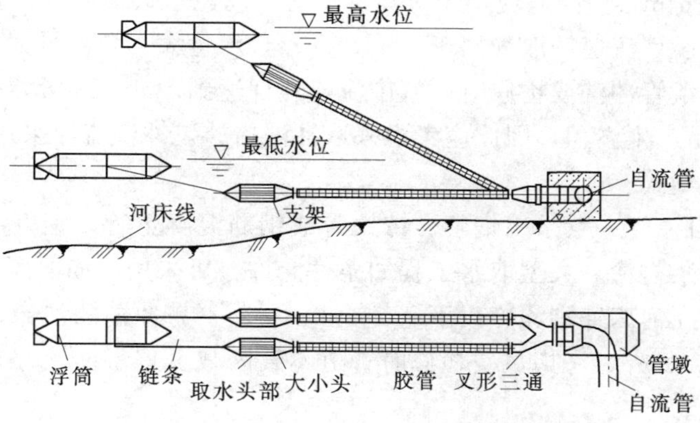

图4.40 活动式取水头部

（3）取水头部进水孔的设计。进水孔的位置和方向应根据水流中含泥沙、漂浮物及冰凌等情况确定，多朝向下游或与水流方向垂直。漂浮物和泥沙较少的河流，可在取水头部下游侧开设进水孔；有漂浮物或流冰的河流，应在侧面开设进水孔，以免水面旋涡吸入漂浮物；河床为易冲刷的土壤、含沙量大且竖向分布不均匀的河流，当漂浮物或流冰少时，可在取水头部的顶部开设进水孔；一般不宜在迎水面开设进水孔。

最低层进水孔下缘距河床的高度，应根据河流的水文和泥沙特性以及河床稳定程度等因素确定，一般不得小于下列规定：

1）侧面进水孔不得小于0.5m，当水深较浅、水质较清、河床稳定、取水量不大时，其高度可减至0.3m。

2）顶面进水孔不得小于1.0m。

淹没进水孔上缘在设计最低水位下的深度，应根据河流的水文、冰情和漂浮物等因素通过水力计算确定，并应分别遵守下列规定：

1）顶面进水时，不得小于0.5m。

2）侧面进水时，不得小于0.3m。

虹吸管进水和水泵直接吸水时，为避免吸入空气，在最低水位时的淹没深度一般不宜小于1.0m。水体封冻或取水量少时，可适当降低管端的淹没深度至0.5m。上述数据在封冻情况下应从冰层下缘起算。进水口淹没水深不足时，会形成漩涡，带进大量空气和漂浮物，使取水量大大减少。另外，在通航区应注意船舶通过时引起波浪的影响以及满足船舶航行的要求。

进水孔处需设格栅，过栅流速及栅条净距等与集水井中进水格栅设置条件相同。

4. 进水管

进水管有自流管和虹吸管两种。

(1) 进水管设计的一般要求。

1) 为了提高进水的安全性和便于清洗、检修，进水管一般不少于两根。当一根停止工作时，其余管仍能保证70%的设计流量。

2) 进水管的管径根据最低水位，通过水力计算确定。管内流速应不低于泥沙的不淤流速，即不小于0.6 m/s；同时应不超过经济流速，以免水头损失过大，增加集水井和泵房的深度。进水管设计流速一般采用1.0～1.5m/s，水量大、含沙量大、进水管短时，可采用较大值。当一条管冲洗或检修时，管中流速允许达到1.5～2.0m/s。

3) 进水管内易产生淤积，因此应考虑采取冲洗措施，冲洗流速采用1.5～2.0m/s。

(2) 进水管的型式。

1) 自流管。自流管一般采用钢管、铸铁管或钢筋混凝土管。钢管应有防腐措施，铸铁管内应有水泥砂浆衬涂。大型取水工程如条件允许，可采用钢筋混凝土暗渠。

自流管管顶应在河床冲刷深度以下0.25～0.3m，不易冲刷的河床，管顶最小埋深应在河床以下0.5m。另外，考虑放空检修时管道不致因减少重量而上浮，因此其埋设深度必须满足抗浮要求。

2) 虹吸管。虹吸管宜采用钢管，以保证密封不漏气。埋在地下部分的管道也可用铸铁管。虹吸管应有能迅速形成真空的抽气系统，且每条管线设单独的抽真空系统，以免相互影响。抽真空多采用真空泵。

虹吸管的进水端在设计最低水位下的淹没深度应不小于1.0m，出水端应伸入集水井最低动水位以下1.0m。虹吸管应向集水井方向上升，其坡度一般为0.001～0.005。虹吸高度可采用4.0～6.0m，最大不超过7.0m。

3) 进水管的冲洗。管中流速较小或管长期停用以及漂浮物进入等原因可能使进水管产生泥沙淤积和漂浮物堵塞，因此需进行冲洗。进水管的冲洗有正向冲洗和反向冲洗两种方式。

正向冲洗指冲洗时管内水流方向与正常运行时的水流方向一致。冲洗方法为：

1) 在河流水位较高时，先关闭进水管末端闸门，将进水间的水抽出至最低水位，然后迅速打开闸门，利用较大的水位差进行冲洗。

2) 关闭另外几根进水管，利用欲冲洗的一根管来供应全部水量，使该管流量增加、流速加大来进行冲洗。

正向冲洗法泥沙不易冲走，效果较差。

反向冲洗指管内水流方向与正常运行时方向相反，即泥沙流向河床。冲洗方法为：

1) 将进水间的一个分格充水至最大高度，然后迅速打开进水管上的闸门，利用进水间与河流形成的较大水位差进行冲洗。此法宜在河流水位较低时进行。

2) 将进水管与压力输水管或冲洗水泵连接进行冲洗。这种方法水量充足、压力高，使用灵活，效果较好。

虹吸管的冲洗也可利用破坏虹吸的方法。

4.3.6 活动式取水构筑物

当修建固定式取水构筑物有困难时，可采用活动式取水构筑物。

在水流不稳定，河势复杂的河流上取水，修建固定式取水构筑物往往需要进行耗资巨大的河道整治工程，对于中小型水厂建设常带来困难。当某些河流水深不足时，修建取水口会影响航运；有时修建固定式取水口水下工程量大，施工困难，投资较高，而当地施工条件及资金不允许等。以上情况都可以采用活动式取水构筑物取水。

此外，当河水水位变幅较大而取水量较小时；当供水要求紧迫，要求施工周期短，建设固定式取水构筑物满足不了时间要求时；当水文资料不全、河岸不稳定时；当建设临时性供水水源时，也都可以考虑采用活动式取水构筑物。

活动式取水构筑物主要有缆车式和浮船式两种，它们具有水下工程量小、施工方便、工程投资少、适应性强、灵活性大等优点，能适应水位的变化；但操作管理较复杂，需经常随河水水位的变化将缆车或浮船移位以及更换输水斜管的接头，供水安全性差，特别在水流湍急、河水涨落速度大的河流上设置活动式取水构筑物，尤需慎重。因此，建设活动式取水构筑物的河流水流不应过于湍急，且水位涨落速度小于2.0m/h。

建设活动式取水构筑物要求河床比较稳定，岸坡有适宜的倾角，河流漂浮物少、无冰凌，且取水构筑物不易受漂木、浮筏、船只撞击，河段顺直，靠近主流。

4.3.6.1 缆车式取水构筑物

缆车式取水构筑物是建造于岸坡截取河流表层水的取水构筑物，由缆车、缆车轨道、输水斜管和牵引设备等组成，见图4.41。其特点是缆车随着江河水位的涨落，通过牵引设备沿岸坡轨道上下移动，因此受风浪的影响较小。

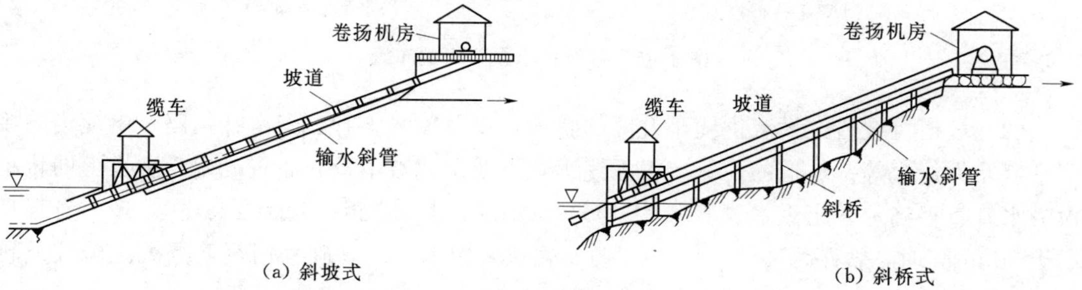

(a) 斜坡式　　(b) 斜桥式

图4.41 缆车式取水构筑物

缆车式取水构筑物适用于河流水位变幅为10～35m、涨落速度小于2m/h的情况，其位置宜选择在河岸岸坡稳定、地质条件好、岸坡倾角为10°～28°的地段，如果河岸太陡，所需牵引设备过大，缆车移动较困难；如果河岸太缓，则吸水管架太长，容易发生事故。

1. 缆车式取水构筑物的构造及设计要求

(1) 缆车。缆车是用于安装水泵机组的车辆。

1) 缆车的结构。缆车的上部为钢木混合的车厢，用来布置水泵机组，下部为型钢组成的空间桁架结构的车架，在主桁架的下节点处装有 2～6 对滚轮，可沿坡道移动。车厢的净高在无起吊设备时，采用 2.5～3.0m；当设备重 0.5t 以上、设置手动吊车时，采用 4.0～4.5m。小型缆车的面积约为 10～20m²，大、中型缆车为 20～40m²。

2）设备选择与布置。每部缆车上可设 2 台或 3 台水泵，一用一备或两用一备，每台泵有单独吸水管。选用的水泵要求吸水高度不小于 4m，且 $Q—H$ 特性曲线较陡。也可以根据水位更换叶轮，以适应水位的变化。

缆车上水泵机组的布置除满足布置紧凑、操作检修方便外，还应特别注意缆车的稳定和振动问题。

根据水泵类型、泵轴旋转方向及缆车构造可将水泵机组布置成各种型式，如图 4.42 所示。图 4.42（a）为水泵平行布置，适用于中、小型缆车，桁架受力好，运转时振动小。图 4.42（b）为垂直布置，适用于大、中型缆车，布置较紧凑，缆车接近正方形；其中一台水泵反转，缆车稳定性较好。

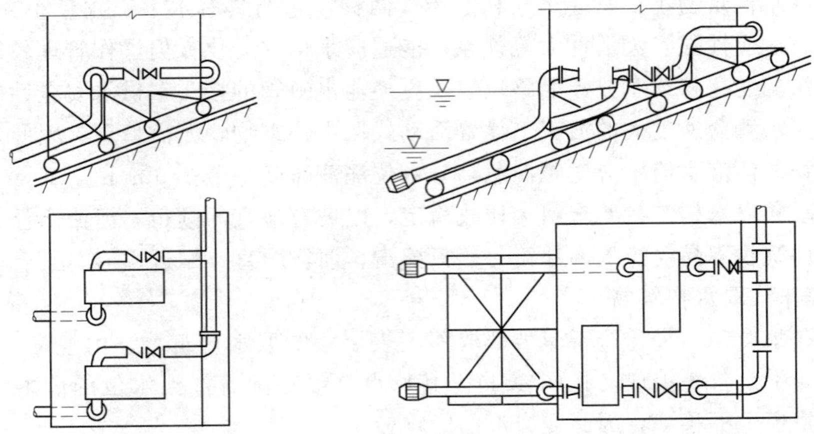

(a) 水泵平行布置　　(b)水泵垂直布置

图 4.42　缆车式水泵机组的布置

（2）坡道。坡道上设有供缆车升降的轨道，以及输水斜管、安全挂钩座、电缆沟、接管平台及人行道等。坡道的面宽应根据缆车宽度及上述坡道设施布置确定。坡道上的轨距由吸水管直径确定，当吸水管直径为 300～500mm 时，轨距一般为 2.5～4.0m；当直径小于 300mm 时，轨距为 1.5～2.5m。缆车轨道采用钢轨，基础采用钢筋混凝土轨枕或轨道梁及条石轨枕。

缆车轨道的坡面宜与原岸坡相接近，轨道的水下部分应避免挖槽。坡道有斜坡式和斜桥式两种。当岸坡地质条件较好、倾角适宜时，可利用天然地形做成斜坡式［图 4.41（a）］，在河岸上直接浇筑钢筋混凝土基础，基础顶面高出原河岸 0.5m 左右。这种型式工程量小，联络管接头拆装较方便，但轨道上易积泥。当坡面有泥沙淤积时，应考虑冲沙设施，常在尾车上设置冲沙管及喷嘴，在岸上设置冲洗水泵或利用缆车水泵出水压力进行冲洗的设施。

当岸坡较陡或河岸地质条件较差时，可做成斜桥式钢筋混凝土坡道。一般整个坡道用一个坡度，坡道顶面高出地面约0.5m，以防积泥，图4.41（b）为斜桥式坡道的缆车取水构筑物。这种型式的坡道其坡度不受地形条件限制，吸水管可直接装在缆车两侧，但结构复杂、工程量大、造价高，联络管拆装不方便。

当岸坡不规则时，也可采用斜桥式和斜坡式相结合的取水构筑物，以减少工程量，防止泥沙淤积。

缆车道上端标高应为最高水位、浪高、吸水喇叭口到缆车层高度之和再加1.5m安全高度；下端标高应为最低水位减去保证吸水的1.5m安全高度。

（3）输水斜管及活动接头。输水斜管沿斜坡或斜桥敷设，通常一部缆车设一条输水斜管；管径较大、接头连接不便时，可改用输水能力相同的两条小管。输水斜管一般采用铸铁管，当管径大于500mm时，宜采用焊接钢管。

斜管上每隔一定距离设置一个正三通或斜三通叉管，以便与水泵压水管相连。叉管的高差主要取决于水泵吸水高度和水位涨落速度。叉管的布置宜先在每年持续时间最长的低水位处放置一根，然后根据水位的涨落速度向上、向下布置。最高和最低的叉管位置均应高于最高和最低水位时的缆车底板。当采用两部缆车、两根输水管时，叉管布置应错开。

在水泵压水管与叉管的连接处需设置活动接头，以适应缆车在一定范围内的移动。活动接头有以下几种：

1）橡皮软管柔性接头。图4.43（a）所示为橡皮软管柔性接头，管径一般小于300mm。这种接头构造简单、拆装方便、灵活性大，可弥补制造、安装误差，缆车振动对接头影响小。但承受压力低，使用年限较短，一般只能用两三年。

2）球形万向接头。图4.43（b）所示为球形万向接头，用铸钢或铸铁制成，管径一般不大于600mm。这种接头组合方便、转动灵活，最大转角为11°～22°，但制造复杂，拆装麻烦。

3）套筒活动接头。图4.43（c）所示为套筒活动接头，由1～3个旋转套筒组成，使之可在1～3个方向旋转，以满足拆换接头、对准螺栓孔眼的需要。这种接头各种管径都能使用，拆装方便，寿命较长。

4）曲臂式活动接头。曲臂式活动接头由三个竖向套筒及两根联络短管组成，见图4.43（d）。在联络短管中间点设托轮，可沿已定的弯曲轨道移动，因而可在较大幅度内移车，当坡道坡度较小或水位涨落速度较大时，可大大减少换接头的次数。但它需要较大的迴转面积，因此增加了缆车的面积和重量。

缆车出水管与输水斜管的连接方法应用较多的主要有橡胶软管和曲臂式连接管两种。小直径橡胶软管拆换一次接头约需半小时。曲臂式联络管能适应水平、垂直方向移动。

（4）牵引设备及安全设施。缆车取水多采用电动滚筒式卷扬机作为牵引设备，每部缆车设一台卷扬机。卷扬机房设在最高水位以上，正对缆车轨道。

缆车应设安全可靠的制动装置。卷扬机上应有电磁和手动制动器。缆车上广泛采用钢杆安全挂钩和钢丝绳套挂钩等安全装置。

2. 缆车的稳定

缆车结构的关键问题是车架的振动与变形，故缆车应有足够的稳定性和刚度。车架的稳定性和刚度除应通过缆车结构工作状态验算，保证不产生共振现象外，还应通过机组、管道

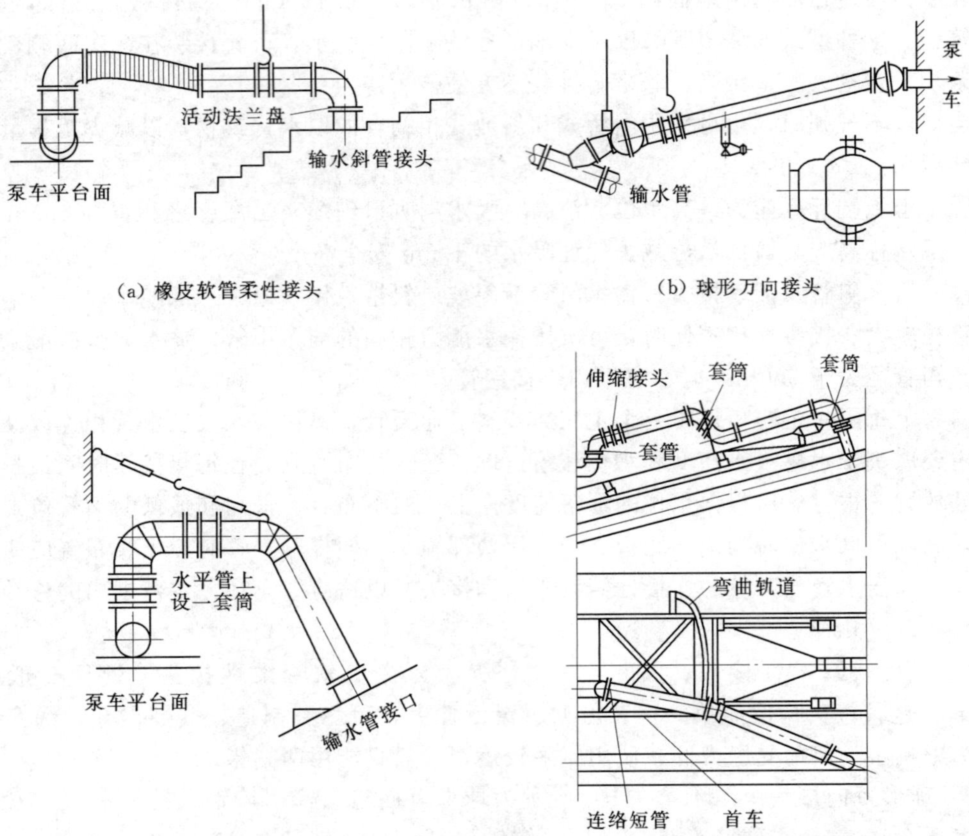

(a) 橡皮软管柔性接头　(b) 球形万向接头　(c) 套筒活动接头　(d) 曲臂式活动接头

图 4.43　活动接头

的布置及基座设计来实现。机组、管道等的布置应考虑缆车的平衡，如采取设备对称布置，使机组重心与缆车轴线重合；将机组直接布置在桁架上，使机组重心放在两个桁架之间；缆车在竖向上布置成阶梯式以降低重心等，以保持缆车平衡，防止车架振动，增加其稳定性。机组基座的设计，应考虑减少机组对缆车的振动，每台机组均宜设在同一基座上。

4.3.6.2　浮船式取水构筑物

浮船式取水构筑物由浮船、锚固设备、联络管及输水斜管等部分组成，见图 4.44，其适用条件为河流水位变幅在 10～40m 或更大，水位变化速度不大于 2m/h，取水点有足够的水深（小型浮船大于 1.0m，取水量大时应在 2.0m 以上），河道水流平稳、流速和风浪较小、停泊条件好，河床较稳定、岸坡有适当的倾角（20°～60°）。当联络管采用摇臂式接头或钢桁架型式时，岸坡越陡越有利，一般应大于 45°。

浮船式取水构筑物的特点是无水下工程、投资省、建设工期短，有较高的适应性，但船体受风浪影响大，操作管理不便，安全性差。

1. 浮船取水构筑物的构造及设计要求

（1）浮船。

1）浮船的构造。浮船材料有钢、钢筋混凝土或钢丝网水泥等，因钢船较贵且存在腐蚀问题，故较少采用。钢筋混凝土船自重较大，船体重心低，稳定性好，易于浇筑，抗撞击性强，因此使用较普遍。

浮船一般做成平底形式，包括泵房间和船首尾两部分。泵房间内布置水泵、电机、配电设备和工作室，船首尾设置绞盘、导缆钳、系缆桩等设备，两侧为走道。

浮船的尺寸应根据设备及管路布置、操作及检修要求、浮船的稳定性等因素确定。浮船的平面为矩形，长宽比一般为 3∶1，吃水深度为 0.6～1.0m，船体深度为 1.2～1.5m，船宽一般为 8.0m 左右，干舷采用 0.6～1.2m，浮船首尾甲板长度一般均不小于 2.0～3.0m。

2）设备的选择与布置。宜选择 $Q—H$ 曲线较陡的水泵，其最高效率应选在取水历时最长的取水水位，并保证在最低水位也能满足所需水量和扬程。在水位涨落幅度大的地区，可使用两种叶轮，以提高运行效率。水泵吸水管管径小于 200～300mm 时用底阀，管径较大时用真空泵引水。吸水喇叭口上一般可采用圆形拦污格栅罩，并考虑定时冲洗。喇叭口的淹没深度应考虑风浪的影响，距河底的高度不小于吸水管直径的 1.5 倍。吸水管向水泵的上升坡度宜为 1%。

浮船上设备的布置需保证船体的平衡与稳定。

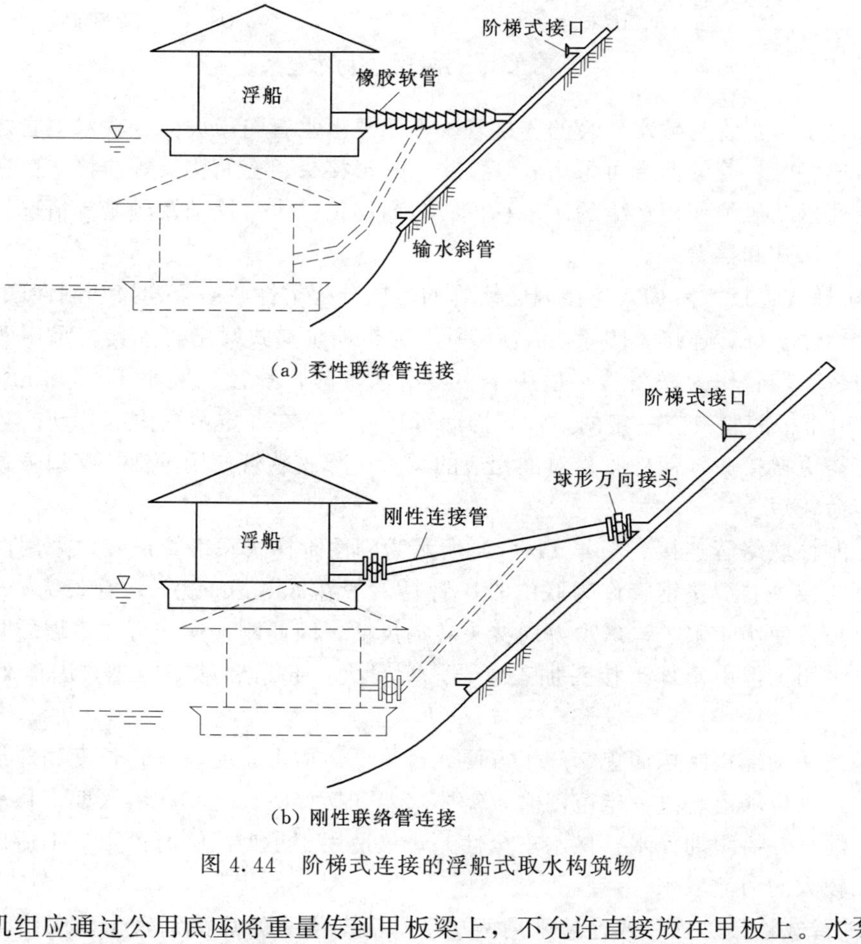

图 4.44 阶梯式连接的浮船式取水构筑物

水泵机组应通过公用底座将重量传到甲板梁上，不允许直接放在甲板上。水泵一般采用单排布置，有纵向布置和横向布置两种。纵向布置适用于大泵，管线转弯较少，操作管理方便，水力条件较好，但水泵台数不宜过多，以免增加船体长度。此时，水泵机组的中心应稍偏于吸水管一侧，使压水管一侧有较宽的工作通道。机组横向布置较紧凑，船体宽大，稳定性好，多用于单级单吸卧式离心泵的布置，缺点是管路复杂，操作不便，水力条件差。

水泵可以安装在甲板上（上承式），也可以安装在船体骨架上（下承式），见图4.45。上承式设备安装和操作方便，船体结构简单，通风条件较好，适用于各种船体，采用较多，但船体重心高，稳定性较差，振动较大。下承式的水泵一般采用立式泵，交通方便，重心低，稳定性好，振动小，但对船体结构要求高，适用于钢结构的船体。

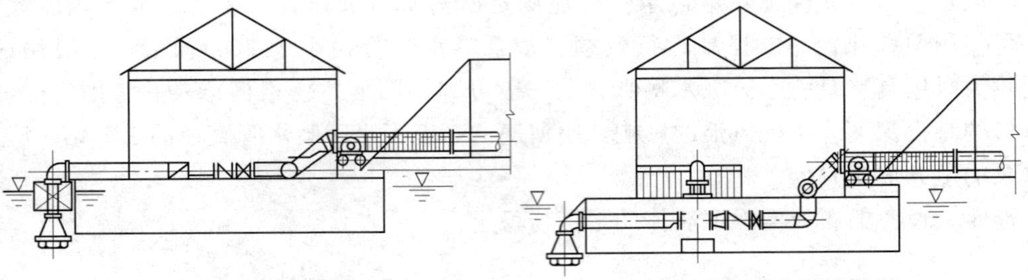

(a) 上承式浮船布置　　(b) 下承式浮船布置

图4.45 浮船的竖向布置

(2) 水泵出水管与输水斜管的连接管。浮船总出水管与岸坡固定输水斜管之间的连接管段称为连络管，管的两端可采用胶管接头、球形接头、套筒接头等连接，以适应浮船随河流水位涨落及风浪作用产生的水平移位、竖向移位、水平摆动及颠簸等情况。常用的连接方式有阶梯式和摇臂式。

1) 阶梯式连接。阶梯式连接因联络管的不同分为柔性联络管连接和刚性联络管连接。

(a) 柔性联络管连接。图4.44 (a) 所示为柔性阶梯式联络管连接，采用两端带有法兰接口的橡胶软管作为联络管，适用于小型给水工程，管径一般小于300mm，管长为6～12m。由于橡胶管具有一定的柔性，因此可适应浮船在一定范围内的移动。当水位变化较大时，需更换接头，使橡胶管对准相应的叉管。橡胶软管使用灵活，接口方便，但承压较低，寿命较短。

(b) 刚性联络管连接。图4.44 (b) 所示为刚性阶梯式联络管连接，采用两端各设一个球形万向接头的焊接钢管作为联络管，管径一般在350mm以下，管长为5～12m。钢管承压力高，使用年限长，球形万向接头转动灵活，因此刚性连接可在岸坡较陡和水位变化较大时采用。但由于球形接头加工复杂，重量大，起吊和移船困难，因而限制了它的使用。

阶梯式活动连接结构简单、施工方便、造价低。但由于受联络管长度和球形接头转角的限制，在水位涨落超过一定范围时，需要移船和换接头，尤其在洪水期，移船频繁，操作管理麻烦，并需短期停水，供水安全性差，仅适用于小型或临时给水，不适用于在水位瞬时变化较大的河流取水。

2) 摇臂式连接。摇臂式连接采用两端带有活动接头的焊接钢管作为联络管，采用的活动接头可以为球形接头、套筒接头和铠装法兰橡胶管接头，因此，摇臂联络管有球形接头摇臂管、套筒接头摇臂管、钢桁架摇臂管三种形式。在岸边高于常水位处设置摇臂管支墩，以支承连接输水干管与摇臂管的活动接头，水位涨落时浮船以该点为轴心随水位变化移动；连络管的另一端支承在浮船的钢架支承平台上。同样，受球形接头转角的限制，球形接头摇臂管不能适应江河水位涨落幅度大的情况，因此实际应用较广泛的是套筒接头摇臂管和钢桁架摇臂管。

为适应浮船垂直、水平和摇摆运动，套筒接头摇臂管的活动部件需 5～7 个套筒（图 4.46 中数字编号者为套筒）。带有 5 个套筒的摇臂管称单摇臂连络管，见图 4.46（a）。带有 7 个套筒的摇臂管称双摇臂连络管，见图 4.46（b）。图中套筒 1～4 的作用是水位涨落时可使浮船灵活起落；套筒 5 可使船体绕摇臂管轴线转动，以适应浮船的摇摆，在水流湍急的河段非常有用；套筒 6～7 可使浮船水平移位，使浮船能靠近岸边，免受洪水主流或浮筏、漂木的冲击。

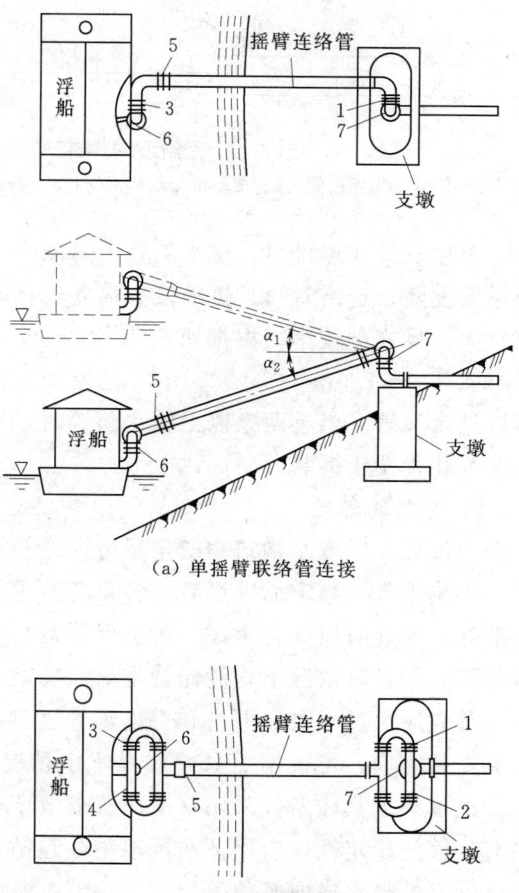

（a）单摇臂联络管连接

（b）双摇臂联络管连接

图 4.46 套筒接头摇臂管连接的浮船取水构筑物

单摇臂连络管由于连络管偏心，致使两端套筒接头受到较大的扭力，接头易因填料磨损而漏水，从而降低接头转动的灵活性与严密性，故只适宜在水压较低、水量较小时采用。双摇臂连络管接头处受力较均匀，增加了接头转动的灵活性与严密性，故能适应较高的水压和较大的水量。

目前套筒接头摇臂管的最大直径已达 1200mm，连络管跨度可达 28m。这种型式的连接适用于水位涨落幅度大、岸坡较陡的河流，由于不需拆换接头，供水安全性好，管理方便，因此采用较为普遍。

钢桁架摇臂管如图 4.47 所示，刚性连络管两端用铠装法兰橡胶管连接，钢桁架一端固定在中高水位的支墩或框架上，另一端固定于浮船上的支座上，两端设滚轮支座，支座上有轨道和一定的调节距离，能适应浮船的位移和颠簸。

这种连接适用于江面宽阔、水位涨落幅度大的河流，在长江中游采用较多。随着大口径铠装法兰橡胶管的生产和管道耐压力的提高，该种取水构筑物已作为永久性取水的一种型式。和套筒接头摇臂式连接相比，其操作更方便，运行更安全；但结构较复杂，且对航运有一定影响。

（3）输水斜管。输水斜管一般沿岸坡敷设。岸坡变化大且有泥沙淤积时，可隔一定距离设支墩，将管道固定在支墩上。输水斜管上端设排气阀，在适当部位设止回阀。

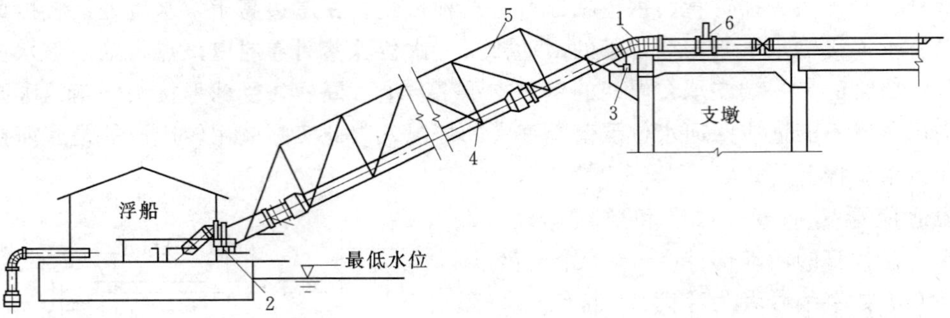

图 4.47　钢桁架式铠装法兰橡胶管连接的浮船取水构筑物

1—铠装法兰橡胶管；2—船端滚轮铰接支座；3—岸端滚轮支座；4—联络管；5—钢桁架；6—双口排气阀

采用阶梯式连接时，输水斜管上每隔一定距离需设置叉管。当河水水位涨落速度快、河岸坡度陡、连络管短、拆换接头需要较长时间、接头有效转角大等情况下，叉管的间距应较大；反之则较小。根据重庆市的经验，叉管高差在洪水期、平水期和枯水期分别为 1.0m、1.0～2.0m、2.0～3.0m。通常应先在常年低水位处布置第一个叉管，然后按高差布置其余叉管。当有两条以上输水斜管时，叉管位置应错开。叉管接头处的法兰盘孔可做成椭圆孔，便于拆装。

2. 浮船的稳定

为保证浮船取水构筑物安全运行，浮船设计应满足平衡与稳定性要求。

影响平衡与稳定的因素有：各设备的重力、水流的冲击力、进出水管内的动水压力、风浪等，设计时应综合考虑。为了保证运行安全，浮船应在正常运转、风浪作用、移船、设备装运等各种情况下均能保持平衡与稳定。

首先应通过水泵、电机和进出水管道布置来保持浮船平衡，并通过计算验证。当浮船设备安装完毕，可根据船只倾斜及吃水情况，采用固定重物舱底压载平衡；浮船在运行中，也可根据具体条件采用移动压载或液压载平衡。浮船的稳定性应通过验算确定。浮船要有足够的稳定性，以保证在风浪中或起吊连络管时能安全运行。在移船和风浪作用时，要求浮船的最大横向倾角不超过 7°～8°。根据浮船经常摇摆和倾斜的特点，所有管道和附件应焊接或用螺栓固定在船体上。

3. 浮船的锚固

浮船采用锚、缆索、撑杆等加以固定，称为锚固。锚固可使浮船在风浪等外力作用下仍能平衡安全地停泊在取水位置，进行正常生产；同时可以借助锚固设备较方便地移动浮船的位置。锚固方式有以下两种：

（1）岸边系留加支撑杆。浮船用系留缆索和撑杆固定在岸边。支撑杆可以防止浮船因风浪作用向岸边移动，避免连络管受压，但不便于浮船向江心移位。这种方式适宜在岸坡较陡、河水较深、水面较窄、航运频繁以及河床抛锚无抓力的河段使用。

（2）船首尾抛锚与岸边系留结合。浮船用锚和系留缆索固定。这种方式锚固更可靠，同时便于浮船向江心或岸边移动，适用于河岸较陡、河面较宽、流速较大、航运较少的河段。

4.3.7 山区河流取水构筑物

山区浅水河流具有与一般平原河流不同的特点，故取水方式也有所不同。

4.3.7.1 山区河流及其取水方式的特点

1. 山区河流的特点

(1) 流量和水位变化幅度很大，水位陡涨陡落，但洪水持续时间不长。在枯水期内流量很小，水层很浅。有时出现多股细流，甚至地面断流。暴雨之后，山洪暴发，洪水流量可为枯水流量的数百倍甚至更大。

(2) 水质变化剧烈。枯水期水流清澈见底。暴雨后，水质骤然浑浊，含沙量大，漂浮物多，因此水的净化既要考虑高浊度的问题，又要考虑低浊度问题，如枯水季节水温较低，还要考虑低温低浊水的处理问题。

(3) 河床常为砂、卵石或岩石组成。河床坡度陡、比降大，洪水期流速大，推移质多，粒径大，有时甚至出现1m以上的大滚石。

(4) 北方某些山区河流潜冰（水内冰）期较长。

2. 取水方式的特点

(1) 由于山区河流枯水期流量很小，因此取水量所占比例往往很大，有时达70%～90%以上。

(2) 由于平、枯水期水层浅薄，因此取水深度往往不足，需要修筑低坝抬高水位，或者采用底部进水等方式解决。

(3) 由于洪水期推移质多，粒径大，因此修建取水构筑物时，要考虑能将推移质顺利排除，不致造成淤塞或冲击。

根据山区河流取水的特点，取水构筑物常采用低坝式（活动坝和固定坝）或底栏栅式。当河床为透水性良好的砂砾层，含水层较厚，水量较丰富时，亦可采用大口井或渗渠取地下渗流水。

4.3.7.2 山区河流取水方式

当山区河流取水深度不足，或者取水量占河流枯水量的百分比较大（30%～50%以上）、推移质不多时，可在河流上修筑低坝来抬高水位和拦截足够的水量。低坝有固定式和活动式两种。

1. 固定式低坝取水

固定式低坝取水枢纽由拦河低坝、冲砂间、进水闸或取水泵站等部分组成，其布置如图4.48所示。固定式拦河坝一般作成溢流坝型式，坝高1～2m。坝身通常用混凝土或浆砌块石建造。为了防止溢流坝在溢流式河床遭受冲刷，坝下游需设置护坦和消能设施。

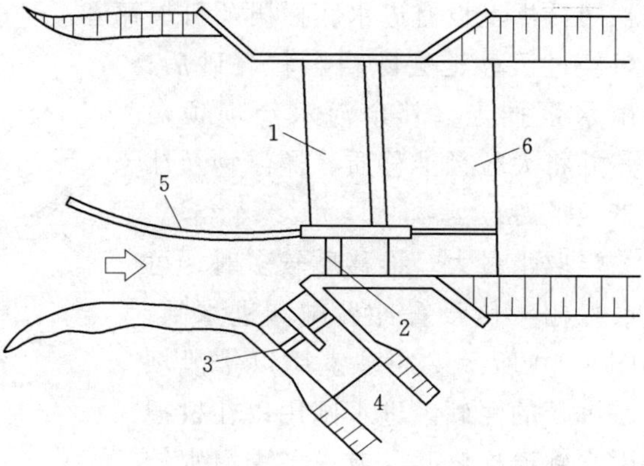

图4.48 固定式低坝取水

1—溢流坝（低坝）；2—冲砂闸；3—进水闸；4—引水明渠；5—导流堤；6—护坦

为了防止在上下游水位差作用下，从上游经过坝基土壤向下游渗透，上游的河床应用黏土或混凝土作防渗铺盖。黏土铺盖上需设置厚 30～50cm 的砌石层，加以保护。有时还需要在坝基打入板桩或砌筑齿墙防渗。

冲砂闸设在溢流坝的一侧，与进水闸或取水口邻接，其主要作用是利用坝上下游的水位差，将坝上游沉积的泥砂排至下游。进水闸的轴线与冲砂闸轴线的夹角为 30°～60°，以便在取水的同时进行排砂，使含砂较小的表层水从正面进入进水闸，而含沙较多的底层水则从侧面由冲砂闸泄至下游。

2. 活动坝取水

活动坝在洪水期可以开启，故能减少上游淹没面积，并且便于冲走坝前沉积的泥砂，因此采用较多，但其维护管理较固定坝复杂。

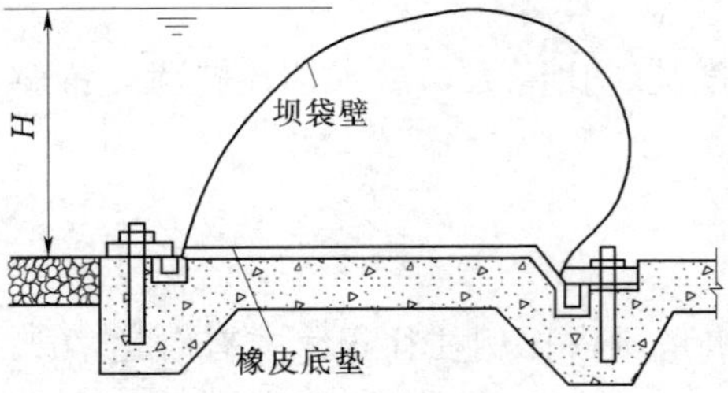

图 4.49　袋形橡胶坝断面

低水头活动坝种类较多，设有活动闸门（平板闸门或弧形闸门）的水闸是其中常用的一种，既能挡水，也能引水和泄水。近几年来逐渐采用橡胶坝、浮体闸、水力自动翻板闸等新型活动坝。下面对橡胶坝（图 4.49）略加介绍，其他形式坝可参阅有关给水排水专业方面的专著。

橡胶坝有袋形和片形。袋形橡胶坝是用合成纤维（尼龙、卡普龙、锦纶、维纶）织成的帆布，布面塑以橡胶，黏合成一个坝袋，锚固在坝基和边墙上，然后用水或空气充胀，形成坝体挡水，当水和空气排除后，坝袋塌落便能泄水，它相当于一个活动闸门。其优点是施工快，节约投资和钢材水泥，运行管理方便。但是坝袋易磨损，易老化，使用寿命短。

3. 底栏栅低坝取水

通过坝顶带栏栅的引水廊道取水，称为底栏栅取水构筑物。它适宜在水浅、大粒径推移质较多的山区河流，取水量较大时采用。

底栏栅取水构筑物由拦河低坝、底栏栅、引水廊道、沉砂池、取水泵站等部分组成。在拦河低坝上设有进水底栏栅及引水廊道。河水流经坝顶时，一部分通过栏栅流入引水廊道，经过沉砂池去除粗颗粒泥砂后，再由水泵抽走。其余河水经坝顶溢流，并将大粒径推移质、漂浮物及冰凌带至下游。

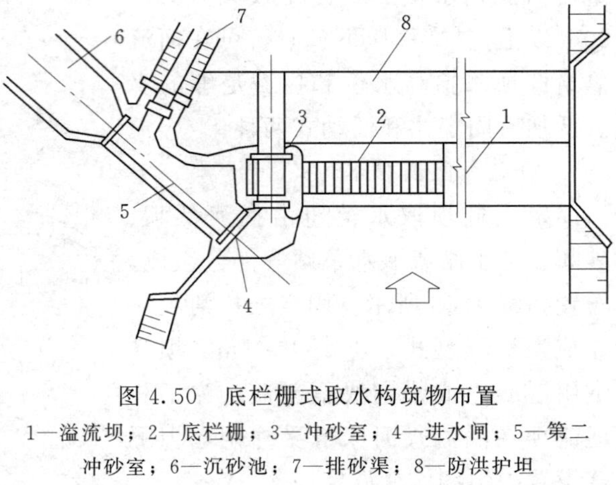

图 4.50　底栏栅式取水构筑物布置

1—溢流坝；2—底栏栅；3—冲砂室；4—进水闸；5—第二冲砂室；6—沉砂池；7—排砂渠；8—防洪护坦

当取水量大，推移质较多时，可在底栏栅一侧设置冲砂闸和进水闸，如图 4.50 所示。冲砂室用以排泄坝上游沉积的泥砂。进水闸用以在栏栅及引水廊道检修时，或在冬季河水较清时进水。底栏栅式取水构筑物应设在河床稳定、顺直、水流比较集中地河段，并避开受山洪影响较大的区域。

底栏栅式取水构筑物各部分的构造及计算如下。

(1) 拦河低坝。拦河低坝用以拦截水流，抬高水位。坝与水流方向垂直布置。坝身通常用混凝土或砌石建造。坝顶一般高出河底 0.5～1.0m。溢流坝段的顶面应较栏栅坝段的顶面高出 0.3～0.5m，以便常水位时水流全部从底栏栅上通过。为了防止冲刷，坝下游应作陡坡、护坦和消力池等消能设施。

(2) 底栏栅。底栏栅用以拦截水中的大粒径推移质和漂浮物，不使进入引水廊道。栏栅栅条可用扁钢、圆钢、铸铁或钢轨等材料制造。栅条断面以梯形较好，不易堵塞和卡石。栅条净距应根据推移质粒径大小而定，一般采用 6～10mm，最大 20mm。栅条宽度多为 8～25mm。为使水流易于带动推移质顺利越过栏栅泄至下游，并减轻大石块对栏栅的撞击，栏栅应向下游敷设 0.1～0.2 的坡度。

栏栅的进水量，在引水廊道为无压流时，可按孔口自由出流公式计算：

1) 当取河流部分水量时：

$$Q=\mu PbL\sqrt{2gh} \tag{4.2}$$

或

$$Q=4.43\mu PbL\sqrt{h} \tag{4.3}$$

式中 Q——设计取水量，即栏栅进水量，m^3/s；

μ——栏栅孔口流量系数，当栅条表面坡度 $i=0.1\sim0.2$ 时，$\mu=\mu_0-0.15i$；

μ_0——$i=0$ 时的流量系数，当栅条高与净距的比值大于 4 时，$\mu_0=0.6\sim0.65$；当比值小于 4 时，$\mu_0=0.48\sim0.50$；

P——栏栅空隙系数，$P=\dfrac{S}{S+t}$，其中 S 为栅条净距，mm；t 为栅条宽度，mm；

b——栏栅水平投影宽度，一般采用 0.6～2.0m；

L——栏栅长度（垂直于水流方向），通常等于引水廊道的长度，m；

h——栏栅上的平均水深，m。

h 根据实际观测资料为：

$$h=0.8\frac{h_1+h_2}{2} \tag{4.4}$$

式中 h_1、h_2——栏栅前、后临界水深，m。

临界水深：

$$h_{kp}=\sqrt[3]{\frac{aQ^2}{gL^2}} \tag{4.5}$$

令 $q=\dfrac{Q}{L}$，当 $a=1$ 时，得：

$$h_{kp}=\sqrt[3]{\frac{q^2}{g}}=0.47\sqrt[3]{q^2} \tag{4.6}$$

$$h_1=0.47\sqrt[3]{q_1^2} \tag{4.7}$$

$$h_2 = 0.47\sqrt[3]{q_2^2} \tag{4.8}$$

式中　q_1、q_2——栏栅上、下游单位长度的流量，$m^3/(s \cdot m)$。

2）当取河流全部水量时：

此时，$h_2=0$，由式（4.2）可得：

$$Q = \mu PbL\sqrt{0.8gh_1} \tag{4.9}$$

将 $h_1 = \sqrt[3]{\frac{q^2}{g}}$ 代入式（4.9），简化后得：

$$q = 2.66(\mu Pb)^{\frac{3}{2}} \tag{4.10}$$

式中　q——栏栅单位长度的流量，$m^3/(s \cdot m)$；

其余符号同前。

考虑到栏栅可能阻塞，栏栅实际面积应比计算面积加大20%～30%。

（3）引水廊道。引水廊道一般采用矩形断面。廊道内壁宜用耐磨材料衬砌，以抵抗砂砾的磨损。

廊道一般按无压流考虑，因此廊道内水面以上应留有0.2～0.3m的保护高。为了避免泥砂淤积，廊道内的流速应从起端到末端逐渐增大，并应大于泥砂的不淤流速。廊道起端流速一般不小于1.2m/s，末端流速不小于2.0～3.0m/s。

廊道内水流情况复杂，一般均采用等速近似计算法。在计算时，将等宽的廊道按长度分成几个相等的区段。假设每段通过栏栅进入的水量相等，则每段的水深和坡度可按下式计算。

$$H = \frac{Q}{Bv} \tag{4.11}$$

其中

$$i = \frac{v^2}{C^2R} \tag{4.12}$$

式中　Q——计算断面处的流量，m^3/s；

B——廊道宽度，m；

v——计算断面处给定的流速，m/s；

R——水力半径，m；

C——流速系数，$C=\frac{1}{n}R^y$，其中 n 为粗糙系数，y 为指数；参阅《水力学》。

（4）沉砂池。沉砂池用以去除水中粗颗泥砂，可做成直线形或曲线形。直线形沉砂池一般为矩形，采用一格或两格，每格宽1.5～2.0m，长15～20m，起端水深2.0～2.5m，底坡0.1～0.2m。池中沉淀的泥沙利用水力定期冲走。

4.4　雨水集取构筑物

雨水集取构筑物主要包括地面集雨坪、屋顶接水设施、沉沙过滤池、水窖及相应的附属设备。

4.4.1 雨水集取构筑物的适用范围

雨水集取构筑物主要用于缺水型人畜饮水困难的地区。

目前，我国饮水困难的人畜还很多。因缺水造成饮水困难的人畜分布范围较广，南北方均有，甚至南方多于北方。是否缺水，不仅受气候因素影响，还与地形、地貌和地质条件有关。如南方石灰岩地区，年平均雨量多在1000mm以上，但因降雨季节性强，岩溶十分发育，难以修建蓄水工程，致使缺水天数达100～150天之长；黄土高原地区，年降雨量在400～650mm之间，水土流失严重，沟壑纵横，地下水埋藏较深，开采困难，出现全年缺水情况；属于干旱地区的新疆、甘肃、宁夏、青海、陕西北部、内蒙古西北部，年降雨量小于400mm，而年蒸发量在1500mm以上，属严重缺水地区；沿海岛屿，主要是东南沿海，年降雨量为600～800mm，而河流源短流急，难以存留，过量开采地下水造成海水入侵，淡水资源十分短缺。

雨水集取是以上这些地区解决人畜饮水困难的主要工程措施。

4.4.2 地面集雨坪

地面集雨坪是承接和汇集天然降雨的场地。可以利用自然山坡作为集雨坪，也可通过人工整修或铺筑成人工集雨坪。

1. 集雨坪的选取要求

集雨坪一般利用不耕种的自然山坡修建，坪内清除杂草及污物，并种植草皮。集雨坪上缘及两侧修筑拦污沟，以排污水；下缘修筑集水沟，以汇集坡面径流引入沉沙过虑池，图4.51为贵州省毕节地区农村建造的集雨坪和水窖。

集雨坪避免选在过陡、透水性强、林木茂密和易坍塌冲刷的山坡。集雨坪过陡，大雨时易受冲刷破坏，坡流含沙量高，加重沉沙过滤的负担。透水性强、林木茂密的山坡、径流系数较小，产水量少。此外，集雨坪要就近选取、以减少引水距离，节省投资，方便生活。

河南省宝丰县姜家村，利用村周围出露的大量石灰岩作集雨坪，径流系数在0.75以上，水质也较好，而重庆市涪陵水电局测算的林区、荒山径流系数仅为0.07～0.08，可见地面集成坪选取对产水量的影响之大。

2. 集雨坪面积计算

集雨坪面积的确定，主要取决于年降雨量及分配、人畜用水量和径流系数的大小。人畜用水量一般指全年用水量。集雨坪面积可用下式计算：

$$F=1000W\ /\ \alpha(P_i-P_0) \tag{4.13}$$

式中 F——集雨坪面积，m^2；

W——人畜年用水量，m^3；

α——径流系数，影响因素较多，变幅较大，集雨坪上的径流系数一般比水文手册查得的要大，对于透水的平坦地面，α可取0.3；对于天然不透水山坡，α可取0.6～0.7；较好的屋面和人工集雨坪，可取0.8；

P_i——典型年降雨量，mm，因为是生活用水，应按95%的保证率选取典型年；

P_0——典型年内不产流的雨量累积值，mm。

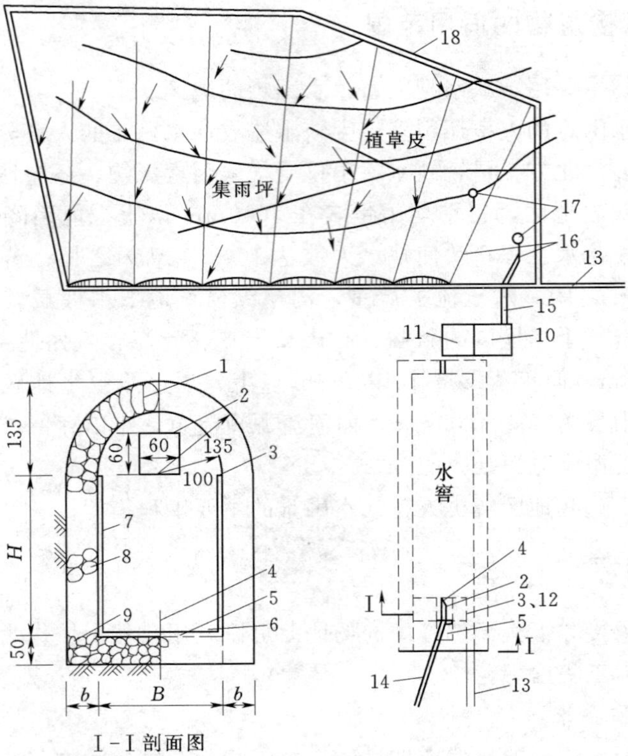

图 4.51　集雨坪与水窖布置（单位：cm）

1—50 号水泥砂浆砌块石拱；2—进人孔；3—溢流孔；4—放水管；5—接水坑；6—冲沙孔；7—水泥砂浆抹面；8—水泥砂浆砌石；9—石灰砂浆砌石；10—沉沙池；11—过滤池；12—冲沙管；13—排水沟；14—接用户水管；15—进水沟；16—引水泉水（暗沟或管道）；17—间断泉水；18—拦山沟

4.4.3　屋顶接水

1. 屋顶接水工程的组成

屋顶接水是利用人们居住的房屋屋顶承接和汇集天然降雨的设施。工程主要由径流场（屋顶）、集水槽、输水管、过滤池、水窖五部分组成，图 4.52 为陕西省农村利用平屋顶接水、过滤和水窖贮存的示意图。

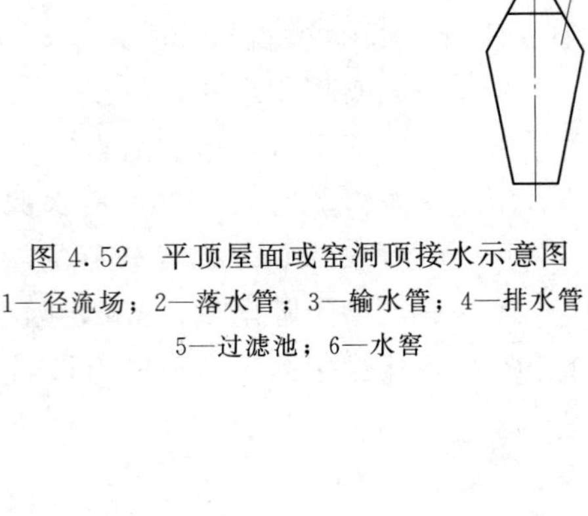

图 4.52　平顶屋面或窑洞顶接水示意图

1—径流场；2—落水管；3—输水管；4—排水管；5—过滤池；6—水窖

屋顶接水可结合房屋建造，在自家院落修建。管理和使用比较方便，投资也省。若产水量不满足用水量要求，也可在场院、附近空地上，用素混凝土或三合土铺筑人工径流场，以补充水量之不足。

2. 几种屋顶接水形式

我国农村建造的房屋一般是平屋顶和坡屋顶

两种。但住宅的布置形式和造型，却因生活习惯和经济条件而多样化。接水形式应根据房屋造型、院落布局而灵活选择。下面介绍陕西省农村采用的几种接水形式。

陕西农村住宅多为“四合院”，四周用墙围起，院内住房形式较多：有对檐厦房，单边厦房，双面流水的上房，也有临街双面流水的街房，还有平顶房和窑洞等，根据住宅的这些特点，接水形式如下：

(1) 屋檐集水槽式。在屋檐下安设矩形或半圆形集水槽，用支撑钢筋固结在椽子上，见图 4.53。

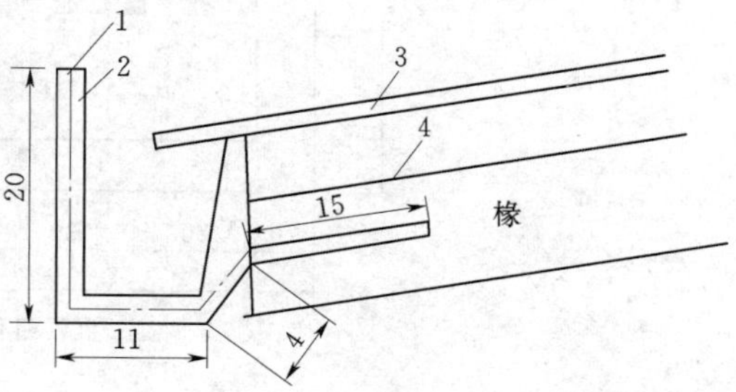

图 4.53 檐口集水槽固定铁钩大样
(单位：cm，钩总长 50cm)
1—铁钩；2—铁皮槽；3—瓦沟；4—泥和苇箔

承接的雨水，再用竖直输水管输送到过滤池。平顶屋面或窑洞，可直接用管道与屋顶或窑顶的排水管连接（图 4.52）。若屋顶或窑顶有几个排水管，也可沿屋顶或窑顶檐下，安装矩形或圆形集水槽，用钢筋沿墙固结牢固，汇集各排水管的雨水。集水流程为：降雨经屋顶径流场——集水槽——矩形或圆形竖管——输水管道——过滤池——水窖或水池。

(2) 地槽式。在地面修筑地槽，屋顶或窑顶的降雨径流直接进入地槽内，再用输水管道引送到过滤池。集水流程：屋顶降雨径流场——地槽——输水管道——过滤池——水窖或水池。

经济条件好的地区或家庭，可在二层楼上修建小型蓄水池，安装自来水供水系统，也可安装太阳能热水器，修建家庭浴室。还可将楼房的柱子做成空心，用作竖直输水管，水窖建在楼底。南方盛产毛竹，可将粗壮的竹秆竖向劈开、刮净，固定在屋檐下即成半圆形集水槽。总之，屋顶接水可因地制宜，灵活多样。

4.4.4 沉沙过滤池

汇集的雨水在进入水窖或水池之前，必须经沉沙、过滤处理。沉沙池的大小，视集雨坪面积而定。慢滤池的过滤流量为 0.1～0.3$m^3/(h\cdot m^2)$。沉沙池不但起沉沙作用，同时也起过滤前容纳雨水的作用。图 4.54 为贵州毕节地区采用的沉沙过滤池结构形式，尺寸适用于集雨坪面积在 100m^2 以内的水窖，若集雨坪面积超过 100m^2，其尺寸相应增大。过滤池下方设一集水沟，水经过滤池过滤汇集后，再用管（或暗沟）接入窖内。

4.4.5 水窖

水窖是储藏水的构筑物，通常建于地面以下，所以叫水窖。

1. 水窖容积计算

水窖容积计算有年调节法和缺水天数法两种。

(1) 年调节法。是采用年调节水库典型年法进行调节计算，这种方法考虑了典型年来水过程的变化，所以计算出来的容积比较合理，但计算较麻烦。可用于一个自然村或几户合办的水窖容积计算。

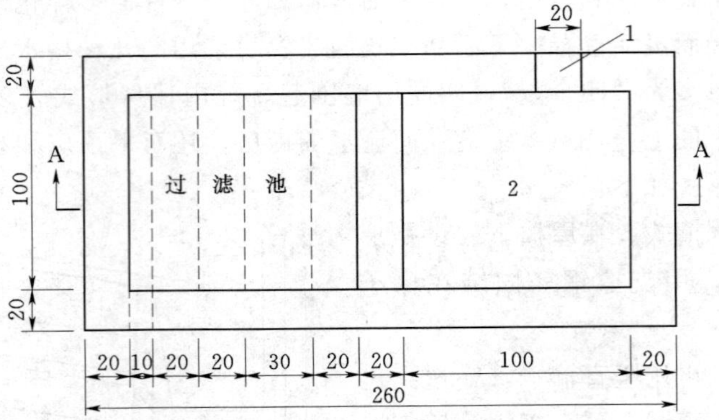

沉沙过滤池平面 1：20

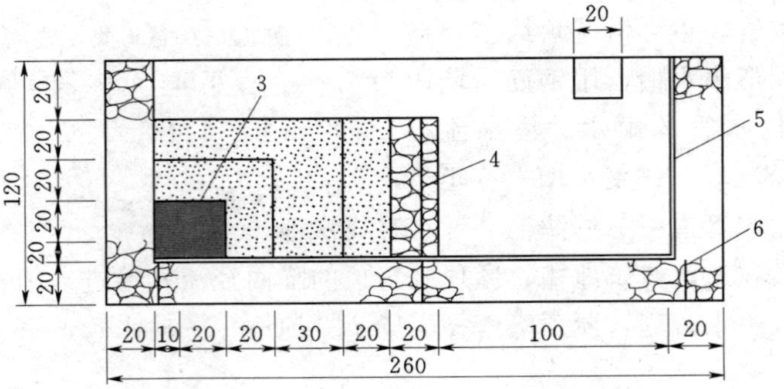

图 4.54　沉砂过滤池结构图（单位：cm）

1—进水沟；2—沉砂池；3—集水沟；4—干砌石；5—水泥砂浆抹面；6—石灰砂浆砌块石

（2）缺水天数法。南方石灰岩山区多为季节性缺水，一年缺水约 100～150 天。按缺水天数法计算出的水窖容积，只要能满足一年中缺水期的人畜用水量即可。贵州省毕节地区采用如下经验公式：

$$V=nqTB/1000 \tag{4.14}$$

式中　V——水窖容积，m^3；

n——育苗用水系数（部分窖水可用于育苗和点播），$n=1.2\sim1.3$；

q——每人每天需水量，L/(人·d)；

T——平均（典型年）干旱缺水天数，d；

B——饮用窖水人数，人。

牲畜所需水窖容积也可用上式计算，仅日需水量标准不同。

必须指出，水窖容积的大小除与缺水天数（或所选干旱年份）有关外，还与各地选用的日用水量标准有关。如据陕西省资料介绍，30m^3 的水窖可满足 5 口之家和饲养 1 头大牲畜全年的用水需要；重庆涪陵却认为，解决 5 口之家 150 天的用水，一般干旱年 50m^3 蓄水池方可满足；而河南省宝丰县姜家庄，按典型年（保证率为 95%）调节法设计了一座 237m^3 的储水窖，就能满足 58 人、12 头大牲畜等全年的用水。

2. 水窖的结构形式

水窖结构形式的采用，应满足受力条件好、坚固耐久、就地取材、便于施工以及使用管理方便等要求。陕西省以缸式和瓶式为主，受力条件好，坚固耐久。贵州地区采用的是矩形拱顶式，便于布置和施工。贵州息烽县采用圆柱式，受力条件好，也节省材料，如图4.55所示。

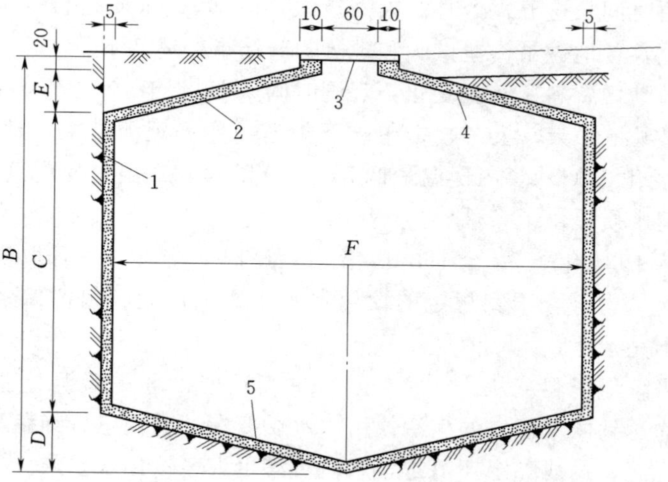

图4.55 圆柱形水窖结构图（单位：cm）

1—窖墙；2—窖顶；3—盖板；4—进水孔；5—窖底

3. 水窖的选址和施工

水窖应选在深厚良好的土层内，以黏性土为最好，黄土次之。土层应无裂缝、无险坑，最好建在同一岩性的土层内，还应考虑水窖对房屋基础的影响，以及根系对窖壁的挤压和破坏。

施工方法可根据使用的材料而定。窖坑开挖尺寸要准确。窖壁和窖底要修整平滑、用木锤拍夯结实，然后再用浆砌块石或混凝土衬砌，应做好防渗处理、严格施工质量。

4. 窖顶填土厚度

窖顶填土厚度会直接影响窖内水温和水质。据贵州地区观测，填土厚度达1m以上，地表温差变化对窖内水基本无影响。陕西省缸式或瓶式水窖，其窖体埋藏较深，厚度一般能满足要求；矩形和圆柱形水窖，填土厚度一般不宜低于1.5m。

5. 进水管、排水管、进人孔

水窖上设有进水孔，与进水管相连接，进水管的管径一般应与慢滤池的流量相适应。排水管宜设在慢滤池之前，当水窖蓄水达到要求水位时，滤池停止工作，将输水管的来水在滤池前通过排水管排掉。

瓶（缸）式或圆柱式水窖，其上开口就可兼作进人孔，而矩形拱顶式水窖可在适宜部位设置进人孔，以用于检修清污等。

6. 窖水取用

水窖水的取用有多种方式，条件好的可在水窖上安装微型泵，直接提取窑水，但必须具备正常的供电条件；也有的在水窖的开口处安装手压泵，用人工手压提取窖水；有的水窖在地下，但地势较高，可直接从水窖接出水管，自流到用水点。

4.4.6 水窖水质和构筑物卫生防护

1. 水窖水质

水在窖内存留时间长达五六个月之久（指最长时间），水质是否变坏，这是人们普遍关心的问题。为此，各地做了一些试验和观测，其结果概述如下：

（1）贵州毕节地区资料。水温变化：观测时间从1987年10月至1988年4月，历时6个月，每隔1星期观测1天，上午、中午、下午各1次。观测结果：地表气温最低4℃，最高24℃，温差变化20℃；窖内气温最低7℃，最高11℃，温差变化只有4℃。窖内水温比较稳定，为稳定水质提供了条件。

水质化验：从1987年12月至1988年5月，历时6个月，每月取样化验1次。化验结果：细菌总数含量均符合国家规定的饮用水水质要求；大肠菌群偏多，主要是水源汇集，过滤等设施不完善所致。

（2）重庆市涪陵市资料。从1988年至1989年历时2年的观测检验，水样的一般化学、毒理学指标均达到国家规定的生活饮用水水质要求。其观感、细菌学等6项指标不合标准，只要经过沉淀、过滤和定期消毒，水质可满足人畜饮用水要求。

2. 窖水消毒

为使水窖水质安全卫生，在夏秋多雨季节，应注意更换窖水，定期投放消毒剂。水窖使用过程中，应由卫生防疫部门定期化验水质，以确保水质符合饮用水卫生标准。

常用的几种消毒方法：

（1）容器持续消毒法。将配制的漂白粉消毒液装在开孔容器内，孔径2mm左右，孔的多少应视窖内水量而定，一般每立方米开3个孔，容器内装入的漂白粉250～500g。用浮筒将容器漂浮在水面上，取水时振动容器，漂白粉液渗入到水中，发挥杀菌作用。一般每隔5～10天取出加漂白粉一次。

（2）塑料袋持续消毒法。用塑料袋装入约500g漂白粉，加少量水，调成糊状。扎紧袋口，在袋的上部1/3处戳4～5个2mm口径的小孔，然后用绳子系住袋子沉入水中0.5m深左右；或紧系在浮筒下，投入窖中。消毒效果可维持半月左右。

3. 雨水集取构筑物的卫生防护

（1）地面集雨坪及屋顶接水设施的卫生防护。地面集雨坪内不得进行放牧、耕种及其他活动，以免集雨坪受到畜禽粪便、农药化肥等污染。注意保护草皮，及时清除树叶、枯草等对于用混凝土或三合土铺筑的集雨坪，应避免晾晒衣物和做打谷场用等。集雨坪四周设栏保护。

凡用于接水的屋顶，建造时不要利用油毡、沥青和全稻（麦）草作屋顶，应选择水泥屋面或瓦屋顶。

雨水收集前，要彻底打扫集雨坪，清除集水沟（槽）内的树叶、泥土等污物。雨水收集时，先将脏水从排水口排弃，然后再进行过滤入窖储存。

（2）水窖的卫生防护。水窖应远离厕所、畜圈、坟墓、生活垃圾、农药化肥仓库等污染源。窨口周围修筑窨台，高出地面 0.2～0.3m，台面外倾，以免脏水流入。未装设提水泵者，窨口应加盖，以防脏物落入。

思考题

1. 对一已知供水对象，在确定给水水源时需综合考虑哪些因素？
2. 地下水的取水方式有哪几种，各有什么特点及适用条件？
3. 管井的构造是什么？各部分有何作用？施工方法有哪些？
4. 大口井的构造是什么？适用于什么条件及运行维护中应注意什么问题？
5. 渗渠取水有什么优势？如何合理设置渗渠取水？
6. 地表水取水时应考虑哪些因素？
7. 地表水的取水方式有哪几种，如何确定地表水的取水方式？
8. 当水源为洪枯水位变幅较大的江河水时，如何选取取水构筑物？

第5章 给水处理基本原理及工程设计

5.1 给水处理工艺流程概述

给水处理的任务是通过必要的处理方法以改善原水水质，使之符合生活饮用或工业使用所要求的水质。水处理方法应根据水源水质和用户对水质的要求确定。在给水处理中，有的处理方法除了具有某一特定的处理效果外，往往也直接或间接地兼收其他处理效果。为了达到某一处理目的，往往几种方法结合使用。

给水处理涉及多种水处理技术。根据在给水处理工程系统中的这些技术的使用位置和处理对象，可以将其分为常规给水处理、给水预处理、特殊水质处理及给水深度处理等几大类给水处理技术。

5.1.1 常规给水处理

给水常规处理工艺在20世纪初期就已形成雏形，并在饮用水处理的实践中不断得以完善。给水常规处理工艺的主要去除对象是水源水中的悬浮物、胶体物和病原微生物等。给水常规处理工艺所使用的处理技术有混凝、沉淀、澄清、过滤、消毒等。由这些技术所组成的给水常规处理工艺目前仍为世界上大多数水厂所采用，在我国目前95%以上的城镇自来水厂都是采用给水常规处理工艺，因此常规处理工艺是给水处理系统的主要工艺。

1. 常规给水处理技术

混凝是向原水中投加混凝剂，使水中难于自然沉淀分离的悬浮物和胶体颗粒失去稳定性而相互聚合并长大，形成大颗粒絮体（俗称矾花）的过程。

沉淀是将经混凝而形成的大颗粒絮体通过重力沉降作用从水中分离的过程。

澄清则是把混凝与沉淀两个过程集中在同一个处理构筑物中进行。

过滤是利用颗粒状滤料（如石英砂、无烟煤等）截留经过沉淀后水中残留的颗粒物，以进一步去除水中的杂质，降低水的浑浊度。

消毒是灭活水中致病微生物，通常在过滤以后进行，是饮用水处理的最后一步，向水中加入消毒剂来灭活水中的病原微生物。早期，水厂多采用液氯消毒，但因液氯消毒存在的消毒副产物问题，即与水中的有机物发生化学反应而生成具有“致突变、致畸、致癌”三致作用的卤化有机物，从而威胁人体健康，现多不采用。当前我国大的城镇给水厂或村镇供水站普遍采用的消毒剂是二氧化氯，小型给水厂或村镇集中供水站也有采用漂白粉及次氯酸钠等消毒剂的，但较少。

给水常规处理工艺对水中的悬浮物、胶体物和病原微生物有很好的去除效果，对水中的一些无机污染物，如某些重金属离子和少量的有机物也有一定的去除效果。地表水水源水经过常规处理工艺处理后，可以去除水中的悬浮物和胶体物，出厂水的浊度可以降到

1NTU以下（运行良好的出厂水浊度可在0.3NTU以下）。经过良好消毒的自来水可以满足直接生饮对微生物学的健康要求。给水常规处理技术及其工艺在过去的百年中对于保护人类饮水安全、促进社会经济的发展发挥了巨大的作用。

2. 常规给水处理的局限性

但随着社会经济的发展和生态环境的变化，给水常规处理工艺存在一定的局限性。随着工业和城市的发展，以及现代农业大量使用化肥和农药等，越来越多的污染物随着工业废水、生活污水、城市废水、农田泾流、大气降尘和降水、垃圾渗滤液等进入了水体，对水体形成了不同程度的污染，水中的有害物质的种类和含量越来越多。此时饮用水处理面临的问题，除了原有的泥沙、胶体物质和病原微生物外，主要有：有机污染物、高氨氮、消毒副产物、水质生物稳定性等。

有机污染是受污染水源水处理面临的首要问题。人类合成的有机物中的相当大的一部分会通过工业废水和生活污水进入水体；未经处理的生活污水中也含有大量的人体排泄的有机污染物；农田径流中含有化肥、农药。这些人工合成的和天然的有机物中有许多对人体健康有着毒理学影响，一些有机物（例如腐殖酸、富里酸等）还会在饮用水的处理过程中与所加入的消毒剂（例如氯）反应，生成具有“致突变、致畸、致癌”三致作用的消毒副产物，如三卤甲烷、卤乙酸等。对于有机污染物，常规给水处理技术及其工艺的去除作用十分有限，国内外的研究结果表明，给水常规处理工艺只能去除水中有机物的20%左右，特别是对于水中溶解状的小分子有机物，除了极少量的有机物会被吸附在矾花和滤料表面上，给水常规处理工艺基本上没有去除效果。

未受到污染的水体中氨氮的含量本来是很低的，但是近年来由于水体被污染（由于农业使用化肥而造成的氮肥流失），不少地方地表水水源水中氨氮的质量浓度超过或经常超过饮用水水源水对氨氮的水质要求（≤0.5mg/L）。对于氨氮过高的水源水，在加氯消毒时为了获得自由性余氯必须投加大量的氯来分解氨氮，使水的加氯量大大增加。高的加氯量更加重了产生消毒副产物的问题。

饮用水的水质生物稳定性问题是20世纪90年代提出的。理想的饮用水中应该不含有有机物，因此异养微生物无法在其中大量繁殖。近年来的研究表明，如果饮用水中含有一定量的可以被异养微生物作为基质利用的有机物，则此种饮水为生物不稳定的水，即使在水中保持一定浓度的剩余消毒剂，仍然存在着较高的微生物再繁殖的风险。特别是对于超大型城市配水管网和高位水箱，由于存在水的停留时间过长、剩余消毒剂被完全分解的可能性，生物稳定性差的饮用水更容易出现管网或水箱中微生物再繁殖的问题。例如，某些村镇供水站的管网中在每年的3～5月存在红线虫滋生的问题。

另一方面，随着对于饮水与健康关系的研究的不断深入和生活水平的提高，人们对于饮用水水质的要求也在不断提高。例如，在我国卫生部颁布的于2007年1月1日实施的新的《生活饮用水卫生标准》（GB 5749—2006）中，设定了水质常规检测项目42项，非常规检测项目64项。与原来的《生活饮用水卫生标准》（GB 5749—85）的35项指标相比较，检测项目增加了很多，并且许多项目的指标更加严格。

对于许多水源受到污染的给水厂，单独经常规处理工艺处理后的水的水质已无法满足饮用安全及健康的要求，即常规处理工艺已经无法获得满足饮用安全及健康要求的饮用水。因此，必须在现有常规处理技术与工艺的基础上，发展新的水处理技术与工艺，以解决水源水质不断恶化和饮用水水质标准不断提高的矛盾。

5.1.2　给水预处理

当饮用水的水源水受到一定的污染，或者具有某些特殊性质时，在常规处理之前，需要先进行预处理，包括粗大悬浮物和漂浮物的筛除、沉砂、高浊度水的预沉淀、原水储存、土层渗滤、曝气去除挥发性物质、粉状炭吸附、化学预氧化、生物预处理等。下面主要介绍用于受污染水源水处理的化学预氧化、生物预处理和强化絮凝技术。

1. 化学预氧化

预氧化是在地表水的取水口或净水厂的入口处向水中加入一定量的氧化剂，利用氧化剂的强氧化性而去除水中的污染物的方法，如二氧化氯，其投加量在 0.5～1.0mg/L（根据水质而定，对于受到污染的水源水预氧化所需加二氧化氯量远高于此值），由于二氧化氯是氧化剂，其可氧化分解水中的大部分有机物质，降低嗅味，增强混凝效果，去除异味，同时可以控制微生物和藻类在取水口至水厂的管道中和在净水厂的处理构筑物中生长繁殖，并可起到一定的消毒杀菌效果。

预氧化按照氧化剂的不同可以分为二氧化氯预氧化、臭氧预氧化、高锰酸钾预氧化等，其中因二氧化氯为目前我国城市和村镇给水的常用消毒剂而常作为给水厂的预氧化剂，在原水水质受到污染时，直接启用给水厂的二氧化氯消毒备用设备即可。

2. 生物预处理

生物预处理是指在常规净水工艺前增设生物处理工艺，借助于微生物的新陈代谢活动，对水中的氨氮、有机污染物、亚硝酸盐、铁、锰等污染物进行初步的去除，减轻常规处理和深度处理的负荷，通过综合发挥生物预处理和后续处理的物理、化学和生物的作用，努力提高处理后出水水质。

饮用水生物预处理可去除进水中 80%左右的可生物降解有机物，对氨氮去除率可以达到 70%～90%。

3. 强化絮凝

强化絮凝是指在混凝处理中投加过量的混凝剂、新型混凝剂或助凝剂、或者是其他的药剂，通过加强混凝与絮凝作用，使常规处理工艺尽可能多地去除水中的有机物和消毒副产物的前体物（主要指腐殖酸、富里酸等有机物）。

给水常规处理对水中溶解有机物的去除效果一般在 10%～20%，通过强化混凝可以把去除率提高到 25%～30%。

5.1.3　特殊水质处理

主要对一些特殊水质的处理，如原水中臭和味严重而采用常规处理工艺无法达到水质要求，如地下水中铁锰含量超标、含氟量超标，或者地下水中含盐量过高，如高硬度（钙镁含量过高）、苦咸水等。

1. 除铁、除锰和除氟

在地下水或深层水库水中，由于溶解氧较少，铁锰主要以溶解态的二价铁和二价锰存在。含铁锰高的水会影响水的口味，加热时会产生红水，或者洗涤衣服会出现黄色或棕色斑渍，做工业生产用水则会降低产品品质。

铁锰的处理就是将水中的溶解态的二价铁锰离子转化成不溶态的三价态铁和四价态锰化合物而沉淀去除。常用的除铁、除锰的方法是：氧化法和接触氧化法。前者通常设置曝气装置、氧化反应池和砂滤池；后者通常设置曝气装置和接触氧化滤池。工艺系统的选择应根据是否单纯除铁还是同时除铁、除锰，原水铁、锰的含量及其他有关水质特点确定。还可采用药剂氧化、生物氧化以及离子交换法等。

氟是有机体生命活动所必需的微量元素之一，但过高的氟则可产毒性作用，如使人患石氟斑牙或氟骨症。我国饮用水水质标准规定的氟含量为1.0mg/L，当地下水的氟含量超过此限制时，需采用除氟措施。除氟方法基本上分成两类：一是投加硫酸铝、氯化铝或碱式氯化铝等使氟化物产生沉淀而去除；二是利用活性氧化铝或磷酸三钙等进行吸附交换。目前使用活性氧化铝除氟较多，活性氧化铝除氟的设备与离子交换的设备类似。

2. 除藻

水体中的藻类个体大小一般在2～200μm，其种类繁多，均含叶绿素。淡水藻产生藻毒素，尤其是蓝藻。蓝藻是绝大部分富营养化水体中的优势藻类。

藻类对水处理的影响：增加混凝剂的用量，降低混凝效果；会在滤料表面生长，堵塞过滤；会附着在构筑物表面，影响其感观，并增加清洗的次数和难度；藻类致臭；产生藻毒素，影响出水水质，危害人体健康；致使消毒副产物产生。

除藻方法一般有如下几种：

(1) 加药灭藻法。加氯、二氧化氯、投加助凝剂（二甲基二烯丙基季铵盐聚合物等）、投加粉末活性炭、高锰酸盐、人工加泥或石灰。

(2) 过滤除藻。通过滤料的截留除藻，采用较小的过滤流速，小于3m/h。

(3) 气浮法除藻。藻类密度一般较小，投加混凝剂后形成的絮凝体不易沉淀，采用气浮则可以取得较好的除藻效果。这对低浊度、高色度水更为合适。

(4) 混凝法除藻。藻细胞表面电荷为负电荷。采用混凝法除藻时应根据藻的种类选择药剂。

(5) 生物除藻。生物滤池工艺是生物除藻的一种，主要是利用生物膜上的微生物对藻类的絮凝、吸附作用，使其被沉降、氧化或被原生动物吞噬而去除。

藻毒素的去除方法主要有化学氧化法和活性炭吸附法。

3. 软化、淡化和除盐

软化处理对象主要是水中钙、镁离子。软化方法主要有：离子交换法和药剂软化法。离子交换法：在于使水中钙、镁离子与阳离子交换剂上的离子互相交换以达到去除的目的；药剂软化法：在水中投入药剂，如石灰、苏打，以使钙、镁离子转变为沉淀物而从水中分离。

淡化和除盐处理对象是水中各种溶解盐类，包括阴、阳离子。

将高含盐量的水如海水及“苦咸水”处理到符合生活饮用或工业用水要求时的处理过程，一般称为咸水“淡化”。制取纯水及高纯水的处理过程称为水的“除盐”。淡化和除盐主要方法有：蒸馏法、离子交换法、电渗析法及反渗透法等。

离子交换法是利用离子交换树脂表面的离子和水中的离子发生交换去除水中离子的方法。可分为阳离子交换法和阴离子交换法两种方法；电渗析法是利用阴、阳离子交换膜能够分别透过阴、阳离子的特性，在外加直流电场作用下使水中阴、阳离子被分离出去；反渗透法是利用高于渗透压的压力施于含盐水，以便水通过半渗透膜而盐类离子被阻留下来；电渗析法和反渗透法属于膜分离法，通常用于高含盐量水的淡化或离子交换法除盐的前处理工艺。

5.1.4　给水深度处理

当饮用水的水源受到一定程度的污染，又无适当的替代水源时，为了达到生活饮用水的水质标准，在常规处理的基础上，需要增设深度处理工艺。主要有活性炭吸附、臭氧氧化、生物活性炭及膜分离技术等。

1. 活性炭吸附

活性炭吸附是在常规处理的基础上去除水中有机污染物最有效最成熟的水处理深度处理技术，主要去除水中的微量有机污染物、色、臭等。

活性炭依其外观形式，活性炭分为颗粒活性炭（GAC）和粉末活性炭（PAC）两种。颗粒活性炭多用于水的深度处理，其处理方式一般为颗粒状活性炭滤床过滤，经过一段时间吸附饱和后的活性炭被再生后重复使用。粉末活性炭多用于水的预处理，例如在混凝时投加到水中，吸附水中的有机物后在沉淀时与矾花一起从水中去除，所投加的粉末活性炭属一次性使用，不再进行再生。与粉末活性炭相比，颗粒活性炭过滤的处理效果稳定，出水水质好，吸附饱和后的活性炭可以再生重复使用，运行费用较低，因此水厂一般都使用颗粒活性炭吸附技术。颗粒活性炭的缺点是需单设炭滤池或滤罐以及活性炭再生，设备投资比粉状炭高。

美国环保局（USEPA）推荐活性炭吸附技术作为提高地表水水源水厂处理水质的最佳实用技术。

2. 臭氧氧化

臭氧是一种强氧化剂，它可以通过氧化作用分解有机污染物。臭氧在水处理中的应用最早是用于消毒，如 20 世纪初法国 Nice 城就开始使用臭氧。到 20 世纪中期，使用臭氧的目的转为去除水中的色、臭。20 世纪 70 年代以后，随着水体有机污染的日趋严重，臭氧用于水处理的主要目的是去除水中的有机污染物。目前欧洲已有上千家水厂使用臭氧氧化作为深度处理的一个组成部分。我国从 80 年代开始，也有少数水厂使用了臭氧氧化技术。

臭氧可以分解多种有机物、除色、除臭。但是因为水处理中臭氧的投加量有限，不能把有机物完全分解成二氧化碳和水，其中间产物仍存在水中。经过臭氧氧化处理，水中有机物上增加了羧基、羟基等，其生物降解性得到大大提高，如不加以进一步处理，容易引起微生物的再繁殖。另外，臭氧处理出水再进行加氯消毒时，某些臭氧化中间产物更易于与氯反应，往往产生更多的三卤甲烷类物质，使水的致突变活性增加。因此，在饮用水处理中，臭氧氧化一般并不单独使用，或者是用于臭氧替代原有的预氯化，或者是在活性炭床前设置臭氧氧化与活性炭联合使用。

3. 生物活性炭

以活性炭作为微生物附着的载体，源水流经活性炭层时，即可由活性炭吸附有机物，同时活性炭上的微生物对污染物进一步生化降解而去除。在生物活性炭处理工艺中，活性炭起着双重作用。首先，它是一种高效吸附剂，吸附水中的污染物质；其次是作为生物载体，为微生物的附着生长创造条件，通过这些微生物对水中可生物降解的有机物进行生物分解。由于生物分解过程比吸附过程的速度慢，因此要求炭床中的水力停留时间比单纯活性炭吸附的时间长。

与单纯采用活性炭吸附相比，生物活性炭处理具有以下优点：

(1) 提高了出水水质，通过物理吸附（主要对非极性分子物质）和生物分解（主要对小分子极性物质）的共同作用，增加了对水中有机物的去除效果。

(2) 降低了活性炭的吸附负荷，延长了活性炭的再生周期，从而降低了处理的运行费用。

(3) 氨氮可以被生物转化为硝酸盐。

(4) 出水消毒需氯量降低，由此减小了消毒副产物的生成量。

4. 膜分离技术

膜分离技术是从 20 世纪 70 年代开始发展起来的水处理新技术，在 90 年代得到飞速发展，目前被认为是最有前途的水处理技术。膜分离技术是一种以压力为推动力、利用不同孔径的膜进行水与水中颗粒物质（广义上的颗粒，可以是离子、分子、病毒、细菌、黏土、沙粒等）筛除分离的技术。

优点：不需要投加药剂，去除的污染物范围广，可通过选用不同的膜实现预定的分离效果，运行可靠，设备紧凑、易于实现自动控制等。目前已广泛应用于海水淡化等领域。

缺点：设备费和运行费高，运行中膜易堵塞，需要定期进行化学清洗，前处理要求较高，存在浓缩液的处理与处置问题等。

近年来随着膜材料价格的不断降低，膜分离技术在水处理应用中具有越来越强的竞争力。

5.2 絮凝基本原理及设计

混凝处理是向水中投加混凝剂，使水中的胶体颗粒和细小的悬浮物相互凝聚长大，形成具有沉淀性能良好，尺寸较大的絮状颗粒（矾花），使之在后续的沉淀工艺中能够有效的从水中重力沉淀下来。这一过程涉及三个方面的问题：水中胶体颗粒（包括微小悬浮物）的性质；混凝剂在水中的水解以及胶体粒子与混凝剂之间的相互作用。

混凝阶段所处理的对象：水中的悬浮物和胶体杂质。

几个基本概念如下：

混凝：就是向水中投加混凝剂，使水中胶体颗粒和微小悬浮物脱稳聚集成大颗粒的过程。是凝聚和絮凝的总称。

凝聚：胶体失去稳定性的过程称为凝聚。

絮凝：脱稳胶体相互聚集称为絮凝。

混凝处理的用途：生活饮用水处理、工业废水处理、城市污水三级处理、污泥处理等。

投药是混凝的必要前提，混合、反应是混凝工艺的两个过程，结合原水性质选用性能良好的药剂，创造适宜的化学反应和水力条件是混凝工艺上的技术关键。

5.2.1　水中胶体的稳定性

所谓“胶体的稳定性”，是指水中胶体粒子长期保持分散悬浮的状态的特性。胶体可以分为憎水胶体和亲水胶体两种。与水分子有很好的亲和力的胶体称为亲水胶体，反之则称为憎水胶体。亲水胶体的固体部分包在一个大水壳中，即水合现象，蛋白质、碳氢化合物及许多复杂的有机化合物大分子等为亲水胶体。憎水胶体不发生水合现象，不能在水中自发地形成胶体溶液，已形成的憎水胶体溶液静置足够长的时间后，胶体能从水中自发分离出来。从胶体化学的角度而言，高分子溶液可说是稳定系统，黏土类胶体及其他憎水胶体都并非真正的稳定系统。但从水处理的角度而言，凡沉降速度十分缓慢的胶体粒子以至微小悬浮物，均被认为是“稳定”的。例如，粒径为 1μm 的黏土颗粒，沉降 10cm 约需 20h 之久，在停留时间有限的水处理构筑物内不可能沉降下来，它们的沉降性可以忽略不计。这样的悬浮体系统在水处理领域即被认为是“稳定体系”。

水中的胶体一般具有如下的特点：颗粒尺寸很小，带有电荷，稳定而不易沉淀，使水产生浑浊。

5.2.1.1　胶体的带电特性

水中胶体表面都带有电荷，在一般水质中，黏土、细菌、病毒等都是带负电的胶体。胶体溶液中的电泳（胶体粒子的运动）和电渗（胶体溶液的运动）现象可证明胶体的带电。而氢氧化铝或氢氧化铁等微晶体都是带正电的胶体。胶体表面电荷的产生有如下 4 个机理：

(1) 固相表面对水中某种离子的特异吸附（例如 AgI 胶体颗粒表面电势决定 Ag^+ 离子在溶液中的活度）。

(2) 极难溶的离子型晶体与它溶解下来的离子产物之间有一平衡关系（这一平衡关系由溶度积来确定），这使得晶体表面有了一定符号的电荷。铁、铝、氢、氧化物颗粒表面电荷可以是依此机理产生的。由于金属氧化物或氢氧化物的溶解沉淀反应与溶液 pH 值有关，因此，这类颗粒的表面电荷和电势受 pH 值控制。

(3) 颗粒表面离子化官能团的离解，特别是高分子有机物因其极性官能团的酸碱离解而使表面带上电荷；（受 pH 值控制）（如蛋白质：$COOH-R-NH_2$）。

(4) 某些离子型晶体（结晶物质）的 Schottky 缺陷在晶体表面产生过量的阳或阴离子，而在其表面呈带正电或负电（黏土及其他铝硅酸盐矿物晶体的表面电荷成因）。Schotty 缺陷指晶体中的原子或离子固热振动偏离格点位置并迁移至晶体表面，由此产生的缺陷。

为了从理论上解释胶粒的带电现象，胶体化学发展了胶粒（胶团）构造的双电层理论：整个黏土胶团由胶核、吸附层、扩散层（漫散层）所组成，如图 5.1 所示。

胶核：胶体颗粒的中心，由颗粒物质组成。胶核表面带有电位形成离子，将吸引水中

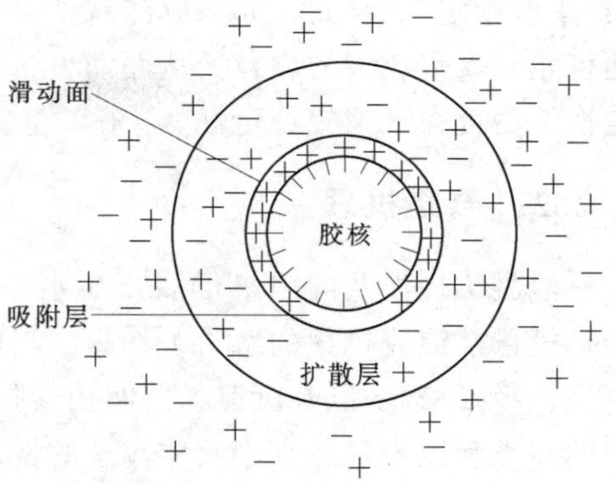

图 5.1 胶体颗粒的双电层结构

的与之电荷相反的离子（反离子）。

吸附层：一部分反离子被紧密的吸引在胶核颗粒的表面附近，可随着微粒移动，这一层称为吸附层，其厚度与离子大小相近约为 2～3A°，其随胶核一起运动，靠近胶核表面处，异号离子浓度大，结合紧密。

扩散层：另一部分反离子由于热运动和溶剂化作用向外扩散，构成扩散层，其厚度约为 162～325A°。扩散层在胶体运动时大部分被甩掉，甩掉后剩下的面，叫滑动面。滑动面离胶核远，反离子浓度小，结合松散。

胶体移动时在滑动面上所表现出来的电位称为滑动电位（ζ 电位）。ζ 电位愈高，静电斥力愈大，胶粒愈稳定。要降低静电斥力，必须降低 ζ 电位，则应大量加入电解质，使溶液中反离子浓度增加，使与胶核表面吸附的离子带有相反电荷的离子进入吸附层，扩散层的异电离子数目减少，并变薄，压缩双电层。

天然水中的胶体杂质通常是负电荷胶体，如黏土、细菌、病毒、藻类、腐殖质等。黏土胶体的 ζ 电位一般在－15～－40mV 范围内，细菌的 ζ 电位一般在－30～－70mV 范围内，藻类的 ζ 电位一般在－10～－15mV 范围内。

5.2.1.2 胶体稳定性

指胶体粒子在水中长期保持分散悬浮状态的特性。

水中的胶体颗粒带有电荷，带有相同电荷的胶体颗粒之间存在相互排斥的静电斥力，其阻止胶体颗粒相互靠近而碰撞聚集。同时胶体颗粒之间因其质量而存在相互吸引的分子间作用力，即范德华力，其使颗粒相互接近。胶体颗粒之间的静电斥力和范德华力相互平衡，胶体溶液处于稳定状态。

除了上述静电斥力和范德华力之外，影响胶体稳定的因素还有溶液中分子的无规则运动即布朗运动，还有胶体在溶液中的水化膜作用。水化膜作用是由于吸附在胶核周围的反离子能与极化水分子相结合（水分子带负电一端总是向着正离子，负离子的周围对着水分子的正极一端）称为水化膜作用，从而在胶粒周围形成一层水化膜，犹如一堵围墙，阻止胶粒与胶粒之间的凝聚，也阻止胶粒与反离子结合。水化膜愈厚，胶粒愈稳定。水化膜是伴随胶粒带电而产生的，一旦胶粒 ζ 电位消除或减弱，水化膜将随之消失或减弱。

胶体稳定性分为动力学稳定和聚集性稳定两种。

胶体动力学稳定指颗粒布朗运动对抗重力影响的能力。大颗粒悬浮物如泥沙等，在水中的布朗运动很微弱甚至不存在，在重力作用下会很快下沉。而胶体颗粒很小，布朗运动剧烈，胶粒本身质量小因而所受重力作用很小，布朗运动足以抵抗重力影响，故而能长期悬浮于水中，称动力学稳定。胶体粒子越小，动力学稳定性也就越高。

胶体聚集性稳定指胶体颗粒之间不能相互聚集的特性。胶体粒子很小，比表面积大从而表面能很大，在布朗运动的作用下，有自发相互聚集的倾向，但由于胶体粒子表面同性电荷的静电斥力作用或水化膜的阻碍使这种自发聚集不能发生，这种稳定性称为胶体的

"聚集性稳定"。显然，如果胶体粒子表面电荷或水化膜消除，便失去聚集稳定性，小颗粒便可相互聚集成大的颗粒，从而动力学稳定性随之破坏，沉淀就会发生。因此，胶体的稳定性，关键在于聚集稳定性。

5.2.2　混凝机理

混凝机理涉及的因素很多，如水中杂质的组成和浓度、水温、pH 值、混凝剂的性能、投量及混凝过程的水力条件等。当前，看法比较一致的是，混凝机理主要有：压缩双电层、吸附-架桥以及沉淀物的网捕卷扫作用。这 3 种作用究竟以何者为主，取决于混凝剂的种类和投加量、水中胶体粒子的性质、含量以及水的 pH 值等。

几个概念，即脱稳、凝聚和凝聚值。

脱稳：胶粒因滑动电位 ζ 降低或消失，以致失去胶体稳定性的过程称为胶粒的脱稳（解稳）。

凝聚：脱稳后的胶粒相互聚结形成肉眼可见绒粒（矾花）的过程通常称为凝聚。矾花称为凝聚体或絮凝体。

凝聚值：开始产生凝聚，即形成明显凝聚所需电解质的最低浓度称为该种电解质对胶粒的凝聚值，凝聚值越小，凝聚能力越强。此电解质称为混凝剂。

1. 压缩双电层-电性中和

要使胶体颗粒通过布朗运动相撞聚集，必须降低或消除胶体颗粒间的排斥能峰。胶粒间的吸引作用力为范德华力，其与胶粒电荷无关，它主要决定于胶体的物质种类、尺寸和密度。对于一定水质，胶粒这些特性是不变的。因此，降低胶粒间排斥力的办法是降低或消除胶粒的滑动电位 ζ，在水中投加电解质可达到此目的。

对于水中负电荷胶粒而言，投入的电解质—混凝剂应是正电荷的离子或聚合离子。如果正电荷离子是简单离子，如 Na^+、Ca^{2+}、Al^{3+} 等，其作用是压缩双电层—为保持胶体电性中和所要求的扩散层厚度，从而使胶体的滑动电位 ζ 降低，进而使胶体颗粒间的排斥力减小甚至消失，胶体便发生聚集作用。这种脱稳方式称压缩双电层作用。

对于加入的电解质所起到的凝聚效果，符合叔采-哈第法则。凝聚效果同原子价有关，价数越高，用量越省，或者说高价正离子压缩扩散层远比低价离子有效。同价的各种离子的凝聚能力同原子序号是一致的，如，$H^+ > NH_4^+ > Na^+ > K^+$。

这种机理只适用于低价电解质提供的简单离子的情况，尤其适用于无机盐混凝剂。其无法解释混凝剂投量过多时胶体重新稳定的现象。如三价铝盐或铁盐投加量过多时，效果反而下降，水中胶粒反而会重新变得稳定。实践表明：混凝效果最佳时的滑动电位 ζ，不在等电状态（通常时 $\zeta > 0$），一般为 $\zeta_{最优} = 5 \sim -10mV$。

2. 吸附-架桥

不仅带异性电荷的高分子物质与胶粒具有强烈吸附作用，不带电甚至与胶粒具有相同电荷的高分子物质与胶粒也有吸附作用。混凝剂中的高分子物质，以及硫酸铝、氯化铁溶于水后，形成的无机高分子聚合物，它们均具有线性结构，胶体微粒对这类高分子物质具有强烈的吸附作用，因而它们可以在相距较远的两胶粒之间进行吸附架桥，即它的一端吸附某一胶粒后，另一端又吸附另一胶粒，也就是说形成了"胶粒＋高分子＋胶粒"的絮凝体，如图 5.2（a）所示，其高分子聚合物起了吸附架桥的作用。绒粒通过高分子吸附架桥作用，绒粒逐渐变大，最终形成肉眼可见的粗大絮凝体（矾花），$d=0.6\sim1.0$mm，为后续沉淀创造良好的条件。

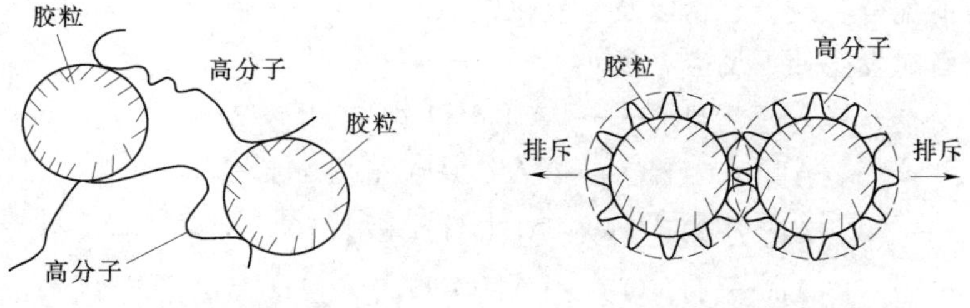

(a) 架桥模型示意　　(b) 胶体保护示意

图 5.2　高分子吸附架桥作用

当高分子物质投加量过多时，将产生“胶体保护”作用，如图 5.2（b）所示。胶体保护可理解为：当全部胶粒的吸附面均被高分子聚合物覆盖后，两胶粒接近时，就受到高分子的阻碍而不能聚集。这种阻碍来源于高分子聚合物之间的相互排斥，其排斥力可能来源于“胶粒—胶粒”之间高分子受到压缩变形（像弹簧被压缩一样）而具有排斥势能，也可能由于高分子之间的同电荷斥力（对带电高分子而言）或水化膜。因此，高分子物质投量过少不足以将胶粒架桥连接起来，投量过多又会产生胶体保护作用。最佳投量应是能把胶粒快速絮凝起来，又可使絮凝起来的最大胶粒不易脱落，同时不产生胶体保护作用。根据吸附原理，胶粒表面覆盖率为 1/2 时效果最好。但在实际水处理中，胶粒表面覆盖率无法测定，故高分子混凝剂投量通常由试验确定。

架桥作用的高分子都是线性分子且需要一定的长度，长度不够，不能起架桥作用，只能被单个分子吸附。所需最小长度，取决于水中胶粒尺寸、高分子基团数目、分子的分枝程度。对铝盐而言，其多核水解产物，分子尺寸不足以起到胶粒间架桥作用，只能被单个分子所吸附从而起电性中和作用。而中性氢氧化铝聚合物 $[Al(OH)_3]_n$ 则可起架桥作用，不过对此目前尚有争议。

若高分子物质为阳离子型聚合物，它具有电性中和和吸附架桥的双重作用；若为非离子型（不带电荷）或阴离子型（带负电荷）聚合物，只能起胶粒间架桥作用。

3. *网捕或卷扫*

当金属盐（如硫酸铝、氯化铁）或金属氧化物和氢氧化物（如石灰）用作混凝剂，且投加量大得足以迅速形成沉淀，如金属氢氧化物（如氢氧化铝、氢氧化铁等）或金属碳酸盐（碳酸钙）时，水中胶粒可被这些沉淀物在形成时所网捕、卷扫，从而产生沉淀分离，成为网捕或卷扫作用。

需要说明的是，几种混凝机理不是单独孤立的现象，往往可能同时存在，只是每种机理在不同的混凝剂、投加量和水质的情况下所起到的作用不同而已。

5.2.3　硫酸铝的混凝机理

硫酸铝是使用最久、目前应用仍广泛的一种无机盐混凝剂，它的混凝作用机理具有相当的代表性，在此进行探讨。

$Al_2(SO_4)_3 \cdot 18H_2O$ 溶于水中，立即离解出铝离子，且常以 $[Al(H_2O)_6]^{3+}$ 水合铝离子形态存在。在一定的条件下，Al^{3+}（略去配位水分子）经过水解、聚合或配合反应可形成多种形态的配合物或聚合物以及氢氧化铝 $Al(OH)_3$。

铝离子水解时发生如下反应。

$$Al^{3+}+H_2O \longleftrightarrow [Al(OH)]^{2+}+H^+$$
$$Al^{3+}+2H_2O \longleftrightarrow [Al(OH)_2]^{+}+2H^+$$
$$Al^{3+}+3H_2O \longleftrightarrow Al(OH)_3+3H^+$$
$$Al^{3+}+4H_2O \longleftrightarrow [Al(OH)_4]^{-}+4H^+$$
$$2Al^{3+}+2H_2O \longleftrightarrow [Al_2(OH)_2]^{4+}+2H^+$$
$$3Al^{3+}+4H_2O \longleftrightarrow [Al_3(OH)_4]^{5+}+4H^+$$
$$13Al^{3+}+28H_2O \longleftrightarrow [Al_{13}O_4(OH)_{24}]^{7+}+32H^+$$
$$Al(OH)_3(\text{无定形}) \longleftrightarrow Al^{3+}+3OH^-$$

由反应式可知，铝离子水解产生的物质分成 4 类：未水解的水合铝离子，单核羟基配合物，多核羟基配合物或聚合物，氢氧化铝沉淀。多核羟基配合物可认为由单核羟基配合物通过羟基桥联形成的，如下反应式所示：

$$2[Al(OH)(H_2O)_6]^{2+} \longrightarrow [(H_2O)_4Al(OH)_2Al(H_2O)_4]^{4+}$$

不同的 pH 值时，各种水解产物相对含量不同，当 pH 值＜3 时，水中的铝以 $[Al(H_2O)_6]^{3+}$ 形态存在；在 pH 值＝4～5 时，水中将产生较多的多核羟基配合物，如 $[Al_2(OH)_2]^{4+}$、$[Al_3(OH)_4]^{5+}$ 等；当 pH 值＝6.5～7.5 的中性范围内，水解产物将以 $Al(OH)_3$ 沉淀物为主。在碱性条件下（pH 值＞8.5 时），水解产物将以负离子形态 $[Al(OH)_4]^-$ 出现。

不同 pH 值条件下，铝盐可能产生的混凝机理不同。何种作用机理为主，决定于铝盐的投加量、pH 值、温度等。实际上，几种可能同时存在。当水中 pH 值＜3 时，简单的水合铝离子起压缩双电层作用；当水中 pH 值＝4～5 时，多核羟基络合物起吸附一架桥作用；当水中 pH 值＝6.5～7.5 时，氢氧化铝沉淀起网捕卷扫作用。

5.2.4　絮凝机理及混凝动力学

要使杂质颗粒之间或者杂质颗粒与混凝剂之间发生絮凝，一个必要的条件是使颗粒相互碰撞。推动水中颗粒碰撞的动力来自两个方面：①颗粒在水中的布朗运动；②在水力或机械搅拌下所造成的流体湍流运动。

下面介绍几个基本概念：

（1）混凝动力学：研究颗粒碰撞速率属于混凝动力学范畴。颗粒相互碰撞的动力来自两个方面：颗粒在水中的布朗运动；水力或机械搅拌所造成的流体运动。

（2）异向絮凝：由布朗运动引起的颗粒碰撞聚集称为异向絮凝。

（3）同向絮凝：由水力或机械搅拌所造成的流体运动引起的颗粒碰撞聚集称同向絮凝。

1. 异向絮凝

颗粒在水中水分子热运动作用下所作的布朗运动是无规则的。这种无规则运动必然导致颗粒相互接近并碰撞。当颗粒已完全脱稳后，一经碰撞就发生絮凝，从而使小颗粒聚集成大颗粒，而水中固体颗粒总质量不变，只是颗粒数量浓度（单位体积水中的颗粒数）减少。颗粒的絮凝速率决定于碰撞速率。假定颗粒为均匀球体，根据费克（Fick）定律，可导出颗粒碰撞速率：

$$N_p = 8\pi d D_B n^2 \tag{5.1}$$

式中 N_p——单位体积中的颗粒在异向絮凝中的碰撞速率；

n——颗粒数量浓度，个/cm^3；

d——颗粒直径，cm；

D_B——布朗运动扩散系数，cm^2/s。

扩散系数 D_B 可用斯托克斯（Stokes）—爱因斯坦（Einstein）公式表示：

$$D_B = \frac{KT}{3\pi d \nu \rho} \tag{5.2}$$

其中

$$\nu = \frac{\eta}{\rho}$$

式中 K——波兹曼（Boltzmann）常数，$1.38\times10^{-16} g \cdot cm^2/s^2 \cdot K$；

T——水的绝对温度，K；

ν——水的运动黏度，cm^2/s；

ρ——水的密度，g/cm^3。

将式（5.2）代入式（5.1）得：

$$N_p = \frac{8}{3\nu\rho} K T n^2 \tag{5.3}$$

由式（5.3）可知，由布朗运动所造成的颗粒碰撞速率与水温成正比，与颗粒的数量浓度平方成正比，而与颗粒尺寸无关。实际上，只有小颗粒才具有布朗运动。随着颗粒粒径增大，布朗运动将逐渐减弱。当颗粒粒径大于 1μm 时，布朗运动基本消失。因此，要使较大的颗粒进一步碰撞聚集，还要靠流体运动的推动来促使颗粒相互碰撞，即进行同向絮凝。

2. 同向层流絮凝

由流体运动所造成的颗粒碰撞凝聚称同向絮凝。

层流条件下颗粒的碰撞示意见图 5.3。设水中颗粒为均匀球体，即粒径 $d_i = d_j = d$，则在以颗粒 j 中心为圆心，以 R_{ij} 为半径的范围内的所有 i 和 j 颗粒均会发生碰撞，碰撞速率 N_0 可由下式计算（推导略）：

$$N_0 = \frac{4}{3} n^2 d^3 G \tag{5.4}$$

$$G = \frac{\Delta u}{\Delta z} \tag{5.5}$$

式中 G——速度梯度，s^{-1}；

Δu——相邻两流层的流速增量，cm/s；

Δz——垂直于水流方向的两流层之间的距离，cm。

公式中，n 和 d 均属原水杂质特性参数，而 G 是控制混凝效果的水力条件。故在絮凝设计中往往以速度梯度 G 值作为重要的控制参数之一。

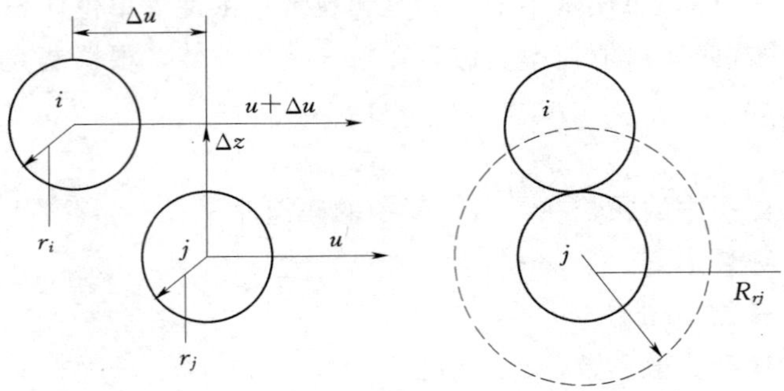

图 5.3　层流条件下颗粒碰撞示意图

在被搅动的水流中，考虑一个瞬间受剪切而扭转的隔离体 $\Delta x\Delta y\Delta z$，见图 5.4。在隔离体受剪切而扭转过程中，剪切力做了扭转功。设在 Δt 时间内，隔离体扭转了 θ 角度，于是角速度 $\Delta\omega$ 为：

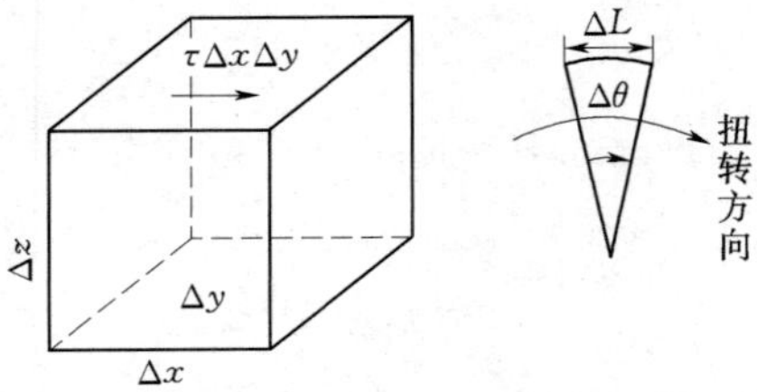

图 5.4　速度梯度计算图示

$$\Delta\omega=\frac{\Delta\theta}{\Delta t}=\frac{\Delta l}{\Delta t}\frac{1}{\Delta z}=\frac{\Delta u}{\Delta z}=G \tag{5.6}$$

式中　Δu——扭转线速度；

G——速度梯度。

转矩 ΔJ：

$$\Delta J=(\tau\Delta x\Delta y)\Delta z \tag{5.7}$$

式中　τ——剪切应力；

$\tau\Delta x\Delta y$——作用在隔离体上的剪切力。

隔离体扭转所消耗功率等于转矩与角速度的乘积，于是，单位体积水流所耗功率 P 为：

$$P=\frac{\Delta J\,\Delta\omega}{\Delta x\,\Delta y\,\Delta z}=\frac{\tau\,\Delta x\,\Delta y\,\Delta z G}{\Delta x\,\Delta y\,\Delta z}=\tau G \tag{5.8}$$

根据牛顿内摩擦定律，有 $\tau=\mu\dfrac{\mathrm{d}u}{\mathrm{d}y}=\mu G$，代入式（5.8）得：

$$G=\sqrt{\frac{P}{\mu}} \tag{5.9}$$

式中　G——速度梯度，s^{-1}；

μ——水的动力黏度，Pa·s；

P——单位体积水体所消耗的功率，W/cm^3。

当用机械搅拌时，式（5.9）中 P 由机械搅拌器提供，当采用水力絮凝池时，式中 P 应为水流本身的能量消耗，即水流流经絮凝池的水头损失：

$$pV=\rho gQh \tag{5.10}$$

$$V=QT \tag{5.11}$$

于是，由式（5.9）～式（5.11）得：

$$G=\sqrt{\frac{gh}{\nu T}} \tag{5.12}$$

其中

$$\nu=\frac{\eta}{\rho}$$

式中　g——重力加速度，9.81m/s²；

h——混凝设备中的水头损失，m；

ν——水的运动黏度，m²/s；

T——水流在混凝设备中的停留时间，s。

式（5.9）和式（5.12）即为著名的甘布—施泰因公式。

3. 同向紊流

甘布—施泰因公式从层流理论出发来讨论颗粒碰撞，未从紊流规律上阐明颗粒碰撞速率，而通常情况下，水流是处于紊流状态的。故甘布公式虽然可用于紊流条件下 G 值的计算，但理论依据显然不足。列维奇（Levich）等根据科尔莫哥罗夫（Kolmogoroff）局部各向同性紊流理论来推求同向絮凝动力学方程，虽然实际水流的微观紊动不是各向同性的，但其推导在实际工程中可以应用。该理论认为：①在各向同性紊流中，存在各种尺度不等的涡旋，外部施加的能量形成大涡旋；②大涡旋将能量输送给小涡旋；③小涡旋将能量输送给更小的涡旋；④只有尺度与颗粒尺寸相近的涡旋才会引起颗粒碰撞。

按式（5.1）形式，可导出各向同性紊流条件下颗粒碰撞的速率 N_0：

$$N_0=8\pi dDn^2 \tag{5.13}$$

式中　D——表示紊流扩散和布朗（分子扩散）扩散系数之和。

但在紊流中，布朗扩散远小于紊流扩散，故 D 可近似作为紊流扩散系数。其余符号同式（5.1）。紊流扩散系数可用下式表示：

$$D=\lambda u_\lambda \tag{5.14}$$

式中　λ——涡旋尺度（或脉动尺度）；

u_λ——相应于 λ 尺度的脉动速度。

从流体力学知，在各向同性紊流中，脉动流速用下式表示：

$$u_\lambda=\frac{\lambda}{\sqrt{15}}\sqrt{\frac{\varepsilon}{\nu}} \tag{5.15}$$

式中　ε——单位时间、单位体积流体的有效能耗；

ν——水的运动黏度；

λ——涡旋尺度。

假设涡旋尺度与颗粒直径相等，即 $\lambda=d$，将式（5.14）、式（5.15）代入式（5.13），得：

$$N_0=\frac{8\pi}{\sqrt{15}}\sqrt{\frac{\varepsilon}{\nu}}d^3n^2 \tag{5.16}$$

令 $G=(\varepsilon/\nu)^{1/2}$，则有：

$$N_0=\frac{8\pi}{\sqrt{15}}Gn^2d^3 \tag{5.17}$$

比较式（5.17）与式（5.4），两式仅系数不同，形式完全相同。

根据式（5.17）或式（5.4），在混凝过程中，所施功率或 G 值愈大，颗粒碰撞速率愈大，混凝效果愈好。但随着 G 值增大时，水流剪切力也随之增大，已形成的絮凝体又有破碎的可能。

4. 混凝控制指标

自加入的混凝剂与原水均匀混合至大颗粒絮凝体形成为止，在工艺上总称为混凝过程，相应设备有混合设备和絮凝设备。

矾花颗粒逐渐增大的资料见表 5.1。

表 5.1　　矾花颗粒粒径随反应时间的变化

混合反应时间	30s	1min	5min	10min	25～35min
粒径	40μm	80μm	0.3mm	0.5mm	>0.6mm

原水的混凝效果主要决定于搅拌强度和搅拌时间两项因素。

在混合阶段，对水流进行剧烈搅拌的目的，主要是使药剂快速均匀分散于水中以利于混凝剂快速水解、聚合及胶体颗粒脱稳。搅拌强度按速度梯度计，平均 $G=700\sim1000\text{s}^{-1}$，搅拌时间通常在 10～30s，一般小于 2min。此阶段，杂质颗粒微小，同时存在颗粒间的异向絮凝。

在絮凝阶段，主要靠机械或水力搅拌促使颗粒碰撞凝聚而长大，故以同向絮凝为主。同向絮凝效果不仅与 G 有关，还与时间有关。在絮凝阶段，通常以 G 值和 GT 值作为控制指标。平均 $G=20\sim70\text{s}^{-1}$，$GT=10^4\sim10^5$，随着絮凝的进行，G 值应逐渐减小。

【例 5.1】 某水力搅拌絮凝反应池，水力停留时间为 20min，水头损失为 0.30m，水温 20℃。求该反应池的平均 G 值和 GT 值。

解：

$$G=\sqrt{\frac{gh}{\nu T}}=\sqrt{\frac{9.81\times0.3}{1.002\times10^{-5}\times20\times60}}=49.5\text{s}^{-1}$$

$$GT=49.5\times20\times60=5.94\times10^4$$

5.2.5　混凝剂和助凝剂

应用于饮用水处理的混凝剂应符合以下基本要求：混凝效果好、对人体健康无害、使用方便、货源充足、价格低廉。

混凝前提是投药，按药剂作用分：混凝剂（起主要作用）和助凝剂。按化学成分可分为有机和无机两大类，不少于 200～300 种。

无机：品种较少，主要是铁盐和铝盐及其水解聚合物最多。

有机：品种很多，主要是高分子物质，但用量比无机少。

常用的混凝剂列入表 5.2。

表 5.2 常用的混凝剂

无机	铝系	硫酸铝 明矾 聚合氯化铝（PAC） 聚合硫酸铝（PAS）	适宜 pH 值：5.5～8
	铁系	三氯化铁 硫酸亚铁 硫酸铁（国内生产少） 聚合硫酸铁 聚合氯化铁	适宜 pH 值：5～11，但腐蚀性强
有机	人工合成	阳离子型：含氨基、亚氨基的聚合物，阳离子型 PAM	国外开始增多，国内尚少
		阴离子型：水解聚丙烯酰胺（HPAM）	
		非离子型：聚丙烯酰胺（PAM），聚氧化乙烯（PEO）	
	天然	淀粉、动物胶、树胶、甲壳素等	
		微生物絮凝剂	

5.2.5.1 无机盐类混凝剂

1. 铝盐

❖ 硫酸铝：$Al_2(SO_4)_3 \cdot 18H_2O$

精制硫酸铝：含无水硫酸铝 50%～52%，白色结晶体，比重 1.62，含 $Al_2O_3$15.7%～16.2%，杂质含量 0.05%～0.3%，价昂。

粗制硫酸铝：含无水硫酸铝 20%～25%，无色或白色结晶体，比重 1.62，含 $Al_2O_3$14.5%～16.5%，杂质含量 24%～30%，价廉。

不适宜于低温低浊水。

❖ 明矾：$Al_2(SO_4)_3 \cdot K_2SO_4 \cdot 24H_2O$

天然矿物质。性质同硫酸铝，由于硫酸钾基本上不起混凝作用，因此用量较大。

❖ 铝酸钠：$NaAlO_3$

水溶液呈碱性，适宜于原水碱性不足的情况下，与硫酸铝同时使用。

2. 铁盐

❖ 氯化铁：$FeCl_3 \cdot 6H_2O$

具有金属光泽的褐色结晶体，杂质少，形成的絮凝体较紧密，易沉，适于低温、低浊度水，比铝盐好，但易潮解，具腐蚀性，含氯化铁重达 92%以上，不溶杂质小于 4%，价格约 400 多元/t。

特点：混凝效果好，使用方便；矾花密实，颗粒大，沉速快，比重 3.6；处理高浊度水时，较其他混凝剂省；受温度的影响很小；腐蚀性强；适宜 pH 值=6.0～8.4。

❖ 硫酸亚铁：$FeSO_4 \cdot 7H_2O$

半透明绿色结晶体，溶解度大，因只生成简单的单核络合物，混凝效果不如三价铁盐，净水残存的二价铁使水带色。不能除色，Fe^{2+} 与腐殖酸反应生成颜色更深的物质，色度更难去除。

适宜 pH 值为 8.7～9.6，pH 值小于 8.5 时，只能生成简单的络合物，混凝效果差。

5.2.5.2 高分子絮凝剂

分为无机高分子絮凝剂和有机高分子絮凝剂。聚合度：指聚合氯化铝（铁）分子式中的 m 值，它表明高分子物质的分子量，一般无机高分子的分子量远较有机高分子为小，约在 1000 左右。

1. 无机高分子混凝剂

❖ 聚合氯化铝：PAC

聚合氯化铝是一种碱式氯化铝聚合而成的无机高分子物质，可表示成碱式盐。其碱化度为 50%～60%，聚合度 $m \leqslant 10$。

聚合氯化铝是一种目前在应用较多的无机高分子混凝剂。混凝沉淀性能好，优于一般铝盐和铁盐，对各种水质适应性很强。混凝的最优 pH 值范围很广（5～9），对低温水效果也很好。投量省。

❖ 聚合硫酸铝：PAS

聚合硫酸铝也是聚合铝类混凝剂，聚合硫酸铝中的硫酸根离子具有类似羟桥的作用，可把碱度铝盐水解产物桥联起来，促进了铝的水解聚合反应。

❖ 聚合硫酸铁：PFS

聚合硫酸铁是碱式硫酸铁的聚合物，其具有良好的混凝效果，腐蚀性远比氯化铁要小。

2. 有机高分子混凝剂

又分为人工合成的有机高分子混凝剂（如聚丙烯、聚乙烯类）和天然高分子混凝剂（蛋白质、多糖类化合物如动物胶，淀粉、海藻、纤维素、乳酸钠等）。

有机高分子混凝剂一般具有巨大的线性分子，由许多单体（链节）以共价键结合。凡链节上含有可离解基团（羧基、磺酸基、铵基等），基团离解即可形成高聚物离子。凡离解后带正电称阳离子型，带负电称阴离子型，链节上不含可离解基团者，为非离子型。

常用的有机高分子混凝剂主要品种是聚丙烯酰胺（PAM），是目前使用最为广泛的人工合成有机高分子絮凝剂。

聚丙烯酰胺（PAM）的分子式为：

$$
-\!\!\left(\mathrm{CH_2}-\underset{\displaystyle \mathrm{CONH_2}}{\underset{|}{\mathrm{CH}}}\right)_{\!n}\!-
$$

聚丙烯酰胺的链状分子长度大约 400～800nm，聚合度 m 高达 2 万～9 万，相应的分子量高达 150 万～600 万。它的混凝效果在于对胶体表面具有强烈的吸附作用，在胶粒之间形成桥联，产生吸附架桥作用。

聚丙烯酰胺本身及其水解体没有毒性，聚丙烯酰胺的毒性来自其残留单体丙烯酰胺（AM）。丙烯酰胺为神经性致毒剂，对神经系统有损伤作用，中毒后表性出肌体无力，运动失调等症状。因此各国卫生部门均有规定聚丙烯酰胺工业产品中残留的单体丙烯酰胺含量，一般为0.5%～0.05%。聚丙烯酰胺用于工业和城市污水的净化处理方面时，一般允许丙烯酰胺含量0.2%以下，用于直接饮用水处理时，丙烯酰胺含量需在0.05%以下。

5.2.5.3 助凝剂

助凝剂本身可起也可不起凝聚作用，与混凝剂一起能促进水的混凝，改善絮凝体条件。如受污染的原水，胶体表面有一层有机保护膜（表面性能变化），可加氧化剂破坏保护膜，帮助混凝。

助凝剂的作用：可调节和改善混凝条件，加速混凝过程；加大絮凝体的密度和重量，使其迅速下沉；在微絮体间起吸附架桥作用和沉淀网捕作用。

❖ 调节和改善混凝条件，加速混凝过程的药剂：

(1) 原水碱度不足水解困难时，投加碱剂，如石灰，重碳酸钠。

(2) 当原水受到严重污染，有机物过多时，可加氧化剂，如臭氧、二氧化氯及高锰酸钾等。

❖ 加大絮凝体的密度和重量，使其迅速下沉的助凝剂，即加重剂：

(1) 在水中加黏土，沉淀污泥一类粗颗粒可以起到加重、加大矾花的作用。

(2) 在溶液中投加链条状的高分子物质，如在使用PAC作为絮凝剂时，投加少量的高分子絮凝剂如PAM，也可把很多细小颗粒粘连起来，也起加大矾花的作用。

常用的高分子助凝剂有：聚丙烯酰胺（PAM）、活化硅酸、骨胶、海藻酸钠等。活化硅酸配合铝盐、铁盐使用效果良好。

5.2.6 影响混凝效果的主要因素

影响混凝的因素很多，包括水温、水质、含盐量、水力条件等，还包括混凝剂的品种、性质和投加量。

1. 水温

水温对混凝效果有明显的影响，其主要原因有以下几点：水温低时，混凝剂的水解速度缓慢，因无机混凝剂的水解是吸热反应，低温时，无机混凝剂水解困难；絮凝体的形成也很缓慢，而且絮凝体细而松，不易下沉；水温低时，水的黏度大，水流剪力增加（水化作用增强，妨碍胶体凝聚，影响絮凝体成长），水中杂质微粒的布朗运动减弱，彼此碰撞机会减少，不利于脱稳和凝聚，也不利于颗粒的下沉（下沉阻力增大）。

例如，水温对铝盐类混凝剂絮凝效果的影响：$t=20\sim40$℃，混凝效果好；$t=10\sim15$℃，生成的矾花细而松，不易沉淀；$t=0$℃，效果极差。但水温对铁盐絮凝效果的影响较小，因$Fe(OH)_3$比重大，$t=20$℃，$Fe(OH)_3$比重为3.6，而$Al(OH)_3$比重为2.4。

目前对低温水的处理方法：

(1) 投加助凝剂活化硅酸或黏土，投加高分子助凝剂，如聚丙烯酰胺（PAM）。

(2) 增大混凝剂的投量，改善颗粒之间的碰撞条件。

2. 水的碱度影响

碱度：指水中能与酸起反应的物质的含量，即与H^+离子起反应的物质的含量。铝盐或铁盐水解时均产生H^+，使pH值降低，只有从水中不断排出H^+，维持水体中pH值在混凝剂最佳工作范围之内。

我国大多数地区的地面水碱度可以满足混凝的要求，但也有一些地区水源碱度不足，特别是投药量较大，而原水碱度较小时，碱度不足，矾花很难形成。

对碱度不足的原水，为提高碱度，一般投加石灰或重碳酸钠进行碱化，但注意不可过量，否则 $Al(OH)_3$ 会溶解。

$$CaO+H_2O \longrightarrow Ca(OH)_2$$

$$Ca(OH)_2 = Ca^{2+}+2OH^-$$

$$OH^-+H^+ = H_2O$$

或

$$Al_2(SO_4)_3+3CaO+3H_2O = 2Al(OH)_3 \downarrow +3CaSO_4 \downarrow$$

$$2FeCl_3+3CaO+3H_2O = Fe(OH)_3 \downarrow +3CaCl_2$$

3. 水的 pH 值

pH 值影响混凝效果的程度视混凝剂品种而异，因不同的混凝剂在不同的 pH 值的条件下，其水解后的离子在水中的存在形态不同。

如对硫酸铝而言，pH 值$<$4 时，水解反应受到抑制；4.5$<$pH 值$<$6.0 时，铝离子主要以多核羟基配合物的形态存在；7.0$<$pH 值$<$7.5，主要是 $Al(OH)_3$ 沉淀物；pH 值$>$8.0 时，铝离子主要以络合阴离子 $[Al(OH)_4]^-$ 的形态存在。为了除浊，硫酸铝作为混凝剂时最佳 pH 值范围 6.5～7.5，主要依靠氢氧化铝聚合物的吸附架桥及羟基配合物的电中和作用和 $Al(OH)_3$ 沉淀物的网捕作用为主。

对氯化铁而言，pH 值$<$3 时，水解受到严重抑制。$Fe(OH)_3$ 属非典型两性化合物，只有在强碱性条件下才会重新溶解，形成溶于水的铁酸盐。

为了除浊，氯化铁的最佳 pH 值比铝盐宽得多，为 6.0～8.4；为了除色，最佳 pH 值范围 3.5～5.0。但一般天然水的 pH 值在中性范围内。

4. 水力条件

如 5.2.4 节中所叙述，絮凝时的水力条件，主要是指絮凝时的速度梯度 G，其对絮凝反应的发生和进行具有重要的影响。在混合阶段，混合是原水与凝聚剂充分混匀的过程，是完成絮凝沉淀并取得良好效果的必要前提，混合速度要快，凝聚剂与原水应在 10～30s 内均匀混合，一般小于 2min，要求 G 值$=700\sim1000s^{-1}$。在絮凝反应阶段，要求平均 $G=20\sim70s^{-1}$，$GT=10^4\sim10^5$，随着絮凝的进行，G 值应逐渐减小。搅拌强度过大，则生成的小絮体被打碎；搅拌强度过小，则不利絮凝体的成长。

5. 水中悬浮物浓度的影响

从混凝动力学方程可知，水中悬浮物浓度很低时，颗粒碰撞速率大大减小，混凝效果差。为提高低浊度原水的混凝效果，通常采用以下措施：

(1) 在投加铝盐或铁盐的同时，投加高分子助凝剂，如活化硅酸或聚丙烯酰胺等，通过吸附架桥作用，使絮体尺寸密度增大。

(2) 投加矿物颗粒（如黏土等）以增加混凝剂水解产物的凝结中心，提高颗粒碰撞速率并增加絮凝体密度。如果矿物颗粒能吸附水中有机物，效果更好，能同时收到部分去除有机物的效果。例如，若投入颗粒尺寸为 500μm 的无烟煤粉，比表面积约 $92cm^2/g$，利用其较大的比表面积，可吸附水中某些溶解有机物。

(3) 采用直接过滤法，即原水投加混凝剂后经过混合直接进入滤池过滤。滤料（石英砂和无烟煤）即成为絮凝中心。

如果原水浊度既低而水温又低，即通常所称的“低温低浊”的水，混凝则更加困难，这是人们一直重视的研究课题。在实际工程设计和运行时，既要从投药方面，通常是在投加 PAC 絮凝剂时同时投加 PAM 作为助凝剂，同时还要适当加大水头损失和延长絮凝反应的时间以提高 G 值，从而增强絮凝效果。

如果原水悬浮物含量过高，如我国西北、西南等地区的高浊度水源，为使悬浮物脱稳，所需铝盐或铁盐混凝剂量将相应地大大增加。为减少混凝剂用量，通常投加高分子助凝剂，如聚丙烯酰胺及活化硅酸等。聚合氯化铝作为处理高浊度水的混凝剂也可取得良好的效果。

5.2.7 混凝剂的配制和投加

混凝剂投加有固体投加和液体投加两种方式。固体投加指直接将絮凝剂投加在原水中，目前很少应用。液体投加指将固体混凝剂溶解于水后配成一定浓度的溶液再投入水中。

溶解设备通常取决于水厂规模和混凝剂品种。对大中型水厂而言，通常建造混凝土溶解池并配置搅拌设备，而对于小型水厂或供水站而言，通常采用成套的加药设备。但无论采用哪种方式，都需要在设计中确定混凝剂溶液池的体积，一般采用如下公式计算：

$$W=\frac{24\times 100aQ}{1000\times 1000cn}=\frac{aQ}{417cn} \tag{5.18}$$

式中 W——混凝剂溶液池的体积，m^3；

Q——处理的水量，m^3/h；

a——混凝剂的最大投加量，mg/L；

c——溶液浓度，一般取 5%～20%（按商品固体重量计算）；

n——每日调制次数，一般不超过 3 次。

混凝剂药液投加到原水中必须有计量或定量设备，并能随时调节。计量设备有：转子流量计、电磁流量计和计量泵等。计量泵不必另备计量设备，泵上有计量标志，可通过改变计量泵的行程或变频调速而改变加药量，最适合于混凝剂投加系统的自动控制而多为现在设计或运行的城市水厂及村镇供水站所采用。

混凝剂投加的位置一般有泵前投加和进水管道及混合池投加，前者投加在水泵吸水管或吸水喇叭口处，一般适用于取水泵房距离水厂较近者。后者则直接投加在水厂净水构筑物之前的进水管道或混合池入口处。

混凝剂最佳投加量（以下简称“最佳剂量”）是指达到既定水质目标的最小混凝剂投加量。由于影响混凝效果的因素较复杂，且在水厂运行过程中水质、水量不断变化，故要达到最佳剂量且能即时调节、准确投加是相当困难的。早期我国大多数水厂根据实验室混凝搅拌试验确定混凝剂最佳剂量，然后进行人工调节。这种方法虽简单易行，但主要缺点是，从试验结果到生产调节往往滞后 1～3h，且试验条件与生产条件也很难一致，故试验中所得的最佳剂量未必是生产上最佳剂量。随着计算机自动控制技术的不断进步，目前多采用在絮凝池入口和清水池分别设置浊度检测仪，根据水厂进出水浊度值自动控制混凝剂的投加量，既实现了水厂投药量的自动控制和运行，同时可精确控制药剂投加量。

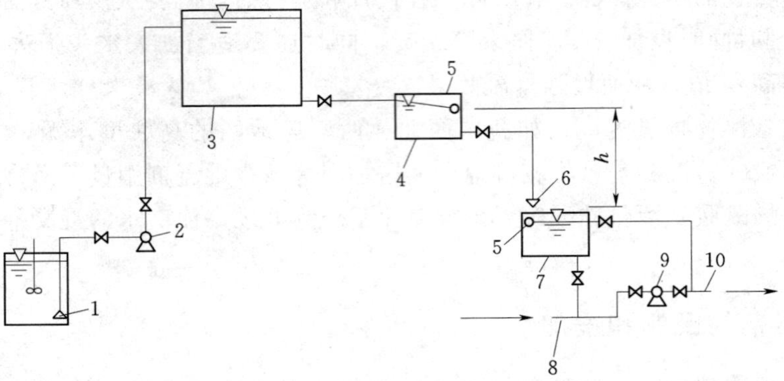

图 5.5　泵前投加

1—溶解池；2—提升泵；3—溶液池；4—恒位箱；5—浮球阀；6—投药苗嘴；7—水封箱；8—吸水管；9—水泵；10—压水管

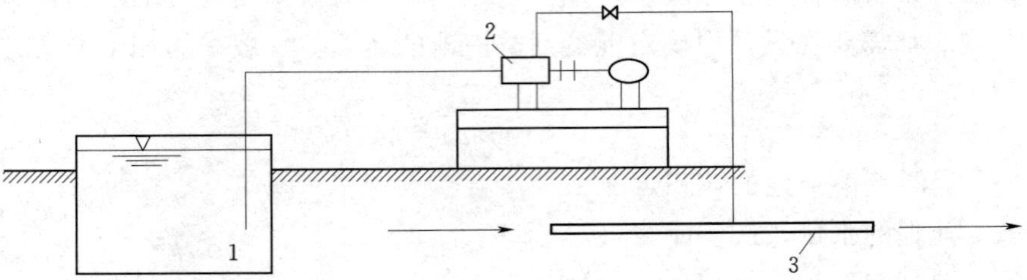

图 5.6　计量泵投加

1—溶液池；2—计量泵；3—压水管

5.2.8　混合设备

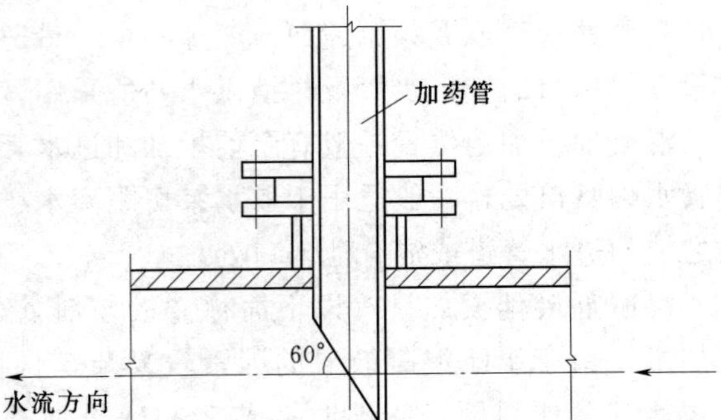

图 5.7　药剂注入管道方式

混合和反应属于混凝过程的两个阶段，水力条件对絮凝体的形成十分重要，有时甚至起着决定性的作用。原水投加混凝剂后，应立即进行充分混合，在很短的时间内把药剂均匀分散到水中，进行胶体的脱稳和初步的絮凝反应。混合在于使药剂迅速均匀地扩散于水中，以创造良好的水解和凝聚条件。目的在于充放利用混凝剂的中间产物(带电聚合物)，压缩胶团的双电层，首先降低或消除胶粒滑动电位 ζ，使胶粒脱稳。

混合的要求：快速而均匀，10～30s 内均匀混合，一般在生产实际中不超过 2min，速度梯度 700～1000s^{-1}。要避免特别强烈和长时间的混合，否则将恶化矾花的黏附性能和减慢随后的反应过程。同时混合设备离后距处理构筑物越近越好，尽可能与构筑物相连接：如必须用管道连接时，则连接管道内流速为 0.8～1.0m/s，管道内停留时间不能超过 2min（即管道距离不宜超过 150m）。

按照混合方式分类，常用的混合设备可分为水泵混合、管式混合、机械混合和水力混合 4 大类。

1. 水泵混合

投药投加在水泵吸水口或管上，混合效果好，节省动力，各种水厂均可用，常用于取水泵房靠近水厂水处理构筑物的场合，两者间距不大于 150m。

优点：投加设备简单；混合充分，效果较好，无额外水头损失；不另耗动能。缺点：吸水管较多时，投药设备要增加，安装、管理困难，且对管道和叶轮有腐蚀性。近年较少采用。

2. 管式混合

最简单的管式混合即将药剂直接投入水泵压水管中以借助管中流速进行混合。管中流速不宜小于 1.0m/s，投药点后的管内水头损失不小于 0.3～0.4m。投药点至末端出口距离以不小于 50 倍管道直径为宜。为提高混合效果，可在管道内增设孔板或文丘里管。这种管道混合简单易行，无需另建混合设备，但混合效果不稳定，管中流速低时，混合不充分。

目前广泛使用的管式混合器是“管式静态混合器”。混合器内按要求安装若干固定混合单元。每一混合单元由若干固定叶片按一定角度交叉组成。水流和药剂通过混合器时，将被单元体多次分割、改向并形成涡旋，达到混合目的。这种混合器构造简单，无活动部件，安装方便，混合快速而均匀。目前，我国已生产多种型式静态混合器，管径最大已达到 2000mm，图 5.8 为其中一种。管式混合器的口径与输水管道相配合，一般小一级管径。这种混合器水头损失稍大，较适合于小型水厂或供水站。但在水量变化较大时，混合效果不稳定。

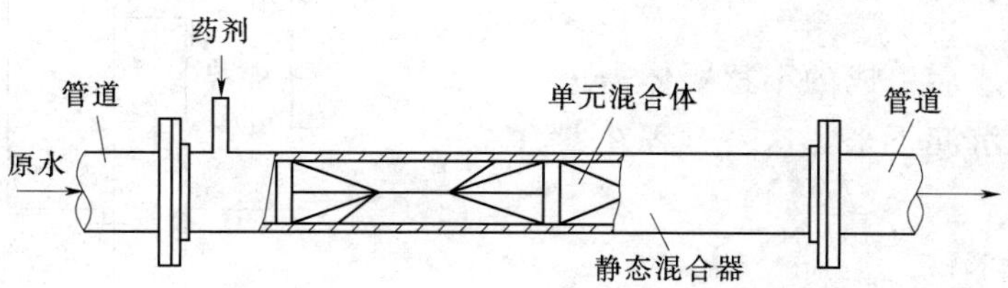

图 5.8 管式静态混合器

另一种管式混合器是“扩散混合器”。它是在管式孔板混合器前加装一个锥形帽，其构造如图 5.9 所示。水流和药剂对冲锥形帽而后扩散形成剧烈紊流，使药剂和水达到快速混合。锥形帽夹角 90°，锥形帽顺水流方向的投影面积为进水管总截面积的 1/4，孔板的开孔面积为进水管截面积的 3/4。孔板流速一般采用 1.0～1.5m/s。混合时间约 2～3s。

混合器节管长度不小于 500mm。水流通过混合器的水头损失约 0.3～0.4m。混合器直径在 DN200～1200 范围内。

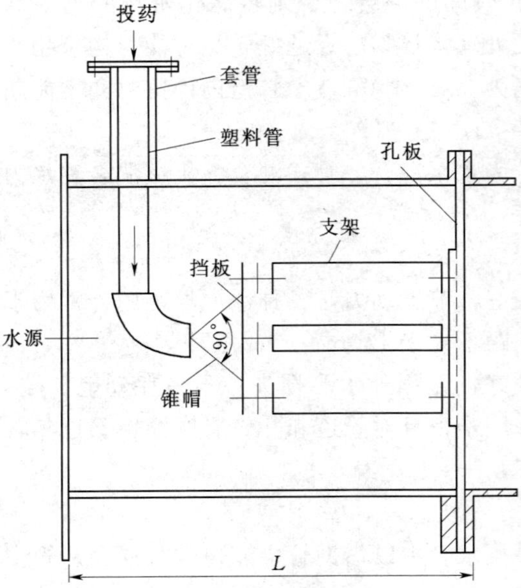

图 5.9　扩散混合器

3. 机械混合

机械混合池是在池内安装搅拌装置，以电动机驱动搅拌器搅拌使水和药剂混合。搅拌器可以是桨板式、螺旋桨式或透平式。桨板式适用于容积较小的混合池（一般在 $2m^3$ 以下），其余可用于容积较大混合池。搅拌功率按产生的速度梯度为 700～$1000s^{-1}$ 计算确定。混合时间控制在 10～30s 以内，最大不超过 2min。机械混合池在设计中应避免水流同步旋转而降低混合效果。机械混合池的优点是混合效果好，且不受水量变化影响，适用于各种规模的水厂。缺点是增加机械设备并相应增加维修工作，同时还增加了一定的运行电费。

机械混合池设计计算方法与机械絮凝池相同，只是参数不同。

4. 水力混合

水力混合池目前在我国应用不多，简单介绍几种形式：

（1）跌水混合：在进水渠、进水井或沉砂池出水处设溢流堰，利用堰后跌水进行混合，跌落高度 0.5～1.0m，混合时间小于 30～40s。

（2）隔板混合：有多孔隔板，分流隔板及障流隔板等几种形式，利用水流通过缝隙或孔板的收缩与扩散进行混合。

水力混合的缺点是随着进水量的变化，混合效果不稳定。

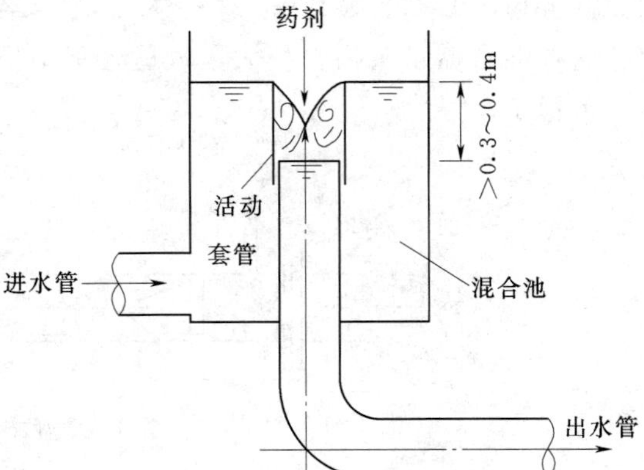

图 5.10　跌水混合

5.2.9　絮凝池

经过混合反应后生成的小絮凝体需进一步长大，才能沉淀下来，这一过程在絮凝反应池中进行。

絮凝反应要求：

（1）在絮凝反应设备中要求有适当的搅拌或紊流强度，平均速度梯度 G 值 20～$70s^{-1}$，并且沿池长方向，随着矾花的长大，流速和搅拌强度即 G 值应逐渐减小。

（2）絮凝池要有足够的絮凝时间。根据絮凝形式的不同，絮凝时间也有区别，一般宜在 10～30min 之间，低浊、低温水宜采用较大值，GT 值 10^4～10^5。

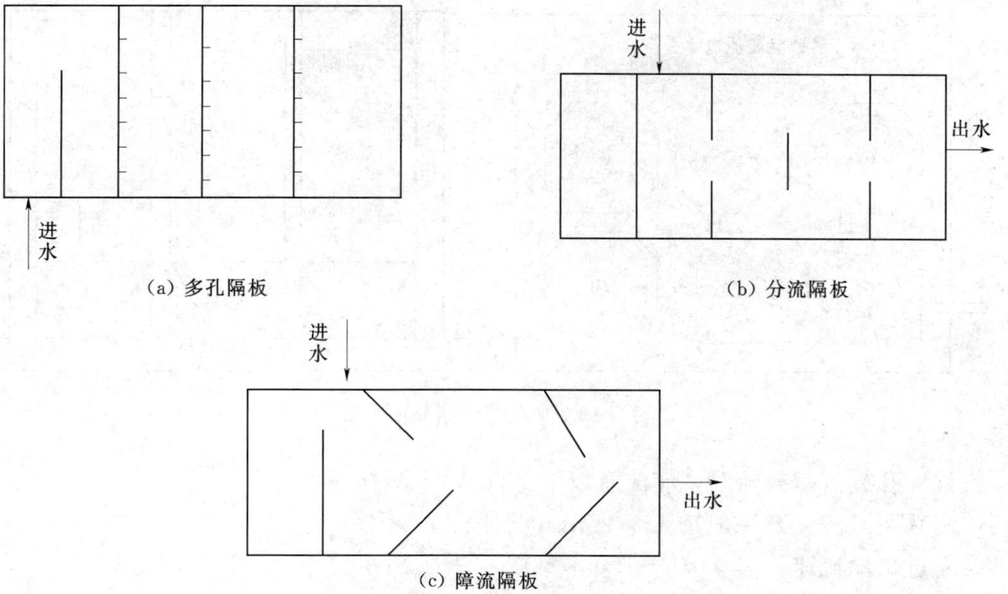

图 5.11　隔板混合

(3) 絮凝池应尽量与沉淀池合建，絮凝池的出水宜在整个断面上穿过花墙，直接分配到沉淀池的过水断面上。避免流速突然升高或出现跌水，以免打碎已经形成的矾花；为避免已形成的絮粒的破碎，絮凝池出水穿孔墙的过孔流速宜小于 0.10m/s。

(4) 应避免絮粒在絮凝池中沉淀。如难以避免时，应采取相应的排泥措施。

絮凝池形式多样，概括起来分成两大类：水力搅拌式和机械搅拌式。这里仅介绍目前常用的几种絮凝反应池，即穿孔旋流絮凝反应池、格栅或栅条絮凝反应池、隔板絮凝反应池、折板絮凝反应池、机械絮凝反应池，其中前 4 种絮凝反应池为水力搅拌式。

1. 穿孔旋流絮凝反应池

将整个池在平面上分成多格（一般大于 6 格），每格接近正方形，各格之间隔墙上沿池壁开孔，孔口上、下交错对角布置，水流沿池壁切线方向进入后形成旋流，颗粒在涡旋上升或下降的过程中逐渐碰撞而长大。该种絮凝池各格室的平面常呈方形，为了易于形成旋流，池格平面均填角。孔口采用矩形断面，池内积泥采用底部锥斗重力排除。多级旋流絮凝反应池体积小，絮凝效果好，适用于小型水厂。

优点：构造简单、造价较低、施工简单、运行管理方便。

缺点：单格内水流流速较低，有可能在每格的底部形成积泥，因此应设置排泥设施。

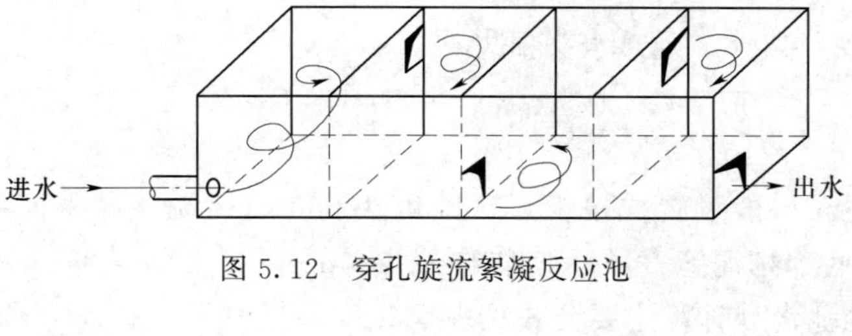

图 5.12　穿孔旋流絮凝反应池

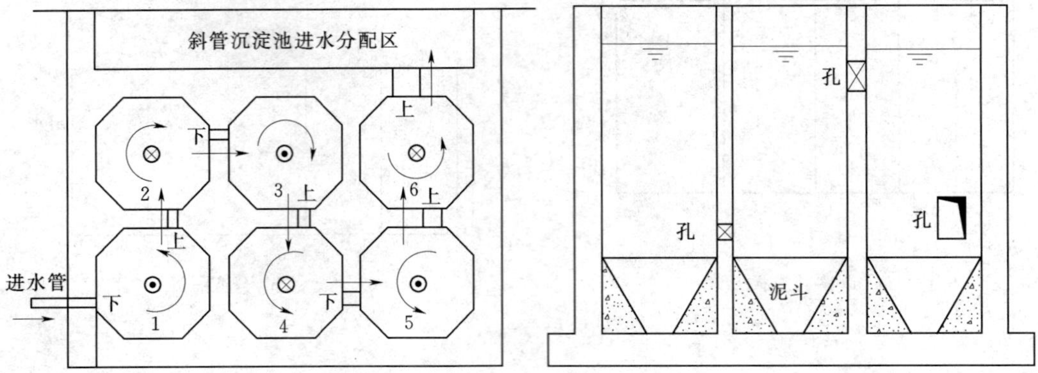

图 5.13　穿孔旋流絮凝池布置

设计穿孔旋流絮凝池时，应注意以下要点：

(1) 絮凝时间：T 一般按 15～25min 设计。

(2) 进口端流速：$v_1=0.6\sim1.0$m/s。

出口端流速：$v_2=0.2\sim0.3$m/s。

上一格进入下一格流速应逐级减小，按照如下公式计算：

$$v_i=v_1+v_2-v_2\sqrt{1+\left(\frac{{v_1}^2}{{v_2}^2}-1\right)\frac{t}{T}} \tag{5.19}$$

式中　t——反应经历的时间，min；

T——絮凝反应的总时间，min。

注意：共 n 格，第一格 $t=\frac{1}{n}T$，第二格 $t=\frac{2}{n}T$，…

(3) 单格尺寸：$a=\sqrt{\frac{QT}{nh}}$，Q 为处理流量，一般情况下絮凝池单格尺寸不宜过小，如过小则不方便运行维护，a 一般大于 0.8m，对穿孔旋流絮凝反应池而言，其单格尺寸也不宜过大，a 一般小于 1.5m，过大则不易形成旋流，从而降低絮凝效果。

(4) 有效水深：h 一般取 2.0～3.0m，过大则会增加池深。

(5) 孔口面积 $A_i=\frac{Q}{v_i}$，孔口宜布置成窄高形，宽高比一般 $h:b=1.5:1$。

(6) 水头损失：$h_i=\xi\frac{V^2}{2g}$，ξ 为局部水头损失系数，在絮凝反应池进水管出口处 $\xi=1.0$，各级孔口处 $\xi=1.06$，则总水头损失：$h_f=\sum h_i$。

(7) GT 值：$G=\sqrt{\frac{gh}{\nu T}}$，$GT=GT$。

(8) 底部污泥斗一般设置成棱锥形，锥角 $\theta=60°$，污泥斗底平面一般为正方形，边长一般为 0.3m。底部排泥管直径一般取 150～200mm。

穿孔旋流絮凝池设计计算主要公式见表 5.3。

表 5.3　　穿孔旋流絮凝池设计计算公式

项　目	公　式	说　明
1. 池体积	$W=\frac{QT}{60}$	Q—流量，m^3/h； T—絮凝时间，s； H'—有效水深，m，与斜管沉淀池配套时，可采用 2.5～3.5m 左右； v_2—出口端流速，m/s； v_1—进口端流速，m/s； v_i—各格间孔洞流速，m/s； h_1—进口处水头损失，m； h_i—每个孔洞水头损失，m； ξ_1—进口处的水头损失系数，取 1.06； ξ_i—孔洞阻力系数，取 1.0
2. 池面积	$A=\frac{W}{H'}$	
3. 池高	$H=H'+0.3$	
4. 分格面积	$f=\frac{A}{n}$	
5. 分格尺寸	$a=\sqrt{f}$	
6. 每格之间孔洞流速	$v_i=v_1+v_2-v_2\sqrt{1+\left(\frac{v_1^{\ 2}}{v_2^{\ 2}}-1\right)\frac{t}{T}}$	
7. 竖井之间孔洞尺寸	$A_i=\frac{Q}{v_i}$	
8. 总的水头损失	$h_f=\sum h_1+\sum h_i$	
	$h_1=\xi_1\frac{v_1^{\ 2}}{2g}$	
	$h_i=\xi_i\frac{v_i^{\ 2}}{2g}$	
9. GT 值	$G=\sqrt{\frac{gh_f}{\nu T}}$ $GT=GT$	

注　对于池深 H，如采用泥斗排泥时，应考虑泥斗的高度。

2. 格栅或栅条絮凝池

栅条或网格絮凝池是 20 世纪 80 年代开始在国内进行生产性试验的一种新型絮凝池。因其具有良好的絮凝效果而特别适用于旧设备的挖潜改造而在国内得到迅速的推广应用。栅条、网格絮凝池均为矩形多格竖向回流式，每格孔口上下对角交错布置，在每一格中水平设置若干层栅条或网格（图 5.14），以增加 G 值，提高絮凝效果。当水流通过网格时，相继收缩、扩大，形成涡旋，造成颗粒碰撞。水流通过竖井之间孔洞流速及过网流速按絮凝规律逐渐减小。

网格或栅条布置：由多格竖井串联而成，每个竖井安装若干层网格或栅条。各竖井之间的隔墙上，上、下交错开孔。每个竖井网格数逐渐减少。一般分 3 段控制。前段：密网、密栅；中段：疏网、疏栅；末段：不安装网格、栅条。

适用条件：原水水温 4.0～34.0℃，浊度 25～2500NTU；中、小型水厂；适用于新建也可用于旧池改造。

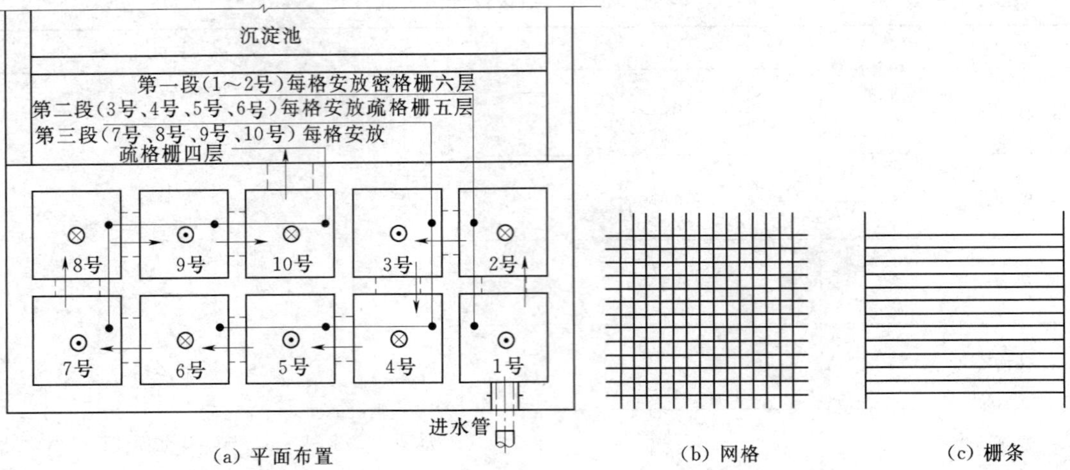

(a) 平面布置　　(b) 网格　　(c) 栅条

注：⊗ 向下　⊙向上

图 5.14　网格（栅条）絮凝池平面布置示意图

设计网格或栅条絮凝池时，应注意以下要点：

(1) 絮凝时间：T 一般按 12～20min 设计，用于处理低温或低浊水时，絮凝时间可适当延长，如絮凝时间可取 25min。

(2) 一般分成 6～18 格，小型水厂不宜大于 9 格，分成三段，一段、二段絮凝时间均为 2.5～4.0min，三段絮凝时间为 3.0～4.0min。

(3) 网格或栅条数前段多，中段少，末段可不放。上下两层间距为 60～70cm。

(4) 每格的竖向流速，前段和中段：0.12～0.14m/s，末段：0.10～0.14m/s。

(5) 网格或栅条的外框尺寸等于每个池的净尺寸，前段栅条缝隙 50mm，或网格孔眼为 80mm×80mm，中段分别为 80mm 和 100mm×100mm，可由过网格或栅条的流速计算确定。

(6) 孔口交错布置，前段流速 0.30～0.20m/s，中段 0. 20～0.15m/s，末段 0.10～0.14m/s，孔口应处于淹没状态。

(7) 网孔或栅间流速，前段 0.25～0.30m/s，中段 0. 22 ～0.25m/s，末端不设网格或栅条。

(8) 排泥宜穿孔管或单斗底排泥。

(9) 网格或栅条可用木料，塑料，扁钢，钢筋混凝土预制件等。

絮凝池宜与沉淀池合建，一般布置成两组并联形式，单组检修时，另一组照常运行。

网格或栅条絮凝池设计计算公式见表 5.4。

3. 隔板絮凝池

隔板絮凝反应池是应用历史较久、目前仍常应用的一种水力搅拌絮凝池，有往复式和回转式两种，见图 5.15。后者是在前者的基础上加以改进而成。在往复式隔板絮凝池内，水流作 180°转弯，局部水头损失较大，而这部分能量消耗往往无助于絮凝效果的提高。因为 180°的急剧转弯会使絮凝体有破碎可能，特别在絮凝后期。回转式隔板絮凝池内水流作 90°转弯，局部水头损失大为减小，絮凝效果也有所提高。

表 5.4　　网格或栅条絮凝池设计计算公式

项　目	公　式	说　明
1. 池体积	$W=\frac{QT}{60}$	Q—流量，m^3/h； T—絮凝时间，min； H'—有效水深，m，与平流式沉淀池配套时，可采用 3.0～3.4m，与斜管沉淀池配套时，可采用 4.2m 左右； v_c—竖井流速，m/s； v_2—各格孔洞流速，m/s； v_1—各段过栅条或网格流速，m/s； h_1—每层网格水头损失，m； h_2—每个孔洞水头损失，m； ξ_1—网格阻力系数，前段取 1.0，中断取 0.9； ξ_2—孔洞阻力系数，取 3.0
2. 池面积	$A=\frac{W}{H'}$	
3. 池高	$H=H'+0.3$	
4. 分格面积	$f=\frac{Q}{v_c}$	
5. 分格数	$n=A/f$	
6. 竖井之间孔洞尺寸	$A_2=\frac{Q}{v_2}$	
7. 总的水头损失	$h_f=\sum h_1+\sum h_2$ $h_1=\xi_1\frac{v_1^2}{2g}$ $h_2=\xi_2\frac{v_2^2}{2g}$	
8. GT 值	$G=\sqrt{\frac{gh_f}{\nu T}}$ $GT=GT$	

注　对于池深 H，如采用泥斗排泥时，应考虑泥斗的高度。

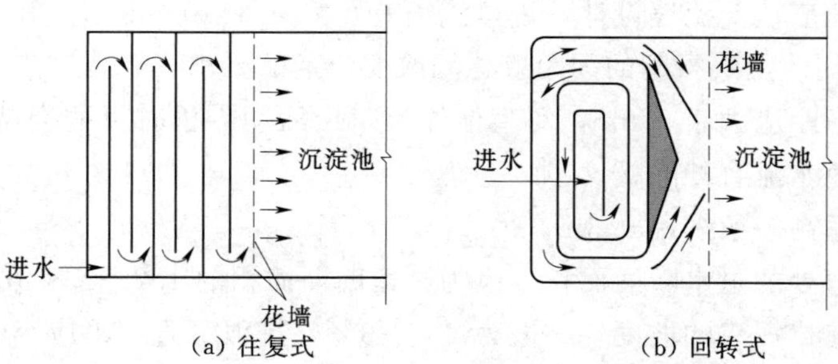

图 5.15　隔板絮凝池结构形式

为避免絮凝体破碎，廊道内的流速及水流转弯处的流速应沿程逐渐减小，从而 G 值也沿程逐渐减小。隔板絮凝池的 G 值按式（5.12）计算。式中 h 为水流在絮凝池内的水头损失。水头损失按各廊道流速不同，分成数段分别计算。总水头损失为各段水头损失之和（包括沿程和局部损失）。各段水头损失近似按下式计算：

$$h_i = \xi m_i \frac{v_{it}^2}{2g} + \frac{v_i^2}{C_i^2 R_i} l_i \tag{5.20}$$

式中 v_i——第 i 段廊道内水流速度，m/s；

v_{it}——第 i 段廊道内转弯处水流速度，m/s；

m_i——第 i 段廊道内水流转弯次数；

ξ——隔板转弯处局部阻力系数。往复式隔板（180°转弯）$\xi=3$；回转式隔板（90°转弯）$\xi=1$；

l_i——第 i 段廊道总长度，m；

R_i——第 i 段廊道过水断面水力半径，m；

C_i——流速系数，随水力半径 R_i 和池底及池壁粗越系数 n 而定，通常按照曼宁公式 $C_i=\frac{1}{n}R^{\frac{1}{6}}$ 计算或直接查水力计算表。

絮凝池内总水头损失为：

$$h_f = \sum h_i \tag{5.21}$$

根据絮凝池容积大小，往复式总水头损失一般在 0.3～0.5m 左右，回转式总水头损失比往复式约小 40%左右。

隔板絮凝池通常用于大、中型水厂，因水量过小时，隔板间间距过小而不便施工及运行维护。但与折板及网格絮凝池相比，因水流条件不理想，能耗（即水头损失）中的无效部分比例稍大，故所需较长絮凝时间，池体容积较大。目前一般将往复式与回转式两种隔板絮凝池组合使用，前者为往复式，后为回转式。因絮凝初期，絮凝体尺寸较小，无破碎之虑，采用往复式较好；絮凝后期，絮凝体尺寸较大，采用回转式较好。

设计隔板絮凝池时，应注意以下要点：

(1) 池数一般不少于 2 个，絮凝时间为 20～30min，色度高、难于沉淀的细颗粒较多时，宜采用高值；

(2) 池内流速应按变流速设计，进口流速一般为 0.5～0.6m/s，出口流速一般为 0.2～0.3m/s。通常用改变隔板间的间距以达到改变流速的要求。

(3) 隔板间净距应大于 0.5m，小型池体当采用活动隔板时可适当减小。进水管口应设挡水措施，避免水流直冲隔板。

(4) 絮凝池超高一般采用 0.3m。

(5) 隔板转弯处的过水断面面积，应为廊道断面面积的 1.2～1.5 倍。

(6) 池底坡向排泥口的坡度，一般为 2%～3%，排泥管直径不应小于 150mm。

(7) 絮凝效果亦可用速度梯度 G 和反应时间 T 来控制，当原水浊度低，平均 G 值较小或处理要求较高时，可是当延长絮凝时间，以提高 GT 值，改善絮凝效果。

(8) 絮凝池宜与沉淀池合建。

隔板絮凝池设计计算公式见表 5.5。

4. 折板絮凝池

折板絮凝池是在隔板絮凝池基础上发展起来的，目前已得到广泛应用。

表 5.5　　　　隔板絮凝池设计计算公式

项　　目	公　　式	说　　明
1. 池体积	$W=\frac{QT}{60}$	W—总容积，m^3； Q—流量，m^3/h； T—絮凝时间，s； F—每池平面面积，m^2； H_1—平均水深，m； n—池体个数； f—每池隔板所占面积，m^2； L、B—池长和池宽，m； a_i—隔板间距，m； v_i—该段廊道内流速，m/s； h_i—该段水头损失，m； m_i—该段廊道内水流转弯次数； v_{it}—第 i 段廊道内转弯处水流速度，m/s； l_i—第 i 段廊道总长度，m； R_i—第 i 段廊道过水断面水力半径，m； C_i—流速系数
2. 池面积	$F=\frac{W}{nH_1}-f$	
3. 池高	$H=H_1+0.3$	
4. 池子长度	$L=\frac{F}{B}$	
5. 隔板间距	$a_i=\frac{Q}{3600nv_iH_1}$	
6. 各段水头损失	$h_i=\xi m_i\frac{v_{it}^2}{2g}+\frac{v_i^2}{C_i^2R_i}l_i$	
7. 总的水头损失	$h_f=\Sigma h_i$	
8. GT 值	$G=\sqrt{\frac{gh_f}{\nu T}}$	
	$GT=GT$ 其中，T 为秒	

注　对于池深 H，如采用泥斗排泥时，应考虑泥斗的高度。

折板絮凝池通常采用竖流式。它是将隔板絮凝池（竖流式）的平板隔板改成具有一定角度的折板。折板可以波峰对波谷平行安装［图 5.16（a）］，称“同波折板”；也可波峰相对安装［图 5.16（b）］，称为“异波折板”。按水流通过折板间隙数，又分为“单通道”和“多通道”。图 5.16 为单通道折板絮凝池。多通道折板絮凝池系指将絮凝池分成若干格子，每一格内安装若干折板，水流沿着格子依次上、下流动。在每一个格子内，水流平行通过若干个由折板组成的并联通道，如图 5.17 所示。无论在单通道或多通道内，同波、异波折板两者均可组合应用。有时，折板也可采用平板。絮凝池内折板不同部分可采用不同的设置方式。例如，前面可采用异波，中部采用同波，后面采用平板。这样的组合有利于絮凝体逐步成长而不易破碎，因平板对水流扰动较小。图 5.17 中第Ⅰ排可采用异波折板，第Ⅱ排可采用同波折板，第Ⅲ排可采用平板。是否需要采用不同形式折板组合，应根据设计条件和要求决定。异波和同波折板絮凝效果差别不大，但平板效果较差，故只能放置在絮凝池末端起补充作用。

设计折板絮凝池时，应注意以下要点：

（1）折板可采用钢丝网水泥板、不锈钢、塑料板或其他材质制作；

（2）一般分为 3 段（也可多于 3 段）。3 段中的折板布置可分别采用异波折板、同波折板以及平行直板布置；

（3）各阶段流速 v、G 值以及时间 t 可参考以下确定：

第一段：$v=0.25\sim0.35$m/s，$G=80s^{-1}$，$t\geqslant240$s；

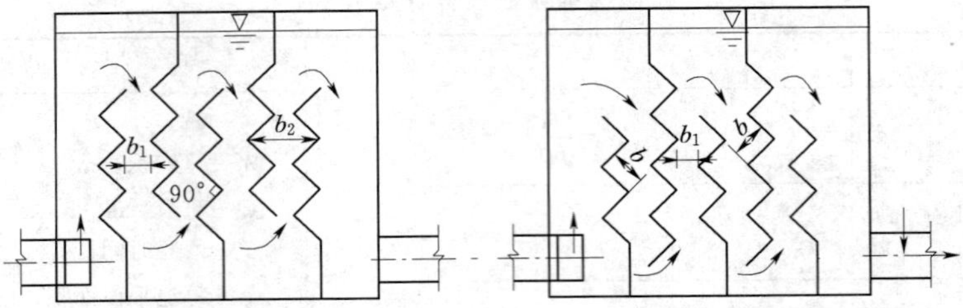

(a) 异波折板　　(b) 同波折板

图 5.16　单通道折板絮凝池

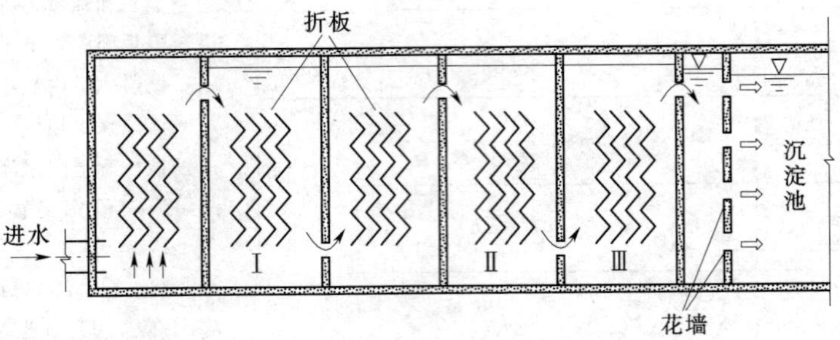

图 5.17　多通道折板絮凝池

第二段：$v=0.15\sim0.25\text{m/s}$，$G=50\text{s}^{-1}$，$t\geqslant240\text{s}$；

第三段：$v=0.10\sim0.15\text{m/s}$，$G=25\text{s}^{-1}$，$t\geqslant240\text{s}$；

总的 GT 值：$GT\geqslant2\times10^4$；

总的絮凝时间 T：12～20min。

(4) 折板夹角：可采用 90°～120°。

(5) 折板宽度 b：可采用 0.5m 左右，折板长度：可采用 0.8～1.5m；

(6) 第二段中同波折板的间距等于第一段异波折板的峰距。

折板絮凝池设计计算公式见表 5.6。

表 5.6　折板絮凝池设计计算公式

项　目	公　式	说　明
1. 池体积	$W=\frac{QT}{60}$	W—总容积，m^3； Q—流量，m^3/h； T—絮凝时间，min； F—每池平面面积，m^2； H_1—平均水深，m； L、B—池长和池宽，m； b_i—折板间距，m； l—折板净长度，m，一般为 0.8m； v_i—该段内流速，m/s
2. 池面积	$F=\frac{W}{H_1}$	
3. 池高	$H=H_1+0.3$	
4. 池子长度	$L=\frac{F}{B}$	
5. 隔板间距	$b_i=\frac{Q}{v_i l}$	

续表

项目	公式	说明
6. 异波折板水头损失	$h_1=\xi_1\frac{v_1^2-v_2^2}{29}$ $h_2=\left[1+\xi_2-\left(\frac{F_1^2}{F_2^2}\right)\right]\frac{{v_1}^2}{2g}$ $h=h_1+h_2$ $h_i=\xi_3\frac{v_0^2}{2g}$ $\sum h_f=nh+h_i$	h_1—渐放段的水头损失，m； 峰速 $v_1=0.25\sim0.35$m/s； 谷速：$v_2=0.1\sim0.15$m/s； ξ_1—渐放段阻力系数，0.5； h_2—渐缩段的水头损失，m； ξ_2—渐放段阻力系数，0.5； F_1—相对峰的断面积，m^2； F_2—相对谷的断面积，m^2； h—一个缩放组合的水头损失，m； h_i—转弯或孔洞的水头损失，m； v_0—转弯或孔洞流速，m/s； $\sum h$—总的水头损失，m； n—缩放组合的个数； ξ_3—转弯或孔洞处的阻力系数，上转弯 $\xi_3=1.8$；下转弯或孔洞 $\xi_3=3.0$
7. 同波折板水头损失	$h=\xi\frac{v^2}{2g}$ $\sum h=n'h+h_i$ $h_i=\xi_3\frac{v_0^2}{2g}$	v—板间流速，0.15～0.25m/s； ξ—每一个90°弯道的阻力系数，$\xi=0.6$； $\sum h$—总的水头损失，m； n'—90°弯道的个数； h_i—上下转弯或孔洞的水头损失，m； v_0—转弯或孔洞流速，m/s； ξ_3—转弯或孔洞处的阻力系数，上转弯 $\xi_3=1.8$；下转弯或孔洞 $\xi_3=3.0$
8. 平板的水头损失	$h=\xi\frac{v^2}{2g}$ $\sum h=n''h$	h—水头损失，m； v—平均流速，0.05～0.1m/s； ξ—转弯处阻力系数，按180°转弯损失计算，$\xi=3.0$； $\sum h$—总的水头损失，m； n''—180°转弯个数
9. 总的水头损失	$h_f=\sum h_i$	h_f—上述三个段的水头损失之和，m
10. GT 值	$G=\sqrt{\frac{gh_f}{\nu T}}$ $GT=GT$	

注 对于池深 H，如采用泥斗排泥时，应考虑泥斗的高度。

折板絮凝池的优点是：水流在同波折板之间曲折流动或在异波折板之间缩、放流动且连续不断，以至形成众多的小涡旋，提高了颗粒碰撞絮凝效果。在折板的每一个转角处，两折板之间的空间可以视为完全混合型（CSTR型）单元反应器。众多的CSTR型单元反应器串联起来，就接近推流型（PF型）反应器。因此，从总体上看，折扳絮凝池接近于推流型。与隔板絮凝池相比，水流条件大大改善，亦即在总的水流能量消耗中，有效能量消耗比例提高，故所需絮凝时间可以缩短，池子体积减小。从实际生产经验得知，絮凝时间在 12～20min 为宜。

折板絮凝池中的折板也可改用波纹板，但国内采用波纹板的比折板为少。这是因为如折板上藻类滋生而需清理时，波纹折板较难清理。

折板絮凝池板间距较小，安装维修及清理较困难，折板费用也较高，故通常用于中、小型水厂。

5. 机械絮凝池

机械絮凝池利用电动机经减速装置驱动搅拌器对水进行搅拌，故水流的能量消耗来源于搅拌机的功率输入。水流速度梯度采用式（5.9）计算。搅拌器有浆板式和叶轮式等，目前我国常用前者。根据搅拌轴的安装位置，又分水平轴和垂直轴两种形式，见图 5.18。水平轴式通常用于大型水厂，垂直轴式一般用于中、小型水厂。单个机械絮凝池接近于 CSTR 型反应器，故宜分格串联。分格愈多，愈接近 PF 型反应器，絮凝效果愈好，但分格过多，造价增高且增加维修工作量。每格均安装一台搅拌机。为适应絮凝体形成规律，第一格内搅拌强度最大，而后逐格减小，从而速度梯度 G 值也相应由大到小。搅拌强度决定于搅拌器转速和桨板面积，由计算决定。

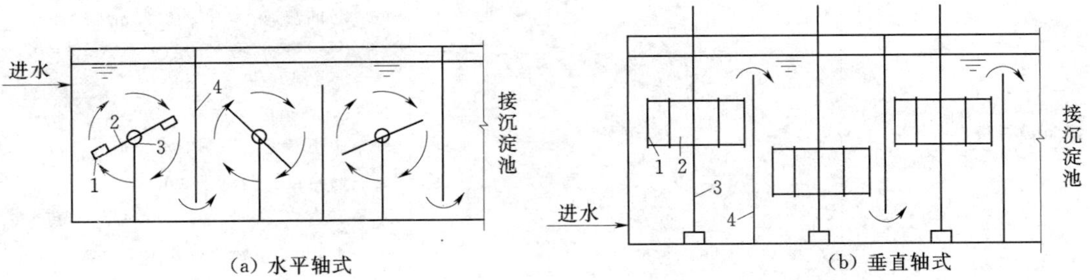

图 5.18　机械絮凝池

1—桨板；2—叶轮；3—旋转轴；4—隔墙

设计桨板式机械絮凝池时，应注意以下要点：

（1）絮凝时间一般宜为 15～20min。

（2）池内一般设 3～4 档搅拌机，各档搅拌机之间用隔墙分开以防止水流短路。隔墙上、下交错开孔。开孔面积按穿孔流速决定，穿孔流速以不大于下一档桨板外缘线速度为宜。为增加水流紊动性，有时在每格池子的池壁上设置固定挡板。

（3）搅拌机转速按叶轮半径中心点线速度通过计算确定，各档线速度逐级减小。线速度宜自第一档的 0.5m/s 起逐渐减小至末档的 0.2m/s。

（4）每台搅拌器上桨板总面积宜为水流截面积的 10%～20%，不宜超过 25%，以免池水随桨板同步旋转，降低搅拌效果。桨板长度不大于叶轮直径 75%，宽度宜取 10～30cm。

（5）水平轴式叶轮直径应比絮凝池水深小 0.3m，叶轮末端与池子侧壁间距不大于 0.2m；垂直轴式的上桨板顶端设于池子水面下 0.3m 处，下桨板底端，设于距池底 0.3～0.5m 处，桨板外缘与池侧壁间距不大于 0.25m。

(6) 水平轴式絮凝池每只叶轮的桨板数目一般为 4～6 快。

(7) 为了适应水量、水质和药剂品种的变化，宜采用无级变速的传动装置。

(8) 絮凝池深度按照水厂标高系统布置确定，一般为 3～4m。

桨板式机械絮凝池设计计算公式见表 5.7。

表 5.7　　　　　　　　　　　　桨板式机械絮凝池设计计算公式

项　　目	公　　式	说　　明
1. 池体积	$V=\frac{QT}{60n}$	W—总容积，m^3； Q—流量，m^3/h； T—絮凝时间，min； F—每池平面面积，m^2； H_1—平均水深，m； n—池体个数； v—叶轮桨板中心点线速度，m/s； D_0—叶轮桨板中心点旋转直径，m； l—桨板长度，m； r_2—桨板外缘旋转半径，m； r_1—桨板内缘旋转半径，m； m—同一旋转半径上的桨板数； P—桨板所耗总功率，W； η_1—搅拌设备总机械效率，一般取 0.75； η_2—传动效率，可取 0.6～0.95； N—电动机功率，kW； μ—水的动力黏度，Pa·s； $\bar{\omega}$—相对线速度，取旋转线速度 ω 的 0.5～0.75
2. 池面积	$F=\frac{W}{nH}$	
3. 池高	$H=H_1+0.3$	
4. 水平轴式池体长度	$L\geqslant aZH$	
5. 水平轴式池体宽度	$B=\frac{W}{LH}$	
6. 搅拌器转数	$n_d=\frac{60v}{\pi D_0}$	
7. 每个旋转轴旋转时克服水的阻力所消耗的功率	$P=\sum_{1}^{m}\frac{C_D\rho}{8}l\bar{\omega}^3(r_2^4-r_1^4)$	
8. 每个旋转轴所需的电机功率	$N=\frac{P}{1000\eta_1\eta_2}$	
9. GT 值	$G=\sqrt{\frac{P}{\mu}}$ $GT=GT$	

一般所称桨板“旋转线速度”是以池子为固定参照物而旋转的速度。相对线速度则是指桨板相对于水流的运动线速度，其值约为旋转线速度的 0.5～0.75 倍，只有当桨板刚起动时，两者才相等，此时桨板所受阻力最大，故选用电机时，应考虑起动功率这一因素。但计算运转功率或速度梯度 G 值时，应按表 5.7 中公式计算，即按相对线速度考虑，或取旋转线速度的 0.5～0.75。

机械絮凝池的优点是可随水质、水量变化而随时改变转速以保证絮凝效果，能应用于任何规模水厂，但需机械设备而增加机械维修工作。

大中型水厂的混合设施常采用桨板式机械混合方式，其搅拌机的设计计算同本絮凝池的设计计算方法，只是搅拌强度适当增加，即 G 值满足混合需求。

6. 絮凝池的选择

絮凝池形式多样，目前常用的为：穿孔旋流絮凝池、网格或栅条絮凝池、隔板絮凝池、折板絮凝池以及桨板式机械絮凝池，其选择应根据水质、水量、沉淀池形式、水厂高程布置以及维修和运行管理技术水平等因素综合考虑确定。几种不同形式絮凝池的主要优缺点和适用条件见表 5.8。

表 5.8　　絮凝池的类型及特点

形　式	特　点	适用条件
穿孔旋流絮凝池	优点：容积较小，水头损失小； 缺点：絮凝效果在水量较大时不理想，单格尺寸不宜过大，一般单格尺寸不超过 1.5m 为宜，因过大不易形成旋流条件	适用于小型水厂或供水站，一般单池处理规模在 $5000m^3/d$ 以下
网格或栅条絮凝池	优点：絮凝时间短，絮凝效果好，构造简单； 缺点：水量变化影响絮凝效果；单格尺寸受运行维护要求不宜太小，一般大于 0.8m；末端池底易积泥，需考虑排泥措施	水量变化不大的水厂；单池能力以 5000～$25000m^3/d$ 为宜
隔板絮凝池	一般情况下往复式与回转式联合使用，前段采用往复式，后段采用回转式。优点：絮凝效果好，构造简单，施工管理方便；缺点：前段往复式转弯处水头损失较大，转折处矾花易破碎，后段回转式转弯处则较小，易积泥，需注意排泥	水量大于 $30000m^3/d$ 的水厂；水厂水量变化不大
折板絮凝池	优点：絮凝时间短，效果好； 缺点：构造较复杂，水量变化影响絮凝效果，维修维护工作量	水量变化不大的水厂
机械絮凝池	优点：絮凝效果好，水头损失小，絮凝时间短，可适应水量、水质的变化； 缺点：机械设备较多，维修维护工作量大	大小规模均适用，并适用于水量变化较大的水厂

对于村镇供水工程而言，其特点是农村供水用户分散，场镇人口少，若水厂或供水站规模较大，则整个供水区域范围较大，管道工程量及运行维护复杂，因而规模应适当。一般情况下村镇供水工程（含场镇）供水站规模在 1000～$20000m^3/d$ 之间，通常以 2000～$10000m^3/d$ 居多。同时我国农村饮水工程当地技术管理人才匮乏。因此，综合以上考虑，在选择絮凝池工艺时应除了水质、水量的考虑之外，尤其要考虑运行管理人员的技术素质，故村镇供水工程的絮凝池多以穿孔旋流絮凝池和网格或栅条絮凝池为主。在 $3000m^3/d$ 以下规模的小型水厂或供水站多选择穿孔旋流絮凝池，在 $3000m^3/d$ 以上规模的水厂或供水站多选择网格或栅条絮凝池。

5.2.10　絮凝池工程设计计算实例

以穿孔旋流絮凝池设计计算为例介绍。

【例 5.2】 已知条件：设计水温 $T=20℃$，设计进水量：$2000m^3/d$，进口流速：$v_1=1.0m/s$，出口流速：$v_2=0.2m/s$，絮凝反应时间 $t=25min$，絮凝池分格数 $n=8$，分成两排设置，单格间隔墙厚度为 $d=150mm$，有效水深 $h=2.5m$，超高取 0.3m，泥斗倾角 $\theta=60°$，泥斗为正方形，平面尺寸 0.3m×0.3m。$T=20℃$时水的 $\mu=1.0091\times10^{-3}Pa\cdot s$，水的密度 $\rho=1.0\times10^3kg/m^3$。

（1）求反应池尺寸：单格反应池平面尺寸、反应池总平面尺寸、池深。

（2）各级孔口流速及尺寸，孔口高：宽＝1.5：1。

（3）水头损失，水头损失系数，进口为 1.0，孔口为 1.06。

（4）计算 GT 值，并判断是否满足混凝反应的要求。

解：

1. 反应池尺寸

1）有效体积

$$V=QT=\frac{2000}{24}\times\frac{25}{60}=34.72\text{m}^3$$

2）有效面积

$$A=\frac{V}{h}=\frac{34.72}{2.50}=13.89\text{m}^2$$

单格面积

$$A'=\frac{A}{n}=\frac{13.89}{8}=1.736\text{m}^2$$

单格采用正方形，则正方形边长：$a=\sqrt{A'}=\sqrt{1.736}=1.32\text{m}$

8 格分成两排布置，则反应池平面尺寸：

宽：$B=2a+d=2.79\text{m}$

长：$L=4a+3d=5.73\text{m}$

3）池深 H

泥斗高度

$$h_2=\frac{a-0.3}{2}\tan\theta=0.88\text{m}$$

$$H=h_1+h+h_2=0.88+0.30+2.50=3.68\text{m}$$

2. 各级孔口流速及尺寸

1）孔口流速

第一格进口流速 $v_1=1\text{m/s}$，最后一格出口流速 $v_2=0.2\text{m/s}$，由公式得：

$$v_n=v_1+v_2-v_2\sqrt{1+\left(\frac{v_1^{\ 2}}{v_2^{\ 2}}-1\right)\frac{t_n}{T}}=1.2-0.2\sqrt{1+24\frac{t_n}{T}}$$

$v_1=1.00\text{m/s}$；$v_{1-2}=0.8\text{m/s}$；$v_{2-3}=0.67\text{m/s}$；$v_{3-4}=0.568\text{m/s}$；$v_{4-5}=0.479\text{m/s}$

$v_{5-6}=0.40\text{m/s}$；$v_{6-7}=0.328\text{m/s}$；$v_{7-8}=0.262\text{m/s}$；$v_8=0.20\text{m/s}$

2）孔口尺寸

孔口高：宽＝1.5：1，设宽为 a，则高 $h=1.5a$，流量 $q=0.0231\text{m}^3/\text{s}$，则

$$a=\sqrt{\frac{q}{1.5v}}$$

进口采用圆管，则：$d=0.172\text{m}$

各格间联通孔口：

$a_{1-2}=0.140\text{m}$；$h_{1-2}=0.210\text{m}$；

$a_{2-3}=0.150\text{m}$；$h_{2-3}=0.227\text{m}$；

$a_{3-4}=0.165\text{m}$；$h_{3-4}=0.247\text{m}$；

$a_{4-5}=0.179\text{m}$；$h_{4-5}=0.269\text{m}$；

$a_{5-6}=0.196\text{m}$；$h_{5-6}=0.294\text{m}$；

$a_{6-7}=0.216\text{m}$；$h_{6-7}=0.325\text{m}$；

$a_{7-8}=0.242\text{m}$；$h_{7-8}=0.364\text{m}$；

$a_8=0.277\text{m}$；$h_8=0.416\text{m}$。

3. 水头损失

$$h=\xi\frac{v_i^2}{2g}$$

ξ 为局部阻力系数，进水管出口处 $\xi=1.0$，孔口处 $\xi=1.06$。

$h_{f1}=0.0510\text{m}$，$h_{f1-2}=0.0346\text{m}$，$h_{f2-3}=0.0242\text{m}$，$h_{f3-4}=0.0177\text{m}$，$h_{f4-5}=0.0124\text{m}$，$h_{f5-6}=0.0087\text{m}$，$h_{f6-7}=0.0058\text{m}$，$h_{f7-8}=0.0037\text{m}$，$h_{f8}=0.0022\text{m}$。

$\sum h_f=\sum h_{fi}=0.160\text{m}$

4. 计算 GT 值，并判断是否满足混凝反应的要求

$$G=\sqrt{\frac{9.81\rho h}{60\mu T}}=\sqrt{\frac{9.81\times1000\times0.160}{60\times1.029\times10^{-3}\times25}}=32.12\text{s}^{-1}$$

$$GT=32.12\times25\times60=4.818\times10^4$$

此值在 10^4～10^5 之间，满足要求。

5.3 沉淀与澄清

水中固体颗粒（或凝聚矾花）依靠重力作用，从水中分离出来的单元操作过程称为沉淀。沉淀是在比重差引起的重力作用下，从液体中分离出来或去除固体颗粒的单元过程，一般去除 20～100μm 的颗粒。颗粒比重相对于水大于 1 时，表现为下沉；颗粒比重相对于水小于 1 时，表现为上浮。

将脱稳胶粒通过絮凝形成大的絮凝体的反应过程和与水分离过程（沉淀）综合于一个构筑物中完成（有时还包括压缩双电层的胶体脱稳过程）称为澄清，其和沉淀不同之处在于其上一级无须设置絮凝池。

5.3.1 颗粒在静水中的沉淀

在给水处理中，常遇到两种沉淀：一种是颗粒沉淀过程中，彼此没有相互干扰，只受到颗粒本身在水中的重力和水流阻力的作用，称为自由沉淀；另一种是颗粒在沉淀过程中，彼此相互干扰，或者受到池壁的干扰，虽然其粒度和第一种相同，但沉淀速度较小，称为拥挤沉淀。

1. 自由沉淀

低浊度水沉淀时，因水中的悬浮泥沙颗粒较少，沉淀时各颗粒之间相互干扰较小，可以看做是自由沉淀。

在静水中，颗粒下沉时，会受到向下的重力以及向上的阻力的共同作用。重力为颗粒的质量力，仅与颗粒自身的重量有关，而阻力则与颗粒的大小、糙度、形状以及沉淀速度有关。刚开始下沉时，颗粒受到重力作用，下沉速度会越来越大，但随着沉淀速度的加快，颗粒受到的向上的阻力也相应增大。当阻力与重力相等时，即达到平衡状态，此时颗粒的沉速保持恒定。根据牛顿第二定律，可得出如下一定粒度的颗粒在静水中的沉淀速度公式：

$$u=\sqrt{\frac{4}{3}\frac{g}{C_D}\frac{(\rho_s-\rho_1)}{\rho_1}d} \tag{5.22}$$

式中 C_D——阻力系数，与颗粒沉降的雷诺数 Re 有关；

ρ_s——颗粒的密度；

ρ_1——水的密度；

g——重力加速度；

d——颗粒的直径。

雷诺数 Re 计算公式如下：

$$Re=\frac{ud}{\nu} \tag{5.23}$$

式中 ν——水的运动黏度。

通过实验，可以把观测到的 u 值带入式（5.22）和式（5.23）求得 C_D 和 Re，绘成曲线，见图 5.19。

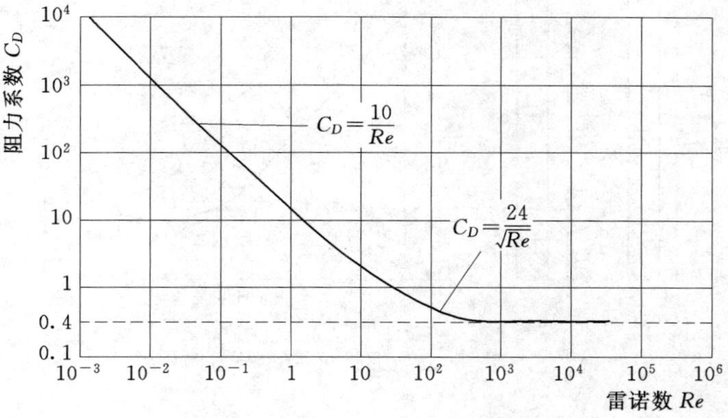

图 5.19 C_D 与 Re 的关系（球形颗粒）

在 $Re<1$ 的范围内，呈层流状态，其关系式为：

$$C_D=\frac{24}{Re} \tag{5.24}$$

代入式（5.22）得到斯诺克斯公式：

$$u=\frac{1}{18}\frac{\rho_s-\rho_1}{\mu}gd^2 \tag{5.25}$$

在 $1000<Re<25000$ 范围内，呈紊流状态，C_D 接近于常数 0.4，代入式（5.22）得：

$$u=1.83\sqrt{\frac{\rho_s-\rho_1}{\rho_1}dg} \tag{5.26}$$

在 $1<Re<1000$ 范围内，属于过渡区，C_D 近似为：

$$C_D=\frac{10}{\sqrt{Re}} \tag{5.27}$$

代入式（5.22）得到阿兰公式：

$$u=\left[\left(\frac{4}{255}\right)\frac{(\rho_s-\rho_1)^2g^2}{\mu\rho_1}\right]^{\frac{1}{3}}d \tag{5.28}$$

从上述公式可知，颗粒的沉降速度与颗粒的直径和颗粒与水的密度差成正比关系，因此对于颗粒而言，颗粒越大并且越重，越容易沉淀。

2. 拥挤沉淀

对于浊度较高的水而言，其颗粒在水中下沉时，被排挤的水对颗粒具有一定的阻力，颗粒处于相互干扰状态，此沉淀过程称为拥挤沉淀，此时的沉淀速度称为拥挤沉速。这时的沉降将慢于自由沉淀的沉速。

拥挤沉速可以用实验方法测定。当水中含沙量很大时，泥沙即处于拥挤沉淀状态，常见的拥挤沉淀过程有明显的清水和浑水分界面，称为浑液面，浑液面缓慢下沉，直到泥沙最后完全压实为止。

水中凝聚性颗粒的浓度达到一定数量亦产生拥挤沉淀。由于凝聚性颗粒的比重远小于砂粒的比重，所以凝聚性颗粒从自由沉淀过渡到拥挤沉淀的临界浓度远小于非凝聚性颗粒的临界浓度。

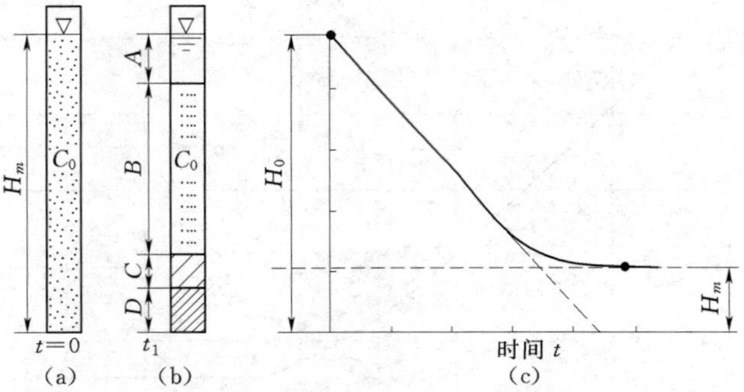

图 5.20　拥挤沉淀过程

如图 5.20 所示，经过一定的沉淀时间后，沉淀实验筒中可划分为 4 个区域：清水区 A、等浓度区 B、变浓度区 C 以及压实区 D。清水区 A 与等浓度区 B 之间存在一个清水区与浑水区分界的分界面。在沉淀过程中，分界面随着沉淀时间的延长而连续下移，则清水区 A 深度不断增加，同时等浓度区 B 不断缩小直至消失，最终只剩下清水区 A 和压实区 D，这就是整个的拥挤沉淀过程。拥挤沉淀的沉速和水中的颗粒浓度有很大关系，一般浓度越高，沉淀时颗粒之间相互干扰越大，以致沉速越小。

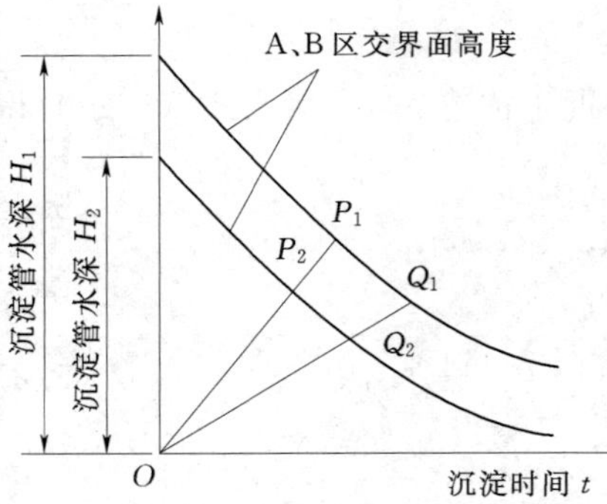

图 5.21　不同沉淀高度的沉降过程相似关系

水中凝聚性颗粒如矾花达到足够浓度时，也会出现拥挤沉淀现象，澄清池中悬浮泥渣层的沉淀就是这样，因为泥渣颗粒的密度比沙粒小，所以出现拥挤沉淀时的颗粒浓度小些。

如用相同的水样，在不同高度的量筒内做沉淀实验（图 5.21），发现在不同沉淀高度 H_1 和 H_2 时，两条沉降过程曲线存在相似关系，即 $\frac{OP_1}{OP_2}=\frac{OQ_1}{OQ_2}$，说明当原水颗粒浓度相同时，A、B 区交界的浑液面的下沉速度是相同的，但由于沉淀水深大时，压实区较厚，最后沉淀物的压实要比沉淀水深小时压得密实些。这种沉淀过程与沉淀高度无关的现象，使有可能用较短的沉淀管做实验，来推测实际沉淀效果。

5.3.2 平流式沉淀池

平流式沉淀池应用很广，特别是在城市水厂中常被采用。

平流式沉淀池为矩形水池，其基本工程布置如图 5.22 所示，分成 4 个主要区域：进水区、沉淀区、污泥区和出水区。进水区作用是使进水和悬浮颗粒均匀分布在整个沉淀池横断面上；沉淀区则是沉淀池的主体，悬浮物颗粒从水中分离出来；从溶液中分离出来的固体颗粒存于污泥区，然后从该区作为底泥排出；进入出水区的全部颗粒被水流带出池外。

平流式沉淀池在运行时，水流受到池体构造和外界影响（如进口处水流惯性、出口处束流、风吹池面、水质的浓度差和温度差等），致使颗粒沉淀复杂化。为了便于讨论和理解先从理想沉淀池出发，后讨论实际情况。

5.3.2.1 非凝聚性颗粒的沉淀过程

所谓理想沉淀池，应符合以下 3 个假定：

（1）颗粒处于自由沉淀状态。即在沉淀过程中，颗粒之间互不干扰、颗粒的大小、形状和密度不变。因此，颗粒的沉速始终不变。

（2）水流沿着水平方向流动。在过水断面上，各点流速相等，并在流动过程中流速始终不变。

（3）颗粒沉到池底即认为已被去除，不再返回水流中。

理想沉淀池由图 5.22 中 $ABA'B'$ 构成纵断面的沉淀池组成，AB 为进水断面，$A'B'$ 为出水断面，水深为 h_0，沉淀区池长为 L。

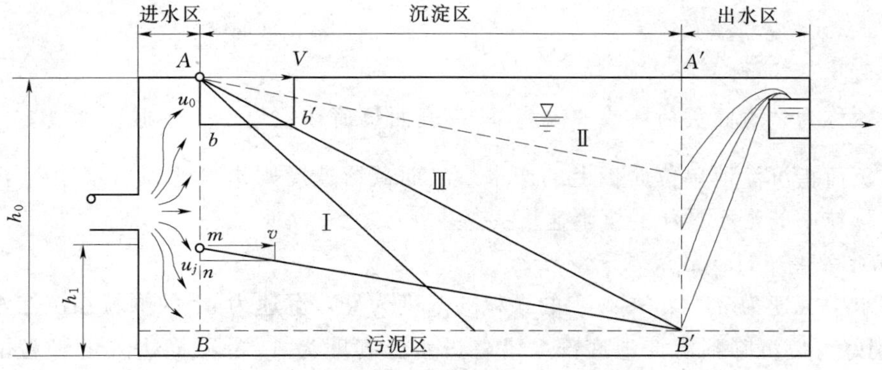

图 5.22 理想沉淀池工作状况

图中直线Ⅰ、Ⅱ、Ⅲ的意义：

直线Ⅰ指从池顶 A 开始下沉而能够在池底最远处 B' 点之前沉到池底的颗粒的运动轨迹；直线Ⅱ指从池顶 A 开始下沉而不能沉到池底的颗粒的运动轨迹；直线Ⅲ指从池顶 A 开始下沉刚好沉到池底的颗粒的运动轨迹。

设沿直线Ⅲ运动的颗粒被水流挟带的水流水平流速为 v，颗粒沉速为 u_0。若颗粒沉

速 $u>u_0$ 的一切颗粒均可沿直线Ⅰ类似的轨迹沉到池底，而颗粒沉速 $u<u_0$ 的颗粒，如从池顶 A 点开始下沉，肯定不能沉到池底，而是沿着直线Ⅱ类似的轨迹被带出池外。如从池顶 A 点以下一定高度处开始下沉，则有可能沉到池底。所以：轨迹Ⅲ所代表的颗粒沉速 u_0 具有特殊的意义，一般称为临界沉速或截留沉速，用 u_0 表示。实际上它反映了沉淀池所能全部去除的颗粒中的最小颗粒的沉速，因为凡是沉速等于或大于沉速 u_0 的颗粒能够全部被沉掉。

原水进入沉淀池，在进水区被均匀分配在 $A—B$ 截面上其水平流速为：

$$v=\frac{Q}{h_0B} \tag{5.29}$$

考察顶端 A 点，颗粒沉速 $u\geqslant u_0$ 颗粒都可以去除，而 $u<u_0$ 的颗粒只能部分去除。

对于直线Ⅲ代表的一类颗粒而言，其水平流速 v 和沉淀速度 u_0 都与沉淀时间 t 有关：

$$t=\frac{L}{v} \tag{5.30}$$

$$t=\frac{h_0}{u_0} \tag{5.31}$$

式中　L——沉淀区的长度，m；

h_0——沉淀区的水深，m；

t——水在沉淀区中的停留时间，s；

u_0——颗粒的截留沉降速度，m/s；

v——水流的水平流速，m/s。

由式（5.29）～式（5.31）得：

$$u_0=\frac{Q}{LB} \tag{5.32}$$

即
$$u_0=\frac{Q}{A} \tag{5.33}$$

$\frac{Q}{A}$一般称为“表面负荷”或“溢流率”。表面负荷在数值上等于截留速度，但含义不同。表面负荷指沉淀池单位面积上的产水量，而截留速度则指自池顶 A 开始下沉所能全部去除的颗粒中的最小颗粒的沉降速度。

1. 沉淀效率—Hazen 浅层沉淀理论

设原水中沉速为 u_i（$u_i<u_0$）的颗粒的浓度为 C，沉速为 u_i 的颗粒在沉淀池中距池底 h_i 时刚好可以沉降到沉淀池底部。沿着进水区高度为 h_0 的截面进入的颗粒的总量为 $QC=h_0BvC$，沿着 m 点以下的高度为 h_i 的截面进入的颗粒的数量为 h_iBvC（图 5.4），则沉速为 u_i 的颗粒的去除率为：

$$E=\frac{h_iBvC}{h_0BvC}=\frac{h_i}{h_0} \tag{5.34}$$

另外，从图 5.22 中△ABB'和△Abb'的相似关系，得：

$$\frac{h_0}{u_0}=\frac{L}{v}\text{，即 } h_0=\frac{Lu_0}{v} \tag{5.35}$$

同理得：

$$h_i=\frac{Lu_i}{v} \tag{5.36}$$

由以上公式得：

$$E=\frac{u_i}{u_0} \tag{5.37}$$

由式（5.33）和式（5.37）得：

$$E=\frac{u_i}{\dfrac{Q}{A}} \tag{5.38}$$

在理想沉淀池中，有：$L=vt_0$，$H=u_0t_0$，则：$t_0=\frac{L}{v}=\frac{H}{u_0}$。

于是有：

$$u_0=\frac{vH}{L}=\frac{vHB}{LB}=\frac{Q}{A} \tag{5.39}$$

即表面负荷$\frac{Q}{A}$在数值上等于截留速度u_0。

由式（5.38）可知：悬浮颗粒在理想沉淀池中的去除率只与沉淀池的表面负荷有关，而与其他因素如水深、池长、水平流速和沉淀时间均无关。这一理论早在1904年已由哈真（Hazen）提出。它对沉淀技术的发展起了不小的作用。当然，在实际沉淀池中，除了表面负荷以外，其他许多因素对去除率还是有影响的。

理想平流沉淀池的沉淀效率E只与颗粒沉速、沉淀池的水量和表面积有关，而与其他因素如水深、水平流速、沉淀时间、沉淀池的长度和宽度均无关。平流沉淀池的效果可以用液面负荷表示，液面负荷越大，沉淀效果越差，液面负荷越小，沉淀效果越好。

2. 理想沉淀池总的沉淀效率

凡是沉速$u_i \geqslant u_0$的颗粒，在理想沉淀池中都能全部去除，其去除率为$1-x_0$（x_0为沉速小于u_0的颗粒所占的重量比）。

对于沉速$u_i < u_0$的各种颗粒，其去除率用下式计算：

$$E_i=\int_0^{x_0}\frac{u_i}{u_0}\,\mathrm{d}x=\frac{1}{u_0}\int_0^{x_0}u_i\,\mathrm{d}x \tag{5.40}$$

则沉淀池总的沉淀效率为：

$$E=(1-x_0)+E_i=(1-x_0)+\int_0^{x_0}\frac{u_i}{u_0}\mathrm{d}x \tag{5.41}$$

5.3.2.2 絮凝沉淀的沉淀过程

给水混凝处理中，絮凝颗粒在沉降过程中要相互碰撞凝聚，颗粒会进一步长大，使沉降速度增加，这种絮凝沉淀的颗粒在池中的沉降轨迹如图5.23中曲线所示。

从图5.23可以看出，絮凝沉淀的效果要略优于自由沉淀。在实际工程设计中，通常对絮凝沉淀的沉淀池特性及计算仍按照自由沉淀的理论来考虑，只是在设计参数值选取的时候已经考虑了絮凝沉淀能提高去除能力的因素，或者把所提高的去除能力归入了安全系数，使设计更为安全。

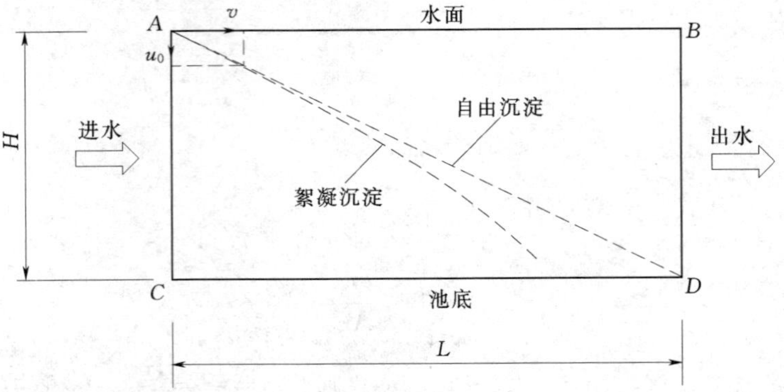

图 5.23　絮凝沉淀轨迹

严格而言，确定絮凝沉淀的沉淀池颗粒去除率与表面负荷的关系需要进行絮凝沉淀试验。但实验值的使用时应考虑到实验条件和工程运行条件的差别，在设计取值时适当考虑一定的富余量。

5.3.2.3　平流式沉淀池的构造

平流式沉淀池分为进水区、沉淀区、污泥区、出水区 4 部分。

1. 进水区

进水区的作用是使流量均匀分布在进水截面上，尽量减少扰动。一般做法是使水流从絮凝池直接流入沉淀池，通过穿孔墙将水流均匀分布在沉淀池的整个断面上，见图 5.24。为使矾花不易破碎，穿孔花墙孔口流速 $v<0.15\sim0.2$m/s，同时为保证穿孔墙的强度，洞口总面积也不宜过大。

2. 沉淀区

沉淀区的高度一般约 3～4m，平流式沉淀池中应尽可能减少紊动性，提高稳定性。紊动性的指标为水流的雷诺数 Re，稳定性指标为水流的弗洛德数 Fr。雷诺数 Re 越小，水流紊动性越小；弗洛德数 Fr 越大，水流的稳定性越高。要降低沉淀池中水流的 Re 和提高水流的 Fr，必须设法减小水力半径。采用导流墙将沉淀池进行纵向分格可减小水力半径，改善水流条件。

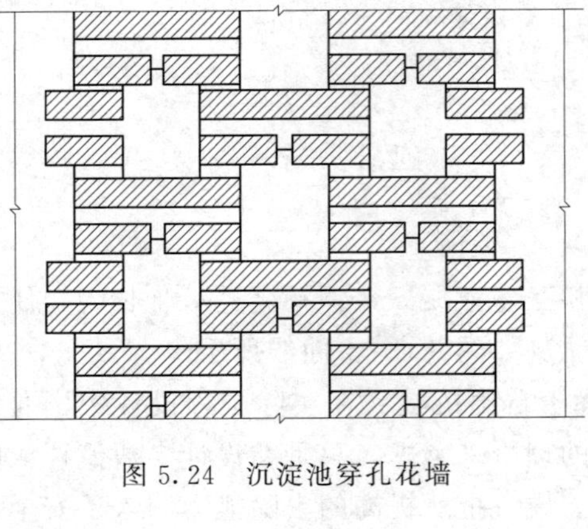

图 5.24　沉淀池穿孔花墙

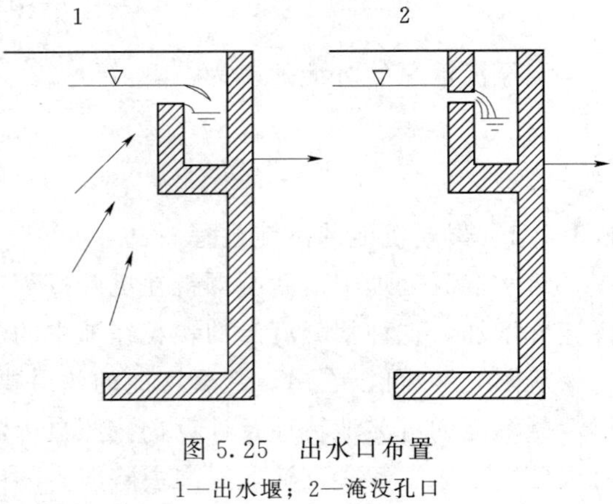

图 5.25　出水口布置

1—出水堰；2—淹没孔口

沉淀池一般有效水深 H 为 3～4m，沉淀区的长度 L 取决于水平流速 v 和停留时间 T，即 $L=vT$，沉淀池的宽度 $B=Q/Hv$，同时还应满足如下要求，即 $L/B\geqslant4$，$L/H\geqslant10$。单格沉淀池宽度宜在 3～8m，不宜大于 15m。

停留时间 $T=1.0$～3.0h，华东地区水源一般采用 1～2h；低温低浊水源停留时间往往超过 2h。水平流速 v，若絮凝沉淀 $v=10$～25mm/s；自然沉淀 v 不大于 3mm/s。

3. 出水区

沉淀后的水应尽量在出水区均匀流出，一般采用堰口布置，或采用淹没式出水孔口，见图 5.26。后者的孔口流速宜为 0.6～0.7m/s，孔径 20～30mm，孔口在水面下 12～15cm。孔口水流应自由跌落到出水渠中。

为缓和出水区附近的流线过于集中，应尽量增加出水堰的长度，以降低堰口的流量负荷。堰口溢流率一般小于 250L/(m・min)。目前，我国常用的增加堰长的办法如图 5.26 所示。

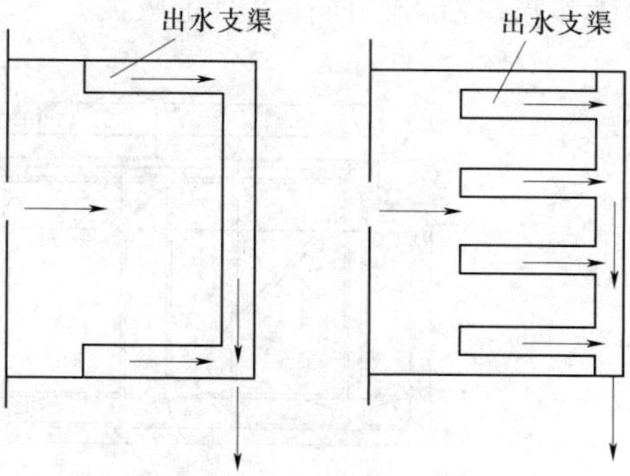

图 5.26 增加出水堰长度的措施

4. 污泥区和排泥措施

沉淀池的排泥方式有 3 种：泥斗排泥、穿孔管排泥以及机械排泥。

(1) 泥斗排泥：靠静水压力 1.5～2.0m，下设有排泥管，多斗形式，可省去机械刮泥设备（池容不大时）。原水浊度高时，斗的数量和大小应根据原水浊度、沉淀池尺寸，通过技术经济比较后确定。

(2) 穿孔管排泥：适用于原水浊度不太大的中小型沉淀池，在村镇饮水工程中应用较多。穿孔管布置形式见图 5.27，具体要求如下：

1) 沉淀池长的 1/3～1/2 设置，池底无穿孔管部分纵坡 0.02，横坡 0.05。

2) 穿孔管中心间距 1.5～2.0m。

3) 孔眼间距 0.4～0.8m，孔眼向下，垂直成 45°～60°，交错排列，孔眼直径 $d=20$～30mm，孔眼流速 4～5m/s。

4) 排泥管的闸门，宜用水力闸门，另一端设堵板，便于清通。

5) 穿孔管直径不小于 150mm，宜用 200～300mm 直径。

6) 穿孔管的孔眼面积与穿孔管断面积之比，取为 0.4～0.5。

7) 每根穿孔管的长度不大于 15m。

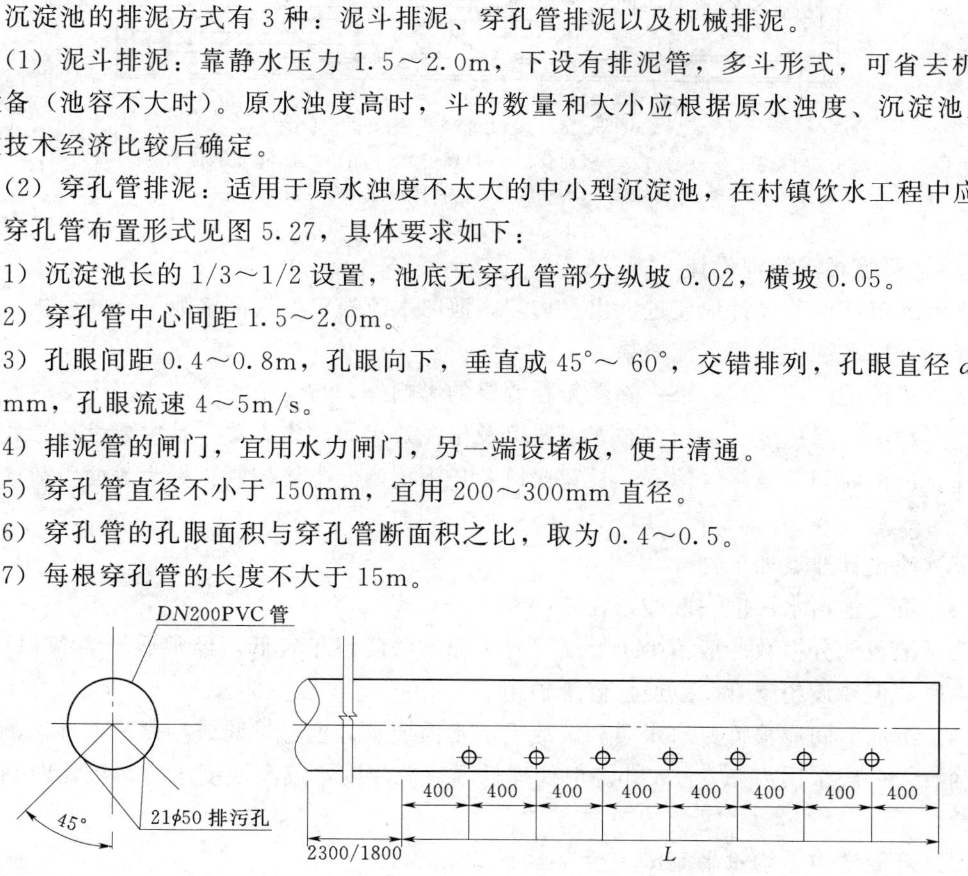

图 5.27 穿孔排泥管布置大样（单位：mm）

(3) 机械排泥：可充分发挥沉淀池的容积利用率，且排泥可靠。当池内外有水位差时，采用多口虹吸式吸泥装置，见图 5.28，其吸泥动力来自沉淀池水位所能形成的虹吸水头，适用于具有 3m 以上虹吸水头的沉淀池。当池内外水位差有限时，可采用泵吸装置，其构造同虹吸式相同。还有一种单口扫描式吸泥机，它是在总结多口吸泥机的基础上设计的。其特点是无需成排的吸口和吸管装置。当吸泥机沿沉淀池纵向移动时，泥泵、吸泥管和吸口沿着横向往复行走吸泥。

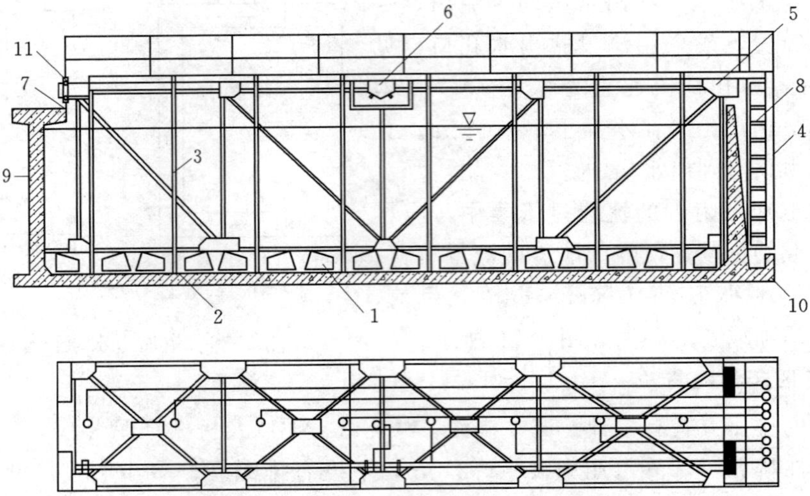

图 5.28　多口虹吸式吸泥机

1—刮泥板；2—吸口；3—吸泥管；4—排泥管；5—桁架；6—电机和传动机；7—轨道；8—梯子；9—沉淀池壁；10—排泥沟；11—滚轮

5.3.2.4　平流式沉淀池设计

平流式沉淀池的设计应使进、出水均匀，池内水流稳定，提高水池的有效容积，同时减小紊动，以有利于提高沉淀效果。

平流式沉淀池的沉淀效果，除受絮凝效果的影响外，与池中水平流速、沉淀时间、原水絮凝颗粒的沉降速度、进出口布置形式以及排泥效果等因素有关，其主要设计参数为水平流速、沉淀时间、池深、池宽、长宽比以及长深比等。主要控制指标为表面负荷或停留时间。

沉淀池设计要点如下：

(1) 沉淀池出水浊度一般控制在 5NTU 以下。

(2) 池数或分格数一般不少于 2 座（对于原水浊度终年较低，经常低于 20NTU 时亦可用 1 座，但要设超越管，以便检修维护用）。

(3) 沉淀时间应根据原水水质和沉淀后的水质要求，通过试验或参照相似地区的沉淀资料确定，一般采用为 1.0～3.0h。但处理低温、低浊度水或高浊度水时，沉淀时间应适当增长。

(4) 沉淀池内平均水平流速一般为 10～25mm/s。

(5) 有效水深一般为 3.0～3.5m，超高一般为 0.3～0.5m。

(6) 池的长宽比不应小于 4∶1，每格宽度或导流墙间距一般采用 3～9m，最大为 15m；该宽度的限制主要是受排泥设备的宽度限制，一般标准挂吸泥机排泥设备的宽度如上述宽度制作。

(7) 池的长深比不小于 10∶1。

(8) 池的弗洛德数一般控制在 $Fr=1\times10^{-4}\sim1\times10^{-5}$ 之间；平流沉淀池内雷诺数 Re 一般在 4000～15000 之间，多属紊流，池内水流流态宜为层流。因此，设计时应注意隔墙设置，以减小水力半径，降低雷诺数。

平流式沉淀池的设计计算方法有两种：第一种计算方法按照停留时间计算；第二种计算方法按照表面负荷计算，具体公式见表 5.9。

表 5.9　平流沉淀池设计计算公式

项目		公式	说明
第一种计算方法	1. 池长	$L=3.6vT$	v—池内平均水平流速，mm/s； T—沉淀时间，h； Q—设计水量，m^3/h； H—有效水深，m； β—池的长宽比； R—水力半径，cm； ω—水流断面面积，cm^2； ρ—湿周，cm； g—重力加速度，m/s^2； ν—水的运动黏度； u_0—表面负荷，数值上等于颗粒的截留速度，m/s
	2. 池面积	$F=\dfrac{QT}{H}$	
	3. 池宽	$b=\sqrt{F/\beta}$	
	4. 弗洛德数	$Fr=\dfrac{v^2}{Rg}$ $R=\dfrac{\omega}{\rho}$	
	5. 雷诺数	$Re=\dfrac{vR}{\nu}$	
第二种计算方法	1. 池面积	$F=\dfrac{Q}{3.6u_0}$	
	2. 池长	$L=3.6vT$	
	3. 池宽	$b=\dfrac{F}{L}$	

注　对于池深 H，如采用泥斗排泥时，应考虑泥斗的高度。

5.3.2.5　影响平流沉淀池沉淀效果的因素

实际的平流沉淀池不同于理想沉淀池，其沉淀效果受到以下几方面的影响：

1. 实际水流状况对沉淀效果的影响

实际沉淀池中水流会产生短路，即短流，其使得沉淀效果降低。在实际沉淀池中的停留时间偏离理想沉淀池，一部分水流通过沉淀池的停留时间小于 t_0，而另一部分水流则大于 t_0，这种现象称为短流，产生短流的原因为：进水的惯性作用；出水堰产生的水流抽吸作用；温度差和浓度差引起的异重流；风浪引起的短流；池内存在导流壁和刮泥设施等。

2. 絮凝作用的影响

絮凝过程在平流式沉淀池中继续进行，颗粒大小的不同导致沉速的不同，沉淀时间和沉淀池的水深对沉淀效果均有影响。由于沉淀池内流速分布不均，存在速度梯度 $\dfrac{dv}{dy}$，引起颗粒碰撞，促进絮凝。颗粒进一步碰撞变大，使得沉淀效果提高。絮凝体在沉淀池中的进一步絮凝作用有利于提高沉淀池的沉淀效果。

5.3.2.6　平流沉淀池的适用条件

平流式沉淀池处理效果稳定，可就地取材，造价低，并且操作管理方便，施工也较简单，适用于大中型的水厂。但占地面积较大，对于节约土地资源是不利的；采用人工排泥时，排泥较困难，宜采用机械排泥，机械排泥设备维护较复杂。

5.3.3　斜管与斜板沉淀池

斜管或斜板沉淀池是在 Hazen 浅层沉淀理论的基础上发展起来的。1904 年，Hazen 提出理想沉淀池的沉淀效率公式，即沉淀效率 $E=\dfrac{u_i}{Q/A}$，指出某一粒径的颗粒在沉淀池内的沉淀效率与颗粒的截留速度和沉淀池表面负荷有关，而与沉淀池的深度、流速、沉淀时间等其他因素无关。因此得出最经济的沉淀池是：只要满足表面负荷而采用最小池深，池深以不产生沉淀的颗粒的二次起动为度。

根据 Hazen 浅层沉淀理论可知，要提高沉淀池的沉淀效果，可采用如下措施：

（1）合理进行絮凝，可增大颗粒粒度，从而改变颗粒的沉降速度，沉淀效果提高。

（2）在沉淀池内中途取水，使得沉淀池中流量 Q 减小，从而提高沉淀效果。

（3）在不影响沉泥稳定的情况下减小池深，增加水平分格，从而增加沉淀面积，从而提高沉淀效果。

我国早期根据 Hazen 理论，曾把普通平流式沉淀池改建成水平多层多格的沉淀池，如长沙水厂和上海浦东水厂就进行过生产性试验，但由于排泥问题没有得到解决，因此无法推广。为解决排泥问题，斜板（管）沉淀池才逐渐发展起来，浅池沉淀理论得到了实际运用。

5.3.3.1　斜管（斜板）沉淀池效率高的原因

1. 增加了沉淀面积

如果在池中增加水平隔板（图 5.29），将原来的水深分为 4 层，则每层水深为 $H/4$，如果水平流速 v 及所要求去除的最小颗粒的沉速 u_0 不变，则颗粒沉降轨迹的坡度不变。

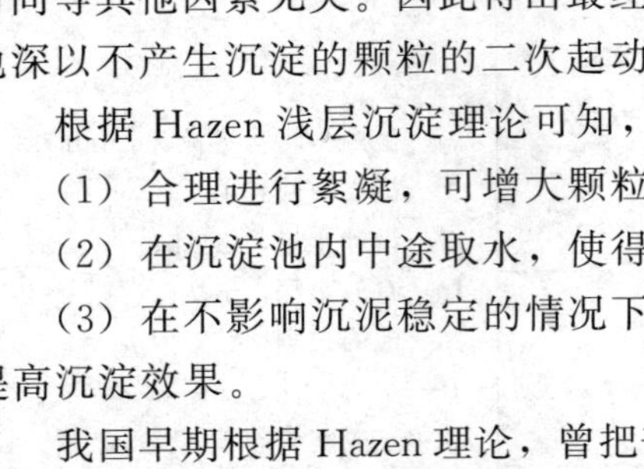

图 5.29　斜管沉淀池原理示意图

如果颗粒沉速 u_i 和流量 Q 不变，由于设置格板沉淀池分层后，沉降距离减少为 $H/4$，则沉淀面积增加了 4 倍，则有：

$$E'=\frac{u_i}{Q/4A}=4\frac{u_i}{Q/A}=4E \tag{5.42}$$

显然，沉淀池的沉淀效率增加了 4 倍。有更多的颗粒沉淀于池底，出水水质更好。为了解决排泥问题，如果采用 4 层斜板，以代替水平隔板，则沉降距离亦为 $H/4$，其投影面积仍为 $4A$，因此在沉淀效率不变的情况下，其处理能力仍然可提高 4 倍。

2. 斜板（管）内的颗粒再凝聚

絮凝反应后的水进入斜管时与下滑的沉泥在斜管进口处相接触（过渡层），由于这一区域颗粒多，浓度大，增加了颗粒相互碰撞的机会，因而形成接触絮凝的再凝聚现象，促进絮凝颗粒的进一步加大，从而提高沉降速度。

3. 创造了良好的沉淀条件，提高了沉淀效率

判别水流状态的雷诺数 Re，通常以小于 500 为层流，大于 2000 为紊流。平流式沉淀池的 Re 通常在 4000～15000。而斜板（管）沉淀池由于斜板（管）的湿周大，水力半径小，所以其 Re 只有几百（斜板），斜管的 Re 为 100～200，属层流。为颗粒的沉淀创造了良好的条件，促使沉淀效率进一步提高。

5.3.3.2 斜管（斜板）沉淀池的特点

斜管（斜板）沉淀池是把与水平面成一定角度（一般 60°左右）的管状组件（断面矩形或六角形等）或斜板置于沉淀池构成。水流可从下向上或从上向下流动，颗粒则沉于众多斜管底部，而后自动滑下。

从改善沉淀池水力条件的角度来分析，由于斜板沉淀池水力半径大大减小，从而使雷诺数 Re 大为降低，而弗劳德数加则大为提高。斜管沉淀池的水力半径更小。一般讲，斜板沉淀池中的水流基本上属于层流状态，而斜管沉淀池的 Re 多在 200 以下，甚至低于 100。斜板沉淀池的 Fr 数一般为 10^{-3}～10^{-4}，斜管的 Fr 数将更大。因此，斜板斜管沉淀池满足了水流的稳定性和层流的要求。当前，我国使用较多的是斜管沉淀池，故下面重点介绍斜管沉淀池，斜板沉淀池与斜管沉淀池类似。

根据水流与颗粒之间相对运动方向，斜管沉淀池可分为向上流、向下流两种斜管沉淀池，斜板沉淀池还有侧向流形式（图 5.30）。在目前的应用中向上流斜管沉淀池应用较多，工程设计中又称为异向流斜管沉淀池。但在用于处理低温低浊类原水的沉淀-气浮工艺中，考虑到配水及沉淀池与气浮池的水流有效衔接，沉淀池多用侧向流斜板沉淀池。

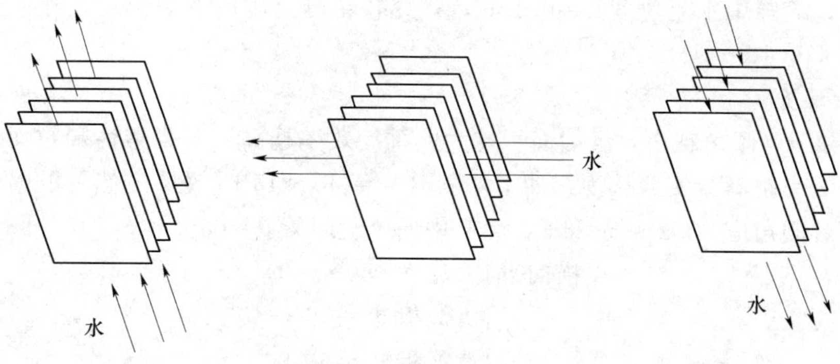

(a) 向上流　　(b) 侧向流　　(c) 向下流

图 5.30 斜管（斜板）水流方向示意图

图 5.31 表示斜管沉淀池的一种布置实例示意图。斜管区由六角形截面（内切圆直径为 30mm）的蜂窝状斜管组件组成。斜管与水平面成 60°角，放置于沉淀池中。原水经过絮凝池转入斜管沉淀池下部。水流自下向上流动，清水在池顶用穿孔集水管收集；污泥则在池底也用穿孔排污管收集，排入下水道。

5.3.3.3 斜管沉淀池的设计和计算

如图 5.31 所示，一般情况下，斜管沉淀池与絮凝反应池合建。斜管沉淀池至上而下

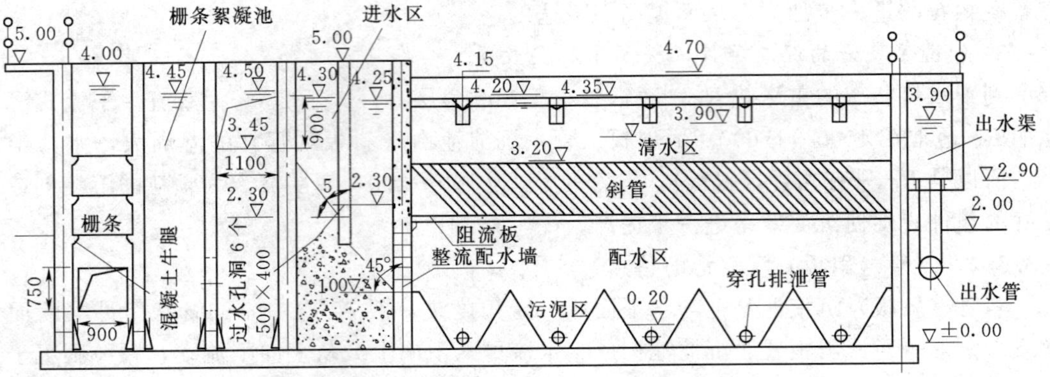

图 5.31　斜管沉淀池示意图（高程单位：m，尺寸单位：mm）

分为清水区、斜管区、配水区以及污泥区 4 个区域。

斜管沉淀池各部分主要设计要点如下：

1. 进水区

为使进水在整个沉淀池断面上均匀分布，在絮凝池与沉淀池之间设置进水区。进水区一般宽 2.0～3.0m，中间设置穿孔花墙，进一步使进水均匀分布。

2. 配水区

为使进水在沉淀池断面均匀分布，原水进入沉淀池配水区前设置整流配水花墙，配水区高度不小于 1.5m。

整流配水花墙可采用缝隙、栅条配水，也可采用穿孔花墙配水。缝隙、栅条配水：缝隙前窄后宽，缝隙中水流速度 $v=0.13$m/s；穿孔花墙：流速不大于反应池出口流速，通常采用 0.05～0.10m/s。

3. 斜管设置

倾斜角度 θ：倾角越小，沉淀面积越大，沉淀效率越高。对凝聚性颗粒而言，并非倾角越小沉淀效率越高。实验认为：向上流斜管 $\theta=35°\sim45°$时效果最佳。根据生产经验为使排泥通畅，倾角应为 $52°<\theta<60°$，生产中向上流斜管 $\theta=60°$。

$$\theta\begin{cases}\text{横向、向上流 } \theta=50°\sim60° \\ \text{向下流}\begin{cases}\text{沉淀板 } \theta_1=30°\sim40° \\ \text{滑泥板 } \theta_2=60°\end{cases}\end{cases}$$

倾斜长度 L：目前斜管长度，向上流多采用 800～1000mm。斜管长度 L 由分离段和过渡段组成，一般过渡段采用 200～250mm，分离段采用 600～800mm。

过渡段：
$$L_1=\frac{0.058v_0d^2}{v} \tag{5.43}$$

分离段：
$$L_2=\frac{(1.33v_0-u_0\sin\theta)}{u_0\cos\theta}d \tag{5.44}$$

式中　v_0——水流流速；

u_0——颗粒沉降速度；

θ——斜管倾角；

d——斜管内径。

市场上销售的斜管一般长度 $l=1.0$m。

当斜管沉淀池应用于高浊度水的第一级沉淀时，有时采用 1.5m 长的斜管，管内径一般也较常规处理工艺时沉淀池的斜管内径大。

4. 斜管平面面积上的液面上升流速，亦称溢流率或液面负荷

通常设计液面上升流速可采用：$v_{上}=2.0\sim3.0$mm/s，当倾角为 60°时，其相应的斜管（板）内流速约为 $v_0=2.5\sim3.5$mm/s，有 $v_{上}=v_0\sin\theta$。

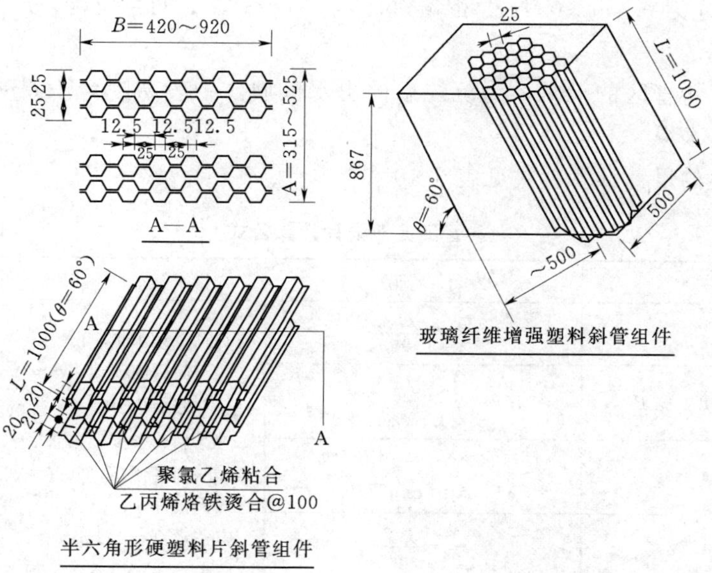

图 5.32 斜管组件（单位：mm）

斜板间距多采用 100mm，斜管管径（正六边形内切圆内径）$d=25\sim50$mm 或 70～100mm，用在絮凝沉淀池之后一般选择 30mm，用在预沉池中一般采用 50mm。

斜管或斜板一般采用不锈钢、塑料或木材，市场上多以塑料为主，单个组合尺寸多为 0.5m×0.5m（或 1.0m×1.0m）。斜管断面形状多为正六边形。

5. 颗粒沉降速度 u_0

颗粒沉降速度 u_0 指所需去除的最小颗粒的沉降速度，与水的性质（如水温、比重、黏滞度）、沉降颗粒的性质（如密度、形状、分散性、结绒性）、形成絮体的因素有关。设计时，考虑到水质变化等种种因素的影响，取 $u_0=0.3\sim0.4$mm/s，向上流斜管沉淀池以 0.25～0.3mm/s 居多。

6. 排泥

斜管（板）沉淀池由于单位出水量增加，因而泥量亦相应增加，比平流式沉淀池单位面积的积泥量增加好几倍，积泥分布在整个底板上，比较均匀。

主要排泥方式有如下几种：

（1）机械刮泥。适用于大型斜管（板）沉淀池，管理简单，劳动强度小，可以自由控制，可采用平底，降低池高，但在机械刮板运行区存在无斜管（板）区，存在短流现象。

（2）穿孔管排泥。穿孔排泥管孔眼易堵塞，检修不便，浊度高时，效果差。管长小于15m较好；常用管径150～200mm；穿孔管间距：1.5～2.0m；孔眼直径20～35mm；通过孔眼流速：2.5～4.0m/s；孔眼间距随孔径而变化：100～400mm，孔眼总面积为管径截面积的60% ～80%，穿孔管距池底约200mm。

（3）多斗排泥。适用于原水浊度不高的中小型沉淀池。池底做成很多泥斗，每斗设一根排泥管，或2～4个斗为一组，设排泥管。排泥管最小管径200mm，$v=2.0$m/s。这种排泥方式增加了池深，因而增加了造价。斗深最好为1.0m，但不小于0.6m，倾角不小于45°，斗底尺寸为0.4m×0.4m，混凝沉淀：$\theta=60\sim45°$；自由沉淀：$\theta=50\sim45°$。

7. 清水区

该区域位于斜管区的上方，为沉淀后的出水区域，一般高度为1.0～1.5m。该区域设置集水槽及出水渠。

斜管沉淀池的设计计算公式见表5.10。

表 5.10　　斜管沉淀池设计计算公式

项　　目	公　　式	说　　明
1. 面积	$A=\dfrac{Q}{0.95v}$	Q—设计水量，m^3/h； v_0—斜管内流速，mm/s； $v_上$—液面上升流速，mm/s； l—斜管长度，市售 $l=1000$mm； θ—斜管倾角，60°； H—池深，m； h_2—超高，0.3m； h_3—清水区水深，一般1.0～1.5m； h_4—配水区高度，不小于1.5m； h_5—泥斗高度，一般0.8m，也可根据泥斗尺寸计算，泥斗倾角55°～60°； R—水力半径，cm； ω—水流断面面积，cm^2； ρ—湿周，cm； g—重力加速度，m/s^2； ν—水的运动黏度； d—斜管内径，mm
2. 平面尺寸：长 L，宽 B	$B=\sqrt{A}$ $L=B+l\cos\theta$	
3. 池深	$H=h_1+h_2+h_3+h_4+h_5$ $h_1=l\sin\theta$	
4. 管内流速	$v_0=\dfrac{v_上}{\sin\theta}$	
5. 沉淀时间	$t=\dfrac{l}{v_0}$	
6. 管内雷诺数	$Re=\dfrac{v_0R}{\nu}$	
7. 管内弗洛德数	$Fr=\dfrac{v^2}{Rg}$ $R=\dfrac{\omega}{\rho}$ $\omega=\dfrac{1}{4}\pi d^2$ $\rho=\pi d$	

5.3.3.4　斜管（斜板）沉淀池的适用条件

斜管（斜板）沉淀池具有停留时间短、沉淀效率高以及占地面积小的优点，尤其是在当前时期土地的使用比较严格的情况下，相较平流沉淀池而言优势明显。但仍然存在如下不足之处，应在沉淀池的运行与维护过程中特别注意：

（1）斜管（板）运行时易产生积泥和藻类滋生，积泥过多易发生坍塌事故，需定期放空清洗，尤其是在春夏之交藻类大量滋生时，应注意及时清洗。

（2）斜管（板）材料费用高。

（3）因水流在斜管（板）间停留时间极短，斜管沉淀池的缓冲能力及稳定性较差，对沉淀前的絮凝处理稳定性要求较高。

斜管（板）沉淀池适合于大、中、小型的各类水厂及供水站，也适合于供水工程的新建、改建或扩建，尤其是当受场地条件限制而不能使用平流式沉淀池时，优势更加明显。另外应注意水在斜管内的停留时间宜为5.8～7.2min；斜管沉淀区液面负荷宜采用5.0～9.0$m^3/(m^2 \cdot h)$，并要注意出水堰过流率太高会卷起沉泥的问题。

5.3.4 其他类型沉淀池

除了平流沉淀池和斜管（板）沉淀池外，现在工程中常用的沉淀池形式还有竖流式沉淀池和辐流式沉淀池，这两种形式的沉淀池主要应用于城镇污水处理厂的初沉池和二沉池，一般不应用于给水厂，故在本书中只做些简单介绍。

1. 竖流式沉淀池

竖流式沉淀池有圆形的，也有正方形的，常用为圆形的，其布置形式见图5.33。为使池内配水均匀，池径不宜过大，一般采用4～7m，不大于10m。为了降低池的总高度，污泥区可采用多斗排泥方式。竖流式沉淀池的直径与有效水深之比一般不大于3。

竖流式沉淀池中，水流方向与颗粒沉淀方向相反，其截留速度与水流上升速度相等，上升速度等于沉降速度的颗粒将悬浮在混合液中形成一层悬浮层，对上升的颗粒进行拦截和过滤。因而竖流式沉淀池的效率比平流式沉淀池要高。

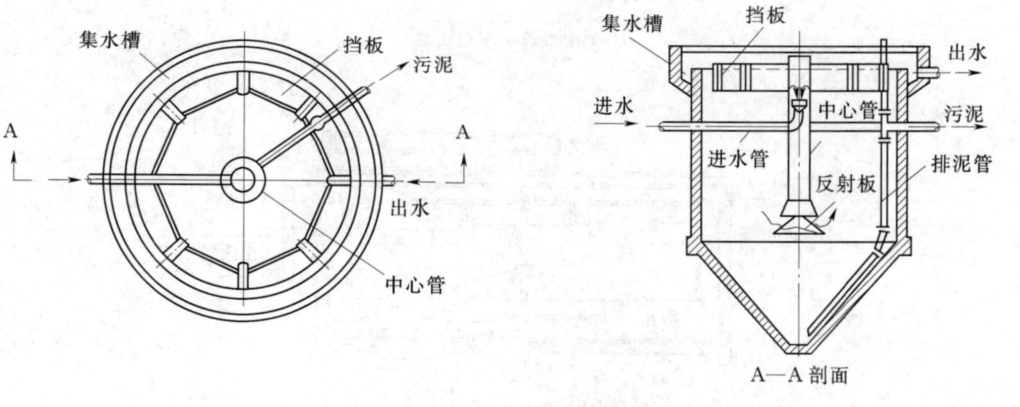

图5.33 竖流沉淀池布置

2. 辐流式沉淀池

池中水流沿径向辐射式流动的沉淀池，水流流动方向与颗粒沉降的方向垂直。池平面多呈圆形，小型池子有时也采用方形或多角形，一般直径较大（达20～30m，最大可达100m）。有效水深较浅（一般为1.5～5.0m），中心较周边深，在入流管周围常采用穿孔板围成入流区。水从底部中心进入池中，并沿池中央入流区上升至池上部并呈水平方向向四周辐流，由于过水断面不断变大，故池中的水流速度从池中心向池四周逐渐减慢。出口设在池周围顶部，采用溢流堰或溢流孔出水。泥斗设在池中央，池底向中心倾斜，污泥通常用刮泥（或吸泥）机械排除。刮泥板旋转速度为2～4r/h，外周刮板的线速度一般不超过3m/min。沉淀池底部坡度为1：12～1：20，污泥被刮至靠近池中心的污泥斗内，污泥斗坡度为 1∶6～1∶8。

辐流式沉淀池具有沉淀效果好，有机械排泥设备时，排泥效果好等优点。缺点是其基建投资及经常费用较大，刮泥机维护管理较复杂，耗用金属材料多，施工较平流式沉淀池困难。

按照进水与出水的形式和关系，辐流式沉淀池可分为中心进水周边出水、周边进水周边出水、周边进水中心出水三种形式的辐流沉淀池（图 5.34）。其中常用的为前两种形式，中心进水周边出水辐流沉淀池主要用在污水处理厂的初次沉淀池和二次沉池，周边进水周边出水辐流沉淀池主要用在污水处理厂的二次沉淀池。

辐流式沉淀池的主要控制指标同平流式沉淀池和斜管沉淀池一样，是表面负荷和停留时间，其设计计算过程同前两者也基本一样。

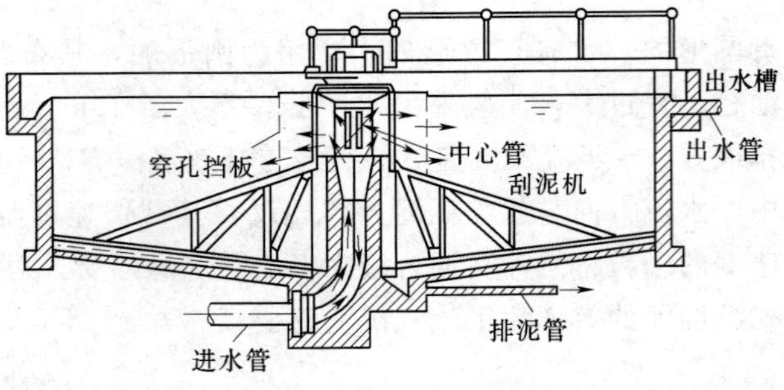

(a) 中心进水周边出水

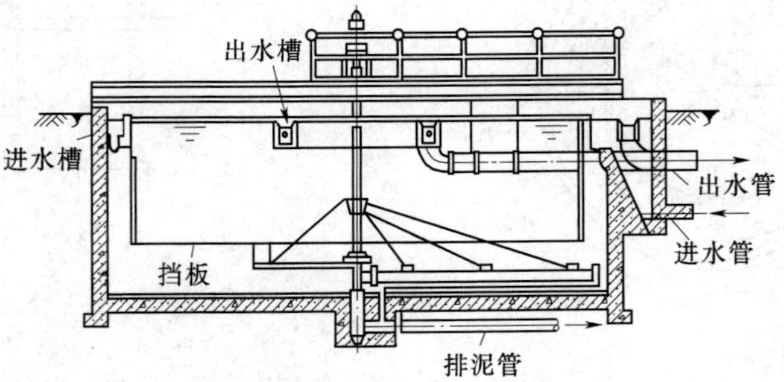

(b) 周边进水中心出水

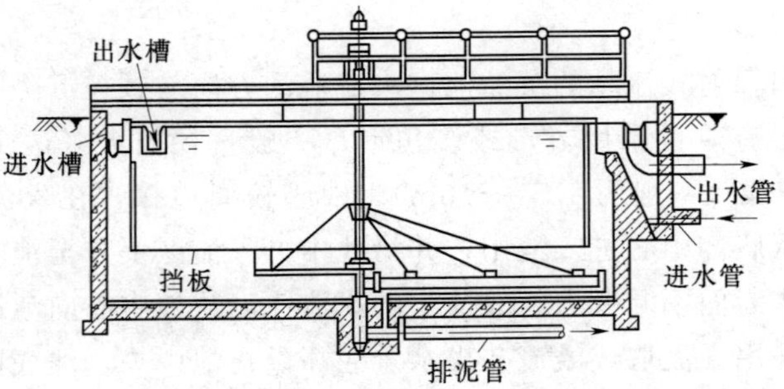

(c) 周边进水周边出水

图 5.34　辐流式沉淀池形式

5.3.5 澄清池

前面所讨论的絮凝和沉淀属于两个单元过程：水中脱稳杂质在絮凝反应池内通过碰撞结合成较大的絮凝体，然后在沉淀池内下沉。澄清池则将两个过程综合于一个构筑物中完成，主要依靠活性泥渣层达到目的。当脱稳杂质随水流与泥渣层接触时，便被泥渣层阻留下来，使水获得澄清。这种把泥渣层作为接触介质的过程，实际上也是絮凝过程，一般称为接触絮凝。在絮凝的同时，杂质从水中分离出来，清水在澄清池的上部被收集。

从泥渣充分利用的角度而言，平流式沉淀池单纯为了颗粒的沉降，池底沉泥还具有相当的接触絮凝活性未被利用，斜管或斜板沉淀池在管底积泥较多的区域存在一定程度的接触絮凝活性利用。而澄清池则充分利用了活性泥渣的絮凝作用。澄清池的排泥措施，能不断排除多余的陈旧泥渣，其排泥量相当于新形成的活性泥渣量。故泥渣层始终处于新陈代谢状态中，泥渣层始终保持接触絮凝的活性。颗粒与水的分离较好，并节约了絮凝剂的使用量，而且沉淀污泥的量也相对少些。

澄清池的形式很多，一般分为两大类，即泥渣悬浮型澄清池和泥渣循环型澄清池。

5.3.5.1 泥渣悬浮型澄清池

又称为泥渣过滤型澄清池。它的工作情况是加药后的原水由下而上通过悬浮状态的泥渣层时，使水中脱稳杂质与高浓度的泥渣颗粒碰撞凝聚并被泥渣层拦截下来，从而实现颗粒物与水的分离。这种作用类似过滤作用。浑水通过悬浮层即获得澄清（图5.35）。由于悬浮层拦截了进水中的杂质，悬浮泥渣颗粒变大，沉速提高。处于上升水流中的悬浮层亦似泥渣颗粒拥挤沉淀。上升水流使颗粒所受到的阻力恰好与其在水中的重力相等，处于动力平衡的悬浮状态。上升流速即等于悬浮泥渣的拥挤沉速。

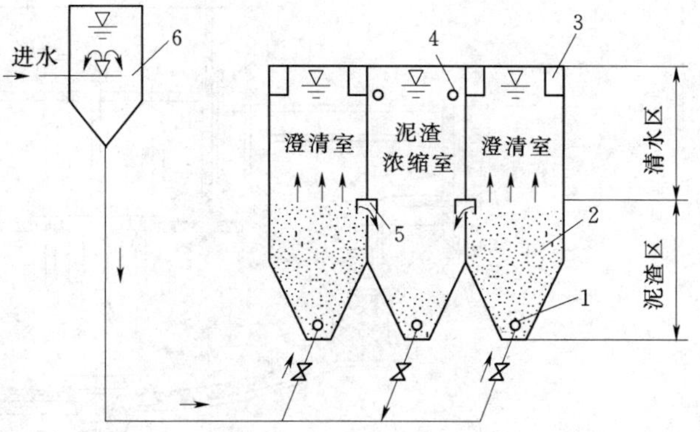

图 5.35 悬浮澄清池流程

1—穿孔配水管；2—泥渣悬浮层；3—穿孔集水槽；4—强制出水管；5—排泥窗口；6—气水分离器

泥渣悬浮型澄清池常用的有悬浮澄清池和脉冲澄清池两种。泥渣悬浮型澄清池运行适应性差，比如水温、水量变化时，容易造成悬浮泥渣层的不稳定，从而影响处理效果，因而现在的水厂设计中已不常用，故在本书中不作详细介绍。

5.3.5.2 泥渣循环型澄清池

为了充分发挥泥渣接触絮凝作用，可使泥渣在池内循环流动。回流量约为设计流量的3～5倍。泥渣循环可借机械抽升或水力抽升来实现。前者称为机械搅拌澄清池，后者称为水力循环澄清池。因机械澄清池靠机械搅拌获得泥渣循环利用，可调整机械搅拌的速度从而适应进水量和水质的变化，达到较好的澄清效果，在实际工程中应用较好，故本节重点介绍机械澄清池，同时简单介绍一下水力循环澄清池。

1. 机械搅拌澄清池

机械搅拌澄清池的构造如图 5.36 所示，主要由第一絮凝池和第二絮凝池及分离室组成。整个池体上部是圆筒形，下部是额头圆锥形。加过药剂的原水在第一絮凝室和第二絮凝室内与高浓度的回流泥渣相接触，达到较好的絮凝效果，结成大而重的絮凝体，在分离室中进行分离。

原水由进水管 1 通过环形三角配水槽 2 的缝隙均匀流入第一絮凝室 I。因原水中可能含有气体，会积在三角槽顶部，故应安装透气管 3。絮凝剂投注点，按实际情况和运转经验确定，可加在水泵吸水管内，亦可由投药管 4 投加在澄清池进水管、三角配水槽等处，亦可数处同时加絮凝剂。

搅拌设备由提升叶轮 5 和搅拌桨片 6 组成，提升叶轮装在第一和第二絮凝室的分隔处。搅拌设备的作用是：①提升叶轮将回流水从第一絮凝室提升至第二絮凝室，使回流水中的泥渣不断在池内循环；②搅拌桨使第一絮凝室内的水体和进水迅速混合，泥渣随水流处于悬浮和环流状态。因此，搅拌设备使接触絮凝过程在第一、第二絮凝室内得到充分发挥。回流流量为进水流量的 3～5 倍。

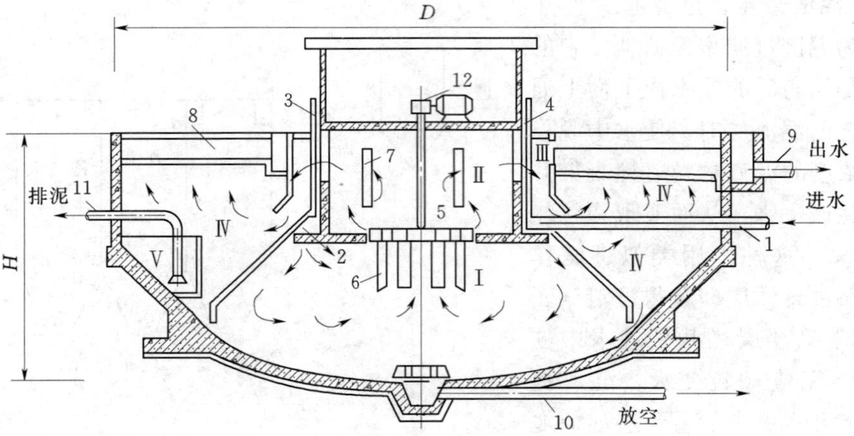

图 5.36　机械搅拌澄清池

Ⅰ—第一絮凝室；Ⅱ—第二絮凝室；Ⅲ—导流室；Ⅳ—分离室；Ⅴ—泥渣浓缩室

1—原水进水管；2—环形三角配水槽；3—透气管；4—投药管；5—提升叶轮；6—搅拌叶片；

7—导流板；8—集水槽；9—出水管；10—放空管；11—排泥管；12—电机

搅拌设备宜采用无级变速电动机驱动，以便随进水水质和水量变动而调整回流量或搅拌强度。但是生产实践证明，一般转速约在 5～7r/min，平时运转中很少调整搅拌设备的转速，因而也可采用普通电动机通过蜗轮蜗杆变速装置带动搅拌设备。

第二絮凝室设有导流板，用以消除因叶轮提升时所引起的水的旋转，使水流平稳地经导流室流入分离室。分离室下部为泥渣层，上部为清水层，清水向上经集水槽 8 流至出水管 9。清水层须有 1.5～2.0m 深度，以便在排泥不当而导致泥渣层厚度变化时，仍可保证出水水质。

向下沉降的泥渣沿锥底的回流缝再进入第一絮凝室，重新参加絮凝，一部分泥渣则排入泥渣浓缩室进行浓缩，至适当浓度后经排泥管排除，以节省排泥所消耗的水量。澄清池底部设放空管，备放空检修之用。当泥渣浓缩室排泥还不能消除泥渣上浮时，也可用放空管排泥。

可见机械搅拌澄清池集混合、絮凝和分离3种工艺在一个构筑物中完成，其利用了沉淀污泥中的剩余絮凝活性，可大大提高沉淀分离的效果，节约絮凝剂用量，是较好的水处理工艺。但结构复杂，设备运行维护要求的技术水平较高。

通常采用的设计和运行数据如下：

(1) 机械搅拌澄清池清水区的液面负荷，应按相似条件下的运行经验确定，可采用 2.9～3.6$m^3/(m^2 \cdot h)$。

(2) 分离室上升流速：我国一般采用0.8～1.1mm/s，也有采用更高上升流速的实例。但处理低温低浊水时可采用0.7～0.9mm/s。

(3) 停留时间：此处停留时间指从原水进入澄清池到澄清水出池的总时间，一般采用1.2～1.5h，主要取决于原水水质、水温以及管理水平。如果水中悬浮颗粒细小，胶体物质较多，水温较低时，停留时间宜延长。

(4) 各部分容积比：容积比是指第二絮凝室、第一絮凝室以及分离室容积之比，传统采用1∶2∶7。但它不是设计控制数据，仅仅是校核参数。其主要目的是保持合理的混合絮凝及沉降分离时间。

(5) 泥渣回流量：设计的泥渣回流量一般为进水流量的2～4倍，因此叶轮的提升流量应为进水流量的3～5倍。澄清池是依靠回流的活性泥渣起净水作用，一般应保证足够的回流量，其浓度在2500～5000mg/L范围内。

(6) 搅拌和提升：在机械搅拌澄清池中，提升叶轮与搅拌桨板一般采用变速电机驱动，同轴旋转。但澄清工艺对叶轮转速和搅拌桨板的转速有不同要求，叶轮的外缘速度为0.5～1.0m/s，搅拌桨板的外缘线速度为0.33～1.0m/s。

在实际运行中，叶轮外缘线速度很少超过1.0m/s，提升水头仅为5～10cm，通常只作季节性调整，以适应原水浊度、水温、水量的变化。但夏季原水浊度变化很大时，也应作相应调整。

搅拌桨板高度通常为第一絮凝室高的1/3左右，设4～16片，桨板总面积按第一絮凝室最大纵断面面积的5%～10%来计算。但国内较多池子实际运行情况表明，桨板的外径和高度适度放大能取得较好的效果，有不少水厂在原设计的基础上将桨板加宽加长。

(7) 泥渣浓缩室及排泥：可根据池子的大小设计泥渣浓缩室1～3个，其容积为澄清池总容积的1%～4%，要注意定时自动排泥，排泥周期一般为0.5～1.0h，排泥历时为5～60s，泥渣含水率为97%～99%（按重量计），排泥耗水量约占进水量的2%～10%。在小型池子中可不设排泥斗，只设中心排泥管（兼作放空用）。当进水悬浮物含量经常超过1000mg/L及池直径大于等于24m时，澄清池应设机械刮泥装置，将池底积泥刮倒中央后，由中心排泥管排除池外。

(8) 为了掌握澄清池各部分的运行情况，需要在进水管、第一絮凝室、第二絮凝室、分离室和出水槽、泥渣浓缩室等处设取样管，由运行人员定期采集澄清池各部分水样。各取样龙头宜加以编号并沿池壁集中设置以利操作。第一、第二絮凝室及泥渣浓缩室泥渣浓度大，在取样管内易沉积，故在池外需设置固定的反冲洗管，定期用压力水冲洗。

我国编有机械搅拌澄清池标准图供设计选用，均配有搅拌提升设备和机械刮泥设备，出水浊度一般不超过 10mg/L。

机械澄清池设计计算公式见表 5.11。

表 5.11　　机械澄清池设计计算公式

项　目	公　式	说　明
第二絮凝室	$\omega_1=\frac{Q'}{u_1}=\frac{3\sim5Q}{u_1}$	ω_1—第二絮凝室截面积，m^2； Q'—第二絮凝室计算流量，m^3/s； Q—第二絮凝室净产水量，m^3/s； u_1—第二絮凝室以及导流室内流速，m/s，0.04～0.07； D_1—第二絮凝室内径，m； A_1—第二絮凝室中导流板截面积，m^2； H_1—第二絮凝室高度，m； t_1—第二絮凝室内停留时间，s，30～60s（按第二絮凝室计算水量计）
	$D_1=\sqrt{\frac{4(\omega_1+A_1)}{\pi}}$	
	$H_1=\frac{Q't_1}{\omega_1}$	
导流室	$\omega_2=\omega_1$	ω_2—导流室截面积，m^2； D_1'—第二絮凝室外径（内径加结构厚度），m； A_2—导流室中导流板截面积，m^2； D_2—导流室内径，m； H_2—第二絮凝室出水窗高度，m
	$D_2=\sqrt{\frac{4}{\pi}\left(\frac{\pi D_1'^2}{4}+\omega_2+A_2\right)}$	
	$H_2=\frac{D_2-D_1'}{2}$ （并满足 $H_2\geqslant1.5\sim2.0$m）	
分离室	$\omega_3=\frac{Q}{u_2}$	ω_3—分离室截面积，m^2； u_2—分离室上升流速，m/s； $u_2=0.0008\sim0.0011$ ω—池子总面积，m^2； D_2'—导流室外径（内径加结构厚度），m； D—池内径，m
	$\omega=\omega_3+\frac{\pi D_2'^2}{4}$	
	$D=\sqrt{\frac{4\omega}{\pi}}$	
池深	$V'=3600QT$	V'—池净容积，m^3； T—水在池中的停留时间，h； $T=1.0\sim1.5h$ V—池子计算容积，m^3； V_0—考虑池内结构部分所占容积，m^3； W_1—池圆柱部分容积，m^3； H_4—池直壁高度，m； W_2—池圆台容积，m^3； H_5—圆台高度，m； α—圆台斜边倾角，(°)； D_r—圆台底直径，m； W_3—池底球冠或圆锥容积，m^3； H_6—池底球冠或圆锥高度，m； R—球冠半径，m； H—池总高，m； H_0—池超高，m
	$V=V'+V_0$	
	$W_1=\frac{\pi}{4}D^2H_4$	
	$W_2=\frac{\pi H_3}{3}\left[\left(\frac{D}{2}\right)^2+\frac{D}{2}\frac{D_r}{2}+\left(\frac{D_r}{2}\right)^2\right]$ $D_r=D-2H_5\cot\alpha$	
	$W_4=\pi H_6{}^2\left(R-\frac{H_6}{3}\right)$ 或：$W_3=\frac{1}{3}\pi H_6\left(\frac{D_r}{2}\right)^2$ $H=H_4+H_5+H_6+H_0$	

续表

项 目	公 式	说 明
配水三角槽	$B_1=\sqrt{\frac{1.10Q}{u_3}}$	B_1—三角槽直角边长,m; u_3—槽中流速,m/s,$u_3=0.5\sim1.0$; 1.10—考虑池排泥耗水量10%
第一絮凝室	$D_1=D'_1+2B_1+2\delta_3$ $H_7=H_4+H_5-H_1-\delta_3$ $D_4=\frac{D_r+D_3}{2}+H_7$ $\omega_6=\frac{Q''}{u_4}$ $B_2=\frac{\omega_6}{\pi D_4}$ $D_5=D_4-2(\sqrt{2}B_2+\delta_4)$ $H_8=D_4-D_5$ $H_{10}=\frac{D_5-D_r}{2}$ $H_9=H_7-H_8-H_{10}$ $V_1=\frac{\pi H_9}{12}(D_3^2+D_3D_5+D_5^2)+\frac{\pi D_5^2}{4}H_8+\frac{\pi H_{10}}{12}(D_5^2+D_5D_r+D_r^2)+W_3$ $V_2=\frac{\pi}{4}D_1^2H_1+\frac{\pi}{4}(D_2^2-D_1^2)(H_1-B_1)$ $V_3=V'-(V_1+V_2)$	D_3—第一絮凝室三段直径,m; δ_3—第一絮凝室池底板厚度,m; H_7—第一絮凝室高度,m; D_4—伞形板延长线与池壁交点处直径,m; ω_6—回流缝面积,m^2; Q''—泥渣回流量,m^3/s; u_4—泥渣回流缝流速,m/s,$u_4=0.10\sim0.20$; B_2—回流缝宽度,m; δ_1—第二絮凝池与导流室间池壁厚度,m; D_5—伞形板下端圆柱直径,m; δ_4—第一絮凝室与分离室间裙板厚度,m; H_8—伞形板下接圆柱体高度,m; H_{10}—伞形板离池底高度,m; H_9—伞形板锥部高度,m; V_1—第一絮凝室容积,m^3; V_2—第二絮凝室容积,m^3; V_3—分离室容积,m^3; V'—池净容积,m^3,$V'=V/1.04$
集水槽	$h_2=\frac{q}{u_5b}$ $h_1=\sqrt{\frac{2h_k^2}{h_2}+\left(h_2-\frac{il}{3}\right)^2}-\frac{2}{3}il$ $h_k=\sqrt[3]{\frac{aQ^2}{gb^2}}$	h_2—槽终点水深,m^3; q—槽内流量,m^3/s; u_5—槽内流速,m/s,$u_5=0.4\sim0.6$; b—槽宽,m; h_1—槽起点水深,m; h_k—槽临界水深,m; i—槽底坡; l—槽长度,m
排泥及排水	$V_4=0.01V'$ $T_0=\frac{10^4V_4(100-P)\rho}{(S_1-S_4)Q}$ $q_1=\mu\omega_0\sqrt{2gh}$ $\mu=\frac{1}{\sqrt{1+\frac{\lambda l}{d}\sum\xi}}$	V_4—污泥浓缩室总容积,m^3 T_0—排泥周期,s P—浓缩泥渣含水率,%,98左右 ρ—浓缩泥渣密度,t/m^3; S_1—进水悬浮物含量,g/m^3; S_4—出水悬浮物含量,g/m^3

续表

项　　目	公　　式	说　　明
排泥及排水	$t_0=\dfrac{V_5}{q_1}$	q_1—排泥流量，m^3/s； ω_0—排泥管断面积，m^2； μ—流量系数； h—排泥水头，m； d—排泥管直径，m； ξ—局部阻力系数 λ—摩阻系数，可取排泥管 $\lambda=0.03$； t_0—排泥历时，s； V_5—单个污泥浓缩室容积，m^3

为清楚上述公式的应用，机械澄清池计算简图见图 5.37。

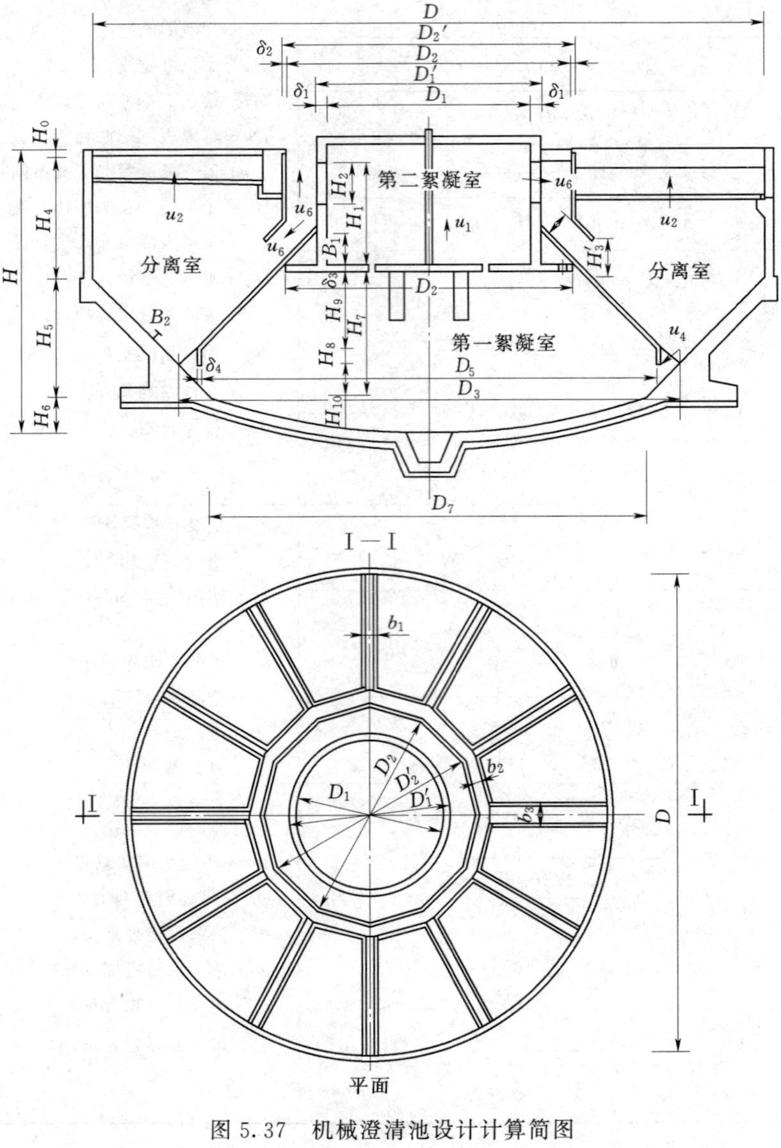

图 5.37　机械澄清池设计计算简图

机械搅拌澄清池的优点：①处理效果好，稳定；②适用于大、中水厂。缺点：①维修维护工作量较大；②启动时有时需人工加土和加大加药量。

2. 水力循环澄清池

水力循环澄清池是借进水喷射形成真空，引起高浓度泥渣回流循环并与加过药剂的原水充分混合，促进混凝反应和接触凝聚，加速泥水分离。同机械澄清池一样，存在第一絮凝室、第二絮凝室、分离室和污泥浓缩室，其与机械澄清池不同之处在于其利用一定速度的原水形成真空而实现原水与药水以及泥渣的混合和循环，而机械澄清池则利用搅拌机械的提升和搅拌功能，其结构图见图 5.38。

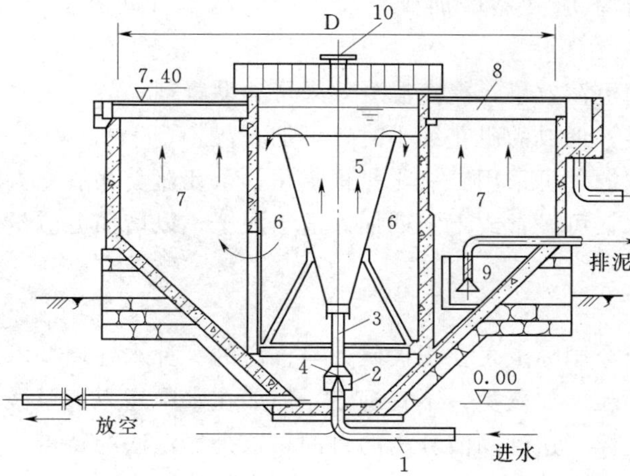

图 5.38 水力循环澄清池示意图

1—进水管；2—喷嘴；3—喉管；4—喇叭管；5—第一絮凝室；6—第二絮凝室；7—分离室；8—集水槽；9—泥渣浓缩室；10—升降螺杆

水力循环澄清池的优点：不需机械搅拌，结构简单；水力循环澄清池的缺点：反应时间短，运行不稳定，泥渣回流控制较难，不能适应水温、水质、水量的变化，只能用于小水厂，现在已经不常用。

3. 澄清池与沉淀池的区别

(1) 工艺过程不同（原理）。沉淀池是设置在絮凝反应池之后，依靠絮凝体颗粒的重力来进行分离的水处理过程，而澄清池将絮凝、沉淀合二为一，利用接触絮凝的原理，在一个构筑物中完成药剂与原水混合、絮凝以及分离三个单元的处理构筑物，澄清池中泥渣浓度远远高于沉淀池中的颗粒浓度。泥渣层对水中的颗粒还起到一定的过滤作用，去除悬浮物的效果更加显著。

(2) 泥渣利用情况。沉淀池中沉到池底的泥渣没有进行二次利用，而澄清池则充分利用了沉淀污泥的剩余絮凝活性，大大减小了絮凝剂的投加量，降低了运行成本。

4. 澄清池的运行管理

澄清池中保持较高的泥渣浓度，使得与加过絮凝剂的原水中杂质颗粒具有更多的接触碰撞机会，且因回流泥渣与杂质粒径相差较大，泥渣层同时起到过滤作用，故絮凝效果好，尤其适用于低温低浊度以及含藻量高的原水的处理，其运行管理中需重点抓好投药和排泥两个环节。

(1) 投药环节。投药适量，不应中断，并能随水量、水质的变化及时调整。

(2) 排泥及时，掌握悬浮层浓度变化和泥渣浓缩室的积泥规律，按排泥周期、排泥时间及时排泥。

方法如下：

1) 观察悬浮泥渣层的界面上升到预定位置时，开始排泥。

2) 从反应室出口取样，测定五分钟泥渣沉降比达 10%～15%时，就需排泥。

另外，在原水浊度变化不大或在洪水季节浊度较稳定时，可按规定时间排泥；正常运转过程中，进水管进水不应突然增加或减少；澄清池不宜间歇运行，停池时间不应超过 2h。

针对原水，为提高澄清效果，提高混凝效果可加助凝剂：

(1) 原水碱度不足，形成的矾花细小时，可加石灰。

(2) 污染严重的水源，可采用二氧化氯预氯化，杀死藻类和氧化去除有机物。

(3) 对低浊度原水，可经常或不定期加入适当泥土，以增加泥渣量。

5.3.6 气浮

气浮净水技术是当今国际上正在积极研究与推广的一种水处理技术。

比重和水接近的颗粒，如藻类，不宜沉淀，但如在水中通入大量微小气泡，使其黏附在颗粒上，即可快速上浮，达到固液分离的目的，这是气浮法的特点。

气浮池适用于原水浊度长期低于 100NTU 及含藻类等密度小的不易沉淀的悬浮物的原水的处理。

5.3.6.1 气浮的原理

向水中引入大量的微小气泡，气泡的直径在 45～60μm 之间。因空气密度只有水的密度的 1/770，使微小气泡黏附在悬浮颗粒上，成为带有微气泡的颗粒时，这些颗粒的密度比水小得多，能很快上浮到水面成为浮渣，再通过刮渣板将这些浮渣刮除。

在水中引入空气泡是不难的，问题的关键在于气泡是否会黏附在悬浮颗粒的表面上，这取决于颗粒的表面性质。水中的颗粒可分为亲水性和憎水性两种。如图 5.39 所示，定义液相与固相的接触点处液固界面和液态表面切线的夹角 θ 为润湿角，当 $\theta<90°$时，水滴在固体表面上有较平坦的形状，此固体称为可被润湿或亲水的，即该固体为亲水性固体；当 $\theta>90°$时，则水滴与固体表面接触少，此固体即称为不可被水润湿的或疏水的，即该固体为憎水性固体。亲水性颗粒对水有很大的吸引力，在它的外表面会包上一层水膜，气泡就不易穿过水膜而黏附在颗粒上。而表面活性剂，天然水中的无机颗粒，包括黏土和铝盐、铁盐混凝剂所产生的絮凝体，大多数是憎水性的颗粒，很容易黏附气泡而使颗粒上浮。

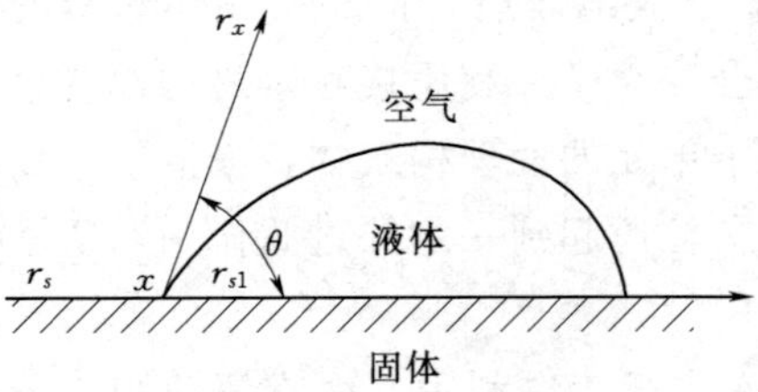

图 5.39　润湿角

因藻类的密度接近于水，应用气浮法去除藻类比沉淀池或澄清池有明显的优势。低温低浊水也是常规处理效果不好的一种水，因为温度和浑浊度都低的水，不容易混凝和沉淀，生成的矾花既小又轻，再加上水温低时水的黏度增加，沉淀法就不易生效。采用气浮法时，由于颗粒黏附了气泡，因颗粒小和黏度大产生的影响会较小很多。我国北方地区的水温有很长时间在4℃以下，浑浊度在10度以下，沉淀池的效果很差，因而采用浮沉池，即将气浮池和沉淀池结合使用，可满足冬季低温低浊、夏季高浊度水处理的需要。

5.3.6.2 气浮池

如图5.40所示，原水经投加絮凝剂后，首先进入絮凝池。经絮凝后的水，自池底部进入气浮池接触室，并与溶气释放器释放出的微气泡相遇，絮凝颗粒与气泡黏附后，即在气浮分离室进行渣、水分离。浮渣上升至池面，定期刮入排渣槽；清水则由集水管引出，进入后续处理构筑物。其中部分清水，则经回流加压水泵输送至压力溶气罐，在溶气罐内完成溶气过程，并再次通过溶气水管将溶气水输送至溶气释放器，供气浮用。

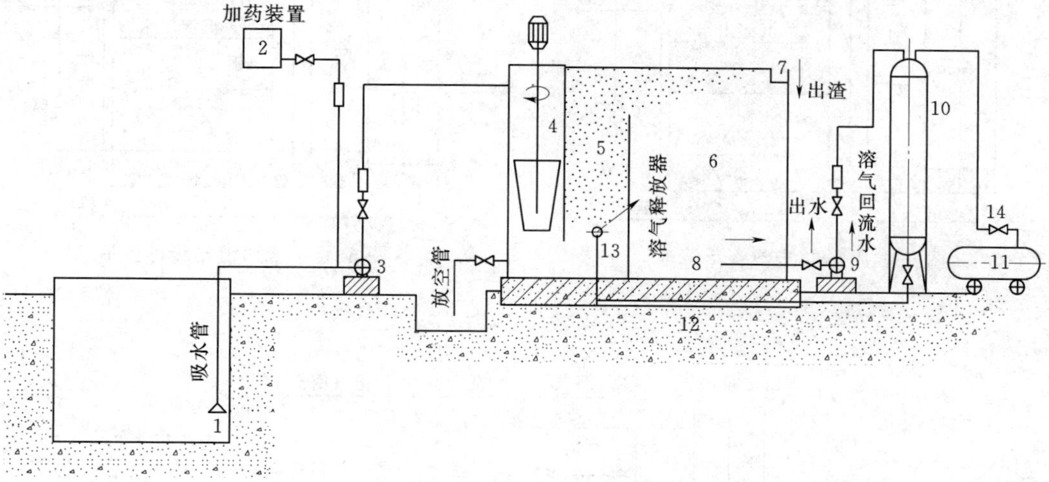

图5.40 气浮工艺流程图

1—原水取水口；2—絮凝剂投加设备；3—水泵；4—絮凝池；5—气浮接触室；6—气浮分离室；7—排渣槽；8—集水管；9—回流水泵；10—压力溶气罐；11—空气压缩机；12—溶气水管；13—溶气释放器；14—电磁阀

气浮法产生微气泡的方法很多，有分散空气，电解凝聚以及压力溶气法等，常用的为压力溶气法。压力溶气法的水可以用部分原水，也可用部分处理后水。将部分处理水经回流进入溶气罐以产生溶气水的方法，称为回流式，回流水量一般为气浮池所处理水量的10%。

气浮池可以和絮凝池合建，气浮池有效水深一般为2.0～2.5m，单池的宽度小于10m，池长不超过15m。

对于一些地区的水厂或小型村镇供水站而言，如其采用小型水库，受地面径流影响，其原水浑浊度在汛期高而在枯水期低，并且在春末夏初时藻类大量繁殖，用氧化法除藻或投加黏土，都无法从根本上改善沉淀池出水的水质，这时可考虑采用浮沉池，以便根据原水水质的变化，完成沉淀或气浮的功能。

浮沉池设置存在几种形式，见图5.41～图5.43。图5.41、图5.42是将气浮和沉淀设置在一个池体内，在原水浊度高时（50～100NTU以上）按照沉淀方式运行，浊度低或藻类繁殖季节则按气浮方式运行，在不同的水处理过程中，发挥各自的特点，达到除浊、除藻、除味、除色等的效果。图 5.43 是将气浮池和沉淀池串联，沉淀工艺设置在前端，气浮工艺设置在后端，无论原水的浊度高低，先经过沉淀池沉淀，后根据沉淀池后原水浊度情况判断是否采用气浮工艺进一步处理。气浮和沉淀在一个池体的浮沉池，其池体结构复杂，运行维护难度大，但工程投资可节约。沉淀池和气浮池串联则运行方式灵活，处理水经沉淀后再气浮，则可减小溶气量，但两个池体串联则增加了水头损失，工程投资也会增加。气浮和沉淀串联的浮沉池工艺因运行的灵活方便而应用要多一些。

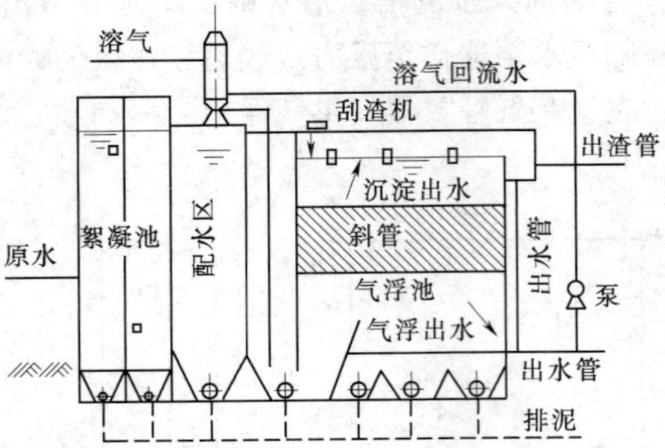

图 5.41　异向流斜管浮沉池

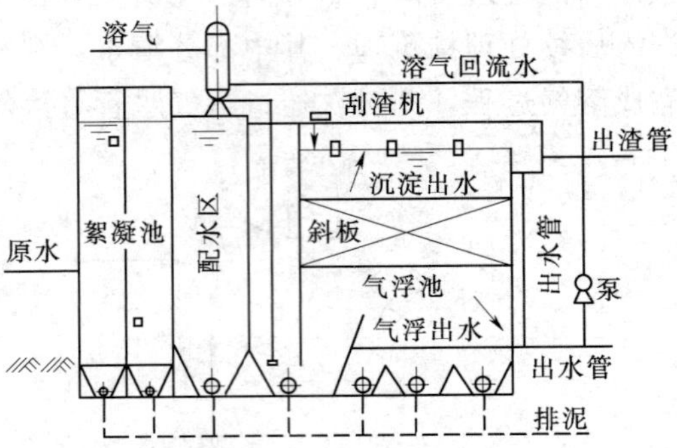

图 5.42　侧向流斜板浮沉池

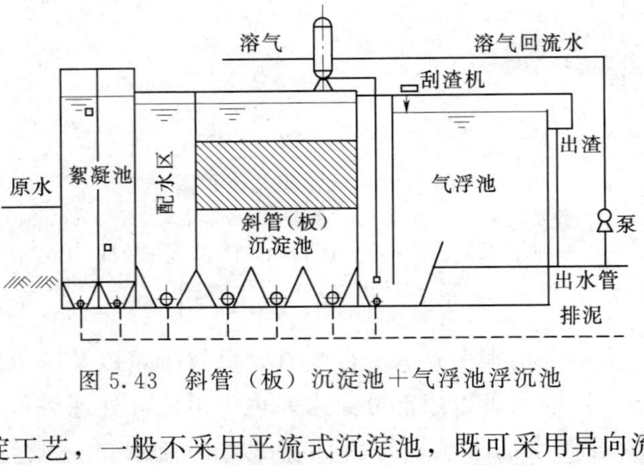

图 5.43　斜管（板）沉淀池＋气浮池浮沉池

浮沉池中的沉淀工艺，一般不采用平流式沉淀池，既可采用异向流斜管沉淀池，也可采用侧向流斜管沉淀池。在水厂处理的水量小于 5000m^3/d 时，用异向流斜管沉淀池（图 5.41），采用泥斗或穿孔管排泥。水量大时用侧向流斜板沉淀池（图 5.42），用穿孔管或刮泥机排泥。沉淀池和气浮池串联的浮沉池同上。

5.3.6.3　气浮池设计计算

气浮池的设计要点如下：

（1）气浮池宜用于浑浊度小于 100NTU 及含有藻类等密度小的悬浮物质的原水。

（2）接触室的上升流速，可采用 10～20mm/s，水流在室内的停留时间不宜小于 60s；分离室的向下流速，可采用 1.5～2.0mm/s，即分离室液面负荷为 5.4～7.2m^3/(m^2 ·

h)，停留时间在15～30min。

(3) 气浮池的单格宽度不宜超过10m；池长不宜超过15m；有效水深可采用2.0～3.0m；为考虑布气的均匀性及水流的稳定性，减少风对渣面的干扰，池的单格宽度不宜超过10m。

气浮池的泥渣上浮分离较快，一般在水平距离10m范围内即可完成。为防止池末端因无气泡顶托池面浮渣而造成浮渣下落，影响水质，故规定池长不宜超过15m。

(4) 溶气罐的压力及回流比，应根据原水气浮试验情况或参照相似条件下的运行经验确定，溶气压力可采用0.2～0.4MPa；回流比可采用5%～15%。

溶气释放器的型号及个数应根据单个释放器在选定压力下的流量及作用范围确定。

(5) 压力溶气罐的总高度可采用3.0m，罐内需装填料，其高度宜为1.0～1.5m，罐的截面水力负荷可采用100～150m^3/(m^2·h)；溶气时间一般为2～5min，充满率为50%。

(6) 气浮池宜采用刮渣机排渣，刮渣机的行车速度不宜大于5m/min。

(7) 气浮池宜与絮凝池合建，进入气浮接触室的水流尽可能分布均匀，流速一般控制在0.1m/s左右。

(8) 气浮池集水应力求均匀，一般采用穿孔集水管，集水管内的最大流速宜控制在0.5m/s左右。

气浮池设计计算公式见表5.12。

表5.12　气浮池设计计算公式

项目	公式	说明
1. 加压溶气水量	$Q_p=RQ$	Q—气浮池设计产水量，m^3/h； R—溶气压力下的回流比，%； a—溶气压力下的溶气释放器的释气量，L/m^3； φ—水温校正系数，取1.1～1.3，生产中最低水温与试验水温相差大者取较高值； ψ—安全与空压机效率系数，一般取1.2～1.5； v_1—接触室水流上升平均速度，m/s； v_2—分离室水流上升平均速度，m/s； t—分离室中水流提留时间，s； I—单位罐截面积的过流能力，m^3/(m^2·h)； Z_1—罐顶、底的封头高度，m； Z_2—布水区高度，m，一般取0.2～0.3m； Z_3—贮水区高度，m，一般取1.2～1.4m； Z_4—填料层高度，当采用阶梯环时，可取1.0～1.3m； q—溶气压力下，单个释放器的出流量，m^3/h
2. 气浮所需空气量	$Q_g=Q_p a\varphi$	
3. 空压机所需额定气量	$Q'_g=\frac{Q_g}{60\times1000}\psi$	
4. 接触室平面面积	$A_1=\frac{Q+Q_p}{3600v_1}$	
5. 分离室平面面积	$A_2=\frac{Q+Q_p}{3600v_2}$	
6. 池水深	$H=v_2 t$	
7. 压力溶气罐直径	$D=\sqrt{\frac{4Q_p}{\pi I}}$	
8. 压力溶气罐高度	$Z=2Z_1+Z_2+Z_3+Z_4$	
9. 溶气释放器个数	$n=\frac{Q_p}{q}$	

注　一般在设计中，溶气罐可根据回流比以及压力和产水量经计算后选定成套设备。

采用表 5.12 中计算的气浮所需空气量往往不能与气浮池进水水质相匹配，理论上应采用如下计算方法计算，以在实际运行中调整加压溶气水量，获得良好的气浮效果。

理论溶气量：
$$q_{理}=Q_P C_{so}(P-1) \tag{5.45}$$

实际溶气量：
$$q_{实}=Q_P C_{so}(fP-1) \tag{5.46}$$

实际需气量：
$$q_{需}=\frac{A}{S}QS_i \tag{5.47}$$

则实际溶气量与实际需气量相等，有：
$$q_{实}=q_{需} \tag{5.48}$$

有：
$$\frac{A}{S}QS_i=Q_P C_{so}(fP-1) \tag{5.49}$$

由上式计算溶气水量 Q_P 和回流比 $R=Q_P/Q$。

式中　C_{so}——20℃常压下（1atm）的空气饱和浓度，23.7mg/L；

f——溶气效率，一般可取 0.6；

P——溶气压力，一般可采用 0.2～0.4MPa，即为 2～4atm；

S_i——欲除去的水中固体颗粒浓度，mg/L；

$\frac{A}{S}$——气固比，即气浮所需释放的空气量与欲除去的水中悬浮颗粒物的量之比，一般为 0.01～0.05。

5.3.6.4　气浮设备

气浮池中所需要的主要设备有溶气释放器、加压溶气罐、空气压缩机和刮渣机。

1. 溶气释放器

目前国内常用的溶气释放器为 TS 型、TJ 型及 TV 型，其中 TS 型除用于试验性装置外，在生产上已很少采用。

它们的主要特点是：释气完善，溶气压力在 0.15MPa 以上时，即可释出溶气量的 99%左右；能在较低压力下工作；在溶气压力 0.2MPa 以上时，即能取得良好的净水效果，节省电耗；释出的气泡微细：气泡平均直径为 20～40μm，气泡密集，附着性能良好。

(1) TS 型溶气释放器。如图 5.44 所示，当压力溶气水通过释放器内孔盒时，因流态的剧变而急剧消能，从而使气泡得以在减压的条件下，瞬间充分释放。该释放器易阻塞，一般在试验装置中应用，很少应用于生产。

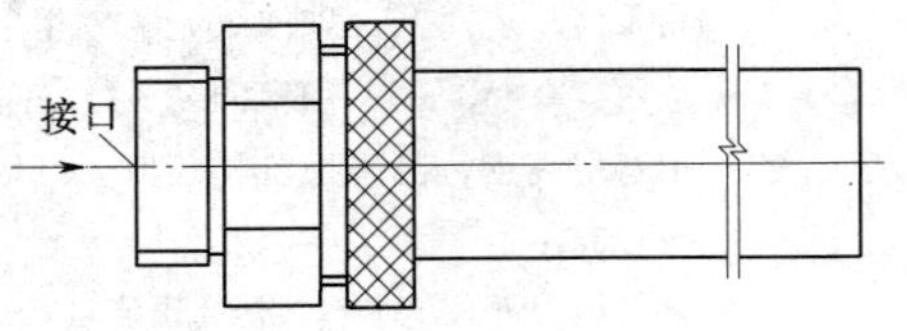

图 5.44　TS 型溶气释放器外形

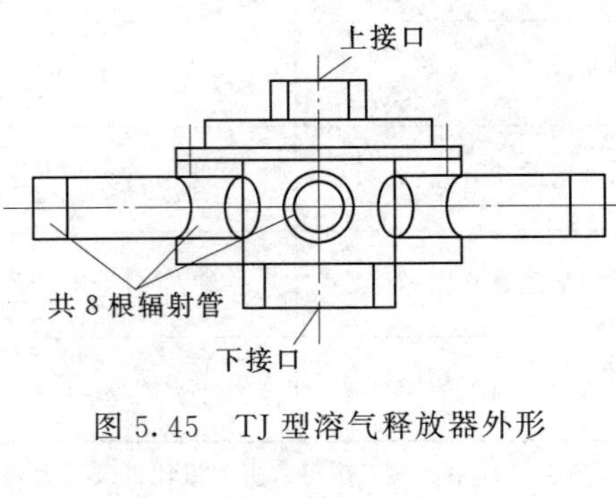

图 5.45　TJ 型溶气释放器外形

（2）TJ 型溶气释放器。根据 TS 型溶气释放器的原理，为了扩大单个释放器出流量及作用范围，以及克服 TS 型释放器较易被水中杂质所堵塞而设计的，材质为铸铁内衬不锈钢套。外形见图 5.45。该释放器在堵塞时，可以通过从上接口抽真空，提起器内舌簧，以清除杂质。安装示意图见图 5.46。

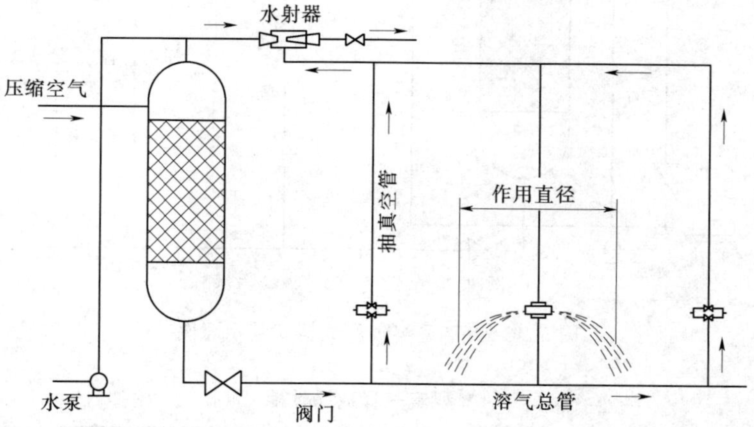

图 5.46　TJ 型溶气释放器安装示意图

TJ 型溶气释放器共有 5 种型号，它们在不同压力下的流量及作用范围见表 5.13。

表 5.13　**TJ 型溶气释放器性能**

型号	规格	溶气水管接口直径（英寸）	抽真空管接口直径（英寸）	不同压力下的出流量（m^3/h）							作用直径（cm）
				0.20（MPa）	0.25（MPa）	0.30（MPa）	0.35（MPa）	0.40（MPa）	0.45（MPa）	0.50（MPa）	
TJ－Ⅰ	ϕ230	1	0.5	1.08	1.18	1.28	1.38	1.47	1.57	1.67	40
TJ－Ⅱ	ϕ270	1.25	0.5	2.37	2.59	2.81	2.97	3.14	3.29	5.45	60
TJ－Ⅲ	ϕ300	2	0.5	4.61	5.15	5.60	5.98	6.31	6.74	7.01	100
TJ－Ⅳ	ϕ380	2.5	0.5	6.27	6.88	7.50	8.09	8.69	9.29	9.89	110
TJ－Ⅴ	ϕ430	3	0.5	8.70	9.47	10.55	11.11	11.75	—	—	120

（3）TV 型溶气释放器。这种释放器是为了克服上面两种释放器布水不均匀及需要用水射器才能使舌簧提起等缺点而设计的。采取圆盘径向全方位释放，与含絮粒水的接触条件更佳。其外形见图 5.47，安装图见图 5.48。

当该释放器受堵时，接通压缩控制，即可使下盘体向下移动，增大盘间水流通道，而使堵塞物排出。另外，为了防止释放器在废水中的腐蚀，采用全部不锈钢材质。

TV 型溶气释放器共有 3 种型号，它们在不同压力下的流量及作用范围见表 5.14。

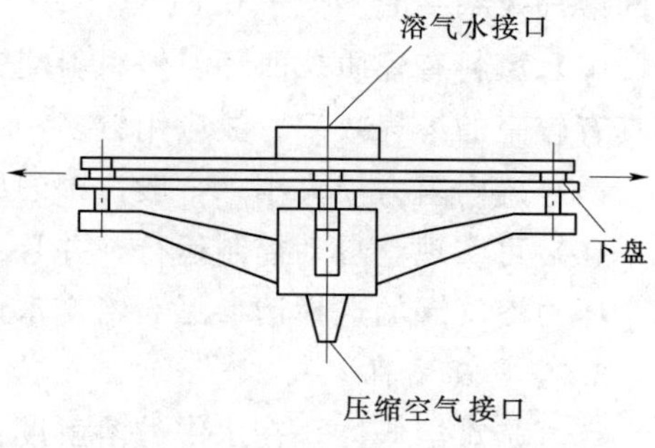

图 5.47　TV 型溶气释放器外形

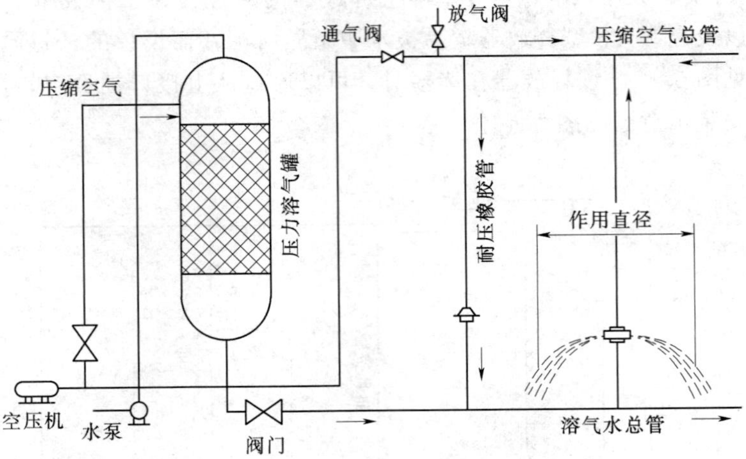

图 5.48　TV 型溶气释放器安装示意图

表 5.14　　TV 型溶气释放器性能

型号	规格	溶气水管接口直径（英寸）	耐压胶管接口直径（mm）	不同压力下的出流量（m^3/h）							作用直径（cm）
				0.20（MPa）	0.25（MPa）	0.30（MPa）	0.35（MPa）	0.40（MPa）	0.45（MPa）	0.50（MPa）	
TJ－Ⅰ	ϕ150	1	10	1.04	1.13	1.22	1.31	1.40	1.48	1.51	40
TJ－Ⅱ	ϕ200	1	10	2.16	2.32	2.48	2.64	2.80	2.96	3.12	60
TJ－Ⅲ	ϕ250	1.5	10	4.45	4.81	5.18	5.54	5.91	6.18	6.64	80

2. 压力溶气罐

压力溶气罐有多种形式，一般采用能耗低、溶气效率高的空压机供气的喷淋式填料罐，其主要特点是：

（1）一般材质采用 Q235 钢板卷焊而成。

（2）溶气效率与不加填料的溶气罐相比，约高 30%。在水温 20～30℃范围内，溶气量可为理论饱和值的 90%～99%；罐内水位约为罐高的$\frac{1}{2}$；溶气时间约为 2～5min；空罐的溶气效率一般不大于 0.6。

（3）填料有瓷质拉西环、塑料斜交错淋水板、不锈钢圈填料、聚丙烯阶梯环等。阶梯环具有较高的溶气效率，故应用较多。

（4）罐内阻力损失小，一般过罐的压力降仅为 0.01MPa 左右。

（5）可实现全自动控制运行，并且不排放未溶空气，压缩空气可 100%利用。

压力溶气罐的选择请参见《给排水设计手册》第三册。

3. 空气压缩机

空气是难溶气体，在水中的溶解度很小，需借助空气压缩机方可在一定压力下溶解在水中。目前气浮池常用的空气压缩机型号、性能以及大致配套使用气浮池范围见表 5.15。

表 5.15　常用空压机性能

型号	气量 (m^3/min)	最大压力 (MPa)	电动机功率 (kW)	配套使用气浮池范围 (m^3/d)
Z-0.025/6	0.025	0.6	0.375	<5000
Z-0.05/6	0.05	0.6	0.75	<10000
Z-0.2/7	0.20	0.7	2.2	<40000
Z-0.23/7	0.30	0.7	3.0	<60000

4. 刮渣机

与沉淀池的底部排泥相比，气浮池采用池面刮渣显得十分方便。然而，如果大量浮渣得不到及时的清除，或者刮渣时对渣层的扰动过于剧烈，刮渣时液面及刮渣程序控制不当，刮渣机运行速度与浮渣的黏度不相适应等都将影响气浮处理的效果。

目前，气浮池多为矩形，对应的刮渣机均采用桥式刮渣机，见图 5.49。

这类刮渣机的使用范围一般在跨度 10m 以下，集渣槽的位置可在池的一端或两端。

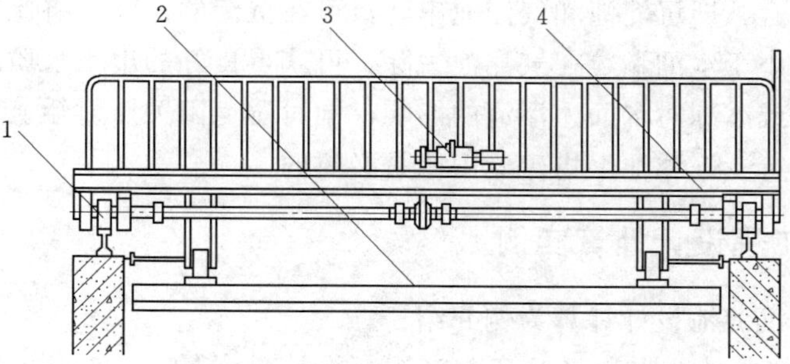

图 5.49　桥式刮渣机示意图

1—行走轮；2—刮板；3—驱动电机；4—桁架

5.3.6.5　气浮池的运行管理

气浮池运行管理时需注意的关键问题是溶气量和排除浮渣。

压力溶气法是利用高压将水和空气分别压入溶气罐，使大量空气溶解在水中，溶气水从溶气罐中流出时，因压力降低，溶解在水中的空气从水中释放出，形成大量微小气泡，压力越高生成的气泡越小，有利于提高气浮效果。运行过程中，如气浮池出水的浊度很低，说明溶气压力和溶气量是合适的。如果出水带有乳白色，说明溶气压力过高，溶气量有余，导致水中含有微小气泡，这时应适当降低溶气罐的压力，以降低气量和能耗。水温低时，因水的黏度增大，影响絮凝和气浮效果，这时应提高溶气压力增加溶气量。运行时应注意调整溶气压力，并且使空压机的压力略大于回流水泵的压力，否则水会倒灌到空压机中而出现事故。

溶气罐中的水位不可淹没罐内的填料层，否则会减小水和空气的接触面积，以致降低溶气效率。一般，水位应控制在 1/3～2/3 的溶气罐总高度处。改变进入罐内的气量和水量的比例，就可调节罐中的水位，水位低时可放掉部分空气以调高水位，也可按溶气压力自动控制罐内水位。水厂应适当配备检修人员和相应零配件，偶尔发生溶气罐和加压系统故障时可及时修理，以免气浮池停止工作。

气浮池两次排渣的间隔时间应尽可能长，使浮渣在气浮池水面上充分浓缩，增加污泥浓度，减小排渣时的水量损失。但浮渣层不宜过厚，以免在刮板前堆积，或因堆积过高而翻落沉入池底。应根据运行经验，设定合理的排渣周期，按时定期排渣。采用水力排渣时，应控制出水堰上的溢流水位在 5mm 左右，如果水位太浅则不容易将泥渣排除，而太高则又会增加排渣时的水量损失。

气浮池进水中的悬浮物多种多样，除藻类外，不完全是密度和水接近而能上浮的颗粒，其中比水重的颗粒会沉到池底，这种污泥可用池底排泥管排除。同时，因气浮池出水管靠近池底，必须控制排泥时间，不要使污泥面接近或高于出水管，否则污泥会随水流带出到滤池而影响水质。排泥间隔太长也会使池底污泥压实而增加排泥困难。一般积泥深度应不高于 0.4～0.5m。

需经常观察池面情况，如发现接触区浮渣面不平，局部有大气泡冒出，则很可能是由于释放器堵塞，需进行释放器清理。如发现气浮分离区渣面不平，池面常有大气泡鼓出或破裂，则表明气泡与絮粒黏附不好，应采取相应的措施加以解决，如投加表面活性剂等。

对于浮沉池而言，即沉淀池和气浮池串联，可在沉淀的过程中将比重大于水的颗粒去除，而比重接近或小于水的颗粒在气浮池去除，可获得良好的出水水质。

为防止风、雨或冰冻对水面上浮渣的影响，同时避免阳关照射浮渣而产生异味，保证气浮池长期正常运行，气浮池上搭建遮阳棚是必要的。

5.3.7　沉淀池工程设计计算实例

以向上流斜管沉淀池设计计算为例介绍。

【例 5.3】 已知条件：设计水温 $T=20℃$，设计进水量：$2000m^3/d$，液面上升流速：$v=2.5mm/s$，颗粒沉降速度：$u=0.3mm/s$，采用蜂窝六边形塑料斜管，斜管内切圆直径 $d=30mm$，管长 1.0m，斜管倾角 $\theta=60°$。$T=20℃$ 时水的 $\mu=1.0091\times10^{-3}Pa\cdot S$，水的密度 $\rho=1.0\times10^3kg/m^3$。

1. 计算斜管沉淀池尺寸（池形为正方形）

注意：池体面积利用系数 0.95

2. 计算斜管沉淀池池深

其中超高：0.3m，清水区水深：1.0m，配水区高度：1.50m，泥槽高度：0.8m

3. 计算斜管内停留时间

4. 复核管内雷诺数

解：

1. 计算斜管沉淀池尺寸（池形为正方形）

1）斜管面积：

$$A=\frac{Q}{0.95v}=\frac{2000\times1000}{24\times3600\times0.95\times2.5}=9.75m^2$$

2）平面尺寸

宽：

$$a=\sqrt{A}=3.12m$$

如考虑进水端部分池宽无法利用，则

长：
$$l=l\cos\theta+a=3.62\text{m}$$

2. 计算斜管沉淀池池深

$$H=h_1+h_2+h_3+h_4+h_5=0.87+0.3+1.0+1.5+0.8=4.47\text{m}$$

$$h_3=l\sin\theta=1\times\sin60°=0.87\text{m}$$

3. 计算斜管内停留时间

1）水在斜管内的上升流速

$$v'=\frac{v}{\sin\theta}=\frac{2.5}{\sin60°}=2.89\text{mm/s}$$

2）停留时间

$$t=\frac{l}{v'}=\frac{1.00\times1000}{2.89}=346.02\text{s}=5.767\text{min}$$

4. 复核管内雷诺数

雷诺数：
$$Re=\frac{\rho vd}{\mu}=85.9$$

为层流状态。

5.4 过　滤

5.4.1 过滤概述

过滤是混凝、沉淀之后进一步降低水中的杂质，达到生活饮用水标准的工艺过程。因为混凝沉淀之后水中浊度约为10NTU，含有微小的絮凝颗粒（即2～30μm的颗粒）需要进一步去除。

过滤的主要意图是去除水中悬浮体系中微量的残留悬浮物如胶体、藻类、细菌及絮凝剂等。过滤是指以石英砂等粒状材料滤料层截留水中悬浮杂质，使水获得澄清的工艺过程。

在饮用水的净化工艺中，有时絮凝池、沉淀池或澄清池可以省略，但滤池是地表水厂中不可缺少的净水构筑物，它是将沉淀池出来的浊度约10NTU左右的水进一步加以处理，以去除水中残留的细小悬浮物颗粒及微生物的过程，使之成为低浊度水。

过滤的主要作用：

（1）去除水体中的悬浮物，使沉淀池出水的浊度从10NTU左右进一步降低，达到饮用水水质标准。

（2）过滤能去除水中有机物、细菌、病毒等，去除率大约为70％～80％以上。

（3）残留于滤后水中的细菌、病毒、有机物，失去浑浊度（物质）的保护或依存而大部分呈裸露状态，为消毒杀菌创造了条件。

滤池的形式有许多种，从不同角度分类也多样。按照过滤的速度分类，可分为慢滤池和快滤池；按照滤料层的结构则可分为单层滤料滤池、双层滤料滤池和多层滤料滤池；按照滤池的阀门配置，可分为四阀滤池（普通快滤池）、双阀滤池、无阀滤池、虹吸滤池和单阀滤池等；按照滤池的运行方式，可分为连续运行式滤池和间隙运行式滤池；按照过滤过程中的驱动力，则可分为重力式滤池和压力式滤池；按照冲洗方式，则可分为单纯水反冲洗和气水反冲洗两种形式。

现在应用较多的是快滤池，主要的滤池类型有：普通快滤池、重力无阀滤池、虹吸滤池、移动罩滤池、V 型滤池等。

虽然滤池的种类有多种多样，但滤池的工作过程和工作原理基本一样，即过滤和冲洗交错运行。在本节中以普通快滤池为例来讲授滤池的过滤机理、反冲洗机理，然后就不同的滤池，其不同特点以及设计计算方法进行介绍。

5.4.2　慢滤池和快滤池

1. 慢滤池

慢滤池于 1826 年在英国伦敦首先建立，所以也称为英国滤池，其构造如图 5.50 所示。

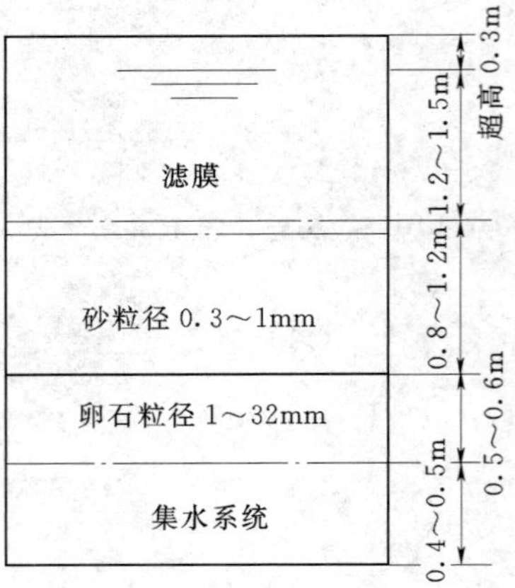

图 5.50　慢滤池构造

慢滤池的进水浊度宜小于 20NTU，滤料宜采用石英砂，滤料的粒径宜在 0.3～1.0mm，滤层厚度宜为 0.80～1.20m，滤料表面以上的水深宜为 1.20～1.50m，过滤滤速较慢，一般滤速 v=0.1～0.3m/h。

慢滤池是最早出现的用于水处理的过滤设备，能有效地去除水的色度、嗅和味，见表 5.16。由于慢滤池占地面积大、操作麻烦、寒冷季节时其表层容易冰冻，在城镇水厂中使用的慢滤池逐渐被快滤池所代替。

表 5.16　　慢滤池的进水条件与出水水质

进水条件	出水水质	细菌去除率（%）	颗粒物去除率（%）
1. 浊度 10NTU 以下； 2. 总大肠菌类 10～1000 个/100mL； 3. 藻类不太多； 4. 10000 人以下的给水处理	1. 悬浮物 SS＜1.0NTU； 2. 总大肠菌类＜1 个/100mL	细菌总数 99% 能去除逗号弧菌（Vibrio comma）	1. 2.7～7μm 99%； 2. 7～12μm99.9%； 较大颗粒 99%～99.9%

慢滤池的工作条件：

（1）出水浊度可接近于 0，而且能很好地去除细菌、臭味、色度，水质很好，可直接饮用。

（2）过滤速度慢：v=0.1～0.3m/h。

（3）在滤料表面几厘米砂层中形成发粘的滤膜，这层滤膜是一些细菌、藻类和原生动植物繁殖的结果，形成滤膜大约需要 1～2 周。

（4）滤池工作 1～6 个月后，表层滤料被淤泥堵塞，需人工将表面 1～2cm 砂刮出来清洗，再重新铺装。

慢滤池的优缺点：

（1）优点：水质好，能去除细菌、病毒，去除率达 98%～99%，可直接饮用。

（2）缺点：生产效率太低，占地面积比较大，如生产量为 2000m^3/h 的水厂，需占滤池面积 2000/0.2=10000m^2=1hm^2。另外，慢滤池砂的清洗很费时间，很费人工，劳动强度较大。

2. 快滤池

在慢滤池出现后大约 60 年，即 1884 年快滤池被提出，其结构形式如图 5.51 所示，其工作过程可分为过滤过程和反冲洗过程。

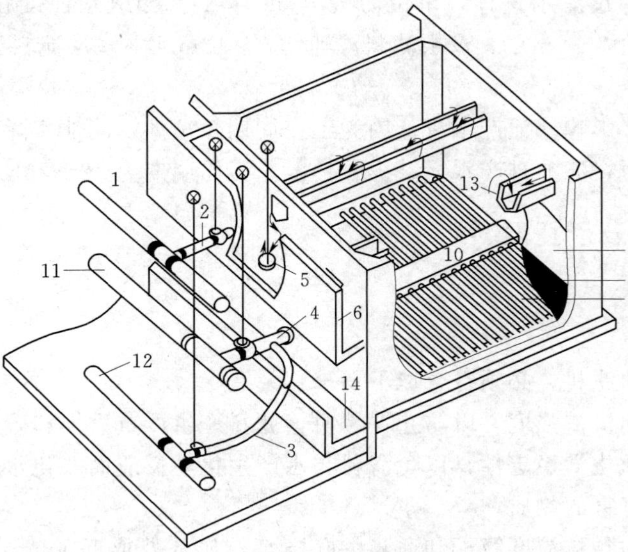

图 5.51　普通快滤池构造图

1—进水总管；2—进水支管；3—清水支管；4—冲洗水支管；5—排水阀；6—浑水渠；7—滤料层；8—承托层；9—配水支管；10—配水干管；11—冲洗水总管；12—清水总管；13—冲洗水排水槽；14—废水排放渠

从图 5.51 可知，快滤池包含 4 个主要系统，即进水系统、过滤系统、集水系统和反冲洗系统。滤料层厚度一般为 0.7～0.8m，滤料采用石英砂，粒径为 0.5～1.2mm，并且 $K_{80}=2.0$ 左右，滤料层以上水深 $H=1.50\sim2.00$m，进水浊度一般在 10NTU 左右，出水可以达到饮用水水质标准。滤池过滤速度在 7～12m/h。可见其过滤速度远高于慢滤池的过滤速度（0.1～0.3m/h），因此称为快滤池。

（1）过滤过程。过滤时，开启进水支管 2 与清水支管 3 的阀门。关闭冲洗水支管 4 阀门与排水阀。浑水就经进水总管 1、支管 2 从浑水渠 6 进入滤池。经过滤料层 7、承托层 8 后，由配水系统的配水支管 9 汇集起来再经配水系统干管 10、清水支管 3、清水总管 12 流往清水池。浑水流经滤料层时，水中杂质即被截留。随着滤层中杂质截留量的逐渐增加，滤料层中水头损失也相应增加。一般当水头损失增至一定程度以致滤池产水量锐减，或由于滤过水质不符合要求时，滤池便须停止过滤进行冲洗。

（2）反冲洗过程。反冲洗时，关闭进水支管 2 与清水支管 3 阀门。开启排水阀 5 与冲洗水支管 4 阀门。冲洗水即由冲洗水总管 11、冲洗水支管 4，经配水系统干管 10、配水支管 9 及支管上的许多孔眼流出，由下而上穿过承托层 8 及滤料层 7，均匀地分布于整个滤池平面上。滤料层在由下而上均匀分布的水流中处于悬浮状态，滤料得到清洗。冲洗废水流入冲洗排水渠 13，再经浑水渠 6、排水管和废水渠 14 进入下水道。冲洗一直进行到滤料基本洗干净为止。冲洗结束后，过滤重新开始。从过滤开始到冲洗结束的一段时间称为快滤池的一个工作周期。从过滤开始至过滤结束称为过滤周期，相应地从反冲洗开始到反冲洗结束称为冲洗周期。

快滤池的产水量决定于滤速（以 m/h 计）。滤速相当于滤池负荷。滤池负荷以单位时内单位过滤面积上的过滤水量计，单位为 $m^3/(m^2 \cdot h)$。当进水浊度在 15NTU 以下时，单层砂滤池的滤速约 7～9m/h，双层滤料滤速约 9～12m/h，多层滤料滤速一般可用 16～18m/h。

工作周期也直接影响滤池产水量。因为工作周期长短涉及滤池实际工作时间和冲洗水量的消耗。周期过短，滤池日产水量减少。一般，工作周期为 12～24h。

5.4.3 颗粒滤料及承托层

5.4.3.1 颗粒滤料

1. 滤料的要求

用于给水处理的滤料，必须符合以下要求：

（1）具有足够的机械强度，以防止冲洗时，滤料产生严重磨损和破碎现象。

（2）具有足够的化学稳定性，以免滤料与水产生化学反应而恶化水质，尤其不能含有对人体健康和生产有害的物质。

（3）具有一定的颗粒粒度级配和适当的孔隙率，尤其外形近于球形的颗粒孔隙率大，表面比较粗糙者，其比表面积较大，较好。

（4）滤料应尽量就地取材，货源充足，价廉。

2. 滤料的种类

石英砂是目前最常用的滤料；在双层、多层滤料中常用的还有无烟煤、石榴石、钛铁矿、磁铁矿、金刚砂等。活性炭滤池中，使用粒状活性炭；硅藻土滤池中，用硅藻土；轻质滤料（聚苯乙烯塑料珠、陶粒等）。

双层和多层滤料效果较好，但无烟煤、磁铁矿、石榴石等滤料来源和加工尚有一定困难，价格比较贵。

3. 表征滤料性能的参数

滤料如何选择，滤料的性能如何，这由其表征性能的参数确定。表征滤料性能的参数主要有：滤料的比表面积 a、有效粒径 d_{10} 和不均匀系数 K_{80}、最大粒径 d_{max} 和最小粒径 d_{min}、滤料的当量粒径、球度系数 Φ 与形状系数 α、滤料的孔隙率 m。

（1）滤料的比表面积。单位体积滤层中滤料的表面积称为滤料的比表面积。对于粒径不相等的非均匀滤料，可以看作是由许多粒径相同的均匀滤料所组成。单位为 cm^2/g 或 cm^2/cm^3。

$$a = \sum a_i \Delta P_i \tag{5.50}$$

式中 ΔP_i——粒径 d_i 的组分在滤料中所占的权重。

（2）有效粒径 d_{10} 和不均匀系数 K_{80}。粒径级配可以用滤料的有效粒径和不均匀系数表示，关系如下：

$$K_{80} = \frac{d_{80}}{d_{10}} \tag{5.51}$$

式中 d_{10}——通过滤料重量10%的筛孔孔径，反映小颗粒所占比例，是产生水头损失的主要部分，砂滤池 $d_{10}=0.5\sim0.6$mm；实验表明：若滤料 d_{10} 相等，即使其级配曲线不一样，过滤时产生的水头损失仍然相近，由此可知造成水头损失有效部分正是粒径小于 d_{10} 的那些颗粒，所以把 d_{10} 称为有效粒径；

d_{80}——通过滤料重量80%的筛孔孔径，反映大部分颗粒所占比例；

K_{80}——反映了颗粒滤料的均匀程度。K_{80} 如果过大（滤料粗细相差大），则对过滤和反冲洗都不利：过滤时，杂质积在表层，滤层含污能力减小；反冲洗时，冲洗强度满足粗颗粒膨胀的要求时，细颗粒容易冲出滤池，而冲洗强度满足细颗粒膨胀的要求时，粗颗粒则冲洗不干净。

如果 K_{80} 愈接近于1，滤料愈均匀，过滤和反冲洗效果愈好，但滤料价格提高。

滤池一般控制 $K_{80}=2.0$ 左右。

(3) 最大粒径 d_{max} 和最小粒径 d_{min}。在生产中常用 d_{max}、d_{min}、K_{80} 控制滤料粒径分布，采用有效粒径法筛选滤料。

常用的滤料性能参数见表5.17。

表5.17 **滤料级配与滤速**

类别	滤料组成			滤速(m/h)	强制滤速(m/h)
	粒径(mm)	不均匀系数 K_{80}	厚度(mm)		
单层石英砂滤料	$d_{max}=1.2$ $d_{min}=0.5$	<2.0	700	7～9	9～12
双层滤料	无烟煤 $d_{max}=1.8$ $d_{min}=0.8$	<2.0	300～400	9～12	12～16
	石英砂 $d_{max}=1.2$ $d_{min}=0.5$	<2.0	400		
三层滤料	无烟煤 $d_{max}=1.6$ $d_{min}=0.8$	<1.7	450	16～18	18～24
	石英砂 $d_{max}=0.8$ $d_{min}=0.5$	<1.5	230		
	重质矿石 $d_{max}=0.5$ $d_{min}=0.25$	<1.7	70		
均匀级配粗砂滤料	$d_{max}=1.2$ $d_{min}=0.9$	<1.4	1200～1500	8～10	10～13

注 滤料密度一般为：石英砂2.50～2.70g/cm^3；无烟煤1.40～1.60g/cm^3；重质矿石4.40～5.20 g/cm^3。

(4) 滤料的当量粒径。滤料的当量粒径是指一假想的均匀滤料的粒径，这个均匀滤料的比表面积与实际的不均匀滤料的比表面积相等。

(5) 滤料的形状。滤料颗粒形状影响滤层中的水头损失和滤层孔隙率。通常采用颗粒球度系数 Φ 与形状系数 α 来表征。

球度系数 Φ 定义为：$\Phi=\dfrac{\text{同体积球体表面积}}{\text{颗粒实际表面积}}$；

颗粒的形状系数 α 定义为：$\alpha=\dfrac{1}{\Phi}$。

表 5.18 列出了常见的滤料形状与其球度系数和形状系数，滤料颗粒的形状示意见图 5.52。

表 5.18　滤料颗粒的形状及其球度系数、形状系数、孔隙率

序号	形状描述	球度系数	形状系数	孔隙率
1	圆球形	1.0	1.00	0.38
2	圆 形	0.98	1.02	0.38
3	已磨蚀的	0.94	1.06	0.39
4	带锐角的	0.81	1.23	0.40
5	有角的	0.78	1.28	0.43

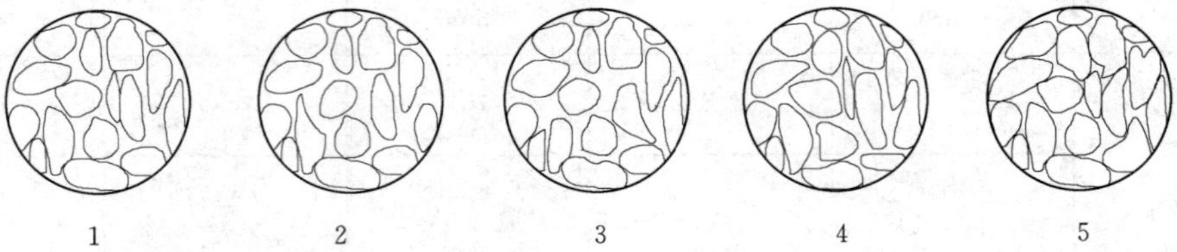

图 5.52　滤料颗粒形状示意图

(6) 滤料层的孔隙率。滤料层的孔隙率指整个滤层中孔隙总体积与整个滤层的堆积体积之比。

测定方法：取一定量的滤料，在 105℃下烘干称重，并用比重瓶测出其密度。然后放入过滤筒中，用清水过滤一段时间后，量出滤层体积，则孔隙率为：

$$m=1-\frac{G}{\rho V} \tag{5.52}$$

式中　G——烘干后的滤料，g；

ρ——滤料的密度，g/cm^3；

V——滤料层的堆积体积，cm^3。

石英砂的孔隙率（度）一般在 0.42 左右，无烟煤 0.5～0.6，陶粒 0.45～0.60。

4. 双层及多层滤料级配应注意的问题

无烟煤—石英砂组成的双层滤料使用较为普遍，但应注意两个问题，即如何预示不同种类滤料相互混杂的程度和滤料混杂对过滤有何影响。

一种观点认为：煤—砂交界面上适度的混层，可避免交界面上积聚过多杂质而使水头损失增长较快，故适度混杂是有益的。

而另一种认为：煤—砂交界面上不应有混杂现象。因为煤层起截留大量杂质作用，砂层则起精细过滤作用，而界面分层清晰，起始水头损失将较小。

实际上，煤—砂交界面上不同程度的混杂是很难避免的。生产实践表明，在煤—砂交界面上混杂厚度在 5cm 左右，对过滤有益而无害。

5.4.3.2 承托层

承托层设置于滤料与反冲洗配水系统之间，由一定级配的卵石颗粒组成，主要作用是支承滤料，防止滤料从配水系统中流失，同时还起到均匀分布冲洗水的作用。

单层或双层滤料滤池采用大阻力配水系统（见本章 5.4.5 节）时，承托层采用天然卵石或砾石，其粒径和厚度见表 5.19。

表 5.19　快滤池大阻力配水系统承托层粒径和厚度

层次（自上而下）	粒径（mm）	厚度（mm）
1	2～4	100
2	4～8	100
3	8～16	100
4	16～32	本层顶面高度至少应高于配系统孔眼 100

三层滤料滤池，由于下层滤料粒径小而重度大，承托层必须与之相适应，即，上层应采用重质矿石，以免反冲洗时承托层移动，其粒径和厚度见表 5.20。

表 5.20　三层滤料滤池承托层材料、粒径和厚度

层次（自上而下）	材料	粒径（mm）	厚度（mm）
1	重质矿石（如石榴石、磁铁矿等）	0.5～1.0	50
2	重质矿石（如石榴石、磁铁矿等）	1～2	50
3	重质矿石（如石榴石、磁铁矿等）	2～4	50
4	重质矿石（如石榴石、磁铁矿等）	4～8	50
5	砾石	8～16	100
6	砾石	16～32	本层顶面高度至少应高于配系统孔眼 100

注　配水系统如采用滤砖且孔径为 4mm 时，第 6 层可不设置。

为了防止反冲洗时承托层移动，美国对单层和双层滤料滤池也有采用“粗—细—粗”的砾石分层方式。上层粗砾石用以防止中层细砾石在反冲洗过程中向上移动；中层细砾石用以防止石英砂滤料流失，下层粗砾石则用以支撑中层细砾石。这种分层方式，亦可应用于三层滤料滤池。具体粒径级配和厚度，应根据配水系统类型和滤料级配确定。例如，设承托层共分 7 层，则第 1 和第 7 层粒径相同，粒径最大。第 2 和第 6 层、第 3 和第 5 层等，粒径也对应相等，仍依次减小，而中间第 4 层粒径最小。这种级配分层方式，承托层总厚度不一定增加，而是将每层厚度适当减小。

如果采用小阻力配水系统（见本章 5.4.5 节），承托层可以不设，或者适当铺设一些粗砂或细砾石，视配水系统具体情况而定。

5.4.4　快滤池过滤理论

以单层砂滤池为例，其滤料粒径通常为 0.5～1.2mm，滤层厚度一般为 70cm。经反冲洗水力分选后，滤料粒径自上而下大致按由细到粗依次排列，称滤料的水力分级，滤层中孔隙尺寸也因此由上而下逐渐增大。设表层细砂粒径为 0.5mm，以球体计，滤料颗粒之间的孔隙尺寸约 80μm。但是，进入滤池的悬浮物颗粒尺寸大部分小于 30μm，仍然能被滤层截留下来，而且在滤层深处（孔隙大于 80μm）也会被截留，说明过滤显然不是机械筛滤作用的结果。经过众多研究者的研究，认为过滤主要是悬浮颗粒与滤料颗粒之间黏附作用的结果。

水流中的悬浮颗粒能够黏附于滤料颗粒表面上，涉及两个问题：①被水流挟带的颗粒如何与滤料颗粒表面接近或接触，这就涉及颗粒脱离水流流线而向滤料颗粒表面靠近的迁移机理；②当颗粒与滤粒表面接触或接近时，依靠哪些力的作用使得他们黏附于滤粒表面上，这就涉及黏附机理。

1. 颗粒迁移

滤料孔隙的水流一般属于层流状态，被水流挟带的颗粒随着水流流线运动，它之所以会脱离流线而与滤料表面接近，完全是物理—力学作用。一般认为由以下几种作用引起：拦截、沉淀、惯性、扩散和水动力作用等。图 5.53 为上述几种迁移机理的示意图。

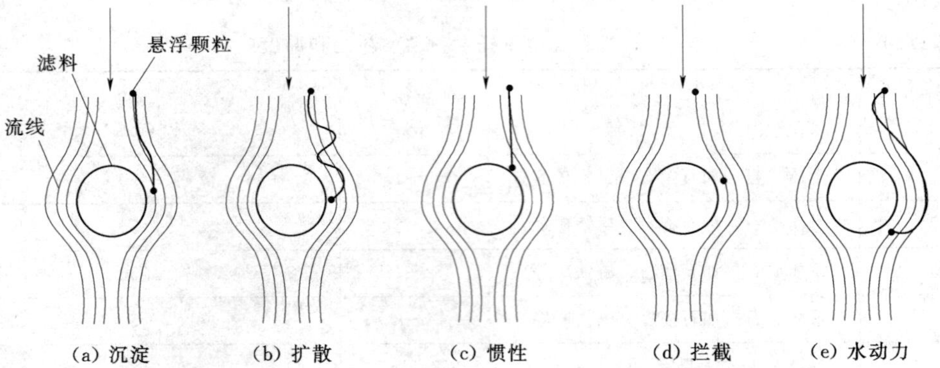

图 5.53　颗粒迁移机理示意图

沉淀作用：对于滤料堆积后的滤料层，其颗粒间空隙非常小，如对于颗粒粒径为 0.5mm 的滤料而言，其空隙尺寸大概为 80μm。但水从空隙中流过时，水流速度非常小，$Re<2$，水流呈层流状态，颗粒在其中沉淀类似于沉淀池，即可把整个滤料层看作类似于层层叠起的一个多层微小沉淀池，利用巨大的沉淀面积，以截留水中微小杂质，如粒径为 0.5mm 的 $1m^3$ 砂粒，可提供有效沉淀面积达 $400m^2$ 左右，相当于同等负荷沉淀池，它能去除的杂质粒径约为沉淀池的 1/20 左右。

扩散作用：经过沉淀后水体中的颗粒非常小，其在水中做无规则的布朗运动时会扩散至颗粒滤料表面而与滤料接触。

惯性作用：颗粒随着水流运动时，水流因滤料的阻挡而改变流动方向，但因颗粒具有保持其运动方向和运动速度大小的惯性作用而脱离流线与滤料表面接触。

拦截作用：颗粒尺寸较大时，处于流线中的颗粒会直接碰到滤料表面产生拦截作用。

水动力作用：在滤料空隙中运动的水流处于层流的状态，类似于圆管流，其至滤料表面到水流中心，存在速度梯度，水中的颗粒在速度梯度作用下，会产生转动而脱离流线而与滤料表面接触。

对于上述几种颗粒迁移机理，目前只能定性描述，其相对作用大小还无法定量估算，即哪一种机理在滤料滤除颗粒的作用中起到的具体作用是多大。可能几种机理同时存在，也可能只有其中某些机理起作用。因影响因素如滤料尺寸、形状、滤速、水温、水中颗粒尺寸、形状、密度等较复杂。

2. 颗粒黏附机理

黏附作用是一种物理化学作用，取决于颗粒表面的性质和滤料表面的物理化学性质，即借范德华力和静电力相互作用以及某些化学键、某些特殊的化学吸附力，经过絮凝沉淀处理后水体中剩余的微小絮凝颗粒被黏附在滤料颗粒表面上，或黏附在滤料表面上原先黏附的颗粒上。此外，絮凝颗粒的架桥作用也会存在。黏附作用主要取决于滤料和水中颗粒的表面物理化学性质。未经脱稳的悬浮物颗粒，过滤效果就很差。另外，在过滤过程中，特别是过滤后期，当滤层中的空隙尺寸逐渐减小时，表层滤料的筛滤作用也不能完全排除，但这种现象并不希望发生。

综上所述，普通快滤池工作的特点是：

(1) 必须加混凝剂后过滤，才能有效地去除浑浊度、胶体颗粒。

(2) 去除浑浊度主要不是靠筛滤、沉淀作用，而是靠接触絮凝作用，这就是胶体双电层被压缩后，被吸附在砂粒表面上，或吸附于已附有胶粒的砂粒表面上。

上述滤池中颗粒迁移和黏附的机理称为滤池过滤的接触絮凝理论。

接触絮凝理论已显示了强大的生命力，在过滤机理上占有重要位置。根据这些理论概念：

(1) 提出了多层滤料，以提高滤速。

(2) 低浊度原水加入混凝剂后，不经混凝沉淀而直接过滤的“接触过滤”或“微絮凝过滤”：

$$\begin{cases}\text{接触过滤：加药后直接进入滤池}\\\text{微絮凝过滤：原水加药后}\rightarrow\text{微絮凝池}\rightarrow\text{滤池}\end{cases}$$

这种加入药剂的原水直接进入滤池，胶体的絮凝作用系在滤料孔隙中进行，并被滤料颗粒所吸附，一次完成杂质的分离。

但是在快滤池工作过程中，也不应完全排除筛滤和沉淀作用的存在，如滤料孔隙由于截留杂质的积累而逐渐变小，筛滤作用将是难免的，尤其是表层滤料。

3. 滤料层截留杂质的规律

对于黏附在滤料表面上的颗粒，其除了受滤料对其的黏附力之外，还存在由于空隙中水流的流动而产生的剪切力作用（图 5.54），其作用的效果是迫使黏附于滤料上的颗粒脱落下来。黏附力和水流剪切力的相对大小，决定了颗粒黏附和脱落的程度。

图中 F_{a1} 表示颗粒 1 与滤料表面的黏附力，F_{a2} 表示颗粒 2 与颗粒 1 之间的黏附力；F_{s1} 表示颗粒 1 所受到的平均水流剪力；F_{s2} 表示颗粒 2 所受到的平均水流剪力。过滤初期，滤料较干净，孔隙率较大，孔隙流速较小，水流剪力 F_{s1} 较小，因而黏附作用占优势。随着过滤时间的延长，滤层中杂质逐渐增多，孔隙率逐渐减小，水流剪力逐渐增大，以致最后黏附上的颗粒（如图 5.54 中颗粒 3）将首先脱落下来，或者被水流挟带的后续颗粒不再有黏附现象，于是，悬浮颗粒会向下层推移，下层滤料截留作用渐次得到发挥。

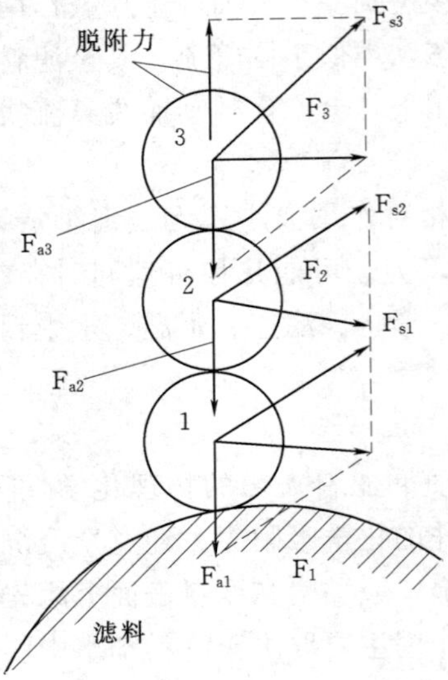

图 5.54　颗粒黏附与脱附

即：

杂质颗粒与滤料接触絮凝

↓

时间 t ——→ 延长

滤料表面杂质颗粒脱落

↓

杂质颗粒向滤层深层转移

然而，往往是下层滤料截留悬浮颗粒作用远未得到充分发挥时，过滤就得停止。这是因为，滤料经反冲洗后，滤层因膨胀而分层，表层滤料粒径最小，黏附比表面积最大，截留悬浮颗粒量最多，而孔隙尺寸又最小，因而，过滤到一定时间后，表层滤料间孔隙将逐渐被堵塞，甚至产生筛滤作用而形成泥膜，使过滤阻力剧增。其结果，在一定的过滤水头下滤速剧减（或在一定滤速下水头损失达到极限值），或者因滤层表面受力不均匀而使泥膜产生裂隙时，大量水流将自裂隙中流出，以致悬浮杂质穿过滤层而使出水水质恶化。当上述两种情况之一出现时，过滤将被迫停止。

快滤池出水的浊度随过滤时间的变化见图 5.55。出水浊度不符合饮用水水质标准时，即达到过滤周期结束，需对滤池进行反冲洗。

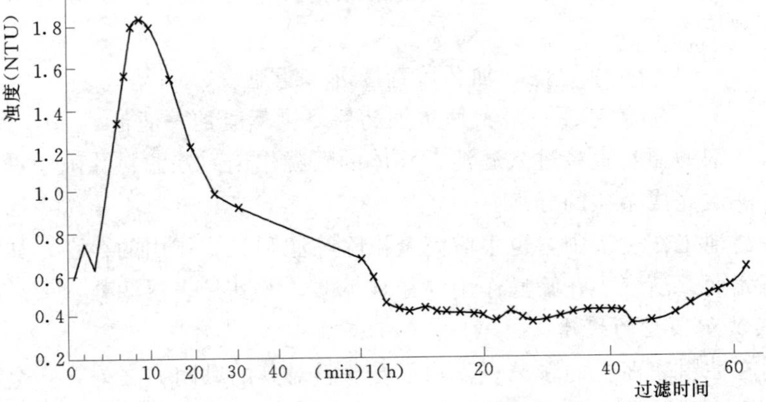

图 5.55　快滤池过滤时出水浊度随时间的变化

在通常情况下，过滤工作周期结束时，杂质在滤层中的分布示意图见图 5.56。由该图可见，滤料截留杂质颗粒时上层最多，越往下，越少。

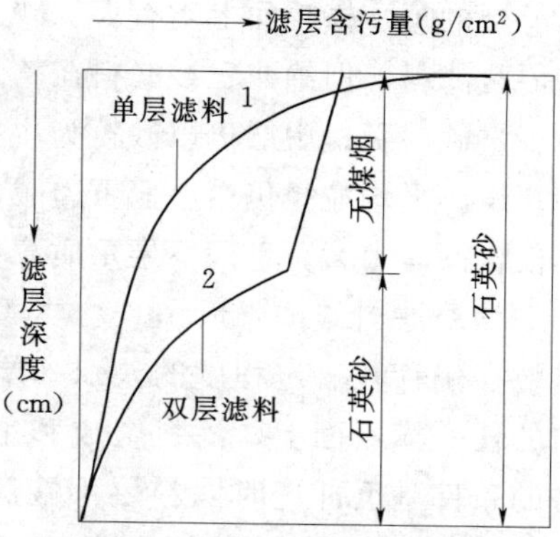

图 5.56　滤料层含污量的变化

杂质在滤层中极不均匀的分布规律，必然导致水头损失沿滤层深度极为不利的增长规律，这是造成过滤周期缩短的主要原因之一，是单层砂滤池的严重弱点的又一体现。

滤料含污能力：单位体积滤料在一个过滤周期内所截留的杂质量。单位体积滤层中的平均含污量称为“滤层含污能力”，单位 g/cm^3 或 kg/m^3。

采用单纯水冲洗的石英砂滤料滤池是典型的水力分级滤料滤池，其含污量随深度的变化见图 5.56 中曲线 1。

为改进单层滤料滤池的缺点，便出现了双层滤料、三层滤料或均质滤料等滤层组成，见图 5.57。多层滤料滤池接近理想滤料滤池，最常见为双层和三层滤料滤池。双层滤池其含污量随深度的变化见图 5.56 中曲线 2。可见，对于双层滤料滤池，上层的无烟煤滤料层起到了截留大部分颗粒杂质的作用，而下层的石英砂滤料层则起到了精细过滤作用，控制着滤池的出水水质。

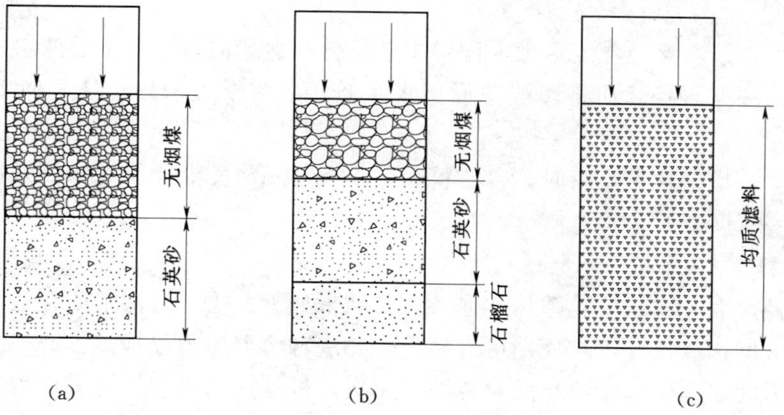

图 5.57　几种滤料组成

双层滤料组成：上层采用重度较小、粒径较大的轻质滤料（如无烟煤），下层采用重度较大、粒径较小的重质滤料（如石英砂）。由于两种滤料重度差，在一定的反冲洗强度下，反冲后轻质滤料仍在上层，重质滤料位于下层，见图 5.57（a）。虽然每层滤料粒径仍由上而下递增，但就整个滤层而言，上层平均粒径总是大于下层平均粒径。实践证明，双层滤料含污能力较单层滤料约高 1 倍以上。在相同滤速下，过滤周期增长；在相同过滤周期内，滤速可提高。

三层滤料组成为；上层为大粒径，小密度的轻质滤料（如无烟煤），中层为中等粒径、中等密度的滤料（如石英砂），下层为小粒径、大密度的重质滤料（如石榴石），见图 5.57（b）。各层滤料平均粒径由上而下递减。如果三种滤料经反冲洗后在整个滤层个适当混杂，即滤层的每一横断面上均有煤、砂、重质矿石三种滤料存在，则称“混合滤料”。尽管称之为混合滤料，但绝非三种滤料在整个滤层内完全均匀地混合在一起，上层仍以煤粒为主，掺有少量砂、石；中层仍以砂粒为主，掺有少量煤、石；下层仍以重质矿石为主，掺有少量砂、煤。平均粒径仍由上而下递减，否则就完全失去三层或混合滤料的优点。这种滤料组成不仅含污能力大，且因下层重质滤料粒径很小，对保证过滤后的出水水质有很大作用。

均质滤料组成：所谓“均质滤料”，并非指滤料粒径完全相同（实际上很难做到），滤料粒径仍存在一定程度的差别（差别比一般单层级配滤料小），而是指沿整个滤层深度方向的任一横断面上，滤料组成和平均粒径均匀一致，见图 5.57（c）。要做到这一点，必要的条件是反冲洗时滤料层不能膨胀。当前应用较多的气水反冲滤池就属于均质滤料滤池。这种均质滤料层的含污能力显然也大于上细下粗的级配滤层。

总之，滤层组成的改变，是为了改善单层级配滤料层中杂质分布状况，提高滤层含污能力，相应地也会降低滤层中水头损失增长速率。无论采用双层、三层或均质滤料，滤池构造和工作过程与单层滤料滤池无多大差别。

5.4.5　影响滤层中杂质分布状况的因素

影响杂质在滤层中分布规律的众多因素中，值得提出的是滤速、滤料粒径、形状和级配、进水水质、水温、凝聚微粒的性质等。

1. 滤速

滤速愈大，杂质穿透深度愈大，滤层中杂质分布愈趋向均匀，下层滤料发挥的作用也将增大。但另一方面高滤速将影响滤后出水水质，水头损失增加迅速，使工作周期过分缩短。

穿透深度：指过滤将结束时，自滤料表层以下某一深度处所取水样恰好符合滤后水质要求时的这一深度。

2. 滤料粒径

滤料粒径愈大，滤层中孔隙尺寸愈大，其结果如下：①可增加杂质穿透深度；②可使过滤水头损失增加缓慢，工作周期可以延长，滤层含污能力得以提高。

含污能力大，表明整个滤层所发挥的作用大，根据这一概念，可采用均匀粒径、粗滤料作为初滤池或预处理，但作为生活饮用水的最后过滤工艺往往不能保证滤后出水水质或使滤层厚度增加而导致经济的不合理。

3. 滤料层的组成

滤料粒径循水流方向由小到大，造成滤层中杂质分布不均匀，因而是影响过滤效果的主要因素，也是单层砂滤层的一个严重弱点。

现提出了滤料粒径循水流方向由大到小的过滤方式，即所谓的“反粒度过滤”，以及双层滤料滤池。

5.4.6　滤池反冲洗

滤池反冲洗的目的是去除截留在滤层中的杂质，使滤池在短时间内恢复过滤能力。当出水水质不合格或水头损失达到设计最大值时开始冲洗。

5.4.6.1 滤池反冲洗的方法

滤池反冲洗的方法有以下几种。

1. 高速水流反冲洗

利用流速较大的反向水流冲洗滤层，使整个滤层达到流态化状态，且具有一定的膨胀度。截留于滤层中的污物，在水流剪切力和滤料颗粒碰撞摩擦的双重作用下，从滤料表面脱落下来，然后被冲洗水带出滤池。

冲洗效果决定于冲洗流速。冲洗流速过小，滤层孔隙中水流剪切力小；冲洗流速过大，滤层膨胀度过大，滤层孔隙中水流剪切力也会降低，且由于滤料颗粒过于离散，碰撞摩擦也减小。故冲洗流速过大或过小，冲洗效果均会降低。

这种方式一般应用于重力无阀滤池、虹吸滤池以及移动罩滤池。

2. 气、水反冲洗

利用上升气泡的振动，将滤料表面污物破碎、脱落，再由水冲带出池外。水冲强度可降低，可减少水冲水量，提高滤池冲洗质量。冲洗时滤层不一定膨胀或仅轻微膨胀，冲洗结束后滤层不产生或不明显产生上细下粗分层，即保持原来滤层结构。

这种反冲洗方式多一套空气供气系统，但冲洗效果好，节约水量，滤层不膨胀，无水力分级现象，增大滤层含污能力。

主要的方式有：①气冲＋水冲；②气水反冲＋水冲；③气冲＋气水反冲＋水冲。

气冲时：$q_{气}=10\sim20\text{L}/(\text{m}^2\cdot\text{s})$

气、水冲时：$q_{气}=10\sim20\text{L}/(\text{m}^2\text{s})$，$q_{水}=3\sim4\text{L}/(\text{m}^2\cdot\text{s})$

水冲时：$q_{水}=4\sim6\text{L}/(\text{m}^2\cdot\text{s})$

气-水联合冲洗时，总的反冲洗时间约在10min左右。

气-水联合冲洗时常用长柄滤头（图5.58）或复合气水反冲洗配水滤砖进行布气与布水（图5.59）。

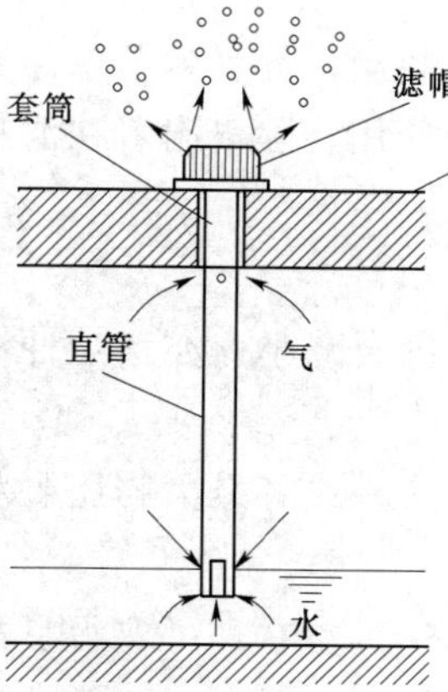

图5.58 气水联合冲洗时长柄滤头装置

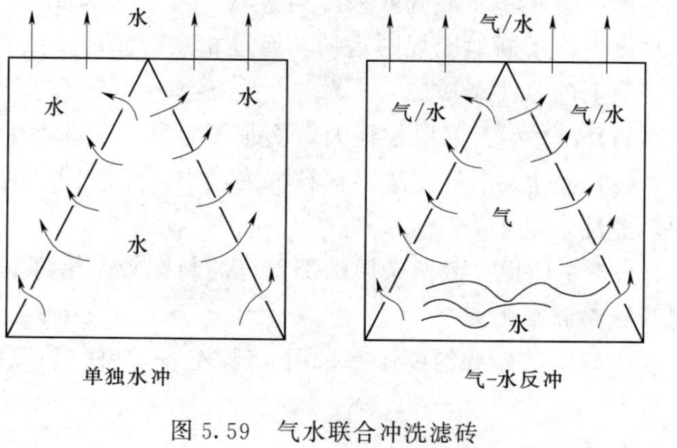

图5.59 气水联合冲洗滤砖

一般应用于V型滤或其他气水反冲洗滤池。

3. 表面辅助冲洗加高速水流反冲洗

表面冲洗管上有喷嘴或孔眼，利用射流使滤料颗粒表面的污泥击碎，更容易脱落，然后开动反冲洗水，与表面冲洗同时进行 3～4min，停止表面冲洗，单独冲洗 2～3min。

这种方式不常用。

5.4.6.2　滤池反冲洗机理

对于滤池的反冲洗，同样涉及两个过程，即过滤后的杂质颗粒（污物）从颗粒滤料上脱落下来的过程和随着反冲洗水流流出滤料层的过程。

不管是滤池的高速水流反冲洗，还是气、水联合反冲洗，颗粒滤料上黏附的污物在高速水流的剪切作用下脱落下来，或者在水或气的搅动作用下，黏附污物的颗粒滤料之间相互摩擦、碰撞，从而使污物从颗粒滤料上脱离开来，然后在水流的带动下流出滤池，达到滤池的反冲洗，从而恢复整个滤料层的过滤能力，即

（1）借助于上升水流的剪切作用，将污物去掉。

（2）固体颗粒滤料间在水流或空气的搅动下之间碰撞摩擦、碰撞而致使黏附于颗粒滤料的污物脱落。

5.4.6.3　滤池反冲洗指标

1. 滤层反冲洗膨胀率

水流自下而上反冲洗时，滤料层便膨胀起来，滤料层膨胀后所增加的厚度与膨胀前厚度之比称为滤层膨胀率。

$$e=\frac{L-L_0}{L_0}\times 100\% \tag{5.53}$$

式中　e——滤层反冲洗膨胀率，%；

L_0——滤层膨胀前厚度，cm；

L——滤层膨胀后的厚度，cm。

滤层膨胀率 e 取决于反冲洗强度。

滤层膨胀率与滤池冲洗效果的关系：

滤层膨胀率对冲洗效果影响很大。当冲洗水自下而上穿过滤料层，滤料颗粒悬浮于上升水流中，不断地无规则运动，通过相互碰撞、摩擦和水流剪力作用，除去附着在滤料颗粒表面上的悬浮杂质。

（1）e 过小：下层粒径大，膨胀不起来，冲洗不干净。

（2）e 过大：致使滤料颗粒浓度过小，使它们之间摩擦碰撞机会减小，亦增加冲洗强度，多耗水量。

（3）e 理想：截留杂质的那部分滤料颗粒，恰好完全膨胀起来，或者最大膨胀颗粒刚刚开始浮起来为宜。

一般单层砂滤料膨胀率采用 45%左右，煤—砂双层滤池取 50%左右，可取得良好的效果。

2. 反冲洗强度

滤池单位面积上所通过的冲洗水流量，称为冲洗强度，以 L/(m^2·s) 计，或折算成冲洗流速 cm/s，10L/(m^2·s)＝1cm/s。

3. 反冲洗历时

当滤池冲洗强度和滤层膨胀率均符合冲洗要求，但冲洗时间不足时，一方面滤料颗粒与水流之间或滤料颗粒之间没有足够碰撞摩擦时间，另一方面冲洗废水来不及排除，导致污物重返滤层。如此长期下去，滤层将被污泥覆盖而形成泥膜，或深入滤层形成泥球。因此必要的冲洗时间必须保证。

反冲洗强度越大，冲洗历时越短，也可视冲洗排水浊度在70～100mg/L以下，即可停止冲洗。根据生产经验，冲洗历时：单层砂5～7min；对双层煤－砂滤池6～8min。

例如，对于V型滤池，某水厂采用均质滤料（$d_{10}=0.94$mm，$d_{60}=1.34$mm，$k_{60}=1.42$），其冲洗程序、强度和时间如下：

气冲强度约15L/(m^2·s)，冲洗时间约4min；气-水同时反冲时，气冲强度不变，水冲强度约4L/(m^2·s)，冲洗时间约4min，最后水冲（漂洗）强度仍为4L/(m^2·s)左右，冲洗时间约2min。总的反冲时间约为10min左右。

5.4.6.4 冲洗强度的确定和非均匀滤料膨胀度的计算

1. 冲洗强度

对非均匀滤料，在一定冲洗流速下，粒径小的滤料膨胀度大，粒径大的滤料膨胀度小，故以最粗滤料刚开始膨胀作为确定冲洗强度的依据。

对于单层石英砂滤料而言，冲洗强度：$q=10\sim16$L/(m^2·s)。

2. 非均匀滤层膨胀率的计算

在滤池的反冲洗过程中，非均匀滤层的膨胀率不仅和颗粒滤料的性质有关（如材质、粒径、形状等），而且还与水温、反冲洗强度以及滤层的纳污量和污泥颗粒的性质有关，理论计算较为复杂，工程中一般按照规范并结合经验选取。

表5.21为水温$T=20$℃时，常用的滤层膨胀率。

表5.21 冲洗强度、膨胀率及冲洗时间常用数据

序号	滤层类型	冲洗强度 [L/(m^2·s)]	膨胀度 (%)	冲洗时间 (min)
1	石英砂滤料	12～15	45	7～5
2	双层滤料	13～16	50	8～6
3	三层滤料	16～17	55	7～5

注 1. 设计水温按20℃计，水温每增减1℃，冲洗强度相应增减速1%。
2. 由于全年水温、水质有所变化，应考虑有适当调整冲洗强度的可能。
3. 选择冲洗强度应考虑所用混凝剂品种的因素。
4. 无阀滤池冲洗时间可采用低限。
5. 膨胀度数值仅作设计计算用。

5.4.6.5 配水系统

配水系统的作用在于使冲洗水在整个滤池面积上均匀分布，过滤时，也能均匀收集滤后水。配水均匀性对冲洗效果影响很大。配水不均匀，部分滤层膨胀不足，而部分滤层膨胀过甚，甚至会招致局部承托层发生移动，造成漏砂现象。

配水系统有大阻力配水系统和小阻力配水系统两种基本形式。

1. 大阻力配水系统

快滤池中常用的大阻力配水系统的构造如图 5.60 和图 5.61 所示。

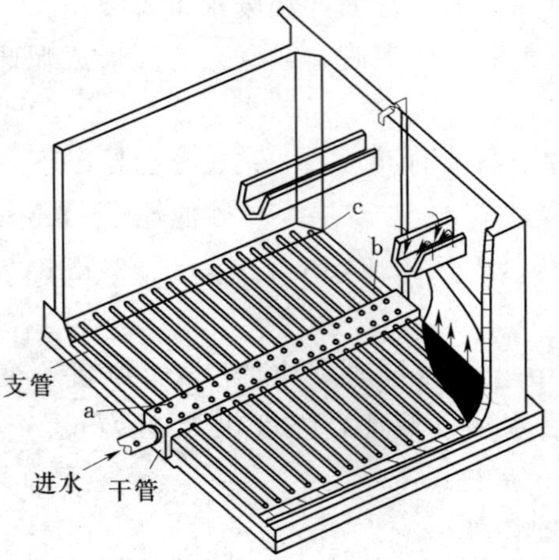

图 5.60　穿孔管大阻力配水系统

a—进水干管上的配水孔；b—配水支管；
c—配水支管末端的支撑结构

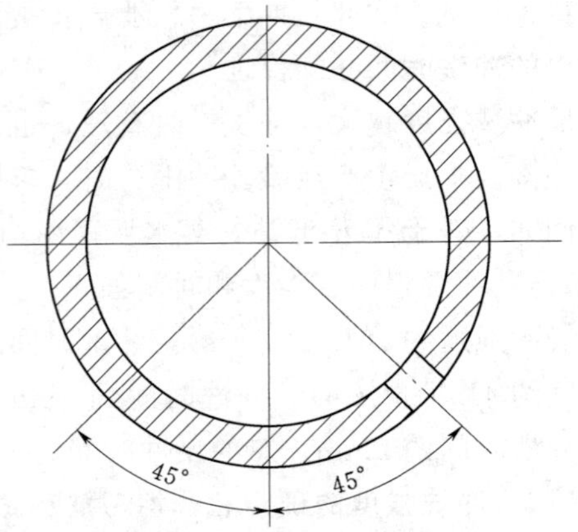

图 5.61　穿孔支管孔口位置

中间是一根干管或干渠，于其两侧接出若干根相互平行的支管。支管下方开两排小孔，与支管中心线成 45°角交错排列。冲洗时，水流自干管起端进入后，流入各支管，由支管孔口流出，再经承托层和滤料层流入排水槽。

优点：配水均匀性好。

缺点：结构复杂，孔口水头损失大，耗能多，不能用在反冲洗水头有限的虹吸滤池和无阀滤池；管道和孔眼易结垢，检修困难。

计算在于确定干管和支管的直径及反冲洗水的水头损失，以便冲洗水能够很均匀地分布于整个滤池面积上。

设计基础数据：

(1) 干管起端流速 $v=1.0\sim1.5$ m/s，支管起端 $v=1.5\sim2.0$ m/s，孔口 $v=5\sim6$m/s；

(2) 孔口总面积与滤池面积之比称为开孔比 α：

$$\alpha=\frac{f}{F}=\frac{\dfrac{Q}{v}}{\dfrac{Q}{q}1000}=\frac{q}{1000v} \tag{5.54}$$

式中　v——孔口流速，m/s；

q——反冲洗强度，L/(m² · s)（或者 mm/s），对普通快滤池，若 $v=6$m/s，$q=12\sim5$L/(m² · s)，则 $\alpha=0.2\%\sim0.25\%$。

(3) 支管中心间距 0.2～0.3m，支管 $L/D\leqslant60$（末端压力大于起端）；

(4) 孔口 $D=9\sim12$mm，当干管 $D>300$mm，干管顶部也应开孔布水，并在孔口上方设置挡板。

2. 小阻力配水系统

大阻力配水系统的优点是配水均匀性较好。但结构较复杂，孔口水头损失大，冲洗时动力消耗大，管道易结垢，增加检修困难。此外，对冲洗水头有限的虹吸滤池和无阀滤池，大阻力配水系统不能采用。小阻力配水系统可克服上述缺点。

小阻力配水系统不采用穿孔管而代之以底部较大的配水空间，其上铺设穿孔滤板或滤砖等，见图 5.62。冲洗水自整个池宽内均匀进入配水室。由于水流进口断面积较大，流速较小，底部配水室内的压力将趋于均匀。无需在干管和支管中的水头损失。

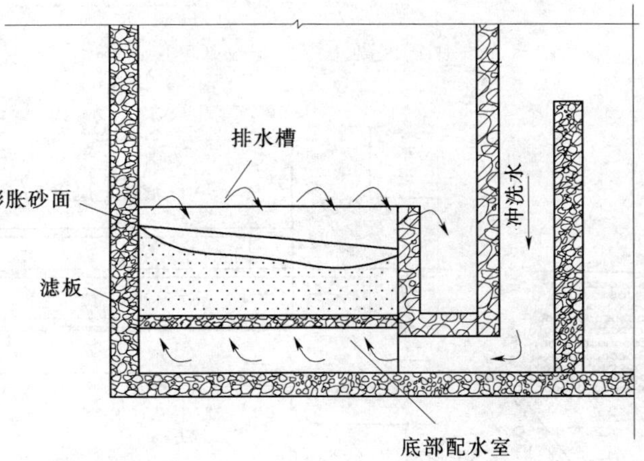

图 5.62 小阻力配水系统

"小阻力"一词的涵义，即指配水系统中孔口阻力较小，这是相对于大阻力配水系统而言的。

小阻力配水系统的主要缺点是配水均匀性较大阻力配水系统为差。因为它只是在配水系统内各部位压力均匀性方面有了改善，而对其他影响因素，却不像大阻力配水系统那样具有以巨大孔口阻力加以控制的能力。例如，配水室内压力稍有不均匀、滤层阻力稍不均匀、滤板上孔口尺寸稍有差别或部分滤板稍受堵塞，配水均匀程度都会敏感地反映出来。所以，滤池面积较大者，不宜采用小阻力配水系统。

小阻力配水系统的常用形式有：钢筋混凝土穿孔（或缝隙）滤板、穿孔滤砖以及滤头等。

小阻力配水系统滤板缝隙总面积与滤池面积之比宜为 1.25%～2.00%。

(1) 钢筋混凝土穿孔（或缝隙）滤板。在钢筋混凝土板上开圆孔或条形缝隙。板上铺设一层或两层尼龙网。板上开孔比和尼龙网孔眼尺寸不尽一致，视滤料粒径、滤池面积等具体情况决定。图 5.63 所示滤板尺寸为 980mm×980mm×100mm，每块板孔口数 168 个。板面开孔比为 11.8%，板底为 1.32%。板上铺设尼龙网一层，网眼规格可为 30～50 目。

这种配水系统造价较低，孔口不易堵塞，配水均匀性较好，强度高，耐腐蚀。但必须注意尼龙网接缝应搭接好，且沿滤池四周应压牢，以免尼龙网被拉开。尼龙网上可适当铺设一些卵石。

(2) 穿孔滤砖。由钢筋混凝土或陶瓷制成，规格有大有小。例如，图 5.64 所示的滤砖尺寸为 600mm×280mm×250mm，每平方米滤池面积上铺设 6 块。开孔比为：上层 1.07%，下层 0.7%。

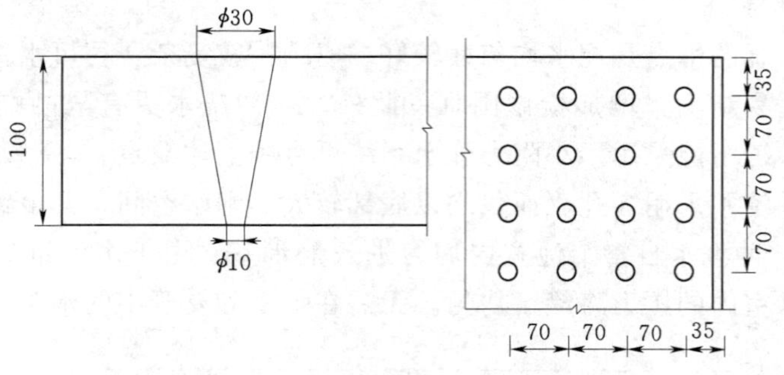

图 5.63　钢筋混凝土穿孔滤板（单位：mm）

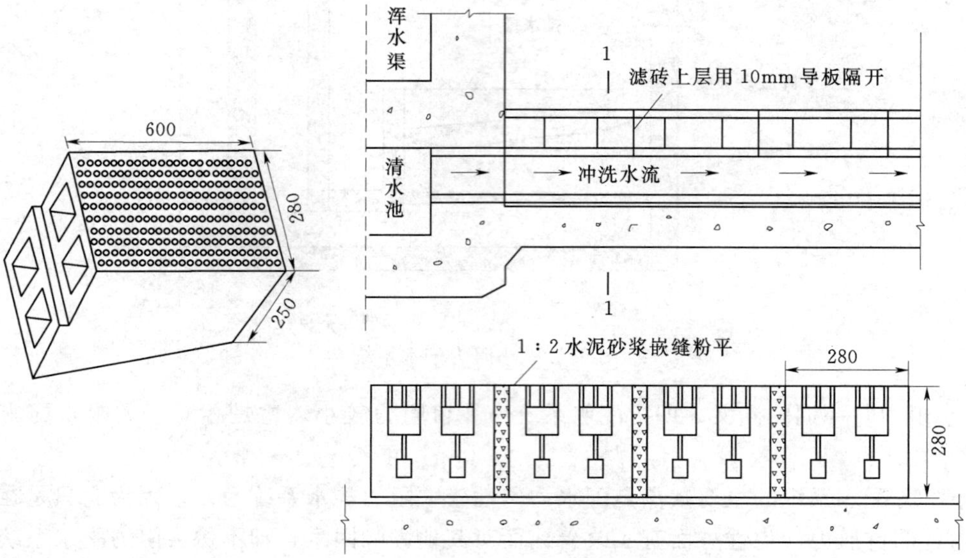

1—1 剖面图

图 5.64　穿孔滤砖（单位：mm）

滤砖构造分上下两层连成整体。铺设时，各砖的下层相互连通，起到配水渠的作用；上层各砖单独配水，用板分隔互不相通。实际上是将滤池分成像一块滤砖大小的许多小格。上层配水孔均匀布置，水流阻力基本接近，这样保证了滤池的均匀冲洗。

穿孔滤砖的上下层为整体，反冲洗水的上托力能自行平衡，不致使滤砖冲起，因此所需的承托层厚度不大，只需防止滤料落入配水孔即可，从而降低了滤池的高度。

穿孔滤砖配水均匀性较好，但价格较高。

(3) 长柄滤头。气水反冲的配水和配气系统可采用上述大阻力系统或大阻力与小阻力配水系统配合使用。近年来，配水、配气系统采用长柄滤头逐渐增多。图 5.65 所示为气-水同时反冲所用的长柄滤头工作示意图。长柄滤头由上部滤帽和下部直管组成。每只滤帽上开有许多缝隙，缝宽在 0.25～0.4mm 之间，视滤料粒径而决定。直管上部设有小孔，下部有一条直缝。安装前，把套管预先埋入滤板上，待滤板铺设完毕后，再将长柄滤头拧入套管内。长柄滤头一般采用聚丙烯塑料制造。当气-水同时反冲时，在混凝土滤板下面

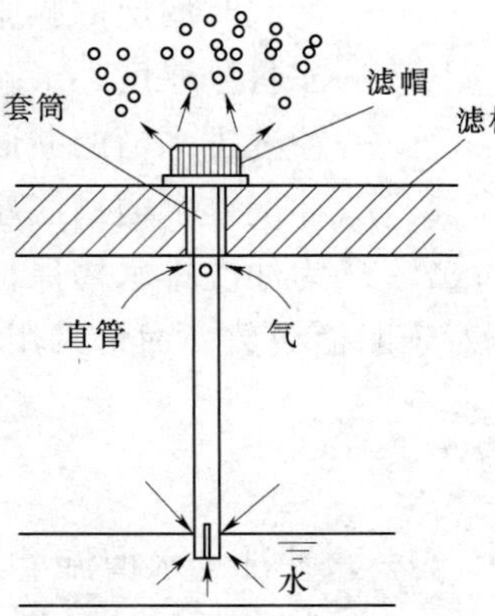

图 5.65 长柄滤头

的空间内，上部为气，形成气垫，下部为水。气垫厚度大小与气压有关。气压愈大，气垫厚度愈大。气垫中的空气先由直管上部小孔进入滤头，气量加大后，气垫厚度相应增大，部分空气由直管下部的直缝上部进入滤头，此时气垫厚度基本停止增大。反冲水则由滤柄下端及直缝上部进入滤头，气和水在滤头内充分混合后，经滤帽缝隙均匀喷出，使滤层得到均匀反冲。滤头布置数一般为 50～60 个/m^2。开孔比约 1.5%左右。

小阻力配水系统的特点：

1）反冲洗水头小。

2）配水均匀性较大阻力配水系统为差，当配水系统室内压力稍有不均匀，滤层阻力稍不均匀，滤板上孔口尺寸稍有差别或部分滤板受堵塞，配水均匀程度都会敏感地反映出来。

3）滤池面积较大时，不宜采用小阻力配水系统。

5.4.6.6 冲洗水的排除

滤池冲洗废水由冲洗排水槽和废水渠排出。在过滤时，它们往往也是分布待滤水的设备。

冲洗时，废水由冲洗排水槽两侧溢入槽内，各条槽内的废水汇集到废水渠，再由废水渠末端排水竖管排入下水道，见图 5.66。

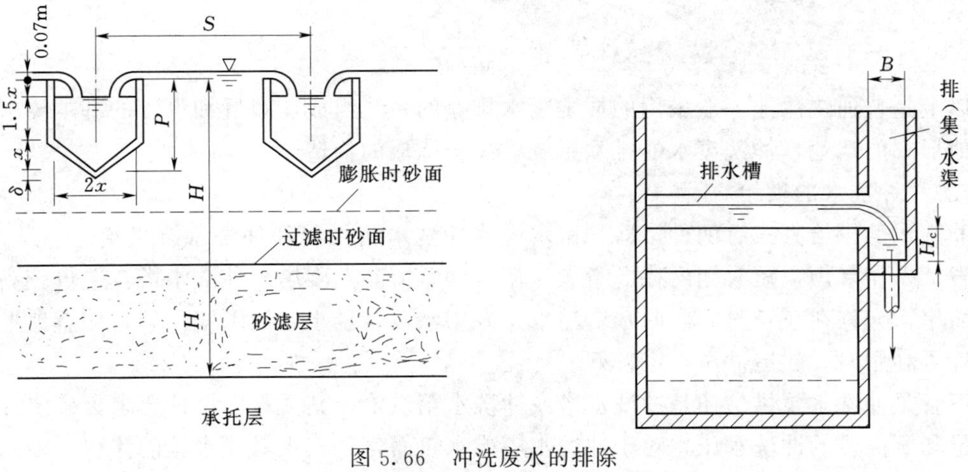

图 5.66 冲洗废水的排除

1. 冲洗排水槽

冲洗废水应自由跌落入冲洗排水槽，主要是为了避免槽内水面同滤池水面连成一片，使冲洗均匀性受到影响。

冲洗排水槽高度应适当，如太高，则废水排除不净，如太低，则会造成滤料的流失。在冲洗时，应使滤层膨胀高度在槽底以下，对图 5.65 所示的冲洗排水槽形式而言，其槽顶距未膨胀时滤料表面的高度采用下式计算：

$$H = eH_2 + H_{槽} = eH_2 + 2.5x + \delta + 0.07 \tag{5.55}$$

式中　e——冲洗时滤层的膨胀率；

H_2——滤料层厚度，m；

x——冲洗排水槽的断面模数，m；

δ——冲洗排水槽槽底厚度，m；

0.07——为冲洗排水槽保护高度，m。

对于断面模数，通常采用下式计算：

$$x=0.45Q^{0.4}$$

$$Q=\frac{qF}{n} \tag{5.56}$$

式中　Q——冲洗排水槽流量，m^3/s；

q——滤池的反冲洗强度，m^3/m^2s 或 m/s；

n——排水槽数量；

F——滤池面积，m^2。

同时，冲洗排水槽设置时还应满足以下要求，即冲洗排水槽间中心净距为 1.5～2.0m（过大，影响排水均匀性）；冲洗槽总面积不大于 25%F 滤池，否则槽间上升流速过大，影响上升水流均匀性。

2. 排水渠

排水渠的布置形式视滤池面积大小面定。一般情况下沿池壁一边布置，见图 5.65。当滤池面积很大时，排水渠也可布置在滤池中间以使排水均匀，典型的如 V 型滤池。

排水渠一般为矩形断面。渠底距排水槽底高度 H_c（图 5.66）按下式计算：

$$H_c=1.73\sqrt{\frac{Q^2}{gB^2}}+0.2 \tag{5.57}$$

以上是普通快滤池一般采用的冲洗废水排除的系统组成、布置和设计的基本要求，对于其他形式的滤池，冲洗废水的排除系统取决于滤池的构造。

5.4.6.7　冲洗水的供给

冲洗水的供给方式有两种，即冲洗水塔或冲洗水箱供给和冲洗水泵供给。冲洗水泵：投资省，操作麻烦，短时间内耗电量大，使电网负荷陡然骤增。冲洗水塔：造价较高，但操作简单，允许在较长时间内向水塔输水，专用水泵容量小，耗电较均匀，如有地形和其他条件可利用时，建造冲洗水塔较好。

不管是冲洗水泵供给还是冲洗水塔或冲洗水箱供给，其关键的设计要求为确定冲洗水的流量和所需要的冲洗水压，对于冲洗水塔或水箱而言，其水塔或水箱的体积必须满足滤池一次反冲洗所需要的水量。

1. 水泵冲洗

水泵冲洗水的来源一般来自水厂内设置的清水池。水泵流量按照滤池的冲洗强度和滤池面积计算，即：

$$Q=\frac{qF}{1000} \tag{5.58}$$

式中　Q——水泵流量，m^3/s；

q——滤池冲洗强度，$L/(m^2\cdot s)$；

F——滤池面积，m^2。

水泵的扬程按照下式进行计算：

$$H=H_0+h_1+h_2+h_3+h_4+h_5 \tag{5.59}$$

式中　H_0——排水槽顶与清水池最低水位之间差，m；

h_1——从清水池至滤池冲洗管道的总水头损失，m；

h_2——配水系统总水头损失，m。

大阻力配水系统按孔口平均水头损失计算，即采用如下公式：

$$h_2=\left(\frac{q}{10\alpha\mu}\right)^2\frac{1}{2g} \tag{5.60}$$

$$h_3=0.022qZ \tag{5.61}$$

$$h_4=\frac{\rho_s-\rho}{\rho}(1-m_0)L_0 \tag{5.62}$$

式中　q——滤池冲洗强度，L/(m^2·s)；

μ——孔口流量系数；

α——配水系统开孔比,%；

g——重力加速度，9.81m/s^2；

h_3——承托层的水头损失，m；

Z——承托层厚度，m；

h_4——滤料层的水头损失，m；

ρ_s——颗粒滤料的密度，g/cm^3；

ρ——水的密度，g/cm^3；

m_0——滤层膨胀前的孔隙率；

L_0——滤层膨胀前厚度，m；

h_5——备用水头，一般取1.5～2.0m。

2. 冲洗水塔或水箱

冲洗水塔与滤池分建，冲洗水箱与滤池合建，置于滤池之上。

水塔或水箱中的水深不宜超过3m，以免冲洗初期和末期冲洗强度相差过大。水塔或水箱应在冲洗间歇时间内充满，容积按照单个滤池冲洗水量的1.5倍计算：

$$V=1.5\frac{qFt}{1000}\times 60 \tag{5.63}$$

式中　t——冲洗历时，min；

其他符号意义同前。

水塔或水箱底高出滤池冲洗排水槽顶距离按下式计算：

$$H_0=h_1+h_2+h_3+h_4+h_5 \tag{5.64}$$

符号意义同前。

5.4.7 普通快滤池

普通快滤池的结构形式见图5.51，普通快滤池设有：滤池进水、滤后清水、反冲洗进水、反冲洗排水四个阀门，故也称为四阀滤池。普通快滤池采用大阻力配水系统，反冲洗水头约 7m，设共用的水塔或水泵轮流进行冲洗。滤池单池面积小于 $100m^2$，一般为 20～$50m^2$，依水厂规模定。滤池池深一般为 3.2～3.6m，含承托层、滤料层及以上水深（1.5～2.0m）和超高（0.3m）。

普通快滤池可用石英砂滤料或无烟煤石英砂双层滤料。过滤工作方式为几个滤间为一组的恒水头恒速过滤（需控流阀用于控制进水量）或减速过滤。

普通快滤池的应用广泛，运行稳定可靠，适用于大、中、小型水厂。缺点是阀门多，运行与检修工作量大。

5.4.7.1　滤池设计滤速及总面积计算

1. 设计滤速

设计滤速直接影响过滤后水质、滤池造价、运行管理等一系列问题，应根据具体情况综合考虑。

可根据表 5.17 的单层和双层滤料快滤池的设计滤速选用。选择滤速时应考虑如下因素：

（1）当水源水质较差或水源水质尚未完全掌握，滤前处理效果难以确保时，设计滤速应选低一些，反之，滤速可选高一些。

如对于低温低浊、高含藻类的原水，滤池设计滤速应选择较低值。

（2）从总体规划考虑，需要适当保留滤池的生产潜力时，设计滤速宜选低一些。

总之设计滤速的确定应以保证过滤水质为前提，同时考虑经济效果和运行管理，一般可参照条件相似的已有水厂运行经验决定。

强制滤速是指一个或两个滤池停产检修时其他滤池在超过正常负荷下的滤速。按设计滤速决定面积，然后再决定个数，即在滤池面积和个数决定之后，应以强制滤速进行校核，如果强制滤速过高，设计滤速应适当降低或滤池个数适当增加。

2. 滤池面积

滤速确定后，根据设计流量（包括水厂自用水量）计算滤池总面积。

$$\sum F=\frac{Q}{v} \tag{5.65}$$

式中　Q——滤池设计流量，m^3/h；

v——设计滤速，m/h；

$\sum F$——滤池面积，m^2。

单个滤池面积：$F=\sum F/n$，n 指滤池的分格数。

3. 滤池个数

滤池个数直接涉及滤池造价、冲洗效果和运行管理。滤池个数多，冲洗效果好，运行灵活，强制滤速较低，但单位面积滤池造价增加，并且滤池个数过多，也增加操作管理的麻烦。

若滤池个数少，一旦一个滤池停产检修，将对水厂供水影响很大，同时单池面积过大，冲洗布水均匀性上效果欠佳。通常，不得少于两个，滤池面积及滤池个数依据以下数据适当选择：

$\sum F<30m^2$，$n=2$；

$\sum F=30\sim50m^2$，$n=3$；

$\sum F=50\sim100m^2$，$n=3\sim4$；

$\sum F=100\sim150m^2$，$n=5\sim6$；

$\sum F=150\sim200m^2$，$n=6\sim8$；

$\sum F>300m^2$，$n=10\sim12$。

4. 滤池平面形状

滤池平面形状：可为正方形或矩形，滤池长宽比主要由管配件布置决定，有时也涉及处理构筑物的总体布置，一般情况下：

$\sum F<30m^2$，$L:B=1:1$；

$\sum F>30m^2$，$L:B=1.25:1\sim1.5:1$。

5. 滤池高度

包括超高 0.3m，滤层上的水深＝1.5～2.0m，滤料层厚度一般为 0.7m 左右，承托层约 0.45m，故总高度一般为 3.0～3.5m。

单层石英砂滤池深度一般稍小，双层和三层滤料滤池深度稍大。

5.4.7.2 普通快滤池管廊布置

普通快滤池进出水阀门较多，需注意其布置方式。管廊是指集中布置滤池的管渠、配件及阀门的场所，要求如下：

（1）力求紧凑，简捷。

（2）留有设备与管配件安装、维修和操作时必需的空间。

（3）具有良好的防水、排水、通风、照明设备。

（4）便于与滤池操作室联系。

（5）管廊中的管道一般用金属材料，也可用钢筋混凝土渠道。

（6）管廊门及通道应允许最大配件通过，并考虑检修方便。

管廊布置有多种形式，主要有如下几种：

（1）进水、清水、冲洗水和排水渠，全部布置于管廊内，见图 5.67。该布置方式渠道结构简单，施工方便，管渠集中紧凑，但管廊中管件较多，通行和检修不太方便。

（2）冲洗水和清水渠布置于管廊中，进水和排水渠布置于滤池另一侧，见图 5.68。该布置方式可节省金属管件及阀门，管廊内管件简单，施工和检修方便。但造价稍高。

（3）进水、冲洗水及清水管均采用金属管道，排水渠单独设置，见图 5.69。该布置方式通常用于小型水厂或滤池单行布置。

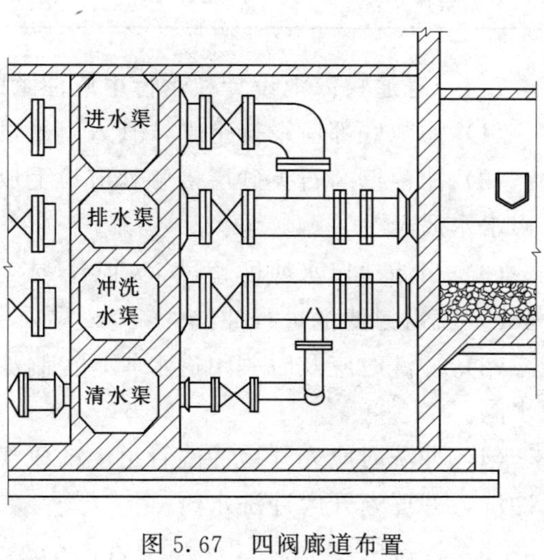

图 5.67 四阀廊道布置

5.4.7.3 管渠设计流速

快滤池管渠设计流速可根据表 5.22 确定。若考虑今后水量处理时留有余地，流速宜取低限值。

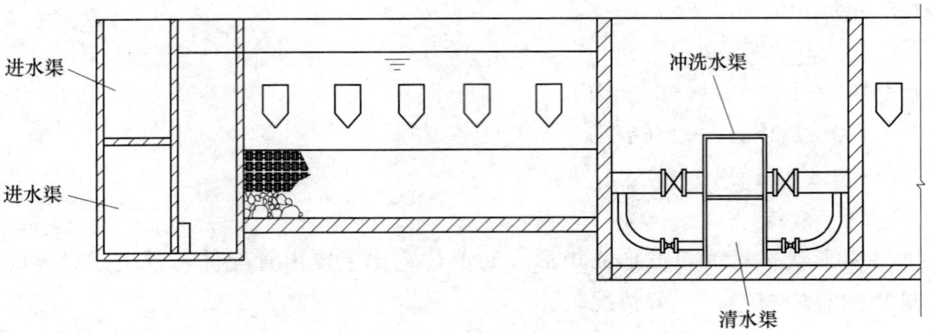

图 5.68 双阀廊道布置

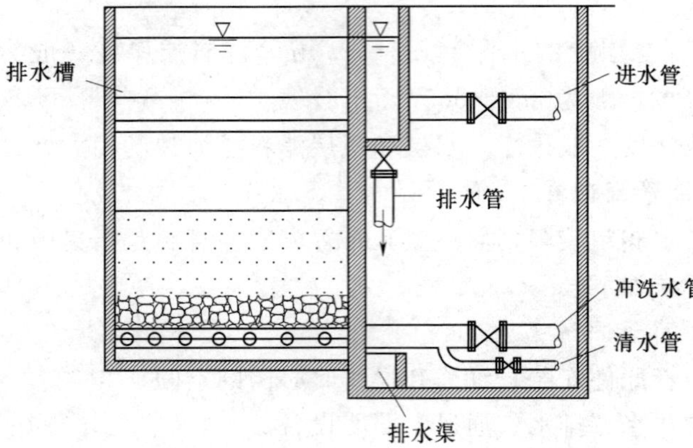

图 5.69 管廊一侧布置

表 5.22 **普通快滤池管渠设计流速**

名称	流速（m/s）	名称	流速（m/s）
进水管（渠）	0.8～1.2	反冲洗水管	2.0～2.5
清水管（渠）	1.0～1.5	排水管（渠）	1.0～1.5

5.4.7.4 普通快滤池设计和运行中应注意的问题

（1）滤池底部应设排空管，其入口处设栅罩，池底坡度约为 0.005，坡向排空管。

（2）滤池壁与石英砂层接触处应拉毛成锯齿状，以免过滤水在该处形成“短路”而影响出水水质。

（3）当滤池出水浊度超过 1NTU，或当滤层水头损失达 2～3m，或运行时间已达 24～48h，就需对滤池进行冲洗。

（3）冲洗时应及时关闭进水阀，控制滤料层表面以上的水深在 200mm 左右，再关闭滤水阀。

（4）冲洗时应先开启冲洗管道上的放气阀，冲洗水阀开启 1/4，待残气放完后才能进行冲洗，并逐渐开大冲洗水阀。

（5）冲洗强度应为 12～15L/(m^2·s)，滤料膨胀率为 40%～50%，冲洗结束时排水

浊度应小于 15NTU

(6) 冲洗后出水浊度仍不能满足要求时应更换新滤料。

普通快滤池主要优点是运转效果良好，首先是冲洗效果得到保证，适用任何规模的水厂。主要缺点是管配件及阀门较多，操作较其他滤池稍复杂。

5.4.7.5 普通快滤池的设计计算

1. 主要设计参数

主要设计参数有：设计水量 Q、滤速（过滤负荷）v、冲洗强度 q、冲洗时间 t 以及工作周期 T，连续 24h 工作运行。

2. 设计计算公式

普通快滤池的设计计算公式见表 5.23。

表 5.23 普通快滤池设计计算公式

项目		公式	说明
滤池	滤池有效工作时间 t'	$t'=24-t\dfrac{24}{T}$	t—冲洗时间，h； T—工作周期，h； n—滤池的分格数，个； H_1—承托层的高度，m； H_2—滤层的高度，m； H_3—滤层以上的水深，m； H_4—滤池的超高，m； w—滤池长度与宽度的比值，参照 5.4.7 节选取； q—反冲洗强度，L/(m^2·s)； B—滤池的宽度，m； L—滤池的长度，m
	滤池总面积 F	$F=\dfrac{Q}{vt'}$	
	滤池单格面积 f	$f=F/n$	
	长宽比 w	$w=L/B$	
	强制滤速 v'	$v'=nv/(n-1)$	
	滤池高度 H	$H=H_1+H_2+H_3+H_4$	
配水系统	干管流量 q_g	$q_g=fq$	a—配水支管的中心间距，一般为 0.2～0.3m
	支管根数 n_j	$n_j=2\dfrac{L}{a}$	v_j—支管流速，一般 1.5～2.0m/s
	支管直径 d_j	$d_j=\sqrt{\dfrac{q_g}{4n_jv_j\pi}}$	α—配水系统的开孔比，%，大阻力配水系统 $\alpha=0.20\%\sim0.28\%$，中阻力配水系统 $\alpha=0.60\%\sim0.80\%$，小阻力配水系统 $\alpha=1.25\%\sim2.00\%$； d_k—孔眼直径，mm，一般 9～12mm； μ—孔口流量系数，取 0.68
	孔眼总面积 F_k	$F_k=\alpha f$	
	孔眼总个数 N_k	$N_k=\dfrac{4F_K}{\pi d_k^{\,2}}$	
	单根穿孔管开孔数 n_k	$n_k=\dfrac{N_k}{n_j}$	
	孔眼水头损失	$h_2=\left(\dfrac{q}{10\alpha\mu}\right)^2\dfrac{1}{2g}$	
冲砂排水系统	排水槽根数 n_0	$n_0=\dfrac{B}{a_0}$	a_0—排水槽中心间距，m，一般为 1.5～2.0m； δ—排水槽底厚度，取 0.05m； 0.07—排水槽的保护高度，m
	排水槽排水量	$q_0=a_0Lq$	
	排水槽断面模数 x	$x=0.45Q^{0.4}$ $Q=\dfrac{qF}{n}$	
	排水槽距滤料层高度 H	$H=eH_2+H_{槽}$ $=eH_2+2.5x+\delta+0.07$	

续表

项目		公式	说明
冲洗水泵	冲洗水泵流量 q_b	$q_b=\frac{qF}{1000}$	H_0—排水槽顶与清水池最低水位之间差,m
	水泵扬程 H_B	$H_B=H_0+h_1+h_2+h_3+h_4+h_5$ $h_3=0.022qZ$ $h_4=\frac{\rho_s-\rho}{\rho}(1-m_0)L_0$	h_1—从清水池至滤池冲洗管道的总水头损失,m Z—承托层厚度,m; m_0—滤层膨胀前的孔隙率; L_0—滤层膨胀前厚度,m; h_5—备用水头,m,一般取 1.5～2.0m; ρ_s—颗粒滤料的密度,g/cm³; ρ—水的密度,g/cm³
冲洗水箱或水塔	水塔或水箱体积 V	$V=1.5\frac{qFt}{1000}\times 60$	Q'—管渠的流量,进水(清水)渠或管则 $Q'=Q$,冲洗水管或排水渠,则有 $Q'=\frac{qF}{1000}$
	水塔或水箱底与冲洗排水槽顶距离 H_x	$H_x=h_1+h_2+h_3+h_4+h_5$	
各种管渠	管渠面积	$S=\frac{Q'}{v}$	

5.4.8　重力无阀滤池

5.4.8.1　重力无阀滤池的构造和工作原理

重力无阀滤池的构造见图 5.70。过滤时的工作情况是：浑水经进水分配槽 1，由进水管 2 进入虹吸上升管 3，再经顶盖 4 下面的挡板 5 后，均匀地分布在滤料层 6 上，通过承托层 7、小阻力排水系统 8 进入底部空间 9。滤后水从底部空间经连通渠（管）10 上升到冲洗水箱 11。当水箱水位达到出水渠 12 的溢流堰顶后，流入渠内，最后流入清水池。水流方向如图中箭头所示。

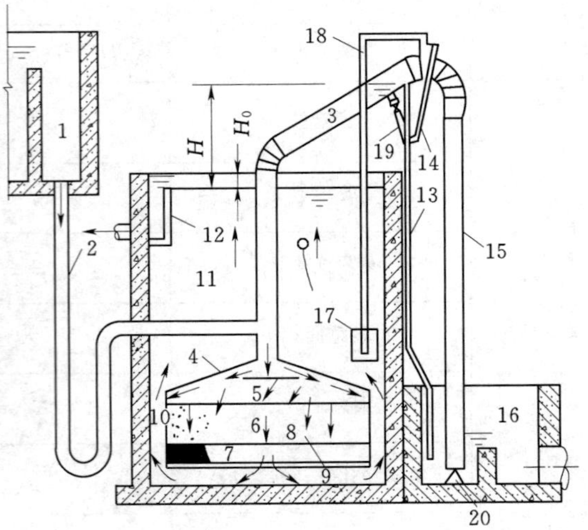

图 5.70　重力无阀滤池的过滤过程

1—进水分配槽；2—进水管；3—虹吸上升管；4—挡板；5—滤料层；6—滤料层；7—承托层；8—配水系统；9—底部配水区；10—连通渠；11—冲洗水箱；12—出水渠；13—虹吸辅助管；14—抽气管；15—虹吸下降管；16—水封井；17—虹吸破坏斗；18—虹吸破坏管；19—强制冲洗管；20—冲洗强度调节器

开始过滤时，虹吸上升管与冲洗水箱中的水位差 H_0 为过滤起始水头损失。随着过滤时间的延续，滤料层水头损失逐渐增加，虹吸上升管中水位相应逐渐升高。管内原存空气受到压缩，一部分空气将从虹吸下降管和虹吸辅助管出口端穿过水封进入大气。当水位上升到虹吸辅助管 13

的管口时，水从辅助管流下，依靠下降水流在管中形成的真空和水流的挟气作用，抽气管 14 不断将虹吸管中空气抽出，使虹吸管中真空度逐渐增大。其结果，一方面虹吸上升管中水位升高。同时，虹吸下降管 15 将排水水封井中的水吸上至一定高度。当上升管中的水越过虹吸管顶端而下落时，管中真空度急剧增加，达到一定程度时，下落水流与下降管中上升水柱汇成一股冲出管口，把管中残留空气全部带走，形成连续虹吸水流。这时，由于滤层上部压力骤降，促使冲洗水箱内的水循着过滤时的相反方向进入虹吸管，滤料层因而受到反冲洗。冲洗废水由排水水封井 16 流入下水道。冲洗时水流方向如图 5.71 箭头所示。一般在虹吸辅助管（13）上加装射流器将有助于下降水流抽取虹吸管中的空气，进入反冲洗阶段。

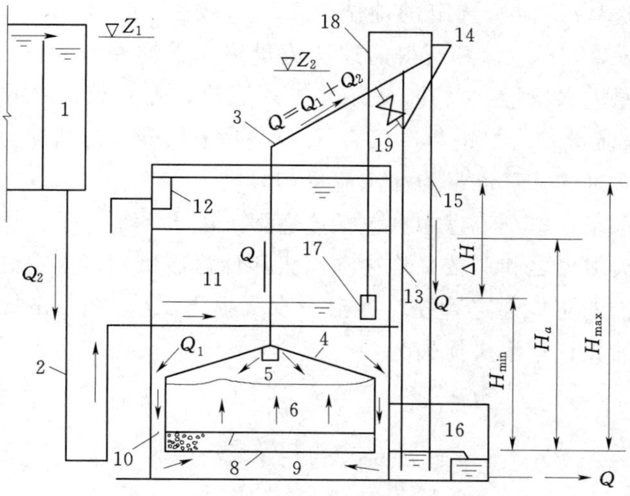

图 5.71　重力无阀滤池的冲洗过程

在冲洗过程中，水箱内水位逐渐下降。当水位下降到虹吸破坏斗 17 以下时，虹吸破坏管 18 把小斗中的水吸完。管口与大气相通，虹吸破坏，冲洗结束，过滤重新开始。

从过滤开始至虹吸上升管中水位升至辅助管口这段时间，为重力无阀滤池的过滤周期。因为当水从辅助管下流时，仅需数分钟便进入冲洗阶段。故辅助管口至冲洗水箱最高水位差即为期终允许水头损失值 H，一般采用 1.5～2.0m。

如果在滤层水头损失还未达到最大允许值而因某种原因（如出水水质不符要求）需要冲洗时，可进行人工强制冲洗。强制冲洗设备是在辅助管与抽气管相连接的三通上部，接一根压力水管 19，称强制冲洗管。打开强制冲洗管阀门，在抽气管与虹吸辅助管连接三通处的高速水流使产生强烈的抽气作用，使虹吸很快形成。

5.4.8.2　重力无阀滤池设计要点

1. 基本设计参数

（1）滤速，一般在 8～12m/h 之间，但滤速的选择可小于此值，视原水水质状况而定。

（2）滤层膨胀率 e，一般为 30%～50%。

（3）冲洗强度：冲洗强度是变化的，起始冲洗强度采用 12L/(m²·s)，终了冲洗强度采用 8L/(m² · s)，平均为 10L/(m² · s)。

(4) 过滤终期水头损失：一般取 1.5～2.0m，当受条件限制时，可取低限。

(5) 冲洗时间：3.5～5min，设计中一般为 5min。

(6) 进水管流速：一般取 0.5～0.7m/s。

(7) 冲洗水配水系统采用小阻力配水系统。

2. 虹吸管计算

重力无阀滤池在反冲洗过程中，随着冲洗水箱内水位不断下降，冲洗水头（水箱水位与排水水封井堰口水位差，亦即虹吸水位差）也不断降低，从而使冲洗强度也不断减小。设计中，通常以最大冲洗水头 H_{max} 与最小冲洗水头 H_{min} 的平均值作为计算依据，称为平均冲洗水头 H_a（图 5.71）。所选定的冲洗强度，系按在 H_a 作用下所能达到的计算值，称为平均冲洗强度 q_a。由 q_a 计算所得的冲洗流量称为平均冲洗流量，以 Q_1 表示。冲洗时，若滤池继续以原进水流量（以 Q_2 表示）进入滤池，则虹吸管中的计算流量应为平均冲洗流量 Q_1 与进水流量 Q_2 之和（$Q=Q_1+Q_2$）。其余部分（包括连通渠、配水系统、承托层、滤料层）所通过的计算流量为冲洗流量 Q_1。

冲洗水头即为水流在整个流程中（包括连通渠、配水系统、承托层、滤料层、挡水板及虹吸管等）的水头损失之和。按平均冲洗水头和计算流量即可求得虹吸管管径。管径一般采用试算法确定：即初步选定管径，算出总水头损失 $\sum h$，当 $\sum h$ 接近 H_a 时，所选管径适合，否则重新计算。总水头损失为：

$$\sum h=h_1+h_2+h_3+h_4+h_5+h_6 \tag{5.66}$$

$$h_3=0.022Q_1Z \tag{5.67}$$

$$h_4=\frac{\rho_s-\rho}{\rho}(1-m_0)L_0 \tag{5.68}$$

式中 h_1——连通渠或管水头损失，m，可按水力学中谢才公式 $i=\dfrac{Q_1^2}{A^2C^2R}$ 计算，进口局部阻力系数取 0.5，出口局部阻力系数为 1；

h_2——小阻力配水系统水头损失，m，视所选配水系统型式而定；

h_3——承托层水头损失，m；

Z——承托层厚度，m；

h_4——滤料层水头损失，m；

m_0——滤层膨胀前的孔隙率；

L_0——滤层膨胀前厚度，m；

ρ_s——颗粒滤料的密度，g/cm³；

ρ——水的密度，g/cm³；

h_5——挡板水头损失，一般取 0.05m；

h_6——虹吸管沿程和局部水头损失之和，m。

虹吸管径的大小则决定于冲洗水头 H_a。一般虹吸上升管比虹吸下降管大一级。虹吸上升管与下降管的管径，可参考表 5.24 选择。

表 5.24　　　　虹吸管直径

滤池处理量（m^3/h）	40	60	80	100	120	160
虹吸上升管直径（mm）	200	250	300	350	350	400
虹吸下降管直径（mm）	200	200	250	250	300	350

虹吸上升及下降管中流速见表 5.25，滤池进出水管流速一并列入表中。

表 5.25　　　　管道流速

管道名称	流速（m/s）	管道名称	流速（m/s）
虹吸上升管	1.0～1.5	进水管	0.5～0.7
虹吸下降管	1.5～2.0	出水管	0.5～0.7

3. 冲洗水箱

重力式无阀滤池冲洗水箱与滤池整体浇制，位于滤池上部。水箱容积按冲洗一次所需水量确定：

$$V=0.06qt \tag{5.69}$$

式中　V——冲洗水箱容积，m^3；

q——冲洗强度，$L/(m^2 \cdot s)$，采用上述平均冲洗强度 q_a；

t——冲洗时间，min，一般取 4～6min。

如果平均冲洗强度采用上式的计算值时，则当冲洗水头大于平均冲洗水头 H_a 时，整个滤层将全部膨胀起来。若冲洗水箱水深 ΔH 较大时，在冲洗初期的最大冲洗水头 H_{max} 下，有可能将上层部分细滤料冲出滤池。当冲洗水头小于平均冲洗水头 H_a 时，下层部分组滤料将下沉而不再悬浮。因此，减小冲洗水箱水深，可减小冲洗强度的不均匀程度，从而避免上述现象的发生。两格以上滤池合用一个冲洗水箱可收到如上效果。

设 n 格滤池合用一个冲洗水箱，则水箱平面面积应等于单格滤池面积的 n 倍，则水箱有效深度 ΔH 为：

$$\Delta H=\frac{V}{nF}=\frac{0.06qFt}{nF}=\frac{0.06}{n}qt \tag{5.70}$$

式（5.70）未考虑一格滤池冲洗时，其余（$n-1$）格滤池继续向水箱供给冲洗水的情况，所求水箱容积偏于安全。

由以上可知，合用一个冲洗水箱的滤池数愈多，冲洗水箱深度愈小，滤池总高度得以降低。这样，不仅降低造价，也有利于与滤前处理构筑物在高程上的衔接。冲洗强度的不均匀程度也可减小。一般，合用冲洗水箱的滤池数 $n=2$～3，而以 2 格合用一个冲洗水箱者居多。因为合用冲洗水箱滤池数过多时，将会造成不正常冲洗现象。例如，某一格滤池的冲洗行将结束时，虹吸破坏管刚露出水面，由于其余数格滤池不断向冲洗水箱大量供水，管口很快又被水封，致使虹吸破坏不彻底，造成该格滤池时断时续地不停冲洗。

4. 进水管 U 形存水弯

水管设置 U 形存水弯的作用，是防止滤池冲洗时，空气通过进水管进入虹吸管从而破坏虹吸。当滤池反冲洗时，如果进水管停止进水，U 形存水弯即相当于一根测压管，存水弯中的水位将在虹吸管与进水管连接三通的标高以下。这说明此处有强烈的抽吸作用。如果不设U形存水弯，无论进水管停止进水或继续进水，都会将空气吸入虹吸管。

为安装方便，同时也为了水封更加安全，常将存水弯底部置于水封井的水面以下。

5. 进水分配槽

进水分配槽的作用，是通过槽内堰顶溢流使各格滤池独立进水，并保持进水流量相等。分配格堰顶标高 Z_1 应等于虹吸辅助管和虹吸管连接处的管口标高 Z_2 加进水管水头损失，再加10～15cm富余高度以保证堰顶自由跌水。

若槽底标高较高，当进水管中水位低于槽底时，水流由分配槽落入进水管中的过程中将会挟带大量空气。由于进水管流速较大，空气不易从水中分离出去，挟气水流进入虹吸管中以后，一部分空气可上逸并通过虹吸管出口端排出池外，一部分空气将进入滤池并在伞顶盖下聚集且受压缩。受压空气会时断时续地膨胀并将虹吸管中的水顶出池外，影响正常过滤。此外，反冲洗时，如果滤池继续进水且进水挟气量很大时，虽然大部分空气可随冲洗水流排出池外，但总有一部分空气会在虹吸管顶端聚集，以致虹吸有可能提前破坏。但是在虹吸管顶端聚集的空气量毕竟有限，因此虹吸破坏往往并不彻底。如果顶盖下再有一股受压空气把虹吸管中水柱顶出池外而使真空度增大，就可能再次形成虹吸，于是产生连续冲洗现象。为避免上述现象发生，简单的措施就是降低分配槽格底标高或另设气水分离器。因为进水分配槽水平断面尺寸较大，断面流速较小，空气易从水中分离出去。通常，将槽底标高降至滤池出水渠堰顶以下约0.5m，就可以保证过滤期间空气不会进入滤池。因为进水管入口端始终处于淹没状态。如果条件许可，将槽底降至冲洗水箱最低水位以下，对防止进水挟气效果更好，但需综合考虑其他有关因素，合理确定。

6. 其他设计中需要确定的问题

(1) 浑水区。顶盖与滤层之间的空间。顶盖面与水平面夹角为10°～15°。浑水区（不包括顶盖锥体部分）高度一般按滤料层厚度50%膨胀率，再加10cm超高设计。

(2) 集水室高度。集水室高度可参照表5.26选取。

表5.26　重力无阀滤池底部集水室高度

滤池处理量（m^3/h）	40	60	80	100	120	160
连通管边长（m）	0.30	0.30	0.35	0.40	0.40	0.50

(3) 连通管。连通管布置方式有3种，即池外、池内或池角，一般在池内4角处布置，截面为等腰三角形。其优点是池内外均无管道，便于滤料的进出，同时利用了方形滤池的四个水流条件较差的死角，它能保证冲洗均匀布水。

池角连通管的尺寸参见表5.27。

表5.27　池角连通管尺寸

滤池处理量（m^3/h）	40～80	100～120	160
集水室高度（m）	0.30	0.35	0.40

(4) 虹吸辅助管及破坏管。虹吸辅助管可减小虹吸形成过程中的水量流失，加速虹吸过程的形成。虹吸辅助管和抽气管管径可参照表5.28选择。

表 5.28　　虹吸辅助管和抽气管管径

滤池处理量（m^3/h）	40	60	80	100	120	160
虹吸辅助管管径（mm）	32/40			40/50		
抽气管管径（mm）	32			40		

虹吸破坏管管径，一般采用 15～20mm。

重力无阀滤池多用于中、小型给水工程。单池面积一般不大于 $16m^2$。少数也有达 $25m^2$ 以上的。

主要优点是：节省大型阀门，造价较低，冲洗完全自动，因而操作管理较方便。缺点是池体结构较复杂；滤料处于封闭结构中，装、卸困难，冲洗水箱位于滤池上部，出水标高较高，相应抬高了滤前处理构筑物如沉淀或澄清池的标高，从而给水厂处理构筑物的总体高程布置往往带来困难。

5.4.8.3　重力无阀滤池的设计计算

1. 主要设计参数

主要设计参数有：设计水量 Q、滤速（过滤负荷）v、冲洗强度 q、终期水头损失 H、冲洗时间 t 以及工作周期 T，连续 24h 工作运行。

2. 设计计算公式

重力无阀滤池一般采用 2 格为一组的设置方式，单组重力无阀滤池的设计计算公式见表 5.29。

表 5.29　　单组重力无阀滤池设计计算公式

项目		公式	说明
滤池	滤池有效工作时间 t'	$t'=24-t\dfrac{24}{T}$	Q_2—滤池进水量，m^3/s； n—滤池的分格数，一般为 2 个； H_1—底部集水区高度，m，按表 5.25 选取； H_2—滤板厚度，0.12m H_3—承托层的高度，0.10m； H_4—滤层的高度，m； H_5—浑水区高度，m； L_0—滤层膨胀前厚度，m； e—滤层膨胀率，一般取 50%； H_6—顶盖高度，m； θ—顶盖顶与水平面间的夹角，10°～15°； H_7—冲洗水箱高度，m； H_8—超高，0.15m
	滤池总面积 F	$F=1.04\dfrac{Q_2}{vt'}$	
	滤池单格面积 f	$f=F/n$	
	边长 L	$L=\sqrt{f}$	
	强制滤速 v'	$v'=nv/(n-1)$	
	滤池高度 H	$H=H_1+H_2+H_3+H_4+H_5+H_6+H_7+H_8$ $H_5=eL_0+0.1$ $H_6=\dfrac{L}{2}\tan\theta$ $H_7=0.06Ft/(2L^2)$	
管道直径	进水管直径	$d_1=\left(\dfrac{4Q_2}{v_1\pi}\right)^{0.5}$	v_1、v_2、v_3、v_4 分别为进水管流速、出水管流速、虹吸上升管流速、虹吸下降管流速，取值参见表 5.25
	出水管直径	$d_2=\left(\dfrac{4Q_2}{v_2\pi}\right)^{0.5}$	
	虹吸上升管直径	$d_3=2(\dfrac{Q_1+Q_2}{v_3\pi})^{0.5}$	
	虹吸下降管直径	$d_4=2(\dfrac{Q_1+Q_2}{v_4\pi})^{0.5}$	

5.4.9 V型滤池

1. V型滤池结构及工作过程

V型滤池是法国德格雷蒙（DEGERMONT）公司设计的一种快滤池，其结构形式见图5.72，采用气、水反冲洗，目前在我国的应用日益增多，适用于大、中型水厂。

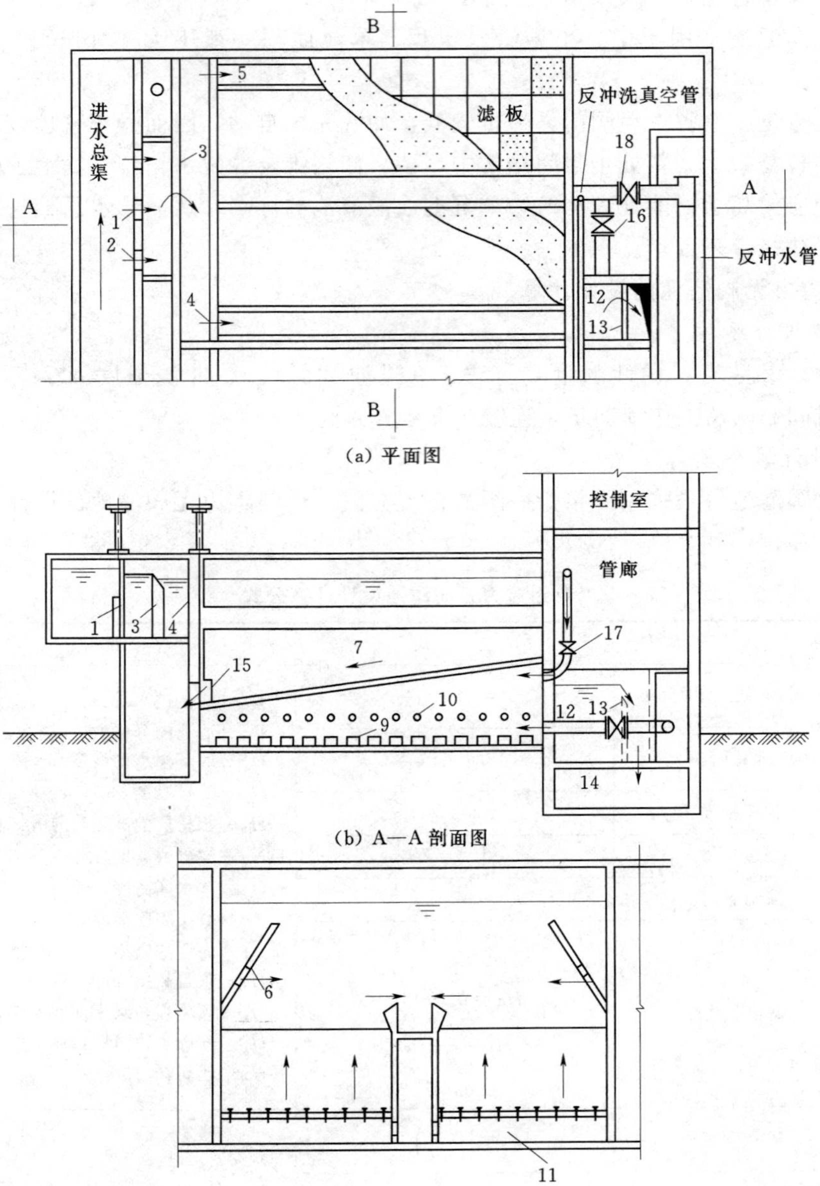

(a) 平面图

(b) A—A剖面图

(c) B—B剖面图

图5.72　V型滤池结构图

1—进水气动隔膜阀；2—方孔；3—堰口；4—侧孔；5—V型槽；6—小孔；7—排水渠；8—气、水分配渠；9—配水方孔；10—配气小孔；11—底部空间；12—水封井；13—出水堰；14—清水渠；15—排水阀；16—清水阀；17—进气阀；18—冲洗水阀

V型滤池因两侧（或一侧也可）进水槽设计成V字形而得名。通常一组滤池由数只滤池组成。每只滤池中间为双层中央渠道，将滤池分成左、右两格。渠道上层是排水渠7供冲洗排污用；下层是气、水分配渠8，过滤时汇集滤后清水，冲洗时分配气和水。渠8上部设有一排配气小孔10，下部没有一排配水方孔9。V型槽底设有一排小孔6，既可作过滤时进水用，冲洗时又可供横向扫洗布水用，这是V型滤池的一个特点。滤扳上均匀布置长柄滤头，每平方米约布置50～60个。滤扳下部是空间11。

过滤过程如下：

待滤水由进水总渠经进水气动隔膜阀1和方孔2后，溢过堰口3再经侧孔4进入V型槽5。待滤水通过V型槽底小孔6和槽顶溢流，均匀进入滤池，而后通过砂滤层和长柄滤头流入底部空间11，再经方孔9汇入中央气水分配渠8内，最后由管廊中的水封井12、出水堰13、清水渠14流入清水池。

滤速可在7～20m/h范围内选用，视原水水质、滤料组成等决定。

冲洗过程如下：

首先关闭进水阀1，但两侧方孔2常开，故仍有一部分水继续进入V型槽并经槽底小孔6进入滤池。而后开启排水阀15将池内水从排水槽中排出，直至滤池水面与V型槽顶相平。冲洗操作可采用："气冲"→"气-水"同时反冲→"水冲"3步，也可采用："气-水同时反冲"→"水冲"2步。

3步冲洗过程为：

(1) 启动鼓风机，打开进气阀17，空气经气水分配渠8的上部小孔10均匀进入滤池底部，由长柄滤头喷出，将滤料表面杂质擦洗下来并悬浮于水中。由于V型槽底小孔6继续进水，在滤池中产生横向水流，形同表面扫洗，将杂质推向中央排水渠7。

(2) 启动冲洗水泵，打开冲洗水闸18，此时空气和水同时进入气、水分配渠，再经方孔9和小孔10和长柄滤头均匀进入滤池，使滤料得到进一步冲洗，同时，横向冲洗仍继续进行。

(3) 停止气冲，单独用水再反冲洗几分钟，加上横向扫洗，最后将悬浮于水中杂质全部冲入排水槽。

反冲洗流程见图5.72中箭头所示。

2. V型滤池特点及设计参数

(1) 滤速可达7～20m/h，一般为12.5～15.0m/h。

(2) 采用单层加厚均匀颗粒滤料，粒径一般为0.95～1.35m，允许扩大到0.7～2.0mm不均匀系数为1.2～1.6或1.8之间。

(3) 对于滤速在7～20m/h之间的滤池，其滤层厚度在0.9～1.5之间选用，对于更高的滤速还可相应增加。

(4) 底部采用带长柄滤头底板的排水系统，不设砾石承托层；滤头采用网状布置，约55个/m^2。

(5) 反冲洗一般采用气冲、气水同时反冲洗和水冲三个过程。气冲强度为13～16L/(m^2·s)，清水冲洗强度为3.5～4.5L/(m^2·s)，表面扫洗用原水，一般为1.5～2.5L/(m^2·s)。

(6) 整个滤料层在深度方向的粒径分布基本均匀，在反冲洗过程中滤料层不膨胀，不发生水力分级现象，保证深层截污，滤层含污能力高。

(7) 滤层以上的水深一般大于 1.2m，反冲洗时水位下降到排水槽顶，水深只有 0.5m。

(8) V 型进水槽分设于滤池两侧，排水槽可设于滤池两侧或中央。

3. V 型滤池的设计计算

(1) 主要设计参数。V 型滤池的主要设计计算参数有：设计水量 Q、滤速（过滤负荷）v、水冲洗强度 q、气冲洗强度 q_a、终期水头损失 H、冲洗时间 t 以及工作周期 T，连续 24h 工作运行。

(2) 设计计算公式。V 型滤池的设计计算公式见表 5.30。

表 5.30　V 型滤池设计计算公式

项目		公式	说明
滤池	滤池有效工作时间 t'	$t'=24-t\dfrac{24}{T}$	Q_2—滤池进水量，m^3/s； m—滤池的分格数，一般为 2 个； H_1—底部气水室高度，0.7～0.9m； H_2—滤板厚度，0.12m； H_3—滤料层厚度，0.9～1.5m； H_4—滤池以上水深，大于 1.20m； H_5—超高，0.30m； L_0—滤层膨胀前厚度，m； e—滤层膨胀率，一般取 50%
	滤池总面积 F	$F=1.04\dfrac{Q_2}{vt'}$	
	滤池单格面积 f	$f=F/m$	
	边长 L	$L=\sqrt{f}$	
	强制滤速 v'	$v'=mv/(m-1)$	
	滤池高度 H	$H=H_1+H_2+H_3+H_4+H_5$	
反冲水洗系统	反冲洗水量 Q_W	$Q_W=qf$	q—反冲洗强度，$L/(m^2\cdot s)$； q_a—反冲洗气量强度，$L/(m^2\cdot s)$； v_w、v_a—反冲洗进水管流速，取 1.5m/s、反冲洗进气管流速，取 5m/s
	反冲洗配水管(渠)面积 A_W	$A_W=\dfrac{Q_W}{v_w}$	
	反冲洗气量 Q_a	$Q_a=q_af$	
	反冲洗配气管(渠)面积 A_a	$A_a=\dfrac{Q_a}{v_a}$	
	气水分配渠面积 A	$A=\dfrac{Q_W}{v_{wq}}+\dfrac{Q_a}{v_{aq}}$	v_{wq}、v_{aq}—反冲洗配水渠进水流速、进气流速，分别为 1.5m/s 和 5.0m/s
	反冲洗水泵扬程 H_B	$H_B=H_0+h_1+h_2+h_3+h_4$	H_0—清水池最低水位与排水槽堰顶之间的高差，m

续表

项目		公式	说明
反冲水洗系统	反冲洗水泵扬程 H_B	$h_1=il+\sum\xi\frac{v_b{}^2}{2g}$	h_1—水泵出水管的水头损失,m; i—水泵出水管沿程水头损失系数; l—水泵管长,m; ξ—管道管件的水头损失系数; v_b—水泵出水管内流速,1.0～1.5m/s
		$h_2=\Delta h_{反水}+\Delta h_{方孔}+\Delta h_{滤头}+\Delta h_{增}$ $\Delta h_{反水}=\left(\frac{nv_{mg}}{R_q^{\frac{2}{3}}}\right)^2 l$ $R_q=\frac{b\frac{Q_W}{v_W}}{\left(2\frac{Q_W}{v_w}+b\right)}$ $\Delta h_{孔}=\left(\frac{Q_W}{0.8A_{孔}}\right)^2/(2g)$ $A_{孔}=\frac{Q_W}{v_{孔}}$ $\Delta h_{增}=9810a(0.01-0.01v_{滤}+0.12v_{滤}^2)$ $a=\frac{q_a}{q_w}$ $v_{滤}=\frac{Q_W}{1.25\%f}$	h_2—滤池配水系统的水头损失,m; $\Delta h_{反水}$—气水分配干渠内的水头损失,按最不利条件及气水同时反冲洗时干渠内水头损失最大,m; $\Delta h_{方孔}$—气水分配干渠上配水方孔的水头损失,m; $\Delta h_{滤头}$—气水反冲洗长柄滤头的水头损失,一般小于0.22m; $\Delta h_{增}$—气水同时通过滤头时增加的水头损失,m; n—配水干渠的粗糙度系数,0.013; R_q—气水分配干渠的水力半径,m; b—气水分配干渠的宽,m; $A_{孔}$—配水方孔总面积,m^2; $v_{孔}$—配水孔流速,1.0～1.5m/s; a—气水反冲洗的气水比; $v_{滤}$—长柄滤头的流速,m/s
		$h_3=(\frac{\rho_s}{\rho}-1)(1-m_0)H_3$	h_3—滤料层的水头损失,m; ρ_s—石英砂颗粒滤料的密度,2.65g/cm^3; ρ—水的密度,1.0g/cm^3; m_0—滤料的空隙率; h_4—富余水头,1.5m
反冲洗空气系统	滤头空气水头损失 $\Delta p_{滤头}$	$\Delta p_{滤头}$一般与滤头设备厂家有关,由厂家提供,m	
	气水分配渠配气小孔的水头损失 $\Delta p_{小孔}$	$\Delta p_{小孔}=\gamma\left(\frac{Q_{气}}{3600\mu A}\right)^2/(2g)$	γ—水的相对密度,$\gamma=1$; μ—孔口的流量系数,$\mu=0.6$; A—孔口面积,m^2; g—重力加速度,9.8m^2/s

续表

<table>
<tr><th colspan="2">项　目</th><th>公　式</th><th>说　明</th></tr>
<tr><td rowspan="3">反冲洗空气系统</td><td>配气管道的总压力损失
$\Delta p_{管总}$</td><td>$\Delta p_{管总}=\Delta p_l+\Delta p_k$
$\Delta p_l=l\times i$
$\Delta p_k=l_0\times i$
$l_0=55KD^{\frac{1}{2}}$</td><td rowspan="3">l—配气管管长，m；
i—配气管摩阻系数，与管径和气体流速有关，一般由查表获得；
l_0—管道换算长度，m；
K—长度换算系数，90°弯头 $K=0.7$，闸阀 $K=0.25$，等径三通 $K=1.33$；
D—管径，m；
$p_{富余}$—供气系统的富余压力，一般为 4.9kPa</td></tr>
<tr><td>气水冲洗室内的水压
$p_{水压}$</td><td>$p_{水压}=H_b-H_0-h_1-h_{反水}-h_{方孔}$</td></tr>
<tr><td>鼓风机调压阀出口压力
$p_{出口}$</td><td>$p_{出口}=\Delta p_{滤头}+\Delta p_{小孔}$
$+\Delta p_{管总}+p_{水压}+p_{富余}$</td></tr>
</table>

5.4.10　其他类型滤池

滤池形式较多，下面仅介绍 3 中其他常用滤池的基本构造、工作原理和特点。

1. 移动罩滤池

移动罩滤池为快滤池的一种类型。它是由许多滤格为一组构成的滤池，利用一个可移动的冲洗罩轮流对各滤格进行冲洗。某滤格的冲洗水来自本组其他滤格的滤后水。移动冲洗罩的作用与无阀滤池伞形顶盖相同，冲洗时，使滤格处于封闭状态。图 5.73 为一座由 24 格组成、双行排列的虹吸式移动罩滤池示意图。为检修需要，水厂内的滤池座数不得少于 2。滤料层上部相互连通，滤池底部配水区也相互连通。故一座滤池仅有一个进口和出口。

过滤过程：

过滤时，待滤水由进水管 1 经穿孔配水槽 2 及消力栅 3 进入滤池，通过滤层过滤后由底部配水室 5 流入钟罩式虹吸管的中心管 6。当虹吸中心管内水位上升到管顶且溢流时，带走虹吸管钟罩 7 和中心管间的空气，达到一定真空度时，虹吸形成，滤后水便从钟罩 7 和中心管间的空间流出，经出水堰 3 流入清水池。滤池内水面标高 Z_1 和出水堰上水位标高 Z_2 之差即为过滤水头，一般取 1.2～1.8m。

反冲洗过程：

当某一格滤池需要冲洗时，冲洗罩 10 由桁车 12 带动移至该滤格上面就位，并封住滤格顶部，同时用抽气设备抽出排水虹吸管 11 中的空气。当排水虹吸管真空度达到一定值时，虹吸形成（因此这种冲洗取称为虹吸式），冲洗开始，也可直接采用水泵直接抽吸，即水泵式反冲洗方式。冲洗水由其余滤格滤后水经小阻力配水系统的配水室 5 配水孔 4 进入滤池，通过承托层和滤料层后，冲洗废水由排水虹吸管或水泵出水管排入排水渠 16。出水堰顶水位 Z_2 和排水渠中水封并上的水位 Z_3 之差即为冲洗水头，一般取 1.0～1.2m。当滤格数较多时，在一格滤池冲洗期间，滤池组仍可继续向清水池供水。冲洗完毕，冲洗罩移至下一滤格，再准备对下一滤格进行冲洗。

冲洗罩移动、定位和密封是滤池正常运行的关键。移动速度、停车定位和定位后密封

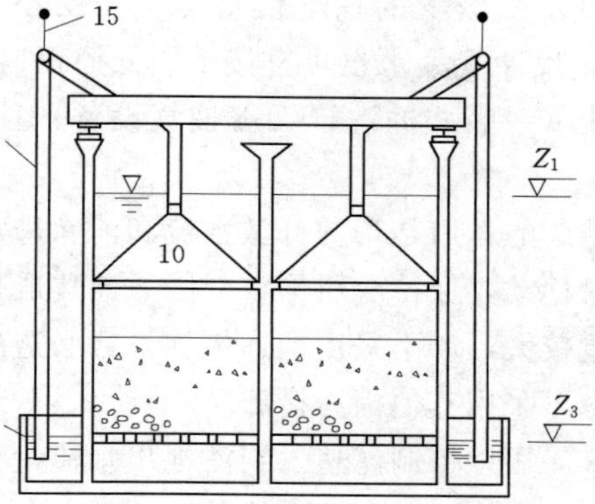

(a) Ⅰ—Ⅰ剖面图

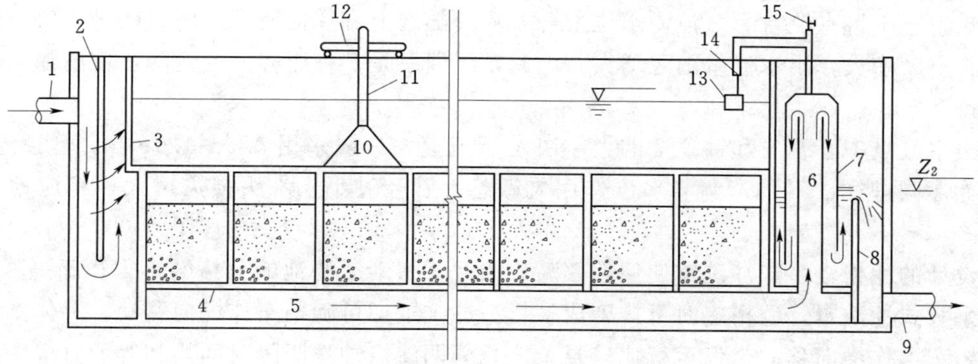

(b) 纵剖面图

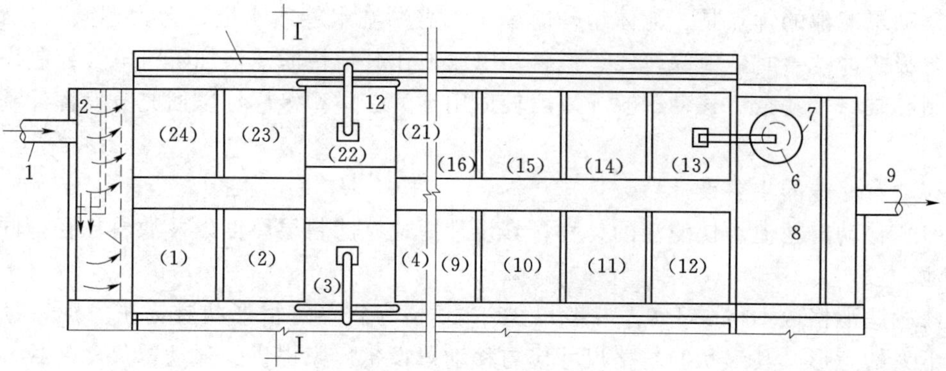

(c) 平面图

图 5.73 移动罩滤池

1—进水管；2—穿孔配水槽；3—消力栅；4—小阻力配水系统的配水孔；5—配水系统的配水室；6—出水虹吸中心管；7—出水虹吸管钟罩；8—出水堰；9—出水管；10—冲洗罩；11—排水虹吸管；12—桁车；13—浮筒；14—针型阀；15—抽气管；16—排水渠

时间等，均根据设计要求用程序控制或机电控制。密封可借弹性良好的橡皮翼板的贴附作用或者能够升降的罩体本身的压实作用。设计中务求罩体定位准确、密封良好、控制设备安全可靠。

虹吸式冲洗罩的排水虹吸管的抽气设备可采用由小泵供给压力水的水射器或真空泵，设备置于桁车上。反冲洗废水也可直接采用低扬程、吸水性能良好的水泵直接排出，这种冲洗罩称为泵吸式。泵吸式冲洗罩无需抽气设备，且冲洗废水可回流入絮凝池加以利用。

穿孔墙 2 和消力栅 3 的作用是均匀分散水流和消除进水动能，以防止集中水流的冲击力造成起端滤格中滤料移动，保持滤层平整。因滤池建成投产或放空后重新运行初期，池内水位较低，进水落差较大，如不采用上述措施，势必造成滤料移动、滤层表面不平甚至被冲入相邻滤格中。也可采用其他消力措施。

浮筒 13 和针形阀 14 用以控制滤速。当滤池出水流量超过进水流量时（例如滤池刚冲洗完毕投入运行时），池内水位下降，浮筒随之下降，针形阀打开，空气进入虹吸管 7，于是出水流量随之减小。这样就防止了清洁滤池内滤速过高而引起山水水质恶化。当滤池出水流量小于进水流量时，池内水位上升，浮筒随之上升并促使针形阀封闭进气口，虹吸管中真空度增大，出水流量随之增大。因此，浮筒总是在一定幅度内升降，使滤池水面基本保持一定。

出水虹吸中心管 6 和钟罩 7 的大小决定于流速，一般采用 0.6～1.0m/s。管径过大，会使针形阀进气量不足，调节水位作用欠敏感；管径过小，水头损失增大，相应地增大池深。

设计的滤格较多，冲洗罩使用效率高。因此，移动罩滤池的分格数不得少于 8。如果采用泵吸式冲洗罩，滤格多时可排列成多行。冲洗罩即可随桁车作纵向移动，罩体本身亦可在桁车上作横向移动，但运行比较复杂。相邻两滤格冲洗间隔时间均相等，且等于滤池工作周期除以滤格数。

移动罩滤池的优点是：池体结构简单；无需冲洗水箱或水塔；无大型阀门，管件少，采用泵吸式冲洗罩时，池深较浅。但移动罩滤池比其他快滤池增加了机电及控制设备，自动控制和维修较复杂。移动罩滤池一般较适用于大、中型水厂，以便充分发挥冲洗罩使用效率。

移动罩滤池的主要设计参数：

（1）移动罩滤池为快滤池的一种，其设计滤速、滤料层厚度以及滤料粒径等同于普通快滤池。

（2）滤池格数不得少于 8，一般以 12～40 格为宜；每格形状宜为正方形，也可为长宽比不大的矩形，其形状和单格尺寸应与移动罩设备厂家提供的移动罩尺寸一致。

（3）滤池的冲洗周期一般为 10h 左右，每格滤池有效冲洗历时一般为 5～7min。

（4）冲洗水泵为低扬程大流量的水泵，宜采用轴流泵或立式离心泵。

（5）每组滤池的平面布置应为长方形，横向上滤池格数应以偶数，比如 2、4 格，不宜大于 6 格，这主要是受桁车跨度的限制。

（6）过滤水头一般采用 1.2～1.8m，反冲洗水头一般采用 1.0～1.2m。

（7）其他设计中需要注意的问题：滤池超高适当大些，一般 0.3～0.5m；滤层面至分格隔墙的高度一般采用 0.1～0.2m；底部清水区高度一般为 0.4～0.7m，单格滤格面积大时取高值；冲洗罩桁车行进速度一般为 1.5m/min。

2. 虹吸滤池

虹吸滤池系变水头恒速过滤的重力式快滤池，其过滤原理与普通快滤池相同，所不同的是操作方法和冲洗设施。它采用虹吸管代替闸阀，并以真空系统进行控制（即用抽真空来沟通虹吸管，以联通水流；用进空气来破坏虹吸作用，以切断水流），故此而得名。

虹吸滤池采用小阻力配水系统，6～8 个滤间组成一个系统，称为“一组滤池”或“一座滤池”。每池的适用水量为 0.5 万～5 万 m^3/d，适用于大型水厂。

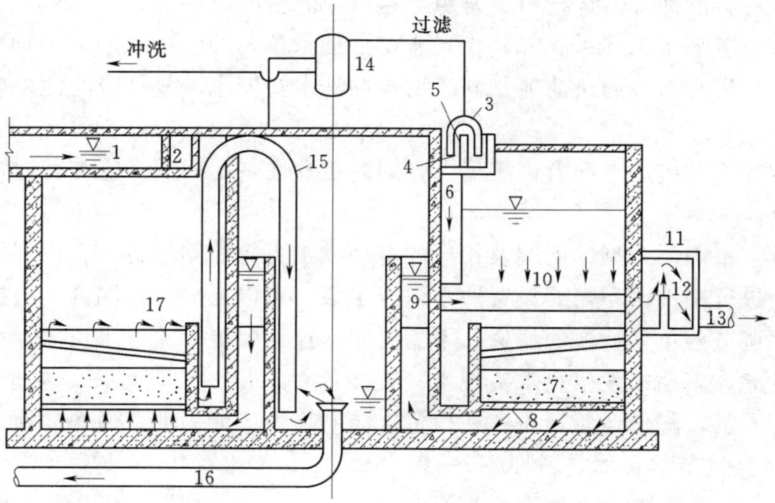

图 5.74 虹吸滤池的构造

1—进水槽；2—配水槽；3—进水虹吸管；4—单格滤池进水槽；5—进水堰；6—布水管；7—滤层；8—配水系统；9—集水槽；10—出水管；11—出水井；12—出水堰；13—清水管；14—真空系统；15—冲洗虹吸管；16—冲洗排水管；17—冲洗排水槽

虹吸滤池一般采用矩形布置，因其施工方便，但为了便于说明虹吸滤池的基本构造和工作原理，现以圆形平面为例。图 5.74 为由 6 格滤池组成的、平面为圆形的一组滤池的剖面图，中心部分为冲洗废水排水井，6 格滤池构成外环。

图中右半部分为过滤过程，左半部分为冲洗过程。

过滤过程：

待滤水通过进水槽 1 进入环形配水槽 2，经进水虹吸管 3 流入单格滤池进水槽 4，再从进水堰 5 溢流进入布水管 6 进入滤池。进水堰 5 起调节单格滤池流量作用。进入滤池的水顺次通过滤层 7、配水系统 8 进入环形进水槽 9，再由出水管 10 流到出水井 11，最后经出水堰 12、清水管 13 流入清水池。

随着滤层不断截留悬浮物，造成滤层阻力的逐渐增加，过滤水头损失逐渐增大，由于各格滤池进、出水量不变，滤池内水位将不断上升。当某格滤池水位上升到最高设计水位时，便需停止过滤，进行反冲洗。滤池内最高水位与出水堰 12 堰顶高差，即为最大过滤水头，亦即期终允许水头损失值（一般采用 1.5～2.0m）。

反冲洗过程：

反冲洗时，先破坏该格滤池进水虹吸管 3 的真空使该格滤池停止进水，滤池水位逐渐下降，滤速逐渐降低。当滤池内水位下降速度显著变慢时，利用真空罐 14 抽出冲洗虹吸管 15 的空气使之形成虹吸。开始阶段、滤池内的剩余水量通过冲洗虹吸管 15 抽入池中心下部，再由冲洗排水管 6 排出。当滤池水位低于集水槽 9 的水位时，反冲洗开始。当滤池水面降至冲洗排水槽 17 顶端时，反冲洗强度达到最大值。此时，其他 5 格滤池的全部过滤水量，都通过进水槽 9 源源不断地供给被冲洗滤格。当滤料冲洗干净后，破坏冲洗虹吸管 15 的真空，冲洗停止，然后再用真空系统使进水虹吸管 3 恢复工作，过滤重新开始。6 格滤池将轮流进行反冲洗。运行中应避免 2 格以上滤格同时冲洗。

冲洗水头一般采用 1.0～1.2m，由集水槽 9 的水位与冲洗排水槽 17 的槽顶高差决定。冲洗强度和冲洗历时与普通快滤池相同。由于冲洗水头较小，故虹吸滤池采用小阻力配水系统。

虹吸滤池在工艺构造方面有许多优点，同时也存在一定问题，它与普通快滤池相比有以下的优缺点：

(1) 优点：不需要大型的闸阀及相应的电动或水力等控制设备，可以利用滤池本身的出水量、水头进行冲洗，不需要设置洗水塔或水泵；可以在一定范围内，根据来水量的变化自动均衡地调节各单元滤池的滤速，不需要滤速控制装置；滤过水位永远高于滤层，可保持正水头过滤，不至于发生负水头现象；设备简单，操作管理方便，易于自动化控制，减少生产管理人员，降低运转费用；在投资上与同样生产能力的普通快滤池相比能降低造价 20%～30%，且节约金属材料 30%～40%。

(2) 缺点：与普通快滤池相比，池深较大 (5～6m)；采用小阻力配水系统单元滤池的面积不宜过大，因冲洗水头受池深的限制，最大在 1.3m 左右，没有富余的水头调节，有时冲洗效果不理想。虹吸滤池冲洗水头不高，所以滤料颗粒不可选的太粗，否则将引起冲洗水头不足，膨胀率很小，冲洗不净的后患。

虹吸滤池的主要设计参数：

(1) 虹吸滤池为快滤池的一种，其设计滤速、滤料层厚度以及滤料粒径、冲洗强度、工作周期等同于普通快滤池。

(2) 滤池格数一般以 6～8 格为宜，单格面积宜小于 25m^2；每池形状宜为正方形，也可圆形布置，一般正方形布置施工方便。

(3) 过滤水头一般采用 1.5～2.0m，反冲洗水头一般采用 1.0～1.2m。

(4) 其他设计中需要注意的问题：滤池超高一般 0.3m；滤池深度一般为 5m；底部清水区高度一般为 0.3～0.5m，单格滤格面积大时取高值；排水堰上水深一般为 0.1～0.2m。

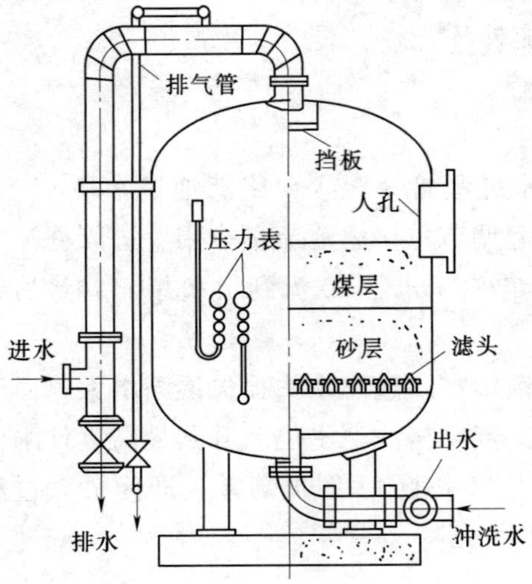

图 5.75 压力滤池

3. 压力滤池

压力滤池是用钢制压力容器为外壳制成的快滤池，如图 5.75 所示。容器内装有滤料及进水和配水系统。容器外设置备种管道和阀门等。压力滤池在压力下进行过滤。进水用泵直接打入，滤后水常借压力直接送到用水装置、水塔或后面的处理设备中。压力滤池常用于工业给水处理中，也有时应用于处理水量较小的村镇给水系统中。在工业给水处理中，往往与离子交换器串联使用。配水系统常用小阻力系统中的缝隙式滤头，或者在多叉管的支管上开缝或开孔等型式（支管外包以尼龙网）。滤层厚度通常大于重力式快滤池，一般约 1.0～1.2m。期终允许水头损失值一般可达 5～6m，可直接从滤层上、下压力表读数得知。为提高冲洗效果，可考虑用压缩空气辅助冲洗。

压力滤池一般为现成成套设备，直径一般不超过 3m。它的特点是，可省去清水泵站；运转管理较方便；可移动位置，临时性给水也很适用。但耗用钢材多，滤料的装卸不方便。

5.4.11　滤池工程设计计算实例

滤池形式多种多样，常用的滤池有普通快滤池、V 型滤池、重力无阀滤池、虹吸滤池和压力滤池，目前普通快滤池应用较少，V 型滤池和虹吸滤池在城镇大型水厂中应用较多，而村镇小型供水站则因重力无阀滤池的运行管理维护简单而应用较多。

本节中以重力无阀滤池为例介绍滤池的设计计算方法和过程，其他类型的滤池计算过程基本一致，只是根据不同滤池的特点，其计算内容多少不同而已。

【例 5.4】 已知条件：设计水量为 $3000m^3/d$，滤池分两格，滤池冲洗耗水量按照产水量的 4%计算，设计参数：设计滤速为 $v=8m/h$，平均冲洗强度为 $q=15L/(m^2 \cdot s)$，冲洗历时为 $t=5min$，期终允许水头损失为 $H_m=1.7m$，排水井堰口标高 $H_1=-0.7m$，滤池入土深度 $H_2=-0.5m$。

解：

设计计算

1. 滤池面积

所需单格滤池过滤面积：$F_1=\dfrac{Q}{v}=1.04\times\dfrac{3000}{24\times2\times8}=8.125m^2$

滤池等腰直角三角形连通管面积：$F_2=0.3^2/2=0.045m^2$

所需滤池单格总面积：$F=F_1+4F_2=8.125+4\times0.045=8.305m^2$

正方形滤池的边长：$L=\sqrt{F}=2.88m$

取滤池边长为：$L=2.90m$

2. 滤池高度

底部集水区高度：$H_1=0.30m$

滤板厚度：$H_2=0.12m$

承托层厚度：$H_3=0.10m$

滤料层厚度：$H_4=0.70m$

浑水区高度：$H_5=0.38m$

顶盖高度：$H_6=0.35m$

冲洗水箱高度（两格合用）：$H_7=\dfrac{qF_1t\times60}{2F_1\times1000}=\dfrac{15\times5\times60}{2\times1000}=2.25m$

考虑到冲洗水箱隔墙上连通孔的水头损失 0.05m，水箱高取 $H_7=2.30\text{m}$

超高：$H_8=0.15\text{m}$

滤池总高度：$H=H_1+H_2+H_3+H_4+H_5+H_6+H_7+H_8=4.40\text{m}$

3. 进水分配箱

流速采用 0.05m/s

面积：$F_{分}=\dfrac{Q}{0.05\times 2}=\dfrac{0.036}{0.05\times 2}=0.36\text{m}^2$

采用正方形，边长：$l=\sqrt{F_{分}}=0.60\text{m}$

4. 进水管

单格滤池流量：$Q=3000\times 1.04/(2\times 24)=65\text{m}^3/\text{h}=0.018\text{m}^3/\text{s}$

选用管径 $d159\times 4.5$ 钢管，则流速：$v_{进}=\dfrac{0.018\times 4}{3.14\times(0.159-0.0045\times 2)^2}=1.02\text{m/s}$

水力坡降：$i=0.000912v^2\ (1+0.867/v)^{0.3}/d^{1.3}=8.045\times 10^{-3}$

进水管长度：$l_{进}=15\text{m}$，其中 90°弯头 3 个，三通 1 个，三通管径采用 $DN250\times 150$ （$DN250$ 为虹吸上升管管径）

沿程水头损失：$h_f=il=0.12\text{m}$

局部水头损失系数为：

$\xi_{进口}=0.60$，$\xi_{90°弯头}=0.60$，$\xi_{三通}=1.5$

局部水头损失：$h_j=\sum\xi v_{进}/(2g)\ =0.21\text{m}$

进水管水头损失：$h=h_f+h_j=0.33\text{m}$

5. 几个控制标高

（1）滤池出水口标高：

滤池出水口标高＝滤池总高度－滤池入土高度－超高＝4.40－0.50－0.15＝3.75m

（2）虹吸辅助管管口标高：

虹吸辅助管管口标高＝滤池出水口标高＋其中允许水头损失＝3.75＋1.70＝5.45m

（3）进水分配箱底标高：

进水分配箱底标高＝虹吸辅助管管口标高－防止空气旋入的保护高度＝5.45－0.50＝4.95m

（4）进水分配箱堰顶标高：

进水分配箱堰顶标高＝虹吸辅助管管口标高＋进水管水头损失＋（10～15cm）的安全高度 ＝5.45＋0.33＋0.15＝5.93m

6. 虹吸管管径

（1）主虹吸管流量：

反冲洗流量：$Q_{冲}=qF_1=15\times 8.125=121.875\text{L/s}$

反冲洗的进水流量：$Q=18\text{L/s}$

主虹吸管流量：$Q_{虹}=Q+Q_{冲}=139.875\text{L/s}$

（2）额定流量时的管段流速 v 和坡降 i：

1）假定虹吸上升管管径为 $DN250$，则查得其管上升流速 $v_{虹上}=2.81\text{m/s}$，在钢管内流速大于 1.20m 时，$i=0.00107v^2/d^{1.3}$，则 $i_{虹上}=0.0508$，该段管长为 6m；

2）假定虹吸下降管管径为 $DN200$，则此时其管下降流速 $v_{虹下}=4.39\text{m/s}$，$i_{虹下}=0.167$，该段管长为 6m；

3）三角形连通管，共 4 根，边长尺寸为 0.3m×0.3m×0.424m，其反冲洗时流速：$v_{连}=Q_{冲}/(4f_2)=0.677\text{m/s}$

由 $v=C\sqrt{Ri}$ 得：

$$i_{连}=v_{连}^2/(C^2R)$$

式中 R——水力半径，$R=\omega/x=0.045/(0.3+0.3+0.424)=0.044\text{m}$；

C——谢才系数，$C=R^{\frac{1}{6}}/n=39.6$；

n——为混凝土面的粗糙度系数，$n=0.015$。

故：$i_{连}=0.00272$

三角形连通管长度：$l_{连}=1.6\text{m}$

(3) 冲洗时各管段的水头损失（从水箱至排水井）：

1）沿程水头损失 h_f

连通管：$h_{f1}=i_{连}\ l_{连}=0.004\text{m}$

虹吸上升管：$h_{f2}=i_{虹上}\ l_{虹上}=0.305\text{m}$

虹吸下升管：$h_{f3}=i_{虹下}\ l_{虹下}=1.002\text{m}$

故：$h_f=h_{f1}+h_{f2}+h_{f3}=1.311$

2）局部水头损失 h_i

连通管的进口与出口：$h_{j1}=(\xi_{进}+\xi_{出})\ v_{连}^2/2g=(0.5+1.0)\times0.677^2/19.62=0.035\text{m}$

挡板处：$h_{j2}=0.05\text{m}$

虹吸管进口处：$Q_{冲}=121.875\text{L/s}$，$v=2.48\text{m/s}$，$\xi_{进}=0.5$

$$h_{j3}=\xi_{进}\ v^2/(2g)=0.16\text{m}$$

三通处：$Q_{虹}=139.875\text{L/s}$，$v_{虹上}=2.81\text{m/s}$，$\xi_{通}=0.1$

$$h_{j4}=\xi_{通}\ v_{虹上}^2/(2g)=0.04\text{m}$$

弯头：$h_{j5}=(\xi_{60弯}+\xi_{120弯})v_{虹上}^2/(2g)=(0.5+2.0)\times2.81^2/19.62=1.00\text{m}$

缩管（流速为 $v_{虹下}=4.39\text{m/s}$）

$h_{j6}=\xi_{缩}\ v_{虹下}^2/(2g)=0.25\times4.39^2/19.62=0.25\text{m}$

出口：$h_{j7}=\xi_{出}\ v_{虹下}^2/(2g)=1.0\times4.39^2/19.62=0.98\text{m}$

所以：$h_j=\sum h_{j1-7}=0.035+0.05+0.16+0.04+1.00+0.25+0.98=2.515\text{m}$

3）小阻力配水系统及滤层水头损失 h_s

滤板水头损失：$h_{s1}=0.3\text{m}$

滤料层及承托层水头损失：

$$h_{s2}\approx h_{滤}+h_{承}=0.7+0.1=0.8\text{m}$$

所以：$h_s=h_{s1}+h_{s2}=0.3+0.8=1.10\text{m}$

故反冲洗时总的水头损失为：

$$h_{冲}=h_f+h_j+h_s=1.311+2.515+1.10=4.926\text{m}$$

(4) 虹吸平均水位差 $H_{虹均差}$

$$H_{虹均差}=H_{箱均}-H_{推堰}=3.25-(-0.7)=3.95\text{m}$$

(5) 计算结果。

通过以上计算结果可知，当选用虹吸上升管与下降管直径分别为 $DN250$ 和 $DN200$ 时，有：

$$4.926\text{m}>3.95\text{m}，即：h_{冲}>H_{虹均差}$$

这说明，在虹吸上升管和下降管直径分别为 $DN250$ 和 $DN200$ 时，虹吸时的水头损失大于冲洗水箱提供的虹吸平均水位差，无法保证冲洗效果。

故虹吸上升管和下降管的直径选择不合适，需要重新选择计算、校核。

分析前述虹吸管计算部分，发现当虹吸下降管直径为 $DN200$ 时，虹吸下降流速过大，下降过程中的水头损失也过大，故先将虹吸下降管直径增大一级，进行计算和校核，即虹吸下降管直径采用 $DN250$，重复前述各项计算中关于虹吸下降管的计算部分。

(6) 虹吸下降管水力计算。

虹吸下降管流速：假定虹吸下降管管径为 $DN250$，则此时其管下降流速

$$v_{虹下}=2.81\text{m/s}$$

$i_{虹下}=0.058$，该段管长为 6m；

虹吸下升管沿程水头损失：$h_{f3}=i_{虹下}\ l_{虹下}=0.058\times6=0.348\text{m}$

故虹吸管沿程水头损失：$h_f=h_{f1}+h_{f2}+h_{f3}=0.657\text{m}$

因虹吸上升管和虹吸下降管直径均为 $DN250$，故无缩管存在，因此不计缩管存在时的局部水头损失，即：$h_{j6}=0$

出口：$h_{j7}=\xi_{出}\ v_{虹下}^2/(2g)=1.0\times2.81^2/19.62=0.402\text{m}$

所以：$h_j=\sum h_{j1-7}=0.035+0.05+0.16+0.04+1.00+0+0.402=1.687\text{m}$

故反冲洗时总的水头损失为：

$h_{冲}=h_f+h_j+h_s=0.657+1.687+1.10=3.444\text{m}$

(7) 虹吸下降管重新选定后的计算结果。

通过以上计算结果可知，当选用虹吸上升管与下降管直径分别为 $DN250$ 和 $DN250$ 时，有：

$$3.444\text{m}<3.95\text{m}，即：h_{冲}<H_{虹均差}$$

这说明，在虹吸上升管和下降管直径分别为 $DN250$ 和 $DN250$ 时，虹吸时的水头损失小于冲洗水箱提供的虹吸平均水位差，可保证冲洗效果。

(8) 滤池出水管管径。

采用与进水管相同的管径，即 $d159\times4.5$ 钢管。

(9) 排水管管径。

流量包含滤池反冲洗水的流量和反冲洗时进水的流量，即：

$$Q_{排}=Q_{虹}=Q+Q_{冲}=139.875\text{L/s}$$

采用 $DN400$ 排水管，则此时：$v_{排}=1.30\text{m/s}$

管道坡降采用：$i=0.0055$

管道充满度：$h/D=0.80$

（10）其他管径的选定。

虹吸辅助管管径采用 32mm×40mm，具体可参考表 5.27 选择，虹吸破坏管和强制冲洗管管径均采用 15mm。

具体计算简图见图 5.76。

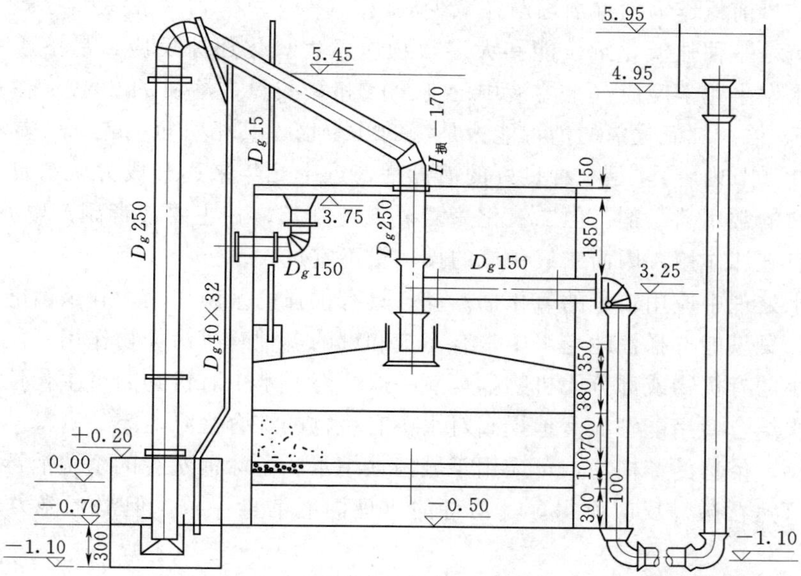

图 5.76 重力无阀滤池计算简图（高程单位：m；尺寸单位：mm）

5.5 消 毒

为防止通过饮用水传播疾病，在生活饮用水处理中，消毒是必不可少的，是生活饮用水卫生、安全的最后屏障。消毒主要是消除水中致病微生物的致病作用。

消毒并非要把水中微生物全部消灭，只是要消除水中致病微生物的致病作用。致病微生物包括病菌、病毒及原生动物孢囊等。消毒不能杀死芽孢和孢子。

灭菌是指彻底消灭所有的细菌和病毒，包括芽孢和孢子。

饮用水消毒的目的是杀灭水中对人体健康有害的绝大部分病原微生物，包括病菌、病毒、原生动物的胞囊等，以防止通过饮用水传播疾病。

5.5.1 氧化剂和消毒方法

对于饮用水的消毒，主要的消毒方法有向水中投加氧化剂的氧化还原法，也可以采用物理方法消毒，如加热、紫外线、超声波、辐射以及冷冻等。当然，一些重金属，如金、银等，其可以使微生物或细菌的蛋白质失去活性而同样起到消毒杀菌的作用。目前，常用的消毒方法是采用投加氧化剂的氧化还原消毒法。

氧化剂与水中微生物作用使之灭活或氧化去除，或使之分解或转化为其他形态，以降低其危害性或更易去除。

常见氧化剂有氯、臭氧、二氧化氯、次氯酸钙（漂白粉）、过氧化氢、高锰酸钾等。

氯氧化与消毒是水处理中曾经应用最广泛的化学氧化消毒法。但由于氯具有很强的亲电取代作用，其在消毒的同时还会与水中的有机物进行反应，生成一些对人体健康具有潜在危害的卤代副产物，即常说的三致物（致畸物、致癌物以及致突变物），如氯仿、卤乙酸等，因此，目前氯作为消毒剂逐渐在减少应用。

二氧化氯是一种强氧化剂，能和大多数物质发生氧化还原反应，易溶于水，遇水分解，容易和水发生化学反应（水溶液中的亚氯酸和氯酸只占溶质的 2%）；在水中的溶解度是氯的 5～8 倍。二氧化氯的消毒能力是氯的几十倍，其相对氯消毒而言具有众多的优越性（见 5.5.3 节内容），是一种良好的消毒剂，近十几年来逐渐成为城镇自来水厂与村镇集中供水站的常用消毒剂。但二氧化氯需要现场制备，其主要消毒副产物是亚氯酸盐，对红血球具有破坏作用，因而二氧化氯的投加量不宜过大。

臭氧是水处理中应用较早的氧化剂。臭氧具有很强的杀菌作用，其杀菌能力约是氯消毒的几百倍。臭氧能选择性地与水中带有不饱和键的多种有机污染物作用，使之部分降解为分子量更小的有机物或部分无机物，臭氧一般能够使水中有机物的可生化性提高，因而与生物活性炭结合使用能够显著地提高对水中有机物的综合去除效率。

次氯酸钙，俗称的漂白粉，可应用于城镇饮用水、游泳池水等的杀菌消毒，其由氯气和氢氧化钙（熟石灰）反应所得，其消毒的机理同氯消毒一致，但消毒能力较氯消毒要弱些。

过氧化氢，俗称双氧水，分子式 H_2O_2，是除水外的另一种氢的氧化物。黏性比水稍微高，化学性质不稳定，一般以 30%或 60%的水溶液形式存放。过氧化氢有很强的氧化性，且具弱酸性。过氧化氢可在水溶液中氧化或还原很多无机离子，主要用于水或污水的高级氧化。

高锰酸盐是一种强氧化剂，能够选择性地与水中有机物作用，破坏有机物的不饱和键。同时，高锰酸盐在氧化过程中产生的新生态二氧化锰对水中多种微量有机与无机污染物有吸附作用，可在一定程度上提高对水中多种形态有机污染物和重金属的去除。此外，新生态水合二氧化锰对高锰酸盐氧化一些污染物有一定的催化作用。由于高锰酸盐是具有复杂变价态中间产物的氧化剂，因而在水处理中有重要的应用潜力。

5.5.2　化学氧化

按化学氧化剂在水处理过程中的投加点和产生的作用不同，氧化分为预氧化、中间氧化和后氧化，后氧化也即消毒，见图 5.77。

1. 预氧化

化学预氧化对水中的藻类、浮游生物、色度、臭、味、有机物以及铁、锰等具有显著的去除作用，同时可破坏氯消毒副产物的前驱物。藻类和浮游生物的过量繁殖，将给水厂的运行带来不利影响，如增加混凝剂的投量、阻塞滤池、缩短过滤周期等。氧化剂能使藻

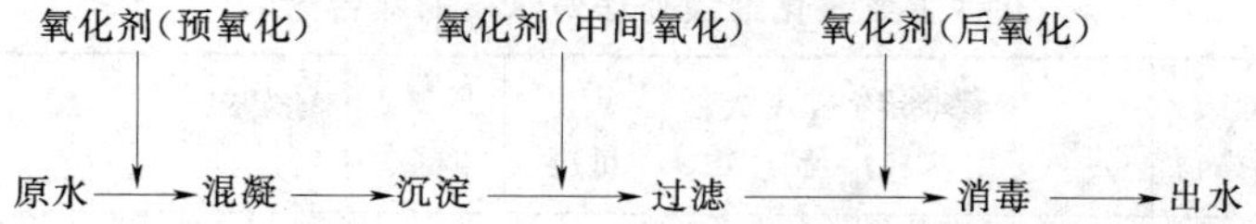

图 5.77 氧化剂在水处理中的投加位置

类或浮游生物灭活，不同程度地破坏藻体或浮游生物物体，并释放出一部分细胞内或细胞外成分，有利于混凝。

色度是饮用水水质重要的控制指标之一，高色度的水将给人带来明显的感官不适。水中的发色物质一般主要是腐殖质，其大分子结构中含有一些不饱和键、芳香烃等发色基团等。化学预氧化可破坏这些基团，对后续工艺强化去除色度起到了重要的作用。

臭、味是由水中各种有机与无机物质综合作用而表现出来的，包括土壤颗粒、腐烂的植物、微生物（浮游生物、细菌、真菌等）及各种无机成分（如氯、硫化物、钙、铁和锰）、有机物和一些气体等，水中植物在某些微生物（如放线菌、蓝绿藻等）作用下所产生的微量有机物（如二甲基异莰醇、土臭素等）也是臭、味的主要来源。化学预氧化、中间氧化和后氧化（消毒）都对不同种类的臭味物质具有一定的去除效果，但氧化剂在去除一部分臭、味的同时，还会与水中共存的其他有机物产生新的臭、味，例如，臭氧与有机物作用产生一系列醛类化合物，使饮水中带有一定程度的水果味；氯与水中酚类化合物作用产生带有刺激性气味的氯酚；二氧化氯在氧化过程中也会产生一些异味。高锰酸钾除臭、味作用明显，无副作用。另外，高锰酸钾与某些药剂复合（高锰酸钾复合剂）能使臭、味的去除效果进一步提高，从而拓宽了臭、味的去除范围。

挥发性三卤甲烷（THM）和难挥发性卤乙酸（HAA）被认为是两大类主要氯消毒的副产物，此外，卤代酚、卤代腈、卤代酮、卤代醛、卤代硝基甲烷等多种难挥发性消毒副产物也陆续从自来水中被检测出来。化学预氧化可破坏一部分氯化消毒副产物的前驱物质，或使之转化成氯化副产物生成相对较低的中间产物。但氧化剂也有可能将水中的某些有机物氧化，使另一部分前驱物质的卤代副产物生成可能性升高，在氧化过程中还有可能产生一些其他有机物或无机副产物。

预氧化对消毒副产物的影响及对水质的综合作用结果取决于氧化剂种类、投量、氧化条件、水中前驱物质种类与浓度、pH 值及水中共存的有机与无机物种类和浓度等多种因素。

总之，在预氧化过程中，氧化剂能与水中多种成分作用，提高对有害成分的去除效率，但在一定条件下也会生成某些副产物。各种氧化剂作为预处理药剂对给水处理效果的综合影响程度差别较大，几种氧化剂预处理对水质综合影响情况见表 5.31。

2. 中间氧化

中间氧化通常设在常规处理工艺的沉淀之后或过滤之后，作为水的深度处理手段，通过与颗粒活性炭（GAC）或生物活性炭（BAC）联用，利用活性炭的良好吸附性能和生物降解功能将氧化后形成的可生化性较高的小分子有机物、有毒有害中间产物及消毒副产物前驱物等进一步去除。中间氧化大多采用臭氧作为氧化剂。

表 5.31　　几种主要氧化剂预处理对水质的综合影响

氧化剂	消毒	除微污染物	除藻	除臭、味	控制氯化副产物	氧化助凝	除铁、锰	主要副产物	备　注
氯	√√√√	√	√√√	√		√√	√	THM 与 HAA 等多种氯化副产物	氯化消毒副产物对人体有害，为三致物，有时产生新的臭和味
二氧化氯	√√√√√	√√√	√√√	√√√	√√√√	√√√	√√√	生成次氯酸盐和氯酸盐	亚氯酸根对人体有害，破坏红血球，因此投量不能过高
高锰酸钾	√√√	√√√	√√√	√√√	√√√	√√√√	√√	水合 MnO_2	对水质副作用小、副产物可被常规处理工艺去除。投资小、使用灵活，但要严格控制投量（防止投加过量造成水的色度增加）
高锰酸钾复合剂	√√√√	√√√√	√√√√	√√√√	√√√√	√√√√	√√√√√	水合 MnO_2	对水质副作用小，但要通过一定的设备控制投量（不能过量）
臭氧	√√√√√	√√√√	√√√√	√√√√	√√√√	√√√	√√	醛、醇、有机酸、BrO_3^-、Br－THM	有机物可生化性提高，AOC、BDOC 升高，设备投资较大，运行管理较复杂，除色效果很好

注　1. 本表引自李圭白、张杰主编的《水质工程学》（中国建筑工业出版社）。

2. 表中列出在通常情况下的效果，√—略有效果，√√——一般，√√√—较好，√√√√—良好，√√√√√—显著。

3. 氧化效果与水质和氧化剂投量有密切关系。

4. 需经过实验具体选择氧化剂，比较针对某原水水质特征的氧化作用效果。

5. 表中：THM—三卤甲烷，HAA—卤乙酸，AOC—生化可同化有机碳；BDOC—可生物降解溶解性有机碳。

3. 后氧化，即消毒

后氧化，即消毒是保障饮水卫生安全的最后一道屏障，其主要目的是消毒，即灭活水中的致病微生物。

水中的消毒剂可分为 4 类：

（1）氧化剂：通过氧化作用破坏有机体内的物质而达到灭活微生物的作用。

（2）金、银等重金属离子：重金属往往能够使微生物体内的蛋白质变性而失去活性，例如铜离子能够灭活藻类。

（3）一些物理方法杀灭微生物或者将微生物分离出来，如紫外线、超声波、辐射，还有加热法、冷冻法、机械过滤等。

(4) 阳离子表面活性剂，如季铵类与吡啶鎓。

目前饮用水中常用的消毒剂为氧化剂类。

5.5.3 消毒与灭活

对于确定的消毒剂，影响消毒效果的因素通常有3个方面，即消毒剂的浓度C、消毒剂与水的接触时间T以及水质本身的因素。

在一定的消毒效果条件下，消毒剂浓度C与接触时间T存在着一定的关系，显然消毒剂浓度越高，所需要的接触时间也就越短；消毒剂浓度越低，所需要的接触时间也就越长。为此，消毒剂浓度与接触时间的乘积CT值，被认为与消毒效果有很大的关系。故，大多数饮用水处理规定某种消毒剂所允许的最小CT值，以确保饮用水安全。

对要灭活的微生物，不同的微生物要达到良好的消毒效果，其CT值不同，表5.32为对贾第虫孢囊灭活的CT值。

表5.32　对贾第虫孢囊灭活的CT值（温度10℃，pH值6～9）

消毒剂	CT值(mg·min/L)					
	Lg灭活率					
	0.5	1.0	1.5	2.0	2.5	3.0
臭氧	0.23	0.48	0.72	0.95	1.2	1.43
二氧化氯	4	7.7	12	15	19	23
氯	17	35	52	69	87	104
氯胺	310	615	930	1230	1540	1850

注　表中Lg灭活率指对细菌的去除或灭活的效率的水平，如3.0Lg，即99.9%。

5.5.4 氯氧化与消毒

氯具有极强的氧化作用，用作消毒剂经济有效，已具有较长的历史。但自20世纪70年代的研究发现，受污染水源（含有微量有机污染物）经氯消毒后往往会产生一些有害身体健康的副产物，即三致物。为此，近几年来，利用氯作为消毒剂的水厂或供水站逐渐减少。但如果能够采取有效的方法去除源水中的微污染有机物，即造成氯化消毒副产物的前驱物得以去除的话，氯消毒仍然是经济可靠、应用广泛的一种消毒方法。

为了解消毒的原理，本节对氯消毒进行详细的介绍。

1. 氯的性质

氯气是一种黄绿色气体，有刺激性，密度为3.2kg/m³，极易在加压下液化。液氯通常在常温常压下极易气化。氯气易溶于水，在20℃和1个大气压时，溶解度为7160mg/L。

当氯溶解在水中时，很快会发生下列两个反应。

$$Cl_2+H_2O \Longleftrightarrow HOCl+HCl$$

$$HOCl \Longleftrightarrow H^+ + OCl^-$$

上述两个反应会受到温度和pH值的影响，其平衡常数K_i为：

$$K_i=\frac{[H^+][OCl^-]}{[HOCl]} \tag{5.71}$$

不同温度下的上述平衡常数 K_i 见表 5.33。

表 5.33　　不同温度下次氯酸离解平衡常数值

温度（℃）	0	5	10	15	20	25
$K_i(\times 10^{-8})$	2.0	2.3	2.6	3.0	3.3	3.7

Cl_2、HOCl 和 OCl^- 都具有氧化能力，统称为有效氯，亦称为自由氯。

由次氯酸平衡常数式可得：

$$\frac{[OCl^-]}{[HOCl]}=\frac{K_1}{[H^+]} \tag{5.72}$$

由此可见，HOCl 与 OCl^- 的相对比例取决于溶液的温度和 pH 值（图 5.78）。在 20℃ 的水温时，pH=7 时，则 HOCl 占整个 HOCl 与 OCl^- 之和的 75.2%。pH 越高，OCl^- 越高，pH 值越低，HOCl 越高，对消毒有利。在 pH=7.54 时，HOCl 与 OCl^- 大致相等。

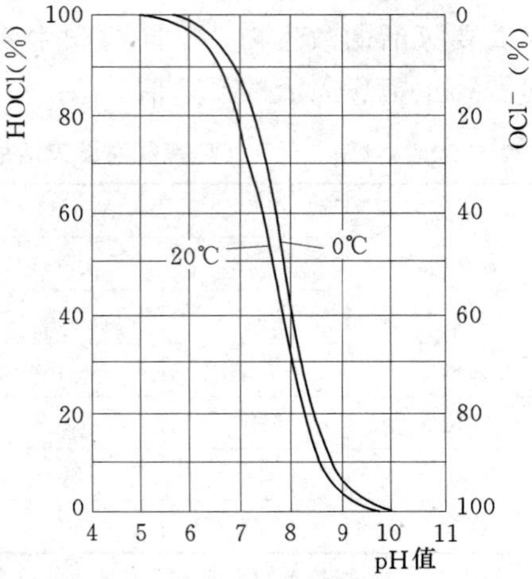

图 5.78　不同 pH 值和水温时，水中 HOCl 与 OCl^- 的比例

2. 氯消毒原理

一般认为，起消毒作用的主要是次氯酸（HOCl）。HOCl 为很小的中性分子，只有它才能扩散到带负电的细菌表面，并通过细菌的细胞壁穿透到细菌内部。当 HOCl 分子到达细菌内部时，能起氧化作用破坏细菌的酶系统而使细菌死亡。OCl^- 虽亦具有杀菌能力，但是带负电，难于接近带负电荷细菌表面，杀菌能力比 HOCl 差得多。

实践证明，pH 值越低则消毒作用越强，从而证明了 HOCl 是起消毒作用的主要成分。

由于在很多受污染的地表水水源中含有一定的氨氮，氯加入含有氨氮的水中后会产生如下反应：

$$Cl_2+H_2O \Leftrightarrow HOCl+HCl$$

$$NH_3+HOCl \Leftrightarrow NH_2Cl+H_2O$$

$$NH_2Cl+HOCl \Leftrightarrow NHCl_2+H_2O$$

$$NHCl_2+HOCl \Leftrightarrow NCl_3+H_2O$$

因此，在水中同时存在次氯酸（HOCl）、一氯胺（NH_2Cl）、二氯胺（$NHCl_2$）和三氯胺（NCl_3），这些反应的平衡状态以及物质含量比取决于氯与氨的相对浓度、pH 值和水温。

pH 值>9，一氯胺占优；pH 值=7，一氯胺与二氯胺等量；pH 值<6.5，二氯胺占优；pH 值<4.5 三氯胺占优。

二氯胺消毒效果比一氯胺好，但有臭味，pH 值低时占优。

三氯胺有恶臭，在水中溶解度很低，消毒作用差。

氯胺的消毒作用来至于上述反应中维持平衡所不断释放出来的次氯酸（HOCl），因此氯胺消毒作用慢，接触时间长。

有试验证明：用氯消毒，5min 可杀灭细菌 99％以上；而用氯胺时，5min 内仅达到 60％。

显然，用氯胺消毒要大幅延长消毒时间。

当水中的氯以氯胺形式存在时，称为化合性氯。而以 Cl_2、HOCl 和 OCl^- 形式存在于水中的氯，则称为自由性氯。自由性氯的消毒效果比化合性氯的效果高得多，但自由性氯的持续性不如化合性氯，后者的持续消毒效果好。

3. *加氯量和折点加氯法*

水中加氯量，可以分为两部分，即需氯量和余氯。需氯量指用于杀死细菌、氧化有机物和还原性物质等所消耗的部分。为了抑制水中残余细菌的再度繁殖，管网中尚需维持少量剩余氯。我国饮用水标准规定出厂水游离性余氯在接触 30min 后不应低于 0.3mg/L，在管网末梢不应低于 0.05mg/L。后者的余氯量虽仍具有杀菌能力，但对再次污染的消毒尚嫌不够，而可作为预示再次受到污染的信号，此点对于管网较长而有死水端和设备陈旧的情况，尤为重要。

以下分析不同情况下加氯量与剩余氯量之间的关系：

(1) 如水中无细菌、有机物和还原性物质等，则需氯量为零，加氯量等于剩余氯量，如图 5.79 中所示的虚线①，该线与坐标轴成 45°角。

(2) 事实上天然水特别是地表水源多少已受到有机物和细菌污染，氧化这些有机物和杀灭细菌要消耗一定的氯量，即需氯量。加氯量必须超过需氯量，才能保证一定的剩余氯。当水中有机物较少，而且主要不是游离氨和含氮化合物时，需氯量 OM 满足以后就会出现余氯，如图 5.79 中的实线②所示。这条曲线与横坐标交角小于 45°，其原因为：

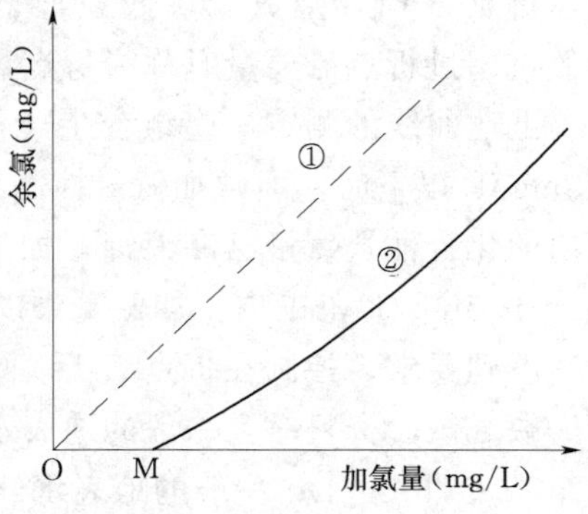

图 5.79　源水不含氮时加氯量与余氯间的关系

1) 水中有机物与氯作用的速度有快慢。在测定余氯时，有一部分有机物尚在继续与氯作用中。

2) 水中余氯量有一部分会自行分解，如次氯酸由于受水中某些杂质或光线的作用，产生如下的催化分解：

$$2HOCl \longrightarrow 2HCl + O_2$$

(3) 当水中的有机物主要是氨和氯化合物时，情况比较复杂。当起始的需氯量 OA 满足以后（图 5.80），加氯量增加，剩余氯也增加（曲线 AH 段），但后者增长得慢一些。超过 H 点加氯量后，虽然加氯量增加，余氯量反而下降，如 HB 段，H 点称为峰点。此后，随着加氯量的增加，剩余氯又上升，如 BC 段，B 点称为折点。

图 5.80 中，曲线 AHBC 与斜虚线间的纵坐标值 b 表示需氯量；曲线 AHBC 的纵坐标值 a 表示余氯量。曲线可分 4 区，分述如下：

在第 1 区即 OA 段，表示水中杂质把氯消耗光，余氯量为零，需氯量为 b_1，这时虽

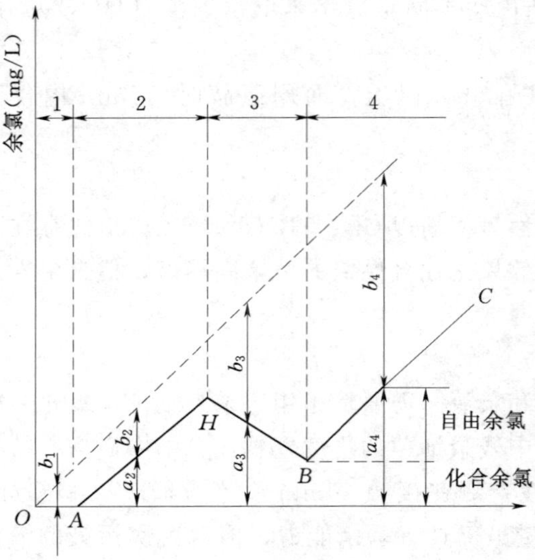

图 5.80　源水含氮时加氯量与余氯间的关系

然也能杀死一些细菌，但消毒效果不可靠。

在第 2 区，即曲线 AH 段。加氯后，氯与氨发生反应，有余氯存在，所以有一定消毒效果，但余氯为化合性氯，其主要成分是一氯胺。

在第 3 区，即 HB 段，仍然产生化合性余氯，加氯量继续增加，开始下列化学反应：

$$2NH_2Cl + HOCl \longrightarrow N_2\uparrow + 3HCl + H_2O$$

反应结果使氯胺被氧化成一些不起消毒作用的化合物，余氯反而逐渐减少，最后到达折点 B。

超过折点 B 以后，进入第 4 区，即曲线 BC 段。此后已经没有消耗氯的杂质了，出现自由性余氯。该区消毒效果最好。

从整个曲线看，到达峰点 H 时，余氯量最高，但这是化合性余氯而非自由性余氯。到达折点 B 时，余氯量最低。如继续加氯，余氯量增加，此时所增加的是自由性余氯。加氯量超过折点需要量时称为折点氯化。

上述曲线的测定，应结合生产实际进行。有的水厂生产实践表明：当原水游离氨在 0.3mg/L 以下时，通常加氯量控制在折点 B 后；原水游离氨在 0.5mg/L 以上时，折点 B 以前的化合性余氯量已够消毒，加氯量可控制在折点 B 前以节约加氯量；原水游离氨在 0.3～0.5mg/L 范围内，加氯量难以掌握，如控制在折点 B 前，往往化合性余氯减少，有时达不到要求，控制在折点 B 后则浪费加氯量。

缺乏试验资料时，一般的地表水经混凝、沉淀和过滤后或清洁的地下水，加氯量可采用 1.0～1.5mg/L；一般的地表水经混凝、沉淀而未经过滤时可采用 1.5～2.5mg/L。

当原水受到严重污染，采用普通的混凝沉淀和过滤加上一般加氯量的消毒方法都不能解决问题时，折点加氯法可取得明显效果，它能降低水的色度，去除恶臭，降低水中有机物含量，还能提高混凝效果。折点加氯法过去常常应用，但自从发现水中有机污染物能与氯生成三卤甲烷（THM）后，采用折点加氯来处理受污染水源已引起人们担心，因而寻求去除有机污染物的深度处理方法和其他消毒法。然而在污水处理方面折点加氯法仍有指导意义。

4. 加氯设备和加氯间

随着技术的发展，加氯过程通常采用自动控制运行，同时对于氯气的泄漏，还增加了余氯自动检测系统。

对于加氯消毒，其主要加氯设备有：自动加氯机、氯瓶、自控余氯检测装置和自动控制装置。

自动加氯机可将氯安全、准确地输送到消毒加氯点。

氯瓶是一种钢制压力容器。干燥氯气和液氯对钢瓶无腐蚀作用，但遇水或受潮则会严重腐蚀金属，故必须严格防止水或潮气进入氯瓶。瓶内氯气需有一定余压，以防潮湿空气进入钢瓶。

加氯间是安置加氯设备的操作间。氯库是储备氯瓶的仓库。加氯间和氯库可以合建，也可以分开建设。

由于氯气是有毒气体，故加氯间和氯库位置除了应靠近投氯点以外，还应位于主导风向下游，且需与经常有人值班的车间隔开。加氯间和氯库内需设置一系列安全报警、事故处理等设施，建筑上的通风、照明、防火、保温应特别注意。有关加氯间和氯库设计要求请参阅设计规范和有关手册。

5. 氯的消毒副产物及控制

水中消毒副产物在500种以上，其中大多数浓度只有ug/L级，而且很多尚未鉴定出来。三卤甲烷（THM）和卤乙酸（HAA）被认为是氯化消毒过程中形成的两大类主要副产物。THM是一类挥发性有机物，水中的THM对人类的健康会产生潜在的影响，有的物质已被证明为致癌物或可疑致癌物。THM是在水处理过程中氯与THM的前驱物反应所产生的，这些前驱物多为天然有机物如腐殖质。氯仿被认为主要来自氯与腐殖质的分解产物如酰基化合物的反应产物，可能的形成机理如下：

$$RCOCH_3 \xrightleftharpoons{OH^-} RCOCH_2^- + OH^-$$

$$RCOCH_2^- + HOCl \longrightarrow RCOCH_2Cl + OH^-$$

$$RCOCH_2Cl \xrightleftharpoons{OH^-} RCOCHCl^- + H_2O$$

$$RCOCHCl^- + HCOl \longrightarrow ROCCHCl_2 + OH^-$$

$$RCOCHCl_2 \xrightleftharpoons{OH^-} RCOCCl_2^- + H_2O$$

$$RCOCCl_2^- + HOCl \longrightarrow RCOCCl_3 + OH^-$$

$$RCOCCl_3 + H_2O \xrightleftharpoons{OH^-} RCOOH + CHCl_3$$

水中的其他三卤甲烷，如$CHCl_2Br$，$CHBr_3$和$CHCl_2I$的形成机理与$CHCl_3$类似。

卤乙酸HAA是比THM致癌风险更高的难挥发性卤代有机副产物，包含有一氯乙酸、二氯乙酸、三氯乙酸、一溴乙酸、二溴乙酸等。HAA的前驱物也是水中的腐殖质（腐殖酸和富里酸）等天然大分子有机物质，其中腐殖酸氯化后的HAA产率要高于富里酸。另外，当水中含有溴化物时，随着Br^-/Cl_2（浓度比）的增加，溴代卤乙酸在水中的种类和浓度都有所增加，而相应的二氯乙酸和三氯乙酸生成量下降，即HAA在水中的分布向着溴代卤乙酸的方向转移。溴代卤乙酸的致癌风险性比氯代卤乙酸高很多，因此在消毒时要控制溴代卤乙酸的生成。

目前主要控制水中氯化消毒副产物的技术有3种，即强化絮凝、颗粒活性炭吸附以及膜过滤。

（1）强化絮凝。目前已经被美国环保署定为第一阶段控制氯化消毒副产物的主要方法。所谓强化絮凝，指通过某些手段强化传统絮凝工艺对天然有机物（THM前驱物）的去除，从而控制后续消毒过程中氯化消毒副产物的生成量。强化絮凝的方法有很多，过量投加絮凝剂可以起到一定的效果，因为去除总有机碳（TOC）的最优絮凝剂投加量一般要高于去除浊度的最优混凝剂投加量。絮凝剂的选择以及絮凝过程中条件的控制，可以使絮凝过程对天然有机物的去除达到最优。实验证明，铁盐对天然有机物的去除优于铝盐。同时，对絮凝过程中的 pH 值进行调节，可以使絮凝过程对 TOC 的去除率得到提高。

(2) 颗粒活性炭吸附。活性炭吸附同样是一种控制氯化消毒副产物的有效方法，通常，絮凝过程可以有效去除分子量相对较大的天然有机物，但对分子量较小的有机物去除效果较差，剩余的这部分有机物也会导致后续消毒过程中氯化消毒副产物浓度的增高。活性炭具有优良的吸附性能，活性炭吸附滤池可以有效地去除没有被絮凝沉淀所去除的天然有机物和小分子有机污染物，从而能够达到通过去除氯化消毒副产物前驱物来控制其生成量的目的。

一般情况下，在实际工程中可以将微生物降解的生物膜法和活性炭吸附结合来形成生物活性炭的方法去除有机物。生物活性炭中的活性炭可以对水中的有机物起到吸附作用而富集于活性炭颗粒的表面，而活性炭上的微生物则可通过微生物降解作用而转化吸附的有机物，从而维持活性炭的吸附作用。

但对于微污染水源水而言，其有机物含量低，即对于微生物的生存所需而言处于贫营养的状态，同时主要是动植物残体经腐化而释放的有机物，其生物降解性一般较低。因此，贫营养和低可生物降解性是微污染水源水采用生物净化需要注意的问题，也是生物活性炭法去除有机物应特别关注的问题。

(3) 膜滤。膜技术是一种新兴的水处理技术。水通过外界作用力通过膜层，而污染物则被截留在膜的另一侧，从而达到净水的目的。选择合适的滤膜，可以去除有机物，也能达到控制消毒副产物的目的。

一些其他方法也可以用来降低 THM 的生成，如氯胺消毒。根据实验研究，对于同样的余氯量，自由性余氯的氯仿生成量比氯胺高得多，故当源水中有氨氮存在，或加入氨采用折点前的氯胺消毒能保证水的细菌指标时，可采用氯胺消毒，以降低氯仿量。

但用氯胺消毒也会生成含氮的有害副产物，从而带来其他问题，并有可能使管网内硝化细菌增殖。

5.5.5　二氧化氯消毒

5.5.5.1　二氧化氯的性质

二氧化氯（ClO_2）是一种红黄色有强烈刺激性气味的气体，11℃时液化成红棕色液体，−59℃时凝固成橙红色晶体。有类似氯气和硝酸的特殊刺激气味。液体为红褐色，固体为橙红色。沸点 11℃。相对蒸汽密度 2.3g/L。遇热水则分解成次氯酸、氯气、氧气，受光也易分解，其溶液于冷暗处相对稳定。二氧化氯能与许多化学物质发生爆炸性反应。对热、震动、撞击和摩擦相当敏感，极易分解发生爆炸。受热和受光照或遇有机物等能促进氧化作用的物质时，能促进分解并易引起爆炸。若用空气、二氧化碳、氮气等惰性气体稀释时，爆炸性则降低。属强氧化剂，其有效氯是氯的 2.6 倍。与很多物质都能发生剧烈反应。腐蚀性很强。

可溶性：极易溶于水而不与水反应，几乎不发生水解（水溶液中的亚氯酸和氯酸只占溶质的 2%）；在水中的溶解度是氯的 5～8 倍。溶于碱溶液而生成亚氯酸盐和氯酸盐。

5.5.5.2 二氧化氯的制取

制取二氧化氯的方法较多，在给水处理中主要的二氧化氯制取方法有：

1. 亚氯酸钠（$NaClO_2$）与氯（Cl_2）反应制取

其化学反应如下：

$$Cl_2+H_2O \longrightarrow HOCl+HCl$$
$$HOCl+HCl+2NaClO_2 \longrightarrow 2ClO_2+2NaCl+H_2O$$
$$Cl_2+2NaClO_2 \longrightarrow 2ClO_2+2NaCl$$

根据上述反应式，理论上 1mol 氯和 2mol 亚氯酸钠反应可生成 2mol 二氧化氯。但实际应用时，为了加快反应速度，投氯量往往超过化学计量的理论值，这样，产品中就往往含有部分自由 Cl_2。作为受污染水的消毒剂，多余的自由氯的存在就存在产生 THM 之虑，虽然不会像氯消毒那样严重。若自由氯过多，ClO_2 还可能被氧化成氯酸根 ClO_3^- 而降低杀菌能力。

二氧化氯的制取是在 1 个内填瓷环的圆柱形发生器中进行。由加氯机出来的氯溶液和用泵抽出的亚氯酸钠稀溶液共同进入 ClO_2 发生器，经过约 1min 的反应，便得到 ClO_2 水溶液，像加氯一样直接投入水中。发生器上设置 1 个透明管，通过观察，出水若呈黄绿色即表明 ClO_2 生成。反应时应控制混合液的 pH 值和浓度。

2. 用酸与亚氯酸钠反应制取

制取时，酸既可以是硫酸，也可以是盐酸，反应式如下：

$$5NaClO_2+4HCl \longrightarrow 4ClO_2+5NaCl+2H_2O$$
$$10NaClO_2+5H_2SO_4 \longrightarrow 8ClO_2+5Na_2SO_4+4H_2O$$

在用硫酸制备时，需注意硫酸不能与固态 $NaClO_2$ 接触，否则会发生爆炸。此外，尚需注意两种反应物（$NaClO_2$ 和 HCl 或 H_2SO_4）的浓度控制，浓度过高，化合时也会发生爆炸。这种制取方法不会存在自由氯，故投入水中不存在产生 THM 之虑。

制取方法也是在 1 个圆柱形 ClO_2 发生器中进行。先在 2 个溶液槽中分别配制一定浓度（注意浓度不可过高，一般 HCl 浓度 8.5%，亚氯酸钠浓度 7%）的 HCl 和 $NaClO_2$ 溶液，分别用泵打入 ClO_2 发生器，经过约 20min 反应后便形成 ClO_2 溶液。酸用量一般超过化学计量 3～4 倍。

3. 用酸与氯酸钠反应制取

也可以采用氯酸盐为原料制取二氧化氯，其反应条件以及化学反应式如下：

（1）反应温度为 85℃，盐酸浓度为 31%，氯酸钠浓度为 33%

$$4HCl + 2NaClO_3 = 2ClO_2 + Cl_2 + 2NaCl + 2H_2O$$

（2）反应温度为 85℃，硫酸浓度为 53%，氯酸钠浓度为 33%

$$H_2SO_4 + NaClO_3 + \text{少量催化剂} = ClO_2 + Na_2SO_4 + H_2O$$

以上 3 种 ClO_2 制取方法各有优缺点。采用强酸与亚氯酸钠制取 ClO_2，方法简便，产品中无自由氯，但 $NaClO_2$ 转化成 ClO_2 的理论转化率仅为 80%，即 5mol 的 $NaClO_2$ 可生产 4mol 的 ClO_2。采用氯与亚氯酸钠制取 ClO_2，1mol 的 $NaClO_2$ 可生产 1mol 的 ClO_2，理论转化率为 100%。但实际应用时，为了加快反应速度，投氯量往往超过化学计量的理论值，这样，产品中就往往含有部分自由 Cl_2，造成 THM 的生成。采用酸与氯酸钠反应，当酸为盐酸时，也可产生一定量的氯气，即产生自由氯，造成 THM 的生成，而采用硫酸与氯酸钠反应时，虽无自由氯产生，但需引入其他物质作为催化剂。

现在市场上销售的 ClO_2 发生器，多是采用酸与亚氯酸钠反应制取二氧化氯。

4. 二氧化氯氧化、消毒机理

二氧化氯分子中有 19 个价电子，1 个未成对的价电子，这个价电子可以在氯与两个氧原子之间跳来跳去，因此它本身就像一个游离基，氧-氯键表现出明显的双键特征，这种特殊的分子结构决定了它具有强氧化性。二氧化氯中氯以正四价态存在，其活性为氯的 2.5 倍，即氯气的有效氯含量为 100%的话，而二氧化氯的有效氯含量为 263%。

二氧化氯在水中通常不发生水解，也不以二聚或多聚形态存在，这使得二氧化氯在水中的扩散速率比氯快，渗透能力比氯强，特别是在低浓度时更为突出。

在通常的水处理条件下，ClO_2 只经历单电子转移而被还原成 ClO_2^-，反应如下：

$$ClO_2 + e \longrightarrow ClO_2^- \quad E^\circ = 0.95V$$

$$ClO_2^- + 2H_2O + 4e \longrightarrow Cl^- + 4OH^- \quad E^\circ = 0.78V$$

在酸性较强的条件下，ClO_2 具有很强的氧化性，反应如下：

$$ClO_2 + 4H^+ + 5e \longrightarrow Cl^- + H_2O \quad E^\circ = 1.95V$$

并进一步生成氯酸，氧化、降解水中的带色基团和其他有机污染物；在弱酸性的条件下，二氧化氯不易分解污染物而是直接反应。因此，水的 pH 值对处理效果影响很大。

由于二氧化氯的强氧化性，二氧化氯通常与水中的有机物选择作用，能氧化不饱和键和芳香化合物的侧链，将水中有机物降解为含氧基团为主的产物，发生的是氧化还原反应，无氯代物生成。而氯气分子与水中的有机物中分子键或芳香族化合物的分子键发生的反应是亲电取代反应，故多生成氯代有机物或氯代芳香族化合物，而具有三致性。依靠二氧化氯的强氧化性，其可将水中的黄霉素、腐殖酸等氧化降解，也可将致癌物苯并芘氧化成无致癌活性的醌式结构。

二氧化氯预氧化的优点是氯化消毒副产物的浓度显著降低。但二氧化氯与水中的还原性成分作用也会产生一系列副产物，如亚氯酸盐和氯酸盐，毒理试验结果表明，亚氯酸根能够破坏血细胞，引起溶血性贫血。

关于二氧化氯的消毒机理，有很多解释。一般认为，二氧化氯在与微生物接触时通过一系列过程起到消毒作用：首先附着在细胞壁上，然后穿过细胞壁与含硫基的酶发生反应而使细菌死亡。Bernard 也证实，二氧化氯可快速控制微生物蛋白质的合成，故二氧化氯对细菌、病毒等有很强的灭活能力。

5. 二氧化氯消毒的优越性

(1) 广谱杀菌剂。对水处理设备和管道中的藻类、异养菌、铁细菌、硫酸盐还原菌和浮游生物等均有杀菌效果。

(2) 消毒效果显著。浓度小于 0.1mg/L 的 ClO_2 在 5min 内，可杀灭水中伤寒杆菌、痢疾杆菌、大肠杆菌。对芽孢菌（尤其炭疽芽孢菌）和病毒的杀灭作用均较理想。要 100%杀灭悬浮液中的大肠杆菌和金黄色葡萄球菌，用 0.1mg/L 的 ClO_2 作用 20min，而氯则需 59mg/L 作用同样时间。要 100%杀灭枯草杆菌和黑色变种芽孢杆菌，用 0.5mg/L 的 ClO_2 作用 20min，而氯则需 296mg/L 作用同样时间。当维持水中亚氯酸盐在

0.1mg/L 以下时，ClO_2 可抑制隐孢子虫。

二氧化氯用于水消毒，在其浓度为 0.5～1mg/L 时，1min 内能将水中 99%的细菌杀灭，灭菌效果为氯气的 10 倍，次氯酸钠的 2 倍，抑制病毒的能力也比氯高 3 倍，比臭氧高 1.9 倍。

(3) pH 值应用范围广。二氧化氯不水解，故其消毒效果不受水的 pH 值影值响，当水的 pH 值为 6～10 时，消毒效果恒定。

(4) 与水中的氨不反应。不受水中氨类化合物影响，对耗氧量低于 1mg/L 的自来水，投加量仅 0.1mg/L 即可，对耗氧量高于 3mg/L 的自来水，投加量仅 0.2mg/L 即可。

(5) 无 THM 类消毒副产物生成。二氧化氯消毒的最大优点是：不会与水中有机物发生反应，消毒副产物中不含氯化有机物（三氯甲烷、四氯化碳）；二氧化氯与酚起氧化反应，不生成氯酚。

另外：作为氧化剂，可控制水中异味，对污染较重的水，二氧化氯可分解产生异味的污染物，如酚类、藻类和腐殖酸等，消除异味、色及铁锰等；能在管网中保持很长时间，即剩余消毒能力强，对于管网中的细菌仍有持续的杀菌能力。

但二氧化氯本身及副产物亚氯酸盐对人体血红细胞有害，对人的神经系统及生殖系统有害。

一般认为二氧化氯投加量在 1.0～2.0mg/L 不会产生副作用，但作为氧化剂，二氧化氯投加量变化较大，应注意水中剩余二氧化氯及亚氯酸盐的剩余量。

二氧化氯与其他消毒剂的比较见表 5.34。

表 5.34　　二氧化氯与其他消毒剂的比较

性能	二氧化氯	氯制剂	季铵盐	过氧乙酸
杀菌力	可杀灭所有的微生物，包括细菌芽孢	可杀灭所有细菌繁殖体，高浓度能杀死芽孢	可杀灭多数细菌繁殖体，对芽孢和噬菌体无效	可杀灭所有的微生物，包括芽孢
常用浓度	30～200ppm	250～1500ppm	1000～5000ppm	2000～20000ppm
毒 性	无毒	中等毒性	低毒	低毒
“三致”效应	无	有	无	有
有机物干扰	小	大	小	小
pH 值影响	小	大，> 8.5 时失效	小	大
使用温度影响	低于 50℃	低于 50℃	小	大
腐蚀性	不锈钢无腐蚀	金属有强腐蚀	无腐蚀	金属有强腐蚀
皮肤致敏性	无	有	无	有
残 留	无	有	有	有
气 味	稍有二氧化氯味	强氯味	无	有强醋酸味
使用成本	较低	低	昂贵	较高
稳定性	稳定	不稳定，易分解	稳定	不稳定，易燃易爆
抗药性	无	有	有	无

根据《生活饮用水卫生标准》（GB 5749—2006）中规定：二氧化氯在出厂水中的限值为 0.8mg/L，出厂水中余量不得小于 0.1mg/L，管网末梢水中余量不得小于 0.02mg/L，亚氯酸盐在饮用水中的限值为 0.7mg/L，氯酸盐在饮用水中的限值为 0.7mg/L。

6. 二氧化氯消毒设备及消毒间设计

现在市场上销售的二氧化氯消毒设备一般采用酸与亚氯酸钠反应的方式制取二氧化氯，设备包括：二氧化氯发生器、酸储罐、亚氯酸钠储罐、化料器、计量泵、控制系统等。其中二氧化氯发生器为酸与亚氯酸钠发生反应产生二氧化氯的设备，化料器则为亚氯酸钠固体溶解于水的设备，计量泵则是酸和亚氯酸钠成分按比例计量投加的设备，其可在自动控制系统的控制下，根据余氯检测仪检测到的清水池余氯浓度控制二氧化氯生成原料即酸和亚氯酸钠的投加，从而控制二氧化氯消毒剂的投加量。上述设备一般由二氧化氯设备厂家成套供应。

二氧化氯消毒间是二氧化氯设备设置的房间，其的设计应满足二氧化氯反应、投加以及运行管理的需要，同时，因亚氯酸钠固体颗粒与酸直接接触会产生爆炸，故消毒间的设计还应满足酸和亚氯酸钠固体原料分开放置的需要，一般情况下，酸储罐单独设置房间放置，亚氯酸钠则视消毒间设计情况设置在二氧化氯设备间或单独房间放置，但特别注意的是酸与亚氯酸钠不能放置在同一个房间内储存。另外，消毒间的设置还应考虑用电和自动控制的需要，还应考虑二氧化氯检测与报警、安全防护等方面。

通常情况下，二氧化氯消毒间的布置见图 5.81。

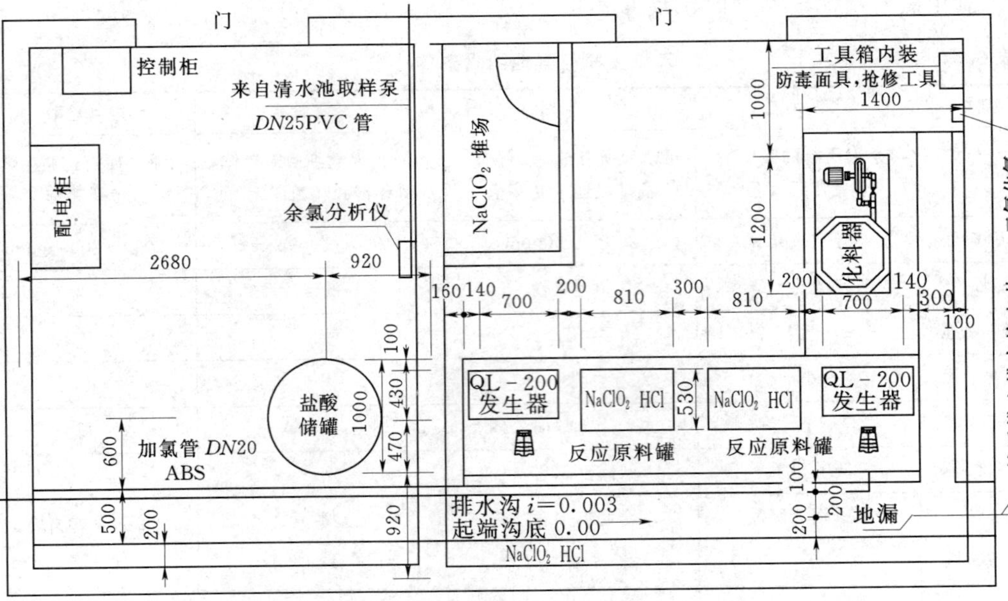

图 5.81　二氧化氯消毒间布置（单位：mm）

7. 二氧化氯消毒副产物的产生及控制

(1) 消毒副产物的由来。二氧化氯消毒的主要副产物是亚氯酸盐的产生。

水中微量有机污染物可与 ClO_2 反应生成亚氯酸盐。ClO_2 投加到水中后，其氧化还原

的第一步即是将 ClO_2 转变成亚氯酸根（ClO_2^-）离子，根据经验，在Ⅱ类水源水中投加1mg/L 的 ClO_2，则产生约 0.8mg/L 的 ClO_2^-，投加量越大，亚氯酸盐的生成量越大。而亚氯酸盐过量会对人体血细胞产生损害。

另外就是在二氧化氯发生器中酸与亚氯酸钠或氯酸钠反应不完全。

(2) 控制副产物的措施。主要控制二氧化氯消毒副产物的措施有：尽量降低待消毒水的耗氧量和还原性物质，即尽可能通过前面的净水工艺处理方法降低原水中的有机物以及还原性物质的含量；确保反应物合适的浓度比例，以确保酸与亚氯酸盐或氯酸盐反应尽可能完全；确保反应釜内合适的温度，以促使原料尽可能多的转化成二氧化氯；确保足够的反应时间，即采用多级串联反应釜的形式促使原料转化成二氧化氯产品。

8. 二氧化氯消毒使饮水色度升高及控制

(1) 二氧化氯消毒使饮水色度升高的原因。二氧化氯消毒时，饮用水色度升高的原因是水中含锰或铁。二氧化氯能将水中二价锰迅速氧化成四价锰，形成不溶性的二氧化锰黄褐色胶体，致使水的色度升高。当水中存在游离二氧化氯时，0.02mg/L 的锰就可使水的色度达到 10 度，0.03mg/L 的锰就可使水的色度达到 15 度。同样，二氧化氯可氧化水中的二价铁而生成具有红褐色的三价铁氧化物而使水色度升高。

在生产或生活中，大多数用户认为色度小于 5 度，水为无色，而色度 8～10 度，水为微黄色。

(2) 控制措施。采用二氧化氯消毒时，水中二价锰含量不得大于 0.02mg/L。对于过高含量的锰，建议滤池滤料选用锰砂或石英砂，滤速取低值，以提高对微量锰的去除效果。

5.5.6 其他消毒方法

5.5.6.1 臭氧消毒

1. 臭氧的性质

臭氧是氧的同素异形体，由 3 个氧原子组成，3 个氧原子呈三角形排列，其夹角为 116°49′±30″，两个 O—O 键长为 127.8pm±0.3pm，其分子结构见图 5.82。

纯净的 O_3 常温常压下为淡蓝色气体，液态呈深蓝色，密度为 2.143kg/m³（0℃，1 个大气压），与空气的密度比为 1.657。浓度很低时有清新气味，浓度很高时有很强烈的漂白粉气味，有毒且有腐蚀性。在标准压力和温度下，臭氧在水中的溶解度比氧气大 10 倍，比空气大 25 倍。

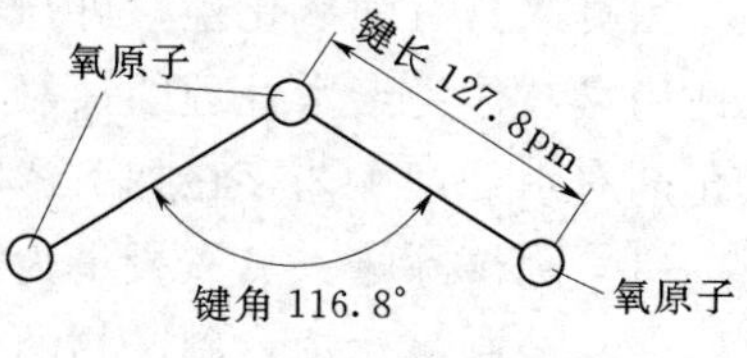

图 5.82　臭氧分子结构图

臭氧极不稳定，常温常压下会缓慢地自行分解为 O_2，同时放出大量的热量。但浓度在 25%以上时，很容易爆炸。臭氧在水中的分解速度比在空气中快得多，水中 O_3 浓度为 3mg/L 时，常温常压下，其半衰期仅为 5～10min。在水中臭氧分解反应为：

$$O_3 + 3H_2O \longrightarrow H_3O^+ + 3OH^-$$

$$H_3O^+ + 3OH^- \longrightarrow 2H_2O + O_2$$

$$O_3 + OH^- \longrightarrow HO_2^- + O_2$$

$$O_3 + HO_2^- \longrightarrow OH^- + 2O_2$$

2. 臭氧氧化与消毒作用机理

（1）臭氧与无机物作用。臭氧能氧化大部分无机物，在预氧化中，臭氧可有效地将水中溶解性铁、锰等无机离子转化成难溶性氧化物而从水中沉淀出来，从而在絮凝沉淀与过滤过程中得以有效去除。

$$2Fe^{2+} + O_3 + 3H_2O \longrightarrow 2Fe(OH)_3 \downarrow$$

$$3Mn^{2+} + 2O_3 \longrightarrow 3MnO_2 \downarrow$$

另外，水中氨氮也可被臭氧缓慢氧化成为硝酸根离子，但是，臭氧对氨氮的去除效果不如氯，通常为了去除氨氮，需要大剂量投加臭氧并需要较长的反应时间。臭氧也能将水中硫化氢氧化成硫酸根，从而去除其臭味。常规水处理对氰化物的去除效果不大，但臭氧则能容易地将氰化物氧化成毒性小 100 倍的氰酸盐，反应式如下：

$$CN^- + O_3 \longrightarrow CNO^- + O_2$$

（2）臭氧与有机物作用机理。臭氧与有机污染物的作用主要有两种途径：一种是臭氧分子与有机污染物的直接氧化作用，它是缓慢且有明显选择性的反应；另一种是臭氧被分解后产生的羟基自由基（OH·），间接地与水中有机污染物作用，这一反应相当快，且没有选择性。

（3）臭氧消毒作用机理。臭氧具有很高的氧化电位，容易通过微生物细胞膜扩散，并能通过氧化微生物细胞的有机物或破坏有机体链状结构而导致细胞死亡。

消毒强弱顺序：臭氧＞二氧化氯＞次氯酸＞次氯酸盐＞二氯胺＞一氯胺

消毒后导致水的致突变活性：氯＞氯胺＞二氧化氯＞臭氧

饮用水的臭氧投加量一般为 0.2～1.5mg/L，接触时间为 4～10min 时，水中剩余臭氧为约 0.4mg/L。

臭氧对孢囊或卵囊杀灭比较有效。欧洲的经验是消毒只需保持 $t=4$min 的剩余臭氧浓度（0.4mg/L）或 CT 值为 1.6mg·min/L 即可。

3. 臭氧预氧化对水处理工艺的影响

因臭氧具有强氧化性，可与无机物或有机物发生氧化还原反应。故在水处理过程中经常使用臭氧作为给水处理的预氧化剂，从而控制有机物或部分无机物的含量。臭氧作为预氧化剂对水处理工艺存在如下影响：

（1）除藻除味：臭氧投量为 2mg/L 时能够使过滤层的除藻效率提高 10%～20%。

（2）控制氯化消毒副产物的作用：可以破坏水中部分三卤甲烷的前驱物质。

（3）氧化助凝作用：臭氧预氧化所产生的有助于提高后续混凝、沉淀（或气浮）、过滤、直接过滤等工艺效率的物理化学现象。

（4）臭氧氧化副产物：把水中的大分子转化为小分子物质，同时生成一些可生化有机物和可生物降解溶解性有机碳含量等，会导致管网细菌的二次繁殖。

臭氧有时可作为中间氧化剂投加在絮凝沉淀与过滤之间，这时常与生物活性炭吸附联用，这样可使臭氧氧化产生的小分子有机物吸附在活性炭表面而在微生物降解作用下去除，使得消毒前驱物大量减少。

4. 臭氧处理工艺系统

臭氧处理工艺系统通常由3部分组成：臭氧发生系统，臭氧接触系统和臭氧尾气处理系统，见图5.83。

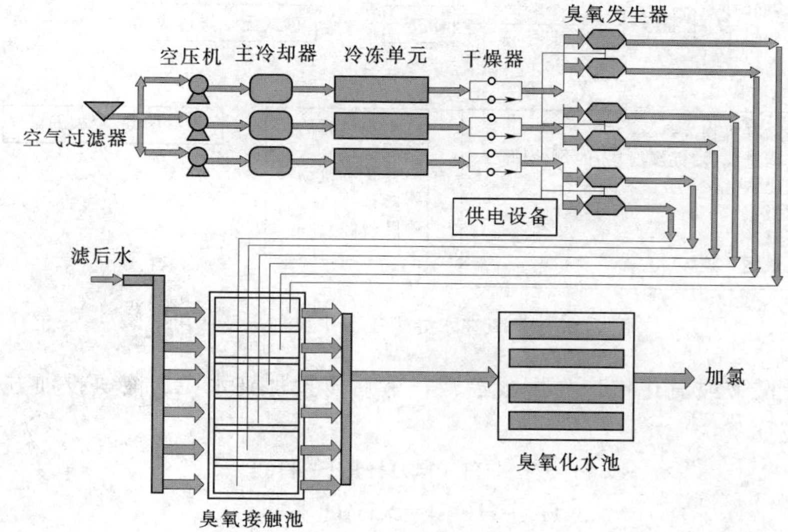

图5.83　臭氧制备及应用系统

臭氧接触池设计中的布置见图5.84。

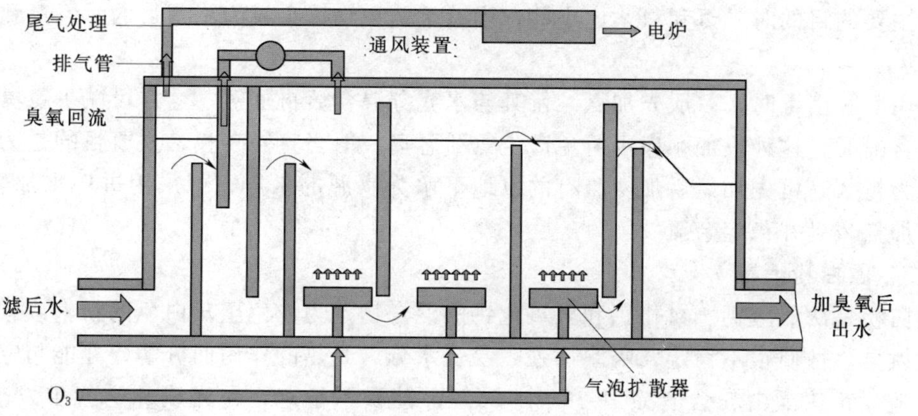

图5.84　臭氧接触池布置

工程中臭氧投加点和各投加点所起的作用见图5.85。

5.5.6.2　氯胺消毒

氯胺消毒作用缓慢，杀菌能力比自由氯弱。但氯胺消毒的优点是：当水中含有有机物和酚时，氯胺消毒不会产生氯臭和氯酚臭，同时大大减少THM产生的可能；能保持水中余氯较久，适用于供水管网较长的情况。不过，毕竟因杀菌力弱，现在采用氯胺消毒的水厂仍然很少。

人工投加的氨可以是液氨、硫酸铵 $(NH_4)_2SO_4$ 或氯化铵 (NH_4Cl)。水中原有的氨

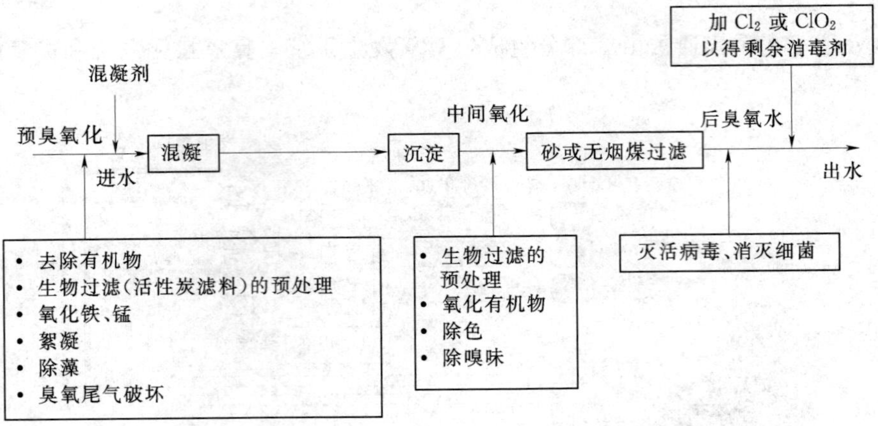

图 5.85　臭氧在水处理工艺中投加点及作用

也可利用。硫酸铵或氯化铵应先配成溶液，然后再投加到水中。液氨投加方法与液氯相似，化学反应如下：

$$Cl_2+H_2O \Leftrightarrow HOCl+HCl$$

$$NH_3+HOCl \Leftrightarrow NH_2Cl+H_2O$$

$$NH_2Cl+HOCl \Leftrightarrow NHCl_2+H_2O$$

$$NHCl_2+HOCl \Leftrightarrow NCl_3+H_2O$$

氯和氨的投加量视水质不同而有不同比例。一般采用氯：氨＝3：1～6：1。当以防止氯臭为主要的目的时，氯和氨之比小些；当以杀菌和维持余氯为主要目的时，氯和氨之比应大些。

采用氯胺消毒时，一般先加氨，待其与水充分混合后再加氯，这样可减少氯臭，特别当水中含酚时，这种投加顺序可避免产生氯酚恶臭。但当管网较长，主要目的是为了维持余氯较为持久，可先加氯后加氨。有的以地下水为水源的水厂，可采用进厂水加氯消毒，出厂水加氨减臭并稳定余氯。

5.5.6.3　漂白粉消毒

漂白粉是次氯酸钙、氯化钙和氢氧化钙的混合物，为白色至灰白色的粉末或颗粒。有显著的氯臭，性质很不稳定，吸湿性强，易受水分、光热的作用而分解，亦能与空气中的 CO_2 反应。市售漂白粉含有效氯 25%～30%，性质不稳定，在光线和空气中发生水解，使有效氯含量减为 20%～25%。水溶液呈碱性，水溶液释放出有效氯成分，有氧化、杀菌、漂白作用，但有沉渣，水表面有一层白色漂浮物。

漂白粉加入水中发生如下反应：

$$2Ca(OCl)_2+2H_2O \Leftrightarrow 2HOCl+Ca(OH)_2+CaCl_2$$

反应后生成 HOCl，因此其消毒原理与氯气相同。

漂白粉需配成溶液加注，溶解时先调成糊状物，然后再加水配成 1.0%～2.0%（以有效氯计）浓度的溶液。但投加在滤后水中时，溶液必须经过约 4～24h 澄清，以免杂质带进清水中，如加入浑水中，则配制后可立即使用。

漂白粉消毒一般用于小水厂或临时性给水的消毒。

5.5.6.4 次氯酸钠消毒

次氯酸钠（NaOCl）是电解食盐水而制得，反应式如下：

$$NaCl + H_2O \longrightarrow NaOCl + H_2 \uparrow$$

次氯酸钠溶解于水中发生如下反应：

$$NaOCl + H_2O \Leftrightarrow HOCl + NaOH$$

反应后生成 HOCl，因此其消毒原理与氯气相同。

由于次氯酸钠易分解，故通常采用次氯酸钠发生器现场制取，就地投加，不宜贮运。制作成本就是食盐和电耗费用。次氯酸钠消毒通常用于小型水厂。

5.5.6.5 紫外线消毒

研究表明，紫外线主要是通过对微生物（细菌、病毒、芽孢等病原体）的辐射损伤和破坏核酸的功能使微生物致死，从而达到消毒的目的。紫外线对核酸的作用可导致键和链的断裂、股间交联和形成光化产物等，从而改变了 DNA 的生物活性，使微生物自身不能复制，这种紫外线损伤也是致死性损伤。

根据实验，波长为 2000～2950Å 的紫外线有明显的杀菌作用，而波长为 2600～2650Å 的紫外线杀菌能力最强。一般消毒用的紫外线灯管（外形和日光灯一样），其波长为 2537Å。

紫外线杀菌设备有两种形式：即将紫外线灯管放在水中或放在水面上。紫外线消毒的优点是管理简单、杀菌速度快；缺点是经过消毒的水无持续杀菌能力，细菌可能在管网中再次滋生，运行成本也较高。一般仅在特殊情况下小规模使用，如可用在联户分散打井供水的工程中。

图 5.86 为一种应用于污水处理厂的紫外线消毒布置形式，水从灯管排列中通过即起到照射杀菌消毒的作用。

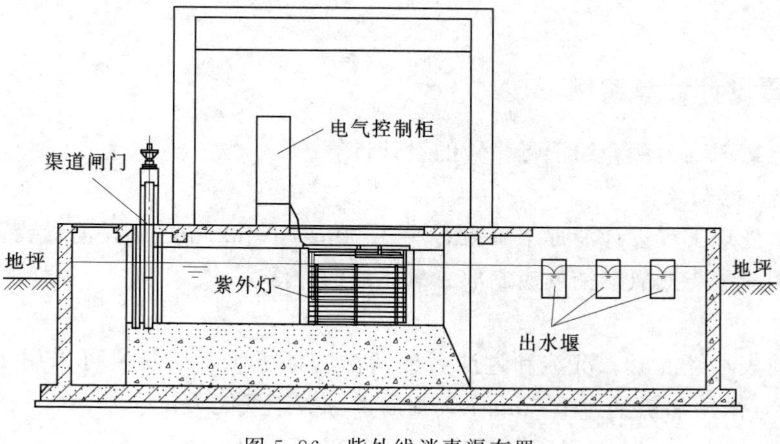

图 5.86　紫外线消毒渠布置

5.5.7 影响消毒效果的主要因素

影响消毒效果的主要因素如下：

1. 消毒剂的选择

消毒剂有多种，既要考虑到消毒效果，同时要考虑到费用以及对消毒副产物的控制。目前我国对于大中型水厂以及技术管理水平较高的自来水厂，通常选择二氧化氯作为消毒剂，而对于小型供水站，则可选择消毒粉。

在村镇小型集中供水工程或分散供水工程中，如用户距离供水设施较近，无需保持水在水管中的余氯量要求时，紫外线消毒因无消毒副产物的产生而是一个非常不错的选择。

2. 投加量

药液浓度是决定消毒剂对病原体杀伤力的第一要素，只有浓度正确才能充分发挥其消毒作用。一般的地表水经混凝、沉淀和过滤后或清洁的地下水，加氯量可采用 1.0～1.5mg/L；一般的地表水经混凝、沉淀而未经过滤时可采用 1.5～2.5mg/L。在运行管理中通常通过检测出厂水的余氯量来控制消毒剂的投加，根据《生活饮用水水质标准》(GB 5749—2006)，采用二氧化氯消毒时，水厂出厂水余氯量不得小于 0.1mg/L，不得大于 0.8mg/L，管网末梢余氯量不小于 0.02mg/L。

3. 水中有机物

有机物的存在会降低消毒效果。因此，应检测水源水中有机物含量，对超过水源水质标准的有机物应进行预处理而去除。

4. 消毒剂与病原体的接触时间

任何消毒剂都需要同病原体接触一定的时间，才能将其杀死，一般为 30min。

5. 温度

消毒剂的消毒效果与温度有关。一般温度高时效果好；温度低则杀毒作用弱、速度慢。消毒剂的效力通常以 20℃、10min 作为比较标准。

6. pH 值

消毒剂的消毒效果同 pH 值密切相关，一般天然水的 pH 值在 7.0 左右，适合消毒的应用。

5.5.8　消毒设计计算实例

以二氧化氯消毒为例介绍消毒设计的设计计算。

【例 5.5】 已知条件

某工厂水处理工程设计消毒水量为 $Q_1=1500\text{m}^3/\text{d}=62.5\text{m}^3/\text{h}$，消毒装置需设在用水点附近，采用盐酸与亚氯酸钠反应制取二氧化氯的方法。

解：

一般的地表水经混凝、沉淀和过滤后或清洁的地下水，加氯量可采用 1.0～1.5mg/L，考虑安全，采用加氯量为 1.5mg/L，则需设备的产气能力：

$$Q=1.5\times62.5=93.75\text{g/h}$$

根据厂家提供资料，其设备产气规格有：50g/h、100g/h、150g/h 以及 200g/h 等设备规格。

根据计算，选用 100g/h 规格的二氧化氯成套消毒设备，同时选择备用二氧化氯消毒器 1 台，即二氧化氯消毒器 2 套，1 用 1 备。

原料为：盐酸以及亚氯酸钠。

5.6 其他特殊水质处理

5.6.1 微污染水源水的生物预处理原理及方法

目前，我国许多湖泊和水库呈现富营养化的现象，水源水质受面源污染物的影响而恶化。常规的混凝、沉淀和过滤处理不能去除分子量低于10000道尔顿的有机物，而这一部分有机物是构成微生物有机营养基质的主体。

当常规净水工艺采用加氯氧化或消毒时，微污染原水中这类难以有效去除的有机污染物和三卤甲烷前体物，将使水厂出厂水水质的饮用安全受到威胁。

去除微污染原水中的污染物，可以有各种物理、化学或生物的方法与措施。微污染原水经合适的生物处理，可有效地去除水中部分污染物，再经合理组合的常规净水工艺或深度处理工艺，能达到有效地将微污染原水处理成满足生活饮用水标准的安全可靠的饮用水，保证饮水安全。

水源的生物预处理是指在常规净水工艺前增设生物处理工艺，借助于微生物的新陈代谢活动，对水中的氨氮、有机污染物、亚硝酸盐、磷、铁、锰等污染物进行初步的去除，减轻常规处理和深度处理的负荷，通过综合发挥生物预处理和后续处理的物理、化学和生物的作用，努力提高处理后出水水质。

众所周知，在废水处理中生物处理法是去除水中溶解性有机物的有效而经济的方法。随着饮用水水源污染问题的日趋严重，生物处理法也已经被开发成为处理受污染水源水的饮用水处理技术。

生物预处理能够有效去除水中可生物降解的有机物，减低消毒副产物的生成，提高水质的生物稳定性，降低后续常规处理的负荷，改善常规处理的运行条件（如降低混凝剂的投加量，延长过滤周期，减少加氯量等）。饮用水生物预处理可以去除进水中80%左右的可生物降解有机物。

生物预处理还能够有效去除水中的氨氮。在生物预处理构筑物中氨氮在亚硝化菌的作用下先被生物转化为亚硝酸盐，再在硝化菌的作用下进一步转化为硝酸盐，然后在反硝化细菌的作用下进一步转化成氮气。生物预处理对氨氮去除率可以达到70%～90%，采用生物硝化去除氨氮的预处理已经成为饮用水预处理的一个重要处理目的。

1. 生物预处理的原理

微污染原水的生物处理是仿效水体在自然界的充氧生物自净过程，人工创造充氧和强化好氧微生物繁殖滋生的条件，使生物膜法集中在合适的水处理构筑物内。当微污染原水进入生物处理构筑物时，在足够的充氧条件下，与附着生长的在填料表面的生物膜不断接触，通过微生物自身生命代谢活动—氧化、还原、合成、分解等过程，以及微生物的生物絮凝、吸附、氧化、硝化和生物降解等综合作用，使水中许多有机污染物逐渐转化和去除。

(1) 原水中有机污染物通常是由含碳、氢和氧组成的溶解性有机碳（BDOC），在好氧环境中通过微生物作用可分解为 CO_2 和 H_2O，从而得以去除：

$$\text{含碳有机物} + O_2 \xrightarrow{\text{好氧微生物}} CO_2 + H_2O$$

（2）含氮有机物在有关微生物作用下，有些可逐步生物降解成 NH_3 和 NH_4^+。在亚硝化杆菌和硝化杆菌的作用下进一步硝化成 NO_2^- 和 NO_3^-，最后完成有机物的无机化过程：

$$2NH_4^+ + 3O_2 \xrightarrow{\text{亚硝化细菌}} 2NO_2^- + 4H^+ + 2H_2O$$

$$2NO_2^- + O_2 \xrightarrow{\text{硝化细菌}} 2NO_3^-$$

生物氧化处理微污染原水的工艺形式主要有塔式生物滤池、生物转盘、生物流化床、生物接触氧化池和生物陶粒滤池等。在生物氧化处理工艺中，作为生物载体的填料以及曝气方式和池型布置等也可以有多种形式。

实践表明（表 5.35），生物接触氧化法能经济有效、无毒副作用地生物降解溶解性有机物，去除原水中的氨氮、COD_{Mn}、色度、臭味、浑浊度、藻类、铁、锰和酚等污染物，明显降低原水中可能形成三卤甲烷等氯化有机物的前体物总量，从而提高水厂出厂水水质和饮用的安全可靠性。

生物接触氧化法相对于其他微污染原水的生物预处理方法，管理简单、运行可靠以及投资较节省，故在给水的微污染原水预处理中应用较为普遍，本章节仅对生物接触氧化法进行详细的介绍，其他生物氧化法如塔式生物滤池、生物转盘、生物流化床以及生物陶粒滤池等详见有关水处理资料。

由于水中微生物在低温条件下新陈代谢作用受到抑制，其生命活动远不如常温条件下活跃，生物预处理的除污染效果在冬季低温时将明显下降。水温低于 5℃时，微生物代谢作用显著迟缓，生物硝化和生物降解等作用非常有限。在生物预处理具体工程应用时，应结合当地具体水温、水质等情况，慎重考虑有关应对措施的可行性和合理性。

2. 微污染水的主要水质衡量参数

作为村镇供水工程水源的水质，应符合我国现行的地表水环境质量标准中规定的Ⅰ类或Ⅱ类水水质标准要求，至少应达到Ⅲ类水水质标准要求。不能满足上述水质标准要求的受污染水源水，被认为微污染水源水。通常对于受有机污染为主的微污染水源水，可用下列主要水质参数来衡量其污染程度：色度、臭味、藻类、溶解氧、氨氮、高锰酸盐指数（COD_{Mn}）、生化需氧量（BOD）、总有机碳（TOC）和有机氯等。

3. 生物接触氧化法

生物接触氧化法是一种介于活性污泥法与生物滤池之间的生物膜法工艺，其特点是在池内设置填料，池底曝气对污水进行充氧，并使池体内污水处于流动状态，以保证污水与污水中的填料充分接触，避免生物接触氧化池中存在污水与填料接触不均的缺陷。其工艺特点如下：

（1）用分段法提高净化能力。生化过程分为两个阶段。首先是有机物被吸附在生物膜上或存在细胞内进行生物合成，这个吸附合成速度很快。第二阶段的生化过程以氧化为主，速度较慢，主要是微生物以内源呼吸为主，依靠水体中的氧进行内源分解，进一步降解有机物。

表 5.35　部分给水厂生物氧化处理微污染水的去除效果

对有机物、氨氮等污染物的去除率（%）

工程			东深供水水源生物处理工程	宁波自来水公司梅林水厂	上海市惠南水厂	蚌埠自来水公司二水厂	上海市周家渡水厂试验基地	上海金山石化试验水厂
生物接触氧化池		填料类型	立体弹性材料		页岩陶粒填料		圆珠滤料	
		规模（万 m^3/d）	400.0	4.0	12.0（一期）	1.8	0.5	1.0
		池型	平流渠道	斜管悬浮澄清池改建	平流池型	下向流滤池型	上向流滤池型	
		水源	深圳水库	宁波姚江	上海大治河	蚌埠淮河	黄浦江上游	黄浦江上游
平均去除率（%）	1	生物需氧量 BOD_5	30.9	—	—	—		
	2	化学需氧量 COD_{cr}	—	—	—	27.92	—	—
	3	耗氧量 COD_{Mn}	12.7	20～30	15～21	5.48～20.5	13～15	5.3～5.5
	4	总有机碳 TOC	—	20	—	29.46	—	12
	5	氨氮 NH_4^+-N（曝气下）	66.6	70～90	85～90	70～90	40～47	80～88
	6	亚硝酸氮 NO_2-N	—	60～80	88～90		40～70	25
	7	紫外吸光度 UV_{254nm}	—	—	—	29.22	0～5.6	—
	8	浊度 NTU	22.4	50～80	40～55	37.98	41～56	11.6～21
	9	色度	—	15～30	20～43	21.55	7～8	
	10	锰 Mn	52	—	50～60		33～36	45～66
	11	有机铁 F_e			25		—	44
节省药剂（%）		混凝剂		>50				
		消毒剂（液氨）		75～80	1/2～2/3			
原水（平均 mg/L）	1	氨氮 NH_4^+-N	3.32		1.5～4	0.1～13	0.2	0.3～2.5
	2	溶解氧 DO	2.77		2～5	2.2～8.0	3.9	
出厂水（平均 mg/L）	1	氨氮 NH_4^+-N	0.5[1]　1.13		<0.5		0.05	0.08～0.27
	2	溶解氧 DO	7.13		6.5～8.5		6.4	
投产时期			1998年12月	1996年6月	1999年8月	1994年11月	2001年6月	2001年2月

注　①数字为生物处理后进入水库，NH_4^+-N 进一步转化为 NO_3^--N，最终供香港的源水的 NH_4^+-N 浓度。

(2) 生物接触氧化工艺只需 0.5～1.0h 就可以达到活性污泥工艺 8h 的效果。生物接触氧化法具有生物膜法的基本特点，但又与一般生物膜法不尽相同。一是供微生物栖附的填料全部浸在污水中，所以生物接触氧化池又称淹没式滤池；二是采用机械设备向污水中充氧，而不同于一般生物滤池靠自然通风供氧，相当于在曝气池中添加供微生物栖附的填料，也可称为曝气循环型滤池或接触曝气池；三是池内污水中还存在约 2%～5%的悬浮状态活性污泥，对污水也起净化作用。因此生物接触氧化法是一种具有活性污泥法特点的生物膜法，兼有生物膜法和活性污泥法的优点。

生物接触氧化法净化污水的基本原理与一般生物膜法相同，就是以生物膜吸附污水中的有机物，在有氧的条件下，有机物由微生物氧化分解，污水得到净化。生物接触氧化池内的生物膜由菌胶团、丝状菌、真菌、原生动物和后生动物组成。在活性污泥法中，丝状菌常常是影响正常生物净化作用的因素；而在生物接触氧化池中，丝状菌在填料空隙间呈立体结构，大大增加了微生物相与污水的接触表面，同时因为丝状菌对多数有机物具有较强的氧化能力，对水质负荷变化有较大的适应性，所以是提高净化能力的有利因素。

对于给水厂或村镇供水站的水源而言，多以江河、水库或湖泊作为水源，有时某些水源原水存在一定的有机污染物和 N、P 等物质超标问题。但其浓度相对于城市生活污水而言较低，相对于用于污水处理的活性污泥法而言，属于贫营养状态，无法支撑高浓度的活性污泥法中大量微生物的生命活动，故成功应用于城市生活污水处理的活性污泥法无法应用于给水厂的微污染原水的预处理。

而对于生物接触氧化法，其降解污染物的微生物附着在载体上，不会被水流冲走，因而能保证足够的微生物量和种类以对原水中微污染的有效去除。同时，生物接触氧化中的微生物处于内源呼吸阶段，可有效控制微生物的增殖而保持在一个适当的水平，沉淀污泥的量比较少，易于在后续的常规处理工艺中去除。

综合以上生物接触氧化池的特点和水源原水水质特点，生物接触氧化法较适合应用于给水厂微污染水源水的预处理。

一般应用较多的生物接触氧化法有弹性填料生物接触氧化法和固体颗粒填料生物接触氧化法。

5.6.1.1 弹性填料生物接触氧化法

1. 基本构造

弹性填料生物接触氧化池是以弹性填料作为生物载体来处理微污染原水的一种生物预处理方法。其构造和布置见图 5.87。微污染原水进入生物氧化池后，流经充满大部分池体容积的弹性立体填料层，在池下方的穿孔布气管或微孔曝气器的供氧条件下，通过填料表面生物膜内细菌硝化菌等的生物作用去除水中氨氮、COD_{Mn} 等污染物，净化后的水经集水系统流出生物氧化池，再经常规处理工艺进行进一步的处理。

2. 弹性立体填料选择及基本特点

生物接触氧化池中填料的选用，是直接关系到生化池的去除污染物效果、充氧利用率、运行稳定性、使用寿命、基建投资和日常运行费等的技术关键。

目前我国常用的填料有：蜂窝状填料、波纹板状填料、软性填料、半软性填料以及立体弹性填料，见图 5.88。

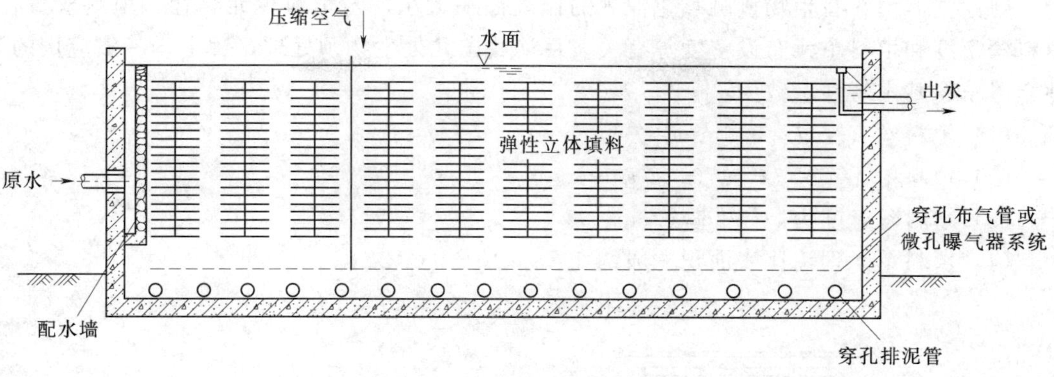

图 5.87 弹性立体填料生物接触氧化池布置形式

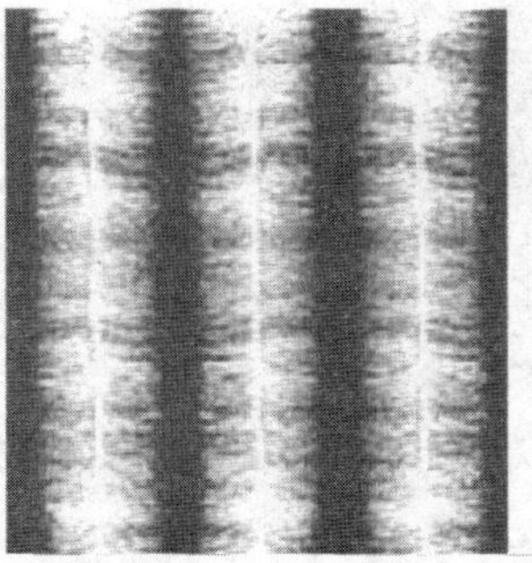

(a) 软性填料

(b) 半软性填料

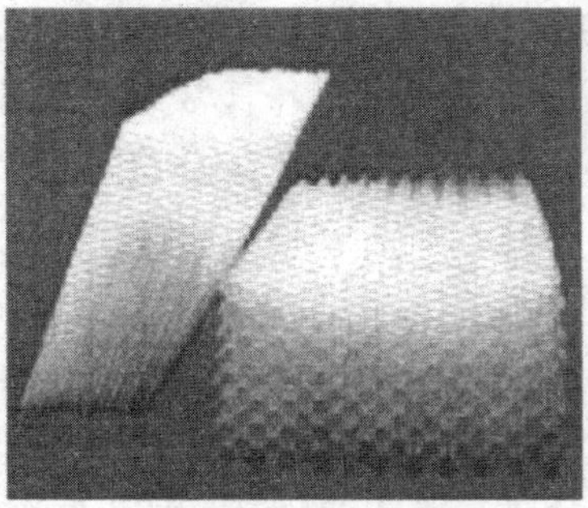

(c) 蜂窝状填料

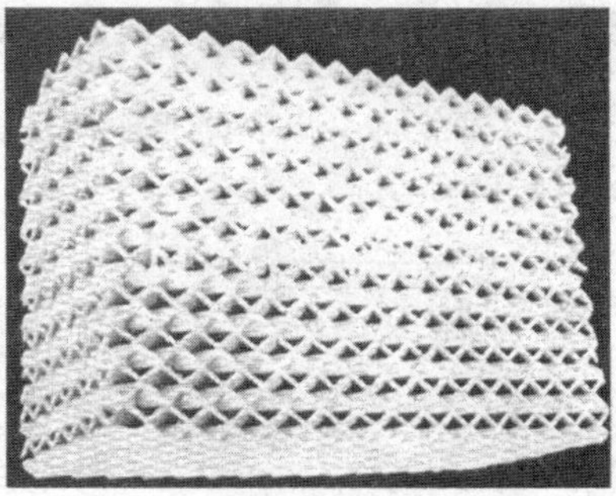

(d) 波纹板填料

图 5.88 常用填料

同济大学根据受污染地表水中既有溶解性污染质，又有大量悬浮杂质的基本特点，在生物预处理研究工作中，经过多年来先后对各种填料的小试和中试比较，最后筛选确定由聚烯烃类无毒弹性塑料丝作生物载体，并用乙纶绳或包金属丝芯的塑料绳作中心绳柱连固定的弹性立体填料应用于生产（图 5.89)。弹性立体填料的填料丝具有弹性，在水中呈辐射形立体张展，长期使用不易下垂变形；不易被水中悬浮杂质截留堵塞；填料下方的曝气气泡上升通过填料丝层时，易被切割分散，有利于氧气向水中的传质作用；填料丝表面带有波纹及微毛刺，有利于填料挂膜。

弹性立体填料在生物接触氧化池中的比表面积大小，与填料单元半径、填料丝直径、填料丝密度和填料单元布设密度等有关。目前我国几处生物预处理工程上，一般应用的弹性立体填料基本特性参数为：

（1）填料丝直径 d＝0.5mm。

（2）填料单元直径 D＝170～200mm。

（3）填料丝密度为 20～26 丝/cm。

（4）填料单元理论比表面积一般约在 25～40m^2/m^3 之间。

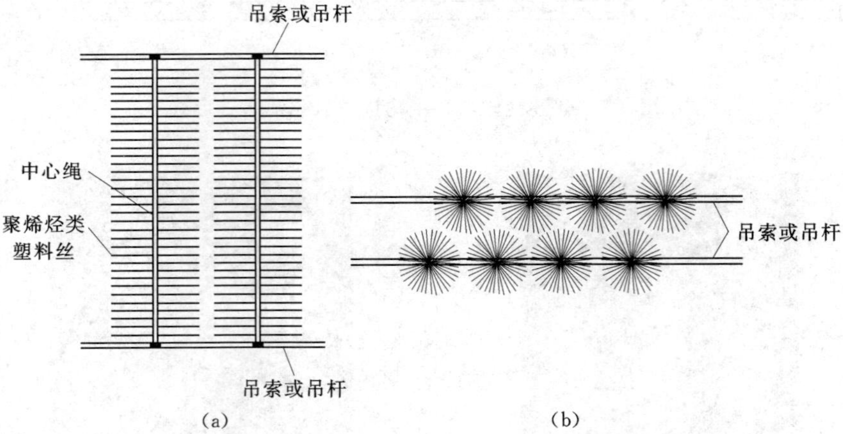

图 5.89　弹性立体填料单元及其布置

3. 曝气充氧方式的选择

生物接触氧化池中曝气充氧方式的选择，是关系生物接触氧化池的去除污染物效果、充氧利用率、日常维护管理工作、基建投资和日常运行费等的另一技术关键。弹性填料生物接触氧化池目前使用的充氧方式，有微孔曝气器曝气（图 5.90）和穿孔管曝气两种方式。水下的穿孔曝气管，一般采用 ABS 管，沿长度方向开二行交错布设的 3mm 小孔。微孔曝气器采用优质合成橡胶制膜的膜片式微孔曝气器，膜片上均匀分布无数 30～50μm 的微孔。鼓风机通过布气管送来的空气，冲开曝气器各微孔形成无数微气泡向池水及弹性填料区均匀布气；停止曝气时，橡胶膜片上的微孔自动闭合，防止水中泥砂等悬浮杂质进入布气管中。

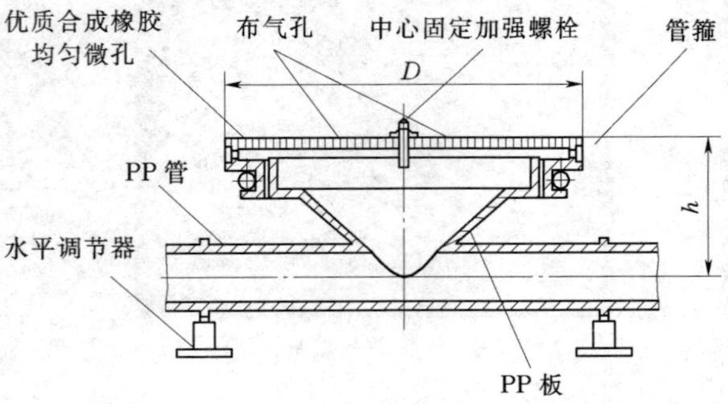

图 5.90　微孔曝气

试验报告和有关论文，证实微孔曝气的充氧利用率显著高于穿孔管曝气方式，可节约日常动力消耗。在工程应用中，曾出现个别微孔曝气器发生橡胶膜片破损的情况，因此设计时必须重视膜片材质和曝气器加工质量。微孔曝气系统的基建综合投资稍高于穿孔管曝气系统，但微孔曝气系统的布气均匀性稍优于穿孔管曝气系统。

对于小型给水厂或供水站，如地形高差允许，则可利用设置跌坎自然曝气的方式对原水进行曝气充氧。

4. 弹性立体填料生物接触氧化池的设计参数

（1）有效水深为4～5m。

（2）水力负荷2.5～4$m^3/(m^2 \cdot h)$（与弹性立体填料单元布置密度和单元长度的填料丝根数等有关）。

（3）有效停留时间为1.0～1.5h。

（4）气水比0.7：1～1：1。

（5）填料单元布置：布置密度和填料比表面积大小，直接关系到生物处理效果和微生物代谢活动等，宜在不影响填料上积泥和冲泥的前提下，尽量利用池体空间紧凑布置。

（6）填料选择见上节内容。在生物氧化池中一般将各单元组合成梅花形布置，也可相互适当搭接。

（7）曝气系统，可采用穿孔管曝气，也可采用微孔曝气器曝气，后者效率远高于前者。

5. 运行管理及维护

（1）微污染原水生物氧化处理以生长繁殖中温性微生物为主。低温条件下微生物新陈代谢受到抑制，生物活性降低，因此应注意：一般在水温低于10℃时，不宜进行填料挂膜；低温条件下，应适当降低运行负荷。

（2）填料表面在生长生物膜的同时粘附较多泥砂等悬浮杂质，将增厚填料丝上的膜层，妨碍微生物与水中污染物和溶解氧的生化传质作用，降低生物活性，明显降低生物处理效果。另外，填料表面生物膜层的增厚，还会导致出现兼氧区和减少填料比表面积，影响处理效果，因此应注意：当生物膜增厚时，注意及时适度冲洗，以保持生物膜的及时更新和良好的生物活性；当处理含悬浮杂质较多的微污染原水时，可考虑在生物氧化池前增设原水预沉措施。

（3）经较长时间运行后，有可能出现苔藓虫等水生物依附在填料上而大量爆发生长，影响正常运行，可降低池水位，适度冲洗去除。

（4）生物接触氧化池在运行前进行挂膜，不管是弹性立体填料还是固体颗粒填料生物接触氧化池。挂膜可在稍低于设计进水量的充氧条件下自然挂膜。当出水氨氮去除率达60%以上时，可认为挂膜完成。挂膜期一般半月以上，与水温有关。

6. 弹性填料生物接触氧化池工程实例

（1）宁波市梅林水厂$Q=40000m^3/d$弹性填料生物接触氧化池。该生化池系由同济大学和宁波市自来水总公司合作，将原有一座斜管悬浮澄清池设计改建而成，1996年6月投产运行。采用弹性波纹立体填料和橡胶膜片式微孔曝气器。运行实践表明，该池能有效地用于微污染原水的预处理，再与合适的后续净水工艺有机组合，可使水厂出厂水符合卫生安全的生活饮用水水质标准。

1）生化池基本情况和主要设计参数。全池基本尺寸：长×宽×高＝35.8m ×17.8m ×5.9m。

微污染原水入池后，先经生物接触氧化池部分生化除污染物；然后加氯和加硫酸铝，流经折板絮凝池进行化学微絮凝后出池。出水经砂滤池直接过滤。生化池中弹性填料层的下方，设置充氧用的微孔曝气器系统和冲泥用的穿孔曝气管系统。

生物接触氧化池的有效水深为 4.56m，有效停留时间为 1.43h；折板絮凝池的有效停留时间为 5min；生物接触氧化池设计气水比为 0.7：1，水气逆向流动。

鼓风机采用 L2A28 罗茨风机 2 台，一用一备。鼓风机额定空气流量为 19.14m^3/min，出口静压为 49kPa，配合电机功率 $N=37kW$。因属旧池改建，池底排泥系统保留用穿孔排泥管。为提高池内排泥均匀性，适当改接池内原有的穿孔排泥管。

2）生化预处理净水系统。梅林水厂原水为姚江，常年低浊度，一般均小于 20 NTU，仅夏季暴雨后短时间浑浊度可能高达约 100NUT。改建工艺结合常年原水低浊度之特点，采用如下的生物预处理净水工艺系统：原水经生物预处理后，再经化学微絮凝直接过滤。该系统 4 万 m^3/d 与原有另一套 6 万 m^3/d 传统净水工艺系统并行生产供水。

水厂 2 个净水系统的处理水，经化验室测试和实际耗药量比较，证明生化净水工艺系统比原有传统净水工艺系统可节约 50%以上的硫酸铝用量和节约 75%～80%的液氯用量。

3）生物接触氧化池去除污染物效果。常温条件下，一般能去除氨氮 70%～90%，去除亚硝酸盐氮 60%～80%，去除 COD20%～30%，去除 TOC20%左右，去除浑浊度 50%～80%，去除色度 15%～30%。生物接触氧化池之后续滤池等净水工艺，也因之较在无生物预处理的情况下提高了除污染效果。

（2）深圳市 400 万 m^3/d 东深供水水源生物硝化工程。东深供水水源生物硝化工程建于深圳市的深圳水库库尾，是通过采用弹性波纹立体填料和穿孔管曝气充氧的生物接触氧化工艺，提高向香港和深圳供水的东深供水水源水质。该工程设计日处理水量为 400 万 m^3/d，是目前世界上同类工程中规模最大的。该工程由广东省东深供水工程管理局委托同济大学建筑设计研究院担任设计总负责，并与广东省水利水电勘测设计研究院合作完成整个工程设计。该工程主体由 6 条长 270 m、宽 25m、高 4.78～5.5m 的弹性填料生物接触氧化廊道组成，已于 1998 年 12 月建成并通水试运行。通水后的处理效果稳定良好，显著提高了水源水质。

5.6.1.2　固体颗粒填料生物接触氧化法

1. 基本构造

颗粒填料生物接触氧化池构造和布置形式与砂滤池类似，因此也称为淹没式生物滤池。其与砂滤池的主要差异是滤料改为适合生物生长的颗粒填料以及增加了充氧用的布气系统。颗粒填料生物接触氧化池的基本构造见图 5.91。

该形式的生物接触氧化池的运行既可以采取上向流也可以采用下向流的方式，或者两种方式交替运行，以提高其处理能力和对污染物的去除效率。试验表明：下向流和上向流生物接触池对有机物和氨氮的去除效率有差别：在曝气充足的条件下，上向流方式对有机物和氨氮的去除效果略高于下向流方式。但下向流生物接触池对有机物和色度的去除与上向流基本一致，而对浊度的去除，则更好一些。

故在选择生物接触池方式时，应根据原水浊度和悬浮物含量以及原水水质污染情况选用，但原水浊度和悬浮物较高时，宜采用下向流形式。

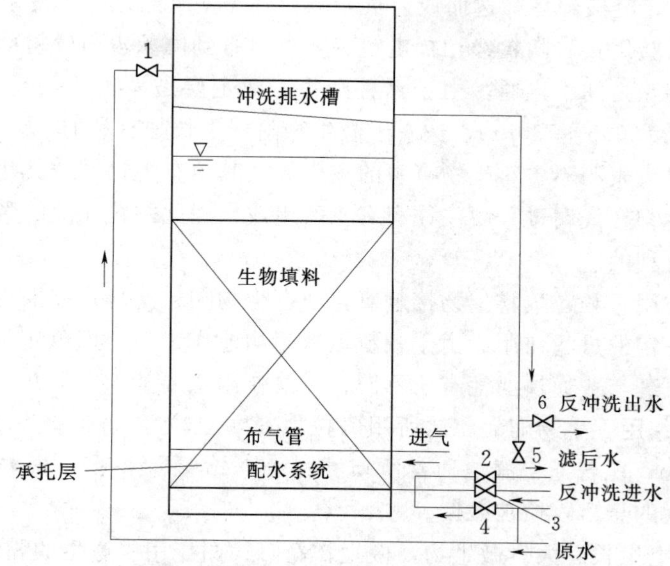

图 5.91 固体颗粒填料生物接触氧化池布置

2. 固体颗粒填料及选择

许多天然材料如陶粒、沸石、碎石等因其比表面积大、空隙率高、挂膜效果好而日受青睐。采用天然惰性颗粒物质作为反应器内微生物生长繁殖载体的生物接触氧化处理技术的研究日受重视，在国外已有许多成功应用先例，国内也有示范工程。这种惰性颗粒填料与人工合成的塑料填料（如蜂窝填料，半软性填料或弹性填料）相比，具有以下几个特点：

(1) 比表面积大。颗粒填料一般选用比表面积大、开孔孔隙率高的惰性载体，这种填料有利于微生物的接种挂膜和生长繁殖，保持较多的生物量；有利于微生物体代谢过程中所需氧气和营养物质以及代谢产生的废物的传质过程。

例如比表面积，活性炭的比表面积最高，达 $960m^2/g$（绝大多数为微孔），远远高于其他材料。除活性炭以外，沸石的比表面积也远远高于其他材质颗粒，达 $30.48m^2/g$，其他的颗粒物质比表面积相差无几，在 $0.29\sim1.27m^2/g$ 之间；总孔体积也以活性炭为最高，达 $0.9cm^3/g$，黏土陶粒达 $0.184cm^3/g$，页岩陶粒达 $0.103cm^3/g$，其他几种颗粒的总孔体积则相对较小；颗粒的松散密度以石英砂最大，为 1393g/L，除石英砂、麦板石和河北沸石外，其他颗粒松散密度均小于 1000g/L。各种颗粒化学组成均以 Al 和 Si 为主要成分，两者之和达 60%～80%，这些颗粒的碱性成分所构成的微环境可能有利于微生物的生长。总之，颗粒的物理化学特性是不同的，填料的选择应综合各种因素，例如既考虑颗粒的比表面积，又考虑其总孔容积，同时还要考虑微孔、过渡孔和大孔各自所占比率，因细菌生长主要依赖表面大孔，微孔过多对细菌生长并无作用。颗粒填料的选择还应该本着价格低廉和易于就地取材的原则。目前应用较多的填料主要是页岩陶粒，从使用结果看比较令人满意。

页岩陶粒以页岩矿为原料，经破碎后，在 1200℃左右的高温下焙烧，膨胀成 5～

40mm 的球状陶粒，经破碎后筛选而成。页岩陶粒外壳呈暗红色，表皮坚硬，内部为铅灰色，孔多质轻。试验用页岩陶粒经扫描电镜分析可以看到陶粒表面较粗糙，不规则，有很多较大的孔洞，相互之间不连通，由于这种陶粒表面主要是一些开孔大于 0.5μm 以上的孔洞。而细菌直径为 0.5～1.0μm，这对于微生物附着生长是有利的。

陶粒的化学组成表明不含对生物有害的重金属及其他有害物质，其化学组成主要是碱性成分。由于微生物在代谢过程中往往有有机酸生成，因此陶粒孔隙的微环境对促进微生物的生长代谢是有利的。

（2）有过滤作用。颗粒填料生物接触氧化池（生物陶粒滤池）在采用上向流或下向流方式运行时均有一定的过滤作用。由于颗粒填料生物池作为预处理单元，前面没有混凝处理，因此其过滤机理与普通快滤池有所不同，过滤作用主要基于以下几个方面的原因：

1）机械截留作用。生物陶粒滤池所用陶拉填料颗粒粒径大小一般为 2～5mm，填料高度为 1.5～2.0m，比普通快滤池通常所填滤料 700cm 要深得多，根据过滤原理，进水中的颗粒粒径较大的悬浮物质被截留。

2）颗粒滤料上生长有大量微生物，微生物新陈代谢作用中产生的黏性物质如多糖类、脂类等起吸附架桥作用，与悬浮颗粒及胶体粒子黏结在一起，形成细小絮体，通过接触絮凝作用而被去除。

3）生物陶粒滤池中由于微生物作用，能使进水中胶体颗粒的滑动电位 ξ 降低。使部分胶粒脱稳形成较大颗粒而被去除。因此，生物陶粒滤池通过过滤作用即能去除部分污染物，与一般的半软性填料或弹性填料的生物接触氧化池仅依靠微生物膜吸附作用去除污染物相比，更具有优越性。

4）需要反冲洗。颗粒填料生物接触氧化反应器在滤料堵塞时，对运行过程中截留的各种颗粒及胶体污染物以及填料表面老化的微生物膜采用反冲洗的方式进行去除。目前一般采用气水联合反冲的方式。

另外，固体颗粒填料还应该具有化学稳定性，以免在水中溶出有害物质而影响水厂出水水质。

以上分析可以看出，颗粒填料生物接触氧化法由于其填料本身的特点，有利于微生物的附着生长，也利于污染物的去除。每次填料的冲洗，使生物膜中老膜脱落，保持膜的活力，因此是一种较好的生物预处理设施。

3. 曝气充氧方式的选择

对于固体颗粒填料生物接触氧化池而言，溶解氧同样是关系其运行状况和效果的控制性因素。其曝气充氧方式同弹性立体填料生物接触氧化池一致，即可选用穿孔管曝气，也可选用微孔曝气盘曝气。同样，对于具有地势高差的小型集中供水工程，也可以利用跌坎自然曝气方式充氧。

4. 固体颗粒填料生物接触氧化池的设计参数

（1）滤池总面积按处理水量和滤速确定，滤池格数和每格面积参考普通快池。

（2）滤速：4～6m/h。

（3）滤池冲洗前的水头损失控制为 1～1.5m。

（4）滤池高度应包括承托层、填料层和填料上水深及保护高度，一般总高度在 4.5～

5m。其中生物填料层高度一般为1500～2000mm；承托层高度一般为400～600mm，填料层以上水深一般为1.5～2.0m；反冲洗时填料层膨胀率可达30%～50%，因此冲洗排水槽表面距填料表面的高度应保持在1～1.5m左右；滤池保护高度为0.3～0.5m。

(5) 反冲洗水强度。根据填料颗粒密度而定，取10～15L/(m^2·s)。

(6) 曝气量。根据原水水质（主要根据可生物降解有机物即BDOC和氨氮的量）和溶解氧含量而定。气水比值取0.5～1.5，一般取1。

(7) 反冲洗气量。视填料而定，一般取10～20L/(m^2·s)。

5. 运行管理及维护

(1) 挂膜。固体颗粒填料生物接触氧化池的挂膜可采用自然挂膜和接种挂膜两种方式。当夏天水温较高，进水水质中可生化成分较高时，可采用自然挂膜。如果水温较低或原水中可生化成分较少，则采用接种挂膜。

当COD_{Mn}去除率达15%～20%，或氨氮去除率达60%以上时，可认为挂膜完成。挂膜一般需30天左右。

(2) 正常运行时，应尽量保持生物接触滤池的负荷稳定，即使变动负荷也应缓慢进行。特别注意不应使滤池处于无水装填，使填料干枯。

(3) 正常运行式，保证充氧曝气稳定，以供应充足的氧供微生物的生命代谢活动所需。如果经常出现曝气不足或停止曝气的状况，由于微生物长期缺氧而使活性受到严重影响，将使整个滤池达不到应有的处理效率。应使出水溶解氧保持在2～4mg/L。

(4) 严格按要求定期进行反冲洗：过滤周期过长，滤料中积留的污泥太多，水头损失大大增加，同时生物膜表面的老化生物体得不到更新，发生局部厌氧，出水水质变差。过滤周期过短，冲洗频繁，也会减少总产水量，生物膜脱落加快，生物量减少，降低处理能力。

(5) 如果水质变化很大，则应根据具体情况对过滤周期进行调整。一般情况下，当水头损失增至1m时，应进行反冲洗。

5.6.2 高浊度水处理

高浊度水是指浊度较高、并有清晰的界面分选沉降的含沙水体。一般情况，是以粒径$d \leqslant 0.025$mm为主组成的含沙量较高的水体，其含沙量10～100kg/m^3。

在给水工程范畴内，高浊度水系指原水水质浑浊、泥沙含量大的地表水源。世界各国对称为高浊度水的水中悬浮物含量或浑浊度制定的标准各有不同。我国长江中游武汉地区的河水浊度大于1000NTU，习惯称高浊度水；长江上游成都、宜宾地区河水浊度大于3000NTU称高浊度水；重庆地区、南充地区河水浊度大于5000NTU才称高浊度水，这是从投药量、处理难度方面提出来的，多年已成习惯。

高浊度河水的含沙量变化和暴雨有关。一场暴雨之后，大量泥沙进入河流，河水含沙量会迅速增大。随着暴雨结束，河水含沙量又会逐渐减少，所以高浊度河水的含沙量具有沙峰的特点。

对于高浊度的原水，其沉淀十分缓慢，一般具有拥挤沉淀的特点。为加速沉降，可向高浊度水中投加絮凝剂。

1. 水处理药剂

单独投加絮凝剂处理高浊度水的最大含沙量见表 5.36，目前处理高浊度水多使用聚丙烯酰胺作为絮凝剂，当然，在实际工程中也可以采用聚合氯化铝作为絮凝剂，同时添加聚丙烯酰胺作为助凝剂，具体应根据水源水质和高浊度水中悬浮物的性质通过实验确定。

表 5.36　　各种絮凝剂能处理的最大含沙量

絮凝剂种类	处理最大含沙量（kg/m^3）
氯化铁	<25
聚合氯化铝	<40
聚丙烯酰胺	<100

目前在供水工程中，使用聚丙烯酰胺时，处理最大含沙量一般采用小于 $100kg/m^3$。这是由于当沉淀构筑物设计浑液面沉速为常数时，稳定泥沙含量越大，聚丙烯酰胺投加量也越大。例如，当设计浑液面沉速为 0.2mm/s 时，稳定泥沙为 $50kg/m^3$，商品聚丙烯酰胺投加量为 26mg/L；$100kg/m^3$ 时约为 70mg/L；$150kg/m^3$ 时约为 210mg/L。当稳定泥沙大于 $100kg/m^3$ 后，药剂投加量增加较多。另外，从水质卫生方面考虑，《高浊废水设计规范》中规定了：

（1）生活饮用水中，聚丙烯酰胺纯量最大浓度，在非经常使用情况下（每年使用时间少于 1 个月）小于 2mg/L，在经常使用情况下小于 1mg/L。

（2）生活饮用水中单体丙烯酰胺纯量最大浓度，在非经常使用情况下（每年使用时间少于 1 个月）小于 0.1mg/L，在经常使用情况下小于 0.01mg/L。

因此，在经常使用聚丙烯酰胺的情况下，要根据聚丙烯酰胺的产品质量，使单体丙烯酰胺在水中不超过规定的卫生标准。商品聚丙烯酰胺含有效成分一般为 8%。

做出上述限制是因为聚丙烯酰胺 PAM 作为有机高分子絮凝剂，其高聚物对人体没有危害，但 PAM 合成的单体：丙烯酰胺是有毒的，会对人体健康造成危害。

2. 高浊度水的处理工艺

高浊度水处理的特点是在常规处理工艺前增加预处理工艺。对高浊度水进行预处理，就是首先用沉淀的方法将水中绝大部分悬浮物除去，使沉淀处理后的水的浑浊度（泥沙含量）降低到几百 NTU 以下，再用常规处理工艺对之做进一步处理，从而获得符合国家生活饮用水卫生标准水质的水。高浊度水的处理工艺如图 5.92 所示。

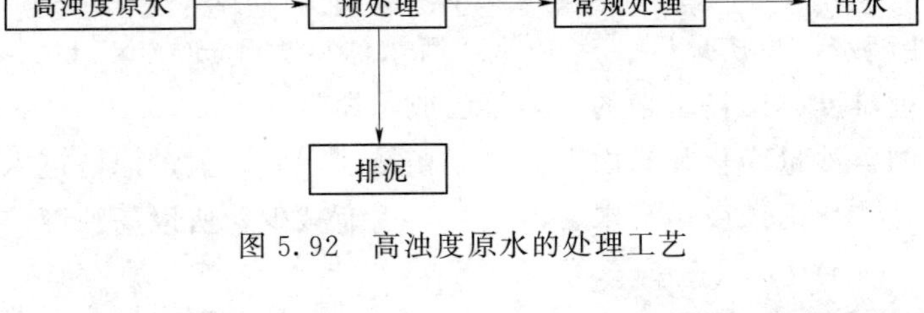

图 5.92　高浊度原水的处理工艺

图 5.93 为一高浊度水处理工艺示例。高浊度水先经辐流式沉淀池沉淀。辐流式沉淀池既可用于高浊度水的自然沉淀，也可用于絮凝沉淀。由于辐流式沉淀池皆为钢筋混凝土

结构，造价较高，故较多的用于效率较高的絮凝沉淀。但采用絮凝沉淀时，在高浊度水流入沉淀池以前向进水管中投加高分子絮凝剂（如阴离子型聚丙烯酰胺 HPAM），水与药剂在进水管中混合，流经设于池中心的布水管，进入沉淀池沉淀。沉淀后的水浊度可降至几百 NTU 甚至几十 NTU，这时再通过常规处理工艺，即向水中投加絮凝剂（如聚合氯化铝 PAC），经混合、絮凝、沉淀、过滤、消毒，即可获得合格的处理水。

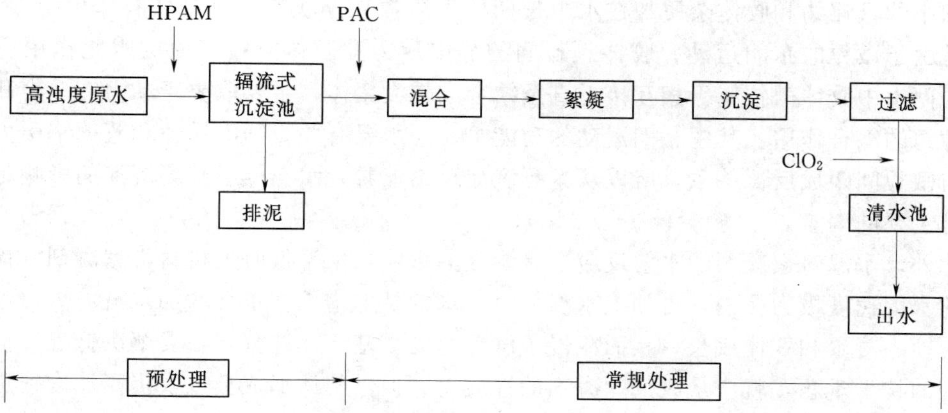

图 5.93 高浊度原水的处理工艺示例

当有较大的土地可以利用来做沉淀池时，也可采用自然沉淀的方法对高浊度水进行预处理。由于高浊度水的沉淀比较慢，所以自然沉淀池的容积比较大，为了降低造价，自然沉淀池常修建成长方形的由土堤围成的池子。水在自然沉淀池常沉淀数十小时，沉淀池出水的浑浊度一般可降至几十 NTU，自然沉淀池的排泥多采用挖泥船挖泥的方法。

高浊度原水的泥沙浓度越高，排泥量就越大。实际工程中一般认为，当进水泥沙浓度超过 $100kg/m^3$，便不经济了。为了能经济地运行，许多水厂在高浊度河水含沙量超过上述限制时，便暂停取水，直到沙峰过后进水泥沙浓度降低至限值以下时再恢复取水。

高浊度原水的预处理沉淀池除了可采用辐流式沉淀池外，还常采用斜管沉淀池或平流式沉淀池。但要注意的是，采用斜管沉淀池时，为了便于排泥以及不造成斜管的堵塞，沉淀斜管不宜选择过小，斜管直径一般采用 50～100mm，并且向上流斜管或斜板装置比较适用。

5.6.3 低温低浊水处理

冬季地表水水温降到 0～3℃，浊度降到 10～20NTU 左右，这种低温低浊度水很难处理，如仍然用常规的给水处理工艺，即使加大投药量，也难以达到饮用水水质标准。

5.6.3.1 低温低浊水难处理的原因

城镇水厂或供水站水处理主要通过下述工序来实现：混合、絮凝、沉淀和过滤。为了取得良好的净水效果，各个处理工艺都应保证应有的条件或工艺参数。低温季节时，水质条件与夏秋季节相比，有较大的变化，水温低到 0～3℃，浊度为 10～30NTU，碱度高，pH 值低，色度约 15°～20°，以致难以保证处理效果。为此，在探讨低温季节水质难以处理的原因时，首先应了解低温季节水质的某些特点。

低温时，在水处理过程中，当向水中投加絮凝剂后，凝聚与絮凝作用非常缓慢，形成的絮体细小、轻松，不易下沉，使絮凝沉淀与过滤效果很差，滤后水浊度一般在 7～10NTU 以上，有的竟高达 20NTU。经理论分析，低温低浊度水难以处理的原因是多方面的，但水温低是主要的影响因素。试验表明，水温每升高 10℃，絮凝速率要增高 2 倍，在冬季水温处于 0～2℃条件下，显然，凝聚与絮凝效果是很差的。在絮凝沉淀过程中，颗粒细小的悬浮物和胶体杂质却在水中长期处于分散悬浮状态，具有“胶体稳定性”。这主要是由于微粒的布朗运动、胶体颗粒间的静电斥力和胶体颗粒表面的水化作用所造成的。因而水中胶体微粒能否相互接近直至结合成较大絮体，主要取决于动力、斥力和引力这三种力的综合作用，其中布朗运动的动能主要同水温有关，静电斥力和范德华引力的势能却与微粒间距成反比关系，所以从絮凝沉淀理论上看，水温低对絮凝沉淀的影响是很大的，是主要的因素。

此外，水温对絮凝剂的水解反应也有明显的影响，水温低时无机盐类絮凝剂（铝、铁盐）的水解速度极为缓慢，再加上水温低时，水的黏度增大，也会增加水流剪力，不利于微粒碰撞、凝聚和絮体成长，从而减慢了沉淀速度。基于上述分析，要解决低温、低浊度水处理的技术难题，就应从改变絮凝剂的性质上、促进絮体形成上以及提高浊度促进泥渣吸附等方面着手，以提高沉淀效果，才能从根本上得到解决。

5.6.3.2　低温低浊度水的处理方法

从以上分析可知：低温季节时絮凝、沉淀和过滤 3 个处理过程都受影响。但其中主要矛盾是絮凝过程效果不佳。在絮凝过程中，最终未能生成较大的絮体，低浊度的因素起重要影响。问题应从以下 3 方面解决：

（1）加强絮凝过程，促使水中微粒逐渐生成粗大的絮体以便为后续的沉淀、过滤创造良好条件。为此。应选择合适的构筑物，除投加絮凝剂外，还应投加某些辅助药剂以改善絮凝效果，这类药剂称为助凝剂。常用的助凝剂有活化硅酸、聚丙烯酰胺等。使用时，各有一定的工艺要求，并且与原水水质有密切关系，必须因地制宜，通过实践确定投加量和投加点。

（2）利用泥渣的剩余活性，相当于增加了水中颗粒的数目，故可保证有较充分的碰撞机会，消除低浊度引起的不足。在这方面具体措施有两个，一个是将沉淀或过滤反冲洗废水回流到混合槽内与原水混合，另一个是采用机械搅拌澄清池或水力循环澄清他，将泥渣回流至第一絮凝室而反复利用，如图 5.34 和图 5.36 介绍的装置就是内部污泥回流的常用型式。

（3）设法增加原水中的悬浮颗粒浓度。对于泥渣的回用，因沉淀过程和过滤过程中的排泥，一般不是采用连续排泥的方式，而是采用间歇排泥的方式。故沉淀和过滤后的排泥泥渣虽具有一定的剩余活性可利用，但因排泥间隔较长，难免泥渣会有腥臭味而变质，这可能给水质造成不利影响。增加原水的悬浮颗粒浓度的可行办法是人为在絮凝池进水分配槽处添加黏土颗粒，从而使原水中颗粒数目增加，以保证絮凝过程中颗粒充分碰撞和长大。

这 3 种方法有一个共同点，即都是设法将水中微粒浓度提高来增大微粒或吸附于大颗粒上以便截留分离。

1. 助凝剂的使用

当絮凝剂处理低温低浊原水效果较差时，可适当投加助凝剂以提高絮凝的效果。常用的处理低温低浊原水的助凝剂有活化硅酸和聚丙烯酰胺PAM。

(1) 活化硅酸。活化硅酸又称水玻璃，俗称为硅酸钠，主要成分是Na_2SiO_3。向水玻璃溶液中投加酸化剂，可中和其碱度，析出单体SiO_2来。但SiO_2不单独存在，常吸附两个水分子生成$SiO_2 \cdot 2H_2O$或SiO(OH)。当水中游离出大量的单体SiO_2后，它们之间可以进行凝聚反应，增加链的长度，并向空间立体发展，最终形成冻胶。

活化硅酸是1937年美国Baylis首先发现的助凝剂，以后在欧美广泛采用。国内天津芥园水厂1952年首次试用成功。近几年通过试验研究，摸清并保持应有的工艺条件，起到很好的助凝作用，特别在低温季节水质难以处理时，可收到较好效果。

(2) 聚丙烯酰胺。聚丙烯酰胺是人工合成的长链状高分子化合物，由于链长较大，故可在较大范围内起架桥作用。另外，它含有酰胺基团$CONH_2$，这是一种极性基团，具有较好的吸附能力。所以，它因具有很好的架桥吸附能力而具有良好的助凝作用。在生产实践中，多用其水解产品。

在其高分子结构中水解的链节数目与总链节数目之比在30%～40%时，助凝效果最佳，此比值一般称为水解度。但这是个理论数值，较难测定。为实用方便，一般改用水解比指标来控制。水解比是水解时聚丙烯酰胺与氢氧化钠的重量比。水解比60%为宜。

当设计滤池单池出水量为$100m^3/h$时，冬季出水量只能达到$50m^3/h$左右，再高则出水变浑。投加聚丙烯酰胺助凝剂后，出水量可达到$75m^3/h$。这一实例说明：水解适宜的聚丙烯酸胺冬季处理低温低浊水确实具有良好的助凝效果。

2. 选择合适、高效的絮凝方法

絮凝效果对低温低浊水处理尤为重要，以往的絮凝池，如隔板絮凝池、穿孔旋流絮凝池、折板絮凝池等，在处理低温低浊水中不够理想。

格网（栅条）絮凝池利用水流通过格网（栅条）的突扩突缩作用而增加水流的紊动性，从而为絮体颗粒的碰撞和成长创造良好的条件，尤其在低温低浊原水处理中，其可降低絮凝剂用量，缩短絮凝时间，较好地克服和缓和了低温低浊对水处理效果的影响，受到人们的关注。

3. 机械搅拌澄清池利用

机械搅拌澄清池依靠回流泥渣的浓度、粒径、吸附能力以及机械搅拌的可调性，在处理低温低浊水时更为有效。

如抚顺滴台水厂、天津马庄水厂冬季时浊度14～50NTU，水温1～3℃，pH值6.8～7.6。设计处理流程中采用了机械搅拌澄清池，建成投产后，效果良好，在上述冬季原水水质条件下澄清池平均出水浊度为小于5NTU。

机械搅拌澄清池也有其不足之处，如构造复杂，需用机电设备，维护工作量大，运转费用高等。在处理低温低浊水时期，为保持悬浮泥渣层的稳定，不要轻易地排泥，要保持和提高泥渣沉降比。在低温低浊时期，沉降比一直保持在20%上下，排泥周期为1～2天一次，排出的泥渣浓度为5500mg/L，含水率为94%～95%。

4. 气浮法利用

气浮法是在水中形成高度分散的微小气泡，粘附废水中疏水基的固体或液体颗粒，形成水-气-颗粒三相混合体系，颗粒粘附气泡后，形成表观密度小于水的絮体而上浮到水面，形成浮渣层被刮除，从而实现固液或者液液分离的过程。气浮净水技术在我国已推广使用近 20 年。这种方法处理低温低浊水虽然效果良好，但当原水浊度达 100NTU 以上时，效果甚差，不能适应全年水质条件变化。

对于村镇供水站而言，其水源往往采用中小型水库。水库水的浊度通常在冬季时较小，属于低温低浊原水。而在汛期时，则因降雨影响而浊度较大。解决此类水处理的最好办法是采用絮凝＋沉淀＋气浮工艺的方式。

该工艺结合了沉淀和气浮两种工艺的优点，即可解决原水浊度较高时的水处理问题，同时又适应了低温低浊度水的处理问题。

5. 向原水中投加黏土颗粒

为了增加原水中悬浮颗粒的含量，向原水中投加适当量的黏度颗粒，是较经济有效的方法。

黏土颗粒的投加最好选择先配制成黏土浆液的方式投加，这样便于控制黏土颗粒的投加量。投加点应位于絮凝剂投加点之前，或者对于采用机械搅拌混合的方式而言，可投加于机械搅拌混合池。

5.6.4　原水除藻

藻类通常是指一群在水中以浮游方式生活、能进行光合作用的自养型微生物，个体大小一般在 2～200μm，其种类繁多，均含叶绿素，在显微镜下观察是带绿色的有规则的小个体或群体。由于它们是水体中重要的有机物质制造者，故在整个水体生态系统中占有举足轻重的作用，是生态系统中不可缺少的一个环节。淡水藻中产生藻毒素最多的是蓝藻，蓝藻是绝大部分富营养化水体中的优势藻类，蓝藻的生长和水华的发生受水体物化、生物因素和气候的影响。

天然地表水体受到城镇污水、农田排水的污染，水中营养物质如 N、P 大量增加，会导致水体富营养化，特别是在水体交换过程缓慢的湖泊和水库中，藻类等浮游植物就会大量滋生，在有些水源中，藻类可高达每升数百万甚至数亿个以上。

湖泊、水库因对水量具有一定的调节作用，受季节变化影响较小，用水保证率较河流大大提高，尤其针对中小型的村镇水厂或供水站。但作为湖泊或水库，其富营养化造成的大量藻类以及藻毒素问题，则是水处理的难点。

5.6.4.1　藻类对水厂供水的影响

1. 对混凝的影响

在光合作用下，水中 pH 值升高，且由于藻类作用，溶解氧增加，矾花密度降低，沉淀去除率下降，导致需要投加的混凝剂增多，高藻水的处理需要消耗大量的混凝剂。此外，部分藻细胞易穿透絮凝体，破坏絮凝过程，导致出水有藻类污染物。

2. 对过滤的影响

藻类物质在滤池中可大量繁殖，会使滤料层堵塞，从而缩短过滤运行周期，导致反冲洗水用量增加，反冲洗频率加大，实际用水产量下降并影响出水水质。

3. 对构筑物的影响

藻类细胞成层成为黏附物，附在混凝土池壁表面，形成一层润滑层，既影响制水过程中的感官质量，又增加了洗池的频率和费用以及工人的劳动强度。另外，藻类对混凝土池壁构成很大的威胁，如长沙三水厂构筑物池壁由于藻类等物质的长期腐蚀，致使池壁粗糙老化，反过来又给藻类物质的寄生繁殖、水垢青苔的附着生长，提供了有利的栖息场所。

4. 对出水水质的影响

藻类致臭。藻类所分泌的臭味物质导致饮用水出现异味，水中藻细胞数量的增大也增加了二氧化氯消毒剂的使用量，当水处理中氧化剂使用量较低时，不仅无法消除臭味的影响，有时还会和一些臭味有机物反应生成新的致臭物质。

藻类在代谢过程中易产生三卤甲烷的前驱物质，三卤甲烷是对人体具有潜在危害的致癌性物质。

藻类所产生的有机物质易造成微生物在供给水系统中重新生长，对管网和管网水质不利。

有些藻类具有毒性，藻类所含毒素只有在细胞死亡破裂后才释放到水中，如鱼腥藻可引起神经中毒，微囊藻可导致肝中毒，这些藻类及其毒性较难用常规方法去除。

一般认为，处理后水中只含 100 个/mL 以下的小藻，即约为 100 藻类标准单位的水，因在直观中不会产生大的水质问题，作为生活饮用水是合格的。

由于存在这些问题，饮用水处理中不能忽视藻类的影响。

5.6.4.2 藻类的去除方法

1. 化学药剂法除藻

(1) 前加氯法除藻。在絮凝反应池前投加氯，以氧化水中的有机物，杀灭藻类。这是一种较为简单的能快速杀藻的方法，在国内以氯作为消毒剂的水厂使用较多，能够有效地杀灭藻类，抑制藻类产生和繁殖。据有关试验表明，采用该种方法，除藻率一般能达到50%左右，并能除去水中的一部分异味，除藻后的原水再经常规水处理工艺，能使饮用水中不含或稍含藻。但这种较为简捷的除藻工艺同时存在着某些不是之处：①当水中含有大量天然有机物如腐殖质、灰黄酸、富里酸及藻类代谢产物时，这些天然的有机物就成为卤代烃形成的前驱物质，再经加氯杀藻，卤代烃形成的概率就大大增加了，目前已被证实卤代烃对人体健康具有较大危害，其中 1，2－二氯乙烷、1，1，2，2－四氯乙烷、四氯乙烯、三氯乙烯、三溴甲烷、六氯苯为强致癌物。因此，这种方法用于给水处理在国外已被限制使用，在国内也已逐渐减少其使用。②由于要达到杀灭藻类的目的，投加时需要很大的氯量，导致了单位水量成本的增加。

(2) 二氧化氯预氧化。ClO_2 是一种强氧化剂，具有更好的灭菌、除藻和除臭效果，并且能够有效地控制卤代烃的生成量，降低絮凝剂的消耗量，改善水质。根据有关试验发现：ClO_2 优于液氯，ClO_2 具有较高的氧化-还原电势，比液氯杀菌能力强，由于它不像 Cl_2 以亲电取代为主，而是以氧化反应为主，经氧化的有机物多降解为氧基为主的产物，不会产生卤代烃等消毒副产物，对人体的副作用小。但其成本较氯气高，生产条件较为苛刻。目前国内水厂或村镇供水站多以二氧化氯作为消毒剂，因而采用二氧化氯预氧化除藻较为方便，已逐渐在广泛使用。

(3) 高锰酸钾除藻。利用高锰酸钾除藻也有较好的效果，对碱性水的除藻效果优于中性或酸性水。一般高锰酸钾投加量为 1～3mg/L，接触时间不少于 1～2h，但也有投加量为 10mg/L，接触时间为 10～15min 的特殊情况（为了延长接触时间，可在引水管中投药）。如果预氧化过程中高锰酸钾投量过多，可能会穿透滤池而进人配水管网，出现“黑水”现象，而且出水的含锰量增加，有可能不符合生活饮用水水质标准。过剩的高锰酸钾可在沉淀池中去除，只要淡红色已在池内消失，高锰酸钾就不会进入滤池。有些水厂采用直接过滤工艺（不经过混凝、沉淀），则需专门的检测设备，以防止多余的高锰酸钾穿透滤池而进人配水管网。有时也可投加粉末活性炭去除过剩的高锰酸钾，其投加点应在高锰酸钾氧化反应完成以后，以免相互作用而降低除藻效果，但是粉末活性炭也可能穿透滤池而进入配水管网，宜在滤速上加以控制。

采用高锰酸盐复合药剂或高锰酸钾作为预氧化剂，所取得的除藻效果优于单纯混凝效果，它可以显著降低水中的 UV254 值，也就是破坏水中的有机物结构，同时它还能消除由藻细胞分泌的部分臭味物质，对藻毒素，高锰酸盐的去除率可以达到 60%。但高锰酸钾预氧化的最大缺点是投加过多后，出水的色度、浊度和锰含量会增大，影响出水水质。

2. 投加粉末活性炭

在絮凝反应池前，把粉末活性炭投在絮凝剂之前或与之同时投加于原水中，经混合吸附水中有机物和无机杂质后，黏附在絮体上的炭粒大部分在沉淀池中成为污泥排除。粉末活性炭作为助凝剂，可强化反应沉淀池对藻类的去除，并能去除异臭异味，特别是在藻类繁殖季节，用此法可作为应急措施。但使用活性炭造价高，水厂全年连续使用得不多，短期使用尚可。在我国，合肥自来水公司早已成功采用了该种方法。

3. 人工加泥或石灰

湖泊或水库水作为水源时，多数情况下原水浑浊度较低，胶体颗粒较少，除藻时可在投絮凝剂的同时，加入稀泥浆水或石灰水，以增加胶体颗粒，易于形成絮体，并且可以适当减少絮凝剂用量。用这种方法时一般滤池过滤情况良好，但增加了排泥量。

据考察，美国许多水厂附近设有调节水库，水库中含有藻类，常采用下面 3 种方法除藻：①当藻类含量较高时，每天用专用船向水库中投加 $CuSO_4$ 溶液，其投加量为 0.5～0.7mg/L；②当藻类含量不高时，在进入水厂的原水中投加 $KMnO_4$；③当藻类含量低时，在进入水厂的原水中加氯。

4. 微滤机除藻

通常微滤机除藻主要用于处理低浊高藻的湖泊水。有资料记载，上海自来水公司进行的一项试验表明滤网对藻类的去除率为 51%～57.5%，效果优于混凝沉淀，但对浊度、色度、COD_{Mn} 的去除率都很低，远不及混凝沉淀。因此，微滤机主要用以去除水中浮游动物和藻类。采用网眼孔径为 10～45μm（多数为 35μm）的微滤机，除藻率约为 50%～70%，但浊度只能减少 5%～20%。采用孔径为 25～35μm 的布筛处理开罗的尼罗河水时，藻类平均去除率为 40%；处理巴黎塞纳河水时为 55%，处理湖泊和蓄水库水时为 50%～65%。德国的 Siipplingen 水厂在向原水中投药之前用微滤机去除原水中大部分藻类等颗粒物。微滤机对藻类的去除率随藻的种类不同而有很大区别，越细小的藻类越难去除，有时仅去除10%，可是这种藻类所消耗的混凝剂量最大。又因微滤机所能去除的浊度不多，所以应用微滤机几乎不可能降低混凝剂投量。在某些特殊情况下，例如需要去除浮游动物（蠕虫、甲壳动物等）时，可选用微滤机除藻。

5. 澄清和气浮法除藻

藻类密度一般较小，投加混凝剂后形成的絮凝体不易沉淀，采用气浮则可以取得较好的除藻效果，这对低浊度、高色度水更为合适。

气浮法除藻在固液分离速度（5～8m/h）、排除的污泥浓度以及节约絮凝剂用量方面，都有比较满意的效果。气浮法除藻优于澄清法除藻之处主要反映在以下几个方面：①当原水含藻量为30000～50000个/mL时，气浮池和澄清池出水的含藻量均为1000～1200个/mL，但气浮池可节约絮凝剂用量20%～40%；②气浮池污泥的干固体浓度为25～30g/L，但是澄清池污泥的干固体浓度为2～3g/L，只为其1/10，这样使得气浮池污泥处理时，因其浓度高而可以省去污泥浓缩段，大大节约了浓缩药剂的用量和设备；③从运行费用包括污泥处理费来说，气浮法可能会比澄清法降低10%～15%。根据目前的技术条件，气浮法是比较好的除藻工艺，是国家《含藻水给水处理设计规范》（CJJ 32—2011）规范中以富营养型湖泊、水库为水源，且浑浊度常年小于100NTU的原水推荐的水处理工艺流程，即原水＋混合＋絮凝＋气浮＋过滤＋消毒的水处理工艺。

我国昆明、武汉和无锡、四川省隆昌县以及内江市等地的水厂采用气浮法，可同时达到澄清和除藻的目的，取得了较好的效果。

我国气浮净水技术发展较快，主要表现在：研制成功的低压、高效溶气释放器的动力消耗比国外有较大幅度的降低；研制成功的高效压力溶气罐的溶气效率已趋理想程度，同时，罐的容积比国外小得多；在气浮池主要技术指标（如表面负荷率、分离效果、池高等）方面均已达到国外先进水平。

6. 直接过滤除藻

由于含有藻类的湖泊水浊度较低，不加絮凝剂直接过滤处理反而除藻效果较好。滤池滤料不太粗，硅藻与大部分其他藻类都会被除去。原水浊度不高（小于5NTU）时，可长时间获得优质的滤后水。如果经常在较短过滤周期内冲洗，则由于藻类也被同时冲掉，故认为是解决滤池堵塞最经济的办法。但必须注意反冲洗的效果。

直接过滤不适宜处理含藻量极高的水，这时应在过滤池前增加沉淀池或澄清池，但这样还可能出现滤池出水含藻量大于1000个/mL的情况，需要进一步处理。沉淀或澄清构筑物的类型很多，可除藻率却不相同。例如用静沉池处理泰晤士河水时，平均除藻率为59%，可是处理衣阿华河水时，除藻率为37%（硫酸铝混凝）～97%（石灰软化）。应用澄清池处理波兰河水时，平均除藻率为85%～86%（无预氯化）、95%～97%（预氯化），并且浮游动物量也相应下降了93%～96%（无预氯化）和99%（预氯化），因此澄清池的处理效果优于静沉池。直接过滤适用于原水中藻类和悬浮物数量较少的情况，该工艺的关键是滤速的大小。采用均质砂滤池或双层滤料滤池进行直接过滤的工艺，藻类去除率约为15%～75%。若进行预氯化并在投加混凝剂后采用白煤—砂双层滤料滤池直接过滤（滤速小于3m/h），则藻类的最优去除率约为95%。但是当原水中藻量大于1000个/mL、白煤粒径为0.9mm或藻类数量大于2500个/mL、白煤粒径为1.5mm时，过滤周期明显缩短。

7. 混凝除藻

虽然藻细胞密度的增大使原水中 pH 值升高，增加了混凝剂用量，甚至有时藻细胞个体还对混凝过程产生破坏。但是研究表明，常用混凝剂（如硫酸铁、三氯化铁、硫酸铝和聚合氯化铝等）在除藻方面仍具有一定的效果，而且混凝仍是去除藻类的重要方法。

藻细胞表面电荷为负电荷，所以如果用阴离子混凝剂作为唯一的混凝剂，对藻细胞没有任何作用，在藻类去除中，电性中和是起决定作用的。如使用三氯化铁作为混凝剂，会促进藻细胞对碳的吸收，而释放出更多的氧气，从而对混凝过程产生影响。混凝剂投加量对混凝效果也有影响，当投加过量后，藻细胞表面的负电荷在中和后，又重新带上正电荷而变稳定，重新稳定的藻细胞非常难于脱稳。助凝剂对藻的去除效果影响明显，用硫酸铁作混凝剂时，在同等条件下，不投加助凝剂的去除率只有 60%，投加后可以达到 96%。

投加硫酸铝作为混凝剂可同时去除浊度和藻类，水中藻类数量小于 1000 个/mL 时所需混凝剂量远大于浊度小于 3NTU 时所需的量。原因是黏土类胶体在滑动电位 ζ 为 −5mV 时即可完全脱稳，而藻类必须在滑动电位 ζ 为 0 时才能脱稳。若同时投加聚丙烯酰胺或阳离子型助凝剂则可减少硫酸铝用量。

采用混凝法除藻时应根据藻的种类选择药剂。去除硅藻时可单独投加硫酸铝，例如番禺市沙弯水厂在硅藻高繁殖期的投铝量从平时的 1.2mg/L 增加到 3.0mg/L，可使沉淀池出水的浊度降至 1～2NTU 以减少进入滤池的藻类数量。去除绿藻一般需要预氧化，预加氯时其去除率约为 95%～98%，无预氯化时其平均去除率为 85%，如果考虑到预加氯会产生三卤甲烷，也可以用其他氧化剂，如二氧化氯、高锰酸盐等。蓝、绿藻会产生臭味，甚至含有毒素，并且会分泌黏液造成配水管网中出现后絮凝现象，此种分泌物又可能转化为三卤甲烷母体。因此是水处理中较难去除的藻类，也是多数富营养化水体中主要生长的藻类，它对混凝剂投量的调整极为敏感。另外，藻类代谢产生的有机物对絮凝和过滤也有影响，其原因是该有机物中的酸性物质与混凝剂（铁盐或铝盐）的水解产物发生反应，生成的表面络合物附着在絮体颗粒表面，阻碍了颗粒相互碰撞。因此必须增加混凝剂的投量，补偿由于表面络合物的形成对颗粒脱稳和絮凝造成的影响。

8. 生物除藻

在除藻的方法中，大多数需要投加混凝剂，这存在处理成本较高、运行管理较复杂或产生二次污染等问题。生物处理一般操作较容易、易于管理、处理成本较低。

在生物处理方法中，可把一批六角形的蜂窝管（孔径为 10～20mm，高为 100mm）在池中垂直放置，使要处理的原水与新鲜空气共同从底部向上通过蜂窝管，在管内渐渐形成生物膜。水连续通过时，新鲜生物膜不断形成，老化的生物膜不断排出，同时，水中的杂质被附着在蜂窝管上的生物膜吸附、分解和澄清，使原水中的污染物被大量去除，水中的藻类也得以很好地被去除。

生物滤池工艺是生物除藻的一种，主要是利用生物膜上的微生物对藻类的絮凝、吸附作用，使其被沉降、氧化或被原生动物吞噬。而对于生物滤池，其关键是生物载体的选择，该生物载体既要满足贫营养状态下生物挂膜的需求，同时还应满足不为藻类所堵塞，保证处理量和正常的微生物生态群落新陈代谢。

对于含藻水的后期过滤，滤池宜采用石英砂均粒滤料，滤速宜为5～6m/h，0.7～1.0mm粒径滤料可采用水反冲洗，1.0～1.3mm粒径滤料可采用气水反冲洗。过滤周期采用12～24h。

此外，膜技术可以将绝大部分的藻毒素分子去除，但如果水厂使用膜技术，其成本会相当的高。法国、美国在10000m^3/d以上的水处理厂中已有使用膜技术的处理工艺。

5.6.5 水的除臭除味

5.6.5.1 水中产生臭味的原因

水体产生臭味的原因很多，例如藻类在死亡腐烂后发出鱼腥或霉臭等气味，有时相当严重，比如，在水厂沉淀池排泥时所闻到的气味。某些活藻如蓝、绿藻也可产生臭味；而霉菌和放线菌可产生泥土味和霉臭味，和藻类生长时的臭味相接近。在不流动的水中，特别是大建筑物的给水管道中，因水流缓慢停滞，霉菌和放线菌有良好的生存环境，当早晨打开水龙头时就会闻到一股讨厌的臭味。铁细菌和硫细菌产生的沉淀物，在分解时会释放出臭鸡蛋气味的硫化氢，有些地下水中的硫化氢浓度可以高到10mg/L，而水中硫化氢的浓度在0.001～0.06mg/L时即有臭味。水中的铁浓度大于0.3mg/L时，会有苦味。过量的氯化物和硫酸盐会使水带咸味，NaCl和$CaCl_2$的味阀值分别为250mg/L和300mg/L（以氯化物计），Na_2SO_4、$CaSO_4$和$MgSO_4$的味阀值分别为250mg/L、300mg/L和400mg/L。水中的酚等也会产生臭味，酚和游离氯化合时有明显的氯酚气味，只要0.001mg/L的酚与氯反应就会有刺鼻的气味。氯除了大剂量投加外，一般不会有明显的氯臭味感觉，当氯和许多有机物反应或氯和氨反应时会有臭味。一氯胺、二氯胺和三氯化胺的臭阀值分别为5mg/L、0.8mg/L和0.02mg/L，这是配水系统中游离氯和化合氯混合时常有的臭味问题。

以上有些臭味可以通过适当处理而去除，如除铁除锰、除硫化氢、脱氯等加以解决。另外对于由于加氯消毒而产生的臭味问题，可以改变加液氯消毒的方式，比如目前国内城镇水厂或村镇供水站逐渐使用二氧化氯消毒来代替液氯消毒，则可大大缓解因液氯消毒所带来的臭味和三致消毒副产物问题。这里只着重介绍关于去除微生物以及因此产生的臭味。

5.6.5.2 致臭微生物

霉臭是由水中微生物代谢物产生的臭味，致臭微生物主要有放线菌和蓝藻类。放线菌在水温20～30℃、pH值为8左右，溶解氧充足和富有氮、磷的水中容易生长，水中的总氮＞0.2～0.3mg/L、总磷＞0.02mg/L时，霉臭发生率大大增加。蓝藻多数在春夏与夏秋之交时繁殖，容易在水温为15～30℃、pH值大于8、COD_{Mn}大于5mg/L、硝酸盐氮高于0.12～0.13mg/L的水体中生长。

放线菌和蓝藻所分泌的土臭素和2-甲基异冰片（2-MIB）是产生霉臭的主要成分。土臭味的臭阀值浓度为10，2-甲基异冰片的臭阀值浓度为29。

由微生物产生的霉臭发生率与水质有关。例如，水温在20℃左右时，霉臭发生率最高，所以在春夏和夏秋交接季节容易发生水臭，当然在其他水温条件下同样可能有霉臭发生，不过发生率和臭味程度有所不同。再如，由于水中藻类的生长和二氧化碳的同化作用，水体 pH 值会增大，一般产生臭味时，湖泊或水库水的 pH 值在 8～9。

5.6.5.3　臭味处理

常规水处理工艺很难去除臭味，只有结合使用化学氧化法（氯、臭氧、二氧化氯、高锰酸钾)、生物法和活性炭吸附法，才能取得较好的除臭效果。

1. 化学氧化法

用于除臭的氧化剂有高锰酸钾、游离氯、二氧化氯和臭氧等，其中臭氧是一种较为有效的除臭剂，缺点是设备复杂、耗电量大以及运行维护麻烦。并且臭氧在氧化去除臭味物质的同时，又会生成甲醛、乙醛等水果味异臭。一般经过臭氧氧化以后需再用活性炭作后续处理。

过氧化氢和臭氧联合投加时，可提高氧化能力，这种深度氧化法去除土臭素与 2-MIB 的效果较单纯用臭氧时要好得多，如要求 2-MIB 的去除率为 90%，深度氧化法时只需用臭氧 2mg/L，而单纯用臭氧处理则需 4mg/L。

2. 生物法

利用微生物的新陈代谢作用氧化去除臭味，同时还对水中的有机物、N、P 等污染有去除作用。因水源水中的有机物以及 N、P 等营养物质较低，对生物处理而言多属贫营养状态，因此，生物处理水源水多采用生物膜法，如生物转盘、生物滤池或生物接触氧化池。

1985 年，日本霞浦水厂建成日处理 160000m^3/d 的生物膜处理臭味装置，该装置设置 4 个处理单元，每个单元内分四组并联工作，每组设 3 池串联运行，池内敷设内径为 13mm 的蜂窝直管填料，总高 3m。运行时向池内通入压缩空气，水力停留时间为 2.1h。填料表面挂膜成熟后，通过微生物氧化降解作用去除水中的致臭物，同时在生物膜上生长的轮虫、枝虫等原生动物以藻类为食物，故可除藻。由于充氧曝气的提升作用，使水流在生物膜表面产生相对流动，加速了生物膜的更新，提高了除臭效率。生产实践表明，生物膜法的除臭率可达 60%～80%，使水质得到全面净化。生物法在除臭的同时，还对其他污染物具有去除作用，去除率分别为：藻类 50%～60%。NH_3-N 90%，浑浊度 50%～80%，Fe 和 Mn 全部去除，大肠菌 80%，COD_{Mn}29%～46%。

用生物预处理的除臭工艺，除臭率高、效果稳定，可以减轻后续处理单元的负荷，从而保证出厂水很高的除臭率。

3. 活性炭吸附法

活性炭是除水臭的最有效的吸附剂，可用粉末活性炭或颗粒活性炭。粉末活性炭用于持续时间短的藻类生长季节或突发的污染事件，一般在絮凝之前完成吸附，经过絮凝、沉淀后除去。粉末活性炭除臭的建设和管理费用较低，但操作条件差、不能重复应用，一般宜用于临时投加且投加量不高时。

颗粒活性炭则用于连续而长时间的去除臭味，一般设置在滤池之后消毒之前。日本水道协会推荐的粒径规格为 0.495～2.362mm。颗粒活性炭过滤可有两种方式：

(1) 滤层全部为活性炭，厚 2.5m，滤速 15m/h，除臭效率较高，当进水臭阈值为 20，滤后水，滤后水可降为 0～3。

(2) 由石英砂和颗粒炭组成的双层滤料，上层活性炭厚度 5～15cm，下层为石英砂，滤层总厚度2～2.5m（固定床）或1～1.5m（流动床），滤速约为5～10m/h（固定床）或10～15m/h（流动床），双层滤料的除臭率约50%左右。

活性炭滤池如只需去除臭味，则空床接触时间有10min已经足够，再生周期至少在一年以上，管理方便、工作条件好，但投资较高。单独用颗粒活性炭过滤不能充分除臭，其效果只相当于粉末活性炭吸附，所以颗粒活性炭滤池常和臭氧联合使用，可以克服单独使用臭氧或活性炭除臭的不足，除臭率接近100%。臭氧需在活性炭吸附之前投加，这是因为：臭氧除臭中所生成的水果味等异臭，可由活性炭吸附滤池去除，臭氧氧化可使水中高分子有机物低分子化，便于活性炭吸附，此外臭氧除臭可降低活性炭的负荷，既可提高除臭效率又可延长活性炭滤池的再生周期。臭氧和生物活性炭联合应用时，臭氧首先氧化水中难以分解的有机物，使之转变为易分解的有机物，再由生物活性炭滤池去除，从而使得水中有机物的去除率大大提高。

5.6.6 地下水除铁除锰

含铁和含锰地下水在我国分布很广。铁和锰离子可共存于地下水中，但含铁量往往高于含锰量。我国地下水含铁量一般小于5～10mg/L，含锰量约在0.5～2.0mg/L之间。

水中的铁以+2或+3价离子态存在；锰以+2、+3、+4、+6或+7价离子态存在，其中+2和+4价的锰较不稳定，但+4价锰的溶解度很低，所以以溶解度高的+2价锰为处理对象。地表水中含有溶解氧，铁锰主要以不溶解的$Fe(OH)_3$和MnO_2状态存在，所以铁锰含量不高。地下水或湖泊和水库的深层水中，由于缺少溶解氧，以致+3价铁和+4价锰还原成为溶解的+2价铁和+2价锰，因而铁锰含量较高，须加以处理。

水中含铁量高时，水有铁腥味，影响水的口味；作为造纸、纺织、印染、化工和皮革精制等生产用水，会降低产品质量；含铁水可使家庭用具如瓷盆和浴缸发生锈斑，洗涤衣物会出现黄色或棕黄色斑点，铁质沉淀物Fe_2O_3会滋长铁细菌，阻塞管道，有时会出现红水。

含锰量高的水所发生的问题和含铁量高的情况相类似，例如使水有色、嗅、味，损害纺织。造纸、酿造、食品等工业产品的质量，家用器具会污染成棕色或黑色，洗涤衣物会有微黑色或浅灰色斑渍等。

我国饮用水水质标准中规定，铁、锰浓度分别不得超过0.3mg/L和0.1mg/L，这主要是为了防止水的臭味或沾污生活用具或衣物，并没有毒理学的意义。超过标准的原水须经过除铁除锰的处理。

5.6.6.1 地下水除铁原理

本节所要讨论的对象是溶解状态的铁，主要包括：

（1）以Fe^{2+}或水合离子形式$FeOH^+$—$Fe(OH)_3^-$存在的二价铁。水的总碱度高时，Fe^{2+}主要以重碳酸盐的形式存在，即$Fe(HCO_3)_2$；

（2）Fe^{2+}或Fe^{3+}形成的络合物。铁可以和硅酸盐、硫酸盐、腐殖酸、富里酸等相络合而成无机或有机络合铁。

在设计除铁工艺之前，除了总铁含量需测定外，还需知道铁的存在形式，因此需在现场采取代表性水样进行详细的分析。地下水中如有铁的络合物则会增加除铁的困难。一般当水中的含铁总量超过按 pH 值和碱度的理论溶解度值时，可认为有铁的络合物形态存在。

地下水除铁除锰是氧化还原反应过程。去除地下水中的铁锰，一般都利用同一原理，即将溶解状态的铁锰氧化成为不溶解的 Fe^{3+} 或 Mn^{4+} 化合物，即生成沉淀的 $Fe(OH)_3$ 和 MnO_2，再经过滤即达到去除目的。铁和锰的化学反应受环境因素的影响而变化很大，且铁的氧化还原电位比锰低，氧化速率较锰快，所以两者难以同时进行讨论，以下只讨论铁的化学平衡和氧化。

水中铁的氧化速率受到多种因素如氧化还原电位 E_H、pH 值、重碳酸盐、硫酸盐和溶解硅酸等的影响，以致铁的化学成分比较复杂。例如，一般假定铁氧化后成为氢氧化铁 $Fe(OH)_3$ 沉淀，但如水的碳酸盐碱度大于 250mg/L($CaCO_3$ 计) 时，可能生成碳酸亚铁 $FeCO_3$ 沉淀而不是 $Fe(OH)_3$ 沉淀。此外，有机络合剂可使铁的反应更为复杂，各种腐殖质可以和铁络合成为有机铁，使氧化过程非常缓慢，此时如用曝气氧化法，由于氧化时间太短，不能将络合物破坏，因此几乎很少有效果。

地下水中铁的平衡可以用氧化还原电位 E_H—pH 值图来模拟，见图 5.94。图中表示了不溶解固体 $Fe(OH)_2$、$Fe(OH)_3$、$FeCO_3$、FeS_2 的边界线。边界线两侧的固体彼此保持平衡。还标出固相和液相 Fe^{3+}、Fe^{2+} 的边界线以及各溶液组分之间 Fe^{3+}/Fe^{2+} 的分界线，并且表示了铁浓度从 10mol 到 10^{-5}mol 的固液边界。

从图 5.94 可以看出各种铁的稳定和占优势范围，并可确定 Fe^{2+} 氧化为 Fe^{3+} 成为 $Fe(OH)_3$ 沉淀的 E_H—pH 值条件。为使铁从溶解状态转变为沉淀物，必须设法升高氧化还原电位 E_H 和 pH 值。

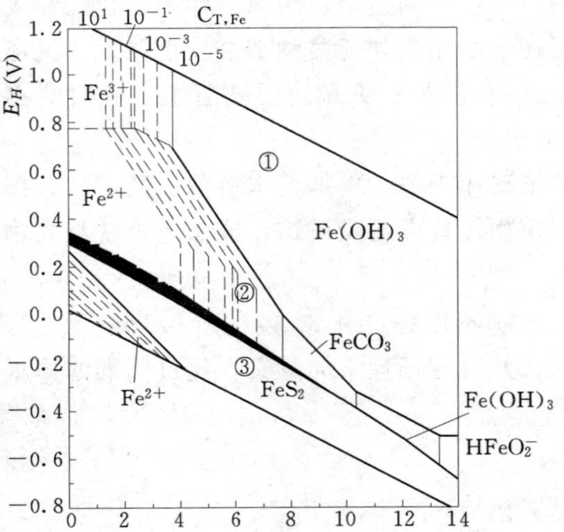

图 5.94 铁的溶解度与 E_H 和 pH 值关系

(25℃，101kPa，总无机碳浓度为 10^{-3}mol，总无机硫浓度 10^{-4}mol)

图 5.94 中点①条件下，铁和水中的氧处于平衡状态，主要的含铁化合物是不溶解的 $Fe(OH)_3$ 固体，水中含铁量很低，由下式确定：

$$Fe(OH)_3+3H^+ \Leftrightarrow Fe^{3+}+3H_2O$$

在点②条件下，由碳酸亚铁 $FeCO_3$ 固体控制水中铁的浓度：

$$FeCO_3+H^+ \Leftrightarrow Fe^{2+}+HCO_3^-$$

这时，铁的浓度就可能很高，而碳酸盐浓度也相应增加。

在点③条件下，FeS_2 已经沉淀，水个铁的浓度控制于：

$$FeS_2 \Leftrightarrow Fe^{2+}+S_2^{2-}$$

这类水中的含铁量很低，硫酸盐含量也少，但常含微量的硫化氢。

地下水除铁时，反应动力学的研究很重要，动力学主要研究二价铁浓度随时间的衰减，即铁的氧化速率。均相反应时，在 pH 值>5.5 条件下，二价铁的氧化速率可用下式表示，负号表示铁浓度随时间减少：

$$\frac{d[Fe^{2+}]}{dt}=-k[Fe^{2+}][OH^-]^2P_{O_2}(mol/L \cdot min) \tag{5.73}$$

式中 k——反应速率常数，$8\times10^{11}L^2/mol^2 \cdot kPa \cdot min$，20.5℃时；

P_{O_2}——气相中氧的分压，kPa；

$[OH^-]^2$——氢氧根离子浓度，mol/L；

$[Fe^{2+}]$——时间 t 的二价铁浓度，mol/L。

上式可写成：

$$\frac{d[Fe^{2+}]}{[Fe^{2+}]dt}=\frac{d\ln[Fe^{2+}]}{dt}=-k[OH^-]^2P_{O_2} \tag{5.74}$$

当 P_{O_2} 恒定时（一般为21.3kPa），则二价铁氧化速率为：

$$\frac{d\ln[Fe^{2+}]}{dt}=-k[OH^-]^2 \tag{5.75}$$

由于氧化速率和 $[OH^-]^2$ 成正比，也就是说和 $[H^+]^2$ 成反比，可见除铁过程受到pH值的很大影响。因 $[OH^-]=\frac{k_w}{[H^+]}$，水的电离常数 $k_w=10^{-14}$，代入上式并两边取对数，得：

$$\lg[-\frac{d\ln[Fe^{2+}]}{dt}]=\lg k''+2pH \tag{5.76}$$

式中 $k''=k_w^2 \cdot k'$。

上式左侧对pH值的关系作图，可得斜率为2的直线，见图5.95，可以看出，当pH值>5.5时，该式与实验数据相符合，pH值<5.5时，氧化速率是非常缓慢的。

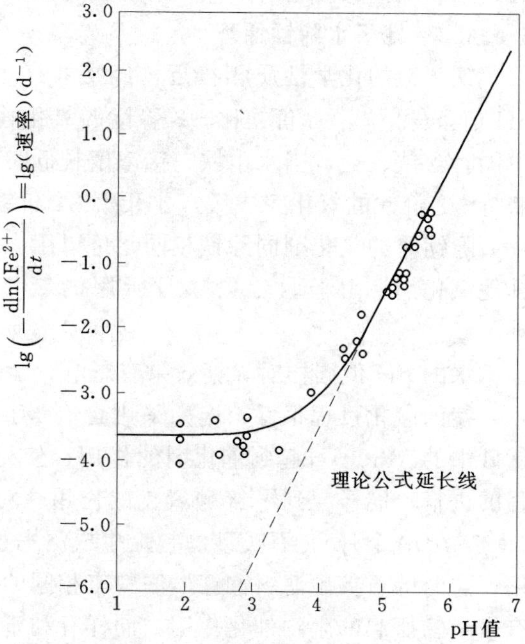

图5.95 铁的氧化速率实验和理论曲线

为去除地下水中的铁，一般用氧化方法，将水中的二价铁氧化成为三价铁而从水中沉淀出来。氧化剂有氧气、氯、二氧化氯和高锰酸钾等，因为利用空气中的氧既方便又经济，所以生产上应用最为广泛。氧化时的反应如下：

$$4Fe^{2+}+O_2+10H_2O \Leftrightarrow 4Fe(OH)_3\downarrow+8H^+$$

根据化学计量关系，每氧化1mg/L的二价铁，理论上需氧 $\frac{2\times16}{4\times55.8}=0.14$mg/L，同时产生 $\frac{8\times1}{4\times55.8}=0.036$mg/L的 H^+。但是每产生1mol/L的 H^+ 会减小1mol/L的碱度，所以每氧化1mg/L的二价铁会降低1.8mg/L以 $CaCO_3$ 计的碱度。如水的碱度不足，则在氧化反应过程中，H^+ 离子浓度增加，pH值降低，以致氧化速率受到影响而变慢。一般要求水的pH值不小于6.5，当pH

值在 7.0 以上时，铁的氧化速度较快。

尽管二价铁的氧化速率比较缓慢，难以在并不太长的水处理过程中完成氧化作用，但如存在催化剂时，可因催化作用而加速氧化，例如含铁水曝气后在滤池中过滤时，在滤料颗粒表面上逐渐生成深褐色的氢氧化铁覆盖薄膜，由于它的催化氧化作用可加速完成二价铁和水中的溶解氧反应而氧化，从而使得铁得以在滤池中截留下来，这种作用称为接触氧化作用。

利用空气中的氧使二价铁氧化时，曝气的作用是向水中充氧和驱除少量水中 CO_2 以提高 pH 值，这样可加快水中二价铁的氧化速率。

为提高曝气效果，可将空气以气泡形式分散于水中，或将水流分散成水滴或水膜于空气中，以增加水和空气的接触面积和延长曝气时间，提高传质效果。

前面讲过，在曝气溶氧过程中，所需的溶解氧量，理论上可按 1mg/L Fe^{2+} 需 0.14mg/LO_2 计算，但是增加氧的浓度可以加快二价铁的氧化，再加以水中的其他杂质也会消耗氧，所以实际所需的溶解氧量应比理论值为高，通常采用理论值的 3～5 倍。一般每 $1m^3$ 水每去除 1mg/L 的铁所需的空气量为 1L。

除了利用空气中的氧作为除铁的氧化剂外，还可以用氯氧化，它比空气氧化更快速，但在水厂中应用的实例不多，原因是氯要与水中的有机物发生反应而生成三致作用的氯代有机物。

同样可以利用二氧化氯作为氧化剂除铁，但因此经济性而不多用。段时间内铁锰超标时，可利用消毒备用的二氧化氯设备制取二氧化氯作氧化剂。

5.6.6.2　地下水除锰原理

铁和锰的化学性质相接近，经常共存于地下水中。但铁比锰容易被 O_2 氧化，相同 pH 值条件下，+2 价铁比+2 价锰的氧化速度快，因此地下水除锰比除铁困难。如果水中同时含铁、锰，当水中铁、锰浓度较低时，可以同时去除。铁、锰含量均较高时，一般需待+2 价铁的氧化完成后，才开始+2 价锰的氧化，也就是说需要先除铁再除锰。

除锰时的氧化剂同除铁相同，可以用水中的溶解氧，必要时也可以用氯或二氧化氯等其他氧化剂。由于两者去除时所用的氧化剂相同，就有可能在同一滤池内同时去除铁、锰。

水的 pH 值同样对除锰效果有影响，除锰滤池进水的 pH 值最好在 7.5 以上。

锰的氧化过程很慢，但如采用含有 MnO_2 的天然锰砂作为除锰时的滤料，这时天然锰砂中的 MnO_2 可起到催化剂的作用，使得锰氧化的速度大大增加，从而有利于除锰过程的进行，同样起到了接触氧化的作用。对于普通石英砂滤料，需经过一段时间运行后（一般 2～3 个月），石英砂滤料上生成深褐色的 MnO_2 膜后，同样可以起到很好的催化作用，这时的石英砂滤料和锰砂滤料有相同的除锰效果。此外，在长期运行的除锰滤池中还有微生物所起的生物催化作用，同样有利于锰的去除。

二价锰与氧的反应为：

$$2Mn^{2+}+O_2+2H_2O \Leftrightarrow 2MnO_2\downarrow+4H^+$$

理论上，每氧化 1mg/L 的 Mn^{2+} 需要 0.29mg/L 的氧，实际所需氧量比理论值高得多，只有通过实验或生产运行才可得出。

5.6.6.3 曝气方法

曝气装置目的是增加水和空气的接触面积，提高曝气效果，从而有效增加水中溶解氧的含量。曝气方式或是将水流分散成细小水滴撒向空气中，或向水中引入微小气泡，其根本目的是通过增加空气和水的接触面积以及增加水体紊动性，促进空气中的氧气转移至水体中，进而氧化铁、锰。曝气装置有射流曝气、跌水曝气、穿孔管或莲蓬头曝气等几种方式。

1. 射流曝气

射流曝气的原理是压力水通过水射器时可产生负压，以吸入空气而使氧溶解在水中。水射器设备简单，造价低，适用于地下水的铁锰含量低并且处理水量不大时的情况。水射器可连接到深井泵的吸水管或除铁除锰滤池的进水管上。水射器的进水压力应在50kPa以上。

2. 跌水曝气

跌水曝气是通过堰口跌水曝气，适用于铁锰含量较低的地下水处理，一般采用1～3级跌水，每级跌水高度为0.5～1.0m，跌水堰口的流量为20～50m^3/(m·h)，跌水后水中的溶解氧量可达2～5mg/L。

3. 穿孔管或莲蓬头喷淋曝气

地下水经过穿孔管或莲蓬头上的孔口后，在空气中分散成为细小水滴进行曝气，适用于原水含铁量小于10mg/L的地下水。穿孔管或莲蓬头可以放在滤池水面以上1.5～2.5m处，采用莲蓬头时可按每1.0～1.5m^2滤池面积1个计算。

5.6.6.4 含铁、锰水处理工艺

地下水除铁除锰的方法应根据原水水质和处理后水允许的铁锰含量决定，当地下水含铁含锰量高，或含有硅酸盐，或含有有机铁锰时，处理比较困难，这时应通过试验确定除铁除锰的工艺流程。

当原水的pH值小于6.8，含铁量低于10mg/L，铁以重碳酸低价态的铁状态存在时，曝气—石英砂过滤法除铁效果好。

曝气—接触池＋石英砂过滤法适用于含铁量高于10mg/L的地下水。

地下水除铁，当受硅酸盐影响，或水中的二价铁在空气中氧化较慢时，易采用接触氧化法。

有些地区地下水锰的含量高于铁的含量时，应以除锰为主要目标。

当地下水含铁量较高，锰的含量虽不太高但也超过水质标准时，可使原水先经过淋水曝气或喷水曝气后，再通过天然锰砂滤池过滤，这样不仅可以去除水中的铁，还可除去少量的锰。

当原水含铁量低于2.0～5.0mg/L、含锰量低于1.5mg/L时，可采用：

原水曝气 ⟶ 单级过滤除铁除锰

当原水含铁量超过上述数值且二价铁易被空气氧化时，可采用：

原水曝气 ⟶ 氧化 ⟶ 一次过滤除铁 ⟶ 二次接触氧化过滤除锰

当除铁受硅酸盐影响或二价铁空气氧化较慢时，可采用：

原水曝气 → 一次接触氧化过滤除铁 → 曝气 → 二次接触氧化过滤除锰

对于曝气氧化处理铁锰水的 pH 值的控制，曝气氧化法除铁，曝气后水的 pH 值宜达到 7.0 以上；接触氧化法除铁，曝气后水的 pH 值宜达到 6.0 以上；除锰前水的 pH 值宜达到 7.5 以上。

5.6.6.5　除铁锰滤池设计

除铁除锰滤池的滤料可以采用石英砂、无烟煤-石英砂双层滤料，或者是天然锰砂滤料。滤料粒径与快滤池相同，但对于天然锰砂滤料，粒径一般为 0.6～2.0mm。滤料层厚度，重力式滤池为 800～1200mm，压力式滤池为 1000～1500mm。如因原水含铁量高而需采用两级过滤，即一级接触氧化除铁，二级接触氧化除锰时，则前面一级除铁滤池采用无烟煤-石英砂双层滤料，后面一级除锰滤池采用天然锰砂滤料，其结构形式见图 5.96。

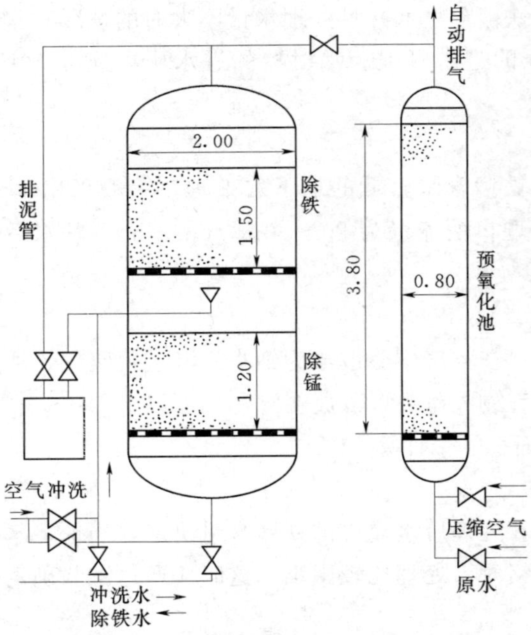

图 5.96　除铁除锰双层滤池（单位：m）

除铁除锰滤池的滤速一般为 5～8m/h，含铁量高或需同时除锰时需用较低滤速。过滤时，铁锰沉淀物截留在滤层中后，过滤阻力逐渐增加，当滤料粒径小、进水中铁锰含量高时，过滤周期会很快缩短，如运行中出现这种情况应降低滤速。除铁除锰滤池的反冲洗要求和快滤池相同，但冲洗时间较长，一般在 5～10min。对于天然锰砂滤料，因其比重大而需采用较大反冲洗强度，粒径 0.6～1.2mm 的锰砂滤料，反冲洗强度应为 18L/(m^2·s)，粒径为 0.6～2.0mm 的锰砂滤料，反冲洗强度应为 22L/(m^2·s)。

滤池刚投产时，一般出水水质不能达到饮用水水质标准，必须运行数周或一个月以上，滤料表面上形成棕黄色到黑褐色的氢氧化物膜以后，由于膜上的氢氧化物（氢氧化铁）的催化氧化作用，除铁效果才会显示出来，方能达到饮用水水质标准，此过程称为除铁滤池的熟化过程。除锰时同样存在这一熟化过程，不论滤料为石英砂还是天然锰砂滤料。熟化过程时间的长短根据地下水水质而定，一旦滤层成熟都会有较为稳定的除铁除锰效果。

除铁除锰过程中，除了水中的溶解氧对铁锰的化学氧化作用以外，还有微生物的作用。微生物的生化反应速率远大于溶解氧氧化 Mn^{2+} 的速率，随着滤料的成熟，可观测到滤料表面上或滤料空隙间有铁细菌群体，数量约为 10 万～20 万个/mL，对于长成活性滤膜有促进作用。

5.6.7 地下水除氟

我国地下水含氟地区的分布范围很广，因长期饮用含氟量高的水可引起慢性中毒，特别是对牙齿和骨骼产生严重危害，轻者患氟斑牙，表现为牙釉质损坏，牙齿过早脱落等，重者则骨关节疼痛，甚至骨骼变形，出现弯腰驼背等，完全丧失了劳动能力，所以高氟水的危害是严重的。

根据我国《生活饮用水卫生规范》（GB 5749—2006）规定，氟化物的含量不得超过1mg/L。当原水氟化物含量超过标准时，就应设法进行处理。

氟化物含量过高的原水往往呈偏碱性，pH值常大于7.5。

除氟的方法大致可分为吸附过滤法、膜法、絮凝沉淀法和离子交换法。其中应用最多的是吸附过滤法，作为滤料的吸附剂有氢氧化铝、活性氧化铝、活性氧化镁、骨炭、粉煤灰、天然沸石、聚合铝盐、活化铝等，主要应用的是活性氧化铝，其次是骨炭，是由兽骨燃烧去掉有机质的产品，主要成分是磷酸三钙和炭，故骨炭过滤属于磷酸三钙吸附过滤法。两种方法都是利用吸附剂的吸附和离子交换作用，是除氟的比较经济有效方法，其他除氟方法应用较少。

1. 活性氧化铝法

活性氧化铝是白色颗粒状多孔吸附剂，有较大的比表面积。但是活性氧化铝是两性物质，等电点约在9.5，当水的pH值小于9.5时可吸附阴离子，大于9.5时可去除阳离子，因此，在酸性溶液中活性氧化铝为阴离子交换剂，对氟有极大的选择性。

表5.37 常用的除氟吸附剂

吸附剂	吸附容量(mg/g)	最佳pH值	再生方法
天然沸石	0.06～0.30	7.3～7.9	吸附前用H_2SO_4溶液浸泡活化，吸附后用2%的明矾溶液浸泡再生
活性氧化铝	0.8～2.0	4.5～6.0	pH在5.0～8.0范围内吸附效果好。用2%的硫酸铝溶液再生
活性氧化镁	6～14	6～7	在420～1000℃灼烧1.5h
粉煤灰	0.01～0.03	3～5	一般不进行再生处理
骨炭（羟基磷酸钙）	2.0～3.5	6～7	用0.5%的NaOH接触30min，再用0.4mol/L的H_2SO_4溶液调pH值至6～7
氧化锆树脂	30	3.5～7.0	用1.0mol/L的HCl溶液浸泡，然后用水冲洗至中性

活性氧化铝使用前可用硫酸铝溶液活化，使转化成为硫酸盐型，反应如下：

$$(Al_2O_3)_n \cdot 2H_2O + SO_4^{2-} \rightarrow (Al_2O_3)_n \cdot H_2SO_4 + 2OH^-$$

除氟时的反应为：

$$(Al_2O_3)_n \cdot H_2SO_4 + 2F^- \rightarrow (Al_2O_3)_n \cdot 2HF + SO_4^{2-}$$

活性氧化铝失去除氟能力后，可用1%～2%浓度的硫酸铝镕液再生，其过程为：

$$(Al_2O_3)_n \cdot 2HF + SO_4^{2-} \rightarrow (Al_2O_3)_n \cdot H_2SO_4 + 2F^-$$

活性氧化铝除氟有下列特性：

(1) pH 值影响。试验证明在 pH 值=5~8 范围内时，除氟效果较好，而在 pH 值=5.5 时，吸附量最大，因此如将原水的 pH 值调节到 5.5 左右，可以增加活性氧化铝的吸氟效率；

(2) 吸氟容量。吸氟容量是指每 1g 活性氧化铝所能吸附氟的重量，一般为 1.2~4.5mgF^-/gAl_2O_3。它取决于：原水的氟浓度、pH 值、活性氧化铝的颗粒大小。在原水含氟量为 10mg/L 和 20mg/L 的平行对比试验中，如保持出水 F^- 在 1mg/L 以下时，所能处理的水量大致相同，说明原水含氟量增加时，吸氟容量可相应增大。颗粒大小和吸氟容量呈线性关系，颗粒小则吸氟容量大，但小颗粒会在反冲洗时流失，并且容易被再生剂 NaOH 溶解。国内常用的粒径是 1~3mm，但已有粒径为 0.5~1.5mm 的产品。

由上可见，加酸或加 CO_2 调节原水的 pH 值到 5.5~6.5 之间，并采用小粒径活性氧化铝，是提高除氟效果和降低制水成本的途径。

活性氧化铝除氟工艺可分成原水调节 pH 值和不调节 pH 值两类。调节 pH 值时为了减少酸的消耗和降低运行成本，多将 pH 值控制在 6.5~7.0 之间，除氟装置的接触时间应在 15min 以上。

除氟装置有固定床和流动床。固定床的水流一般为升流式，滤层厚度 1.1~1.5m，滤速为 3~6m/h。移动床滤层厚度为 1.8~2.4m，滤速 10~12m/h。

活性氧化铝柱失效后，出水含氟量超过标准时，运行周期即告结束须进行再生。再生时，活性氧化铝柱首先反冲洗 10~15min，膨胀率为 30%~50%，以去除滤层中的悬浮物。再生液浓度和用量应通过试验，一般采用 $Al_2(SO_4)_3$ 再生时溶液浓度为 1%~2%，采用 NaOH 时溶液浓度为 1.0%。再生后用除氟水反冲洗 8~10min，再生时间约 1.0~1.5h。采用 NaOH 溶液再生时，再生后的滤层呈碱性，须再转变为酸性，以便去除 F^- 离子和其他阴离子。这时可在再生结束重新进水时，将原水的 pH 值调节到 2.0~2.5 以平时的滤速流过滤层，连续测定出水的 pH 值，当 pH 值降低到顶定值时，出水即可送入管网系统中应用。然后恢复原来的方式运行。和离子交换法一样，再生废液的处理是一个麻烦的问题，再生废液处理费用往往占运行维护费用很大的比例。

2. 骨炭法

骨炭法或称磷酸三钙法，是仅次于活性氧化铝而在我国应用较多的除氟方法。骨炭的主要成分是羟基磷酸钙，其分子式国外认为是 $Ca_3(PO_4)_2 \cdot CaCO_3$，国内认为是 $Ca_{10}(PO_4)_6(OH)_2$，交换反应如下：

$$Ca_{10}(PO_4)_6 \cdot (OH)_2 + 2F^- \Leftrightarrow Ca_{10}(PO_4)_6 \cdot F_2 + 2OH^-$$

当水的含氟量高时，反应向右进行，氟被骨炭吸收而去除。

常用的再生液是 1%的 NaOH 溶液，因此再生时水中的 OH^- 浓度升高，反应向左进行，使滤层得到再生又成为羟基磷酸钙。

骨炭法除氟较活性氧化铝法的接触时间短，只需 5min，且价格比较便宜，但是骨炭的机械强度较差，吸附性能衰减较快，因此再生较活性氧化铝法频繁。

骨炭再生一般用 1%的 NaOH 溶液浸泡，然后再用 0.5%的硫酸溶液中和。

3. 其他除氟方法

混凝法除氟是利用铝盐的混凝作用，适用于原水含氟量较低并须同时去除浊度时。由于投加的硫酸铝量太大会影响水质，处理后水中含有大量溶解铝引起人们对健康的担心，因此应用越来越少。

电凝聚法除氟的原理和铝盐混凝法相同，应用也少。

电渗析和反渗透除氟法可同时除盐，适宜于苦咸高氟水地区的饮用水除氟，尽管在价格上和技术上仍然存在一些问题，预计其应用有增长的趋势。

5.7 活性炭吸附和过滤

活性炭一般有两种应用方式：一种为粉末活性炭（PAC），即将活性炭制成粉末，直接投入水中吸附水中的杂质；另一种是颗粒活性炭（GAC），即将活性炭制成颗粒作为滤料设置在滤池中，当水经过活性炭滤料层过滤时，水中某些杂质即被吸附在活性炭表面而去除。

从 20 世纪上半叶以来，活性炭在给水处理中就已经得到广泛的应用。如粉末活性炭对受污染水源水中的微量臭味有机物具有良好的吸附性能，因此很早就被用于去除水中的臭和味。1986 年美国 600 家大型水厂中 29％的水厂使用粉末活性炭，主要用于臭味的控制。大部分比较大的有机物分子、芳香族化合物、卤代烃等能牢固地吸附在活性炭表面上或孔隙中，并对腐殖质、合成有机物和低分子量有机物有明显的去除效果。实践证明，活性炭可降低总有机碳 TOC，总有机卤化物和总三卤甲烷 TTHM 等指标。另外，颗粒活性炭作为一种良好的吸附剂和生物载体，和臭氧氧化联合使用来有效控制水中的难降解有机物，不仅可有效去除水中臭和味，而且可有效去除消毒副产物的前驱有机物，大大提高饮用水水质。

5.7.1 活性炭的制备

任何炭质原料几乎都可以用来制造活性炭，包括木材、锯末、煤、泥炭、果壳、沥青、皮革废物、纸厂废物等等，天然煤和焦炭也是制造粒状活性炭的材料。原料中灰分含量是衡量活性炭质量的重要因素，一般灰分含量越少越好。

活性炭的制造可分为炭化和活化两步。炭化也称热解，是在隔绝空气的条件下对原材料加热，一般温度控制在 600℃以下。有时原材料先经无机盐溶液处理后再炭化。炭化有多种作用：其一是使原材料分解释放出水汽、一氧化碳、二氧化碳及氢等气体；其二是使原材料分解成碎片，并重新集合成稳定的结构。这些碎片可能由一些微晶体组成。微晶体由两片以上的六角晶排列的片状结构碳原子堆积而成，但无固定的晶型。微晶体的大小与原材料成分和结构有关，并受炭化温度的影响，大致随炭化温度升高而增大。炭化后微晶边界上还附有一些残余的碳氢化合物。活化是在有氧化剂的作用下，对炭化后的材料加热，以生产活性炭产品。在活化过程中，烧掉了炭化时吸附的碳氢化合物，把原有孔隙边上的碳原子烧掉，起到了扩大孔隙的作用，并把孔隙和孔隙之间烧穿，从而使活性炭变成良好的多孔结构。当活化过程的温度在 800～900℃时，一般用蒸汽或二氧化碳为氧化剂；

当活化温度在 600℃以下时，一般用空气做氧化剂。从外观上活性炭呈黑色多孔颗粒状，化学稳定性好、可耐强酸及强碱，能经受水浸及高温等。

活性炭按原料不同分为煤质活性炭、木质活性炭或果壳活性炭等；按形状分为颗粒活性炭（GAC）与粉末活性炭（PAC）；煤质颗粒活性炭分柱状炭、压块破碎炭和原煤破碎炭。目前国内运行的地表水水厂的炭吸附池用炭大部分使用煤质柱状炭。

5.7.2　活性炭的性质

1. 物理性质

单位质量活性炭所具有的表面积称为比表面积（m^2/g）。吸附剂和催化剂载体都希望具有大的比表面积。活性炭由于其独特的制造工艺而拥有巨大的比表面积，因而具有良好的吸附性能。一般活性炭的比表面积可达到 $1000m^2/g$。

活性炭的重要特征是具有发达的孔隙结构。活性炭的孔隙可分为大孔、中孔和微孔三类，微孔直径小于 1～2nm，大孔直径大于 25nm，中孔直径介于微孔和大孔之间。不同孔径的孔隙有利于吸附不同直径的分子。一般说来，活性炭的大孔和中孔可以被较大的吸附质所利用，而微孔可以被较小的吸附质所利用。

根据粒度大小可以将活性炭分为颗粒活性炭和粉末活性炭。一般粉末活性炭的直径小于 0.074mm（200 目），颗粒活性炭的直径大于 0.1mm（大于 140 目）。粉末炭颗粒小，与吸附质接触充分，因而吸附速度很快，吸附效果好。而颗粒活性炭容易再生，粉末活性炭则因粒度太小，回收和再利用均比较困难。粒度分布对于活性炭的性能有一定的影响，一般粒径越小吸附速度越快。因此，在实际中应根据需要和试验确定活性炭的粒度大小。

活性炭密度分为视密度和湿密度。视密度又称为堆积密度，是活性炭及堆放间隙在内的密度，典型的活性炭视密度范围在 350～500g/L；湿密度是活性炭自身孔隙中充满了水之后的密度，视密度将决定活性炭在反冲洗过程中的膨胀或者流化程度。

强度对于活性炭也很重要。在反冲洗、运输以及再生过程中，强度太小将造成更多的损耗。由于强度不够造成的过度损耗会降低活性炭使用的经济性。

灰分一般表明了活性炭中无机成分的含量。一般优质的活性炭的灰分比较低，在 5%～8%。

2. 化学性质

活性炭的化学性质一般是指活性炭的表面性质。在活性炭生产过程中，由于炭化和活化作用，在活性炭中形成了复杂的孔状结构，同时还在活性炭表面形成了复杂的含氧官能团以及碳氢化合物，包括羧基、酚羟基、醚类、酯以及环状过氧化物。这些官能团的存在以及相对数量的多少，将决定活性炭的极性强弱以及吸附性能。从相似相溶原理看，具有弱极性、中性及非极性表面的活性炭对非极性的分子吸附能力比较强，而对极性分子以及离子的吸附能力比较弱。

一般把活性炭的表面氧化物分成酸性和碱性两大类，并按这种分类解释活性炭的吸附作用。酸性官能团有：羧基、酚羟基、醌型羟基、正内酯基、荧光型内酯基、羧酸酐基以及环式过氧基等，其中羧基、内酯基及酚羟基多次报导为主要酸性氧化物。对于碱性氧化物的说法有一些分歧。活性炭中氢和氧的存在对活性炭的吸附及其他特性有很大的影响。

在炭化和活化的过程中，由于氢、氧与碳以化学键结合，使活性炭表面上形成各种有机官能团形式的氧化物及碳氢化合物，这些氧化物使活性炭与吸附分子发生化学作用，显示出活性炭的选择吸附性。活性炭表面的这些氧化物主要是在活化和后处理（酸洗或碱洗）过程中产生的，活性炭在后处理时对酸、碱的吸附量，与活化温度有密切关系。因此，活性炭表面的氧化物成分主要受活化过程的影响。一般温度在 300～500℃以用湿空气制造的活性炭中，酸性氧化物占优势；而温度在 800～900℃下，用空气、蒸汽或二氧化碳为活化氧化剂所制造的活性炭中，碱性氧化物占优势。温度在 500～800℃之间制造的活性炭则具有酸碱两性。

酸性氧化物使活性炭具有极性，因而倾向于吸附极性较强的化合物。特别应该注意的是那些类似羧基的基团，这些带极性的基团易于吸附带有极性的水，因而阻碍了从水溶液中吸附非极性物质。但当水中含有极性更强的物质时，由于酸性基团与它们间形成的氢键比和水之间形成的氢键强，就可能置换水而被吸附。为了避免形成更多的类似羧基的基团，妨碍吸附非极性有机物，活化温度必须控制在 900℃附近。活性炭表面的金属离子部位带有正电荷，对那些带有过剩电子部位的分子有吸引力，可以提高活性炭吸附速率。

3. 吸附性质

通常用来表征活性炭吸附性质的参数有碘值、糖蜜值。碘值为在一定条件下活性炭吸附碘的量，一般表示活性炭对小分子的吸附性能；相似地，糖蜜值在一定条件下活性炭吸附糖蜜的量，表示活性炭对大分子物质的吸附性能。另外，还有一些参数用来评价活性炭的吸附性能，如四氯化碳吸附值、亚甲基蓝指数、苯酚吸附值等。在应用活性炭过程中，如果能结合应用中的相同或相似条件，将目标污染物的吸附曲线测出来，所得到的参数是非常有用的。

BET 比表面积是一个理论上非常有用的参数，其物理意义是在活性炭表面饱和吸附一层氮气分子所占据的活性炭表面积，是 BET 比表面积测试法的简称。该方法由于是依据著名的 BET 理论为基础而得名。BET 是三位科学家（Brunauer、Emmett 和 Teller）的首字母缩写，三位科学家从经典统计理论推导出的多分子层吸附公式基础上，即著名的 BET 方程，成为了颗粒表面吸附科学的理论基础，并被广泛应用于颗粒表面吸附性能研究及相关检测仪器的数据处理中。在假定活性炭表面覆盖一层氮气分子并已知单位数量的氮气分子所占表面积的情况下，可以根据氮气吸附量来确定 BET 比表面积。BET 比表面积是针对氮气分子而言的，在水处理中，许多吸附质的分子尺度远远大于氮气分子，因此，并不是所有 BET 面积都可以在水处理过程中得到应用。

5.7.3 活性炭的吸附机理

1. 吸附作用

活性炭是一种经过炭化、活化，造成发达孔隙的、以炭作骨架结构的黑色固体物质。活性炭的发达孔隙导致其出现很大的表面积，活性炭的表面积，一般可达 500～1700m^2/g，从而具有良好的吸附特性。

活性炭的吸附作用是指水中污染物质在活性炭表面富集或浓缩的过程，其包含传质过程和吸附过程两个阶段。

活性炭的吸附是一个复杂的动力学过程，其中包括吸附质在主体溶液即水中的传质，吸附质在活性炭表面水膜中的传递、吸附质分子在孔内的扩散以及最终在活性炭表面的吸附。

吸附质在水中的传质是使吸附质达到活性炭表面的过程，这一过程可以通过机械混合或者分子扩散来实现。吸附质在活性炭表面水膜中的传质过程符合 Fick 第一定律，其扩散速度与浓度梯度以及液膜的厚度有关，浓度梯度越大，液膜越薄，传质速度也就越大。吸附质在活性炭孔隙中的扩散依靠是分子扩散动力。吸附质到达活性炭表面吸附点后被吸附，完成吸附过程。这些连续过程中的最慢者，将会成为整个传质过程的控制步骤。在水处理过程中，通常有机物在水膜中的扩散或者在活性炭孔隙中的扩散是活性炭吸附的控制步骤。

2. 吸附作用力

产生吸附的原因是由于分子间和分子内键与键之间存在的作用力，即吸附力。这种力是物质聚集状态中分子间存在着的一种较弱的相互作用力，其结合能只有几十个 KJ 或者更小，与化学键的几百个 KJ 相比，比较小。这种分子间作用力即为分子间的范德华力。吸附质正是依靠此作用力与活性炭表面晶体结合而吸附的。这种形式的吸附称为物理吸附。

另外，活性炭晶体表面某些化学官能团，如羧基、酚羟基、醌型羟基、正内酯基、荧光型内酯基、羧酸酐基以及环式过氧基等，也可以与相应的物质所带化学官能团相互结合而产生化学吸附，这也是吸附质吸附到活性炭表面的作用之一。

3. 活性炭吸附方程

一种吸附剂的重要特性就是它所吸附的吸附质的质量。影响吸附剂吸附量的主要因素包括溶液浓度和温度。通常研究的是在恒定温度下及吸附平衡状况下，单位吸附剂的吸附容量 q_e 和溶液平衡浓度 C_e 之间的关系曲线，称为吸附等温线。对吸附等温线的描述有几种模型，本节主要介绍两个比较常用的模型，即费里德里希（Fruendlich）吸附等温式和朗格谬尔（Langmuir）吸附等温式。

（1）费里德里希（Fruendlich）吸附等温式。在水和污水处理中通常用费里德里希吸附等温式来比较不同温度和不同溶液浓度时活性炭的吸附容量，即

$$q_e = KC_e^{1/n} \tag{5.77}$$

式中　q_e——吸附容量，mg/g；

K——与吸附比表面积、温度有关的系数；

n——与温度有关的常数，$n>1$；

C_e——吸附平衡时的溶液浓度，mg/L。

这是一个经验公式，通常用图解方法求出 K、n 的值。为了方便易解，将式（5.77）变换成线性对数关系式：

$$\lg q_e = \lg \frac{C_0 - C_e}{m} = \lg K + \frac{1}{n}\lg C_e \tag{5.78}$$

式中　C_0——水中被吸附物质原始浓度，mg/L；

C_e——被吸附物质的平衡浓度，mg/L；

m——活性炭投加量，g/L。

（2）朗格谬尔（Langmuir）吸附等温式。朗格谬尔吸附等温式是一个理论公式，其

形式如下：

$$q_e = q_{\max} \frac{bC_e}{1+C_e}$$

转化成线性表达式有：

$$\frac{1}{q_e} = \frac{1}{q_{\max} b} \frac{1}{C_e} + \frac{1}{q_{\max} b} \tag{5.79}$$

式中 b 和 $q_{\max}$ 是常数，其他同上。常数 $q_{\max}$ 与表面吸附的单分子表层浓度有关，且代表了当 C_e 增加时 q_e 的最大值。常数 b 与表面吸附能量有关，但吸附力增大时 b 值也增加。

该理论模型认为，吸附质在活性炭固体表面上形成单分子层的吸附层，吸附在固体表面的分子之间不存在作用力。

朗格谬尔吸附理论对于活性炭表面官能团所产生的化学吸附是合适的。显然，活性炭表面除了由官能键团所造成的化学吸附外，还存在着由于分子间范德华力所产生的物理吸附，即分子间依靠分子作用力不只可单层吸附，而是多层吸附，直至无法依靠分子间范德华力再吸附新一层的吸附质。由此可见，费里德里希吸附等温式更加符合吸附的实际过程，因此在工程实际中应用更为广泛。

通常吸附平衡实验结果用上述两线性方程作图，接近直线关系的情况即为适合的模式，并可求出相应的 $q_{\max}$ 和 b，或 K 和 n。

5.7.4　影响活性炭吸附性能的因素

1. 活性炭的性质

活性炭本身的性质是影响活性炭吸附性能的最重要因素，包括活性炭的物理、化学以及吸附性质。

2. 吸附质的性质

吸附质的性质显然对其在活性炭上的吸附具有重要影响，主要是分子极性、分子大小及构型。过大的分子不能进入活性炭小孔中，分子的疏水性越强越容易吸附。分子的疏水性则由分子极性以及分子的大小共同决定，同系物的疏水性随着分子量的增加而增大，因此相同条件下的平衡吸附量随之而增加。但，当分子量增加到一定程度后，平衡吸附量会因分子过大难以进入孔隙而下降。根据相似相溶原理，分子的极性越大越不容易吸附。由于分子构型造成的极性不同使大多数芳香族化合物在活性炭表面的吸附性能要好于脂肪族化合物。一般说来，活性炭对非极性分子以及中性分子的吸附能力大于对极性分子的吸附能力。比如，容易吸附的化合物有：芳香族溶剂，如苯、甲苯、硝基苯等，氯代芳香化合物，如氯酚，多环芳香化合物以及杀虫剂和除草剂、氯代烃类、高分子烃类等；不容易吸附的化合物如低分子有机物，如酮、酸、醛，糖类和淀粉以及大分子有机物或者胶体等。

3. 其他因素

其他因素包括溶液的 pH 值、无机离子组成以及其含量，还有无机沉淀等。

5.7.5　活性炭的吸附特性

1. 活性炭能去除原水中的部分有机微污染物

(1) 腐殖酸：腐殖酸是天然水中最常见的有机物，虽然对人体健康危害不大，但可与其他有机物一起在氯化消毒工程产生氯仿、四氯化碳等有害的有机氯化物。活性炭具有去除水中腐殖酸的较好性能，水体 pH 值对其吸附性能几乎无影响。

（2）异臭：活性炭对下列异臭的处理有效：植物性臭（藻臭和青草臭）、鱼腥臭、霉臭、土臭、芳香臭（苯酚臭和氨臭），活性炭的除臭范围较广，几乎对各种发臭的原水都有很好的处理效果。

2-甲基异冰片和土臭是天然水体中的两种主要发臭物质，当水中土臭含量为 0.4μg/L 时，活性炭对其的吸附量为 0.54mg，约是 2-甲基异冰片的 2 倍。但当发臭物质与其他有机物同时存在时，活性炭对发臭物质的吸附性能会有所下降。

当臭氧和活性炭工艺联合使用时，对异臭味的去除更为有效。

（3）色度：活性炭对水生植物和藻类繁殖产生的色度具有良好的去除效果，一般在 50%。

（4）农药：氯化的农药经混凝沉淀和过滤只能极微量的去除，但它能被活性炭有效地去除。

（5）烃类有机物：活性炭对烃类等石油产品具有明显的吸附作用。

（6）有机氯化物：活性炭对氯化消毒过程中产生的有机氯化物的去除情况不尽相同，其中对四氯化碳的去除效果比三氯甲烷要好。

（7）洗涤剂：有资料报告，活性炭对水中洗涤剂的去除效果为：当滤速 17m/h 时，去除率为 50%；当滤速为 12m/h 时，去除率为 100%。

（8）由于活性炭具有对致突变物质以及氯化致突变物前驱物具有良好的吸附能力，因而可以进一步降低出水的致突变活性。

2. 活性炭也能去除水中的部分无机污染物

（1）重金属：活性炭对某些重金属离子及其化合物有很强的吸附能力，如对锑（Sb）、铋（Bi）、六价铬（Cr^{+6}）、锡（Sn）、银（Ag）、汞（Hg）、钴（Co）、锆（Zr）、铅（Pb）、镍（Ni）、钛（Ti）、钒（V）、钼（Mo）等均有良好的去除效果。但活性炭吸附重金属的效果与它们的存在形式和水的 pH 值有很大关系。

（2）余氯：活性炭可以脱除水处理中剩余的氯和氯胺。活性炭脱除氯和氯胺不是单纯的吸附作用，而是在活性炭表面上的一种化学反应。

（3）氰化物：若在炭床中通入空气，则炭可起催化作用，使有毒的氰化物氧化为无毒的氰酸盐。

（4）放射性物质：活性炭可除去浓度极低的放射性物质，如铀、钍、碘、钴等。

（5）氨氮：活性炭对氨氮几乎没有效果，但若与臭氧联合使用，当 $NH_3:O_3>1$ 时效果很差，当 $NH_3:O_3<1$ 时效果显著。

5.7.6 活性炭吸附的应用

5.7.6.1 粉末活性炭的应用

粉末活性炭由于粒度小、接触面积大，所以吸附速度快、效果好。特别是在水质恶化的季节，应用粉末活性炭能够迅速去除水中的臭、味等。粉末活性炭投加所需要的基建费用比较低。与颗粒活性炭相比，粉末活性炭的不足是再生困难，常常只是用一次，所以运行费用较高。

1. 投加量

粉末活性炭的投加量决定于特定粉末活性炭的吸附能力以及水质情况。在给水处理中吸附臭味有机物时，通常的粉末活性炭投加量范围在2～20mg/L之间。一般情况下，采用烧杯试验来确定活性炭的投加量。将待处理水样置于烧杯中，投加一定量的粉末活性炭，然后尽量模拟水厂中的接触时间、混合以及沉淀条件，在此基础上确定去除效果。一般烧杯试验的结果在现场需要适当的修正。粉末活性炭的投加量通常需要在实际生产中最后确定。

2. 接触时间

水中的有机物和粉末活性炭需要足够长的接触时间以保证吸附效果。对于不同类型化合物，采用粉末活性炭吸附所需接触时间是不同的。对水中大多数产生臭味有机物的去除，一般需要15min的接触时间。然而，对于另外一些化合物，如二甲基异莰醇（MIB），则需要更长的接触时间。接触时间最好通过实验来确定。

3. 投加点

常用的投加点有：水厂取水泵的吸水口、混合设施前、沉淀池出水或者滤池的进水处。这些投加点往往各有利弊，在选用时应综合考虑。

在水泵吸水口投加，可以得到较长的接触时间以及良好的混合效果，但活性炭投加量较大，因为很多可以通过混凝过程去除的有机物也会被吸附，从而增加了活性炭的用量，运行费用较高。

在混合设施前投加活性炭效果好，但有可能由于混凝剂的包裹作用而降低了吸附效率，同时，活性炭对某些物质的吸附可能没有达到饱和因而不能完全去除。

在沉淀池出口或者滤池进水处投加活性炭，可以有效利用粉末活性炭的吸附容量，但由于部分粉末活性炭的粒度过小而可能会穿透滤池进入配水系统。

还有多点投加的方式。即在不同位置投加不同量的粉末活性炭。还有研究表明，应以絮凝池中絮凝体尺度发展到与分散的粉末活性炭颗粒尺度相近时（即刚刚形成微小絮凝体）的位置作为粉末活性炭的最佳投加点。在该点投加活性炭既可避免竞争吸附，又使絮凝体对粉末活性炭的包裹作用最小，可充分发挥粉末活性炭的吸附效率。

投加点选择的原则是不仅要满足良好混合要求以及足够的接触时间，同时要尽量使水处理药剂对粉末活性炭的干扰作用最小，降低活性炭的投加量，节约运行费用。

4. 投加方式

粉末活性炭的投加方式有两种：干式投加和湿式投加，一般湿式投加方式应用较多。

采用湿式投加方式，通常将粉末活性炭和水混合成炭浆，然后通过计量泵直接投加到投加点。投加装置距离投加点尽可能近，输送管道要充分考虑可能产生的堵塞问题。

5.7.6.2 颗粒活性炭的应用

1. 颗粒活性炭滤池的构造

当饮用水的原水受到比较严重的污染需要长期使用活性炭，或者处理废水时，常常由于颗粒活性炭易于再生而采用颗粒活性炭滤池。

颗粒活性炭吸附装置的构造类似滤池，只是用颗粒活性炭作为滤料。颗粒活性炭层下部也设置卵石垫层和排水系统，以便定期反冲洗。

颗粒活性炭一般作为一个单元处理过程应用于水处理的某个环节，可以应用于 3 个不同的位置，即前置吸附、滤后吸附及过滤吸附。具体工艺组合见图 5.97。

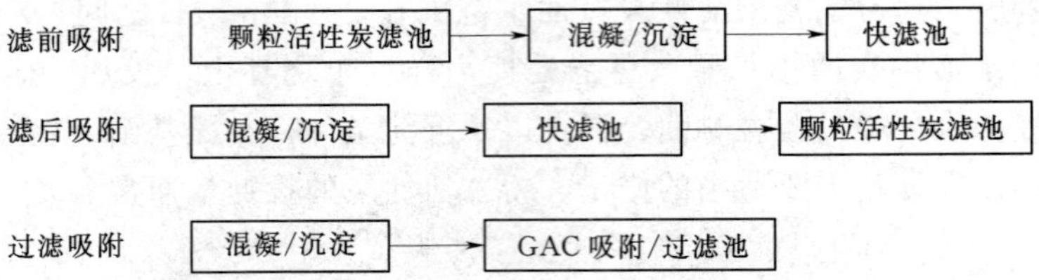

图 5.97　颗粒活性炭的吸附方式

放置在混凝沉淀以前的活性炭滤池，由于吸附量比较大，因而再生的频率比较高。在滤池后建吸附滤池，也需要增加基建投资。吸附/过滤装置，即由砂滤池改造而成的活性炭滤池也是一种常用的方式。砂滤池改造成的活性炭滤池可以用活性炭代替砂滤池上部部分滤砂，也可以用活性炭代替全部滤砂。作为过滤兼吸附装置的应用，它的基建投资相对较低，但它反冲洗的频率要比滤后吸附滤池大，跑炭量会由于反冲洗频繁而上升，同时操作的费用会由于活性炭的使用率降低而升高。

2. 活性炭吸附滤池设计参数

颗粒活性炭吸附滤池的设计过程，类似于快滤池的设计。活性炭吸附滤池用于经混凝、沉淀、过滤处理后某些有机物、有毒物质含量或色、臭、味等感官指标仍不能满足出水水质要求时的净水处理，其进水浊度一般小于 1NTU。

活性炭应具有吸附性能好、机械强度高、化学稳定性好和再生后性能恢复好等特性，常用煤质颗粒活性炭的粒径组成及性能参数见表 5.38。

表 5.38　煤质颗粒活性炭的粒径组成及性能参数

组成					
粒径范围（mm）	>2.5	2.5～1.25	1.25～1.0	<1.0	—
粒径分布（%）	≤2	≥83	≤14	≤1	—
吸附、物理、化学特性					
碘吸附值（mg/g）	亚甲基蓝吸附值（mg/g）	苯酚吸附值（mg/g）	pH 值	强度（%）	孔容积（cm^3/g）
≥900	≥150	≥140	6～10	≥85	≥0.65
比表面积（m^2/g）	装填密度（g/L）	水分（%）	灰分（%）	漂浮率（%）	—
≥900	450～520	≤5	11～15	≤2	—

注　1. 对粒径、吸附值、漂浮率等可以有特殊要求。
2. 不规则颗粒活性炭的漂浮率应小于 10%。

比较重要的两个活性炭滤池设计参数是空床接触时间和活性炭的利用率。空床接触时间是指单位体积颗粒活性炭填料在单位时间内的处理水量，一般以 min 表示。准确的接触时间应指水在滤料空隙的停留时间。但一般采用空床接触时间的概念，以整个滤料层的容积计算停留时间。空床接触时间将决定滤池的总体积从而影响建设投资，而活性炭利用率将决定活性炭的冲洗周期从而影响运行费用。

活性炭滤池的过流方式应根据吸附池池型、排水要求等因素确定，可采用降流式或升流式。

活性炭滤池个数及单池面积，应根据处理规模和运行管理条件经比较后确定，不宜少于 4 个。

处理水与颗粒活性炭滤炭床的空床接触时间宜采用 6～20min，空床流速采用 8～20m/h，炭层厚度采用 1.0～2.5m。炭层最终水头损失应根据活性炭的粒径、炭层厚度和空床流速确定。

活性炭吸滤池经常性的冲洗周期宜采用 3～6d。常温下经常性冲洗时，冲洗强度宜采用 11～13L/(m^2 · s)，冲洗历时 为 8～12min，活性炭滤层的膨胀率为 15%～20%。定期大流量冲洗时，冲洗强度宜采用 15～18L/(m^2 · s)，历时 8～12min，膨胀率为 25%～35%。为提高冲洗效果，可采用气水联合冲洗或增加表面冲洗方式，冲洗参数见表 5.39。

颗粒活性炭滤池宜采用中、小阻力配水（气）系统。承托层宜采用砾石分层级配，粒径 2～16mm，厚度不小于 250mm，具体砾石分层和厚度设置见表 5.40。

表 5.39　　颗粒活性炭反冲洗参数

冲洗类型		活性炭粒径（mm）	
		2.38～0.59	1.68～0.42
气水反冲	水冲强度 [L/(m^2·s)]	11.1	6.7
	水冲时间（min）	8～10	15～20
	气冲强度 [L/(m^2·s)]	13.9	13.9
	气冲时间（min）	5	5
水冲加表面冲洗	水冲强度 [L/(m^2·s)]	11.1	6.7
	水冲时间（min）	8～10	15～20
	表冲强度 [L/(m^2·s)]	1.67	1.67
	表冲时间（min）	5	5

表 5.40　　颗粒活性炭滤池承托层粒径级配设置

层次（自上而下）	粒径（mm）	承托层厚度（mm）
1	8～16	50
2	4～8	50
3	2～4	50
4	4～8	50
5	8～16	50

5.7.7 活性炭的再生

由于吸附容量有限，活性炭使用的时间是有限的。根据运行经验，当活性炭碘值指标小于 600mg/g 或亚甲基兰指标小于 85mg/g 时，应进行再生。所谓再生，即采用一些特殊的方法，可以物理方法、化学方法或生物方法等，将吸附在活性炭表面的吸附质除去，恢复活性炭吸附能力。一般粉末活性炭由于颗粒太小难于再生，再生的都是颗粒活性炭。

目前颗粒活性炭的再生方法有加热再生法、化学药剂再生法、化学氧化再生法、生物再生法、湿式氧化再生法和超声波再生法等，其中加热再生法应用最广。

加热再生法的原理是通过热分解的方法将吸附在活性炭孔隙中的吸附质去掉。近年来国内采用直接电加热再生炉以再生活性炭，其结构简单，使用方便，再生费用约占活性炭费用的 5.5%。

加热再生法的主要步骤如下：①废炭脱水到 40%～50% 含水量；②在温度高到 200℃ 条件下干燥；③在 500～700℃ 时烘烤或热解；④温度在 700℃ 以上使活性炭活化；⑤将再生的炭骤然冷却，防止氧化。

再生炉有电红外炉（停留时间 25min）、流化床炉（10～20min）、立式多段炉（120～240min）和回转炉等。再生时损失的炭量，电红外炉约 5%，流化床约 2%～5%，立式多段炉约 5%～6%。

思考题

1. 常规给水处理工艺流程由哪几部分组成？各部分的作用是什么？

2. 混凝的基本原理是什么？常用混合设施有几种，各有什么特点？絮凝反应池有哪些类型，各有什么特点？

3. 在絮凝动力学中，何谓同向絮凝和异向絮凝？两者的絮凝速率与哪些因素有关？

4. 目前我国常用的絮凝剂有哪几种？简要叙述硫酸铝絮凝作用机理以及其与水的 pH 值的关系。

5. 混合和絮凝过程的控制指标是什么？有什么含义？如何计算其值大小和判断？

6. 什么叫自由沉淀、拥挤沉淀和絮凝沉淀？

7. 理想沉淀池应符合哪些条件？根据理想沉淀池条件，沉淀效率与池深、长度和表面积关系如何？

8. 影响平流式沉淀池沉淀效果的主要因素是什么？

9. 斜管沉淀池的理论根据是什么？为什么斜管倾角通常采用 60°？

10. 澄清池的基本原理和主要特点是什么？

11. 过滤工艺在水处理工艺过程中有什么重要性？

12. 为什么粒径小于滤层中孔隙尺寸的杂质颗粒会被截留下来？普通快滤池的过滤机理是什么？

13. 衡量滤料颗粒形成的指标有哪些？最主要的指标是什么？如何选择滤料？

14. 如何判断滤池需要反冲洗？反冲洗的机理是什么？有什么的反冲洗方式，各有什么特点？

15. 什么是大阻力配水系统？什么是小阻力配水系统？各有什么特点？如何选用？

16. 简要地综合评述普通快滤池、无阀滤池、虹吸滤池、移动罩滤池、V 型滤池和压力滤池的主要优缺点和适用条件。

17. 目前饮用水的主要消毒方法有哪些？简要评述各消毒方法的优缺点？

18. 什么叫自由性氯？什么是化合性氯？两者消毒效果有什么区别？

19. 什么叫余氯？其主要作用是什么？

20. 液氯消毒和二氧化氯消毒的主要原理是什么？二氧化氯消毒相对于液氯消毒有什么优势？

21. 制取二氧化氯有哪几种方法？各有什么优缺点？

22. 对于微污染水源，微生物处理的基本原理是什么？相对于其他处理方式而言有什么优势？常用于水源水处理的微生物处理方法有哪几种？各有什么特点？

23. 什么是高浊度水？其处理的方法是什么？常用于高浊度水的絮凝剂是那种？

24. 为什么低温低浊原水难于处理？其主要的处理方法有哪些？

25. 水源中含藻有什么危害？如何除藻？

26. 水的臭和味的主要来源是什么？如何对原水除臭和味？

27. 水中含铁、锰有什么危害？除铁除锰的原理是什么？如何进行除铁除锰滤池的设计？

28. 地下水含氟有什么危害？常用的除氟方法是什么？

习题

1. 河水总碱度为 0.1mmol/L（按 CaO 计）。硫酸铝（含 Al_2O_3 为 16%）投加量为 25mg/L，问是否需要投加石灰以保证硫酸铝顺利水解？设供水站每日产水量为 10000m^3，试问供水站每天约需要投加多少千克石灰（石灰纯度按 50%计）。

2. 已知某村镇供水站的设计水温 $T=20$℃，设计进水量：3000m^3/d，进口流速：$v_1=1.0m/s$，出口流速：$v_2=0.2m/s$，絮凝反应时间 $t=20min$，絮凝池分格数 $n=8$，分成两排设置，单格间隔墙厚度为 $d=150mm$，有效水深 $h=2.8m$，超高取 0.3m，泥斗倾角 $\theta=60°$，泥斗为正方形，平面尺寸 0.3m×0.3m。$T=20$℃时水的 $\mu=1.0091\times10^{-3}$ Pa·S，水的密度 $\rho=1.0\times10^3kg/m^3$。

求：(1) 求反应池尺寸：单格反应池平面尺寸、反应池总平面尺寸、池深；

(2) 各级孔口流速及尺寸，孔口高：宽=1.5：1；

(3) 水头损失，水头损失系数，进口为 1.0，孔口为 1.06；

(4) 计算 GT 值，并判断是否满足混凝反应的要求。

3. 已知某村镇供水站的设计水温 $T=20$℃，设计进水量：10000m^3/d，絮凝池为 1 组，絮凝时间 $t=20min$，采用栅条絮凝反应池，絮凝池分三段：前段为密栅条，过栅流速为 0.25m/s，竖井平均流速为 0.10m/s；中段为疏栅条，过栅流速为 0.22m/s，竖井流速为 0.1m/s；末段不放置栅条，竖井流速为 0.1m/s。竖井之间连接孔流速：前段为 0.30～0.20m/s，中段为 0.20～0.15m/s，末段为 0.1～0.14m/s。

另外，单格间隔墙厚度为 $d=150mm$，有效水深 $h=2.8m$，超高取 0.3m，泥斗倾角

$\theta=60°$，泥斗为正方形，平面尺寸 0.3m×0.3m。

求：(1) 絮凝反应池的总面积及单格尺寸；

(2) 絮凝反应池的总水头损失和 GT 值。

注：栅条水头损失系数前段 6 层设置时为 2.0，中段 4 层设置时为 1.80，竖井连接孔洞的水头损失系数为 3.0。

4. 已知颗粒密度 $\rho=2.65\text{g/cm}^3$，粒径 $d=0.45\text{mm}$（按球形颗粒考虑），求该颗粒在 20℃静水中的沉降速度是多少？

5. 平流沉淀池设计流量为 $600\text{m}^3/\text{h}$。要求沉淀速度等于和大于 0.3 mm/s 的颗粒全部去除。按理想沉淀池条件，求：(1) 所需沉淀池平面积为多少？(2) 沉速为 0.1 mm/s 的颗粒，其去除率为多少？

6. 已知某村镇供水站的设计水温 $T=20℃$，设计进水量：$10000\text{m}^3/\text{d}$，液面上升流速：$v=2.0\text{mm/s}$，颗粒沉降速度：$u=0.25\text{mm/s}$，采用蜂窝六边形塑料斜管，斜管内切圆直径 $d=30\text{mm}$，管长 1.0m，斜管倾角 $\theta=60°$。

求：(1) 计算斜管沉淀池尺寸（池形为正方形，利用系数 0.95）；

(2) 计算斜管沉淀池池深，沉淀池超高：0.3m，清水区水深：1.2m，配水区高度：1.50m，泥槽高度：0.8m；

(3) 计算斜管内停留时间，复核管内雷诺数。

7. 两格重力无阀滤池合用一个冲洗水箱。滤池设计流量为 $5000\text{m}^3/\text{d}$ 请设计滤池平面尺寸和冲洗水箱的深度（设计参数自己选用）。

8. 活性炭吸附试验结果如下表：

编　号	活性炭量 m(mg)	平衡浓度 C_e(mg/L)	q_e(mg/mg)
1	0	75.0	—
2	50	44.0	0.124
3	100	30.0	0.089
4	200	17.5	0.0575
5	500	6.7	0.0272
6	800	3.9	0.0177
7	1000	3.0	0.0144

(1) 试求浓度为 3.0mg/L 时的 q_e 值；

(2) 求费里德里希（Freundlich）吸附公式中的 K 值和 n 值。

第6章 村镇供水工程设计

对于村镇供水而言，由于其居民居住的分散性和水源、地形条件的限制，村镇供水工程主要分为村镇集中供水工程和分散供水工程两种类型。村镇集中式供水工程系指以村镇为单位，从水源集中取水，经净化和消毒，水质达到饮用水卫生标准后，利用配水管网统一送到用户或集中供水点的供水工程。其他以户为单位和联户建设的供水工程为分散式供水工程。

本章节仅针对水质净化部分设计进行详细介绍，取水工程请参照第3章和《水泵及水泵站》课程相关内容，输配水工程请参照本教材第7章内容。

6.1 村镇集中供水站工程设计

6.1.1 供水站的供水规模

村镇集中供水站的供水规模主要是以设计的最高日制水量（m^3/d）表示，一般属于中小型水厂或供水站。

根据《村镇供水工程技术规范》(SL 310—2004)，村镇集中供水工程按供水规模可分为表6.1中的五种类型。

表6.1 村镇集中式供水工程类型划分

工程类型	Ⅰ型	Ⅱ型	Ⅲ型	Ⅳ型	Ⅴ型
供水规模 w（m^3/d）	$w>10000$	$10000\geqslant w>5000$	$5000\geqslant w>1000$	$1000\geqslant w\geqslant 200$	$w<200$

6.1.2 供水站的组成

村镇集中供水站工程通常由下列4个基本部分组成：

1. 生产构筑物

生产构筑物是指直接与生产有关的构筑物，如预沉池、反应池、沉淀池、滤池、清水池、反冲洗设施、消毒间、加药间、二级泵房等。

2. 附属设施

附属设施是指为生产服务所需要的建筑物，如化验室、检修车间、材料仓库、值班宿舍、办公室、食堂、配电间等。

3. 各类管道

净水构筑物之间的生产管道（或渠道）、加药管道、加氯管道、自用水管、排污管道、雨水管道及电缆沟槽等。

4. 其他设施

厂区道路、绿化布置、照明、围墙及大门等。

6.1.3　供水站工艺流程选择

6.1.3.1　供水站水质净化工艺流程选择

供水站水质净化工艺流程的选择，应根据原水水质、设计规模、用户对出水水质的要求，或参照相似条件下已建成运行的供水站的水质净化工艺流程，结合当地条件，通过技术经济比较确定。

其中，原水水质的特点是确定供水站水质净化工艺流程的首要因素。

1. 一般水源水质净化工艺流程

一般水源是指原水水质基本符合《地表水环境质量标准》Ⅱ类水源的水质要求，其水质净化工艺流程中通常包括混合、絮凝、沉淀或者澄清、过滤及消毒，又称为常规处理工艺。工艺流程见图 6.1。

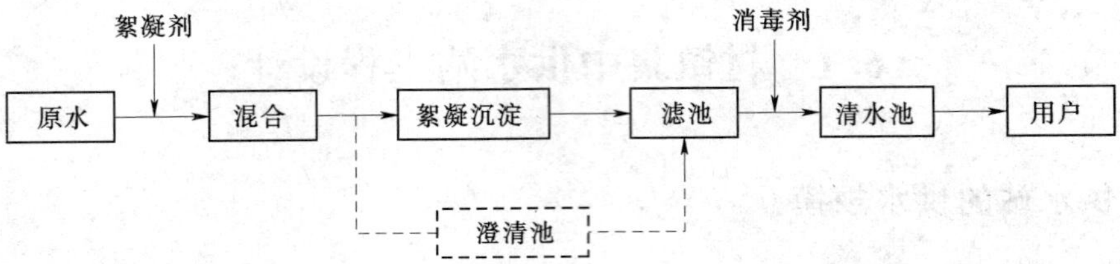

图 6.1　地表水常规处理工艺流程

2. 低温、低浊、高藻水源水的水质净化工艺流程

水库、湖泊水往往浊度较低、含藻较高，尤其是在冬季的低温时节或春秋之交藻类大量生长的季节，水库或湖泊水源较难处理。在除浊的同时需考虑除藻，在设计时可根据水源水的水质和藻类的情况，如浊度在全年的时间内较低，藻类含量不高时，其水质净化工艺流程见图 6.2；如水库或湖泊容积较小，在汛期浊度变化较大，而在冬季以及春秋之交时浊度较低，但藻类含量较高，则在选择水质净化工艺流程时，应兼顾汛期相对较高浊度水的处理和冬、春秋季节的低浊高藻类水的处理，其水质净化工艺流程见图 6.3。

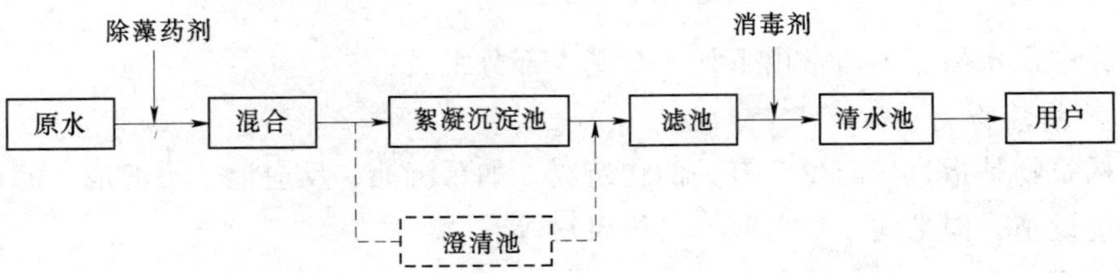

图 6.2　除藻水质净化工艺流程（含藻不十分严重）

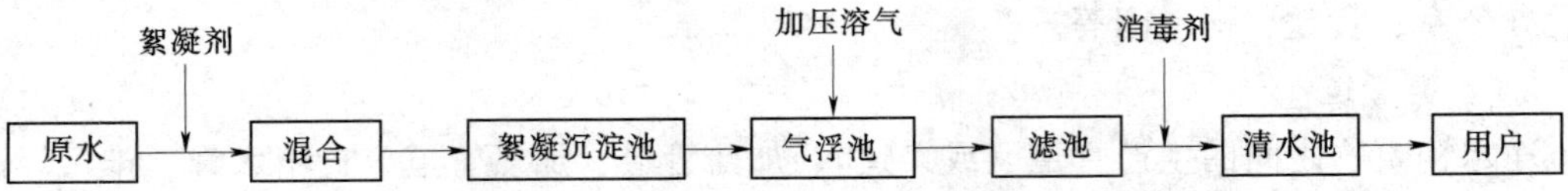

图 6.3　除藻水质净化工艺流程（浊度较高且含藻量较大）

3. 高浊度水源水的水质净化工艺流程

当原水浊度高，含沙量大时，为了达到预期的混凝沉淀（或澄清）效果，减少混凝剂用量，应增设自然预沉或混凝预沉工艺，即采用两级分步沉淀工艺，水质净化工艺流程见图 6.4。

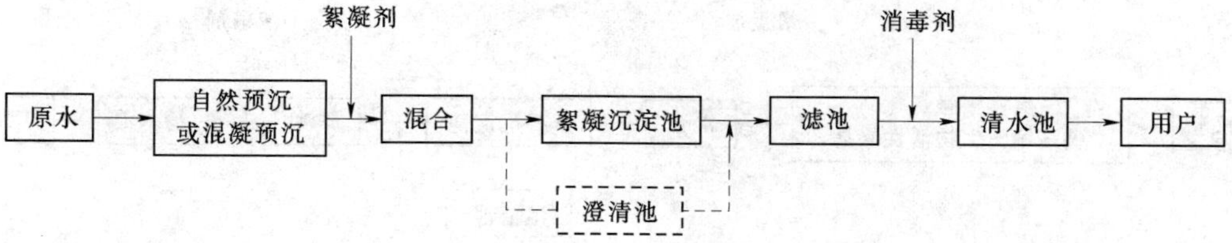

图 6.4 高浊度水源的水质净化工艺流程

预沉工艺采用自然沉淀还是混凝沉淀，应当视原水含沙的性质而定，如沉淀性能良好，可采用自然沉淀进行预沉处理，如沉淀性能不好，则应选择混凝沉淀进行预沉处理，絮凝剂的选择和添加量以运行试验结果为准为好，一般情况下絮凝剂以聚丙烯酰胺（PAM）作为混凝预沉的絮凝剂效果较好。

4. 微污染水源水的水质净化工艺流程

对受微量有机物污染，水质达不到规定标准要求的水源，一般不宜作为生活用水水源。如就近确实无法找到合适水源时，也可对受微量污染原水进行水质预处理或深度处理的方案进行比较，但必须使其出水达到生活饮用水卫生标准。

微污染水源水的饮用水的净化工艺流程有：

（1）如微污染水源水中有机物含量不高，且发生的时间较短，经简单的增强物化处理则可满足水质净化需要，可在常规处理工艺前投加黏土和增加絮凝剂用量，采用强化絮凝工艺，也可在常规处理工艺前即絮凝处理前投加粉末活性炭吸附，见图 6.5。

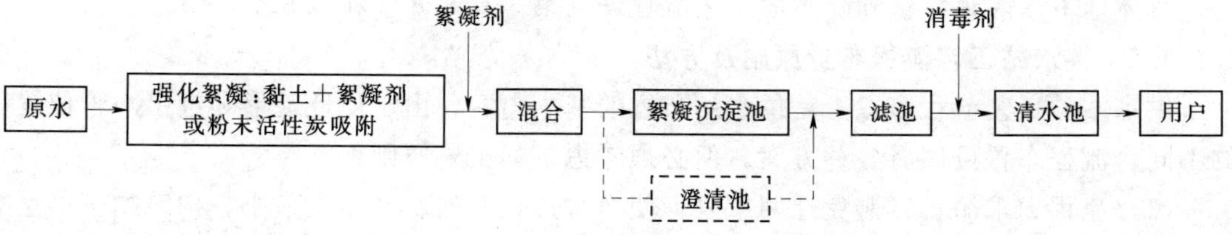

图 6.5 强化絮凝或粉末活性炭吸附处理微污染水源水工艺

（2）如微污染水源水中有机物含量不高，但发生时间较长，则可在常规处理工艺之后增设颗粒活性炭吸附滤池，待处理水经活性炭吸附处理后再消毒后进入清水池，见图 6.6。

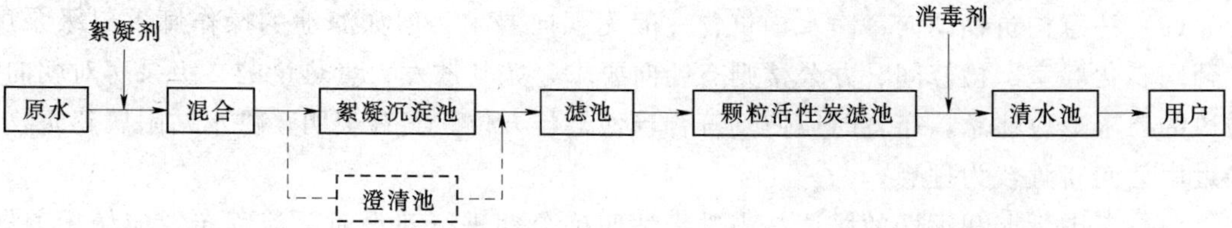

图 6.6 颗粒活性炭滤池处理微污染水源水工艺

(3) 对于水源水中有机物含量较高的微污染水源水，采用微生物处理的方法进行处理是经济有效的，微生物处理方法通常采用生物接触氧化法，也可以采用臭氧＋生物活性炭滤池，一般设置在常规处理工艺之前，见图6.7，以有利于后续的常规处理工艺，也可将臭氧＋生物活性炭滤池设置在常规处理工艺中絮凝沉淀之后，过滤之前，见图6.8。

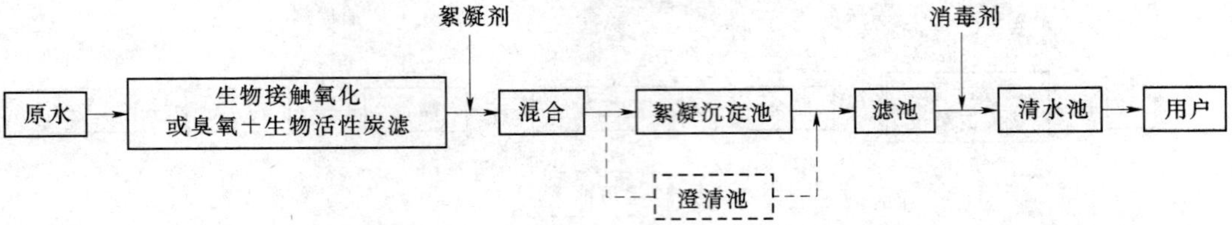

图6.7　生物接触氧化或臭氧＋生物活性炭法处理微污染水源水工艺

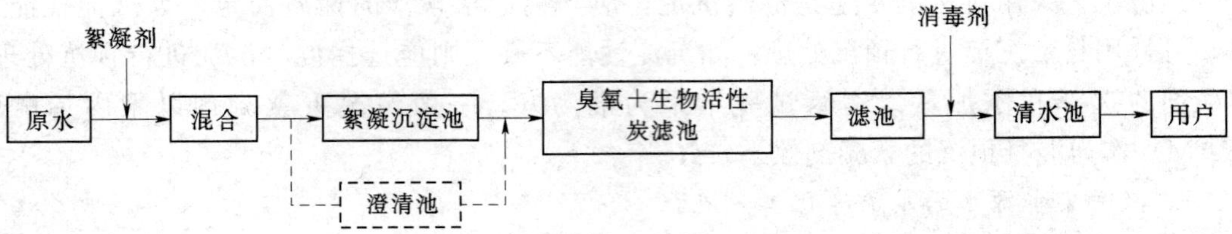

图6.8　臭氧＋生物活性炭法处理微污染水源水工艺

5. 地下水源水的水质净化工艺流程

以地下水作为水源时，由于水质较好，通常不需要任何处理，仅经消毒即可，工艺简单。当地下水含铁锰量超过饮用水水质标准时，则应采取除铁除锰措施。如地下水含氟量超标，则应采用除氟工艺进行处理，如含盐过高，则应除盐处理，如硬度偏高，则应进行软化处理。

具体地下水除铁除锰和除氟的工艺流程详见第5章5.6.6和5.6.7小节。

6.1.3.2　供水站工艺流程布置原则及方法

供水站的工艺流程布置，是供水站布置的基本内容，由于厂址地形和进出水管位置等的不同，流程布置可以有各种方案，但必须考虑下列主要原则：

(1) 流程力求简短，避免迂回重复，使净水过程中的水头损失最小。构筑物应尽量靠近，便于操作管理和管道连接。

(2) 尽量适应地形，因地制宜地考虑流程，力求减少土石方开挖和回填量。地形自然坡度较大时，应尽量顺等高线布置，必要时可采用台阶式布置，在地质变化较大的厂址中，构筑物应结合工程地质情况布置。

(3) 注意构筑物朝向：净水构筑物一般无朝向要求，但如滤池的操作廊、二级泵房、加药间、化验室、检修间、办公楼则有朝向要求，尤其散发大量热量的二级泵房对朝向和通风的要求更应注意，布置时应使其符合当地最佳方位。实践表明，供水站附属建筑物以接近南北向布置较为理想。

(4) 考虑近期和远期的协调：当供水站明确分期进行建设时，流程布置应统筹兼顾，既要有近期的完整性，又要求有分期的协调性，布置时应避免近期占地过早过大。为此有分期实施的计划时，各系列净水构筑物系统应尽量采用平行布置。

6.1.4 供水站厂址的选择及布置

6.1.4.1 供水站厂址选择的原则

根据《村镇供水工程技术规范》（SL 301—2004）和《室外给水设计规范》（GB 50013—2006），供水站厂址的选择，应根据下列要求，通过技术经济比较综合确定：

（1）充分利用地形高程、靠近用水区和可靠电源，整个供水工程系统布局合理。

（2）与村镇建设规划相协调。

（3）满足水厂近、远期布置需要。

（4）不受洪水与内涝威胁。

（5）有良好的工程地质条件。

（6）有良好的卫生环境，并便于设立防护地带。

（7）有较好的废水排放条件。

（8）少拆迁，不占或少占良田。

（9）施工、运行管理方便。

对于上述规定，在执行中需要说明的还有：

（1）对于可能受到洪水威胁的供水站选址，必须考虑防洪措施：

根据《村镇供水工程技术规范》3.5.1，集中式供水工程的防洪设计应符合《防洪标准》（GB 50201）以及《水利水电工程等级划分及洪水标准》（SL 252）的有关规定。

Ⅰ～Ⅲ型供水工程的主要建（构）筑物应按20～30年一遇洪水进行设计、50～100年一遇洪水进行校核；Ⅳ、Ⅴ型供水工程的主要建（构）筑物，应按10～20年一遇洪水进行设计、30～50年一遇洪水进行校核。

（2）目前许多地方已经禁止把供水站的废水与污泥再排入天然水体，因此供水站的设计需考虑污泥的处理与处置的问题。

6.1.4.2 供水站厂址位置的布置

供水站的设计选址应在整个供水工程系统中全面规划，综合考虑。

以地表水为水源的供水站，在整个供水工程系统中的位置有下述布置方式：

（1）当取水地点距离用水区较近时，供水站一般设置在取水构筑物附近，通常与取水构筑物建在一起，但考虑防洪问题，取水构筑物也可和供水站分开建设。

（2）当取水地点距离用水区较远时，供水站的位置布置有两种方案：一是将供水站设置在取水构筑物附近；另一种是将供水站设置在离用水区较近的地方。第一种方案主要优点是供水站和取水构筑物可以集中管理，节省自用水（如滤池冲洗和沉淀池排泥）的输水费用并便于沉淀池排泥和滤池冲洗水排除，特别对浊度较高的水源而言。但从供水站至主要用水区的输水管道口径要增大，管道承压较高，从而增加了输水管道的造价，特别是当村镇用水量时变化系数较大及输水管道较长时；或者需在主要用水区增设配水厂（设置消毒间、调节构筑物和加压泵房），净化后的水由供水站送至配水厂，再由配水厂送入管网，这样也增加了给水系统的设施和管理工作。第二种方案优缺点与前者正相反。

（3）对于高浊度水源，也可将预沉构筑物与取水构筑物建在一起，供水站其余部分设置在主要用水区附近。以上不同方案应综合考虑各种因素并结合其他具体情况，通过技术经济比较确定。

（4）对于以地下水为水源的供水站，因不需设置净水构筑物，供水站（清水池、加氯间和配水泵房）一般设在用水区附近。

如地下水硬度、铁锰、氟超标或为苦咸水，需进行相应处理后方可使用，一般将处理设施和清水池等设置在一起。

6.1.5　供水站厂区平面布置设计

当供水站的主要构筑物的流程布置确定以后，即可进行整个供水站的总平面设计，将各项生产和辅助设施进行组合布置，布置时应遵循下列原则。

6.1.5.1　供水站平面布置原则

（1）布置紧凑，以减少供水站占地面积和连接管（渠）的长度，并便于操作管理。如沉淀池或澄清池应紧靠滤池；二级泵房尽量靠近清水池。但各构筑物之间应留出必要的施工和检修间距和管（渠）道位置。

（2）充分利用地形，力求挖填土方平衡以减少填、挖土方量和施工费用。例如沉淀池或澄清池应尽量布置在地势较高处，清水池尽量布置在地势较低处。

（3）各构筑物之间连接管（渠）应简单、短捷，尽量避免立体交叉，并考虑施工、检修方便。此外，有时也需设置必要的超越管道，以便某一构筑物停产检修时，为保证必须供应的水量采取应急措施。

（4）建筑物布置应注意朝向和风向。如加氯间和氯库应尽量设置在供水站主导风向的下风向；泵房及其他建筑物尽量布置成南北向。

（5）有条件时，最好把生产区和生活区分开，尽量避免非生产人员在生产区通行和逗留，以确保生产安全。厕所和化粪池的位置与生产构（建）筑物的距离应大于 10m，不应采用旱厕和渗水厕所。

（6）对分期建造的工程，既要考虑近期的完整性，又要考虑远期工程建成后整体布局的合理性。还应考虑分期施工方便。

（7）应考虑绿化美化，新建供水站的绿化占地面积不宜小于水厂总面积的 20%。

（8）应根据需要设置通向各构（建）筑物的道路。单车道宽度宜为 3.5m，并应有回车道，转弯半径不宜小于 6m，在山丘区纵坡不宜大于 8%；人行道宽度宜为 1.5～2.0m。

（9）应有雨水排除措施，厂区地坪宜高于厂外地坪和内涝水位。

（10）供水站周围应设围墙及安全防护措施。

6.1.5.2　供水站平面布置设计

供水站平面布置设计包括生产构筑物、生产建筑物、生产附属建筑物、生活附属建筑物、管道、堆料场、道路、绿化等布置，应便于生产和管理，并符合卫生和安全的要求。

生产构筑物及建筑物平面尺寸由设计计算确定。生活辅助建筑面积应按供水站管理体制、人员编制和当地建筑标准确定。生产辅助建筑物面积根据供水站规模、工艺流程和当地具体情况确定。

当各构筑物和建筑物的个数和面积确定之后，根据工艺流程和构筑物及建筑物的功能要求，结合地形和地质条件，进行平面布置。

处理构筑物一般均分散露天布置，但考虑到阳光照射可能造成的藻类大量滋生问题，有时需要在絮凝沉淀池等池体上设置遮阳棚。北方寒冷地区需有采暖设备的，可采用室内集中布置。集中布置比较紧凑，占地少，便于管理和实现自动化操作，但结构复杂，管道立体交叉多，造价较高。

供水站平面布置的主要内容有：各种构筑物和建筑物的平面定位；各种管道、阀门及管道配件的布置；排水管及检查井的布置；道路、围墙、绿化及供电线路的布置等。

6.1.6 供水站工艺流程高程设计与土方平衡

6.1.6.1 供水站工艺流程高程设计

供水站工艺流程高程设计的任务就是确定各处理构筑物、泵房和连接管渠的高程，使水能够按流程在处理构筑物之间通畅流动。

在处理工艺流程中，各构筑物之间水流应为重力流，即原水经取水泵房一次提升后应能自流依次流经各处理构筑物。两构筑物之间水面高差即为流程中的水头损失，包括构筑物本身、连接管道、计量设备等水头损失在内。水头损失应通过计算确定，并留有余地，但不宜过多，否则会造成取水泵扬程的增加而造成运行费用升高。

处理构筑物中的水头损失与构筑物形式和构造有关，估算时可采用表 6.2 中的数据，一般需通过计算确定。该水头损失应包括构筑物内集水槽（渠）等水头跌落损失在内。

表 6.2　供水站水处理构筑物中的水头损失

构筑物名称	水头损失（m）	构筑物名称	水头损失（m）
进水井格网	0.2～0.3	无阀滤池、虹吸滤池	1.5～2.0
絮凝池	0.4～0.5	移动罩滤池	1.2～1.8
沉淀池	0.2～0.3	直接过滤滤池	2.0～2.5
澄清池	0.6～0.8		
普通快滤池	2.0～2.5		

各构筑物之间的连接管（渠）断面尺寸由流速决定，其值一般按表 6.3 中采用。当地形有适当坡度可以利用时，可选用较大流速以减小管道直径及相应配件和阀门尺寸；当地形平坦时，为避免增加填、挖土方量和构筑物造价，宜采用较小流速。在选定管（渠）道流速时，应适当留有水量发展的余地。连接管（渠）的水头损失（包括沿程和局部）应通过水力计算确定，估算时可采用表 6.3 数据。

表 6.3　连接管中允许流速和水头损失

接连管段	允许流速（m/s）	水头损失（m）	附　注
一级泵站至絮凝池	1.0～1.2	视管道长度而定	
絮凝池至沉淀池	0.15～0.2	0.1	为防止絮凝体破碎，絮凝池和沉淀池一般合建，二者之间连接采用联通孔洞

续表

接连管段	允许流速（m/s）	水头损失（m）	附　　注
沉淀池或澄清池至滤池	0.8～1.2	0.3～0.5	
滤池至清水池	1.0～1.5	0.3～0.5	流速宜取下限留有余地
快滤池冲洗水管	2.0～2.5	视管道长度而定	
快滤池冲洗水排水管	1.0～1.5	视管道长度而定	

当各项水头损失确定之后，便可进行构筑物工艺流程高程布置。构筑物工艺流程高程布置与厂区地形、地质条件及所采用的构筑物型式有关。当地形有自然坡度时，有利于高程布置，应尽可能利用自然地形，以有利于水流和减少土石方开挖和回填量；当地形平坦时，高程布置中既要避免清水池埋入地下过深，又应避免絮凝沉淀池或澄清池在地面上抬高而增加造价，尤其当地质条件差、地下水位高时，应注意构筑物的抗浮问题。通常，当采用普通快滤池时，应考虑清水池地下埋深；当采用无阀滤池时，应考虑絮凝、沉淀池或澄清池是否会抬过高。

6.1.6.2　土方平衡

1. 一般要求

供水站总体布置时，应力求节约土方工程量以缩短工期，减少基建投资。在山区建供水站，除结合地形采用阶梯式场地布置减少土方外，还要考虑少挖石方，因开挖石方需进行爆破作业，工期长、费用贵，对生态环境影响大。

一般情况下，要求供水站场地开挖时尽量做到供水站内的土方平衡，即确定合适的土方开挖和回填，尽可能做到场地内既不土方外运，同时也不从外购土，从而不产生土方外运或购土的费用。

2. 土方估算

先定出各平面的设计标高，然后粗略估算土方工程量。判断是否接近挖填平衡，如发现相差较大，就要调整标高或平面位置，重新估计。

3. 土方量计算方法

土方量计算方法，一般有方格网法和横断面法两种。其中以方格网法采用最为普遍。当供水站场地纵横向坡度变化均匀或较有规律时，也可采用横断面法。在阶梯式布置中各台阶可分别用方格网法计算，台阶间边坡可采用横断面法计算，然后汇总。

(1) 方格网法。

一般全供水站站区采用统一尺寸方格进行计算。方格尺寸视场地起伏情况可采用10m×10m、20m×20m。方格网的一边宜与厂区轴线相平行。

方格网法的计算步骤可用下例进行说明：图6.9是采用20m×20m的方格网。在各个方格角处右上注设计标高；右下注原地面标高；左上注填挖方高度，填方时前面加（+）号。挖方时前面加（−）号；左下注角点的编号。图中虚线位置表示挖填方零点线位置，用零点线计算公式求得各有关边线上的零点，连接成零点线。每个方格的土方量用相应公式算出。方格网的填挖情况，不同图示和相应计算公式见表6.4。图6.10为图6.9中方格Ⅲ、Ⅶ、Ⅷ的计算。

表 6.4　方格网的填挖图示和计算公式表

填挖情况及图示	计算公式	符号说明
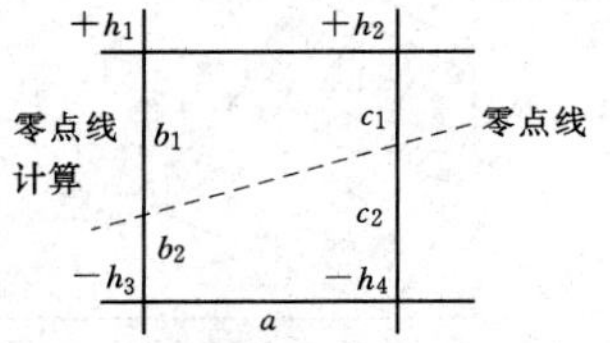	$b_1=a\dfrac{h_1}{h_1+h_3}$　$c_1=a\dfrac{h_2}{h_2+h_4}$ $b_2=a\dfrac{h_3}{h_1+h_3}$　$c_2=a\dfrac{h_4}{h_2+h_4}$	a—方格边长（m）； b、c—表示零点到一角的边长（m）； V—填方或挖方的体积（m^3）； h_1、h_2、h_3、h_4—表示各点角点的填挖方高度（m）用绝对值带入； Σh—表示填方或挖方高度总和，用绝对值带入
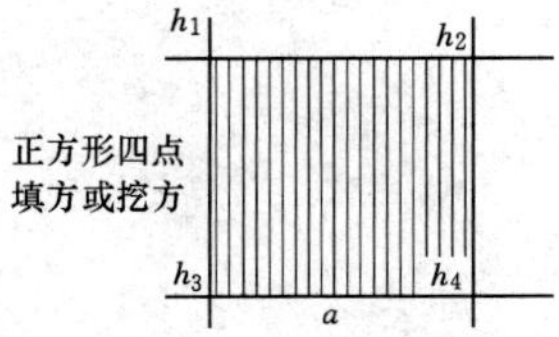	$V=\dfrac{a^2}{4}(h_1+h_2+h_3+h_4)$	
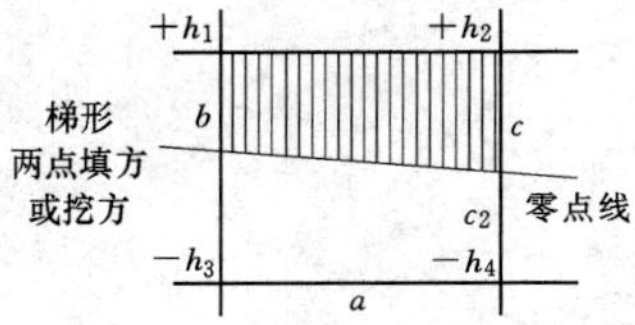	$V=\dfrac{b+c}{2}a\dfrac{\Sigma h}{4}=\dfrac{(b+c)\ a\Sigma h}{8}$	
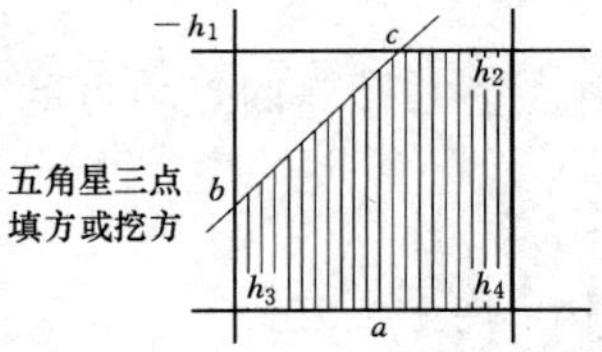	$V=\left[a^2-\dfrac{(a-b)(a-c)}{2}\right]\dfrac{\Sigma h}{5}$	
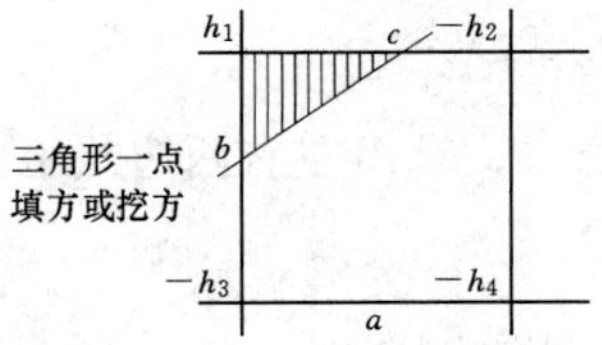	$V=\dfrac{1}{2}bc\dfrac{\Sigma h}{3}=\dfrac{bc\Sigma h}{6}$	

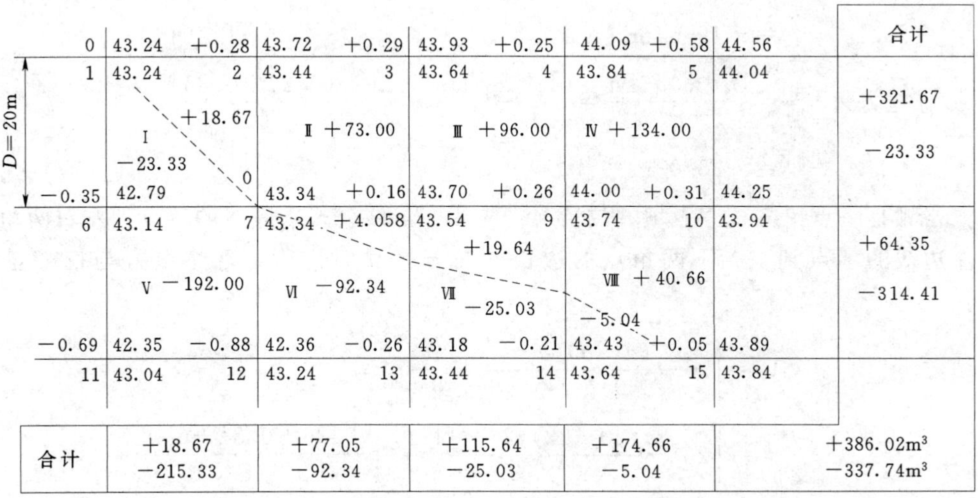

图 6.9　方格网土方量计算

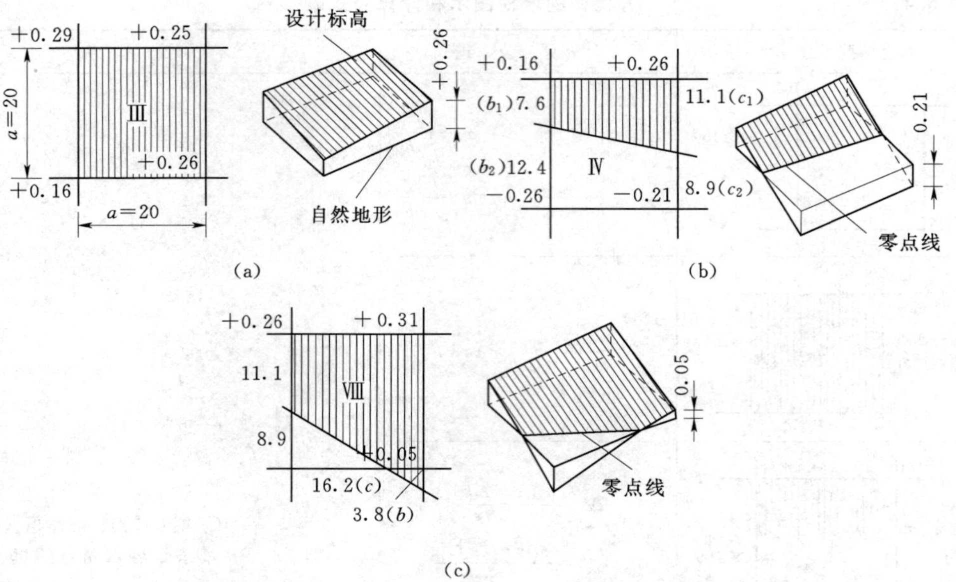

图 6.10　三种型式方格网计算实例（单位：m）

其中方格Ⅲ，是属于四点均为填方，无零点线，为表 6.4 中“正方形”四点填方的情况，其填方量为：

$$+V=\frac{a^2}{4}(h_1+h_2+h_3+h_4)=\frac{20^2}{4}(0.29+0.25+0.16+0.26)$$
$$=+96\text{m}^3$$

方格Ⅶ是属于二点填方和二点挖方的情况，应先用零点线公式，求出左右两边线上的零点线到相应的上、下两角的边长，然后，求出填方量和挖方量。

$$\text{填方量}+V=\frac{(b+c)a\sum h}{8}=\frac{(7.6+11.1)\times 20\times(0.16+0.26)}{8}$$
$$=+19.64\text{m}^3$$

$$\text{挖方量}-V=\frac{(b+c)a\sum h}{8}=\frac{(12.4+8.9)\times 20\times(0.21+0.26)}{8}$$
$$=-25.03\text{m}^3$$

方格Ⅷ是一点挖方、三点填方的情况。先用零点线公式求底线的零点到左右两角的边长，左边线的零点到上、下两角点的边长已在方格Ⅶ时求得，现将填方与挖方量求解如下：

$$\text{填方量：}\quad +V=\left[a^2-\frac{(a-b)(a-c)}{2}\right]\frac{\sum h}{5}$$
$$=\left[20^2-\frac{(20-38)(20-11.1)}{2}\right]\frac{(0.26+0.31+0.05)}{5}$$
$$=+39.67\text{m}^3$$

挖方量：　　$-V=\frac{bc\sum h}{6}=\frac{8.9\times16.2\times0.21}{6}=-5.04\text{m}^3$

其他方格，也要按填挖情况，用相应的公式算出填挖方量。而后将所求得的填挖方数分别填入相应的方格内，按行列相加的方法算出总填方量（$+386.02\text{m}^3$）和挖方量（-337.74m^3），见图6.9。

为了简化计算程序和提高工作效率，设计单位可编有不同的电算程序以代替手工计算。

(2)横断面法。一般选择在厂区地形和布置上有特征的地方取断面进行计算。横断面法土方量按下式计算：

$$Q_n=\frac{1}{2}(F_n+F_{n+1})L \tag{6.1}$$

式中　Q_n——第 n 个与 $n+1$ 个横断面之间的挖方或填方量，m^3；

F_n、F_{n+1}——在第 n 个与 $n+1$ 个横断面上的挖方或填方面积，m^2；

L——两相邻横断面之间的距离，m。

横断面近似计算法步骤：

1）根据供水站的地形特征，将要计算的场地划分为若干横断面Ⅰ—Ⅰ′，Ⅱ—Ⅱ′，Ⅲ—Ⅲ′，…，划分的原则是垂直于等高线或垂直于主要构（建）筑物的长边。横断面之间的间距可不等。

2）绘制每个横断面的自然地面轮廓线和设计地面轮廓线。

3）计算每个横断面的填方、挖方的断面面积和土方量。

6.1.7　供水站内附属设施设计

村镇供水站多属中小型规模供水站，日产水量通常为几百立方米至几千立方米，最大的一般不会超过3万m^3。供水站规模虽然小，但为了供水站的正常运行，仍需设置必要的附属设施。尤其对经济发达地区，规模相对较大的村镇供水站，就更有必要进行全面的规划。

供水站的附属设施一般包括：办公用房，化验室，维修车间（机修间、电修间等），仓库，食堂，门卫室，值班宿舍，露天堆场等。

根据我国《城镇给水厂附属建筑和附属设备设计标准》，将上述附属建筑的分类面积摘录如后，作为设计时参考。随着自动化程度增加以及社会协作的发展，在具体设计时还应根据实际情况作相应调整。

1. 办公用房

办公用房面积见表6.5。

表6.5　　办公用房面积

供水站规模（万m^3/d）	地表水供水站（m^2）	地下水供水站（m^2）
0.5～2	100～150	80～120
2～5	150～210	120～150

2. 化验室

根据水质分析项目的需要，化验室一般由理化分析室，毒物检验室，生物检验室（包

括无菌室），天平室等。化验室面积和人员配备见表6.6

表6.6　化验室面积和人员配备

供水站规模（万m^3/d）	地表水供水站		地下水供水站	
	面积（m^2）	人数	面积（m^2）	人数
0.5～2	60～90	2～4	30～60	1～3
2～5	90～110	4～5	60～80	3～4

对于村镇供水站，由于其规模较小，也可几个村镇集中供水站在一个相对较大规模的集中供水站设立一个共用的化验室。

3. 维修间

维修间一般有机修间、电修间和水表间等。

机修间主要维修供水站内的水泵、电动机、阀门、管道、水处理机械设备及其他零星修理项目。维修类型分为小修和中修两类。中修以修理部件为主，小修以修理零件为主。机修间和人员配备见表6.7。

表6.7　机修间面积与人员配备

供水站规模（万m^3/d）	小修						中修					
	车间面积（m^2）		辅助面积（m^2）		人数		车间面积（m^2）		辅助面积（m^2）		人数	
	地表水	地下水	地表水	地下水	地表水	地下水	地表水	地下水	地表水	地下水	地表水	地下水
0.5～2	50～70	40～60	25～35	20～30	2～5	2～5	70～80	60～70	25～35	20～30	4～6	3～6
2～5	70～100	60～90	35～45	30～40	5～7	5～6	80～110	70～100	35～45	30～40	6～8	6～7

电修间主要维修全供水站的电气设备，常用电气仪表及照明装置等。电修间面积与人员配备见表6.8。水表间主要负责用户的水表维修，其面积和人员的配备见表6.9。

表6.8　电修间面积与人员配备

供水站规模（万m^3/d）	地表水供水站		地下水供水站	
	面积（m^2）	人数	面积（m^2）	人数
0.5～2	20～25	2～3	20～30	2～4
2～5	25～30	3～4	30～40	4～5

表6.9　水表修理间面积与人员配备

供水站规模（万m^3/d）	面积（m^2）	人数
0.5～2	20～30	2
2～5	30～40	2～3

4. 仓库和堆场

仓库用于存放管配件，水泵电机，电气设备，五金工具，劳保用品及其他杂品等。不同规模供水站所需仓库的面积，见表6.10。供水站内一般需设置管材配件的露天堆场，其面积见表6.11。另外，根据需要，供水站可设砂石滤料堆场，堆场的占地面积可按全供水站滤池滤料总重的10%考虑，其平均堆高采用1m。堆场应有千分之五的排水坡度，视需要可设简易的围护设施，以保证场地的整洁。

表6.10　　　　仓 库 面 积

供水站规模（万 m^3/d）	地表水供水站（m^2）	地下水供水站（m^2）
0.5～2	50～100	40～80
2～5	100～150	80～100

表6.11　　　　管材配件露天堆场面积

供水站规模（万 m^3/d）	地表水供水站（m^2）	地下水供水站（m^2）
0.5～2	30～50	同地表水供水站
2～5	50～80	

5. 食堂和门卫室等

食堂面积按每个就餐人员所需面积确定，见表6.12。门卫室面积确定见表6.13，按门卫办公和值班要求确定。

表6.12　　　　食堂、门卫室面积

供水站规模（万 m^3/d）	食堂每个就餐人员面积		门卫室面积	
	地表水供水站（m^2/人）	地下水供水站（m^2/人）	地表水供水站（m^2）	地下水供水站（m^2）
0.5～2	2.4～2.2	同地表水	12～18	同地表水
2～5	2.2～2.1		18～24	

6.1.8　供水站布置工程实例

图6.11为某村镇集中供水站平面布置。该集中供水站设计解决人数为40075人，设计水量为3500m^3/d，运行时间为16h。供水站厂址为一丘陵，根据高程，供水站需将水提升至高位水池而后重力供水至用户。依据地形特征并考虑尽量减少土方工程量，配水井、絮凝沉淀池建在第一平台处，无阀滤池、清水池布置在同一方向，建在第二平台处。加药间设在滤池的右侧。

该供水站净水厂包括生产性构筑物和建筑物以及辅助建筑物，生产性构筑物有进水分配井、絮凝反应沉淀池、重力无阀滤池、清水池、回收水池；生产性建筑物有加药间、加氯间、二级泵房；辅助建筑物有配电间、机修间、仓库、办公楼、厕所等。在平面布置时，将生产区和办公区分开布置，做到功能性分区。

在水处理构筑物的工艺流程高程布置上（图6.12），结合场地原有地形，考虑水流逐级自流流经各处理构筑物以及减少场地挖填方和兼顾厂区土方量平衡，配水井、絮凝反应沉淀池、滤池、清水池和二级提升泵房沿地形坡向逐级布置，同时加药间靠近絮凝反应池，加氯间靠近清水池，节约了相应的加药加氯管道。配电间靠近二级泵房布置，节约了电力电缆，同时有利于保证二级泵房作为用电大户的电力和电压供应。

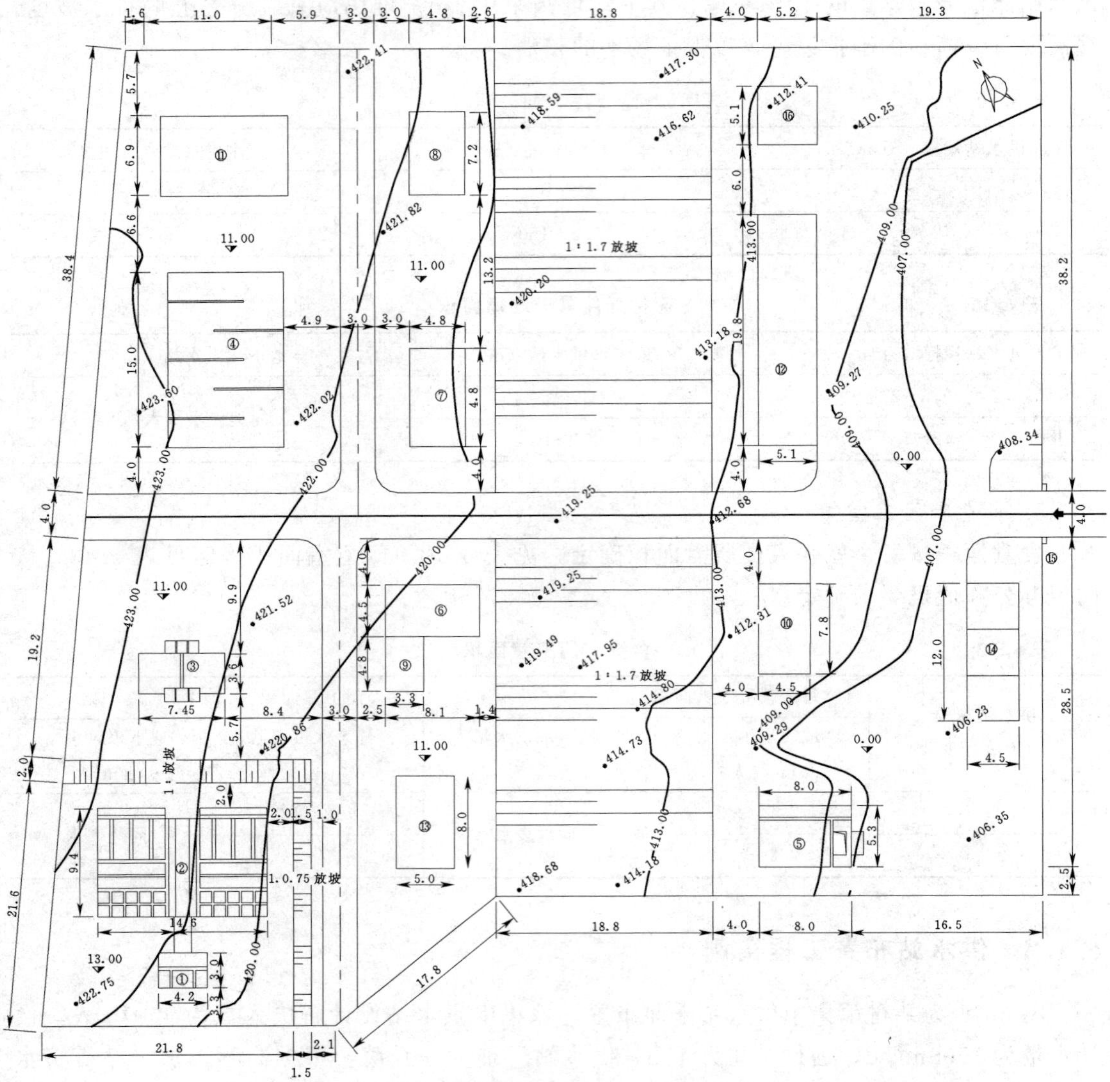

注：图中 0.00 高程相当于绝对高程 409.00m。

图 6.11　某村镇集中供水站平面布置（单位：m）

①—配水井；②—絮凝沉淀池；③—滤池；④—清水池；⑤—回收水池；⑥—加药间；⑦—加氯间；⑧—配电间；⑨—机修间；⑩—仓库；⑪—送水泵房；⑫—办公楼；⑬—堆场；⑭—停车场；⑮—大门；⑯—厕所

作为一个现代化的村镇供水站，为减少运行管理人员和协调控制各水处理构筑物的运行，进行必要的自动控制和监控设计是非常必要的。该村镇集中供水站的自动控制系统图见图 6.13，自控控制流程图见图 6.14。村镇供水站的运行自动控制分为两个部分，即取水泵房的自控系统制子站和厂区自控系统子站，后者包括加药设备控制、加氯设备控制、送水泵设备控制 3 个部分。

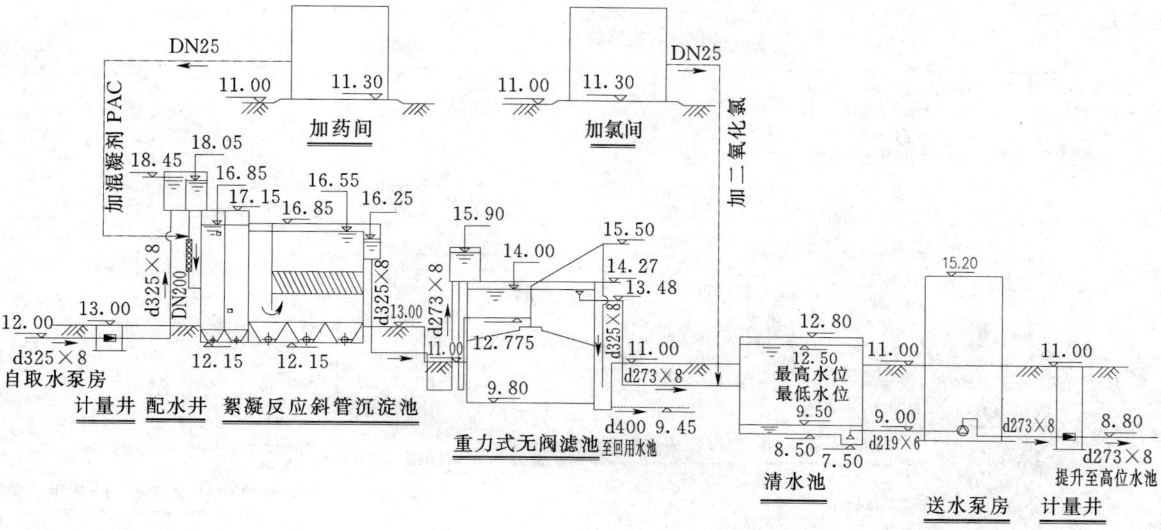

图 6.12 某村镇集中供水站工艺流程高程图（单位：m）

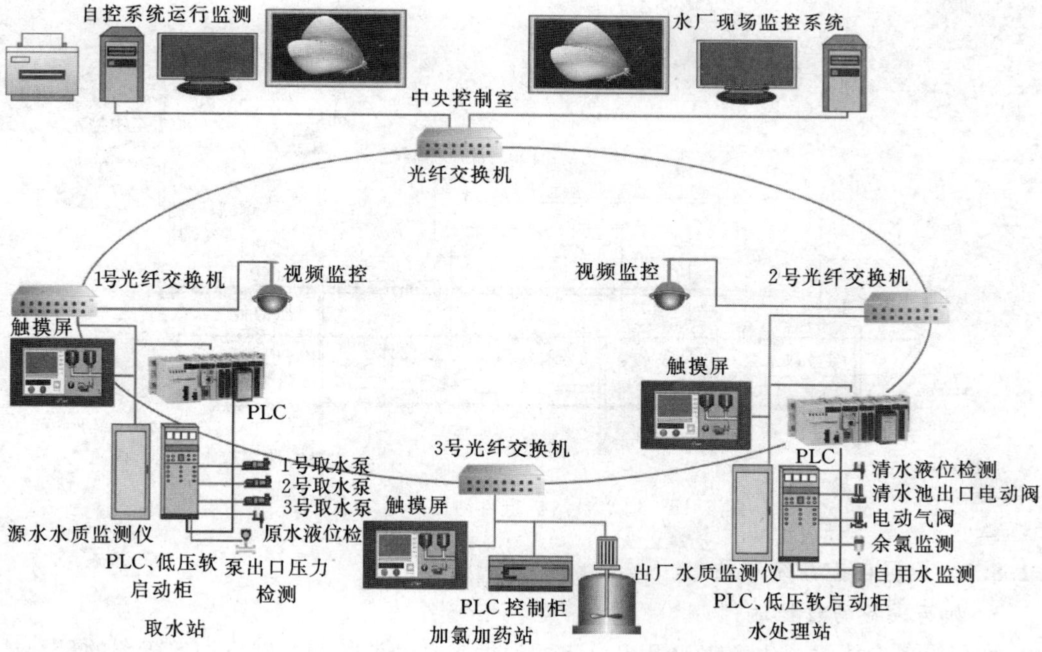

图 6.13 某村镇集中供水站自动控制系统图

6.1.8.1 取水泵房自控系统子站

在取水泵房设置液位开关，根据取水泵吸水池内的水位控制取水泵的运行，如水位低于最低水位，则水泵停止运行；同时取水泵的运行还受供水站内清水池液位的控制，其根据设置在清水池内的液位计的指示，在清水池液位较低时，取水泵开启，当清水池水位达到溢流水位时，取水泵停止运行。

取水泵站机组自动控制系统示意图如图 6.15 所示。

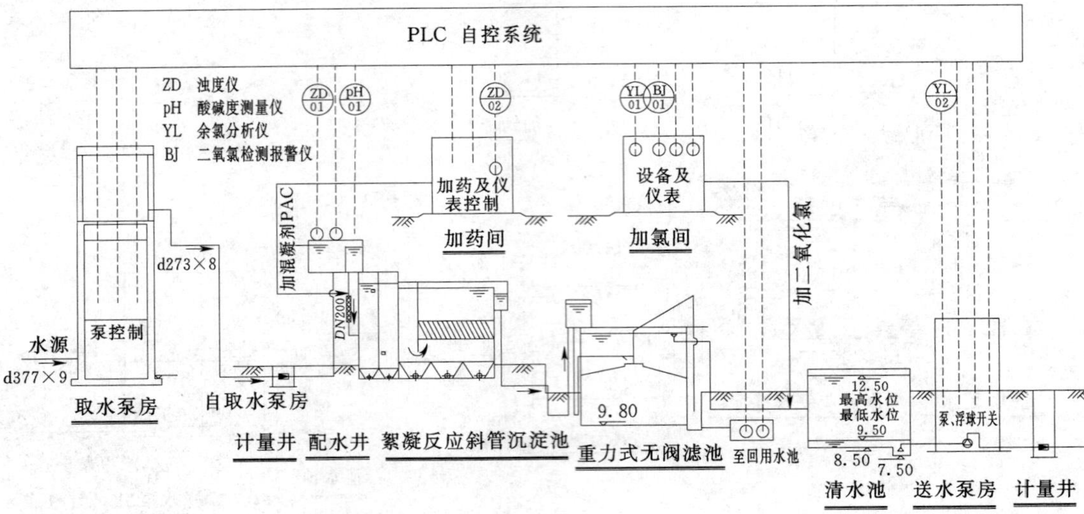

图 6.14　某村镇集中供水站自动控制流程图（单位：m）

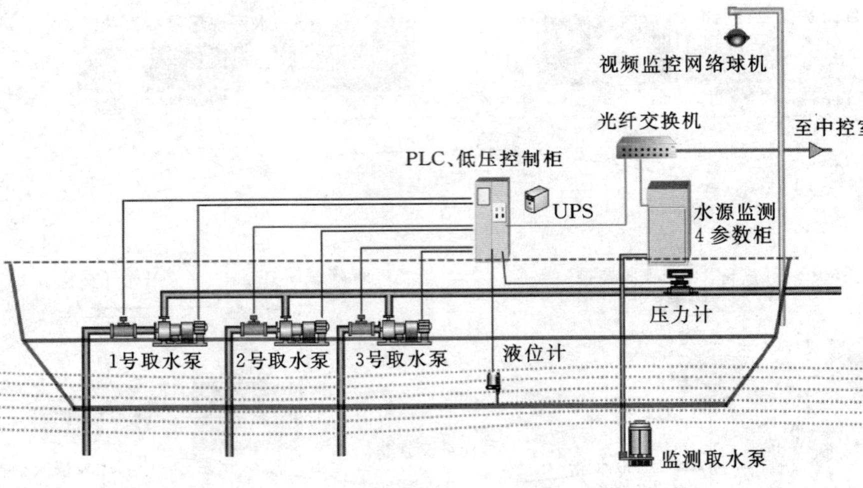

图 6.15　取水泵站机组自动控制系统示意图

6.1.8.2　厂区自控系统子站

1. 加药设备的自控运行

加药设备应能根据水源水以及出厂水的浊度来自动调整和控制添加絮凝剂的量，具体而言，在取水泵吸水池内或配水井处设置水源水浊度监测仪，在清水池内设置出厂水浊度监测仪，根据浊度监测仪的读数控制加药设备的运行。

2. 加氯设备的自控运行

加氯设备应能根据出厂水的余氯值来自动调整和控制添加消毒剂的量，具体而言，在清水池出水管上或清水池靠近出水管的末端设置出厂水余氯监测仪，根据余氯监测仪的读数控制加药设备的运行。

3. 送水泵的自控运行

送水泵的运行既和清水池有关，还和高位水池有关，其要求能够在清水池内液位降低至较低位置时停止工作，同时在高位水池水位较低位置时启动运行，还要在高位水池水位达到高位以致溢流时停止工作。上述功能的实现依靠设置在清水池和高位水池内的液位计实现。

水质净化工艺自动控制系统示意图如图 6.16 所示。

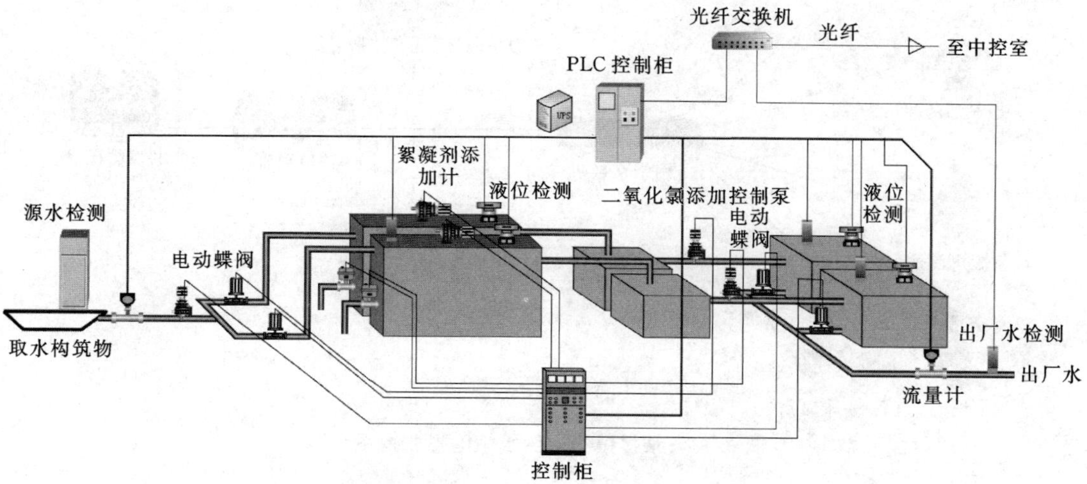

图 6.16　水质净化工艺自动控制系统图

另外，对于没有条件设置高位调节水池的村镇集中供水站，送水泵房的送水泵的控制还可以采用变频加压控制的办法。变频供水是将交流变频调速技术和微机控制技术应用于水泵自动控制设备之中，并与水泵机组相结合的机电一体化供水装置。其工作的基本原理是根据用户用水量变化自动调节运行水泵台数和一台水泵转速，使水泵出口压力保持恒定。当用户用水量小于一台水泵出水量时，系统根据用水量变化有一台水泵变频调速运行，当用水量增加时管道系统内压力下降，这时压力传感器把检测到的信号传送给微机控制单元，通过微机运行判断，发出指令到变频器，控制水泵电机，使转速加快以保证系统压力恒定，反之当用水量减少时，使水泵转速减慢，以保持恒压。当用水量大于一台泵出水时，第一台泵切换到工频运行，第二台泵开始变频调速运行，当用水量小于两台泵出水量时，能自动停止一台或两台泵运行。在整个运行过程中，始终保持系统恒压不变，使水泵始终工作在高效区，既保证用户恒压供水，又节省电能。

变频供水设备主要由变频控制柜、压力传感器、水泵等组成。变频控制柜由断路器、变频器、接触器、中间继电器、PLC 等组成。

现代化的村镇集中供水站除了要求水处理工艺先进、处理过程实现自动控制和运行外，还要求能够实时掌握供水站各设备和处理构筑物的运行情况以及供水站的安全运行，这就需要对供水站进行电视监控设计。一般供水站的电视监控系统图见图 6.17。在供水站的取水泵房、絮凝反应沉淀池、加药间、加氯间、送水泵房、大门以及供水站适当位置设置视频监控头，即可实时准确地了解供水站设备、水处理构筑物运行状况以及安全状况。

在供水站运行中，自动控制系统和电视监控系统统一于供水站主监控电脑（图 6.17）。

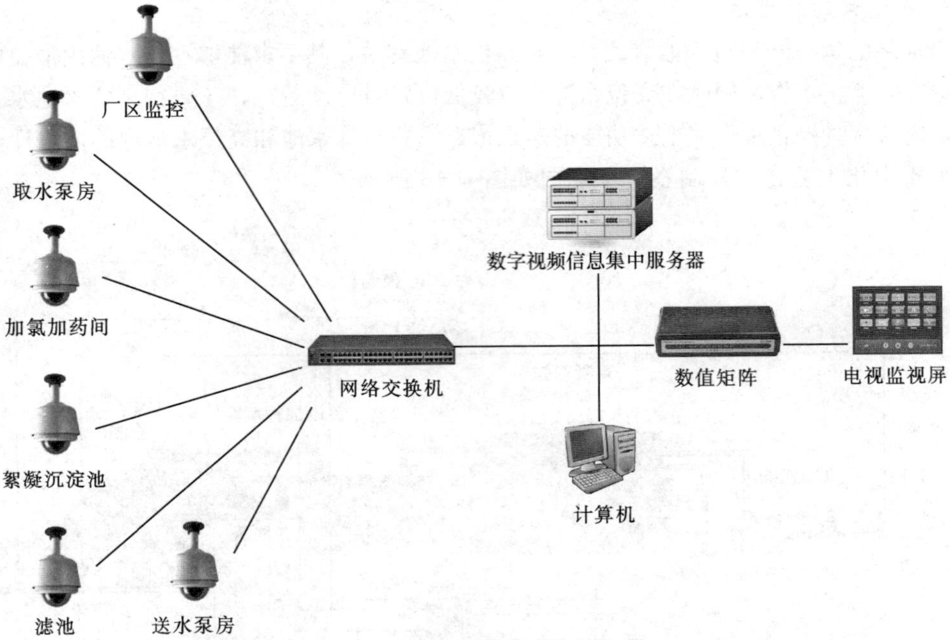

图 6.17　某村镇集中供水站电视监控系统图

系统可通过 INTERNET/GPRS/CDMA/GSM 进行远程控制访问（图 6.18），为构建县级、市级、省级调度中心做好准备，将来可对区域内所有集中供水站进行集中管理，科学调配。

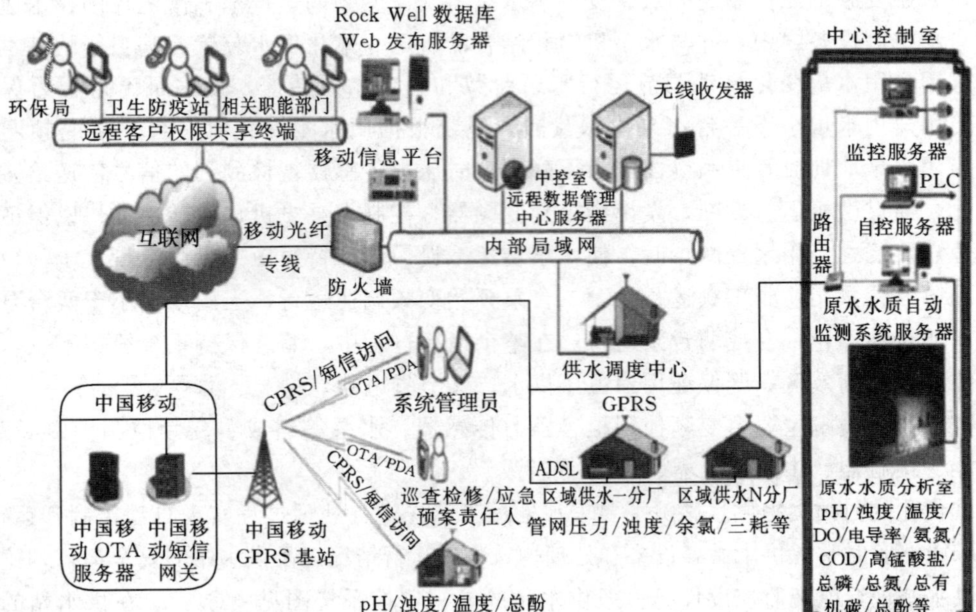

图 6.18　供水站系统远程监控示意图

6.2 农村分散供水工程设计

6.2.1 农村分散供水工程类型

农村分散供水工程形式可分为3类。

1. 雨水集蓄供水工程

当淡水资源缺乏或开发利用困难，但多年平均降雨量大于250mm时，可建造雨水集蓄供水工程。

2. 引蓄供水工程

水资源缺乏，但有季节性客水或泉水时，可建造引蓄供水工程。

3. 分散式供水井或引泉工程

有良好浅层地下水或泉水，但用户少、居住分散时，可建造分散式供水井或引泉工程。

6.2.2 农村分散供水工程设计

农村分散供水工程设计的一般要求为：

(1) 分散式供水工程，供生活饮用的水质应符合《农村实施〈生活饮用水卫生标准〉准则》的要求。

(2) 建造分散式供水工程时，应作好典型示范，对用户进行技术指导和培训。

(3) 分散式供水工程管理，应加强卫生防护和生活饮用水消毒。有条件的用户，消毒可采用电灭菌器、臭氧发生器等消毒设备，或采用氯消毒片、漂白粉、漂粉精等消毒剂。

(4) 分散式供水工程的形式，可根据以下条件选择：

1) 淡水资源缺乏或开发利用困难，但多年平均降雨量大于250mm时，可建造雨水集蓄供水工程。

2) 水资源缺乏，但有季节性客水或泉水时，可建造引蓄供水工程。

3) 有良好浅层地下水或泉水，但用户少、居住分散时，可建造分散式供水井或引泉工程。

6.2.2.1 雨水集蓄工程设计

雨水集蓄供水工程可选择单户集雨方式，在有适宜地形时亦可选择公共集雨的方式。

(1) 供水规模（即年供水量）的设计应根据年生活用水量、年饲养牲畜用水量确定：

1) 年生活用水量可根据人口数和表6.13中的平均日生活用水定额确定。

表6.13 雨水集蓄供水工程居民平均日生活用水定额 单位：L/(人·d)

分区	半干旱地区	半湿润、湿润地区
生活用水定额	20～30	30～50

2) 年饲养牲畜用水量可根据牲畜种类、数量和表6.14中的平均日饲养牲畜用水定额确定。

表 6.14　雨水集蓄供水工程平均日饲养牲畜用水定额　单位：L/(头·d)

牲畜种类	大牲畜	羊	猪	禽
饲养牲畜用水定额	30～50	5～10	15～20	0.5～1.0

(2) 集流面的集流能力应与蓄水构筑物的有效容积相配套，不应布置集流量不足的工程。

1) 集流面水平投影面积，可按如下公式计算确定：

$$F=1000WK_1/P\phi \tag{6.2}$$

式中　F——集流面水平投影面积，m^2；

W——设计供水规模，m^3/a；

K_1——面积利用系数，人工集流面可为 1.05～1.1，自然坡面集流可为 1.1～1.2；

P——保证率为 90%时的年降雨量，mm；

ϕ——年集雨效率，可按表 6.15 取值。

表 6.15　不同类型集流面在不同降雨地区的年集雨效率　(%)

集流面材料	年降雨量 250～500mm 地区	年降雨量 500～1000mm 地区	年降雨量 1000～1800mm 地区
水泥瓦屋顶	65～80	70～85	80～90
烧瓦屋顶	40～55	45～60	50～65
水泥土	40～55	45～60	50～65
混凝土	75～85	75～90	80～90
裸露塑料膜	85～92	85～92	85～92
自然坡面	8～15	15～30	30～50

2) 蓄水构筑物的有效容积，应根据设计供水规模和降雨量保证率为 90%时的最大连续干旱天数、复蓄次数确定，可按如下公式计算：

$$V=K_2W/(1-\alpha) \tag{6.3}$$

式中　V——有效蓄水容积，m^3；

K_2——容积系数，半干旱地区可取 0.8～1.0，湿润、半湿润地区可取 0.25～0.4；

α——蒸发、渗漏损失系数，封闭式构筑物可取 0.05，开敞式构筑物可取 0.1～0.2。

(3) 单户集雨工程的集流面设计应符合以下要求：

1) 应采用集雨效率高的集流面形式，并优先选用屋顶集流面、人工硬化集流面或二者结合的集流面，在湿润和半湿润山区也可利用植被良好的自然坡面集流。

2) 供生活饮用水时，集流面应避开畜禽圈、粪坑、垃圾堆、柴草垛、油污、农药、肥料等污染源，不应采用马路、石棉瓦屋面和茅草屋面作集流面。

3) 集流面坡度应大于 0.2%，并设汇流槽或汇流管。

4) 混凝土集流面应设变形缝，厚度应根据冻胀、地面荷载等因素确定。

(4) 单户集雨工程的蓄水构筑物设计应符合以下要求：

应采用防渗衬砌结构；应根据具体情况设置必要的进水管、取水口（或供水管）、溢流管、排空管、通风孔和检修孔，检修孔应高出地面300mm并加盖；在寒冷地区，最高设计水位应低于冰冻线；采用屋顶集流面和人工硬化集流面时，蓄水构筑物前应设粗滤池；采用自然坡面集流时，蓄水构筑物前应设格栅、沉淀池和粗滤池；供生活饮用水的蓄水构筑物，应设计成地下式封闭构筑物，采用水窖时每户宜设两个，采用水池时宜分成可独立工作的两格。

（5）集水槽设计。集水槽必须安装在两边都有斜坡的屋顶上，收集雨水并将其引到蓄水池内。集水槽必须和屋檐一样长。必须安装一条导水管，用于将雨水从集水槽导引到蓄水池内，导水管和集水槽的接头部位必须密封。

为了避免树叶和其他杂质进入导水管内，应在导水管上部的集水槽内放置一块粗的筛网。网孔能够截留大的杂质但能使水流过。筛网必须定期清理以防止阻塞。

6.2.2.2　引蓄供水工程

引蓄供水工程设计一般要求为：

（1）引蓄供水系统宜与雨水集蓄供水系统相结合。

（2）季节性客水（或泉水）水质应符合CJ 3020的要求，并定期进行水质检验。

（3）引水管（渠）设计应符合以下要求：

1）应布置在水质不易受污染的地段。

2）应充分利用已有输水设施。

3）有条件时，应优先采用管道引水；采用明渠引水时，应有防渗和卫生防护措施。

（4）蓄水构筑物，宜选择水窖或地下水池；其位置应便于引水、取水和卫生防护，有地形可利用时宜设在高处；蓄水容积应根据年用水量、引蓄时间和次数确定。

（5）客水泥沙含量较高时，应根据具体条件设集中沉淀池或逐户分设粗滤池。

（6）客水为灌溉水时，应选择水质较好的时段引水，先冲洗引水管（渠），再引入蓄水构筑物；不应引蓄灌溉退水。

（7）引水管（渠），不应与污废水管（渠）相连接。

6.2.2.3　分散式供水井

对于分散式供水井，一般采用管井，俗称机井。因此井深较深，可采取地下较深的水质较好的地下水，故应用较多。在浅层地下水没有收到污染，且地下水位随季节变化而较为恒定的地区，大口井也应用较多。

1. 一般要求

分散式供水井的设计，应符合以下要求：

（1）井位应选择在水量充足、水质良好、环境卫生、取水方便的地段，远离渗水厕所等污染源。

（2）地下水埋深较浅时，可选择砖砌或石砌的筒井、大口井，深度不宜超过15m；地下水埋深较深时，可选择便于小型机械施工的小管井，井管内径比提水设备外径至少应大50mm。

（3）井水的含沙量应小于10mg/L；多户共用的井，出水量应不低于1.0m^3/h。

（4）井口周围应设不透水散水坡，宽度宜为1.5m，在透水土壤中，散水坡下面还应填厚度不小于 1.5m 的黏土层；井口应设置井台和井盖，井台应高出地面 300mm。

2. 提水设备的选择

提水设备的选择应符合以下要求：

(1) 电源有保障时，可选择微型潜水电泵。

(2) 枯水位到井口的深度不超过 8m 时，可采用真空手压泵。

(3) 枯水位到井口的深度在 8～30m 范围内时，可采用电动泵，也可采用深井手动泵。

(4) 真空手压泵和深井手动泵，应安装在坚固的井台上；在寒冷地区，应采取防冻措施。

(5) 井旁设洗涤池时，应设排水沟，将废水排至水源井 30m 外，以防止洗涤废水下渗而影响管井水质；水池和排水沟应采取防渗措施。

大口井和管井的结构形式和设计基本要求见第 3 章取水构筑物及设备部分。

6.2.3　农村分散供水工程设计实例

6.2.3.1　实例 1 -单户打井工程（管井）

1. 工程概况

遂宁市中兴镇新寨子村位于安居区的西北方向，距离县城约 40km，近年来由于气候变化异常，冬干春旱发生，造成季节性缺水严重，农村人畜饮水十分困难。该村由于远离供水站，且地表水受到污染，目前仍未解决安全饮水问题。

全村有 286 户 1142 人存在饮水不安全的问题。由于居住分散，各居住户之间距离较远，本工程采用单户打井工程的方式修建 286 口管井来解决农户供水问题。

单口管井设计解决 1 户 4～5 人的饮水问题。工程使用年限为 15 年，设计年限内人口的自然增长率为 2.36‰，对于农村，居民生活用水定额为 55L/(人·d)。则居民生活日用水量：

$$Q=5\times55/1000=0.28\mathrm{m}^3/\mathrm{d}$$

该区地下水埋藏较浅，初见水位多在 3～5m 之间，成井深度 8～10m 左右即有清水涌出，日出水量在 0.42m^3 左右，故水量能满足供水要求，考虑到地形的影响和地下水水质的因素，本工程设计井深为 18m。

2. 工程设计

该工程为单户打井工程，为满足用户对水量和水压的需求，在设计中选择一不锈钢水箱，设置于农户屋顶，同时水箱兼有水量调节功能，其工程系统图见图 6.19。

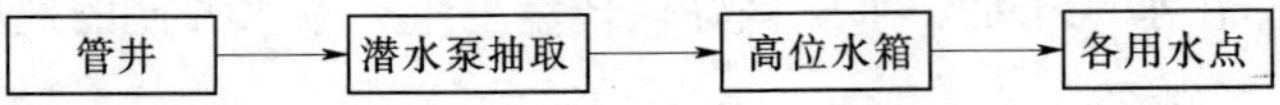

图 6.19　单户打井工程系统图

各用水点指农户家的厨房、厕所、淋洗等用水处。

(1) 过滤器类型设计。新寨子村境内主要含水层为侏罗系上统遂宁组 J_{3s}，为风化带裂隙水含水层，以具有裂隙的砂岩为主，岩层稳定，故仅在上部黏土覆盖层采用 U-PVC

管护壁，其下不再另设过滤器。

(2) 管径计算。

管井孔直径：

$$D_k \geqslant Q/(\pi L_g V_j) \tag{6.4}$$

其中 $$V_j = K^{1/2}/15$$

式中 D_k——井孔直径，m；

Q——设计取水量，m^3/s；

L_g——过滤器长度，m；

V_j——允许井壁进水流速，m/s；

K——开采层的渗透系数，m/s。

为了便于潜水泵安装，井内直径 D 取 160mm，机械钻进，井型为管井，凿井深度为 18m。井壁管采用 5mm 厚的 ϕ160mm 的 U-PVC 护壁、加固，其长度由上部覆盖层厚度决定。由于工程供水规模很小，$Q=0.25\sim0.5m^3/d$，井孔直径 D_k 满足规范要求。管井设计见图 6.20。

(3) 井口封闭及机电。井顶用 M7.5 浆砌砖砌筑成方形井台，浆砌砖底下设置 C15 混凝土垫层，井台为 440mm×440mm×450mm³ 中空长方体，设 50mm 厚 C20 钢筋混凝土井预制盖板，并在井室四周及顶面贴白色面砖，井台四周设置 30cm 宽 C15 混凝土地坪。提水机械采用 QGD0.8-40-0.28 的微型深井潜水泵，扬程为 40m，设计流量为 $0.8m^3/h$。电力线从家中接出，采用 2×2.5mm 的双芯电缆，用 $DN16$ 的 PVC 线管保护，埋置于管沟中。提水管采用 $DN20$PE 管，井水由提水管直接进入用户水箱。

(4) 调节构筑物设计-高位水箱。本工程单户分散供水的调节构筑物设计为水箱，水箱的参数见表 6.16，根据项目区单户用水量以及村民意见，水箱容积选为 $0.5m^3$，直径 80cm，壁厚 0.25mm，高度 130cm，材质选为 201 (1Cr17Mn6nNi5N)。

水箱剖面图如图 6.21 所示。

(5) 输水管道及运行管理。井水通过管井中的潜水泵抽水至用户水箱，提水管设计为 $DN20$PE 管长

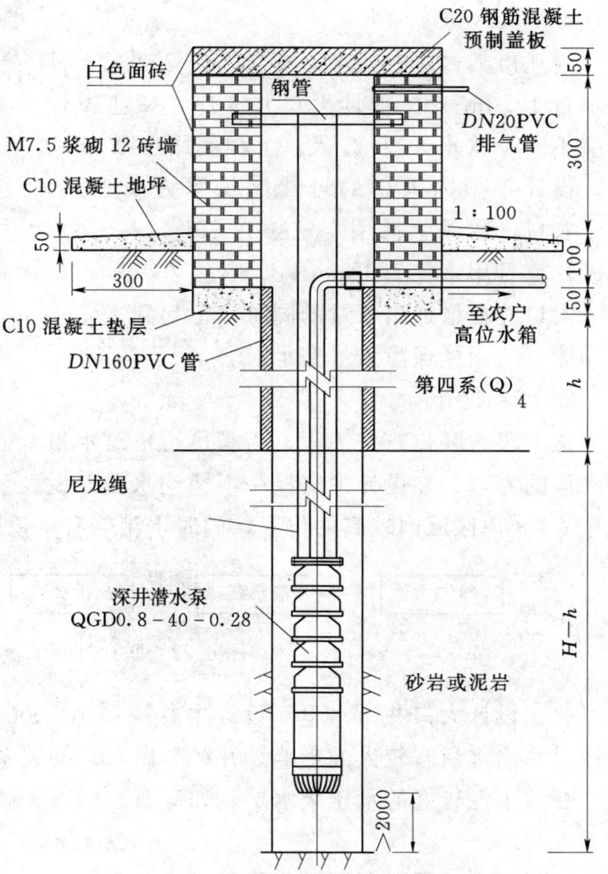

图 6.20 管井设计图（单位：mm）

35m（包括井下部分15m），水箱置于农户房顶高处，利用重力放水，放水管为$DN25$PE管长30m。根据现场统计情况，每户设计管长50m，另井下$DN20$PE管长15m，共65m。新寨子村地下水水质较好，但有大肠杆菌群及菌落总数超标现象，运行中由用户自行简单消毒，或者煮沸后饮用。

表6.16　　不锈钢水箱产品参数表

直　径 (cm)	壁　厚 (mm)	高　度 (cm)	材　质
80 ($0.5m^3$)	0.25	130	201 (1Cr17Mn6nNi5N)
80 ($0.5m^3$)	0.31	130	304 (0Cr19Ni19)
104 ($1.0m^3$)	0.25	130	201 (1Cr17Mn6nNi5N)
104 ($1.0m^3$)	0.31	130	304 (0Cr19Ni19)
104 ($1.5m^3$)	0.25	200	201 (1Cr17Mn6nNi5N)
104 ($1.5m^3$)	0.31	200	304 (0Cr19Ni19)

6.2.3.2　实例2-联户打井工程（大口井）

1. 工程概况

内江市某村庄有饮水不安全人口200人，日用水量$10.6m^3/d$。设计大口井8座，每座设计解决不安全饮水人口25人，工程使用年限为15年，设计年限内人口的自然增长率为2.36‰，对于农村，居民生活用水定额为55L/(人·d)，则经计算日用水量为$1.3m^3/d$。

大口井在增加出水量的同时，也起到了储水的功能，从而能保障水量充足。

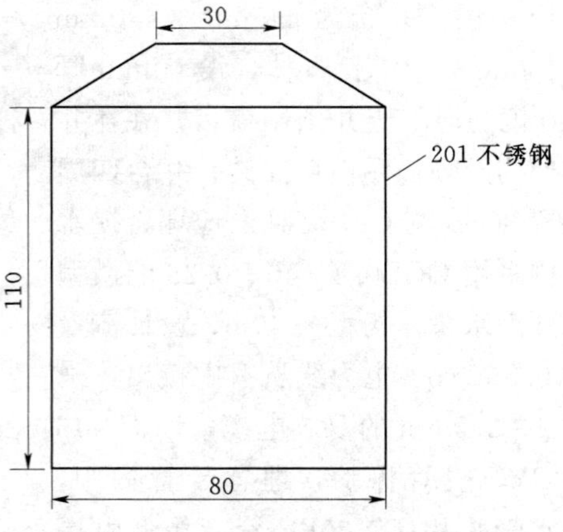

图6.21　$0.5m^3$不锈钢水箱剖面图（单位：cm）

2. 工程设计

该工程为联户打井工程，为满足用户对水量和水压的需求，在设计中选择一不锈钢水箱，设置于6～8户区域内较高的位置，同时水箱兼有水量调节功能，其工程系统图见图6.22。

图6.22　联户打井工程系统图

(1) 设计大口井出水量。设计中井径采用1000mm，实际测定表明，在一定范围内，井径对井出水量有较大的影响。井径与出水量的关系可用下列经验公式表示。

在透水性较好的承压集水层，如砾石、卵石、砂砾层可用直线形经验公式：

$$Q_1/Q_2=r_1/r_2 \tag{6.5}$$

在无压含水层，可用抛物线形经验公式：

$$Q_2/Q_1=\sqrt{r_2}/\sqrt{r_1}-n \tag{6.6}$$

其中

$$n=0.021(r_2/r_1-1) \tag{6.7}$$

式中 Q_2、Q_1——大井和小井的出水量；

r_2、r_1——大井和小井的半径；

n——系数。

根据上述经验公式计算出井径 1000mm 时井出水量为 2.9～29.1m^3/d，本工程所需水量为 1.3m^3/d，水量满足要求。

(2) 大口井位置的选择。地下水取水构筑物的位置应符合下列要求：

1) 位于水质良好，不易受污染的富水地段，并便于划定保护区。

2) 位于水文地质和工程地质条件良好的地段。

3) 按地下水流向，设在村镇的上游，并靠近主要用水区。

4) 靠近电源，施工和运行管理方便。

5) 井位距农户家的厕所、厨房等点污染源不小于 15m。

6) 井位尽量布置在房周围地势较低洼处，以保证单井出水量。

7) 在农户居住较密集的院落，井位相互间的距离不小于 30m。

采用以上方法和原则，既达到了定位的准确性，又保证了成井质量。

(3) 大口井设计。大口井井径为 1.0m，井深 15m，用 C20 混凝土浇筑高出地面 20cm 的井台。采用钢筋混凝土井盖，并预留通气孔。井筒形式采用圆柱形，采用 M7.5 砂浆砌砖砌至深 14m，井壁厚 240mm，并采用 M10 砂浆抹面；为防止地表污水浸入井内，在井筒上部 1.5m 深以上部分对井筒四周进行黏土回填，黏土厚度 0.5～0.7m。大口井设计为非完整井，采取井底进水方式。根据《村镇供水工程技术规范》(SL 310—2004) 4.1.4 节，井底进水结构要求：卵砾石含水层井底可不设反滤层，其他含水层井底应铺设 3～5 层凹弧形反滤层，每层厚 200～300mm，弧底总厚度 600～1500mm。施工中，视现场含水层具体情况确定是否设置反滤层。

井壁材料和厚度，应根据井深、井径、施工工艺、当地材料和经济比较，通过受力计算确定：

采用大开挖法施工的大口井，井壁厚度计算公式为：

$$\delta=C_1D+C_2 \tag{6.8}$$

式中 δ——井壁厚度，m；

D——进水段井筒外径，本工程中为 1.00m；

C_1——材料系数，砖、石井筒为 0.10；

C_2——经验系数，砖砌井筒为 0.10m。

故井壁厚度为 $\delta=0.10\times1.00+0.10=0.20$m，考虑到砖尺寸 240mm×115mm×53mm，设计中井壁厚采用 240mm。

井深及各部位尺寸设计详见图 6.23、图 6.24。

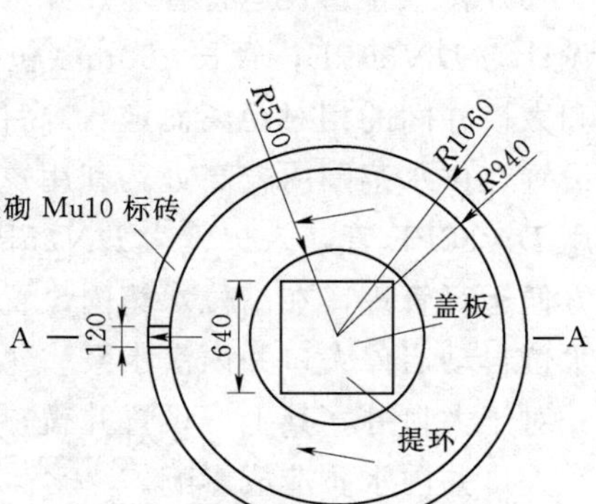

图 6.23 大口井平面设计图（单位：mm）

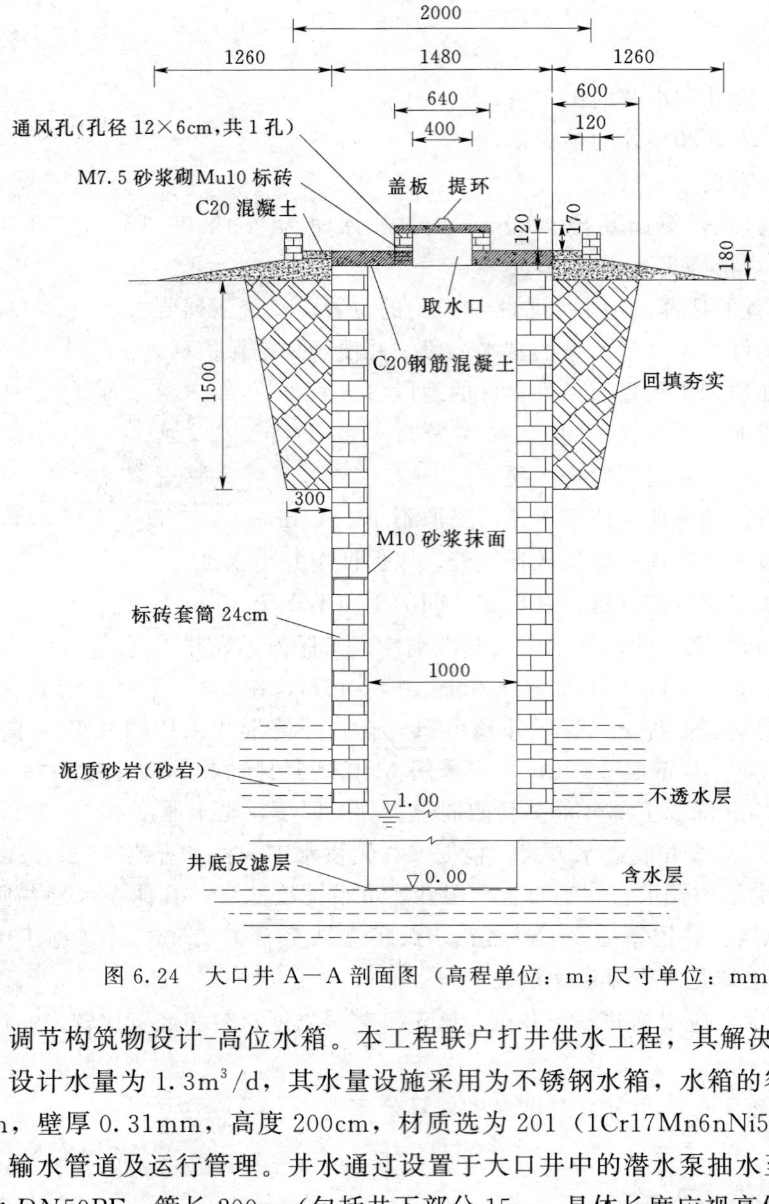

图 6.24　大口井 A－A 剖面图（高程单位：m；尺寸单位：mm）

（4）调节构筑物设计-高位水箱。本工程联户打井供水工程，其解决 6～8 户居民的饮水问题，设计水量为 1.3m^3/d，其水量设施采用为不锈钢水箱，水箱的容积为 1.5m^3，直径 104cm，壁厚 0.31mm，高度 200cm，材质选为 201（1Cr17Mn6nNi5N），见表 6.17。

（5）输水管道及运行管理。井水通过设置于大口井中的潜水泵抽水至高位水箱，提水管设计为 *DN*50PE，管长 200m（包括井下部分 15m，具体长度应视高位水池设置位置以及和大口井间的相对距离而定），高位水箱即可设置于区域供水位置最高农户房顶处，也可设置在供水范围内较高处，利用重力放水，放水管为 *DN*50PE 管为主管道，分支管道采用 *DN*32PE 管，入户管为 *DN*25PE 管。根据现场统计情况，每户入户设计管长 50m。为方便运行管理，在高位水箱内设置液位传感器一套，实时监测水箱内水位，并根据水箱内水位自动启停大口井内潜水泵。

对于大口井，其上应设置井盖，并在井周围一定距离内设置围栏，禁止排污，以保证不对大口井内水质造成影响。

思考题

1. 对于一个村镇集中供水站，其净水站内有哪些部分组成？各有什么作用？
2. 村镇供水站水处理工艺流程如何选择？应注意什么问题？
3. 村镇供水站的平面布置应注意哪些问题？
4. 如何对供水站厂区进行工艺流程设计与土方平衡计算？
5. 农村分散供水工程有哪些类型？设计中应注意哪些问题？
6. 管井作为农村分散供水的常用取水方式，其在设计中应注意什么问题？

第7章　输水管及配水工程

7.1　输配水管渠布置

输水管渠是指从水源取水口到供水站和从供水站到配水管网的管道或渠道，仅起输水作用，不沿线配水。

输水管渠的输水方式可分成两类：第一类是水源低于供水区，例如取用江河水时，需要采用泵站加压输水，根据地形高差、管线长度和水管承压能力等情况，有时需在输水途中再设置加压泵站；第二类是水源位置高于供水区，例如在山区位置较高的河流取水或取用位置较高的水库水时，有可能采用重力管渠输水。

配水一般采用配水管，配水管也称配水管网，是指从供水站二次加压泵房或调节构筑物（水塔、高位水池）向用户配水的管道系统。配水管网系统布置分树枝状管网和环状管网两种布置方式。配水管又分为配水干管和配水支管，配水管的特点是配水管内的流量随用户用水量的变化而变化。

7.1.1　线路选择与布置要求

管网的形状取决于用水居民村在整个供水范围内的分布以及场镇的总体布置情况。根据布置的形式，可分为树枝状管网和环状管网。树枝状管网投资较省，但如供水主管发生故障，则发生故障之后的管网无法供水，造成供水中断，供水安全性差；环状管网是将管道连成相互嵌套的环状，如管网某一环发生故障，则可利用管网环节点上其他分支继续供水，不会造成供水中断，大大增加了供水的可靠性，但投资明显高于树枝状管网。通常因村镇供水站服务范围较大，从供水站至各居民村、场镇采用树枝状管网，而较大场镇内配水在发展到一定规模后，可将镇中心区配水干管逐渐连接成环，实现环状管网配水。

1. 线路选择

供水管网线路选择即定线是指在地形平面图上确定管线的走向和位置。定线时一般只限于管网的干管及干管之间的连接管，不包括从干管取水而分配到用户的分配水管和接到用户的入户管。

管网定线取决于村、镇在整个供水区域内的分布、水源和调节水池的位置，定线时需考虑的要求如下：

（1）干管定线时其延伸方向应和二级泵站输水到调节水池或水塔的水流方向一致，以最近的距离，将一条或几条干管平行地布置在用水量较大的区域。平行的干管间距约为500～800m，干管之间的连接管间距约为800～1000m。

（2）为方便运行维护，干管一般按村、镇间连接道路定线，但尽量避免在高级路面和重要道路下通过。

(3) 生活饮用水管尽量避免穿过毒物污染及腐蚀性等地区，如必须穿过时，应采取防护措施。

(4) 输配水管渠应尽量避免穿越河谷、山脊、沼泽、重要铁路或泄洪地区，并注意避开地震断裂带、沉陷、滑坡、塌方以及易发生泥石流和高侵蚀土壤地区。

(5) 输水管线应充分利用水位高差，结合沿线条件优先考虑重力输水。如因地形或管线系统布置所限必须加压输水时，应根据设备管材选用情况，结合运行费用分析，通过技术经济比较，确定增压级数、方式和增压泵站的位置。

(6) 村镇供水管道与建筑物、铁路和其他管道保持合适的距离，一般情况时见表7.1。

表7.1　　供水管道与建筑物、铁路和其他管道的水平距离

构筑物名称	供水管道的水平距离(m)	构筑物名称	与供水管道的水平距离(m)
铁路远期路堤坡脚	5.0	热力管	1.5
铁路远期路堑坡脚	10.0	街树中心	1.5
建筑红线	5.0	通信机照明分析	1.0
低、中压煤气管（$<1.5kgf/cm^2$）	1.0	高压电杆支座	3.0
次高压煤气管（$1.5\sim3.0kgf/cm^2$）	1.5	电力电缆	1.0
高压煤气管（$3.0\sim8.0kgf/cm^2$）	2.0	污水管	1.5

(7) 当供水管与污水管空间交叉时，供水管应设在污水管的上方，并且接口位置不能重叠；如供水管必须设在污水管侧下方时，供水管必须采用金属管材，并应根据土壤的渗水性及地下水位状况，妥善确定空间净距。

(8) 供水管道相互交叉时，其净距不应小于0.15m 。

2. 布置要求

(1) 按照居民村、场镇的分布以及中心场镇的规划布置，对中心场镇供水应考虑分期建设的可能性。

(2) 管网中的干管的长度应以最近距离的用户和调节构筑物来确定。

(3) 村、镇配水管线以树枝状布置为主，待场镇水量发展时，再根据实际情况考虑主干管成环。

(4) 村镇供水管严禁与非生活饮用水管连接，严禁与各用户的自备生活饮用水直接连通。

(5) 当输水管延伸较长时，为维护管网末梢的服务水头，二级泵站的扬程势必很高，引起泵房附近的干管压力过高，既不经济也不安全，可考虑在适当位置设置二次加压泵房，直接从管网抽水进行中途加压，这时二级泵房的扬程只需满足加压泵房附近的服务水头，以后再进行加压，满足下一个加压泵房或管网末梢的服务水头。前后各加压泵站的流量按顺序逐个减少。

(6) 供水管网管子的管径按最高日最大时流量设计。如用水量变化较大，高峰用水时间较短，可考虑在适当位置设置调节水池，这样可以缩小高峰用水时供水站的供水范围，降低干管高峰用水量，从而减小干管管径，节约工程投资。

（7）由于许多村镇地形高差较大，可考虑分压供水或局部加压供水，与提高整个管网的供水压力相比既可节约能源，又可避免地形较低处的管网承受较高的压力而损坏。

7.1.2 输水管渠布置

输水管渠的输水方式有重力输水和压力输水两种方式，但实际情况往往是加压和重力输水两种形式相结合（图 7.1），用得较多的是压力输水管渠，特别是输水管。

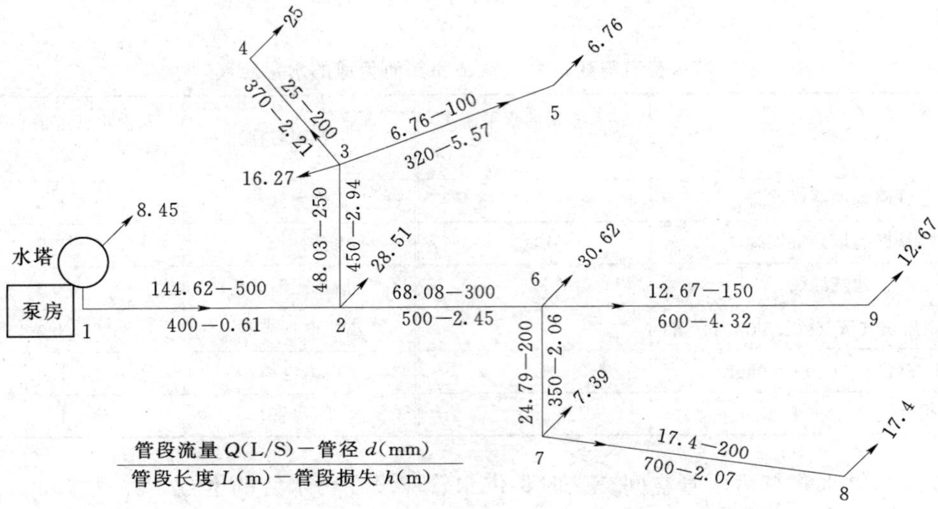

图 7.1　重力管和压力管结合输水
1～9—管网节点编号

（1）输水管根数。除某些重要村镇要求不得间断供水，需设两根输水干管外，一般情况下仅设一根输水管。

（2）连通管和阀门布置。当采用两根输水干管时，一般应设置连通管，其管径与输水干管相同，连通管与阀门的布置，其根数应满足断管时事故用水需求。当仅有一根长距离的输水干管时，为便于检修，可设置适当数量的阀门，阀门直径，当输水管径不大于400mm 时，与输水管同径。

（3）输水干管在穿越河流时，可采用管桥或河底穿越等型式，一般宜设置两条，按一条停止运行，另一条仍能通过设计流量进行设计。

7.1.3 配水管网布置

配水管网的布置方式，一般可分为树枝状管网与环状管网两种基本方式。树枝状管网总长度短，修建费用省，但断水可能性大，而环状管网则相反。目前农村常用的管网布置方式多为树枝状管网，管道的管径流量的变化由大到小，农村随着经济发展与农民生活水平的提高，可向环状管网与树枝状管网相结合的混合布置方式过渡，以提高供水保证率。

1. 配水管网的布置原则

(1) 尽量缩短管线长度并遍布整个供水区，保证用户有足够的水量与水压。

(2) 在符合相关规划的条件下，力求沿最短距离敷设管线，供水到用户。

(3) 按照规划，留有充分的发展余地。

2. 配水管网布置

(1) 管网中的干管水流方向应与供水流向一致，干管应设置在村镇连接道路附近或中心场镇的人形道路以下，在村镇中配水时应沿村中主要街道布置，宜通过两侧用水大户。

(2) 为保证消火栓处有足够的水压及水量，应将消火栓与配水干管相连，消火栓的布置，首先应考虑粮仓、学校、饲养场、公共场所等集中用水的大户。与消火栓连接的配水干管一般在 $DN100$ 以上。

(3) 为便于检修及冬季防冻回水，管道纵向应有一定的坡度，并在管道最低处装有泄水阀，在管道最高处安装排气阀或水龙头，以防气阻。

(4) 配水管道与建（构）筑物以及工程管线之间的最小水平净距见表 7.2。

表 7.2　配水管道与建（构）筑物以及工程管线的最小水平净距

序号	建（构）筑物和工程管线名称	最小水平净距（m）	配水管径 DN（mm）
1	建（构）筑物	1.0	≤200
		3.0	>200
2	雨、污水管道	1.0	≤200
		1.5	>200
3	煤气管：中、低压：$P\leqslant 0.4$MPa	0.5	
	次高压：0.4MPa $<P\leqslant$ 0.8MPa	1.0	
	高压：0.8MPa $<P\leqslant$ 1.6MPa	1.5	
4	热力管：直埋及地沟	1.5	
5	电力电缆：直埋或缆沟	0.5	
6	电信电缆：直埋过管道	1.0	
7	乔木（中心）	1.5	
8	灌木	1.5	
9	地上杆柱：通信照明及 $<$10kV 高压铁塔基础边	0.5	
		3.0	
10	道路侧石边缘	1.5	
11	铁路钢轨（或坡脚）	5.0	

(5) 输配水管与工程管线竖向交叉时，设置在雨、污水管道的上方通过，竖向净距在 0.4m 以上。

(6) 阀门和消火栓的布置。

阀门：阀门布置应满足事故管段的切断需要，其位置可结合连接管以及重要供水支管的节点设置，配水干管上的阀门间距一般为 500～1000m；支管与干管相接处，阀门一般设置在支管上，以使支管的检修不影响主管供水。

在重要中心场镇管网支、干管上的消火栓及工业企业重要水管上的消火栓，均应在消火栓前装设阀门。支、干管上阀门布置不应使相邻两阀门隔断5个以上的消火栓。

消火栓：消火栓的间距不应大于120m；消火栓的接管直径不小于$DN100$；消火栓应尽可能设置在交叉口和醒目处，消火栓按规定应距离建筑物不小于5m，距车行道边不大于2.0m，以便消防车上水，并不应妨碍交通，一般常设在人行道边。

(7) 对于通往农村的配水支管，限于目前农村的条件允许短时间停水检修的村镇，其检修阀门可少设。

(8) 暂时缓建的支管，可在管道敷设时在干管预留接口并用管堵封闭。

7.2 管网水力计算

7.2.1 流量计算

7.2.1.1 输水管渠设计流量

从水源至供水站的输水灌区一般按照以下情况计算：

(1) 若供水站24h连续工作，输水管设计流量一般应按最高日平均时用水量计算，地表水为水源的供水站还应加上供水站自用水量。

(2) 若供水站间歇运行，输水管道设计流量一般应按最高日工作时用水量计算，地表水为水源的供水站还应加上供水站自备水量。

$$Q=\frac{Q_R}{T} \tag{7.1}$$

式中　Q——供水站工作时的流量，m^3/h；

Q_R——供水站最高日用水量，m^3/h；

T——供水站净水处理的工作小时数，h。

(3) 村镇供水站因规模小，且多为间歇工作，为保证供水安全，建议输水管道设计流量，在规模较小、无调节设备时，宜按最高日最高时用水量计算。而其他条件下，采用最高日工作时用水量计算。

7.2.1.2 配水管网设计流量

配水管网的设计流量，应按照最高日最高时用水量计算，即：

$$Q_h=K_h\frac{Q_R}{24} \tag{7.2}$$

式中　Q_h——配水管网的输水流量，m^3/h；

K_h——配水管网供水的时变化系数，对于城镇，其根据城市性质、规模、国民经济和社会发展和城市供水系统并结合现状供水渠县分析确定，在缺乏资料的情况下，可以采用1.3～1.6；对于村镇供水工程而言，由于用水多集中在早、中、晚三个时段，一般按照如表7.3取值，数据来源《村镇供水工程技术设计规范》(SL 310—2004)。

表 7.3　　村镇供水工程的时变化系数

供水规模 w (m^3/d)	$w>5000$	$5000\geqslant w>1000$	$1000\geqslant w\geqslant 200$	$w<200$
时变化系数 K_h	1.6～2.0	1.8～2.2	2.0～2.5	2.3～3.0

注　企业日用水时间长且用水量比例较高时，时变化系数可取较低值；企业用水量比例很低或无企业用水量时，时变化系数可在2.0～3.0范围内取值，用水人口多、用水条件好或用水定额高的取较低值。

另外，在设计时，应结合配水管网的实际情况，当管网内无调节构筑物（如水塔、高位水池、调节泵站）时，Q_h 应全部由供水站供给；但管网内有调节构筑物时，Q_h 应等于供水站供水量和调节构筑物供水量之和。

7.2.1.3　管网流量计算

管网水力计算首先要进行管网流量计算，管网流量计算时并不包括全部管线，而只是计算经简化后的干管网。管网由许多管段组成，在管网水力计算中，首先要求计算出沿线流量和节点流量，沿线流量是指供给该管段两侧用户所需流量，节点流量是从沿线流量折算得出的并且假设是在节点集中流出的流量。

如图 7.2 所示的配水干管网。标有 1，2，3，…，8 的点称为节点，它们包括：

（1）水源节点，如泵站、水塔或高位水池等。

（2）不同管径或不同材质的管线交接点。

（3）两管段交点或集中向大用户供水的点。

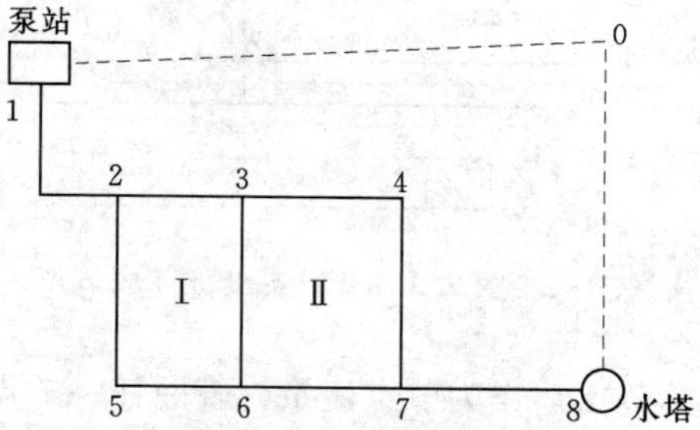

图 7.2　配水干管网
0～8—管网节点编号

两节点之间的管线称为管段，例如管段 3—6，表示节点 3 和 6 之间的一段管线。管段顺序连接形成管线，如图 7.2 中的管线 1－2－3－4－7－8 是指从泵站到水塔的一条管线，起点和终点重合的管线，如 2－3－6－5－2 称为管网的环，即图中的环Ⅰ，因为环Ⅰ中不含其他环，所以称为基环，几个基环合成的环叫大环，如环Ⅰ、环Ⅱ合成的 2－3－4－7－6－5－2 就不再是基环。多水源的管网，为了计算方便，有时将两个或多个水压已定的水源节点（泵站、水塔等）用虚线和虚节点 0 连接起来，也形成环，如图中的 1－0－8－7－4－3－2－1 大环，因实际上并不存在，所以叫虚环。

1. 沿线流量

对于供水管线，干管和分配管上接出许多用户，供水管线既有输水功能，也有配水功能。沿管线配水，用水情况复杂，难以按实际情况计算管网，并且因用户用水量经常变化也没有必要。因此，计算时往往加以简化，即假设管线两侧用水量均匀分布在全部干管上，由此算出干管线单位长度的流量，叫做比流量，用 q_s 表示，比流量计算见式（7.3）。两节点之间干管段的沿线流量等于比流量 q_s 乘以管段长度 L(m)。

$$q_s=\frac{Q-\sum q}{\sum l} \tag{7.3}$$

式中　q_s——比流量，L/(m·s)；

Q——管网总用水量，L/s；

$\sum q$——大用户集中用水量总和，L/s；

$\sum l$——干管总长度，m，不包括穿越广场、公园等无建筑物地区的管线；只有一侧配水的管线，长度按一半计算。

2. 节点流量

管网中任一管段的流量，由两部分组成，一部分是沿该管段长度 L 配水的沿线流量 q_l，另一部分是通过该管段输水到以后管段的转输流量 q_t，转输流量沿整个管段不变，而沿线流量由于管段沿线配水，所以管段中的流量顺水流方向逐渐减小，到管段末端则只剩下转输流量。如图 7.3 所示，管段 1－2 起端 1 的流量等于转输流量 q_t 加沿线流量 q_l，到末端只有转输流量 q_t，因此从管段起点到终点的流量是沿程变化的。

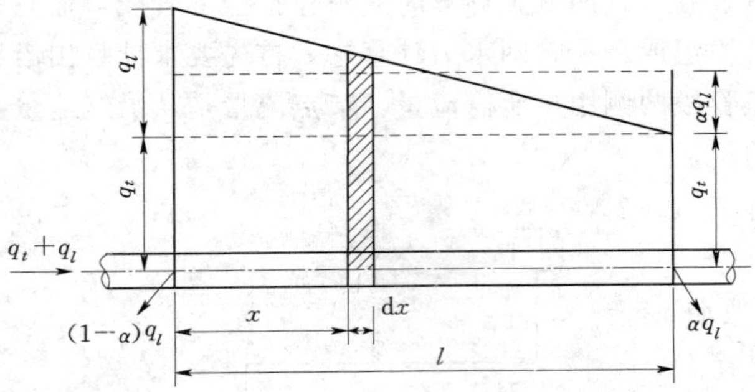

图 7.3　沿线流量折算成节点流量

按照用水量在全部干管上均匀分配的假定求出沿线流量，只是一种近似的方法，对于流量变化的管段，难以确定管径和水头损失，所以有必要将沿线流量转化成从节点流出的流量。这样，节点之间沿管线不再有流量流出，即管段中的流量不再沿管线变化，就可根据该流量确定管径。

村镇居民用水比较分散，经比流量、沿线流量和节点流量计算后，分配到节点，作为节点流量，管网任一节点由沿线流量折半作为节点流量，即任一节点 i 的节点流量 q_i 等于与该节点相连各管段的沿线流量 q_l 总和的一半。在村镇供水管网中，大用户集中流量可直接作为接入大用户节点的节点流量，不能作为沿线流量进行节点分配。

沿线流量化成节点流量的原理是求出一个沿线不变的折算流量 q，使它产生的水头损失等于实际上沿管线变化的流量 q_t 产生的水头损失。从图 7.3 可知，若假定从起端 1 流出的流量为 $(1-\alpha)q_l$，从起端 2 流出的流量为 αq_l，即将沿线流量 q_l 折算成节点 1、2 流出的流量，则 1—2 管段沿管线不再有流量流出，流量将不再沿管线发生变化，其值为 $q_t+\alpha q_l$，α 为折算系数。α 可根据沿线流量折算前后产生的水头损失不变这一条件求得。

从图 7.3 得出，通过管段 1—2 任一断面上的流量为：

$$q_x=q_t+q_l\frac{L-x}{L}=q_l\left(\gamma+\frac{L-x}{L}\right) \tag{7.4}$$

其中
$$\gamma=\frac{q_t}{q_l}$$

根据水力学，管段 $\mathrm{d}x$ 中的水头损失为：

$$\mathrm{d}h=\alpha q_l^n\left(\gamma+\frac{L-x}{L}\right)^n\mathrm{d}x \tag{7.5}$$

式中　α——管段的比阻。

流量变化的管段 L 中的水头损失可表示为：

$$h=\int_0^L\mathrm{d}h=\int_0^L\alpha q_l^n\left(\gamma+\frac{L-x}{L}\right)^n\mathrm{d}x \tag{7.6}$$

积分，得：

$$h=\frac{1}{n+1}\alpha q_l^n[(\gamma+1)^{n+1}-\gamma^{n+1}]L \tag{7.7}$$

图 7.3 中的水平虚线表示沿线不变的折算流量为：

$$q=q_t+\alpha q_l \tag{7.8}$$

式中 α——折算系数，是把沿线流量变化的流量折算成在管段两端节点流出的流量，即节点流量的系数。

折算流量所产生的水头损失为：

$$h=\alpha Lq^n=\alpha Lq_l^n(\gamma+\alpha)^n \tag{7.9}$$

按照这两流量产生的水头损失相等的条件，令式（7.7）等于式（7.9），就可得出折算系数：

$$\alpha=\sqrt[n]{\frac{(\gamma+1)^{n+1}-\gamma^{n+1}}{n+1}}-\gamma \tag{7.10}$$

取水头损失的公式的指数为 $n=2$，代入并简化，得：

$$\alpha=\sqrt{\gamma^2+\gamma+\frac{1}{3}}-\gamma \tag{7.11}$$

从式（7.11）可见：折算系数 α 只和 $\gamma=q_t/q_l$ 值有关，在管网末端的管段，因转输流量 q_t 为零，即 $\gamma=0$，得：

$$\alpha=\sqrt{\frac{1}{3}}=0.577$$

如 $\gamma=10$，折算系数为：

$$\alpha=\sqrt{\frac{331}{3}}-10=0.504$$

如 $\gamma=100$，即转输流量远大于沿线流量的管段，折算系数为：

$$\alpha=0.499$$

由此可见，因管段在管网中的位置不同，γ 值不同，折算系数 α 值也不等。一般，在靠近管网起端的管段，因转输流量比沿线流量大得多，α 值接近于 0.5，相反，靠近管网末端的管段，α 值大于 0.5。为便于管网计算，通常统一采用 $\alpha=0.5$，即将沿线流量折半作为管段两端的节点流量，在解决工程问题时，已足够精确。

因此管网任一节点的节点流量为：

$$q_i=\alpha\sum q_l=0.5\sum q_l$$

即任一节点 i 的节点流量 q_i 等于与该节点相连各管段的沿线流量 q_l 总和的一半。

城市和村镇供水管网中，工业企业等大用户所需流量，可直接作为接入大用户节点的节点流量，不能作为沿线流量进行分配。对于工业企业内的生产用水管网的计算，水量大的车间用水量也可直接作为节点流量。

这样，管网图上只有集中在节点的流量，包括由沿线流量折算的节点流量和大用户的集中流量。大用户的集中流量，可以在管网图上单独注明，也可和节点流量加起来，在相应节点上注出总流量。一般在管网计算图的节点旁引出箭头，注明该节点的流量，以便于进一步计算。

3. 沿线流量、节点流量计算步骤和方法

（1）按村镇供水布置图，绘制计算草图，对节点或管段顺序进行编号，标明管段长度和节点地形标高。

（2）按最高日最高时计算沿线流量和节点流量，计算方法见表 7.4。

表 7.4　节点流量计算表

项目	计　算
比流量 q_s	一般按单位长度干管段计算比流量： $$q_s=\frac{Q-\sum q}{\sum L}$$ 式中　q_s—比流量，$m^3/(s\cdot m)$； Q—管网设计流量，按最高日最高时流量计算，m^3/s； $\sum q$—大用户集中于节点的总流量，m^3/s； $\sum L$—干管总长度，m，其中不计通过无供水地区的管段长度，只有一侧供水时长度按一半计算
沿线流量 q_l	两节点之间干管段，其沿线流量： $$q_l=q_s l$$ 式中　q_s—比流量，$m^3/(s\cdot m)$； l—该管段长度，m
节点流量 q_i	1. 将沿线流量的一半分配到管段两端的节点，即为节点流量，当节点上连接有若干干管时，节点流量等于这些管段沿线流量总和的一半： $$q_i=0.5\sum q_l$$ 2. 将节点理论注明在管网计算草图上的有关节点上，包括节点流量和大用户的集中流量，可以单独在节点上注明。 3. 在管网各计算节点引出箭头，并注明节点流量（m^3/s），以便下一步流量分配。 4. 管网按消防流量核算时，消防流量加在最不利节点上

4. 流量分配

节点流量确定后，即可进行流量分配，用以初步确定管网各管段的流量，据此可以确定管径。

（1）单水源树枝状管网。单水源树枝状管网，每一管段只有唯一流量，任一管段流量等于该管段下游的节点流量总和，如图 7.4 所示，管段 1—2 分配的流量为：

$$q_{1-2}=q_3+q_4+q_5+q_6+q_7+q_8+q_9+q_{10}$$

根据管段流量即可选用管径和计算水头损失。

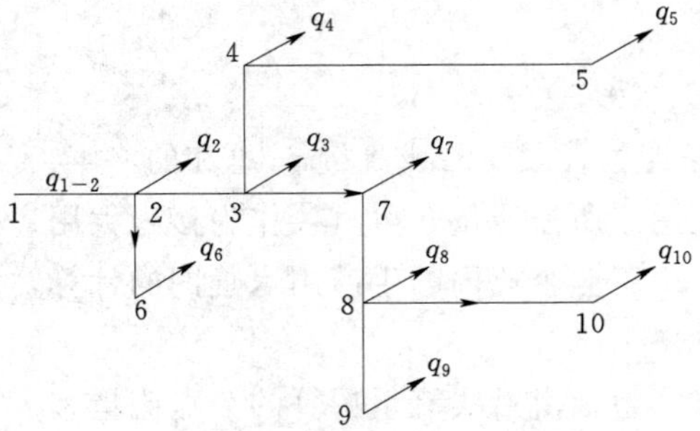

图 7.4　单水源树枝状管网

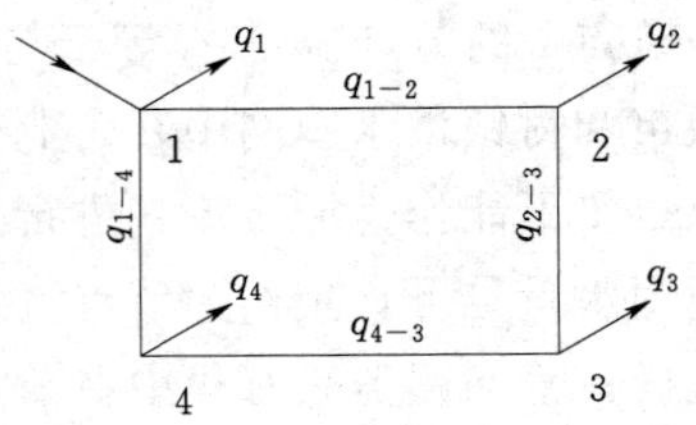

图 7.5　环状管网

(2) 单水源环状管网。单水源环状管网，每一段可以有无限多的流量分配，如图 7.5 所示。分配流量时，每一个节点应符合流量平衡条件，即流向该节点的流量应等于从该节点流出的流量，假设从节点流出的流量为正，流向节点的流量为负，应符合连续性方程：

$$q_i + \sum q_{ij} = 0 \tag{7.12}$$

式中 q_i——节点 i 的节点流量，L/s；

q_{ij}——管段 ij 中的流量，L/s。

例如，节点 1 的流量为：

$$Q - q_1 = q_{1-2} + q_{1-4} \tag{7.13}$$

环状管网流量分配时，应按照管网的主要供水方向，先拟定每一个管段的水流方向，然后从管网起点的节点开始，顺水流方向按照每一个节点的流量平衡条件，求得每一段中的流量。多水源管网，可以从不同水源同时供给。各水源供水范围内的节点流量总和加上分界线上由此水源供应的节点流量，应等于该水源的供水量。

对于村镇供水工程，供水站服务范围内各居民村分布比较分散，同时各村供水用户又相对集中，输配水管网多以树枝状为主。饮用水通过输配水干管直接输送至各村镇，沿线则很少直接配水至用户，因此可认为输配水干管只起到输水作用，而不考虑管网的沿线流量。各村镇居民点的用水量即为节点流量，各节点流量逐级累加，即为上一节点的节点流量。但对于充分发展的中心场镇，其配水管网多以环状管网或者树枝状管网和环状管网结合，配水管两侧用户较多，因此配水管既要起到输水的功能，同时还肩负配水的功能，因此在管网计算中既要考虑管网的沿线流量，也要考虑各管段的节点流量。这是村镇供水工程不同于城市供水工程的显著特点，在设计时应注意根据工程的实际情况进行管网流量的计算。

7.2.2 管渠水力计算

输水管渠水力计算的目的是通过计算输水管渠的流量确定输水管渠的管径或断面尺寸和输水管渠的总水头损失。

7.2.2.1 流量计算

流量计算参考本书第 2 章供水站规模计算和 7.2.1 节的流量计算，从水源至村镇供水站或工业企业自备供水站的输水管渠的设计流量，应按最高日平均时供水量加供水站的自用水量确定。当长距离输水时，输水管渠的设计流量应计入管渠的漏失水量。

向管网输水的管道设计流量，当管网内有调节构筑物时，应按最高日最高用水条件下，由供水站所负担供应的水量确定（输水管道的设计流量应为最高日最高时供水量减去由调节构筑物每小时供应的水量）；当无调节构筑物时，应按最高日最高时供水量确定。

当输水管渠负有消防供水任务，应分别包括消防流量。

7.2.2.2 管道水力计算

1. 管径计算

满流或压力流的输水管管径可按式（7.14）计算：

$$d = \sqrt{\frac{4Q}{\pi v_e}} \tag{7.14}$$

式中　Q——输水管计算流量，m^3/s；

v_e——管道经济流速，m/s；

d——管道直径，m。

管道内流速 v_e 的大小，将直接影响管道的直径，从而影响工程造价和运行费用。经济流速的定义是：管道建设费用和综合运行费用总和最低条件下的管道内水流流速，其根据选用管材及当地的敷管单价和动力价格，通过计算确定。不同管径，其经济流速也不相同，大直径管道的经济流速大于小直径管道。在消防或事故时管中的流速不需要按经济流速考虑，但不超过管道允许的最大流速。为了求得压力输水管道的经济流速 v_e，可先求出各种管径的经济流量 Q_e，然后除以相应断面面积。

压力输水管道的经济流量 Q_e 为

$$Q_e=\left(\frac{d^{\alpha+\beta}}{f}\right)^{\frac{1}{m-1}} \tag{7.15}$$

其中
$$f=\frac{86\gamma Ek\beta}{(A+p)ab\eta}$$

式中　Q_e——管道的经济流量，L/s；

m、β——水头损失计算公式 $i=\dfrac{kQ^m}{Q^\beta}$中的指数；

f——经济因数；

γ——设计年限中，供水水量的变化系数，一般取供水站设计的日变化系数；

E——电费，分/(kW·h)；

η——水泵站总效率；

p——年平均维修费用的费率,%；

A——资金回收系数，其值等于 $I_c(1+I_c)^t/[(1+I_c)^t-1]$，其中 I_c 为基准收益率,%，t 为项目计算期，a，一般为供水站的设计年限；

k——水头损失计算公式 $i=\dfrac{kQ^m}{d^\beta}$中的系数；

b、a——敷管单价公式 $C=a+bd^\alpha$ 中的系数和指数，用当地敷管单价在对数坐标纸中点绘求出。

由式（7.15）得经济管径计算公式：

$$d_e=(fQ^{m-1})\frac{1}{\alpha+\beta} \tag{7.16}$$

对于非满流输水管的管径选择，应根据管道埋设坡度和允许的流速确定。

一般讲，输配水干管的经济流速较低，支管与干管相比较，靠近供水站或调节构筑物的起端支管流速可以适当提高，末端支管流速不宜提高，其经济流速可参考表 7.5 选择确定。

表 7.5　　经济流速范围

管道种类	流速（m/s）
室外长距离管道，末端管道	0.5～0.75
起端支管	0.75～1.0

水泵的吸水管、出水管流速的大小，是由水泵性能决定的。

在实际工程设计中根据式（7.16）计算的管径，是在某一流量下的经济管径，但不一定等于市场销售的标准管径。由于市场销售的标准管径分档较少，或者某些标准管径很少生产，因此，每种市售标准管径不仅有相应的最小经济流量，并且有其经济最大流量，即市售标准管径的经济流量是一个范围，即该标准管径的界限流量范围。在此范围内用这一管径都是经济的，超出界限流量范围就须采用大一号或小一号的标准管径。根据众多工程实际，市场销售的标准管径及其经济界限流量范围见表7.6。

表7.6　标准管径界限流量表

管径（mm）	界限流量（L/s）	管径（mm）	界限流量（L/s）	管径（mm）	界限流量（L/s）
100	<9	350	68～96	700	355～490
150	9～15	400	96～130	800	490～685
200	15～28.5	450	130～168	900	685～822
250	28.5～45	500	168～237	1000	822～1120
300	45～68	600	237～355		

注　表中管径为内径。

2. 管道水头损失

管道内的水头损失，由沿程水头损失 h_i 与局部水头损失 h_f 两部分组成。其中，沿程水头损失是由于水在流动过程中，水与管壁之间及水与水之间摩擦产生的阻力而造成的水头损失。

（1）沿程水头损失。可按式（7.17）计算：

$$h_i = iL \tag{7.17}$$

式中　h_i——沿程水头损失，m；

L——计算管段的长度，m；

i——单位管长水头损失，m/m。

不同的管道材料，其沿程水头损失系数 i 不同，计算方法也不同。输水管道常用材质可以为PE、UPVC等塑料管、铸铁管及钢管以及混凝土管，根据《村镇供水工程技术规范》(SL 310—2004)，其沿程水头损失分别采用如下经验公式进行计算。

1）PE、UPVC等硬塑料管。

PE、UPVC等硬塑料管的单位管长水头损失，可分别按式（7.18）计算：

$$i = 0.000915Q^{1.774}/d^{4.774} \tag{7.18}$$

式中　Q——管段流量，m^3/s；

d——管道内径，m。

2）钢管、铸铁管。

对于钢管、铸铁管的单位管长水头损失计算，其管道内流速 v 不同，计算公式也不同，可按下列式（7.19.1）与式（7.19.2）计算：

$$当\ v < 1.2\text{m/s}\ 时，i = 0.000912v^2(1+0.867/v)^{0.3}/d^{1.3} \tag{7.19.1}$$

$$当\ v \geqslant 1.2\text{m/s}\ 时，i = 0.00107v^2/d^{1.3} \tag{7.19.2}$$

式中 v——管内流速，m/s；

d——管道内径，m。

3）混凝土管、钢筋混凝土管。

混凝土管、钢筋混凝土管的单位管长水头损失，可按式（7.20）计算：

$$i=10.294n^2Q^2/d^{5.333} \tag{7.20}$$

式中 Q——管段流量，m^3/s；

d——管道内径，m；

n——管道粗糙度系数，应根据管道内壁光滑程度确定，一般可为0.013～0.014。

（2）局部水头损失。

$$h_f=\zeta\frac{v^2}{2g} \tag{7.21}$$

式中 h_f——局部水头损失，m；

ζ——局部阻力系数，随管件而异；

v——局部水头损失的计算流速，m/s；

g——重力加速度，m/s^2。

ζ值与管道管件形状和类型以及设计流速有关，可从《给水排水设计手册》（第1册 常用资料 第二版）中查出。

在一般流速范围内，特别是管道比较长时，局部水头损失比沿程水头损失小很多。管道局部水头损失和管线的水平及竖向平顺等情况有关。调查国内几项大型输水工程的管道局部水头损失数值，一般占沿程水头损失的5%～10%。所以根据管线的敷设情况，管道局部水头损失可按沿程水头损失的5%～10%计算。但对于丘陵或山区中敷设的管道，因其起伏较大，转弯较多，局部水头损失较大，应根据实际情况计算，同时保持一定的富余量。

3. 输水管道水力计算步骤

（1）确定设计流量：村镇供水工程输水管道设计流量按最高日工作时或最高日最高时用水量计算。

（2）确定管径：按照经济流速范围与设计流量初步确定管径。

（3）按准备选用的管材与设计流量、管径，查相应的水力计算表，确定流速及单位管长沿程损失（阻力）。

（4）计算管道的沿程水头损失。

（5）计算输水管的局部水头损失，或按沿程水头损失的5%～10%计算。

（6）计算总水头损失，等于沿程水头损失与局部水头损失之和。

7.2.2.3 输水渠道水力计算

（1）梯形（或矩形）断面渠道的水力计算。梯形断面的渠道（图7.6），可根据已知流量、底坡、边坡、粗糙系数等，计算出渠底宽和水深。一般先假定底宽，再调整水深。有时则需根据设计条件限制的设计水深确定

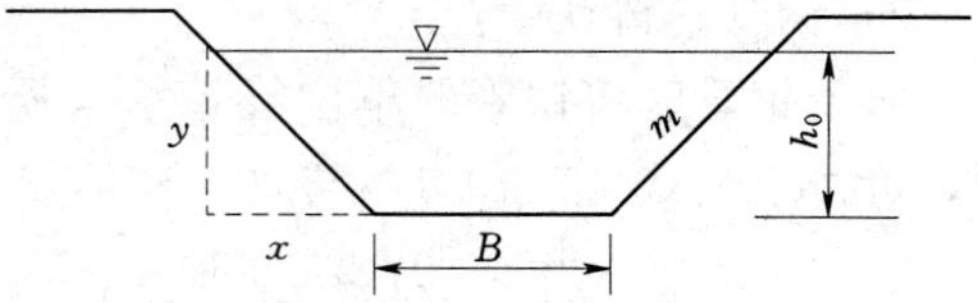

图7.6 梯形渠道横断面

渠底宽。

(2) 在寒冷地区设计明渠时，其断面应考虑当地的最大结冰厚度，以复核输水能力，防止出现输水能力不足。

(3) 水力计算步骤如下：

1) 确定水力最佳断面的$\frac{B}{h_0}$值，可根据边坡系数 m 按式（7.22）计算或查表 7.7 得出。

表 7.7　梯形渠道水力最佳断面的$\frac{B}{h_0}$比值

m	0	0.25	0.5	1.0	1.5	2.0	2.5	3.0
$\frac{B}{h_0}=\beta$	2.00	1.56	1.24	0.83	0.61	0.47	0.385	0.325

$$\beta=\frac{B}{h_0}=2(\sqrt{1+m^2}-m) \tag{7.22}$$

式中　B——梯形断面的渠底宽度，m；

h_0——水深，m；

m——边坡系数，$m=\frac{x}{y}$，见图 7.6。

2) 确定水深：对于梯形水力最佳断面，水力半径等于水深之半。

$$h_0=\left(\frac{2^{y+0.5}nQ}{\beta+m\sqrt{i}}\right)^{\frac{1}{y+2.5}} \tag{7.23}$$

其中
$$y=2.5\sqrt{n}-0.13-0.75\sqrt{R}(\sqrt{n}-0.10) \tag{7.24}$$

式中　Q——通过渠道的流量，m^3/s；

n——粗糙系数；

i——渠底坡度；

y——与粗糙系数和水力半径有关的指数，当 $n<0.02$ 时，可采用 $y=\frac{1}{6}$。

3) 渠底宽度：

$$B=h_0\beta \tag{7.25}$$

4) 过水断面：

$$F=Bh_0+mh_0^2 \tag{7.26}$$

式中　F——渠道的过水断面面积，m^2。

5) 底宽取整数 B'，修正水深 h_0 为 h_0'，实际过水断面 F'：

$$F'=B'h_0'+m(h_0')^2 \tag{7.27}$$

$$h_0'=\frac{\sqrt{(B')^2+4mF}-B'}{2m} \tag{7.28}$$

6) 计算渠道实际平均流速 v_m：

$$v_m=\frac{Q}{F'} \tag{7.29}$$

并应使 $v_m < v_0$。

式中 v_0——渠道最大允许平均流速，见表7.8。

表7.8 各类渠道最大允许平均流速

渠道种类	最大允许平均流速（m/s）			
	平均水深（m）			
	0.4	1.0	2.0	3.0以上
中等坚实的黏土及粉质黏土渠道	0.7	0.85	0.95	1.10
20cm大小块石单层铺砌的土渠道	2.5～2.9	3.0～3.5	3.5～4.0	3.8～4.3
20cm大小块石双层铺砌的土渠道	3.1～3.6	3.7～4.7	4.3～5.0	4.6～5.4
水泥砂浆砖砌渠道	1.6	2.0	2.3	2.5
水泥砂浆砌软质岩石渠道	2.9	3.5	4.0	4.4
水泥砂浆砌硬质岩石渠道	5.8	7.0	8.1	8.7
用水泥或喷浆抹面，施工精细的混凝土或钢筋混凝土渠道	4.2～7.5	5.0～9.0	5.7～10.0	6.2～11.0

矩形断面渠道的水力计算方法与梯形断面相同，相当于梯形断面的边坡系数 $m=0$。在确定最佳断面时，除考虑水力因素外还需考虑构造的经济因素。

对于村镇供水工程而言，因供水站设计规模较小，从水源至供水站的输水渠道多较小，一般采用矩形断面。

7.2.3 配水管网水力计算

7.2.3.1 树枝状管网水力计算

1. 计算步骤

（1）根据最高时用水量计算比流量，或人均用水当量。

（2）计算管段沿线流量。

（3）分配节点流量。

注：计算管段流量和分配节点流量一般采用逆推法，即首先计算最末一级节点和管段的流量，然后逐级向上计算，直至计算至加压泵站或供水站的出水管。对于村镇供水工程，其主要供水节点为各个村、场镇或者某类大用水户，供水管只起输水作用而配水很少，这时在计算节点流量时，一般直接以村、场镇或大用水户为节点，而不进行管段流量的分配。但对于场镇内的配水管网，其既起到输水作用，同时又向两侧用户配水，因此在管网流量计算时，应考虑管段流量，即线流量的分配。

（4）确定管段管径和水头损失。

（5）根据配水干管沿线地形选定控制点，该点自由水压（即打开水龙头后，静水柱高度）相对最小，必须保证该控制点所要求的自由水压。据此条件，结合地形高程，推算各节点水压。

（6）计算水塔或高位水池高度和水泵扬程：计算时应先计算配水干管，后计算配水支管。配水干管是管网起点（泵站、水塔或高位水池）到控制点之间的管段。其终点，即控制点的水压已定，而起点水压须在干管计算后才能确定。从配水干管接出的管段为配水支管，其起点和终点的水压均为已知，因此支管的水力坡度已定。干管与支管管径的确定方法不同，干管按流量和经济流速确定管径，支管按流量和已知水力坡度确定，即充分利用其现有水压。值得注意的是，确定管径时，应适当考虑发展因素。

2. 计算方法及公式

参考7.2.2节中管道水力计算。

7.2.3.2 环状管网水力计算

农村供水管网绝大多数均采用树枝状管网，较少采用环状管网。有少数重要场镇供水安全程度要求较高，需要采用环状管网，但环数一般较少，多数为2～3环，而且还有以环为主、环状和树枝状结合的情况。由于环数较少，而且多为手工计算，因此一般采用解环方程的计算方法。

1. 计算步骤

(1) 根据最高时用水量计算比流量或人均用水当量。

(2) 计算管段沿线流量。

(3) 求节点流量。

(4) 进行管段的流量分配；在管网计算中，管段的流量分配需考虑到当地的经济因素的影响，即根据经济因数 f 调整管段流量，该流量称为折算流量 q_0，由如下公式计算：

$$q_0=\sqrt[3]{f}q_{ij}\sqrt{\frac{Qx_{ij}}{q_{ij}}} \tag{7.30}$$

式中 q_{ij}——管网中计算管段 $i-j$ 的管段流量；

x_{ij}——该管段流量占总流量的比例；

f——与当地经济有关的系数，即经济因数，与设计年限内供水量变化：电费、水泵站总效率，年维修费、资金回收系数水头损失、管道工程造价等有关，具体计算参见《给水排水设计手册》(第二版) 2.2部分。

当管网的总流量 Q 为1时，各管段的 x_{ij} 在0～1之间，对单独管段，$x_{ij}=1$，则有：

$$q_0=\sqrt[3]{f}q_{ij} \tag{7.31}$$

对于树枝状管网，一般不考虑当地经济因素的影响，即管段流量不用根据经济因素调整成折算流量。

(5) 确定管段管径和水头损失。

(6) 进行管网平差。

(7) 确定水塔或高位水池的高度和水泵扬程。

2. 解环方程计算法

(1) 解环方程原则：

1) 流向任一节点的流量必须等于流出该节点的流量，即 $q_i+\sum q_{ij}=0$。

2) 同一环内，水流顺时针方向管段的水头损失应等于水流逆时针方向管段的水头损失，即 $\sum h_{ij}=0$。

(2) 解环方程步骤：

1) 根据场镇的用水情况，拟定环状管网各管段的水流方向，并按每一节点流量平衡条件即流入节点的流量等于流出节点的流量，$q_i+\sum q_{ij}=0$，进行管段流量分配，得出第一次分配的各管段流量 $q_{ij}^{(0)}$。

2）根据各管段流量 $q_{ij}^{(0)}$，查表 7.8，初步确定各管段的直径 d。

3）计算各管段的水头损失 $[h_{ij}^{(0)}=s_{ij}(q_{jh}^{(0)})^2]$，式中 s_{ij} 为 i—j 管段的管道比阻，与管道的内径 d，内管壁的粗糙度 n 有关，可根据 d、n 查给排水设计手册得到，也可用公式计算，$s=10.3n^2/d^{5.33}$，$n=0.011\sim0.014$，视管道材料而定。对于旧铸铁管和旧钢管还可用下式计算：$s=0.001736/d^{5.33}$。另外，管道水头损失 h 也可根据本章 7.2.2 中公式计算，但一般环状管网 h 的计算采用本节计算方法计算。

4）按初步分配流量求出的管段水头损失不一定符合每环顺时针方向和逆时针方向管段中的水头损失相等的条件，即 $\sum h_{ij}=0$。假定水流顺时针方向管段的水头损失为正，逆时针方向管段的水头损失为负，计算环内各管段水头损失总和为 $\sum h_{ij}$。因 $\sum h_{ij}\neq0$，其差值为 Δh，称之为闭合差。为消除闭合差所进行的流量调整计算，称为管网平差。

当 $\Delta h>0$ 时，说明顺时针方向各管段中初步分配的流量多了，当 $\Delta h<0$ 时，则为逆时针方向各管段中初步分配的流量多了，因此必须进行流量调整。

5）计算每环各管段的 $s_{ij}q_{ij}^{(0)}$ 和其总和 $\sum s_{ij}q_{ij}^{(0)}$，注意上述各管段值都为绝对值，与方向无关。

6）计算校正流量 Δq

$$\Delta q=\frac{\Delta h}{2\sum_{ij}s_{ij}q_{ij}} \tag{7.32}$$

式（7.32）中的 Δq 与 Δh 的符号相反，即当 Δh 为正时，Δq 必为负；Δh 为负时，Δq 必为正。根据 Δq 的符号，以顺时针方向为正、逆时针方向为负的规定，凡是流向与 Δq 方向相同的管段，则加 Δq，从而得出校正后的各管段流量，即第一次管段流量 $q_{ij}^{(1)}$。

$$q_{ij}^{(1)}=q_{ij}^{(0)}+\Delta q_{\mathrm{I}}^{(0)}+\Delta q_{\mathrm{II}}^{(0)} \tag{7.33}$$

式中　$\Delta q_{\mathrm{I}}^{(0)}$——本环的校正流量；

$\Delta q_{\mathrm{II}}^{(0)}$——邻环的校正流量。

据此，再从第 2 步起重复计算，直到每环的闭合差 Δh 消除为止。实际计算中，当小环的 $\Delta h<0.5$m，大环的 $\Delta h<1.0$m 时，即认为合格，满足确定水塔或高位水池高度和选泵的要求。

7.2.4　管网设计计算实例

1. 输水管道水力计算

【例 7.1】 甲村自河流取水，取水泵房至供水站输水管长度为 520m，设计流量为 20m^3/h，拟选用铸铁管材，试确定适宜的管径，并计算水头损失。

解：

（1）根据取水泵房至供水站输水管长为 520m，查表 7.5 取管道流速 $v=0.70$m/s，则管道内径：$d=\sqrt{\dfrac{4Q}{v\pi}}=0.101$m，初步确定管径为 100mm。

（2）准备选用铸铁管，按选用管径为 100mm，$v=0.71$m/s，采用式（7.19.1）：

$$i=0.000912v^2(1+0.867/v)^{0.3}/d^{1.3}$$

得 $v=0.71$m/s，$i=0.011957$m/m。

（3）计算管道总水头损失：

$$h=iL=1.05\times(0.011957\times520)=6.528\text{m}$$

2. 配水管道水力计算

【例 7.2】 树枝状管网水力计算。

某村镇供水工程树枝状管网平面布置见图 7.7，管道为 PE 塑料管，最高时用水量为 17.5L/s，由节点 1 的高位水池供水，进行流量计算，水头损失计算，并确定水泵扬程。

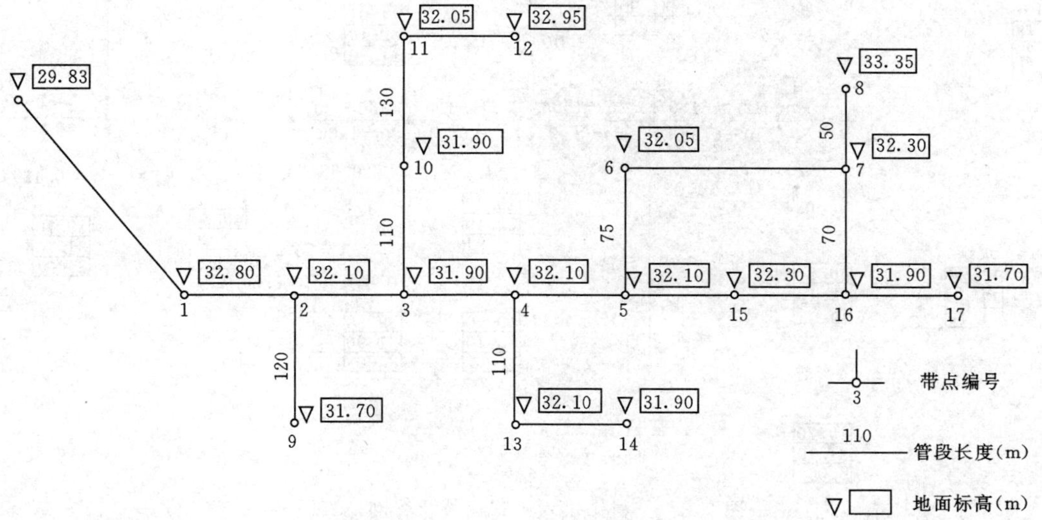

图 7.7 某村镇供水工程树枝状管网平面布置

解：

（1）计算比流量 q_s；工、副业和公共建筑集中流量为 5.5L/s，两侧配水的管线总长为 1440m。

$$q_s=\frac{Q_{mn}-\sum q}{\sum L}=\frac{17.5-5.5}{1440}=0.0083\text{L/(s·m)}$$

（2）计算各段的沿线流量 q_L

$$q_L=q_sL$$

各管段沿线流量 q_L 按上式计算。计算结果从略。

（3）分配节点流量 q_s

$$q_s=\frac{1}{2}\sum q_i$$

各节点流量分配结果见图 7.8。

（4）确定各管道的直径和水头损失。

1）配水干管计算：选定地形高程最高的节点 8 为控制点，并以水池所在处节点 1—7 为配水干管，其水力计算见图 7.8。

以 1—2 节点管段为例，其他管段计算方法相同。

$$q_{1-2}=12\text{L/s}$$

$$L=100\text{m}$$

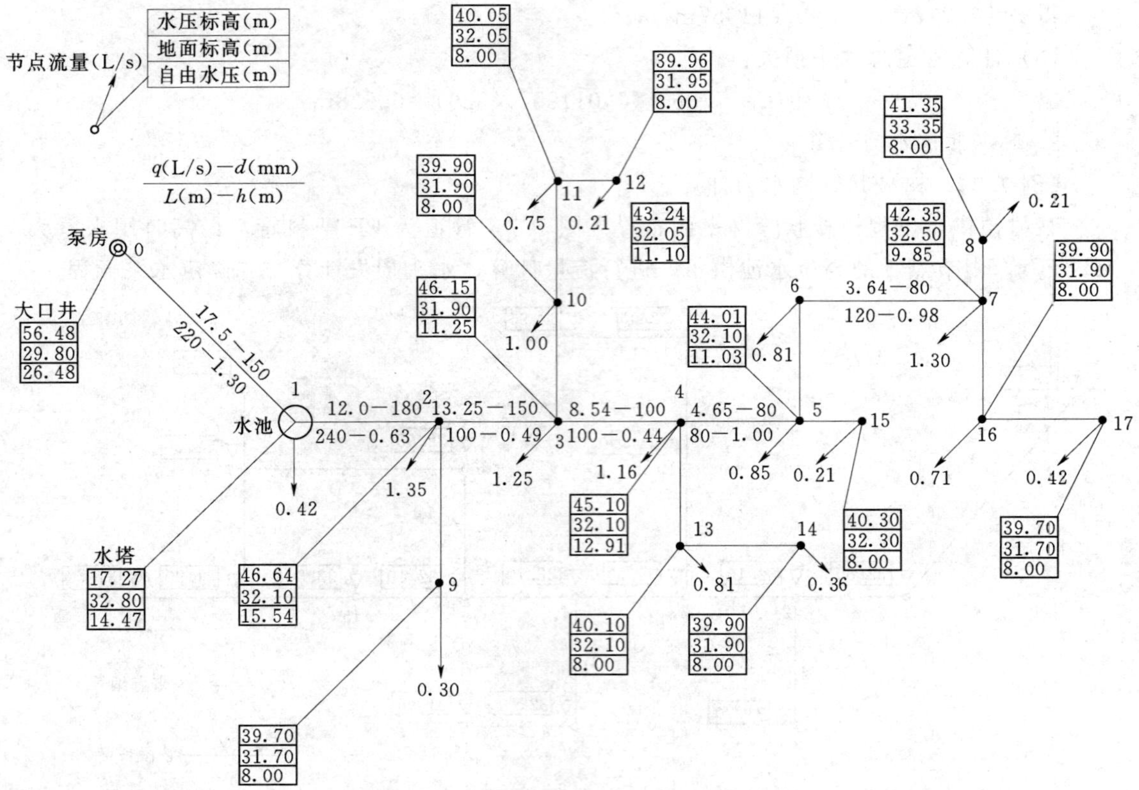

图 7.8 某村镇供水工程树枝状管网计算图

取经济流速

$$v=0.60\text{m/s}$$

则管径

$$d=\sqrt{\frac{4q_{1-2}}{\pi v}}=0.159\text{m}$$

对应 PE 管规格，选用 1.0MPa 的 PE100 管材，$DN180\times10.7$，其中 $DN180$ 为 PE 管外径，10.7 为壁厚，则管道内径：

$$d=0.159\text{mm}$$

计算单位管长的水头损失 i，根据式（7.17)：

$$i=0.000915Q^{1.774}/d^{4.774}$$

$$i=0.000915\times0.012^{1.774}/0.159^{4.774}=2.32\times10^{-4}$$

则沿程水头损失：$h_i=240\times2.32\times10^{-4}=0.556\text{m}$

取局部水头损失为沿程水头损失的 15%，则 1—2 管段的总的水头损失：

$$h_T=(1+15\%)h_i=0.556\times1.15=0.63\text{m}$$

其他管段，如 2—3、3—4、4—5 等计算方法和步骤同 1—2 管段计算方法。

2）求干管各点的自由水头，根据《村镇供水工程技术规范》(SL 310—2004）中的规定，供水干管最不利点的最小服务水头，单层建筑可按 5～10m 计算，取二层的自由水头为 8m，二层以上每增加一层加 4m。

配水干管各节点的水压可从控制点 8 推算。节点 8 的地面高程为 33.35m，该处住房为两层，所需自由水头为 8m，因此该节点水压高程为 33.35+8=41.35m。

其余节点水压可用相同方法推算，结果见图 7.8。

配水干管上各节点的水压高程计算后，应逐点校核是否均能满足各点自由水头的要求，如果有许多点不满足要求，说明控制点选择有错，应重新选择控制点，再行计算。

3）配水支管计算：由于干管上各节点的水压均为已知，因此支管起点的水压已定，而支管的终点水压为该点地面加该点所需自由水头，由此可求出支管的平均水力坡降，进而确定支管管径。

例如支管 3—10，管长 110m，起点 3 的水压为 46.15m，节点 10 所需水压为该处地面标高加自由水头：31.90+8=39.90m，其平均水力坡度为：

$$i=\frac{46.15-39.90}{110}=0.0568$$

由支管 3—10 流量为 3.46L/s，$i=0.0568$，按照下列公式求 d_j

$$i=0.000915\frac{q^{1.774}}{d_i^{4.7774}}$$

$$\begin{aligned}d_i&=0.000915\left(\frac{q^{1.774}}{i}\right)^{0.21}\\&=\left[0.000915\times\frac{(3.46\times10^{-3})^{1.774}}{0.0568}\right]^{0.21}\\&=0.0512\text{m}\end{aligned}$$

取 $d_i=50$mm。

配水支管的水力计算结果见图 7.8。

配水干管上各节点水压确定好后，即可从末级节点逐级向上求取输水干管即 1—2—3—4—5—6—7—8 中各节点水压，然后确定水塔的高度，最终确定水泵的扬程。

（5）水塔高度计算。

水塔最低水位=控制点水压标高+总水头损失=33.35+8+5.83=47.18m

水塔高度=底板标高−水塔所在处地面标高=47.18−32.80=14.38m

（6）输水管计算：从大口井 0 号节点到水塔 1 号节点为输水管，长度为 200m，流量为 1.75L/s，$v=0.991$m/s，$d=150$mm（设 1 条输水管）。

$$\begin{aligned}i&=0.000915\times\frac{q^{1.774}}{(0.15)^{4.774}}\\&=0.000915\times\frac{(17.5\times10^{-3})^{1.774}}{(0.15)^{4.774}}\\&=0.0059\end{aligned}$$

$$h_0=1.1iL=1.1\times0.0059\times200=1.30\text{m}$$

（7）水泵扬程计算

$$H_0=H_1+H_2+\sum h+h_0-H_3$$

式中 H_0——水泵总扬程，m；

H_1——水塔底板高程，m；$H_1=47.27$m；

H_2——水塔水柜水深，m；$H_2=3.00$m；

$\sum h$——泵站总水头损失，m；$\sum h=5.00$m；

h_0——输水管水头损失，m；$h_0=1.30$m；

H_3——水泵房吸水井最低水位高程，m；$H_3=25.30$m。

故：$H_0=47.27+3.00+5.00+1.30-25.3=31.27$m。

【例 7.3】 环状管网水力计算。

某场镇供水按最高用水时流量 219.8L/s，计算如图 7.9 所示的管网。节点流量见表 7.9。

表 7.9　　节 点 流 量 表

节　　点	1	2	3	4	5	6	7	8	9	总计
节点流量（L/s）	16.0	31.6	20.0	23.6	36.8	25.6	16.8	30.2	19.2	219.8

解：根据用水情况，拟定各管段的流向如图 7.9 所示。按照最短路线供水原则，并考虑可靠性的要求进行流量分配。这里，流向节点的流量取负号，离开节点的流量取正号，分配时每一节点满足的条件。几乎平行的干线，如 3—2—1，6—5—4 和 9—8—7，大致分配相近的流量。与其垂直的连接管，因平时流量较小，所以分配较少的流量，由此得出每一管段的计算流量。

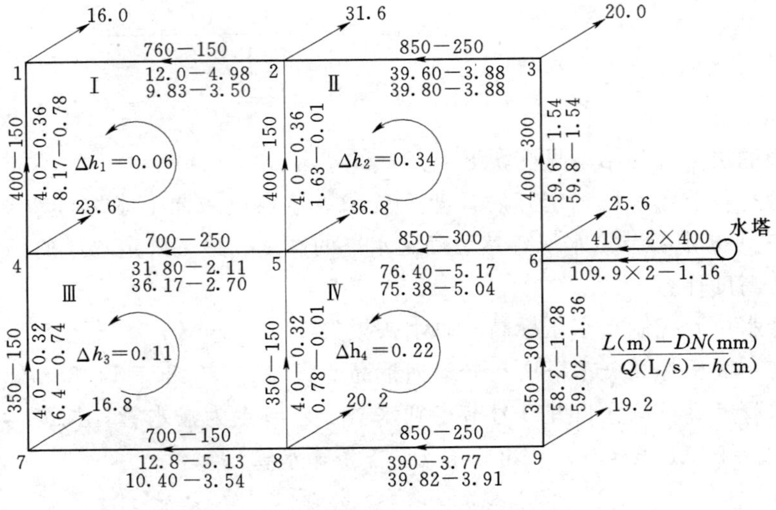

图 7.9　环状网计算（最高用水时）

已知该场镇的经济因素为 $f=0.8$，按单独管段求折算流量选定管径，则折算流量为：

$$q_{(ij)0}=\sqrt[3]{f}\,q_{ij}$$

例如管段 5—6，折算流量为 0.93×76.4=71.1L/s，查表 7.6 管径为 DN350，考虑到市场供应 DN350 为非常用标准规格，选用市场标准管径规格，用 DN300mm。至于平行干管之间的连接管管径，考虑到平行干管事故时，连接管中可能传输较大的流量以及消防流量的需要，将连接管 2—5，5—8，1—4，4—7 的管径适当放大为 150mm。

每一管段的流量和管径确定后，查表可求出水力坡度 1000i［见《给水排水设计手册》（第 1 册　常用资料　第二版）］，该值乘以管段长度后即得到水头损失。水头损失值

除以流量即为 $s_{ij}q_{ij}$ 值。

计算时应该注意两环之间的公共管段，如 2—5，4—5，5—8 等的流量校正。以管段 5—6 为例，初步分配流量为 76.4L/s，但同时受到环Ⅱ和环Ⅳ校正流量的影响，环Ⅱ的第一次校正流量为−0.20L/s，因校正流量的方向与管段 5—6 的流向相同，故相加，环Ⅳ校正流量为 0.82L/s，方向与管段 5—6 的流向相反，故相减，因此第一次调整后的管段流量为：

$$76.4-0.20-0.82=75.28\ \text{L/s}$$

计算结果见图 7.9 和表 7.10。

表 7.10　环状网计算（最高用水时）

环号	管段	管长(m)	管径(mm)	初步分配流量				第一次校正			
				q(L/s)	1000i	h(m)	$\|sq\|$	q(L/s)	1000i	h(m)	$\|sq\|$
Ⅰ	1—2	760	150	−12.0	6.55	−4.98	0.150	−12+2.17=−9.83	4.6	−3.5	0.356
	1—4	400	150	4.0	0.909	0.36	0.090	4.0+2.17=6.17	1.96	0.78	0.126
	2—5	400	150	−4.0	0.909	−0.36	0.090	−4+2.17+0.2=−1.63	0.1	0.04	0.025
	4—5	700	250	31.6	3.02	2.11	0.067	31.6+2.17+2.4=36.17	3.86	2.7	0.075
				$\Delta q_{Ⅰ}=\dfrac{2.87}{2\times0.662}=2.17$		−2.87	0.662			0.06	0.582
Ⅱ	2—3	850	250	−39.6	4.55	−3.88	0.098	−39.6−0.2=−39.8	4.57	−3.88	0.097
	2—5	400	150	4.0	0.909	0.36	0.090	4−0.2−2.17=1.63	0.1	0.04	0.025
	3—6	400	300	59.6	3.84	−1.54	0.025	−59.6−0.2=−59.8	3.85	−1.54	0.026
	5—6	850	300	76.4	6.08	5.17	0.068	76.4−0.2−0.82=75.38	5.93	5.04	0.067
				$\Delta q_{Ⅱ}=\dfrac{-0.11}{2\times0.288}=-0.20$		0.11	0.282			−0.34	0.215
Ⅲ	4—6	700	250	−81.6	3.02	−2.11	0.067	−81.6−2.4−2.17=−86.17	3.86	−2.7	0.075
	4—7	350	150	−4.0	0.909	−0.32	0.080	−4.0−2.4=−6.4	2.1	−0.74	0.116
	5—8	350	150	4.0	0.909	0.32	0.080	4.0−2.4−0.82=0.78	0.026	0.009	0.012
	7—8	700	150	12.8	7.33	5.13	0.401	12.8−2.4=10.4	5.08	3.54	0.340
				$\Delta q_{Ⅲ}=\dfrac{-3.02}{2\times0.628}=-2.40$		3.02	0.628			0.109	0.543
Ⅳ	5—6	850	300	−76.4	6.08	−5.17	0.066	−78.4+0.82+0.20=−75.38	5.93	−5.04	0.067
	6—9	350	300	58.2	3.67	1.38	0.022	58.2+0.82=59.02	3.88	1.36	0.023
	5—8	350	150	−4.0	0.909	−0.32	0.080	−4.0+0.82+2.40=−0.78	0.026	−0.009	0.012
	8—9	850	250	39.0	4.44	3.77	0.097	39.0+0.82=39.82	4	3.91	0.098
				$\Delta q_{Ⅳ}=\dfrac{0.44}{2\times0.267}=0.82$		−0.44	0.267			0.221	0.200

注　顺时针方向的流量 q 为正，逆时针方向为负。

计算时必须注意本环和邻环校正流量的符合，以得新的管段计算流量。

经过一次校正后，各环闭合差均小于0.5m，大环6—3—2—1—4—7—8—9—6的闭合差为：

$$\begin{aligned}\sum h &= -h_{6-3}-h_{3-2}-h_{2-1}+h_{1-4}-h_{4-7}+h_{7-8}+h_{8-9}+h_{6-9}\\ &= -1.54-3.88-3.50+0.78-0.74+3.54+3.91+1.36\\ &= 0.07\text{m}\end{aligned}$$

小于允许值。可满足要求，计算到此完毕。

从水塔到管网的输水管计两条，每条计算流量为$\frac{1}{2}\times 219.8=109.9$L/s，选定管径400mm，水头损失为$h=1.16$m。

水塔高度由距水塔较远且地形较高的控制点1确定，该点地面标高为85.60m，水塔处地面标高为88.53m，所需服务水压为24m，从水塔到控制点的水头损失取6—3—2—1和6—9—8—7—4—1两条干线的平均值，因此水塔高度为：

$$\begin{aligned}H_t &= 85.60+24.00+\frac{1}{2}\times(1.54+3.88+3.5+1.36+3.91+3.54-\\ &\quad 0.74+0.78)+1.16-88.53\\ &= 31.12\text{m}\end{aligned}$$

本例的水塔位置是在二级泵站和管网之间，塔将管网和泵站分隔开来，形成水塔和管网联合工作而泵站和水塔联合工作的情况。在一天内的任何时刻，水塔供给管网的流量等于管网的用水量。管网用水量的变化对泵站工作无直接的影响，只有在用水量变化引起水塔的水位变动时，才对泵站供水情况产生影响。如果水塔的进水管接至水塔的水柜底部，则在选择水泵时，应考虑水塔水位变化对水泵工作的影响，并按水泵特征曲线，对水泵流量的可能变化进行分析。

7.3 水量调节设施

7.3.1 调节构筑物的作用和种类

村镇供水工程由于规模小，且考虑到管理与停电等因素，某些供水站或泵房采用间歇运行方式，因此一般情况下均应设置水量调节构筑物，以满足高峰时段和间隙运行时段的供水问题。

常用的调节构筑物主要包括清水池、高位水池、水塔或水窖，其中水窖为农村缺水地区利用雨水作为水源的调节设施，相关内容详见本书第4章4.4节。合理设置调节构筑物，能有效调节产水流量、供水流量与用水流量的不平衡，提高供水保证率、管理灵活性和供水泵站效率，但投资增高。调节构筑物的位置和型式应根据地形和地质条件、净水工艺、供水规模、居民点分布和管理条件等通过技术经济比较确定。

调节构筑物的选用和采取何种布置方式，对配水管网的造价和经常运转费有较大影响，设计时要慎重选择，如有条件，应根据具体条件做多种方案比较，然后确定。

村镇集中供水工程调节建筑物的种类、布置方式和相应的适用条件，如表7.11所示。

表7.11　调节构筑物种类、布置方式和适用条件

调节构筑物	布置方式	适用条件
清水池	厂内低位	1. 适用于地表水源的供水站，需要处理的地下水； 2. 经过技术经济比较，无需在管网内设置调节构筑物； 3. 需连续供水，并可用水泵调节的水； 4. 供水站内过滤池需要反复冲洗的水源
高位水池	厂外高位	1. 有适合的地形条件； 2. 调节容量较大； 3. 供水区所需求的压力和变化范围不大
水塔	厂内、外高位	1. 没有地形可以利用，调节容量小； 2. 供水范围和供水规模较小的供水站； 3 间歇性生产的小供水站
压力罐	厂内低位	1. 没有地形可以利用，对水压变化有适应性； 2. 需连续供水，用水量变化大，供电有保证； 3. 对构筑物抗震要求较高的地区； 4. 允许供水压力在一定范围内变化

对于调节设施的容积，在村镇供水工程中有可靠电源和可靠供水系统的工程，单独设立的清水池和高位水池可按最高日用水量的20%～40%设计；同时设置清水池和高位水池时，清水池可按最高日用水量的10%～20%设计，高位水池可按最高日用水量的20%～30%设计；水塔可按最高日用水量的10%～20%设计；向净水设施提供冲洗用水的调节构筑物，其有效容积尚应增加供水站自用水量。取值时，规模较大的工程宜取低值，小规模工程宜取高值。

供电保证率低或输水管道和设备等维修时不能满足基本生活用水需要的V型工程，调节构筑物的有效容积可按最高日用水量的40%～60%设计。取值时，企业用水比例高的工程应取低值，经常停电地区宜取高值。

7.3.2 清水池

7.3.2.1 清水池的结构

清水池常采用钢筋混凝土、预应力钢筋混凝土和砖、石建造，特别是钢筋混凝土清水池使用较广。清水池的形状，可以是圆形，也可以是方形、矩形。当水池容积小于2500m³，圆形池较为经济，大于2500m³，方形、矩形较为经济。

清水池的结构型式见图7.10和图7.11，图7.10为圆形清水池，图7.11为矩形清水池，其包括池体、导流墙、通气孔、溢流管、进出水管和放空管以及水位指示装置。

7.3.2.2 清水池的有效容积

清水池的有效容积 w_c 可按下式计算：

$$w_c = w_1 + w_2 + w_3 \tag{7.34}$$

式中　w_1——调节容积，m³，一般根据水量曲线和供水量曲线求得，当缺乏上述资料时，可按最高日用水量的20%～40%考虑；

w_2——供水站自用水量，m^3，当滤池采用水泵冲洗时，可按一次冲水量计；当采用水塔冲洗时，w_2 一般可以不考虑。一般情况下，可按最高日用水量的 5%～10%计；

w_3——安全储量，m^3，为避免清水池抽空，影响供水安全，清水池内需保留一定水深作为安全储量，一般按最高日用水量的 5%考虑。对于允许短时间中断供水或间歇供水的情况，w_3 可以不考虑。

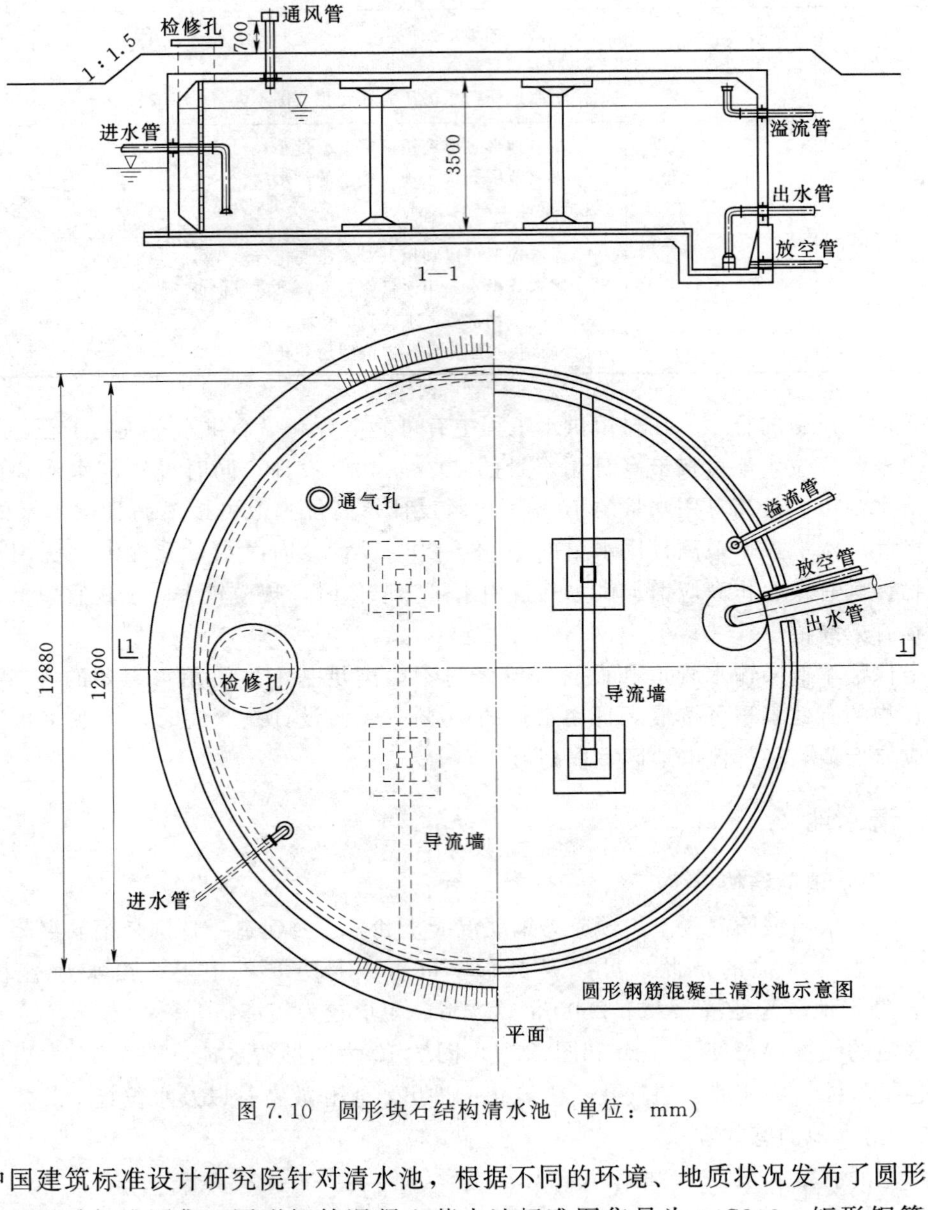

图 7.10　圆形块石结构清水池（单位：mm）

中国建筑标准设计研究院针对清水池，根据不同的环境、地质状况发布了圆形和矩形蓄水池的设计标准图集，圆形钢筋混凝土蓄水池标准图集号为 04S803，矩形钢筋混凝土蓄水池标准图集号为 05S804，规格从最小 $50m^3$ 到最大 $2000m^3$，根据南北方不同，池顶覆土有 0.5m 和 1.0m 两种。

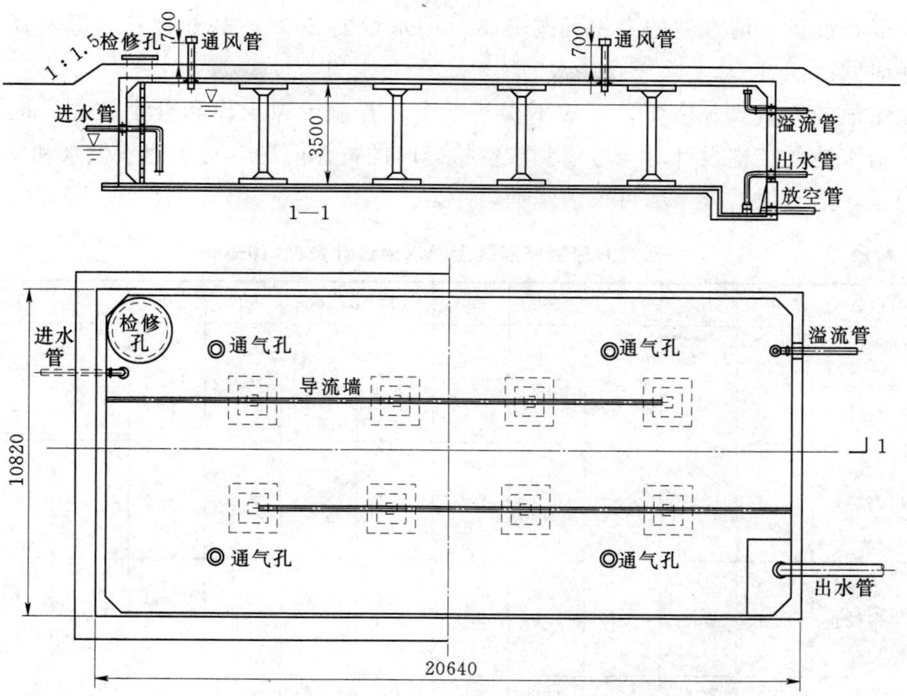

图 7.11 方形钢筋混凝土小型清水池（单位：mm）

表 7.12 为圆形钢筋混凝土清水池设计主要参数，表 7.13 为矩形钢筋混凝土清水池设计主要参数。

表 7.12　　　　圆形钢筋混凝土清水池设计数据（04S803）

容积(m^3)		50	100	150	200	300	400	500	600	800	1000	1500	2000
内径(m)		4.5	6.4	7.8	9.0	11.0	12.6	14.06	14.16	16.50	18.75	22.20	26.70
高度(m)		3.5	3.5	3.5	3.5	3.5	3.5	3.5	4.0	4.0	4.0	4.0	4.0
水深(m)		3.3	3.3	3.3	3.3	3.3	3.3	3.3	3.8	3.8	3.8	3.8	3.8
通气管	数量(个)	2	2	2	2	2	2	4	4	4	6	6	6
	直径(mm)	200	200	200	200	200	200	200	200	200	200	200	200
检修孔	数量(个)	1	1	1	1	1	1	2	2	2	2	2	2
	直径(mm)	1000	1000	1000	1000	1000	1000	1000	1000	1000	1000	1000	1000
进水管径(mm)		100	150	150	200	250	250	300	300	400	400	500	600
出水管径(mm)		150	200	200	250	300	300	400	400	500	500	600	700
溢流管径(mm)		150	200	200	250	300	300	400	400	500	500	600	700
排水管径(mm)		100	100	100	100	150	150	150	150	200	200	300	300

一般情况下，清水池的容积可按最高日用水量的20%～30%计算，但需复核保证消毒接触时间所需容积。

清水池的池数或分格数，一般不少于2个，并能单独工作和分别放空。地下水位高时，在清水池的结构设计时应考虑到放空检修时的抗浮问题。对于间断供水和供水安全不高的地区，清水池的分格数可灵活掌握。

表7.13　　矩形或方形钢筋混凝土清水池设计数据（05S804）

容积(m^3)		50	100	150	200	300	400	500	600	800	1000	1500	2000
矩形	长（内径）(m)	6.3	8.0	9.45	9.6	13.9	16.0	16.4	20.0	18.8	22.8	26.4	27.3
	宽（内径）(m)	3.0	4.0	5.0	6.3	6.9	8.0	8.2	8.0	11.2	11.4	15.0	19.5
方形	边长（内径）(m)	3.9	5.6	6.8	7.8	9.9	11.4	11.7	12.9	14.8	15.9	19.8	23.4
高度(m)		3.5	3.5	3.5	3.5	3.5	3.5	4.0	4.0	4.0	4.0	4.0	4.0
水深(m)		3.3	3.3	3.3	3.3	3.3	3.3	3.8	3.8	3.8	3.8	3.8	3.8
通气管	数量（个）	2	2	2	3	4	4	4	5	6	6	8	8
	直径(mm)	200	200	200	200	200	200	200	200	200	200	200	200
检修孔	数量（个）	1	1	1	1	2	2	2	2	2	2	2	2
	直径(mm)	1000	1000	1000	1000	1000	1000	1000	1000	1000	1000	1000	1000
进水管径(mm)		100	150	150	200	250	250	300	300	400	400	500	600
出水管径(mm)		150	200	200	250	300	300	400	400	500	500	600	700
溢流管径(mm)		150	200	200	250	300	300	400	400	500	500	600	700
排水管径(mm)		100	100	100	100	150	150	150	150	200	200	300	300

7.3.2.3 配管与布置

清水池配管管径见表7.12和表7.13。

1. 进水管

管径按最高日工作时间用水量计算，管口应设置在池内平均水位以下。

2. 出水管

管径按最高日最高时用水量计算，一般采用水泵吸水管直接弯入池底集水坑吸水。如清水池不作为调节水池，仅作为消毒和转水池，水量调节功能由另外设置的高位水池实现，则出水管管径按最高日用水量确定。

3. 溢流管

管径一般与进水管相同。管端为喇叭口，并与池内最高水位持平，池外出水管应设置罩网，防止动物或蚊虫进入而污染水质。管道出口不得装阀门。当溢流管出口常处于排水水位以下时，可设置溢流井排水。

4. 排水管

管径可按 2h 内将池中水泄空计算，但最小管径不得小于 100mm，管底与集水坑持平，如清水池埋深较大，排水有困难时，可在池外设排水井，用潜水泵从井内抽排，为了便于排空泄水，池底应有一定坡度，坡向集水坑。

5. 通气孔及检修孔

通气孔及检修孔的数目根据水池大小而定。池顶设通气管，管径一般为 100～200mm，进气管一般高出覆土 1m，出气孔一般高出覆土 1.5m。

同时设检修孔，孔径一般为 1000mm，并沿池壁设铁爬梯。检修孔宜设置于清水池进水管、出水管、溢流管和集水坑附近，同时宜成对角布置，大的水池一般设置两个，孔的尺寸应满足池内管配件进出要求，孔顶设置防雨盖板。

6. 导流墙

为避免池内水的短流和满足消毒后的接触时间的需要，池内应设导流墙。为清洗方便，在导流墙底部，每隔一定距离设置流水孔，流水孔的底缘应与池底相平。导流墙若砌至池顶，应在干弦范围的墙上设置通气孔，并使清水池内排气畅通。

7. 水位指示

清水池应设置水位连续测量装置，发出上、下限水位信号，供水位自动控制或水位报警自用。水位仪宜具有传示功能，并有较大的传示范围。水位仪应选择投入式或与池水不接触式（如标准图集 04S803、05S804 中建议采用一体化超声波液位仪），便于检修。

8. 池顶覆土

池顶覆土一般为 500mm，若室外平均气温为－10～30℃，则覆土厚度为 1000mm，在底下水位较高的地区，覆土厚度除了满足保温的要求外，还应满足抵抗浮力的要求。

7.3.3 高位水池

对于村镇供水工程，供水系统除了满足水量的供应之外，还应该可以输送至用户并满足一定的水压的要求。满足水压要求可以通过设置高位水池、水塔或气压水罐来实现。目前随着自动控制变频技术的发展，也可采用二次加压泵变频供水在保证水质的情况下直接向用户提供满足水量和水压要求的饮用水。

在供水工程中，当有高地可利用时，可修建高位水池代替水塔，其功能与水塔一样。清水池是在供水站一级泵站即取水泵站和二次送水加压泵站之间起调节作用的调节构筑物。高位水池与清水池的结构型式及设置的附件相同。

当修建高位水池的位置面积较大时，可适当修建大一些的高位水池，以在满足水压调节的同时而具有水量调节的功能，这样水量调节功能由高位水池实现，则供水站二次加压泵和输水管可按供水站设计规模确定，而不必考虑用水的时变化系数，可大大减小工程直接投资和运行费用。

高位水池的有效容积计算一般可按清水池计算方法进行，当上述资料缺乏时，可按最高日用水量的25%～40%计算。对于经常停电的地区，可适当放大至最高日用水量的50%～100%。

高水位池的高度计算与水塔相同。池内水深一般为2.5～4.0m，其他要求可参照清水池和水塔的有关规定。

高位水池应安装避雷设施，并应安装水位指示装置。

7.3.4 水塔

水塔是重要的调节构筑物，在村镇供水工程中也是主要的构筑物。

7.3.4.1 水塔的功能

在村镇供水工程中，由于每小时的用水量变化幅度大，可用水塔来调节水量；同时储存一定数量的消防用水和其他用途的储备水，以保证在火灾或某些管段事故发生时，能有足够的水量，水塔还能保证管网所需的水压稳定。

对于较大管网，水塔应尽量设在供水点附近，以降低供水压力，减少投资；小管网则宜设在管网起点，即和供水站一起建设，便于管理，在实际工作中，要根据供水地区的地形条件，可将水塔设在管网起点（或供水站内），管网中间或管网末端，并应考虑尽量靠近大用水区（户），设计时应充分利用地形坡度以节省投资，综合以上各因素，选定水塔位置。

当输水量大于用水量时，多余的水量储存在水塔内；当输水量小于用水量时，不足的水量由水塔供给，使水量达到平衡。

7.3.4.2 水塔的计算

1. 水塔的有效容积 w

$$w=w_1+w_2+w_3 \tag{7.35}$$

式中 w_1——调节容积，m^3，一般可按最高日用水量的10%～20%考虑；

w_2——供水站滤池的冲洗用水量，m^3，按最高日用水量的5%～10%计；不用水塔冲洗池的工程，不计此量；

w_3——消防储量，m^3，当附有消防要求时，应按《建筑设计防火规范》要求确定。对于村镇供水工程，其在消防时允许间断供水，则可不计此项，但对管网的设计用校核管网输水量能否满足消防用水量的需要。

2. 水塔的高度

水塔的高度 H(m) 按下式计算：

$$H=H_h+\sum h_1+\sum h_z-(Z_0-Z_c) \tag{7.36}$$

式中 H_h——管网控制点自由水头，m；

$\sum h_1$——水塔至控制点配水干管的沿程水头损失，m；

$\sum h_z$——水塔至控制点配水干管的局部水头损失，m；

Z_0——水塔处地面标高，m；

Z_c——控制点地面标高，m。

水塔水柜内的水深一般按 1.5～4.0m 考虑。

7.3.4.3 水塔的构造

水塔主要由水箱（柜）、塔体、管道和基础四部分组成。图 7.12 为常见水塔的构造。

水塔材料多用钢筋混凝土和砖、石等，农村供水常用钢筋混凝土水箱和砖支座的水塔。

1. 水箱

水箱的作用是储水。计算的水箱有效容量就是水箱的容积。水箱常为圆形，高与直径之比约为 0.5～1.0。水箱材料一般采用钢筋混凝土，也可采用钢材或者砖砌；水箱内应设水位尺，指示水位。

水箱的型式多种多样，最常用的形式如图 7.13 所示。

（1）平底式水箱见图 7.13（a），结构简单，施工方便，但钢筋混凝土用量较大，受力性能稍差，仅使用于小型水塔。

（2）球体式水箱见图 7.13（b），利用球壳式箱底承受压力，结构较合理，但施工复杂。

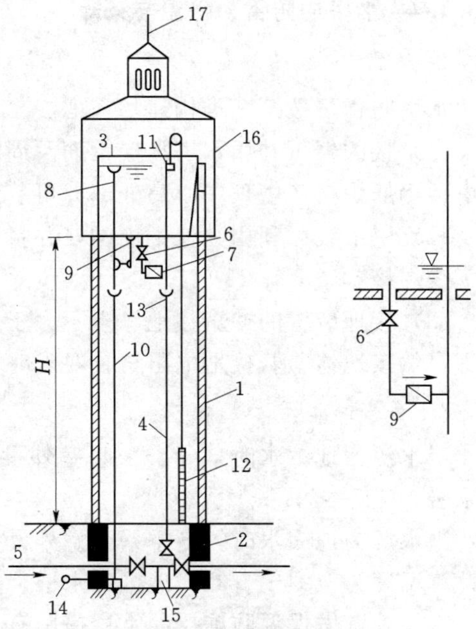

图 7.12 水塔结构示意图

1—塔身；2—基础；3—水柜；4—进出水管；5—管网；6—闸门；7—逆水阀；8—溢流阀；9—放空阀；10—溢泄水管；11—浮球；12—标尺；13—伸缩接头；14—排水阀；15—支墩；16—外壳；17—避雷针

2. 塔体

塔体或塔身主要用来支撑水箱，见图 7.12，有筒壁式和框架式两种，可用砖、石或钢筋混凝土建造。

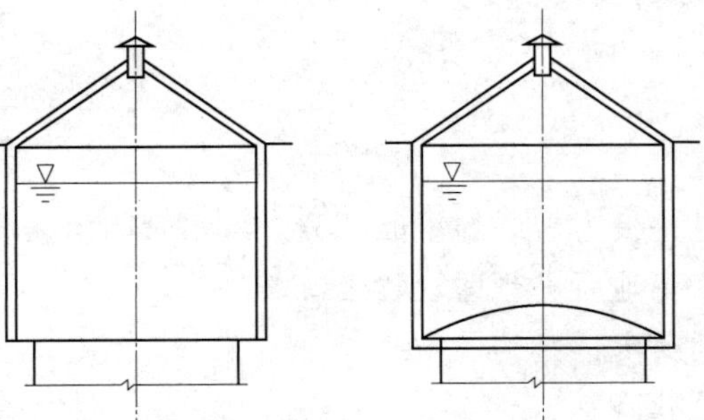

（a）平底水箱　　（b）球底水箱

图 7.13 水箱的型式

3. 管道

水塔的进出水管可分别设立，也可合用，合用时需加止回阀，立管需设伸缩接头，以适应因温度、外力面产生的变形；下端应设固定支墩。

溢流管和排水管一般合用，管径与进、出水管相同，但当进、出水管管径大于 200mm 时，溢、排水管管径可以小一号，溢流管上端有喇叭口，管上不设阀门，排水管装在水箱底，管上设阀门。

为防止水箱底的沉淀物进入管网，一般要求出水管顶高出箱底 0.20m。

4. 基础

水塔基础可用砖、石、混凝土、钢筋混凝土等材料建造，有圆环、圆版、球壳、M 型锥壳、桩基础等多种形式。

另外水塔上还有扶梯、平台、栏杆和照明等设施。

7.3.4.4　水塔的防雷、保温与采暖

1. 防雷

水塔防雷可按第三类构建物考虑。

(1) 接闪器可利用水塔顶层钢筋及周围铁栏杆。当无需栅栏时，可做一圈避雷带，并与塔顶钢筋焊接，塔顶中心高处部分可装置一支避雷短针。

(2) 引下线可利用其他钢筋网，并将内设钢梯做整体电气联结，在其首末两端与接地引下线焊接。

(3) 接地装置的冲击接地电阻不大于 5Ω。应尽量利用水塔钢筋混凝土基础，金属管道等自然接地体，若接地电阻符合要求时，也可不另设人工接地体。

2. 保温和采暖

当水源为地下水时，冬季采暖室外设计温度为－8～－23℃地区的水塔，可只保温，不采暖。

当水源为地表水时，冬季采暖室外设计温度为－8～－23℃或水源为地下水。冬季室外计算温度为－24～－30℃地区的水塔，除保温外，还需考虑采暖。

水箱外壁做保温防冻层的常用措施有：

(1) 贴砌一层厚度为 8～10mm 的泡沫混凝土或膨胀珍珠岩等轻质材料。

(2) 贴砌一层一砖厚度的半空斗墙。

(3) 再做一层保温外壳，在外壳与水箱壁之间（＜0.7mm）填装保温材料（麦秸、芦苇等）。

(4) 管道也应采取相应的保温措施。

7.4　管渠材质及附属设施

7.4.1　常用管渠材质

供水管网是供水工程系统中造价最高并且是极为重要的组成部分。供水管网由众多管道连接而成。管道为工厂现成产品，运到施工工地后进行埋管和接口。

按照水管工作条件，管道性能应满足下列要求：

(1) 有足够的强度，可以承受各种内外荷载。

(2) 水密性，它是保证管网有效而经济地工作的重要条件。如因管线的水密性差以至经常漏水，无疑会增加管理费用和导致经济上的损失。同时，管网漏水严重时也会冲刷地层而引起严重事故。

(3) 管道内壁面应光滑以减小水头损失。

(4) 应用于供水工程的管道，还应当具有化学稳定性，即其在使用时不得溶出对饮用水造成二次污染的物质。

(5) 价格较低，使用年限较长，并且有较高的防止水和土壤的侵蚀能力。

此外，管道接口应施工简便，工作可靠。

应用于供水的管道根据材质可分为金属管（铸铁管和钢管等）和非金属管（预应力钢筋混凝土管、玻璃钢管、塑料管等）。供水管道材料的选择，取决于承受的水压、外部荷载、埋管条件、供水情况等。

1. 铸铁管

铸铁管按材质可分为灰口铸铁管和球墨铸铁管。

灰口铸铁管有砂型离心和连续铸造两种加工工艺。砂型离心铸铁管在20世纪60年代已停产。连续铸铁管或称灰口铸铁管，有较强的耐腐蚀性，在20世纪60～80年代广泛应用。但由于连续铸管工艺的缺陷，质地较脆，抗冲击和抗震能力较差，管材质量不够稳定，重量较大，且经常发生接口漏水，水管断裂和爆管事故，给生产带来很大的损失。现在灰口铸铁管已属于淘汰产品，一般不再使用。

球墨铸铁管是选用优质生铁，采用水冷金属型离心浇注技术，并经退火处理，获得稳定均匀的金相组织，能保持较高的延伸率，故亦称为可延性铸铁管。由于其具有较高的抗拉强度和延伸率，而且具有较好的韧性、耐腐蚀、抗氧化、耐高压等优良性能，故被广泛运用于输水、输气以及其他液体的输送。

球墨铸铁管通常采用T型滑入式接口（图7.14），也可用法兰接口，施工安装方便，接口的水密性好，有适应地基变形的能力，抗震效果也好。

球墨铸铁管外壁采用喷涂沥青或喷锌防腐，内壁衬水泥砂浆防腐。目前市售的球墨铸铁管已经做好了内外防腐。

由于球墨铸铁管性能好，且施工方便，不需要在现场进行焊接和防腐操作，加上产量及口径的增加（最大口径达到 *DN*2200）、管配件的供应等，已在国内得到广泛应用，尤其是在城市给水工程中应用更为广泛。

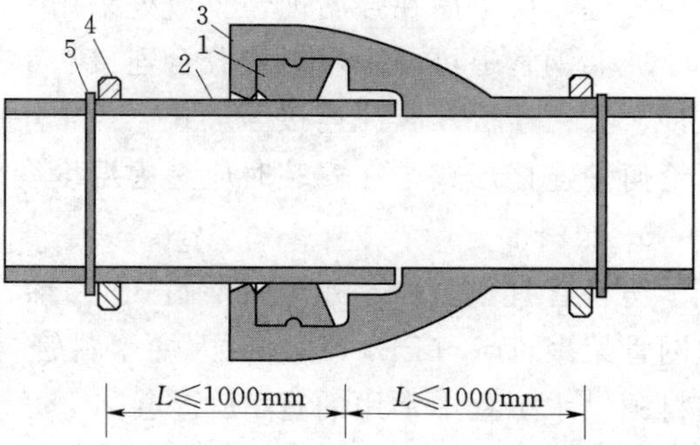

图7.14 球墨铸铁管接口形式
1—橡胶圈；2—插口；3—承口；4—挡圈；5—管道抱卡

对于村镇供水工程，球墨铸铁管较重，安装不如PE管方便。但就综合造价而言（管材价格及沟槽开挖和回填）在大管径管道中，其由于PE管大管径的价格较高，而具有一定的优势。一般在工程中，在管径 *DN*300 以上才考虑球墨铸铁管，以下则以PE管为主。

2. 钢管

钢管有无缝钢管和焊接钢管两种。钢管的特点是能耐高压、耐振动、重量较轻、单管的长度大和接口方便，但承受外荷载的稳定性差，耐腐蚀性差，管壁内外都需有防腐措施，并且造价较高。在供水管网中，通常只在管径大和水压较高处，以及因地质、地形条件限制或穿越铁路、河谷和地震区时使用。

钢管通常采用焊接或法兰接口。所用配件如三通、四通、弯管和渐缩管等，由钢板卷焊而成，也可直接用标准铸铁配件连接。

3. 预应力和自应力钢筋混凝土管

在供水工程建设中，有条件时宜以非金属管代替金属管，对于加快工程建设和节约金属材料都有现实意义。

预应力钢筋混凝土管分普通和加钢套筒两种，其特点是造价低，抗震性能强，管壁光滑，水力条件好、耐腐蚀、爆管率低，但重量大，不便于运输和安装。预应力钢筋混凝土管在设置阀门、弯管、排气、防水等装置处，须采用钢管配件。

预应力钢筒混凝土管是在预应力钢筋混凝土管内放入钢筒，其用钢量比钢管省，造价比钢管便宜。接口为承插式，承口环和插口环均用扁钢管压制成型，与钢筒焊成一体。

自应力钢筋混凝土管的管径最大为600mm，只要质量可靠，可用在郊区或农村等水压较低的次要管线上。

4. 玻璃钢管

玻璃钢管也称玻璃纤维缠绕夹砂管（RPM管）。主要以玻璃纤维及其制品为增强材料，以高分子成分的不饱和聚酯树脂、环氧树脂等为基体材料，以石英砂及碳酸钙等无机非金属颗粒材料为填料作为主要原料制作而成的一种管道。它耐腐蚀，不结垢，能长期保持较高的输水能力，强度高，粗糙系数小。在相同使用条件下，重量只有钢材的1/4左右，是预应力钢筋混凝土管的1/5～1/10，因此便于运输和施工。但价格较高，几乎和钢管相接近，可考虑在强腐蚀性土壤处采用。

玻璃钢管道可以采用对接胶合连接、承插胶合连接、承插内外胶合连接、橡胶圈承插连接、法兰连接及胶泥连接等形式。最常用的是橡胶圈承插连接和法兰连接及胶泥连接。不论何种连接形式，在安装时应考虑温度变化引起的热膨胀和热应力。

5. 塑料管

塑料管有很多种，如聚丙烯腈-丁二烯-苯乙烯塑料管（ABS）、聚乙烯管（PE）、钢丝网骨架聚乙烯（PE）管、聚丙烯塑料管（PP）和硬聚氯乙烯塑料管（UPVC）等，目前村镇供水工程中常用的是PE管道。

PE指聚乙烯塑料材料，是一种无毒无害的塑料材料，常用作保鲜膜、食品盒等的材料。PE管则指以聚乙烯为原料加工而成的一种塑料管材，至今具有十几年的使用时间。早期因不易获得较大口径的管道而造价较高，在给水管道应用中不多。随着加工工艺的发展，其目前可获得直径在0～600mm的管道，从而大大增加了其应用性，目前已成为我国城市给水和村镇供水的优先使用管道材料。

相对于其他塑料管材，PE管具有以下优越性：

(1) PE管材材质无毒，不腐蚀，不结垢，可有效地提高管网水质；PE管道具有良好的耐水锤压力的能力，与管材一体的熔接接头及PE管对地下运动和动荷载的有较好的抵抗能力，大大提高供水的安全可靠性。

(2) PE给水管专用材料近几年来得到很大发展，PE材料早期得不到发展的一个重要原因就是由于其不经济性。然而高性能的聚乙烯管材专用料开发出来之后，增强了PE管的使用优势，扩大了PE管的应用领域。

(3) PE管具有很好的柔韧性和可熔接性，使其铺设时更加方便经济和更加安全可靠。PE管的铺设速度快，其接口采用热熔焊接方式，接口较快而且质量较好，损坏费用和维护费用低，只要接头良好就可承受轴向负荷而不发生泄漏和脱开。因此铺设时在接合处和弯曲处不需要进行费用不小的锚点、支墩，费用可降低。PE管道具备独特的柔韧性，其断裂伸长率均超过500%，弯曲半径可以达到管道直径的20～25倍，还有优良的耐刮伤痕的能力。因此铺设时很容易移动，弯曲和穿插，适用于非开挖顶管等多种施工方式。而且PE管对于管道基础的适应能力强，一方面对于管基的要求降低，另一方面铺设后管基发生变化，也不容易损坏。

(4) 经济性较好。在管道直径300mm以下，PE管相对于球墨铸铁管、钢管具有明显的造价优势。而对于村镇供水工程而言，其供水规模一般较小，同时供水范围较大，故所用管道直径不大，但数量较多，因而PE管在村镇供水工程中具有明显的优势。

另外，近几年在PE管的基础上还发展起一种以钢丝网作为骨架的PE管，称为钢丝网骨架聚乙烯（PE）管。它在继承了纯聚乙烯（PE）管道的柔性优点基础上，因有钢丝网的增强作用，使之适应地面沉降的能力更突出，具有良好的抗震性。其相对于PE管道，具有以下几方面的优势：

1）*DN*160mm以上口径的产品价格更低：同口径（如*DN*315；压力1.0MP）的钢丝网骨架管比普通的聚乙烯管售价低10%以上（即比大厂生产的普通PE管低10%以上；比小厂生产的低15%以上）。

2）流量和流速：前者由于有钢丝网管的增强，因而管材壁更薄，因而相同公称直径的管道而获得更大的内径，故相同流速下流量较PE管大10%，水流的输送能力更强。

3）耐压强度和抗冲击性能：由于前者是以高强度的钢丝网缠绕骨架而生成的管道，具有加强作用，使之比后者更具耐压和抗冲击性。

但对于钢丝网骨架聚乙烯（PE）管，其接口质量要求较高，同时在运行时，如输水发生水锤，则可能对接头造成较大冲击，因钢丝和PE塑料的膨胀系数不同，接口和管道间可能存在缝隙而产生漏水，这是该种管道应用应重点注意的问题。

PE管和钢丝骨架PE管的共同点：两种产品均比钢管、铸铁管、水泥管更具有耐腐蚀性、抗酸碱性、耐磨性、使用寿命长。

目前，钢丝骨架PE管还处于推广使用的阶段，其应用还需更多的时间和工程的证实。

对于上述不同管材之间相互连接，通常采用法兰连接的方式。

7.4.2 管道附属设施

7.4.2.1 管网附件

供水管网除了水管以外还应设置各种附件，以保证管网的正常工作。

管网的附件主要有调节流量用的阀门、供应消防用水的消火栓，其他还有控制水流方向的单向阀、安装在管线高处的排气阀和安全阀以及安装在管道低点的泄水阀等。

1. 阀门

阀门用来调节管线中的流量或水压。阀门的布置要数量少而调度灵活。主要管线和次要管线交接处的阀门常设在次要管线上。承接消火栓的水管上要安装阀门，以便消火栓检修时使用。

阀门的口径一般和水管的直径相同，但当管径较大以致阀门价格较高时，为了降低造价，可安装口径为 0.8 倍水管直径的阀门，但应注意主管道应采用变径管和阀门顺接。

常用的阀门有闸阀和蝶阀。闸阀是靠阀门腔内的闸板升降控制水流通断和调节流量的大小，见图 7.15。阀门内的闸板有楔形和平行式两种。根据阀门使用时阀杆是否上下移动，可分为明杆和暗杆两种。明杆是阀门启闭时，阀杆随之升降，因此易于掌握阀门启闭程度，可通过调节阀门启闭程度而调节流量，适宜于安装在泵站内。暗杆则是在开关时方向盘与阀杆是连接在一起相对不动的，它是通过阀杆在固定点转动来带动阀瓣向上提升和下降来完成启闭的，只能做全开或全闭操作，没有办法调节流量。暗杆适用于安装和操作地位受到限制之处，否则当阀门开启时因阀杆上升而妨碍工作。

大口径的阀门，在手工开启或关闭时，很费时间，劳动强度也大。所以直径较大的阀门有齿轮传动装置，并在闸板两侧接以旁通阀，以减小水压差，便于启闭。开启阀门时，先开旁通阀，关闭阀门时则后关旁通阀。或者应用电动阀门以便于启闭。安装在长距离输水管上的电动阀门，应限定开启和闭合的时间，以免因启闭过快而出现水锤现象使水管损坏。

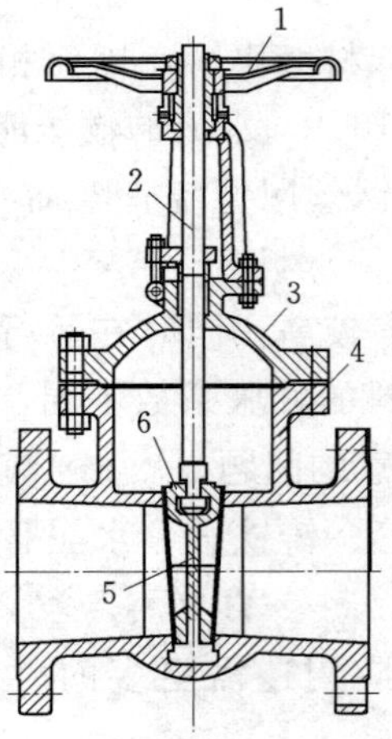

图 7.15　手动阀门

1—手轮；2—阀杆；3—阀盖；4—阀体；5—阀板；6—阀座

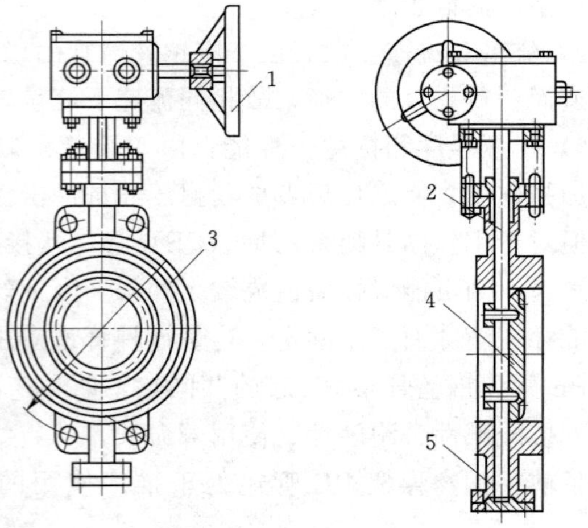

图 7.16　蝶阀

1—手轮；2—阀杆；3—阀体；4—阀板；5—阀座

蝶阀是将闸板安装在中轴上，靠中轴的转动带动闸板转动来控制水流的通断（图 7.16），其作用和一般阀门相同。当闸板平面垂直水流方向时蝶阀即关闭；中轴转动的角度越大，蝶阀开启程度越大，管道通过的流量也越大；当中轴转动 90°时，即闸板平面平行于水流方向时，蝶阀达到最大开度。蝶阀结构简单，开启方便，体积小，重量轻，目前得到广泛应用。但由于密封结构和材料的限制，蝶阀只在中、低压管道上使用，例如水处理构筑物和泵站内。

2. 止回阀

止回阀（图 7.17）又称为单向阀或逆止阀，是限制压力管道中的水流朝一个方向流动的阀门。阀门的闸板可绕轴旋转。水流方向相反时，闸板因自重和水压作用而自动关闭。止回阀一般安装在水压大于 186kPa 的泵站出水管上，防止因突然断电或其他事故时水流倒流而损坏水泵设备。

在直径较大管线上，例如工业企业的冷却水系统中，常用多瓣阀门的单向阀，由于几个阀瓣并不同时闭合，所以能有效地减轻水锤所产生的危害。

止回阀的类型除旋启式外，还有微阻缓闭止回阀和液压式缓冲止回阀，都具有防止水锤的作用。

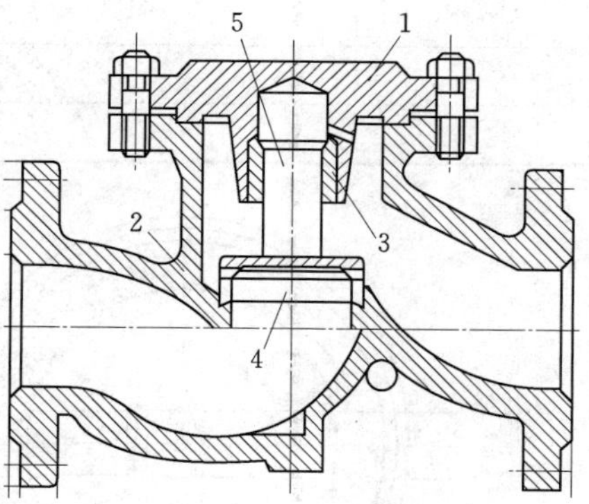

图 7.17 止回阀

1—阀盖；2—阀体；3—密封材料；4—阀盘；5—升降活塞

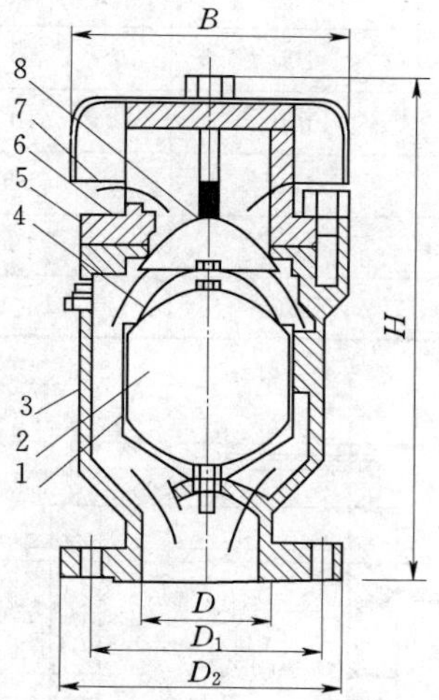

图 7.18 排气阀构造

1—护筒；2—浮子；3—阀座；4—阀瓣；5—密封圈；6—阀盖；7—筛阀；8—导杆

3. 排气阀

给水工程中长距离输水管道中经常会积存空气，既减小管道的过水断面，增大管道阻力，甚至会阻断水流的输送，同时又会产生气蚀作用，因此应及时将管道中的气体排出。排气阀安装在管线的隆起部分，使管线投产时或检修后通水时，管内空气可经此阀排出。平时用以排除从水中释出的气体，以免空气积在管中，以致减小过水断面面积和增加管道的水头损失。同时，在产生水锤时可使控制自动进入管道，避免产生负压而损坏管道。长距离输水管一般随地形起伏敷设，在高处设排气阀。

一般采用的单口排气阀见图 7.18，垂直安装在管线上。排气阀口径与管线直径之比一般采用 1：8～1：12。排气阀放在单独的阀门井内，形式见图 7.19 也可和其他配件合用一个阀门井。排气阀井的尺寸可参照中国建筑标准设计研究院编写的标准图集，图集号 05S502。

排气阀的选用和主管道的直径有关，见表 7.14。

表 7.14　　**排气阀的选用**

双口排气阀			单口排气阀		
管路及丁字管直径（mm）		排气阀直径 DN（mm）	管路及丁字管直径（mm）		排气阀直径 DN（mm）
D	d		D	d	
400	75	50	100	75	16
450	75	50	125	75	16
500	75	50	150	75	16
600	75	75	200	75	20
700	75	75	250	75	20
800	75	75	300	75	25
900	100	100	350	75	25
1000	100	100			
1200	100	100			
1400	150	150			
1600	150	150			

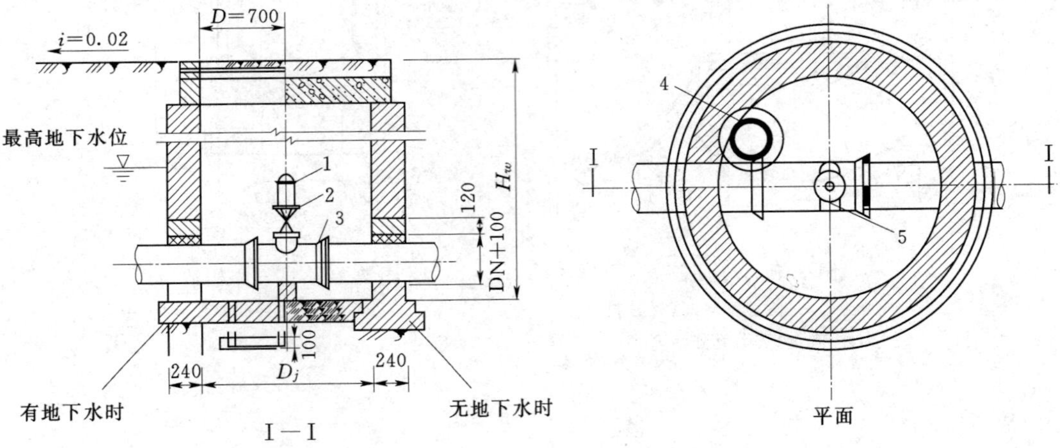

图 7.19　排气阀的安装（单位：mm）

1—排气阀；2—阀门；3—排气丁字管；4—集水坑；5—支墩

4．泄水阀

在管线的最低点须安装泄水阀，它和排水管连接，以排除水管中的沉淀物以及检修时放空水管内的存水。泄水阀和排水管的直径，由所需放空时间决定。放空时间可按一定工作水头下孔口出流公式计算。为加速排水，可根据需要同时安装进气管或进气阀。

泄水阀可由闸阀或蝶阀充当，一般由阀门井和泄水井组成（图 7.20），具体闸门井以及泄水井的尺寸和结构，参见中国建筑标准设计研究院编写的标准图集，图集号 05S502。闸门打开后，水一般先进入泄水井，然后进入雨水管道或沟渠排放。对于村镇供水工程，设置泄水阀时，一般不单独设置泄水井，而是就近将选择沟渠排放。

供水管道设计时，泄水阀和排水管管径应根据主管道的管径选择，具体见表 7.15。

表 7.15 泄水阀的选用

干管直径 DN	排水管直径 DN	泄水三通		闸阀	
		规格	数量（个）	规格	数量（个）
200	75	200×75	1	75	1
250	75	250×75	1	75	1
300	75	300×75	1	75	1
350	75	350×75	1	75	1
400	100	400×100	1	100	1
	150	400×150	1	150	1
450	150	450×150	1	150	1
	200	400×200	1	200	1
500	150	500×150	1	150	1
	200	500×200	1	200	1
600	150	600×150	1	150	1
	200	600×200	1	200	1
700	200	700×200	1	200	1
	250	700×250	1	250	1
800	200	800×200	1	200	1
	250	800×250	1	250	1
900	250	900×250	1	250	1
	300	900×300	1	300	1
1000	300	1000×300	1	300	1
	400	1000×400	1	400	1

7.4.2.2 管道附属设施

1. 阀门井

管网中的附件一般应安装在阀门井内。为了降低造价，配件和附件应布置紧凑。阀门井的平面尺寸，取决于水管直径以及附件的种类和数量。但应满足阀门操作和安装拆卸各种附件所需的最小尺寸。井的深度由水管埋设深度确定。但是，井底到水管承口或法兰盘底的距离至少为 0.1m，法兰盘和井壁的距离宜大于 0.15m，从承口外缘到井壁的距离，应在 0.3m 以上，以便于接口施工。

阀门井一般用砖砌，也可用石砌或钢筋混凝土建造。

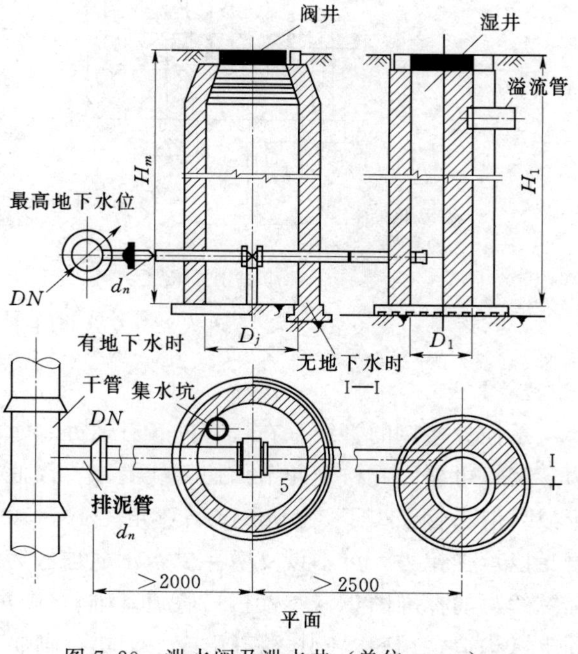

图 7.20 泄水阀及泄水井（单位：mm）

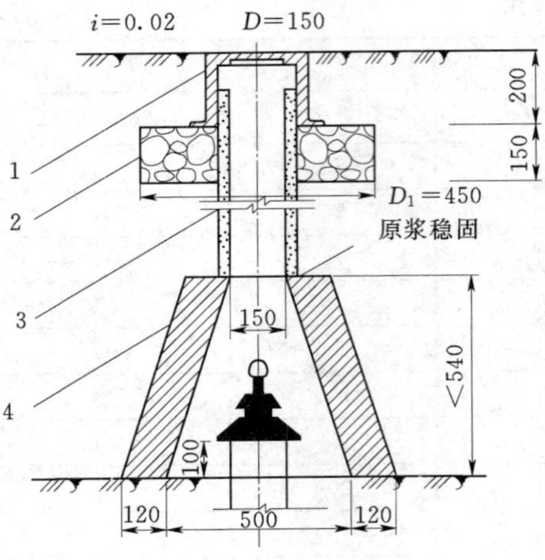

图 7.21 阀门套筒（单位：mm）
1—铸铁阀门套筒；2—混凝土套筒座；
3—混凝土管；4—砖砌井壁

阀门井的形式根据所安装的附件类型、大小和路面材料而定。例如直径较小、位于人行道上或简易路面以下的阀门，可采用阀门套筒（图 7.21），但在寒冷地区，因阀杆易被渗漏的水冻住，因而影响开启，所以一般不采用阀门套筒。安装在道路下的大闸门，阀门井根据阀门的开启方式，分为立式阀门井（图 7.22）和卧式阀门井（图 7.23），井的型式可采用圆形也可采用矩形，具体依据阀门大小和操作空间要求而定。位于地下水位较高处的阀门井，井底和井壁应不透水，在水管穿越井壁处应保持足够的水密性。阀门井应有抗浮的稳定性。

阀门井同样可以参考标准图纸选用，具体图集为中国建筑标准设计研究院编写的标准图集，图集号为 05S502。

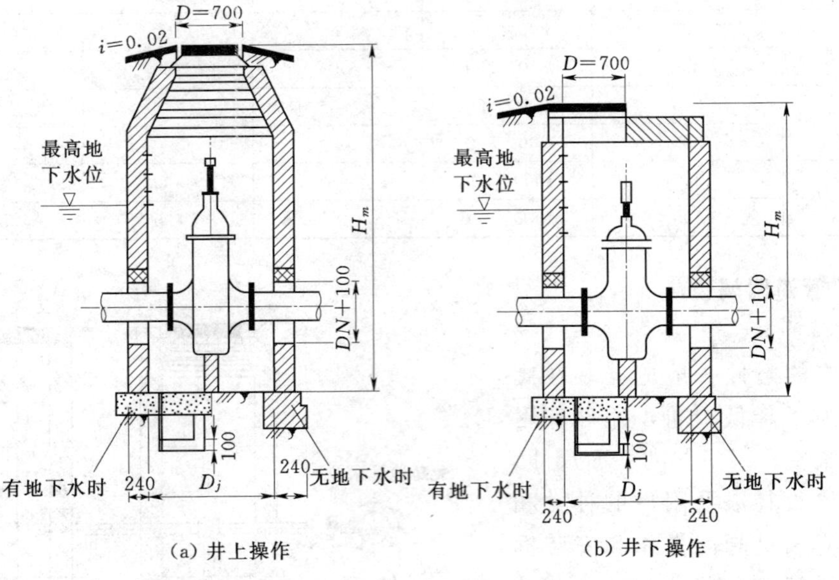

图 7.22 立式阀门井（单位：mm）

2. 支墩

承插式接口的管线，在弯管处、三通处、水管尽端的盖板上以及缩管处，都会产生拉力。接口可能因此松动脱节而使管线漏水，因此在这些部位需设置支墩以承受拉力和防止事故。但当管径小于 300mm 或转弯角度小于 10°，且水压力不超过 980kPa 时，因接口本身足以承受拉力，可不设支墩。供水承插球墨铸铁管道的支墩可参见中国建筑标准设计研究院编写的标准图集《柔性接口管道基础》，图集号 03SS505。图 7.24 表示水平方向弯管的支墩构造，用砖、C10 混凝土或浆砌块石砌成。

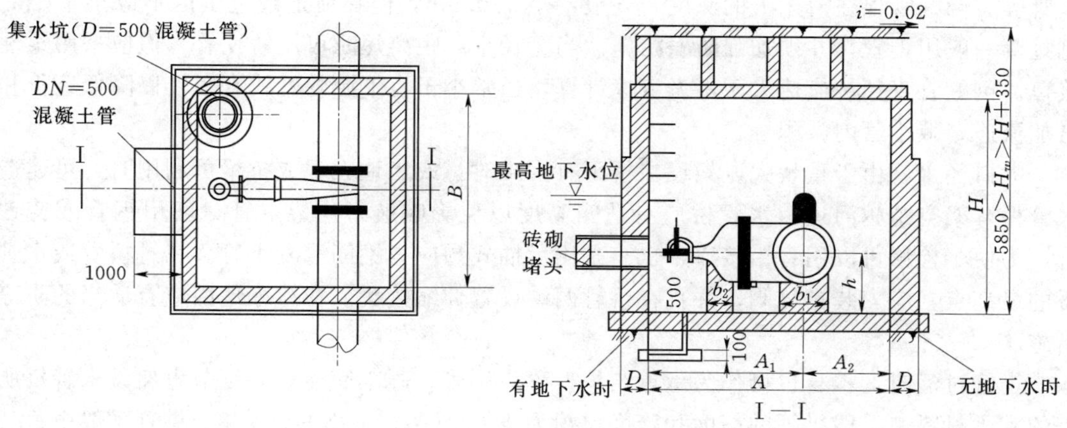

图 7.23 卧式阀门井(单位:mm)

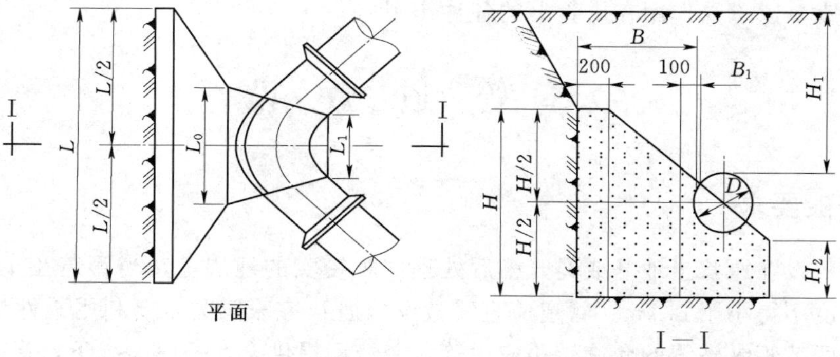

图 7.24 水平方向弯管支墩(单位:mm)

7.4.2.3 管线穿越障碍物

供水管线通过铁路、公路和河流时,必须采取一定的防护措施。管材一般采用钢管。

管线穿越铁路时,其穿越地点、方式和施工方法,应按照有关铁道部门穿越铁路的技术规范。根据铁路的重要性,采取如下措施:穿越临时铁路或一般公路,或非主要路线且水管埋设较深时,可不设套管,但应尽量将钢管接口放在铁路两轨道之间,接口采用焊接或法兰连接,钢管则应有防腐措施;穿越较重要的铁路或交通频繁的公路时,管线须放在钢筋混凝土或钢套管内,套管直径根据施工方法而定,大开挖施工时应比供水管直径大300mm,顶管法施工时应较供水管的直径大600mm。穿越铁路或公路时,水管管顶应在铁路路轨底或公路路面以下1.2m左右。管道穿越铁路时,两端应设检查井,井内设阀门或排水管等。

管线穿越河川山谷时,可利用现有桥梁架设水管,或敷设倒虹管,或建造水管桥,应根据河道特性、通航情况、河岸地质地形条件、过河管材料和直径、施工条件选用。一般情况下,如管道直径在 $DN200$ 以下,可选择跟随现有桥梁通过。供水管架设在现有桥梁下穿越河流最为经济,施工和检修比较方便,通常水管架在桥梁的人行道下。

倒虹管从河底穿越,其优点是隐蔽,不影响航运,但施工和检修不便。倒虹管设置一条或两条,在两岸应设阀门井。阀门井顶部标高应保证洪水时不致淹没。井内有阀门和排水管等。倒虹管顶在河床下的深度，一般不小于 0.5m，但在航道线范围内不应小于 1m。倒虹管一般用钢管，并须加强防腐措施。当管径小、距离短时可用铸铁管，但应采用柔性接口。倒虹管直径按流速大于不淤流速计算，通常小于上下游的管线直径，以降低造价和增加流速，减小管内淤积。

大口径水管由于重量大，架设在桥下有困难时，或当地无现成桥梁可利用时，可建造水管桥，架空跨越河道。水管桥应有适当高度以免影响航行。架空管一般用钢管或铸铁管，为便于检修可以用青铅接口，也有采用承插式预应力钢筋混凝土管。在过桥管或水管桥的最高点，应安装排气阀，并且在桥管两端设置伸缩接头。在冰冻地区应有适当的防冻措施。

钢管过河时，本身也可作为承重结构，称为拱管，施工简便，并可节省架设水管桥所需的支承材料。一般拱管的高度和跨度比约为 1/6～1/8，常用的是 1/8。拱管一般由每节长度为 1～1.5m 的短管焊接而成，焊接的要求较高，以免吊装时拱管下垂或开裂。拱管在两岸有支座，以承受作用在拱管上的各种作用力。

7.5 管道敷设

7.5.1 一般要求

管道应敷设在原状土地基或经开槽后处理回填密实的地层上，当管道在车行道下时，管顶覆土厚度不得小于 0.7m。管道应直线敷设，遇到特殊情况需要利用柔性接口折线敷设时，相邻两节管纵轴线的允许转角应由管材制造厂提供。在一般情况下，在平壁管不宜大于 1°，异形管壁不得大于 2°。硬聚氯乙烯给水管道工程可同槽施工，但也应符合一般给水管道同槽敷设设计、施工的有关规定。硬聚氯乙烯给水管道穿越铁路、高等级道路路堤及构筑物等障碍物时，应设置钢筋混凝土、钢、铸铁等材料制作的保护管。套管内径应大于硬聚氯乙烯管外径 300mm。套管设计应按路堤的有关规定执行。硬聚氯乙烯管道基础的埋深低于建（构）筑物基础地面时，管道不得敷设在建（构）筑物基础下地基扩散角受压区范围内。地下水位高于开挖沟槽槽底高程的地区，地下水位应降至槽底最低点以下 0.3～0.5m。管道在安装、回填的全部过程中，槽底不得积水。必须在回填到管道的抗浮稳定的高度后才可停止降低地下水。冰冻地区管道的管顶埋深除了考虑上述因素外，还需考虑土壤的冰冻深度，应通过热力计算确定，当无实际资料时，可参照表 7.16 深度进行管道敷设。

表 7.16 管底在冰冻线以下的距离 单位：mm

管径	$DN \leqslant 300$	$300 < DN \leqslant 600$	$DN > 600$
管底埋深	$DN + 200$	$0.75DN$	$0.50DN$

7.5.2 沟槽

沟槽槽底净宽度，可按各地区的具体情况确定，宜按管外径加 0.6m 采用。开挖沟槽，应严格控制基底高程，不得扰动基底原状土层。基底设计标高以上 0.2～0.3m 的原状土层上，应在铺管前人工清理至设计标高。如遇局部超挖或发生扰动，不得回填泥土，可换填最大粒径 10～15mm 的天然级配砂石料或最大粒径 40mm 的碎石，并整平夯实。槽底如有坚硬物体必须清除，用砂石回填处理。雨季施工时，应尽可能缩短开槽长度，且快成槽，快回填，并采取防泡措施。一旦发生泡槽，应将受泡的软化土层清除，换填砂石料或中粗砂。人工开槽时，宜将槽上部的混杂土与槽下部可用于沟槽回填的良质土分开堆放，且堆土不得影响沟槽的稳定性。

7.5.3 基础

管道基础必须采用沙砾垫层基础。对一般的土质地段，基底可铺一层厚度为 0.1m 的粗砂基础；对软土地基，且槽底处在地下水位以下时，宜铺垫厚度不小于 0.20m 的砂砾基础，亦可分两层铺设，下层用粒径为 5～40mm 的碎石，上层铺粗砂，厚度不得小于 0.05m。管道基础支承角应依基础地质条件、地下水位、管径及埋深等条件由设计计算确定。

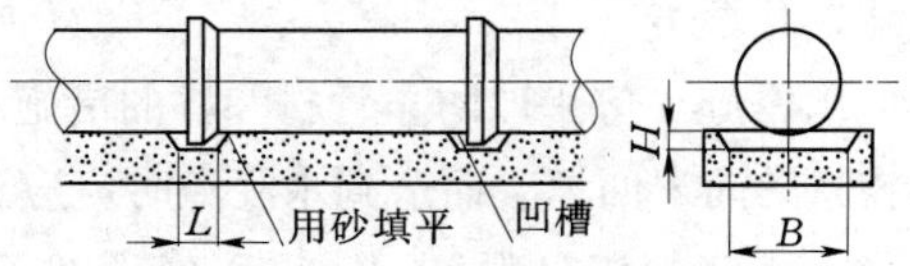

图 7.25 管道接口处的凹槽

管道基础应按设计要求铺设，厚度不得小于设计规定。基础各部位的压实度应符合相关规程的规定。管道基础在接口部位的凹槽，宜在铺设管道时随铺随挖（图 7.25）。凹槽长度 L 按管径大小采用，宜为 0.4～0.6m，凹槽深度 H 宜为 0.05～0.1m，凹槽宽度 B 宜为管外径的 1.1 倍。在接口完成后，凹槽随即用砂回填密实。

7.5.4 管道安装及连接

1. 管道安装

管道安装可采用人工安装。槽深不大时可由人工抬管入槽，槽深大于 3m 或管径大于公称直径 DN400mm 时，可用非金属绳索溜管入槽，依次平稳地放在沙砾基础上。严禁用金属绳索钩住两端管口或将管材自槽边翻滚抛入槽中。混合槽或支撑槽，可采用从槽的一端集中下管，在槽底将管材运送到位。承插口管安装，在一般情况下插口插入方面应与水流方向一致，由低点向高点依次安装。调整管材长短时可用手锯切割，断面应垂直平整，不应有损坏。管道接头，除另有规定外，应采取弹性密封圈柔性接头。公称直径小于 DN200mm 的平壁管亦可采用插入式粘接接口。

2. 管道连接

(1) 对于采用柔性接口的管道，橡胶圈接口应遵守下列规定：

1) 连接前，应先检查胶圈是否配套完好，确认胶圈安放位置及插口应插入承口的深度。

2) 接口作业时，应先将承口（插口）的内（外）工作面用棉纱清理干净，不得有泥土等杂物，并在承口内工作面涂上润滑剂，然后立即将插口端的中心对准承口的中心轴线就位。

3) 插口插入承口时，小口径管可用人力，可在管端部设置木挡板，用撬棍将被安装的管材沿着对准的轴线徐徐插入承口内，逐节依次安装。公称直径大于 DN400mm 的管道，可用缆绳系住管材用手拉葫芦等提力工具安装。严禁采用施工机器强行推顶管子插入承口。

(2) 螺旋肋管的安装，应采用管材生产厂提供的特制管接头，用粘接接口连接。粘接接口应遵守下列规定：

1) 检查管材、管件质量。必须将插口外侧和承口内侧表面擦拭干净，被粘接面应保持清洁，不得有尘土水迹。表面沾有油物时，必须用棉纱蘸丙酮等清洁剂擦净。

2) 对承口与插口粘接的紧密程度应进行验证。粘接前必须将两管试插一次，插入深度及松紧度配合应符合要求，在插口端表面宜划出插入承口深度的标线。

3) 在承插接头表面用毛刷涂上专用的黏结剂，先涂承插口内面，后涂承插口外面，顺轴向由里到外涂抹均匀，不得漏涂或涂抹过量。

4) 涂抹黏结剂后，应立即找正对准轴线，将插口插入承口，用力推挤至所划线。插入后将管旋转1/4圈，在60s时间内保持施加外力不变，并保持接口在正确位置。

5) 插接完毕应及时将挤出借口的黏结剂擦拭干净，静止固化。固化时间应符合生产黏结剂厂规定。

雨季施工应采取防止管材漂移的措施。可先回填到管顶以上大于1倍管径的高度。当管道安装完毕尚未回填土而遭到水浸泡时，应进行管中心线和管底高程复测和外观检查，如出现位移、漂浮、拔口现象，应返工处理。冬季施工应采取防冻措施，不得使用冻硬的橡胶圈。

(3) PE管的连接。村镇供水工程目前应用最广泛的管材是聚乙烯管材，即PE管。PE管与PE管之间、PE管材与管件、PE管材与配件，以及PE管与金属管之间的连接方式很多，不同的连接方式都有自身的优点和局限性，用户可根据管道直径、工作压力、使用场所等环境，选择合适的连接方式。但是，严禁以任何形式直接在PE管材、管件上车制螺纹，采用螺纹连接；严禁采用明火烘烤PE管材、管件，直接连接。村镇供水工程中PE管道最常用的连接方式有：热熔连接、电熔连接、承插式柔性连接、法兰连接、钢塑过渡接头连接等。

1) 热熔连接。热熔连接是用专用加热工具，在压力下加热PE管材或管件的待连接部位，使其熔融后，移走加热工具，施压将两个熔融面连在一起，在稳定的压力下保持一段时间，直到接头冷却。热熔连接包括热熔对接连接、热熔承插连接、热熔鞍型连接。

2) 电熔连接。电熔连接是用内埋电阻丝的专用电熔管件与管材或管件的连接部位紧密接触通电，通过内埋的电阻丝加热连接部位，使其熔融连为一体，直至接头冷却。电熔连接可用于与不同类型和不同熔体流动速率的PE管材或插口管件连接。电熔连接分为电熔承插连接和电熔鞍型连接。

3) 承插式柔性连接。PE管道承插式柔性连接是参照铸铁管和聚氯乙烯管（PVC U）的承插式柔性连接原理开发的一种新型连接方式，它是在PE管材一端焊接一个经过加固的PE承口。承插式柔性连接是将PE管材一端直接插入管材或管件的特制的承口中，通过承口内的锁紧环压紧抗拉拔、橡胶密封圈压紧密封，达到连接管材和管件的目的。

4) 法兰连接。法兰连接主要用于PE管道与金属管道或阀门、流量计、压力表等附属设备的连接。法兰连接主要由PE法兰连接件、钢制或铝制背压活套法兰、钢制或铝制法兰片、垫片或密封圈、螺栓、螺母等组成。法兰连接是通过紧固螺栓、螺母，使法兰连接件与法兰片紧密接触，达到连接目的。

7.5.5 管道密封性检验

对于无压管道，其安装完毕且经检验合格后，应进行管道的密封性检验，宜采取闭水检验方法。管道密封性检验应在管底与基础腋角部位用砂回填密实后进行。必要时，可在被检验管段的管顶回填到管顶以上一倍管径高度（管道接口处外露）的条件下进行。闭水检验时，应向管道内部充水并保持上游管顶以上2m水头的压力。外面检查，不得有漏水现象，管道24h的渗水量应不大于按下式计算的允许渗水量：

$$Q=0.0046D_i \tag{7.37}$$

式中 Q——每1km管道长度24h的允许渗水值，m^3/km；

D_i——管道内径，mm。

7.5.6 管道试压

输配水管道施工完成后，需对管道进行水压试验。管道水压试验不仅能够检测管道焊缝是否漏水，是否达到设计压力要求，同时还应检测管道强度是否满足要求，各管件与管道的连接、阀门与管道连接以及阀门安装是否漏水和能够承受管道正常工作时的压力要求。

1. 管道试压的一般规定

(1) 当管道工作压力大于或等于0.1MPa时，需进行压力管道的强度和水密性试验。当管道压力小于0.1MPa时，除设计另行规定外，需进行无压管道的水密性试验。

(2) 在管道进行水压、闭水试验前，应做好试验水源引接以及排水疏导路线的安排。

(3) 管道试验灌水宜从下游缓慢灌入，灌入时，在试验管道的上游管端顶部以及管段中的隆起点设置排气阀，以确保管内的空气及时排除，使水充满管道。

(4) 在冬季进行管道水压和闭水试验时，应采取防冻措施，试验完毕后及时排空管道内的积水。

2. 压力管道水压试验

(1) 水压试验前，除接口外，管道两侧及管顶以上回填土高度不应小于0.5m；管径大于$DN900$的钢管，应控制管顶的竖向变形。管道在水压试验合格后，应及时回填其余部分土。

(2) 管道水压试验的分段长度不宜大于1.0km，非金属压力管道如PE管的试验段长度宜更短些。

(3) 水压试验时，压力计最大量程为试压压力的1.3～1.5倍；水泵、压力计应安装在试验管段下游的端部与管道轴线垂直的支管上。

(4) 管道水压实验前应对管道安装进行个性检查，管配件的支墩以及锚固设施必须达到设计要求强度，未设支墩及锚固设施的管件，应采取加固措施。管渠的混凝土强度应达到设计规定，试验管段所有敞口应封堵严实，不得渗水。此外，试验管段不得采用阀门作为堵板，不得有消火栓、水锤消除器以及安全阀等附件。

(5) 试验管段灌满水后，宜在不大于工作压力条件下，于试压前进行充分浸泡。球墨铸铁管和钢管无水泥砂浆衬里浸泡时间不少于24h；有水泥砂浆衬里浸泡时间不少于48h。混凝土管管径小于或等于1000mm时，浸泡时间不少于48h；管径大于1000mm时，则不少于72h。

(6) 在管道试压升压时，管道内应排除积气，升压过程中，如发现压力计显示异常，且升压较缓时，应重新排气后再升压。试验升压应分级升压，每级升压后应及时检查后背、支墩、管身及接口，再继续后级升压。

水压试验过程中须采取必要的保护安全措施，并严禁在试压过程中对管身、焊缝和接口进行敲打和修补，应在管段卸压后进行。

(7) 管道水压试验的试验压力应符合表7.17中的规定。

表7.17　管道水压试验的试验压力　单位：MPa

管材种类	工作压力 P	试验压力
钢　管	P	$P+0.5$且不应小于0.9
铸铁管及球墨铸铁管	≤0.5	$2P$
	>0.5	$P+0.5$
混凝土管	≤0.6	$1.5P$
	>0.6	$P+0.3$
现浇钢筋混凝土管渠	≥0.1	$1.5P$
PE管	≥0.1	$1.5P$，不小于0.8

3. 水压试验的验收标准

(1) 架空管道、明装管道以及非隐蔽的管道以水进行试验时，应先升至试验压力，观测10min，如压力降不大于0.05MPa，且管道、管道配件和接口未发生破坏，则将压力降至工作压力，保持恒压2h，进行外观检查，如无渗漏现象，认为试验合格。

(2) 地下管道以水进行试验时，应先升至试验压力，恒压不少于10min（为保持压力允许向管内补水），检查接口及管道配件，如未发生破坏或较严重的渗水现象，即可进行渗水量试验。在进行渗水量试验时，管道未发生破坏，且实测渗水量不大于表7.18中的允许值，即认为试验合格。

(3) 管径不大于400mm的地下埋设的压力管道在进行水压试验时，如管道内空气排尽，试验压力在10min内的压力降不大于0.05MPa，则可不测定渗水量，认为试验合格。

4. 地下管道的渗水量试验

管道的渗水量试验可采用放水法和注水法。

(1) 放水法试验。放水法试验程序为：将管道水压升至试验压力，关闭水泵节门，记录降压0.1MPa所需的时间 T_1。再行打开水泵进水节门，将管道压力升至试验压力后，关闭水泵进水节门。打开与管道连通的放水节门，记录降压0.1MPa的时间 T_2，并计量在 T_2 时间内，从管道放出的水量 W。

实测渗水量按式（7.38）计算

$$q=\frac{W}{(T_1-T_2)L} \tag{7.38}$$

式中　q——实测渗水量，L/(min·m)；

T_1——未放水前，从试验压力降压0.1MPa所经历的时间，min；

T_2——放水时。从试验压力降压0.1MPa所经历的时间，min；

W——T_2 时间内放出的水量，L；

L——试验管段长度，m。

（2）注水法试验。注水法试验程序为：管道水压升至试验压力后开始计时，每当压力下降，及时向管道内补水，但降压不得大于 0.03MPa，使管段试验压力始终保持恒定、延续时间不得小于 2h，并计量恒压时间内补入试验管段内的水量。

实测渗水量按式（7.39）计算

$$q=\frac{W}{TL} \tag{7.39}$$

式中 q——实测渗水量，L/(min·m)；

W——恒压时间内补入管段的水量，L；

T——从开始计时只保持恒压结束的时间，min；

L——试验管段的长度，L。

5. 压力管道水压试验允许渗水量

压力管道水压试验允许最大渗水量见表 7.18。

表 7.18　压力管道试验水压允许渗水量

管径 DN (mm)	允许渗水量［L/(min·km)］		
	钢管	铸铁管，球墨铸铁管	预（自）应力混凝土管
100	0.28	0.70	1.40
125	0.35	0.90	1.56
150	0.42	1.05	1.72
200	0.56	1.40	1.98
250	0.70	1.55	2.22
300	0.85	1.70	2.42
350	0.90	1.80	2.62
400	1.00	1.95	2.80
450	1.05	2.10	2.95
500	1.10	2.20	3.14
600	1.20	2.40	3.44
700	1.30	2.55	3.70
800	1.35	2.70	3.96
900	1.45	2.90	4.20
1000	1.50	3.00	4.42
1100	1.55	3.10	4.60
1200	1.65	3.10	4.70
1300	1.70	—	4.90
1400	1.75	—	5.00

当实验管道内径大于表 7.18 规定时，实测渗水量应小于或等于由下列公式计算的允许渗水量。

钢管：

$$Q=0.05\sqrt{D} \tag{7.40}$$

铸铁管，球墨铸铁管：　　$Q=0.1\sqrt{D}$　　(7.41)

预应力，自应力混凝土管：　　$Q=0.14\sqrt{D}$　　(7.42)

现浇钢筋混凝土管渠：　　$Q=0.014\sqrt{D}$　　(7.43)

式中　Q——每公里每日（24h）管道的允许补水量，L；

D——管道内径，mm；

P——管道试验内压，MPa。

当管内径为 25mm，试验内压为 0.3MPa 时，每公里每日的允许渗水量为 3L。

7.5.7　回填

1. 一般规定

管道安装验收合格后应立即回填，应先回填到管顶以上 1 倍管径高度，沟槽回填从管底基础部位开始到管顶以上 0.7m 范围内，必须采用人工回填，严禁用机械推土回填。管顶 0.7m 以上部位的回填，可采用机械从管道轴线两侧同时回填，夯实，可采用机械碾压。回填时沟槽内应无积水、不得带水回填、不得回填淤泥、有机物及冻土。回填土中不得含有石块、砖及其他杂硬物体。沟槽回填应从管道，检查井等构筑物两侧同时对称回填，确保管道及构筑物不产生位移，必要时可采取限位措施。

2. 回填材料及回填要求

从管底到管顶以上 0.4m 范围内的沟槽回填材料，可采用碎石屑，粒径小于 40mm 的沙砾、中砂、粗砂或开挖出的良质土。槽底在管基支承角 2α（依据基础和管道埋设深度，2α 一般取 90°、120°或 180°）范围内的必须用中砂或粗砂填充密实，与管壁紧密接触，不得用土或其他材料填充。管道位于车道下时，当铺设后立即修筑路面或管道位于软土地层以及低洼、沼泽、地下水位高的地段时，沟槽回填应先用中，粗砂将管底腋角部位填充密实，然后用中、粗砂或石屑分层回填到管顶以上 0.4m，再往上可以回填优质土。沟槽应分层对称回填、夯实，每层回填高度不能大于 0.2m。在管顶以上 0.4m 的范围内不得用夯实机具夯实。回填土的压实度，管底到管顶范围内应不小于 95%，管顶以上 0.4m 范围内应不小于 80%，其他部位应不小于 90%。管顶 0.4m 以上若修建道路，则应符合表 7.19 及图 7.26 的要求。

表 7.19　　沟槽回填土密实度要求

槽内部位		最佳压实度（%）	回填土质
超挖部分		≥95	石砂料或大粒径小于 40m 碎石
管道基础	管顶以下	≥90	中砂、粗砂，软土地基按一般规定执行
	管底腋角 2α 范围	≥95	中砂、粗砂
管两侧		≥95	中、粗砂、碎石、最大粒径小于 40mm 的砂砾或符合要求的原状土
管顶以上 0.4m	管两侧	≥90	
	管上部	≥80	
管顶 0.4m 以上		按地面或道路要求，但不得小于 80	原土回填

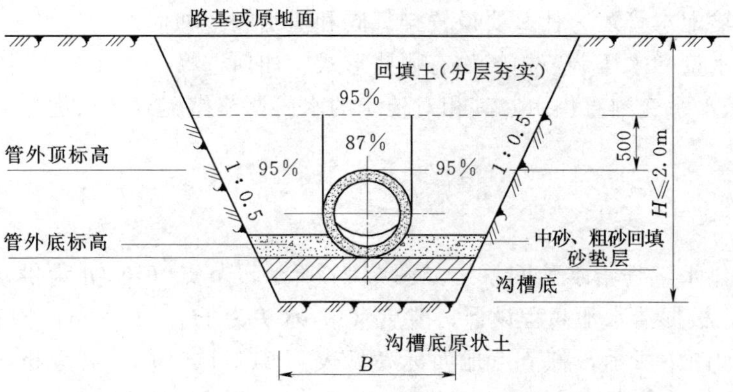

图 7.26　管道沟槽回填

对于沟槽底部开挖宽度 B，根据管径不同，B 值见表 7.20。

表 7.20　　管道沟槽开挖底宽 B

深度 H(m) / 管径(mm)	$H\leqslant1.5$m	$1.5\text{m}<H\leqslant2.0$m
DN50～80	600	700
DN100～200	700	800
DN250	900	1000
DN300～400	1000	1000
DN500	1100	1100
DN600	1200	1200

一般情况下，$B=300+d+300$，d 为敷设管道的直径。总体原则而言，管道沟槽的开挖以满足管道敷设为准，同时受施工机械的限制。例如，挖掘机的开挖铲最小尺寸为 0.70m，因此管道沟槽的最小宽度为 0.70m。

对于开挖沟槽的放坡，应根据实际工程地质做适当调整，以满足管道敷设和施工安全为准。

思考题

1. 输配水管网的布置有哪两种基本形式？各适用于什么情况及其优缺点？
2. 管网布置时要考虑哪些主要的附属设备？
3. 为什么管网计算时须先求节点流量？如何从用水量求取节点流量？
4. 什么叫经济流速？平均经济流速一般是多少？
5. 对于村镇供水工程而言，由于其供水的特点，一般采用树枝状管网布置，其计算过程是怎样的？
6. 常用的给水管材有哪几种？各有什么优缺点？
7. 阀门起什么作用？有几种主要形式？各安装在哪些部位？

8. 长距离输配水管道为什么要设置排气阀和泄水阀？如何设置？

9. 常用的水量和水压调节构筑物有哪些形式？如何选择？

10. 什么是水泵变频直供水？其相对传统的水压调节措施有什么优势？

习题

1. 某村镇供水工程给水管网系统如图 7.27 所示，节点（1）处为供水站清水池，向整个管网供水，根据清水池高程设计，节点（1）水头为 $H_1=4.20$m，各节点流量，各管段长度与直径如图中所示，各节点地面标高见表 7.21，试进行水利分析，计算各管段流量与流速，各节点水头与自由水压。

表 7.21　　节点地面标高值

节点编号	(1)	(2)	(3)	(4)	(5)	(6)	(7)	(8)	(9)	(10)
地面标高(m)	52.3	11.50	11.80	14.20	17.50	13.30	12.70	13.50	12.50	15.60

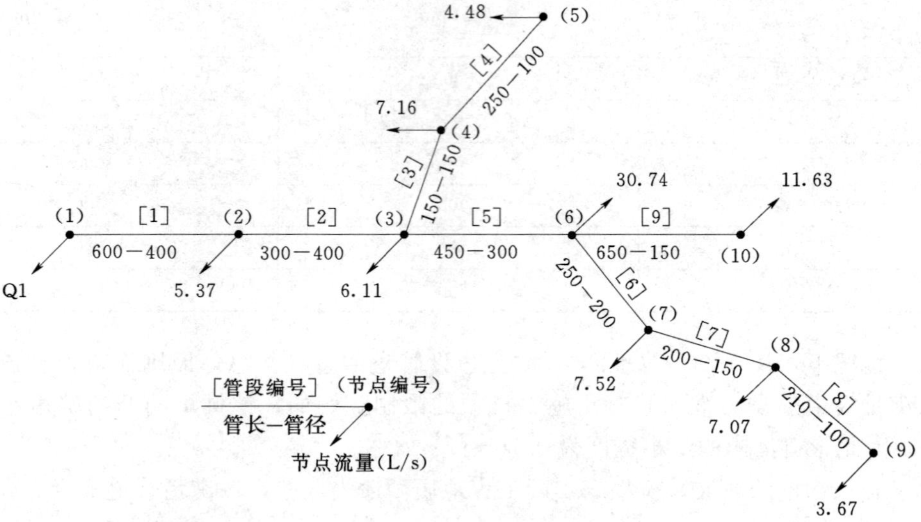

图 7.27　树枝状管网布置

2. 按解节点方程法求解图 7.28 管网。

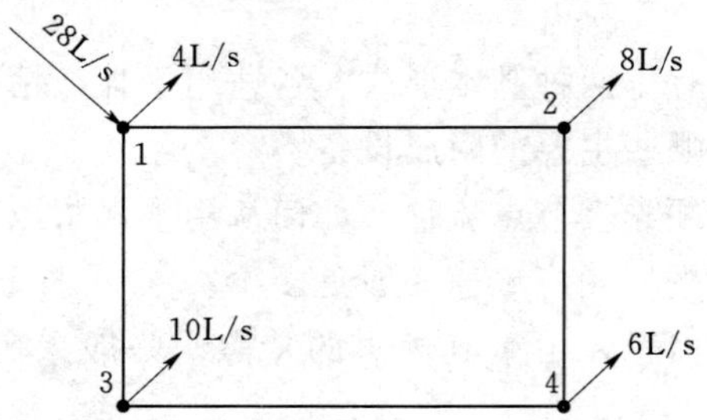

图 7.28　环状管网布置

第 8 章　村镇供水工程的运行管理

水乃生命之源，村镇供水工程设施的正常、高效运行是保证广大农村地区用水功能实现的重要保障。运行管理体系的完善也是村镇供水工程建设的重要内容之一。2006 年 3 月，联合国发表的第二次《世界水发展报告》明确指出："全球水危机在很大程度上是管理体系的危机，正是这种管理体系在决定着谁，在什么时候，以何种方式、有多大的权利来利用什么样的水资源及相关设施。"

目前，我国已建成各类村镇供水工程 100 余万座，解决和改善了数亿村镇人口和大量村镇企事业单位的生活和生产用水，对提高人民生活质量、发展乡镇经济、加快小城镇建设、促进城乡水资源的统一管理、推进供水一体化管理进程发挥了重要作用。与城市供水工程的运行管理模式相比，由于村镇供水工程的建设和维护时间短，显得不够成熟，因此在长期的发展进程中，我国现行的村镇供水工程运行管理体制还存在很大的问题，这些问题主要是：

(1) 建设过程中的技术粗糙，致使工程留有隐患，增加了管理难度。如水泵提水量、调节构筑物容量、管道输水能力不满足供水标准，水泵扬程过高过低都会造成水表、水龙头及管道经常损坏或者上水不足，各种设备选配不合理、质量标准低、施工过程不严谨、安装效果差等。

(2) 供水时间一般比较短，不能满足居民要求。村镇供水工程多数采用承包管理的方式，有些承包人为了节省费用，随意缩短供水时间，甚至两三天供水一次，造成供水严重不足。

(3) 供水水质差。由于经费问题，很多村镇供水站没有完善的水处理净化设备，没有管线维护，供水水质达不到国家标准。

(4) 运行期间缺乏良好的监控管理。如选配的管理人员技术水平不高，设备操作不规范，保养维修跟不上等。

(5) 管理体制不健全。由于收费机制不配套，计量设施不到位，不少地区没有实行按用水量收费，工程运行没有保障。

(6) 商品水意识淡漠。大部分村镇仍然是喝"大锅水"，用户不安装水表，缺乏经济手段约束，造成水资源的极大浪费。

解决以上问题的方法是建立并健全村镇供水工程的运行管理体系。完善的村镇供水工程运行管理体系包括 3 部分，即水源保护的运行管理体系、村镇集中供水工程的运行管理体系和村镇分散供水工程的运行管理体系。

8.1　水　源　保　护

水体资源种类很多，包括海洋、江河、湖泊、水库中的水及地下潜水、承压水、岩石裂隙水、溶洞水等，但并不是所有的水体都适于作为供水水源。村镇供水工程的水源分为地表水（江河、湖泊、水库等）和地下水（浅层地下水、深层地下水、泉水等），水源管理的任务是合理的选择、利用、管理保护好供水水源。

8.1.1　水源保护的基本要求

村镇供水工程建成后，供水单位应按照国家颁发的《饮用水水源保护区污染防治管理规定》要求，结合实际情况，合理设置水源保护区，并经常巡视，及时处理影响水源安全的问题，最大限度地防止饮用水源地遭受人类活动的不利影响。水源保护应严格执行以下基本要求：

（1）宣传并严格贯彻执行各省市颁布的《饮用水水源保护条例》和《农村供水工程运行管理办法》等法律法规。

（2）对水源开发要有规划，以防乱采，破坏水源。

（3）加强水源管理工作，对水源进行长期的水质检测。

（4）地表水饮用水源保护区一般划分为水源保护区和水源准保护区。自取水口下游100m起至取水口上游3500m处的水域及其两岸纵深各200m的陆域为水源保护区。自保护区上边界起上溯5000m的水域及其两岸纵深各200m的陆域为水源准保护区。在水源保护区和准保护区内禁止从事下列活动：

1）在水源保护区内禁止从事下列活动：①向水域排放污水；②新建、改建、扩建对水源有污染危害的建设项目；③放养禽畜和从事网箱养殖；④从事旅游和其他可能污染水源的活动；⑤集中堆放工业废渣、生活垃圾、粪便和其他废弃物；⑥建立基地和掩埋动物尸体；⑦新建港口、码头；⑧不得新建扩建严重污染水域的建设项目，改建和技术改造项目必须削减污染物排放量；⑨已有的排污口必须削减污染物排放总量，保证保护区内水质符合地表水Ⅲ类环境质量标准，并进一步达到地表水Ⅱ类环境质量标准。

2）在水源准保护区内，必须遵守下列规定：① 不得新建小型制浆造纸、印染、化工、制革、电镀、土焦及其他严重污染水源的项目；② 向水域排放污水，严格实行排污浓度和总量双控制。

8.1.2　水源保护的措施

为使供水水源能保证长期稳定地供水，必须采取必要的措施对供水水源实施保护，主要包括对地表水和地下水水源水量的保证和水质的保护。水源水量的保证措施有适度的开采、水量的季节性调蓄、区域性水土保持等。水源水质的保护措施有城镇整体布局的规划、加强环境保护（尤其注意各种污水废水向河流或地下排放的管理）、采取有效的措施预防供水水源的污染等。

1. 地表水水源保护的措施

地表水水源保护的措施包括以下几个方面：

（1）取水点周围半径100m的水域内，应严禁捕捞、网箱养鱼、放鸭、停靠船只、洗涤、游泳等可能污染水源的任何活动，并设置明显的范围标志和严禁事项的告示牌。

(2) 取水点上游1000m至下游100m的水域，不应排入工业废水和生活污水。其沿岸防护范围内，不应堆放废渣和垃圾，不应设立有毒和有害物品的仓库和堆栈，不应设立装卸垃圾、粪便和有毒有害物品的码头，不应使用工业废水或生活污水灌溉及施用持久性或剧毒的农药，不应从事放牧等有可能污染该段水域水质的活动。

(3) 以河流为供水水源时，根据实际需要，可将取水点上游1000m以外的一定范围河段划为水源保护区，并严格控制上游污染物排放量。受潮汐影响的河流，取水点上、下游及其沿岸的水源保护区范围应根据具体情况适当扩大。

(4) 以水库、湖泊和池塘为供水水源时，应根据不同情况的需要，将取水点周围部分水域或整个水域及其沿岸划为水源保护区，防护措施与上述要求相同。

(5) 输水渠道以及作预沉池（或调蓄池）的天然池塘，防护措施与上述要求相同。

2. 地下水水源保护的措施

地下水水源保护的措施包括以下几个方面：

(1) 地下水水源保护区的影响半径范围应根据水源地所处的地理位置、水文地质条件、开采方式、开采水量和污染源分布等情况确定。

(2) 在井的影响半径范围内，不应再开凿其他生产用水井，不应使用工业废水或生活污水灌溉和施用持久性或剧毒的农药，不应修建渗水厕所和污废水渗水坑、堆放废渣和垃圾或铺设污水渠道，不应从事破坏深层土层的活动。雨季，应及时疏导地表积水，防止积水入渗和漫溢到井内。

(3) 渗渠、大口井等受地表水影响的地下水源，其防护措施与地表水源保护要求相同。

(4) 地下水资源匮乏地区，开采深层地下水的水源井应保证生活用水，不宜用于农业灌溉。

8.2 村镇集中供水站的运行管理

集中式供水工程是以一个或几个居民点送到各家各户或集中供点的供水工程，是解决村镇饮水安全问题的主要供水方式之一，具有一次性投资大、回收期长、社会效益好、经济效益较差等特点。工程建设完工通过竣工验收后，项目业主要建立健全管理机构，明晰产权，明确管理责任，制定有效的运行管理办法。目前，村镇集中供水站的运行管理普遍存在以下几方面的问题：

(1) 经营管理体制不善，人员素质偏低。一些村镇集中供水站仍在延用计划经济体制下的管理模式，缺乏科学的管理方法，缺乏现代企业管理意识，技术力量较薄弱，经营管理水平低，经济效益差。供水企业是一种特殊的行业，对从业人员有一定的技术要求，各生产岗位人员要通过技术培训，取得资格证书后可持证上岗。随着供水行业的发展，村镇供水经营管理应趋向于正规化、规范化和科学化的管理，同时要求供水技术人员素质相应的提高。

(2) 水处理设施不完善，处理水质不达标。随着物质生活水平的提高，科学的进步，人们对饮用水的认识，对水中有害物质的认识更加深刻，要求饮用水水质不但无害，还要有益。村镇经济较城市经济相对落后，许多村镇集中供水站的水处理工艺比较落后，设备老化程度偏高，处理水质根本达不到国家饮用水标准。同时随着国家饮用水水质指标不断提高，水处理的难度增大。

(3) 供水水量不足，水压不够。由于许多村镇供水站现有处理设施建设较早，供水规模偏小，经济比较落后，改善设施比较少。许多村镇供水还停留在农村供水的水平，主要表现为水压低、供水规模小、设施简陋、保证率低。随着小城镇战略实施，经济的发展，一些村镇的乡镇企业和人口成几倍、十几倍甚至几十倍地增加，供水规模将随之扩大，生产用水比重上升；而且，随着城镇化的发展，高层建筑会越来越多，人们的生活方式也将发生大的变化，原有的供水水量、水压根本不能满足小城镇的发展要求。

(4) 建设资金不足，供需矛盾突出。村镇集中供水工程面广量多，工程投资一般较大，建设资金不足是制约村镇供水发展的重要因素之一。加快村镇建设，要求供水的发展与之适应并适当超前。因此，研究村镇供水合理的投资政策和有效的融资方式，是发展村镇供水最为紧迫的任务。

(5) 供水水价偏低。目前，村镇所在地已建成并投入运行的集中供水工程中，相当一部分工程的水价低于成本价，导致集中供水站的运行难以进入良性循环的轨道，不仅影响工程的经济效益，也影响社会效益的发挥。

村镇集中供水站运行管理的主要任务包括：科学合理地组织自来水生产，确保自来水出厂水质和输配水水量及水质；争取良好的经济效益；尽可能地促进技术发展和技术进步；培养一支懂生产、会管理、有水平的自来水职工队伍。因此，集中供水站的运行管理需对自来水的生产、技术、经济活动进行计划、指挥、监督和调节，保证自来水生产过程和输送过程的正常、连续进行，以取得良好的社会和经济效益。

8.2.1 村镇集中供水站运行人员编制管理

1. 人员编制管理的背景和原则

长期以来在计划经济体制下，很多村镇集中供水站普遍管理机构简化、人员精干。供水站所需工作人员少，他们往往既是操作人员又是管理人员，存在责权不明、岗位设置和定员不合理、管理效率低下等问题，严重影响了供水站的生存和发展，已经到了非改革不可的地步。因此，为适应我国村镇供水事业发展的需要，需科学、规范地设置供水站岗位，合理配置人力资源，提高集中供水站的管理效率和管理水平，充分发挥供水站的工程效益，保障供水工程的正常运行和饮水安全。

集中供水站的人员编制需要遵循以下几方面原则：

(1) 因事设岗，依岗定责，按量定员。

(2) 结构最优，组合最佳，岗位最少。

(3) 岗位定员和岗位任职条件力争达到全国先进水平。

(4) 从村镇供水的实际出发，大胆探索，勇于创新，并积极稳妥，充分考虑各方面的承受能力。

(5) 保障水资源的可持续利用和生态环境的协调发展。

2. 人员编制管理的岗位设置

集中供水站的人员编制原则上由相应水行政主管部门及其所属政府确定，所需管理人员从水利系统内聘用具有相应业务能力和一定工程经验的人员担任。

供水站岗位设置和岗位定员遵循因事设岗、依岗定责、按量定员的原则，分为单位负责、行政管理、技术管理、财务与资产管理、运行、计量监测和安装维修以及辅助等岗位类别。岗位任职条件包括政治素质、文化程度、工作经历、专业知识、实际工作能力和其他要求等。

供水站岗位设置宜按表8.1规定执行。辅助类岗位未进行细分，一般包括门卫、炊事员、话务员、司机等。管理多个供水站或包含有水库、渠道、泵站和水闸等工程的供水站，其单位负责、行政管理、技术管理、财务与资产管理和辅助五类岗位应统一设置，运行、计量监测和安装维修三类岗位各单个工程可分别设置。

3. 人员编制管理的岗位定员

通过对全国集中供水站调研与样本资料的分析，可知供水站的岗位定员与实际日供水量、水源状况、制水工艺方案、制水工艺的自动化程度和管理水平等因子有关。其中，按供水站实际日供水量可划分为四个级别进行定员，见表8.2。

表8.1　　供水站岗位设置表

岗位类别	序　号	岗位名称	代　码
单位负责类	1	单位负责	G1
	2	技术总负责	G2
	3	财务与资产总负责	G3
行政管理类	4	行政事务管理负责	G4
	5	行政事务管理	G5
	6	文秘档案管理	G6
	7	人事教育及安全生产管理负责	G7
	8	人事教育及安全生产管理	G8
技术管理类	9	技术管理负责	G9
	10	制水工艺技术管理	G10
	11	机电技术管理	G11
	12	自动化技术管理	G12
	13	计划与统计	G13
财务与资产管理类	14	财务与资产管理负责	G14
	15	供水成本及水价管理	G15
	16	会计	G16
	17	出纳	G17
	18	物资管理	G18
运行类	19	运行负责	S1
	20	机电设备与仪器仪表运行及维修	S2
	21	制水	S3

续表

岗位类别	序　号	岗位名称	代　码
计量监测类	22	计量监测负责	S4
	23	水质监测	S5
	24	仪表校验	S6
	25	计量抄表	S7
	26	水费计收	S8
安装维修类	27	安装维修负责	S9
	28	建筑物、管道与水表安装维修	S10
	29	用户服务	S11
	30	管网及供水巡查	S12
辅助类	31		F

表 8.2　　供水站定员级别

定员级别	Ⅰ	Ⅱ	Ⅲ	Ⅳ
实际日供水量 Q(m^3/d)	$50000 \geqslant Q > 10000$	$10000 \geqslant Q > 5000$	$5000 \geqslant Q > 1000$	$1000 \geqslant Q \geqslant 200$

供水站的岗位定员应按其定员级别确定，其中：

(1) 单位负责、行政管理、技术管理、财务与资产管理等四类岗位定员，Ⅰ、Ⅱ、Ⅲ级的都按类确定。

(2) 运行、计量监测、安装维修等三类岗位定员，Ⅰ、Ⅱ级的按岗位确定；Ⅲ级的按类确定。

(3) 辅助类岗位定员，Ⅰ、Ⅱ、Ⅲ级的按表 8.2 中前七类岗位定员总人数乘以辅助类岗位人员比例系数确定。

(4) Ⅳ级的只确定岗位定员总人数。

当管理多个供水站或包含有水库、渠道、泵站、水闸等工程时，其单位负责、行政管理、技术管理、财务与资产管理等四类岗位的定员，可分别按供水站及其所管辖的单个工程各自定员标准所确定的定员人数中最大值为基数，乘以扩大系数，扩大系数宜为 1.0～1.3。运行、计量监测、安装维修等类岗位人数按各工程分别确定后叠加。

供水站的岗位定员总人数 Z 按式 (8.1) 计算：

$$Z = G + S + F \tag{8.1}$$

式中　G——单位负责、行政管理、技术管理、财务与资产管理等岗位定员人数之和；

S——运行、计量监测、安装维修等岗位定员人数之和；

F——辅助类岗位定员人数。

注：G、S、F 的确定因定员级别的不同而存在差异，其标准详见《村镇供水站定岗标准（2004）》。

8.2.2　水处理工艺运行管理

村镇集中供水站是生产饮用水的工厂，需要在厂内通过适当的水处理工艺流程对由取水设施取来的原水进行处理。由于各地经济发展水平及人力、物力条件的差异，一些经济发达地区的村镇，已建有现代化的集中供水站；而经济欠发达地区，受经济条件限制，只能建设简易的供水设备，净水工艺简单；还有一些贫困的乡镇，至今还没有水处理设施。水处理工艺流程主要包括：絮凝→沉淀和澄清→过滤→消毒。在2000年供水行业规划中，明确提出了“两提高、三降低”的管理目标，即“提高供水水质、提高供水安全性；降低药耗、降低漏耗、降低能耗”。

1. 供水站生产区和单独设立的生产构筑物的卫生防护

供水站生产区的卫生防护范围应不小于其外围30m，并设立明显标志。防护范围内应保持良好的卫生状况，有条件时应进行绿化美化；不应设置生活居住区、禽畜饲养场、渗水厕所、渗水坑、污水渠道；不应堆放垃圾、粪便、废渣等。各类单独设立的生产构筑物和设备应经常保持清洁，且构筑物内部，每年应进行一次清洗消毒，消毒宜采用浓度不低于20mg/L的Cl^-清洁水，消毒完成后应用清水再次冲洗。对集中供水站管理人员，每年应进行一次体检，取得体检合格证的方可上岗，传染病患者或健康带菌者不应进入生产区。

2. 絮凝工艺的运行管理

絮凝工艺包括从混凝剂投加、药剂和水混合到絮体形成的整个过程，涉及药剂配制、投加和计量，混合和絮凝等各阶段的协调配合和精心管理，才能最终保证达到最优的处理效果。

(1) 药剂的配制与投加管理。首先，应根据净水工艺、水质情况、有关试验和设计要求选择混凝药剂。混凝药剂质量应符合国家现行的有关标准，购置药剂时，应向厂家索取产品的卫生许可证、质量合格证和说明书。购买后，药剂管理人员应掌握药剂特性及其安全使用要求将混凝剂分类妥善存放，并做好入、出库记录。药剂仓库和加药间应保持清洁，并有安全防护措施。

运行时，混凝剂应按规定的浓度用清水配置药剂标准溶液，再进行计量加注。根据水质和流量确定加药量，水质和流量变化较大时，应及时调整加药量。配制好的混凝剂应在设计投加点按设计投加方式计量投加，保证药剂与水快速均匀混合，不应漏加和渗漏。使用助凝剂时，应根据助凝剂的特性，经实验确定选择投加点，保证絮凝效果。工作人员每天应经常巡视各类加药系统的运行状况，发现问题及时处理，并对各种药剂每天的用量、配置浓度、投加量以及加药系统的运行状况进行记录。并不断总结加药经验，在满足净化效果的前提下，合理降低药耗。

(2) 混合和絮凝工艺管理。混合的目的是使药剂与水中的胶体颗粒迅速接触，发挥药剂作用，产生脱稳效果。一般需要很短的时间，所以必须快速、均匀，控制指挥为混合时间10～30s，不超过2min，搅拌强度用G值表示为700～1000s^{-1}。

经过快速混合脱稳后的胶体颗粒已开始出现初步的絮凝现象，为保证絮凝效果，需要从异向絮凝向同向絮凝转变，通过水力或机械搅拌设备，达到絮体密实而且大，与水体分离性好，易沉淀，完成这个过程。经投药后的絮凝池水体水样，必须定时进行搅拌试验或目测絮凝池出口处是否有明显的絮凝体出现，并经常观测絮凝池的絮体颗粒大小和均匀程度，及时调整混合设备和加药量，做到混凝后水体中的颗粒与水分离度大，絮体大小均匀，絮体大而密实。在絮凝阶段，由于絮体已经长大，要防止絮体破碎，因此，G值比前一阶段减小，即搅拌强度或水流速度应逐步降低。控制指标平均G值为$20\sim70s^{-1}$，平均GT值为$1\times10^4\sim1\times10^5$（$T$为絮凝时间）。

混凝时，要注意严格控制运行中的水位变化幅度，保证混凝效果。运行负荷的变化不宜超过设计值的15%，并按设计要求和生产情况控制进出口流速、运行水位、停留时间等工艺参数。同时应注意定期排出絮凝池中的淤泥。

3. 沉淀工艺运行管理

沉淀池是完成沉淀过程使水得到澄清的设备。沉淀池按其构造、水流方向或颗粒沉降距离的不同有平流式沉淀池、斜板（管）沉淀池和竖流式沉淀池。我国现行的《生活饮用水水质标准（GB 5749—2006）》中要求饮用水的浑浊度限值不超过1NTU，水源与净水技术条件限制时不超过3NTU。有些供水站内部控制要求出厂水的浑浊度为0.5～1.0NTU，这就对沉淀池出水的浑浊度提出了很高的要求，一般需要达到3～5NTU。这说明随着水质标准的提高，对沉淀池运行要求也在不断提高。沉淀过程中的运行管理应符合以下基本要求：

（1）沉淀出水水质直接反馈出混凝的效果。因此，在供水站管理中，沉淀池的管理往往是与加药、混凝统一的。及时了解和掌握水质和水量的变化情况，以正确地确定混凝剂投加量，在线检测浊度实现投药自控的供水站，可以较好地解决原水水质和水量的变化对混凝效果和沉淀后水的影响。对于一些中小型供水站，一般要求2～4h检测一次原水浑浊度、pH值、水温、碱度。在水质变化频繁的季节，如洪水、台风、暴雨、融雪时，需加强运行管理，落实各项防范措施。要了解进水泵房开停状况，运行水位宜控制在最高允许运行水位和其下0.5m之间。对水质测定结果和处理水量的变化要及时填入生产日记。

（2）沉淀池运行主要控制指标是水力停留时间（沉淀时间）、表面负荷和水平流速。

（3）作为供水站出水水质控制中的一环，沉淀池出口应设置质量控制点，出水浊度宜控制在3～5NTU。

（4）沉淀池要连续稳定工作，必须及时排除沉淀池底的污泥。定期排泥关系到沉淀池的净水效果，是日常运行管理的重要内容。沉淀池池底积泥过多将减少沉淀池容积，相应缩短沉淀时间，并影响沉淀效果，最终导致出水水质变坏，故应及时排泥，但排泥过于频繁又会增加耗水量。采用排泥车排泥时，每日累计排泥时间不得少于8h，这种排泥方式由于连续进行，一般不需要定期放空清池。如有机械故障必须及时检修，以免造成积泥过多，增加以后清泥的困难。采用穿孔管排泥时，排泥周期视原水浊度不同，通常为每3～5h排泥一次，每次排泥1～2min，每年需定期放空池子1～2次，用压力水冲洗干净。清泥时，劳动强度较大，最好选在供水量较小的季节，利用晚间进行清洗，以减少对供水的影响。对于预沉池，则根据其容积及沉淀情况，每1～3年挖泥一次。

（5）沉砂池应设挖泥、排砂设施。根据地区和季节的不同，可调整排砂、挖泥的频率，运行中的排砂宜为8～24h一次，挖泥宜为每年1～2次。

(6) 高寒地区的预沉池，在冰冻期间，应根据本地区的具体情况制定水位控制标准和防凌措施。

(7) 原水藻类含量较高且除藻不当时，藻类会在沉淀池中滋生。对此，应采取适当的预处理措施，防止藻类滋生并杀灭已滋生的藻类。沉淀池内外都应经常清理，保持池体清洁卫生。

(8) 沉淀池的定期维护与大修应按《城镇供供水站运行、维护及安全技术规程》(CJJ 58—94) 执行。

4. 澄清工艺的运行管理

澄清池是在一个构筑物内同时完成混合、絮凝和沉淀过程的净水构筑物，利用池中高浓度的活性泥渣层，使经脱稳的细小颗粒与池中活性泥渣发生接触絮凝，使水得以澄清。

各种类型的澄清池在运行管理上有许多共同特点。建成投产以及停池检修或清洗后重新使用时，首先需要在池内形成活性泥渣层。为了尽快生成一定浓度的泥渣层，应降低上升流速，进水量减小到设计水量的50%～70%，混凝剂投加量比正常投加量增加50%～100%。原水浑浊度低、难以生成泥渣层时，可减少净水量，也可引入其他正在运行的澄清池中泥渣或投加泥土。投加泥土时，因为增加了原水的浑浊度，加药量要相应增多，使泥渣层尽快形成。运行初期，由于活性泥渣层尚未达到一定浓度，出水一般不能直接进入滤池，直到澄清池出水浑浊度符合进入滤池的要求时，方可进入。这时，可逐渐减少投药量，增加进水量，一般每小时可增加20%的流量，然后过渡到正常运行，这一过程一般需要几个小时或更长一些时间。

运行正常和出水水质稳定后，对澄清池运行管理的基本要求是：勤检测、勤观察、勤调节，特别要重视投药和排泥两个环节。

(1) 投药。澄清池的投药和运行不应间歇进行，应根据进水量和水质的变化及时调整混凝剂的投加量，以保证出水符合要求。一般在进水量增加前半小时，多加些混凝剂，同时，开启排泥阀排除部分泥渣，以降低泥渣层高度，然后逐渐增加进水量。短时间中断投药，虽然不会立刻影响出水质量，但可能造成清水区出现浑水和泥渣层紊乱的状况，因此，正常运行时投药不得中断。

(2) 排泥。悬浮泥渣层的吸附活性和浓度与净水效果有很大关系，澄清池中应一直保持比较稳定的泥渣层浓度和较好的泥渣吸附活性，尽可能不要间歇运行。随着运行过程悬浮泥渣层不断增厚，泥渣量增加，为了保持泥渣层的活性和新陈代谢，要及时排除多余的泥渣，保持进出平衡。澄清池应进行快速排泥，正确掌握澄清池排泥周期和排泥时间，既能防止泥渣浓度过高、又可避免出现活性泥渣被大量排出池外，降低出水水质。

澄清池最好每年放空1～2次进行检修。检修时间宜放在用水低峰季节进行。检修的主要内容有：彻底清洁池底与池壁积泥，维护各种闸阀及其他附属设备，检查各取样管是否堵塞等。

5. 过滤工艺的运行管理

在常规水处理中，过滤是指用石英砂等粒状滤料层截留水中悬浮杂质，从而使水获得澄清的工艺过程。在原水水质较好，浊度较低的情况下，沉淀或澄清池有时可以省略，但过滤是不可缺少的，它是保证饮用水卫生安全的重要措施。过滤出水水质必须满足现行国家生活饮用水水质标准对浑浊度的要求。

(1) 快滤池运行管理的一般要求：

1) 运行前的准备工作（建成投产开始运行时或经过检修翻砂回复运行时）。

(a) 滤料和承托料的质量检验、保管与存放。滤料的质量直接影响过滤效果、出水水质、工作周期和冲洗水量。滤料的质量检验比较复杂，包括取样，样品制备，破碎率、磨损率、密度、含泥量、轻物质含量、盐酸可溶率等测定，无烟煤滤料的沉浮测定，筛分与粒径级配调整等，按行业标准进行检验。滤料和承托料一般都包装在织物袋中，并有颜色标识。滤料在运输及存放期间应防止包装袋破损、使滤料漏失、相互混杂或混入杂物。不同种类和不同规格的承托层和滤料应分别堆放。

(b) 铺设滤料。滤池的滤料和承托层应符合设计和运行的要求。快滤池所以具有去除水中悬浮物的作用，关键在于滤料，它是保证水质的重要因素，铺设时必须多加注意，尽量符合设计的要求。承托层铺设时，应按照设计所规定层数，从下而上、从粗到细一层层铺好，严格控制隔层的厚度、做到厚薄均匀，不可任意少铺或改变层数。施工中的疏忽，会带来运行时的许多麻烦。铺设时下池人数越少越好，以免踩乱已铺好的承托层，想池中导入卵石时，应注意不要搅乱已铺好的承托层。每层铺完后需刮平，同时校准高度，然后用水冲洗干净。承托层铺好后，滤池灌水到排水槽处，再向滤池中投入石英砂到规定高度，一般初次使用时滤料比设计要加厚 5cm 左右，然后放水挂瓶滤料，再进行反冲洗。使用无烟煤滤料时，因为颗粒上粘附有煤粉，不易脱落。铺设滤料后，同样应进行反冲洗，在冲洗快结束时，应关小阀门降低冲洗强度，使滤料能按粒径大小自动分成上细下粗的层次。积在滤层表面的较轻杂质和不合规格的细颗粒必须刮除，然后浸泡在水中数天，在进行反冲洗，并且刮除表面的煤粉。如果无烟煤中有煤矸石，必须在铺设以前剔除，不能和无烟煤混在一起作为滤料放入滤池。各种滤料放入滤池之前，不必专门进行淘洗，可直接导入池中再进行反冲洗，以去除杂质和粉屑，这样可以减轻铺设工作量并且能满足要求。

(c) 检查各部分管道和闸阀是否正常、配水、排水系统是否符合设计和运行的要求。

(d) 凡滤池新装滤料或放空后，都应该做好排气工作。

(e) 新装滤料应用含氯量 0.3mg/L 的漂白粉溶液或液氯浸泡 24h，氯的投加量按 0.05～0.1kg/m^3（滤料和承托层体积）计算。加氯后，应使氯和滤料有足够接触时间，以达到预期的消毒效果，应每隔 0.5～1.0h 从滤池放空管放出一部分水，同样操作连续一天时间。每次放水时所取水样的含氯量应不小于 3mg/L。经过多次放水，等到滤料将要露出水面时，可适当补充加水，浸泡 12h 后，经检验滤后水合格后，连续反冲洗两次以上才能投入使用。

2) 初次运行。

(a) 测定初滤时水头损失与滤速。打开进水闸阀，沉淀（澄清）水进入滤池，调节出水阀的开启度，测定相应的水头损失和滤速，使得清洁滤层水头损失和滤速都符合设计要求。滤池初用或冲洗后上水时，池中的水位不得低于排水槽，严禁暴露砂层。

(b) 如进水浊度符合滤池要求，水头损失却增长很快，导致运行周期比设计要求短很多时，则可能是由于滤料加工不妥或粒径过细所致。处理办法可将滤料表面 3～5cm 厚的细滤料层刮除，这样可延长运转周期，而后需再重新测定滤速与水头损失的关系，直至满足设计要求。

(c) 过滤周期的确定。根据设计要求的滤速进行运行，并记下运行时间，在运行中出水阀任意调整。水头损失随着运行时间而增长，当达到 2～2.5m 时，即可进行反冲洗，从运行开始至反冲洗的时间即为初步得到的过滤周期。

3) 正常运行：转为正常运行必须有一套严格的操作规程和管理方法，否则很容易造成运行不正常、滤池工作周期短、过滤出水水质变坏等问题。滤速、水头损失和过滤周期等参数，虽然会随着水量多少、水质好坏而有变化，运行开始做到心中有数，对于供水站管理是必要的。为此必须做到：

(a) 严格控制滤池进水浊度。进水浊度过高，不仅会缩短滤池运行周期，增加反冲洗水量，而且会影响滤后水质，更不利于病原体的去除，一般应 1～2h 测定一次进水浊度，并记入生产日报表。

(b) 应按照设计要求和生产情况控制滤速、运行水位、过滤损失水头、冲洗周期、冲洗强度、冲洗时间等工艺参数。必须保证出水浊度符合国家标准的要求。

(c) 适当控制滤速。刚投入运行的滤池，滤速极可能小一点，运行 1h 后再调整至规定滤速。

(d) 运行中注意观察水头损失，一般不允许产生负水头。

(e) 各类滤池均应在过滤后设置质量控制点，按时测定滤后水浊度，一般 1～2h 测一次，并记入生产日报表中。当滤后水浑浊度不符合水质标准要求时，立即进行反冲洗。

(f) 当用水量减少，部分滤池需要停池时，应先把接近要冲洗的滤池冲洗清洁后再停用，或停用运行时间最短，水头损失最小的池子。

(g) 及时清除滤池水面上的漂浮杂质，经常保持池子清洁，定期洗刷池壁、排水槽等，一般可在冲洗前或冲洗时进行。

(h) 每隔 2～3 个月对每个滤池进行一次技术测定，分析滤池运行状况是否正常，应每年做一次 20%总面积的滤池滤层抽样检查，含泥量不应大于 3%，并记录归档。对滤池的管配件和其他附件，要及时维修。

(2) 慢滤池的运行管理应符合以下要求：

1) 宜 24h 连续运行，滤速不应超过 0.3m/h。

2) 初期应半负荷、低滤速运行，15d 后可逐渐增大到设计值。

3) 应定时观测水位和出水流量，及时调整出水堰高度或阀开度，满足设计出水量和滤速要求。不能满足设计出水量要求时，应刮去表面 20～50mm 的砂层，并把堰口高度恢复到最高点或调整阀开度到原位。

4) 每年应补砂一次。补砂时，应先刮去表面 50～100mm 的砂层，补充新滤料至设计厚度。

5) 每隔 5 年左右，应对滤料和承托层全部翻洗一次。

6. 消毒工艺的运行管理

消毒工艺是把水中致病微生物灭活到一定程度，以保证饮水安全的一种水处理方法。目前最常用的消毒工艺为二氧化氯消毒。加氯消毒工艺的运行管理主要涉及消毒工艺的运行，设备的使用、维护和安全管理。

加氯消毒时的运行应符合以下规定：

(1) 二氧化氯制备原料的放置必须严格按照国家规范执行，酸原料和盐原料必须分开放置。

(2) 要正确控制二氧化氯投加量。掌握原水水质的变化，加强前后处理工序的联系，确保出厂水的余氯要求，并根据余氯量及时调整加氯量。

(3) 二氧化氯消毒剂必须经安全可靠的投加装置的计量进行投加。投加装置应能有效地防止倒回水，可调节并能精确计量，严禁采用直接干式投加。

(4) 应保证消毒剂与水体有充分的接触时间，符合标准要求。

(5) 应正确设置投加点。采用一次投加的，当清水池的停留时间能保证要求的接触时间时，投加点宜设在清水池进水管上或进水口处。当保留时间不能保证要求的接触时间时，投加点应适当前移。采用二次投加的，前次投加点应根据混合条件正确设置，后次投加点宜设在清水池进水管上或进水口处。

(6) 二氧化氯设备及操作应符合下列规定：

(a) 二氧化氯设备的操作与管理必须严格按照生产厂家的操作规程操作。

(b) 二氧化氯的所有设备、管道必须用防二氧化氯腐蚀的材料。

(c) 加氯岗位必须设置消毒质量控制点，各控制点每小时检验一次。

(d) 遇有水质恶化时，可采用强化消毒，以保证水质。

(e) 二氧化氯投加管应保证一定的入水深度，防止入水过浅二氧化氯气体污染环境。

(f) 应保证制水工艺中的余氯均匀，出厂余氯稳定。

(7) 二氧化氯事故处理。加氯间绝对不允许二氧化氯泄漏。如遇泄漏必须立即检查泄漏原因，并及时进行修复。当泄漏量很小时，查出漏点后，关闭二氧化氯设备后即可处理。如果泄漏量很大，首先将酸和盐原料泵关闭，打开排风扇排除室内二氧化氯气体，再将原料泵开启少些，查出漏点再关闭二氧化氯发生器，然后加以修理。二氧化氯气体是对人体有严重危害的气体，操作人员要了解二氧化氯的性质并切实做好安全管理，操作中要胆大心细、沉着冷静，妥善解决各种问题。在供水站中，加氯间应设有二氧化氯自动检测、自动报警、自动排气、换气系统，这使得加氯间更为安全。

8.2.3　供水站的水质和技术管理

村镇供水管理是一项极为重要的工作。其管理的好坏直接关系到供水质量的好坏、生产水量的多少、制水成本的高低与能否安全生产。以下从水质、技术和安全等方面提出一些建议。

1. 水质管理

水质好坏直接关系到广大人民群众的身体健康与工业产品的质量好坏，供水水质必须符合国家生活用水卫生标准。为此，供水站必须树立“质量第一”的观点，建立和健全水质检验制度，确保供水质量符合国家生活饮用水水质标准要求。这是供水水质管理的重要任务之一。

(1) 水源的水质管理。水质管理首要环节是抓好水源卫生防护管理。对水源卫生防护地带的卫生状况进行调查研究，对水源水质经常进行监测，如发现水体受到污染，应及时提出处理意见，如发现水体受到污染，应及时提出处理意见。对防护带以外的地区，应会同防疫部门一起对水源上、下游水系进行全面调查，摸清可能存在的污染源。根据调查情况对水系分段设置检测点，定期进行检测。一般可从污水排水口开始，在每隔500～1000m处、河道转弯处、分叉处设点采样检验。每季度要普查一次，对水源水质作全面分析。在干旱季节，江河下游水倒流或农药使用时，更应针对某种可能存在的污染物及时进行检测，掌握水质动向。当污染物可能影响到防护地带与威胁水质安全时，应及时向各级领导汇报，并与有关单位取得联系，采取有力措施，控制污染源，确保防护区的水质安全。

(2) 净水剂检测。村镇供水站应根据水源水质变化情况，在水处理过程中加强净化、消毒处理，保证供水水质。

村镇供水站目前常用混凝剂为铝盐（明矾、硫酸铝及铵明矾、聚合铝等），消毒剂有二氧化氯、漂白粉等。化验室应对各种混凝剂、消毒剂的有效成分与毒性进行检测。如漂白粉应经常测定有效氯含量，因漂白粉中有效氯极易分解，储存时间常易失效。铝盐应在每批进货时测定 Al_2O_3 含量及铅与砷等有毒物质含量。所有净水剂中有毒物质含量均应符合国家规定质量标准的要求，以保证饮用水质量。净水剂具体检测方法，详见有关资料。

(3) 混凝剂与消毒剂投加量测定。化验室应根据净水要求定期定时测试确定较经济的混凝剂与消毒剂的投加量，作为生产操作依据。

(4) 水质检测。水质检测内容主要包括：水源水、各净水构筑物出水、出厂水与管网水的水质检测。水质检测工作应有明确的岗位责任制。我国小城镇供水站出水水质检测工作，一般实行车间（或班、组）、化验室（厂级）两级进行检测。

车间（或班、组）级检测的项目、内容、时间及次数见表8.3。如果是地下水，车间只检验原水和出厂水。

表8.3　　水质监测有关内容

水样	项目	时间（h）	次数
水源水	浊度	8	1
沉淀水	浊度	1～2	1
滤后水	浊度	1～2	1
出厂水	余氯	1	1

化验室检测，一般对水源水、出厂水的浊度、色度、臭味、肉眼可见物、pH值、余氯、细菌、大肠杆菌、需矾量、需氯量以及重点污染物质等项目，每天测定一次。

每周必须检验氨氮、亚硝酸盐氮、耗氧量、碱度、总铁、硬度、氯化物等项目。每月对管网水的余氯、浊度、细菌、大肠杆菌等四个项目检验两次。如是地下水，则应再增加硬度、铁、氯化物三项的检验。管网水采样点应选在居民经常用水点及管网末梢易收到污染点，采样点位置应当与当地卫生防疫部门共同协商确定。在条件具备的供水站，每季度还应对水源与出厂水检测锰、铜、锌、酚、洗涤剂、氟、氰、砷、硒、汞、镉、铬、铅等项目。

2. 技术管理

加强技术管理，对于保证水质、增加供水量、安全供水、提高设备使用率、降低消耗等都有十分重要的作用，技术管理应做好以下几个方面工作：

(1) 编制各类构筑物与设备的运行技术指标，并付诸实施。

(2) 编制设备检修计划，必须对所有的构筑物和设备定期进行检修和技术测定，保证设备完好。

(3) 一般每年对构筑物及管网进行一次清理、冲洗、消毒工作。测量仪表、水表每年也应校核与修理一次。

(4) 对净化构筑物，投药设备，输配水管网，切实做好冬季防冻工作。

(5) 搞好厂外设备管理。供水站人少、面宽、管线长，输配水管、阀门、水表等设备都装在厂外，故对厂外设备除了定期做好巡回检查、检修、保养等工作外，还要广泛宣传，共同管好厂外设备。做到及时报漏，循序抢修，减少管网水的漏失。

(6) 技术资料管理。供水站技术资料包括：技术文件、各种图纸、成井资料及水文地质资料、技术革新小结等。特别是管网图纸，无论是厂内连络管道或厂外输配水管网均应及时整理，妥善保存，以便于今后检修、接户、扩建等各项工作的顺利进行。

(7) 对于各生产环节的技术报表，必须及时进行整理和分析，这对于进行技术改造，挖掘生产潜力，指导生产，降低能耗十分重要。同时还应经常收集与学习国内外有关现今技术资料，结合本厂实际，不断提高水平。

3. 安全管理

安全是供水站正常生产的保证，是一切工作的生命线，生产讲安全，安全为生产。因此供水站要将安全工作作为全厂重点工作之一，从抓宣传、教育、检查、整修、落实等环节，切实做好安全工作。

首先制定目标，形成安全生产的工作机制。制定目标后，各科室、车间各行其职的安全生产工作领导小组和生产小组，健全和形成供水站安全工作运行机制。

然后分解目标，制定指标，落实安全生产工作目标责任制。把年度安全生产目标以及为实现目标的工作要求和措施，分解为各车间、科室的经济责任制考核指标，在此基础上，制订厂、车间、班组分级负责，层层有指标、层层抓落实的安全现场工作责任制，签订年度《安全生产责任书》，将安全生产责任制落实到各车间、科室、落实到各生产班组、生产岗位，建立“纵向到底，横向到边”的安全工作网络。抓住环节，突出重点，结合供水站的特点开展各项安全生产管理工作。加强宣传教育，如开展安全生产宣传周、宣传月活动，开展安全知识竞赛等，开展岗位培训，加强检查考核，抓住薄弱环节整改，坚持生产班组每周安全学习制度，坚持安全例会制度。

4. 节约用水

水与社会发展、经济发展以及人民生活息息相关，供水事业的发展不仅应受到各级政府部门的重视，全社会都要关心和支持，往往人们只在停水时才认识到水的重要性，而平时不加以珍惜。因此我们要大力宣传供水政策，供水技术标准，谁在社会经济发展中的重要地位及其作用，增强人们用水的价值观念，自觉关心和支持用水设施建设。

集中供水工程实行计划供水，计量用水、有偿供水。任何单位和个人有节约用水的义务。节约用水，是供水站搞好“开源”、“节流”工作的重要方面。供水站为了满足社会主义生产建设飞速发展与人民生活水平不断提高的需要，除了进行必要的基建，加强技术改造，不断挖掘企业潜力来增加供水量外，还应大力抓好节约用水工作，应该做到：

(1) 向广大群众大力开展节约用水的宣传教育工作，不断提高群众节约用水的自觉性。

(2) 在保证水质的前提下，要尽量减少给水系统本身的耗水量，精心管理，延长滤池运行周期，节约反冲洗用水。对管网要经常听漏检漏，加强维修，减少漏损。

(3) 对于用水量较大的大用水户，要实行计划供水，要提倡一水多用与水的重复利用。

5. 企业化管理

供水是小城镇基础设施的一个重要方面。小型供水站与大中型供水站有着很大的差距，城镇规模决定供水站规模，供水站规模决定供水量的大小，供水量越大，成本越低，反之供水量越小，成本越高。村镇人口一般都在10万人以下，3万 m^3/d 供水能力的供水站完全可以满足需要，小型供水站靠自身的能力再建新供水站，就显得力不从心了，不要说还贷款，连利息也付不起。改变小型供水站性质，实行事业单位企业化管理，最终目的就是解决供水事业发展的资金投入来源问题。平时，供水部门上缴财政积累，由地方财政拨付建设资金发展供水设施和扩建改造供水站。同时也可免交所得税部分，可更多的积累建设资金。另一方面供水部门定为事业单位后经费包干，人员须定编，没有编制不能增加人员，这就能够有效地控制人员超编问题。

此外，供水站应将长短利益相结合，运用经济杠杆作用促进节约用水，延缓建设周期。目前，只要水源比较充足的地区，新厂建成后，就千方百计地扩大供水量，用户用多少就供多少，以发挥供水站最佳经济效益，一旦供水达到设计能力时，就必须改变策略，运用水价和定额供水来抑制用水量，最大限度地使供水站满负荷生产，在日平均供水达到设计能力时，才能考虑建新厂或扩建改造，只有这样才能发挥供水站的最佳效益。

6. 用户管理

供水站应与用户签订供、用水协议，按协议供水。由于工程施工、维修等原因确需停止供水的，应提前通知用户。

用户用水实行申请制度，需安装和改造自来水的用户，应向供水站提出申请，经批准并办理准入手续后，由供水站专业人员进行设计、施工和安装。严禁擅自改动、拆除供水设施和私自在供水管网上接水。

新增用户按实际工程量计收工程费，还应向工程管理单位交纳用水增容入户等费用。

供水站要搞好优质服务，按规程满足供区用户对供水水量、水压、水质的要求。

用户必须根据供水管径安装水表，实行一户一表。所用水表应为经质检部门检验合格的产品，确保用水计量准确。

8.2.4　输配水管道的工程管理

在村镇供水工程施工完成后的运行过程中，为了维持输配水管道的正常工作，保证安全供水，必须做好日常的管网养护管理工作，内容包括：

（1）建立技术档案。

（2）管网检漏和修漏。

（3）水管清垢和钢管的防腐蚀。

（4）新增用户接管的安装、清洗和防冰冻。

（5）管网事故抢修。

（6）检修阀门、消火栓、流量计和水表等。

为了做好上述工作，村镇供水工程在运行管理人员设置时，必须设置专门的人员负责管网的运行和维护管理，该人员必须熟悉整个村镇供水工程管线的情况，各项设备如阀门、排气阀及泄水阀、流量计、水表等的安装部位和性能，以及用户接管的地点等，以便及时处理。平时要准备好各种管材、阀门、配件和修理工具等，便于抢修。

1. 建立技术档案

作为村镇供水工程的运行管理部门应有整个供水输配水管网的平面布置图，图上标明泵站、管线、阀门、消火栓等的位置和尺寸。

管网养护时需技术资料有：

（1）管线图，表明管线的直径、位置、埋深、直径和位置等。它是管网养护检修的基本资料。

（2）管线过河、过铁路和公路的构造详图。

（3）阀门和消火栓记录卡，包括安装年月。

（4）竣工记录和竣工图。

管线埋在地下，施工完毕覆土后难以看到，因此应及时绘制竣工图，将施工中的修改部分随时在设计图纸中订正。竣工图应在沟管回填土以前绘制，图中标明给水管线位置、管径、埋管深度、承插口方向、配件形式和尺寸、阀门型式和位置、其他有关管线（例如排水管线、燃气管线、电缆和通信等）的直径和埋深等。竣工图上的管线和配件位置可用搭角线表示，注明管线上某一点或某一配件到某一目标的距离，便于及时进行养护检修。

2. 检漏

检漏是管线管理部门的一项日常工作。减少漏水量既可降低供水成本，也等于新辟水源，经济意义是很大的。

水管损坏引起漏水的原因很多，例如：因水管质量差或使用期长而破损；由于管线接口头不密实或基础不平整引起的损坏；因使用不当例如阀门关闭过快产生水锤以致破坏管线，或因阀门锈蚀、阀门磨损或污物嵌住无法关紧等，都会导致漏水。检漏的方法有直接观察法、听漏法、分区检漏法等，可根据具体条件选用。

（1）直接观察法是从地面上观察漏水迹象，如排水窨井中有清水流出，局部路面发现下沉，路面积雪局部融化，晴天出现湿润的路面等，本法简单易行，但较粗略。

（2）听漏法使用最久，听漏工作一般在深夜进行，以免受到车辆行驶和其他杂声的干扰。所用工具为一根听漏棒，使用时棒一端放在地面、阀门或消火栓上，即可从棒的另一端听到漏水声。这一方法的听漏效果凭各人运行管理经验而定。

半导体检漏仪是比较好的检漏工具。它是一个简单的高频放大器，利用晶体探头将地下漏水的低频振动转化为电讯号，放大后即可在耳机中听到漏水声，也可从输出电表的指针摆动看出漏水情况。检漏仪的灵敏度很高，但所有杂声都被放大，以致有时不易区别真正的漏水声。

（3）分区检漏是用水表测出漏水地点和漏水量，一般只在允许短期停水的小范围内进行。

方法是把整个供水管网分成小区，凡是和其他地区相通的阀门全部关闭，小区内暂停用水，然后开启装有水表的一条进水管上的阀门，使小区进水。如小区内的管网漏水，水表指针将会转动，由此可读出漏水量。水表装在直径为 10～20mm 的旁通管上，如图 8.1 所示。查明小区内管网漏水后，可按需要再分成更小的区，用同样方法测定漏水量。这样逐步缩小范围，最后还须结合听漏法找出漏水的地点。漏水地位查明后，应做好记号，以便于检修。

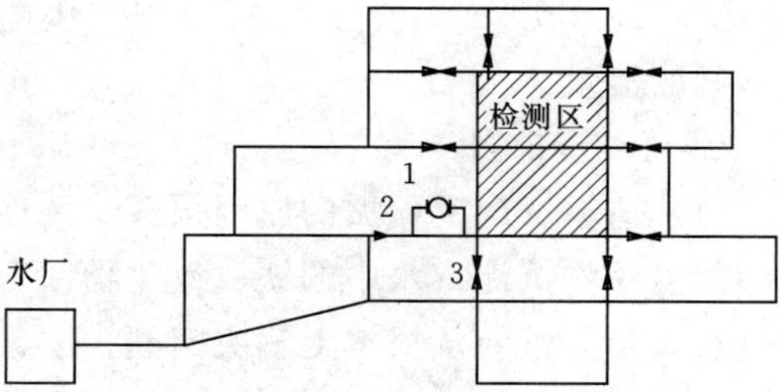

图 8.1　分区检漏法
1—水表；2—旁通管；3—阀门

3. 水压和流量测定

测定供水管网的压力和流量，是管网技术管理的一个主要内容。

测定供水管网的水压，应在有代表性的测压点进行。测压时可将压力表安装在消火栓或供水龙头上，定时记录水压，能有自动记录压力仪则更好，可以得出 24h 的水压变化曲线。

测定水压，有助于了解管网的工作情况和薄弱环节。根据测定的水压资料，按 0.5～1.0m 的水压差，在管网图上绘出等水压线，由此反映各管线的负荷。整个管网的水压线最好均匀分布，如水压线过密，表示该处管网的负荷过大，因而指出所用的管径偏小，水压线的密集程度可作为今后放大管径或增敷管线的依据。

由等水压线标高减去地面标高，即可得出各点的自由水压，即可绘出等自由水压线图，据此可了解管网内是否存在低水压区。

管网测流量工作可根据需要进行，测定时将毕托管（图 8.2）插入待测水管的测流孔内。毕托管有两个管嘴，一个对着水流，另一个背着水流，由此产生的压差 h 可在 U 形压差计中读出。

根据毕托管管嘴插入水管中的位置，可测定水管内任一点的流速，并按下式计算

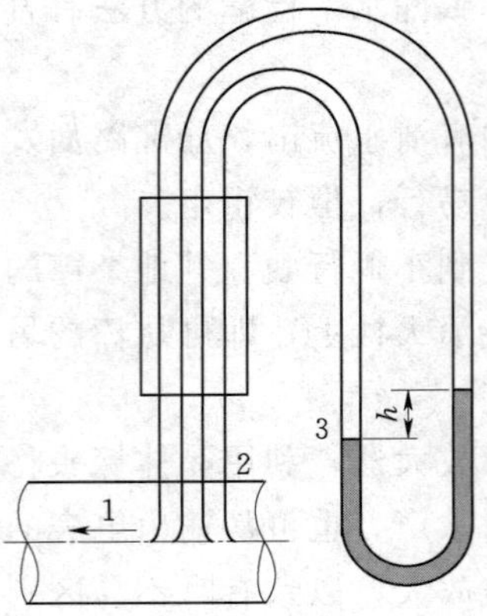

图 8.2　毕托管测流量

1—待测水管；2—毕托管；3—U 形压差计

流速：

$$v=k\sqrt{\rho_1-\rho}\sqrt{2gh} \tag{8.2}$$

式中　v——水管断面内任一测点的流速，m/s；

h——压差计读数，m；

ρ_1——压差计中的液体密度，kg/L，通常用四氯化碳配成 $\rho_1/\rho=1.224$ 的溶液；

ρ——水的密度，kg/L；

k——毕托管系数，取 0.866；

g——重力加速度，9.81m/s^2。

代入式（8.2），得：

$$v=0.866\sqrt{1.224-1}\times\sqrt{2\times9.8}\sqrt{h}$$

$$=1.81\sqrt{h} \tag{8.3}$$

用毕托管测定管网断面流速，然后根据管径即可计算供水管网的流量。

4. 清垢和涂料

（1）清垢。产生积垢的原因很多，例如，金属管内壁被水侵蚀，水中的碳酸钙沉淀，水中的悬浮物沉淀，水中的铁、氮化物和硫酸盐的含量过高，以及铁细菌、藻类等微生物的滋长繁殖等。要从根本上解决问题，改善所输送水的水质是重要的。

金属管线清垢的方法很多，应根据积垢的性质来选择。

松软的积垢，可提高流速进行冲洗。冲洗时流速比平时流速提高 3～5 倍，但压力不应高于允许值。每次冲洗的管线长度为 100～200m。冲洗工作应经常进行，以免积垢变硬后难以用水冲去；如用压缩空气和水同时冲洗，效果更好，其优点是：

1）清洗简便，水管中无需放入特殊的工具。

2）操作费用比刮管法、化学酸洗法低。

3）工作进度较其他方法迅速。

4）用水流或气—水冲洗并不会破坏水管内壁的沥青涂层或水泥砂浆涂层。

水力清管时，管垢随水流排出。起初排出的水浑浊度较高，以后逐渐下降，冲洗工作直到出水完全澄清时为止。

坚硬的积垢须用刮管法清除。刮管法所用刮管器有多种形式，都是用钢丝绳等工具使其在积垢的水管内来回拖动。图 8.3 所示的一种刮管器是用钢丝绳连到绞车，往返移动。适用于刮除小口径水管内的积垢。它由削切环、刮管环和钢丝刷组成。使用时，先由削切环在水管内壁积垢上刻划深痕，然后刮管环把管垢刮下，最后用钢丝刷刷净。清洗积垢时的安装方式如图 8.4 所示。

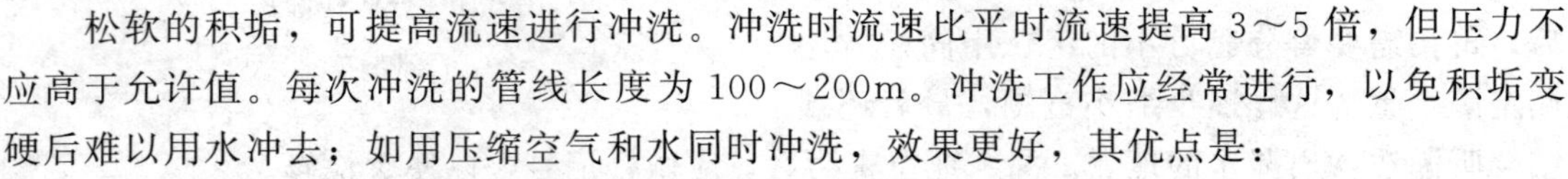

图 8.3　刮管器

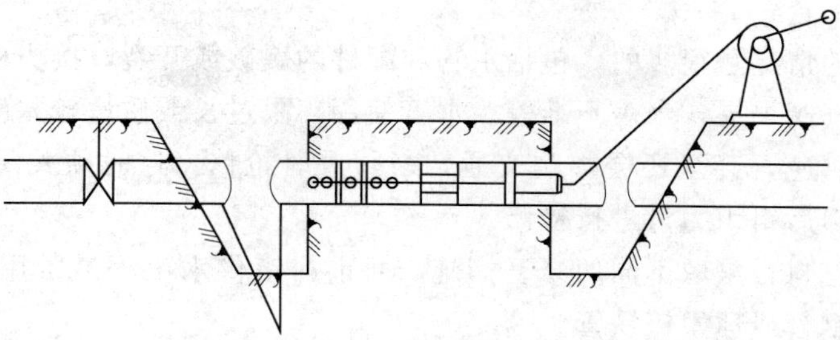

图 8.4　刮管器的安装

刮管法的优点是工作条件较好，刮管速度快。缺点是刮管器和管壁的嫁接力很大，往返拖动相当费力，并且管线不易刮净。

除了机械刮管法以外还可用酸洗法。将一定浓度的盐酸或硫酸溶液放进水管内，浸泡14～18h以去除碳酸盐和铁锈等积垢，再用清水冲洗干净，直到出水不含溶解的沉淀物和酸为止。由于酸溶液除能溶解积垢外，也会侵蚀管壁，所以加酸时应同时加入缓蚀剂，以保护管壁少受酸的侵蚀。这种方法的缺点是酸洗后，水管内壁变得光洁，如水质有侵蚀性，以后锈蚀可能更快。

（2）涂料。管壁积垢消除以后，应在管内衬涂保护涂料，以保持输水能力和延长水管寿命。一般是在水管内壁涂水泥砂浆或聚合物改性水泥砂浆。前者涂层厚度为3～5mm，后者约为1.5～2mm。水泥砂浆用M50硅酸盐水泥或矿渣水泥和石英砂，按水泥：砂：水＝1：1：0.37～0.4的比例拌和而成。聚合物改性水泥砂浆由M50硅酸盐水泥、聚醋酸乙烯乳剂、水溶性有机硅、石英砂等按一定比例配合而成。

衬涂砂浆的方法有多种。在埋管前预先衬涂可用离心法，即用特制的离心装置将涂料均匀地涂在水管内壁上。对已埋管线衬涂时，也有用压缩空气的衬涂设备，利用压缩空气推动胶皮涂管器，由于胶皮的柔顺性，可将涂料均匀抹到管理上。涂管时，压缩空气的压力为29.4～49.0kPa。涂管器在水管内的移动速度为1～1.2m/s，不同方向反复涂两次。

在直径500mm以上的水管中，可用特制的喷浆机喷涂水管内壁。

根据喷浆机的大小，一次喷浆距离约为20～50m。图8.5为喷浆机的工作情况。

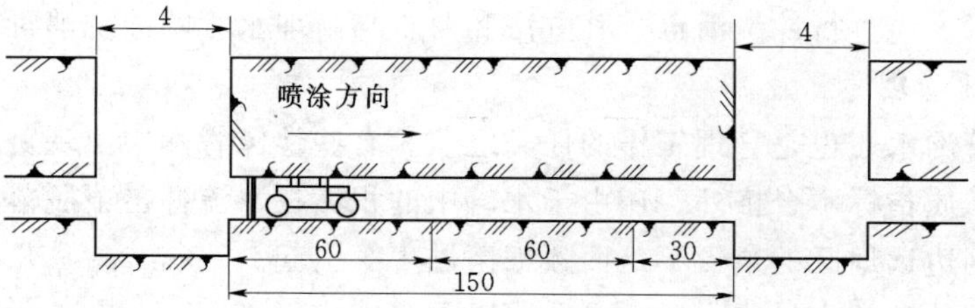

图 8.5　喷浆机工作情况（单位：m）

用清除管内积垢和加衬涂料的方法，恢复输水能力的效果很明显，所需费用仅为新埋管线时$\frac{1}{10}$～$\frac{1}{12}$，还有利于保证管网的水质。但对地下管线刮管涂料时，所需停水时间较长，影响供水，使用上受到一定限制。

5. 水管检修

供水管损坏的情况是很多的，包括水管和配件的爆破或开裂，接头松动，阀门开关不灵或关不紧，排气阀失灵，水表不准等。水管使用年限过长或质量较差发生爆破时，非但影响供水的正常供应，甚至还会影响交通，必须及时抢修。这时须关闭爆管区四周的阀门，临时断水，然后组织力量进行检修。

根据供水管材料，采取不同的修复措施。目前村镇供水工程最常用的是PE管或PE复合管，其次是钢管或球墨铸铁管。

PE管发生爆管或裂缝而损坏时，应将爆管处管线开挖出来，并将爆管段截除，然后可采用套管热熔连接的方式。对于PE管与其他管道连接，可采用套管连接方式或法兰连接方式。

球墨铸铁管损坏严重时，需要更换新管或把损坏管段截去调换新管。如果只是发现裂缝，可在纵向裂缝两端钻以直径6～13mm小孔，防止裂缝继续发展，然后在管外用叠合套筒（俗称半合套筒）箍住，再用螺栓固定。较小的横向裂缝可直接用半合套筒修复。如无叠合套筒则可将损坏部分的管段截去，换上同规格的新管子，再用套筒连接。截管的长度既要能使新管接入而又不能使管段过细，并使操作方便。铸铁管的小泡眼，如孔小且近圆形时，可用螺丝攻攻丝，再用管塞堵眼；如孔洞很大，需另加铁板再用叠合套管箍箍牢。

钢管上的裂缝可用电焊焊补，当管网的压力不高、管壁较薄时，也可采用气焊。如管壁已穿洞，须在洞内打入木塞，再用铁箍箍牢。对于裂缝较大，钢管无法使用时，可将爆管段截去，后重新焊接新钢管或采用法兰连接新钢管。

水管接头松动的原因是：施工时接头打得不好、水管支墩走动、水锤作用等。球墨铸铁管如是青铅接头，可重新锤打密实，或补冷铅后再敲紧，如为石棉水泥接口，则需拆除旧填料，重新接头，或改为自应力水泥砂浆接头，石膏水泥接头等，利用接头材料的膨胀性能，达到接头密实的目的。支墩松动接口脱出时，应挖出脱口至支墩处的全部覆土，重新接好脱出的接口，并加强支墩。

管网的所有阀门应定期检修、加油、更换填料，法兰接头松动时应及时旋紧螺栓，垫圈损坏时应予以更换。

坏管检修后，应进行冲洗消毒，其方法和要求与新埋水管的冲洗消毒相仿。

6. 管网水质管理

维持供水管网水质也是管理工作的任务之一。有些地区管网中出现黄水和浑水，其原因除了出厂水水质指标不合格外，还由于水管中的积垢在水流冲击下脱落、管线末端的水流停滞、或管网边远地区的余氯不足而致细菌滋生等引起。

为保持管网的正常水量或水质，可采取以下措施：

（1）通过给水栓、消火栓和放水管，定期放去管网中的部分“死水”，并借此冲洗水管。

（2）长期未用的管线或管线末端，在恢复使用时必须冲洗干净。

（3）管线延伸过长时，应在管网中途二次加二氧化氯消毒，以提高管网边缘地区的剩余氯量，防止细菌繁殖。

（4）定期清管、刮管和衬涂水管内壁，以保证管线的输水能力不致下降。

（5）无论在新敷设管线竣工后，或旧管线检修后均应冲洗消毒。消毒之前先用高速水流冲洗水管，然后用20～30mg/L的漂白粉溶液浸泡一昼夜以上，再用清水冲洗，同时连续测定排出水的浊度和细菌，直到合格为止。

8.3 农村分散供水工程管理

分散式供水工程指以一户或几户为单元，用手压井、管井、大口井、集雨、引泉等设施取水，或无设施直接取用河水、溪水、塘水、泉水等。分散式供水工程是农村供水的重要形式之一，一些农村受经济条件的制约在一定时期内仍然采用分散式供水。但新建供水工程，只要有条件建集中式就不应选择分散式，以适应农村发展的需要。只有在水源匮乏、用户少、居住分散、地形复杂、电力不保障等情况下，才考虑建造分散式供水工程。相对于集中式供水，分散式供水一次性投资少，产权明晰，便于管理，适合在人口分散的农村和边远山区修建，但其人均投入较高。部分地区的分散式供水工程虽然不能保证水量持续供给和水质长效安全，但在特定时期内，其仍是解决农村饮水安全问题的一种方式。

分散式供水工程形式多样，应根据当地具体条件选择。分散式供水工程的形式，可根据以下条件选择：

（1）淡水资源缺乏或开发利用困难，但多年平均降雨量大于250mm时，可建造雨水集蓄供水工程。

（2）水资源缺乏，但有季节性客水或泉水时，可建造引蓄供水工程。

（3）有良好浅层地下水或泉水，但用户少、居住分散时，可建造分散式供水井或引泉工程。

分散式供水工程多数为户建户管的小型工程，其管理的重点是卫生防护和生活饮用水消毒。有条件的用户，消毒可采用电灭菌器、臭氧发生器等消毒设备，或采用氯消毒片、漂白粉、漂粉精等消毒剂。

8.3.1 雨水集蓄供水工程运行管理

供生活饮用水的单户集雨工程管理，应符合以下规定：

（1）集流面上不应有粪便、垃圾、柴垛、肥料、农药瓶、油桶和有油渍的机械等污染物；利用自然坡面集流时，集流坡面上不应施农药和肥料。

（2）雨季，集流面应保持清洁，经常清扫，及时清除汇流槽（或汇流管）、沉淀池、粗滤池中的淤泥；不集雨时，应封闭蓄水构筑物的进水孔和溢流孔，防止杂物和动物进入。

（3）过滤设施的出水水质达不到要求时，应及时清洗或更换过滤设施内的滤料。

（4）应每年清洗一次蓄水构筑物。

（5）水窖宜保留深度不小于200mm的底水，防止窖壁开裂。

（6）蓄水构筑物外围5m范围内不应种植根系发达的树木。

供生活饮用水的公共集雨工程管理，集流范围内不应从事任何影响集流和污染水质的生产活动，蓄水构筑物外围 30m 范围内应禁止放牧、洗涤等可能污染水源的活动。

8.3.2　引蓄供水工程运行管理

引蓄供水系统宜与雨水集蓄供水系统相结合。季节性客水（或泉水）水质应符合 CJ 3020 的要求，并定期进行水质检验。引水管（渠）设计应符合以下要求：

（1）应布置在水质不易受污染的地段。

（2）应充分利用已有输水设施。

（3）有条件时，应优先采用管道引水。采用明渠引水时，应有防渗和卫生防护措施。

（4）引水管（渠），不应与污废水管（渠）相连接。

蓄水构筑物，宜选择水窖或地下水池，其位置应便于引水、取水和卫生防护，有地形可利用时宜设在高处，蓄水容积应根据年用水量、引蓄时间和次数确定。当客水泥砂含量较高时，应根据具体条件设集中沉淀池或逐户分设粗滤池。客水为灌溉水时，应选择水质较好的时段引水，先冲洗引水管（渠），再引入蓄水构筑物，不应引蓄灌溉退水。

8.3.3　分散式供水井运行管理

分散式供水井应根据以下要求进行管理：

（1）应将井周围 30m 范围划为卫生防护区；防护区内不应有渗水厕所、渗水坑、污水沟、畜禽圈、粪堆、垃圾堆等污染源；井口周围应经常保持清洁。

（2）应定期进行水质监测；当水质不符合饮用水卫生标准时，应停止供水、及时处理，并对类似水源井进行抽检。

思考题

1. 简述水源保护的措施。
2. 为保障供水水质安全，村镇供水工程的管理应从哪些方面着手？
3. 参观一村镇集中供水站，总结分析其运行管理方式，并提出改进建议。
4. 为了对管网进行运行维护管理，平时应注意积累哪些技术资料？
5. 如何发现管网漏水部位？
6. 保持管网水质可采取什么措施？

第9章　村镇供水工程经济分析

9.1　村镇供水工程经济分析的特点

村镇供水工程经济评价分析是对技术上可行的各种供水工程方案，进行投资、年运行费、效益等经济分析计算，并结合政治、社会等非经济因素，确定其相应的技术经济参数和有关指标，衡量供水项目的可行性，使水资源的效用得以充分发挥。

村镇供水工程经济评价是在完成供水范围预测、厂址选择、工艺流程方案选择等方面研究的基础上，对拟建项目投入产生的各种经济因素进行调查研究、计算和分析论证。各种投资主体、各种投资来源、各种筹资方式兴办的大、中型和限额以上的村镇供水工程，原则上应按建设项目经济评价方法和参数进行财务评价和国民经济评价。对费用效益计算比较简单，建设期和生产期比较短的村镇供水工程来说，如果财务评价的结果能够满足最终决策的需要时，也可不进行国民经济评价。对主要以贷款、集资形式兴建的供水工程，应以财务评价为主，财务评价效益指标达不到要求的项目是不能上马的。

9.2　村镇供水工程费用与效益计算

9.2.1　村镇供水工程费用计算

1. 供水项目的投资估算

村镇供水工程投资是指项目前期工作开始至建成达到设计规模所投入的全部经济支出，包括水源工程、供水站、水处理设施和输配水管网等项工程的建设费用总和，包含国家、集体和个人投入的全部资金、财务和劳务。

（1）水源工程投资。若为地下水水源，取水工程多为水井（少数为截潜流工程），若为地表水水源，可取自河道或水利枢纽，但通常需引水渠道，有时还需一级泵站。后者一般指引水渠首投资。

（2）供水站工程投资。供水站工程投资包括二级泵站、水塔和储水池等项投资。

（3）水处理设施工程投资。水处理设施工程投资包括引水、絮凝、沉淀、过滤及消毒等项投资。引水渠道过长，可另列投资。

（4）输配水管网投资。输配水管网投资指供水站引水至用户所需管道的投资。

2. 村镇供水工程运行费

村镇供水工程运行费是指供水工程建成正式运营后在正常运行期间每年需要支出的全部费用，包括折旧费、燃料动力费、材料费、维修费（包括大修理费）、职工工资及福利、行政管理费及综合利用枢纽中供水功能应分摊的年运行费部分等。

9.2.2　村镇供水工程效益计算

《水利建设项目经济评价规范》（SL 72—94）中指出，水利建设项目的城镇供水效益应按该项目向城镇工矿企业和居民提供生产、生活用水可获得的效益计算，以多年平均效益、设计年效益和特大干旱年效益表示。城镇供水效益主要反映在提高工业产品的数量、质量以及提高居民的生活水平和健康水平上。其效益不仅仅是经济效益，还具有更重要的社会效益。

村镇供水工程效益可采用以下几种方法计算：

1. 最优等效替代法

有兴建等效替代工程条件或可实施节水措施替代该项目向村镇供水的可按最优等效替代工程或节水措施所需的年费用计算。

本法适用于水资源短缺、供需矛盾比较突出的地区。采用本法时，应注意所选方案是否是最优等效替代方案。只有与拟建项目具有相同的效果，并且一旦拟建项目不能实现时，肯定将被采纳的替代方案，才是最优等效替代方案。要注意拟建项目与最优等效替代方案计算口径对应一致。

本法所指节水措施是指节水工程或技术措施，如提高水的重复利用率、污水净化、减少输水损失及改进生产工艺、降低用水定额等。

2. 缺水损失法

按缺水使村镇工矿企业停产、减产等造成的损失计算。

本法适用于现有供水工程不能满足城镇工矿企业用水或居民生活用水需要，导致工矿企业停产、减产或严重影响居民正常生活的缺水地区。采用本法时，应进行水资源优化分配，按缺水造成的最小损失计算。一般按挤占农业用水或限制一些耗水量大，效益低的工矿企业用水造成的多年平均损失计算。农业缺水损失，可根据缺水量和农作物的灌溉定额，推求影响面积，以缺水造成的农业减产值，扣除相应减少的农业生产成本计算。工业缺水损失，可根据缺水情况，按工矿企业停、减产造成的减产值，扣除未耗用的原材料、能源等费用计算，如果停产时间较长，还应计入设备闲置的费用。

3. 影子水价法

按项目村镇供水量乘该地区的影子水价计算。

本法适用于已进行水资源影子价格分析研究的地区。这里的影子水价是指水作为产出物的影子价格，应以整个地区多种供水工程的分解成本计算，不应以某一供水工程的分解成本计算。

4. 分摊系数法

按有该项目时工矿企业等的增产值乘以供水效益的分摊系数近似估算。

本法适用于方案优选后的供水项目。本法以供水项目费用占供水范围内整个工矿企业生产费用的比例，作为供水效益分摊系数，分摊有该供水项目后工矿企业的增产值。本法存在供水项目投资越大，供水效益越大的不合理现象，在进行供水项目方案比选时不宜采用。在采用本法时，应同时采用其他方法进行验证。

由于上述计算供水效益的几种方法均存在一些问题，应根据当地水资源特点及生产情况与其他条件，选择其中比较适用的计算方法。由于天然来水的随机性，丰水年供水量多，而需水量并不一定随之增加，甚至有可能减少，枯水年情况可能恰好相反，因此应通过调研，根据统计资料求出供水效益频率曲线，得出各种保证率的供水量及其供水效益。

附带说明，在国民经济评价阶段，应按影子价格计算供水工程的经济效益。在财务评价阶段，应按财务价格及有关规定计算供水工程实际财务收益。

9.3 村镇供水工程经济评价

供水工程不但能造福于社会，产生显著地社会效益，而且能给工程管理单位带来一定的财务收入。因此，根据我国投资管理体制和决策程序的特点，应该对供水工程应进行国民经济评价和财务评价。国民经济评价是在合理配置国家资源的前提下，从国家整体的角度来分析计算供水项目需要国家付出的代价和对国家经济的净贡献，以考察项目的经济合理性。财务评价是在国家现行财税制度和价格的条件下，从企业财务角度来分析、测算项目的效益和费用，分析项目的盈利能力、清偿能力，以考察项目在财务上的可行性。

9.3.1 国民经济评价

9.3.1.1 国民经济评价的主要参数

国民经济评价中村镇供水项目的费用应是国民经济为项目建设投入的全部代价，效益应是项目为国民经济所作的全部贡献。国民经济评价应采用影子价格和社会折现率 i_s 计算其费用和效益。

1. 社会折现率

社会折现率是项目国民经济评价的重要通用参数，在项目国民经济评价中作为计算经济净现值的折现率，并作为衡量经济内部收益率的基准值。从一定意义上说，社会折现率是资金的影子价格，代表资金占用在一定时间里应获得的最低收益率，它表示从国家整体角度对资金机会成本和资金时间价格的估量。

项目的内部收益率或静态投资净效益率大于或等于社会折现率时，可认为项目达到了对国民经济贡献的最低要求；反之则认为项目没有达到要求，效益不好。

现行社会折现率取值为8%。

2. 影子价格

影子价格指当社会经济处于某种最优状况下时，能够反映社会劳动的消耗、资源稀缺程度和对最终产品需求情况的价格。影子价格不是用于交换，而是用于预测、计划和项目评价的价格。为了正确计算项目对国民经济所作的净贡献，在进行国民经济评价时，原则上都应该使用影子价格。但为了简化计算，在不影响评价结论的前提下，也可只对其价值在效益或费用中占较大比重，或者国内价格明显不合理的产出物或投入物使用影子价格。各类投入物和产出物的影子价格确定的原则和方法。

3. 效益和费用划分的原则

项目的效益是指项目对国民经济所作的贡献，分为直接效益和间接效益。项目的费用是指国民经济为项目所付出的代价，分为直接费用和间接费用。

（1）项目的效益：

1）直接效益：指项目产出物用影子价格计算的经济价值。

2）间接效益：指项目为社会做出贡献，但项目本身并未得益或少得益的那部分效益。

（2）项目的费用：

1）直接费用：指用影子价格计算的项目投入物的经济价值。

2）间接费用：指社会为项目付出代价，而项目本身并不需要支付的那部分费用。

9.3.1.2　国民经济评价的指标

国民经济评价的核心问题是计算经济效益。可采用“梯带方案法”及“工业损失法”等计算供水工程的国民经济效益。一般是利用多年年平均供水量计算多年平均效益，也可由水文系列资料，先计算逐年供水量，再计算逐年供水效益，最后计算多年平均效益。在进行国民经济评价时，一般应采用经济内部收益率、经济净现值、经济效益费用比作为评价指标。

1. 经济内部收益率（*EIRR*）

经济内部收益率即项目在计算期内经济净现值累计等于 0 时的折现率，是反映项目对国民经济贡献的相对指标。若经济内部收益率（*EIRR*）大于或等于社会折现率 8%，则供水工程项目在经济上才是合理的。其表达式为：

$$\sum_{t=1}^{n}(B-C)_t(1+EIRR)^{-t}=0 \tag{9.1}$$

式中　B——项目某一年的产出效益；

C——项目某一年的费用；

$(B-C)_t$——第 t 年项目的净效益；

n——计算期，包括建设期和生产期；

t——计算期的年份序号，基准年的序号为 0。

2. 经济净现值（*ENPV*）

经济净现值是指采用规定的社会折现率，将项目计算期内净效益折算到基准点（一般定在建设期初）的现值之和，是反映项目队国民经济所作贡献的绝对指标。一般来说，经济净现值等于大于 0 时，供水工程方案在经济上是可行的，否则，不可行。经济净现值越大，项目效果越好。其表达式为：

$$ENPV=\sum_{t=1}^{n}(B-C)_t(1+i_s)^{-t} \tag{9.2}$$

式中　i_s——社会折现率，目前规定 $i_s=8\%$；

其余符号同前。

3. 经济效益费用比（*EBCR*）

经济效益费用比即效益现值与费用现值之比，是反映项目单位费用为国民经济所作贡献的相对指标。当经济效益费用 $EBCR\geqslant1$ 时，供水工程项目在经济上才是合理的。其表达式为：

$$EBCR = \frac{\sum_{t=1}^{n} B_t (1 + i_s)^{-t}}{\sum_{t=1}^{n} C_t (1 + i_s)^{-t}} \tag{9.3}$$

式中 B_t——第 t 年的效益，万元；

C_t——第 t 年的费用，万元；

其余符号同前。

在进行国民经济评价时，应按表编制国民经济效益费用流量表，反映项目计算期内各年的效益、费用和净效益，计算该项目的各项国民经济评价指标，见表 9.1。

表 9.1　国民经济效益费用流量表　单位：万元

序号	时间（年） 项目	建设期		运行初期		正常运行期		合计
		1	…	…	…	…	n	
1	效益流量 B							
1.1	项目各项功能的效益							
1.1.1	×××							
1.1.2	×××							
1.1.3	×××							
1.2	回收固定资产余值							
1.3	回收流动资金							
1.4	项目间接效益							
2	费用流量 C							
2.1	固定资产投资							
2.2	流动资金							
2.3	年运行费							
2.4	项目间接费用							
3	净效益流量（$B-C$）							
4	累计净效益流量							
计算指标	经济内部收益率： 经济效益费用比（$i_s=8\%$）： 经济净现值（$i_s=8\%$）：							

9.3.2 财务评价

9.3.2.1 财务评价的方法及报表和指标

供水项目财务评价的主要方法是静态法和动态法计算相结合，对相关的基础数据进行分析、计算和整理，最终得到结论性的数据。将具体供水建设项目的指标与国家或部门规定的基准参数进行比较，从财务角度衡量供水项目的可行性。

供水项目的财务效益主要表现为供水水费收入。财务支出（费用）主要表现为供水项目总投资、经营成本和税金等。财务效益和费用的计算范围要一致，计算时产出物和投入物价格的选用必须有充分的依据，并列表说明。

基础数据通常归纳为如下几个基本财务报表。即资金来源和运用表、资产负债表、借款还本付息计算表、总成本费用估算表、损益表、现金流量表、借款偿还平衡表和财务平衡表。通过这些报表可直接或间接求得财务评价指标，并可进一步进行财务盈利性、清偿能力、资金构成、资金平衡和其他比率分析。财务评价主要的动态指标是财务内部收益率，静态指标是全部投资回收期、借款偿还期、资产负债率、投资利润率和投资利税率。

9.3.2.2　供水项目的投资估算

供水项目总投资指固定资产投资及其方向调节税、建设期借款利息和流动资金之和。固定资产投资是指项目按拟定的建设规模和建设内容进行建设所需的费用。费用由工程费用、其他基本建设费用、工程预备费（又称基本预备费，主要由不可预见费用组成）、设备材料价差预备费和建设期利息组成。在估算和概算阶段通常称工程费用为第一部分费用，其他基本建设费用为第二部分费用。固定资产投资按时间因素分为静态投资和动态投资，静态投资指第一部分费用、第二部分费用和工程预备费，动态投资指包括预备材料价差预备费和建设期利息的全部费用。

9.3.2.3　投资来源和使用计划

投资费用是总建设费用的简称，它包括固定资产投资和流动资金两部分，是保证项目建设和生产经营活动正常进行的必要资金。资金来源与运用表（表 9.2）是反映项目计算期内各年的资金来源、资金运用及资金余缺情况，用以选择资金筹措方案，制定适宜的借款及偿还计划，并为编制资产负债表提供依据。

表 9.2　　资金来源与运用表　　单位：万元

序号	时间（年） 项目	建设期		运行初期		正常运行期		合计
		1	…	…	…	…	n	
1	资金来源							
1.1	利润总额							
1.2	固定资产折旧费							
1.3	摊销费							
1.4	长期借款							
1.5	流动资金借款							
1.6	其他短期借款							
1.7	自有资金（固定资产投资＋流动资金＋建设期利息）							
1.8	其他							
1.9	回收固定资产余值							
1.10	回收流动资金							
2	资金运用							

续表

序号	时间（年） 项目	建设期		运行初期		正常运行期		合计
		1	…	…	…	…	n	
2.1	固定资产投资							
2.2	建设期和部分运行初期的借款利息							
2.3	流动资金							
2.4	所得税							
2.5	特种基金							
2.6	应付利润							
2.7	长期借款本金偿还							
2.8	流动资金借款本金偿还							
2.9	其他短期借款本金偿还							
3	盈余资金							
4	累计盈余资金							

9.3.2.4 供水总成本费用估算

供水生产成本费用是指项目在一定时期内（一般为1年）为生产和销售自来水而花费的全部成本和费用。它是由供水生产成本和供水生产费用组成，即

$$供水生产成本费用=供水生产成本+供水生产费用 \tag{9.4}$$

1. 供水生产成本

供水生产成本包括各项直接支出与制造费用，即

$$供水生产成本=直接支出+制造成本 \tag{9.5}$$

直接支出包括直接工资、直接材料和其他直接支出。直接工资是指直接从事生产运行人员的工资、奖金、津贴、补助以及社会保险支出等；直接材料费指生产运行过程中实际消耗的原材料、辅助材料、备品配件、燃料、动力费等；其他直接支出是指直接从事生产运行人员的职工福利费以及供水工程的观测费、临时设施费等。

制造成本是指为了组织和管理生产所发生的各种费用，它包括生产单位（泵房、净供水站）管理人员工资与福利费、折旧费、维护修理费、摊销费及其他制造费用（如办公费、差旅费、劳动保护费）等。

2. 供水生产费用

供水生产成本费用是指为了组织和管理供水生产经营而发生的合理管理费用、财务费用和销售费用。其构成如下：

$$供水生产费用=管理费用+财务费用+销售费用 \tag{9.6}$$

管理费用是指供水企业行政管理部门为了管理和组织经营活动所发生的各项费用，包括管理人员工资和福利费、折旧费、修理维护费、无形与递延资产摊销费、其他管理费用（办公费、差旅费、劳保费、技术转让费、土地使用税）。

财务费用是指为筹集生产经营所需资金而发生的各项费用，包括生产经营期间发生的

利息净支出及其他财务费用。

销售费用是指为了销售产品和提供劳务而发生的各项费用，包括销售部门的人员工资、职工福利费、折旧费、修理费及其他销售费用（如办公费、差旅费、广告费等）。

各成本要素及计算方法见表 9.3。

表 9.3　　　　**总成本费用估算表**　　　　单位：万元

序号	时间（年）／项目名称	运行初期		正常运行期					合计
		1	…	…	…	…	…	n	
1	固定资产折旧费								
2	无形和递延资产摊销费								
3	管网基金								
4	水资源费或水费								
5	电费								
6	药剂费								
7	工资及福利								
8	维护费								
9	利息净支出								
10	其他费用								
11	总成本费（1＋2＋…＋10）								
	其中：固定成本（1＋2＋3＋7＋8＋9）								
	其中：可变成本（4＋5＋6＋10）								
12	经营成本（11－1－2－3－8－9）								

9.3.2.5　水价预测

1. 理论水价

水价对于供水项目而言就是售水的单位价格，直接影响企业利润和经济评价的各项指标。目前，水价的取值还不能完全符合市场经济的规律，它牵涉到政治、经济、社会和历史因素。在经济评价中通常采用理论水价。理论水价与实际水价存在差异，实际水价对财务评价指标的影响程度可通过敏感性分析求出。

2. 预测理论水价的参考方法——年成本法

把建设项目服务年限内的所有投资支出，按设定的收益率换算为等值的等额年成本与等额年经营成本相加，求出等额年总成本，乘以销售水量的倒数，即得出理论水价。

动态参考公式：

$$d=\frac{AC}{\sum Q} \tag{9.7}$$

$$AC=P(A/P,i,n)+A \tag{9.8}$$

$$(A/P,i,n)=\frac{i(1+i)^n}{(1+i)^n-1} \tag{9.9}$$

式中　　AC——等额年总成本；

P——建设总投资；

A——年经营成本；

$(A/P, i, n)$——资金回收系数；

i——设定的财务内部收益率；

n——项目计算期；

$\sum Q$——销售水量；

d——理论水价，元/m^3。

采用此种方法预测水价，使现金流量表中求适合项目的贴现率非常方便，不须多次试算，往往只以设定的内部收益率为基础，上下调 1～2 个百分点即可。并且采用理论水价求出的内部收益率通常接近基准收益率。

9.3.2.6 利润预测

损益表反映供水项目计算期内各年的利润总额、所得税及税后利润的分配情况，用以计算投资利润率、投资利税率等指标。

损益表的作用是：① 反映企业在一定时期内的各种收入与成本费用发生情况及其最终的财务成果状况。② 通过对报表指标的分析，了解企业实现利润的构成，影响利润增减变动的原因，挖掘企业潜力，提高经济效益。同时，它还可用来评价企业的盈利能力和综合管理水平。通过损益表可计算的静态指标投资利润率和投资利税率。

表 9.4 损 益 表 单位：万元

序号	时间（年） 项目名称	运行初期	正常运行期					合计
		1	…	…	…	…	…	n	
1	产品销售收入								
2	销售税金及附加								
3	总成本费用								
4	利润总额（1－2－3）								
5	应纳税所得额								
6	所得税								
7	税后利润（4－6）								
8	特种基金								
9	可供分配利润（7－8）								
9.1	盈余公积金								
9.2	应付利润								
9.3	未分配利润								
10	累计未分配利润								

9.3.2.7 财务清偿能力分析

资产负债表综合反映项目计算期内各年末资产、负债和所有者权益的增减变化及对应关系，用以考察项目资产、负债、所有者权益的结构是否合理，并计算资产负债率等指标，进行项目清偿能力分析，见表 9.5。

表 9.5　　**资 产 负 债 表**　　单位：万元

序号	时间（年） 项目名称	运行初期		运行初期		正常运行期			合计
		1	…	…	…	…	…	n	
1	资产								
1.1	流动资产总额								
1.1.1	应收账款								
1.1.2	存款								
1.1.3	现金								
1.1.4	累计盈余资金								
1.2	在建工程								
1.3	固定资产净值								
1.4	无形及递延资产净值								
2	负债及所有者权益								
2.1	流动负债总额								
2.1.1	应付账款								
2.1.2	流动资金借款								
2.1.3	其他短期借款								
2.2	长期借款								
	负债小计								
2.3	所有者权益								
2.3.1	资本金								
2.3.2	资本公积金								
2.3.3	累计盈余公积金								
2.3.4	累计未分配利润								

评价指标：资产负债率

资产负债率反映项目各年所面临的财务风险程度及偿债能力：

$$资产负债率=\frac{负债合计}{资产合计}\times 100\% \tag{9.10}$$

流动比率与速动比率是反映短期偿债能力的比率，是短期债权人所关心的财务评价指标。流动比率反映项目各年偿付流动负债能力的指标；速动比率是反映快速偿付流动负债能力的指标。其计算公式分别为

$$流动比率=\frac{流动资产总额}{流动负债总额}\times 100\% \tag{9.11}$$

$$速动比率=\frac{流动资产总额-存货}{流动负债总额}\times 100\% \tag{9.12}$$

财务清偿能力分析是通过借款还本付息表来实现，见表 9.6。通过借款还本付息表可计算贷款款偿还期。

表 9.6　借款还本付息表　单位：万元

序号	项目名称＼时间（年）	建设期		运行初期		正常运行期		合计
		1	…	…	…	…	n	
1	借款及还本付息							
1.1	年初借款本息累计							
1.1.1	本金							
1.1.2	利息							
1.2	本年借款							
1.3	本年应计利息							
1.4	本年还本							
1.5	本年付息							
2	偿还借款本金的资金							
2.1	利润							
2.2	折旧							
2.3	摊销							
2.4	其他资金							

9.3.2.8 财务盈利能力分析

财务盈利能力分析是通过财务现金流量表实现的，反映项目计算期内各年的现金流入和流出。按投资计算基础的不同，现金流量表分为全部投资和自有资金现金流量表两种。前者不分投资资金来源，是以全部投资作为计算基础的，它用以计算全部投资所得税前与所得税后财务内部收益率，财务净现值及投资回收期等评价指标，考察项目全部投资的盈利能力，为各个投资方案进行比较建立共同基础。后者从投资者角度出发，以投资者的出资额作为计算基础，把借款本金偿还和利息支付作为现金流出，用以计算自有资金财务内部收益率、财务净现值等评价指标，考察项目自有资金的盈利能力。

表 9.7　现金流量表（全部投资）　单位：万元

序号	项目＼时间（年）	建设期		运行初期		正常运行期		合计
		1	…	…	…	…	n	
1	现金流入量 CI							
1.1	产品销售（营业）收入							
1.2	提供服务收入							
1.3	回收固定资产余值							
1.4	回收流动资金							
2	现金流出量 CO							
2.1	固定资产投资							
2.2	流动资金							

续表

序号	时间（年） 项目	建设期		运行初期		正常运行期		合计
		1	…	…	…	…	n	
2.3	经营成本（年运行费）							
2.4	销售税金及附加							
2.5	所得税							
2.6	特种基金							
3	净现金流量（$CI-CO$）							
4	累计净现金流量							
5	所得税前净现金流量 （3＋2.5＋2.6）							
6	所得税前累计净现金流量							
计算指标	财务内部收益率： 财务净现值： 投资回收期：							

表9.8　　现金流量表（自有资金）　　单位：万元

序号	时间（年） 项目	建设期		运行初期		正常运行期		合计
		1	…	…	…	…	n	
1	现金流入量 CI							
1.1	产品销售（营业）收入							
1.2	回收固定资产余值							
1.3	回收流动资金							
2	现金流出量 CO							
2.1	自有资金							
2.2	贷款本金偿还							
2.3	借款利息支付							
2.4	经营成本（年运行费）							
2.5	销售税金及附加							
2.6	所得税							
2.7	特种基金							
3	净现金流量（$CI-CO$）							
计算指标	财务内部收益率： 财务净现值：							

9.3.2.9 财务评价指标

财务评价，按市场实际价格计算财务效益。行业基准收益率 i_c 目前可采用 8%，基准投资回收期 10～15 年，基准投资利润率 8%，基准投资利税率 8.5%。根据国家有关规定，水利供水工程免交税金。城镇供水工程的国家贷款年利率曾用 3%，若有变动以新利率为准。水利建设项目的财务评价可根据财务内部收益率、投资回收期、财务净现值、资产负债率、投资利润率、投资利税率、固定资产投资借款偿还期等评价指标和评价准则进行。

1. 财务内部收益率（$FIRR$）

指项目在计算期内各年净现金流量现值累计等于 0 时的折现率，其表达式为：

$$\sum_{t=1}^{n}(CI-CO)_t(1+FIRR)^{-t}=0 \tag{9.13}$$

式中 CI——现金流入量；

CO——现金流出量；

$(CI-CO)_t$——第 t 年净现金流量；

n——计算期。

当财务内部收益率大于或等于行业基准收益率时，工程项目在财务上才是可行的，且财务内部收益率越大方案越优。

2. 财务净现值（$FNPV$）

指项目按行业基准收益率（i_c）将各年的净现金流量折现到建设期初的现值之和，反映项目在计算期内获利能力的动态评价指标，其表达式为：

$$FNPV=\sum_{t=1}^{n}(CI-CO)_t(1+i_c)^{-t} \tag{9.14}$$

财务净现值等于大于 0 时，供水工程方案在财务上可行，否则不可行。财务净现值越大，项目效果越好。

投资回收期 T：是以项目的净收益抵偿全部投资所需的时间，其表达式为：

静态全部投资回收期：
$$\sum_{t=1}^{P_t}(CI-CO)_t=0 \tag{9.15}$$

动态全部投资回收期：
$$\sum_{t=1}^{P_t}(CI-CO)_t(1+i_c)^{-t}=0 \tag{9.16}$$

当投资回收期小于等于基准回收期时，方案在财务上是可行的，否则不可行。投资回收期越短的方案越好。

3. 贷款偿还期 P_d

指在国家财政规定及项目具体财务条件下，项目投产后可用作还款的利润、折旧、摊销及其他资金，偿还固定资产投资借款本金和利息所需要的时间，其表达式为：

$$I_d=\sum_{t=1}^{P_d}(R_p+D'+R_O+F-R_r)_t \tag{9.17}$$

式中 I_d——固定资产投资本金和利息之和；

P_d——借款偿还期（从建设开始年计起，当从投产年算起时，应予以注明)；

R_p——年利润总额；

D'——年可用作还款的摊销费；

R_O——年可用作偿还借款的其他资金；

F——年可用作还款的摊销费；

R_r——还款期间的企业盈利；

$(R_p+D'+R_O+F-R_r)_t$——第 t 年可用作还款的资金。

借款偿还期可由资金来源与运用表和借款还本付息计算表直接推算，以年表示，计算公式为：

$$借款偿还期=借款偿还后开始出现盈余时间(年)-开始借款时间(年)+\frac{当年偿还借款额}{当年可用于还款的资金额} \tag{9.18}$$

当借款偿还期满足贷款机构的要求期限时，即认为项目是有清偿能力的。从借款还本付息表上直观，当还本与付息栏为 0 的当年即是彻底还清借款的时间（年）。

4. 投资利润率

指项目达到设计生产能力后的一个正常生产年份的年利润总额与项目总投资的比率。生产期内各年的利润总额变化幅度较大的项目应计算生产年平均利润总额与总投资的比率，计算公式为

$$投资利润率=\frac{年利润总额或年平均利润总额}{总投资}\times100\% \tag{9.19}$$

5. 投资利税率

指项目达到设计生产能力后的一个正常生产年份的利、税总额或项目生产期内的年平均利、税总额与总投资的比率，计算公式为

$$投资利税率=\frac{年利、税总额或年平均利、税总额}{总投资}\times100\% \tag{9.20}$$

$$年利、税总额=年销售收入-年总成本-年技术转让费-年营业外净支出 \tag{9.21}$$

9.3.2.10　不确定性分析

1. 不确定性分析的内容

项目经济评价所采用的数据，除来源于现行的切合实际的资料外，大部分来自预测和估算，有一定程度的不确定性，比如水价预测是在事先设定内部收益率的条件下进行的，因此，理论水价与实际水价存在差异。为了分析不确定性因素对经济评价指标的影响，需进行不确定性分析，以估计项目可能承担的风险，确定项目在经济上的可靠性。不确定性分析包括敏感性分析、盈亏平衡分析和概率分析。盈亏平衡分析只用于财务评价、敏感性分析和概率分析可同时用于财务评价和国民经济评价，供水项目中主要采用敏感性分析进行不确定分析。

2. 敏感性分析

(1) 敏感性分析的内容与任务。敏感性分析是通过分析、预测项目主要因素发生变化时对经济评价指标的影响，从中找出敏感因素，并确定其影响程度，以预测项目承担的风险。在项目计算期内可能发生变化的因素有产品产量（生产负荷）、产品价格、产品成本

或主要原材料与动力价格、固定资产投资、建设工期及汇率等。敏感性分析通常是分析这些因素单独变化或多因素变化对内部收益率的影响。供水项目通常采用单因素的财务敏感性分析。

项目对某种因素的敏感程度可以表示为该因素按一定比例变化时引起评价指标变动的幅度，也可以表示为评价指标达到临界点（如财务内部收益率等于财务基准收益率或经济内部收益率等于社会折现率）时允许某个因素变化的最大幅度，即极限变化。为求此极限，可绘制敏感性分析图。

（2）单因素敏感性分析。单因素敏感性分析指在分析过程中每次只变动一个因素，而其他因素保持不变。

（3）选择影响项目经济评价指标变化的主要敏感因素。供水建设项目的主要敏感因素是销售水价和建设投资。

（4）分析方法和步骤。分析方法是单因素分析法。因素的变化用相对值表示。相对值是使每个因素都从其原始取值变动一个幅度，例如±10%，±20%，…，计算每次变动对经济评价指标的影响。

1）计算相关的基本财务报表。根据敏感因素的变化幅度计算相关的基本财务报表，例如，销售水价变化后，损益表、资产负债表和现金流量表就发生相应变化，因此需对以上报表作±10%和±20%的相应调整。

2）分析不同变化幅度的财务指标。根据财务报表分析不同变化幅度的财务指标，并将计算分析结果列入敏感性分析表，见表9.9。

表9.9　　敏感性分析表

敏感因素变化幅度 / 财务指标	基本方案	基建投资		水价	
		+10%	−10%	+10%	−10%
财务内部收益率（%）					
投资回收期（年）					
投资利润率（%）					
投资利税率（%）					

9.3.3 财务评价和国民经济评价的区别

财务评价与国民经济评价是建设项目经济评价的主要内容，一般大中型水利建设项目应同时进行两种评价。

1. 评价角度和目的不同

财务评价是从经营项目的企业角度，分析项目的财务效益，即项目的盈利能力，贷款偿还能力，以确定投资行为的财务可行性。

国民经济评价是从整体角度来考察项目对国民经济的贡献以及需要国民经济付出的代价（成本费用），以确定投资行为的经济合理性。

2. 效益与费用的计算范围和计算基础不同

财务评价是根据项目实际收支来确定项目的效益和费用，企业效益（收益）包括企业净利润和折旧费，补贴计为效益，税金和利息均计为费用。所以，财务评价时的费用数据要考虑税收和补贴、折旧、贷款和归还，计为已支付的固定资产。评价时的计算基础，它是采用市场价格、官方汇率，以金融市场上的一般利率作为折旧率，考虑一般的通货膨胀。

国民经济评价是着眼于项目对社会提供有用的自来水产品及项目所耗费的全社会都有用的水资源，来考虑项目的效益和费用，国家收益包括企业利润、税金以及工资、国内贷款利息、国内借款利息、租金等。补贴不计为项目的效益，税金和国内借款利息均不计为项目的费用。故它的费用数据是不考虑税收和补贴、折旧、贷款和归还，不计已支付的固定资产，也不考虑一般的通货膨胀。评价时的计算基础，采用影子价格、影子工资、影子汇率、社会折现率。

3. 评价的效果、参数与指标不同

（1）评价的效果不同。财务评价只计算项目直接发生的效益和费用，也就是可计量的货币效果，即定量分析。国民经济评价除计算直接货币效果外，还有可计量和不可计量的间接效果，即除定量分析外，还要进行定性分析。也就是既要分析计算内部效果，也要分析计算外部效果。

（2）主要参数不同。财务评价采用的是财务（或称行业）基准收益率、基准投资回收期等重要行业参数，由各部门按统一规定的测算原则和方法进行测算，报国家纪委审批颁布。各部门可根据需要自行测算、补充评价所需的其他参数。国民经济评价所采用的通用参数，如社会折现率、重要投入物的影子价格、影子汇率、影子工资等，由国家纪委和建设部组织测定、发布并定期调整，各设计、咨询单位在项目评价中应遵照执行，以保证各类项目评价标准的统一性和评价结论的可比性。

（3）评价指标不同。财务评价以财务内部收益率、全部投资回收期、资产负债率为必做指标。国民经济评价以内部收益率为必做指标。其他指标可根据各工程或方案的特点来决定取舍。

9.3.4　村镇供水工程经济评价的步骤

对村镇供水工程无论进行国民经济评价或财务评价，其步骤基本相同，大体上可归纳为四大步：

（1）搜集并整理资料，主要搜集与供水工程有关的投资、运行费和效益，以及拟建供水工程地区的经济、政治、文化以及人民生活状况，并对搜集到的资料加以整理，以便下一步使用。

（2）计算供水工程的投资、年运行费和效益，以便下一步使用。

（3）做项目国民经济评价和财务评价，计算供水工程评价指标。

（4）评价选优方案。用计算出的评价指标进行判断，再结合其他非经济指标（如国民经济发展、政治、文化以及人民生活的需要）确定项目的可行性。

在对具体工程方案进行分析的时候，应根据实际情况灵活运用。

9.4 村镇供水工程经济分析实例

9.4.1 基础资料

根据可行性研究报告，某村镇供水工程的日处理规模为0.8万m^3/d，年总处理水量为292万m^3，主要用于解决项目区12494个群众饮水安全问题。整个计算期为31年，其中：建设期1年，正常运行期30年。项目区基本数据详见表9.10。已知，项目所在市曾因供水缺口达500万m^3而造成净损失765万元。

试对这一村镇供水工程进行经济评价。

表9.10 基础数据表

序号	名称	单位	基本数据
1	静态投资	万元	3688.87
2	流动资金	万元	54.22
3	年运行费	万元	247.64
4	旅游业及工业发展效益	万元	450
5	管网漏损率	%	5.00
6	水资源费	元/m^3	0.05
7	年耗电量	万度	95.00
8	电费单价	元/度	0.70
9	年药剂费合计	万元	34.69
10	职工定员	人	10
11	人均年工资福利费	元/(人·年)	30000
12	残值率	%	4.00
13	供水工程综合折旧期限	年	30
14	供水工程使用年限	年	40
15	综合建议水价	元/m^3	3.00
16	正常运营期提供服务收入	万元/年	100
17	间接效益（节省劳力和医药费、带动旅游和加工业发展等方面）	万元/年	631.16

对该工程进行评价的思路是首先进行国民经济评价，然后进行财务评价，最后讨论。

9.4.2 国民经济评价

国民经济评价中水利建设项目的费用，应是国民经济为项目建设投入的全部代价；水利建设项目的效益，应是项目为国民经济所作的贡献。国民经济评价应采用影子价格和社会折现率（$i_s=8\%$）计算费用和效益。在此，国民经济评价以经济内部收益率、经济净现值和经济效益费用比作为评价指标。

1. 国民经济评价费用计算

国民经济评价投资费用包括工程固定资产投资、流动资金和年运行费。

（1）固定资产投资。国民经济评价中的固定资产投资应在概算投资的基础上扣除属于国民经济内部转移和指出的税、费。因此，该供水工程经济评价固定资产投资可取项目静态投资 3668.87 万元。

（2）年运行费。年运行费是指供水工程建成后正式运营后在正常运行期间每年需要支出的全部费用。年运行费为 247.64 万元。

（3）流动资金。54.22 万元。

2. 国民经济评价效益计算

（1）直接效益。根据村镇供水工程效益计算的缺水损失法可知，由于项目所在市曾因供水缺口达 500 万 m^3 而造成净损失 765 万元，则相应单位水量的供水效益为 765/500＝1.53 元/m^3。由于该供水工程日处理规模为 0.8 万 m^3/d，则该工程年平均增加供水量为 0.8 万 m^3/d×365＝292 万 m^3，可保证项目所在区群众生活所需水量，故可认为该供水工程的年直接效益为 292×1.53＝446.76 万元。

（2）间接效益。工程项目建成后，不仅解决了项目区群众的饮水安全问题，还间接改善项目区人民的生活质量，改变沿袭多年的生活方式，为项目区的物质文明建设奠定重要基础。根据已知，该项目年间接效益：B＝631.16 万元。

（3）回收固定资产余值。

固定资产残值：原值×净残值率＝3668.87×4%＝146.76 万元。

固定资产折旧费：（原值－残值）/使用年限＝（3668.87－146.76）/40＝88.05 万元。

则回收固定资产余值：3668.87－88.05×30＝1027.37 万元。

3. 国民经济评价指标计算

根据项目费用及效益可编制国民经济效益费用流量表，见表 9.11。

表 9.11　国民经济效益费用流量表

序号	项目 \ 时间（年）	建设期	运行期							合计
		1	2	3	4	5	6	…	31	
1	效益流量 B	0	1077.92	1077.92	1077.92	1077.92	1077.92	1077.92	2105.29	33364.97
1.1	项目各项功能的效益	0	446.76	446.76	446.76	446.76	446.76	446.76	446.76	13402.80
1.1.1	工业供水年经济效益	0	0	0	0	0	0	0	0	0
1.1.2	灌溉效益	0	0	0	0	0	0	0	0	0
1.1.3	生活供水效益	0	446.76	446.76	446.76	446.76	446.76	446.76	446.76	13402.80
1.2	回收固定资产余值	0	0	0	0	0	0	0	1027.37	1027.37
1.3	回收流动资金	0	0	0	0	0	0	0	0	0
1.4	项目间接效益	0	631.16	631.16	631.16	631.16	631.16	631.16	631.16	18934.8
2	费用流量 C	3668.87	301.86	301.86	301.86	301.86	301.86	301.86	301.86	12724.67
2.1	固定资产投资	3668.87	0	0	0	0	0	0	0	3668.87
2.2	流动资金	0	54.22	54.22	54.22	54.22	54.22	54.22	54.22	1626.60

续表

序号	时间（年） 项目	建设期	运行期						合计
		1	2	3	4	5	6	…	31	
2.3	年运行费	0	247.64	247.64	247.64	247.64	247.64	247.64	247.64	7429.20
2.4	项目间接费用	0	0	0	0	0	0	0	0	0
3	净效益流量（B－C）	－3668.87	776.06	776.06	776.06	776.06	776.06	776.06	1803.43	20640.30
4	累计净效益流量	－3668.87	－2892.81	－2116.75	－1340.69	－564.63	211.43	…	20640.30	20640.30

计算指标：
经济内部收益率＝21.10%＞8%
经济净现值（i_s＝8%）＝4786.98＞0
经济效益费用比（i_s＝8%）＝1.73＞1

(1) 经济内部收益率（*EIRR*）。根据经济现金流量表 9.11，按式（9.1）采用试算法计算其经济内部收益率为 21.10%，大于社会折现率 8%，因此本工程对国民经济是十分有利的。

(2) 经济净现值（*ENPV*）。根据经济现金流量表 9.11，社会折现率 8%，按式（9.2）计算其经济净现值为 4786.98 万元，大于 0，因此本工程在经济上是可行的。

(3) 经济效益费用比（*EBCR*）。根据经济现金流量表 9.11，社会折现率 8%，按式（9.3）计算得 $\sum_{t=1}^{n} B_t(1+i_s)^{-t}=11330.64$，$\sum_{t=1}^{n} C_t(1+i_s)^{-t}=6543.65$。则其经济效益费用比为 1.73，大于 1，因此本工程在经济上是有利的。

4. 敏感性分析

根据规范要求，敏感性分析主要考虑工程投资和水价等因素变化对其经济指标的影响。计算结果如表 9.12 所示。从表中可以看出，各方案经济内部收益率均大于 8%的社会折现率，经济净现值均大于 0，经济效益费用比均大于 1，说明本工程在经济上是可行的。

表 9.12　　国民经济评价敏感性分析表

敏感性分析变化幅度 国民经济评价指标	基本方案	工程投资		水价	
		+10%	−10%	+10%	−10%
经济内部收益率（%）	21.11	19.16	23.47	22.33	19.87
经济效益费用比	1.73	1.65	1.82	1.80	1.66
经济净现值（万元）	4786.98	4456.72	5117.24	5252.68	4321.29

9.4.3 财务评价

1. 投资计划与资金筹措

由基础资料可知该项目无贷款且不考虑税费，故固定资产投资直接采用概算相关成果，取 3688.87 万元。本供水工程资金来源与运用见表 9.13。

表 9.13　　资金来源及运用表　　单位：万元

序号	时间（年） 项目	建设期	运行期							合计
		1	2	3	4	5	6	…	31	
1	资金来源	3786.91	689.19	689.19	689.19	689.19	689.19	689.19	1716.56	9638.61
1.1	利润总额	0	516.93	516.93	516.93	516.93	516.93	516.93	516.93	15507.78
1.2	固定资产折旧费	118.04	118.04	118.04	118.04	118.04	118.04	118.04	118.04	944.35
1.3	摊销费	0	0	0	0	0	0	0	0	0
1.4	长期借款	0	0	0	0	0	0	0	0	0
1.5	流动资金借款	0	0	0	0	0	0	0	0	0
1.6	其他短期借款	0	0	0	0	0	0	0	0	0
1.7	自有资金（固定资产投资＋流动资金＋建设期利息）	3668.87	54.22	54.22	54.22	54.22	54.22	54.22	54.22	4048.41
1.8	其他	0	0	0	0	0	0	0	0	0
1.9	回收固定资产余值	0	0	0	0	0	0	0	1027.37	1027.37
1.10	回收流动资金	0	0	0	0	0	0	0	0	0
2	资金运用	3668.87	54.22	54.22	54.22	54.22	54.22	54.22	54.22	4048.41
2.1	固定资产投资	3668.87	0	0	0	0	0	0	0	3668.87
2.2	建设期和部分运行初期的借款利息	0	0	0	0	0	0	0	0	0
2.3	流动资金	0	54.22	54.22	54.22	54.22	54.22	54.22	54.22	1626.60
2.4	所得税	0	0	0	0	0	0	0	0	0
2.5	特种基金	0	0	0	0	0	0	0	0	0
2.6	应付利润	0	0	0	0	0	0	0	0	0
2.7	长期借款本金偿还	0	0	0	0	0	0	0	0	0
2.8	流动资金借款本金偿还	0	0	0	0	0	0	0	0	0
2.9	其他短期借款本金偿还	0	0	0	0	0	0	0	0	0
3	盈余资金	118.04	634.97	634.97	634.97	634.97	634.97	634.97	1662.34	5590.20
4	累计盈余资金	118.04384	753.01384	1387.98384	2022.95384	2657.92384	3292.89384	…	20194.51384	20194.51

2. 总成本费用估算

供水生产成本包括各项直接支出（直接工资、直接材料和其他直接支出）与制造费用，包括折旧费、摊销费、管网基金、水资源费和水费、电费、药剂费、工资及福利费、维护费、利息净支出等。

（1）折旧费。由于该供水项目综合折旧年限为 30 年，由公式：

$$年折旧率=\frac{1-预计净残值率}{折旧年限}$$

年折旧额＝固定资产原值×年折旧率

年折旧率＝(1－4%)/30＝3.2%，年折旧额＝3688.87×3.2%＝118.04 万元/年。

(2) 摊销费。由于基础资料的局限，假设本供水工程摊销费取为 0。

(3) 水资源费。已知水资源费为 0.05 元/m^3，年处理水量为 292 万 m^3，管网漏损率为 5%，则年总水资源费＝(292－292×0.05)×0.05＝13.87 万元。

(4) 电费。项目年耗电量为 40 万度，已知电费单价为 0.7 元/度，则年总电费为 40×0.7＝28.00 万元。

(5) 药剂费。由基本数据表可知，年药剂费合计 14.69 万元。

(6) 职工工资及福利。职工定员 10 人，人均年工资福利费为 3 万元/(人·年)，则供水站职工年总工资及福利＝10×3＝30.00 万元。

(7) 维护费。维护费一般取固定资产投资的 1%为综合费率，则本工程维护费：3688.87×1%＝36.89 万元。

(8) 利息净支出。项目无贷款，利息净支出为 0。

(9) 其他费用。其他费用包括企业管理费，含汇兑净损失、金融机构手续费、运输费、装卸费、包装费、保险费、展览费、广告费等。本项目年其他费用取固定资产投资的 2%，则其他费用：3688.87×2%＝73.78 万元。

总成本费用构成详见表 9.14。

表 9.14　　总成本费用估算表　　单位：万元

序号	时间（年）/ 项目名称	运行期							合计
		1	2	3	4	5	…	30	
1	固定资产折旧费	118.04	118.04	118.04	118.04	118.04	118.04	118.04	3541.32
2	无形和递延资产摊销费	0	0	0	0	0	0	0	0
3	水资源费或水费	13.87	13.87	13.87	13.87	13.87	13.87	13.87	416.10
4	电费	28.00	28.00	28.00	28.00	28.00	28.00	28.00	840.00
5	药剂费	14.69	14.69	14.69	14.69	14.69	14.69	14.69	440.70
6	工资及福利	30.00	30.00	30.00	30.00	30.00	30.00	30.00	900.00
7	维护费	36.89	36.89	36.89	36.89	36.89	36.89	36.89	1106.70
8	利息净支出	0	0	0	0	0	0	0	0
9	其他费用	73.78	73.78	73.78	73.78	73.78	73.78	73.78	2213.40
10	总成本费用（1＋2＋…＋9）	315.27	315.27	315.27	315.27	315.27	315.27	315.27	9458.22
	其中：固定成本（1＋2＋6＋7＋8）	184.93	184.93	184.93	184.93	184.93	184.93	184.93	5548.02
	可变成本（3＋4＋5＋9）	130.34	130.34	130.34	130.34	130.34	130.34	130.34	3910.20
11	经营成本（10－1－2－3－7－8）	160.34	160.34	160.34	160.34	160.34	160.34	160.34	4810.20

3. 利润预测

(1) 产品销售收入。为当地群众生活供水水量与销售水价的乘积。

(2) 销售税金及附加。一般有增值税、营业税、城市维护建设税和教育费附加等，均从销售收入中直接扣除。根据国家规定，供水工程免交税金，故销售税金及附加费为0。

(3) 供水工程不计水费，故本项目应纳的所得税为0。

年总利润计算过程见表9.15。

表 9.15　　**损　益　表**　　单位：万元

序号	时间（年）/项目名称	运行期							合计
		1	2	3	4	5	…	30	
	销售水量（万 m^3）	277.4	277.4	277.4	277.4	277.4	277.4	277.4	8322.00
	销售水价（元/m^3）	3	3	3	3	3	3	3	3
1	产品销售收入	832.20	832.20	832.20	832.20	832.20	832.20	832.20	24966.00
2	销售税金及附加	0	0	0	0	0	0	0	0
3	总成本费用	315.27	315.27	315.27	315.27	315.27	315.27	315.27	9458.22
4	利润总额（1－2－3）	516.93	516.93	516.93	516.93	516.93	516.93	516.93	15507.78
5	应纳税所得额	516.93	516.93	516.93	516.93	516.93	516.93	516.93	15507.78
6	所得税	0	0	0	0	0	0	0	0
7	税后利润（4－6）	516.93	516.93	516.93	516.93	516.93	516.93	516.93	15507.78
8	特种基金	0	0	0	0	0	0	0	0
9	可供分配利润（7－8）	516.93	516.93	516.93	516.93	516.93	516.93	516.93	15507.78
9.1	盈余公积金	51.69	51.69	51.69	51.69	51.69	51.69	51.69	1550.78
9.2	应付利润	0	0	0	0	0	0	0	0
9.3	未分配利润	465.23	465.23	465.23	465.23	465.23	465.23	465.23	13957.01
10	累计未分配利润	465.23	930.47	1395.70	1860.93	2326.17	…	13957.01	13957.01

4. 财务清偿能力分析

项目无贷款，故可不作财务清偿能力分析。

5. 财务盈利能力分析

财务盈利能力分析是通过“财务现金流量表”实现，见表9.16。

表 9.16　　**现金流量表（全部投资）**　　单位：万元

序号	时间（年）/项目	建设期	运行期						合计
		1	2	3	4	5	6	…	31	
1	现金流入量 CI	100	932.2	932.2	932.2	932.2	932.2	932.2	1959.57	28993.37
1.1	产品销售（营业）收入	0	832.20	832.20	832.20	832.20	832.20	832.20	832.20	24966.00
1.2	提供服务收入	100	100	100	100	100	100	100	100	3000
1.3	回收固定资产余值	0	0	0	0	0	0	0	1027.37	1027.37

续表

序号	时间（年） 项目	建设期	运行期							合计
		1	2	3	4	5	6	…	31	
1.4	回收流动资金	0	0	0	0	0	0	0	0	0
2	现金流出量 *CO*	3668.87	301.86	301.86	301.86	301.86	301.86	301.86	301.86	12724.67
2.1	固定资产投资	3668.87	0	0	0	0	0	0	0	3668.87
2.2	流动资金	0	54.22	54.22	54.22	54.22	54.22	54.22	54.22	1626.6
2.3	经营成本（年运行费）	0	247.64	247.64	247.64	247.64	247.64	247.64	247.64	7429.20
2.4	销售税金及附加	0	0	0	0	0	0	0	0	0
2.5	所得税	0	0	0	0	0	0	0	0	0
2.6	特种基金	0	0	0	0	0	0	0	0	0
3	净现金流量 （*CI*－*CO*）	－3568.87	630.34	630.34	630.34	630.34	630.34	630.34	1657.71	16268.70
4	累计净现金流量	－3568.87	－2938.53	－2308.19	－1677.85	－1047.51	－417.17	…	16368.70	16368.70
5	所得税前净现金流量 （3＋2.5＋2.6）	－3568.87	630.34	630.34	630.34	630.34	630.34	630.34	1657.71	16268.70
6	所得税前累计 净现金流量	－3568.87	－2938.53	－2308.19	－1677.85	－1047.51	－417.17	…	16368.70	16368.70

计算指标（i_c＝8%）：
财务内部收益率：14.70%
财务净现值：2327.42万元
投资回收期：6.73年

6．财务评价指标计算

本项目财务评价以财务内部收益率、财务净现值率和投资回收期作为主要评价指标，并以投资利润率作为辅助指标。行业基准收益率 i_c＝8%，基准投资回收期为10～15年，基准投资利润率为8%。

（1）财务内部收益率（*FIRR*）。根据建设期及正常运行期各年现金流入和流出量可求出该工程财务内部收益率 *FIRR*＝14.70%，大于等行业基准收益率8%，可知该村镇供水工程在财务上才是可行的。

（2）财务净现值（*FNPV*）。计算的财务净现值为2327.42万元，大于0，故该村镇供水工程方案在财务上可行。

（3）投资回收期（*T*）。根据公式算的投资回收期为6.73年，小于基准回收期10～15年，则村镇供水方案在财务上是可行的。

（4）投资利润率。由损益表可知本工程年利润总额为516.93万元，总投资为固定资产投资与流动资金之和，则投资利润率＝516.93/(3688.87＋54.22)＝13.81%，比基准投资利润率8%高，说明此村镇供水方案在财务上是可行的。

7．敏感性分析

根据规范，敏感性分析主要考虑工程投资和水价等因素变化对财务分析各指标的影响。本项目主要就财务净现值、财务内部收益率、投资回收期、投资利润率的变化进行了敏感性分析，现分别按工程投资和水价±10%的变化分析，详见表 9.17。有结果可知各指标均能满足行业的基本要求，故本项目有一定的抗风险能力。

表 9.17　财务评价敏感性分析表

敏感性分析变化幅度 / 财务评价指标	基本方案	工程投资		水价	
		+10%	−10%	+10%	−10%
财务净现值（万元）	2327.42	1997.17	2657.68	3194.90	1459.95
财务内部收益率（%）	14.70	13.25	16.45	17.09	12.26
投资回收期（年）	6.73	7.42	6.04	5.82	7.98
投资利润率（%）	13.81	12.64	15.32	13.81	13.81

9.4.4　综合评价

（1）本村镇供水工程在国民经济评价中，经济内部收益率为 21.11%，大于社会折现率 8%；经济效益费用比为 1.73，大于 1；经济净现值为 4786.98 万元，大于 0。因此，本供水工程在经济上是合理的。

（2）财务评价中财务内部收益率为 14.70%，大于行业基准收益率 i_c=8%；财务净现值为 2327.42 万元，大于 0；投资回收期为 6.73 年，小于基准投资期；投资利润率为 13.81%，小于基准投资利润率为 8%。因此，本供水工程具有一定的盈利能力。

综上所述，该村镇供水工程在经济上是合理的，财务上是可行的，且具有较好的社会效益，它的兴建对促进地区经济发展，将起到积极的作用。

思考题

1. 村镇供水工程的经济分析包含哪些内容？
2. 对于村镇供水工程的效益分析有哪些方法，各存在什么优缺点？
3. 什么是国民经济评价？其指标有哪些？
4. 什么是财务评价？其与国民经济评价存在什么区别？
5. 对于村镇供水工程，如何核算其运行成本和制定水价？

参 考 文 献

[1] 李圭白，张杰．水质工程学［M］．北京：中国建筑工业出版社，2005.
[2] 许保久．给水处理理论［M］．北京：中国建筑工业出版社，2000.
[3] 王九思．水处理化学［M］．北京：化学工业出版社，2002.
[4] 常青．水处理絮凝学［M］．2版．北京：化学工业出版社，2011.
[5] 范瑾初，金兆丰．水质工程［M］．北京：中国建筑工业出版社，2009.
[6] 严熙世，范瑾初．给水工程［M］．4版．北京：中国建筑工业出版社，1999.
[7] 张启海．城市给水工程［M］．北京：中国水利水电出版社，2003.
[8] 韩会玲，罗金耀，李靖．城镇给排水［M］．北京：中国水利水电出版社，2010.
[9] 李广贺．水资源利用与保护［M］．北京：中国建筑工业出版社，2002.
[10] 陈德亮．取水工程［M］．北京：中国水利水电出版社，2002.
[11] 崔玉川，员建，陈宏平．给水厂处理设施设计计算［M］．北京：化学工业出版社，2003.
[12] 上海市政工程设计研究院．给水排水设计手册第三册—城镇给排水［M］．2版．北京：中国建筑工业出版社，2003.
[13] 中国市政工程西南设计研究院．给水排水设计手册第一册—常用资料［M］．2版．北京：中国建筑工业出版社，2003.
[14] 严熙世．给水排水工程快速设计手册［M］．北京：中国建筑工业出版社，1995.
[15] 中华人民共和国水利部．村镇供水工程技术规范（SL 310—2004）［S］.
[16] 中华人民共和国建设部．室外给水设计规范（GB 50013—2006）［S］.
[17] 中华人民共和国卫生部，中国国家标准化管理委员会．生活饮用水卫生标准（GB 5749—2006）［S］.
[18] 国家环保总局，国家质量监督检验检疫总局．地表水环境质量标准（GB 3838—2002）［S］.
[19] 国家环保总局，国家质量监督检验检疫总局．地下水环境质量标准（GB/T 14848—1993）［S］.
[20] 中国市政工程西北设计院，中华人民共和国建设部．高浊度给水工程规范（CJJ 40—91）［S］.
[21] 中国市政工程中南设计研究总院．含藻水给水处理设计规范（CJJ 32—2011）［S］.
[22] 中国市政工程东北设计研究院，中国工程建设标准化协会．低温低浊度给水处理设计规程（CECS 110：2000）［S］.
[23] 中华人民共和国住房和城乡建设部，中华人民共和国国家质量监督检验检疫总局．给水排水管道工程施工及验收规范（GB 50268—2008）［S］.
[24] 中华人民共和国水利部．村镇供水站定岗标准（2004年5月）［S］.
[25] 鲁刚．新编农村供水工程规划设计手册［M］．北京：中国水利水电出版社，2006.
[26] 农村饮水安全农民读本编写组丨绘画：王照瑜，曲大鹏，孔令文，王生元．农村饮水安全农民读本［M］．北京：中国水利水电出版社，2007.
[27] 孙迎雪，田媛．微污染水源饮用水处理理论及工程应用［M］．北京：化学工业出版社，2011.
[28] 杨威．水源污染与饮用水处理技术［M］．大连：大连理工大学出版社，2006.
[29] 金葆华．中国农村给水工程运行管理手册［M］．北京：化学工业出版社，1998.
[30] 傅文德．高浊度给水工程［M］．北京：中国建筑工业出版社，1994.
[31] 国家环境保护总局．饮用水水源保护区划分技术规范（HJ/T 338—2007）［S］.
[32] 董辅祥．给水水源及取水工程［M］．北京：中国建筑工业出版社，1998.

[33] 《畜禽养殖污染防治项目建设与投资技术指南》编制组,《畜禽养殖污染防治项目建设与投资技术指南》编制说明(征求意见稿)附件9,2012.
[34] 施熙灿.水利工程经济学[M].北京:中国水利水电出版社,2010.
[35] 李艳玲,张光科,等.水利工程经济[M].北京:中国水利水电出版社,2011.
[36] 韩会玲,程伍群,等.小城镇给排水[M].北京:科学出版社,2001.
[37] 魏永曜,林性粹.农业供水工程[M].北京:水利电力出版社,1992.
[38] 王宪国,张丽芳.村镇给水排水[M].北京:中国建筑工业出版社,1993.
[39] 戴玉凯,周长全,等.乡镇给水技术[M].南京:南京大学出版社,1993.